中国科学院科学出版基金资助出版

《现代数学基础丛书》编委会

主　编：杨　乐

副主编：姜伯驹　李大潜　马志明

编　委：（以姓氏笔画为序）

　　　　王启华　王诗宬　冯克勤　朱熹平

　　　　严加安　张伟平　张继平　陈木法

　　　　陈志明　陈叔平　洪家兴　袁亚湘

　　　　葛力明　程崇庆

现代数学基础丛书·典藏版　117

非线性波动方程的现代方法
（第二版）

苗长兴　著

科学出版社

北京

内 容 简 介

本书的主旨是利用调和分析的现代理论(特别是 Fourier 限制型估计、可微函数空间的 Littlewood-Paley 刻画、Fourier 局部化技术等)研究非线性波动方程的适定性与散射理论. 除了第一版中涉及的在共形变换或其他变换群下的不变量、经典 Morawetz 估计、Strichartz 估计、非线性波动方程弱解的正则性与唯一性、光滑解与能量解的适定性、临界波方程的散射性理论之外, 在第二版中增加了如下两个方面的内容: 其一是采用时空乘子方法结合加权的 Sobolev-Hardy 型不等式, 建立不依赖于非线性项及空间维数的 Morawetz 型估计, 通过能量的局部化及线性波的分离、Bourgain 的能量归纳技术, 证明了临界及次临界 Klein-Gordon 方程的散射性理论; 其二是对于具双 Schrödinger 结构的高阶 Klein-Gordon 方程(即 Beam 方程, 它的特点是既没有有限传播速度, 也没有独立的质量守恒), 通过引入不同形式的容许关系, 建立局部与整体的 Strichartz 估计. 利用 Tao 的频率局部化方法建立广义的几乎有限传播速度, 进而建立高阶 Klein-Gordon 方程能量散射理论. 本书的特点是将调和分析方法与现代数学物理方法有机结合, 反映这一核心数学领域的最新研究成果与研究进展, 特别是利用 Bourgain 的能量归纳技术与 Tao 的频率局部化方法, 给出了非线性波动方程、Klein-Klein 型方程(含高阶情形)的经典研究的统一处理.

本书可供理工科院校数学、应用数学专业的高年级大学生、研究生、教师以及相关的科技工作者阅读参考.

图书在版编目(CIP)数据

非线性波动方程的现代方法/苗长兴著. —2 版. —北京: 科学出版社, 2010
(现代数学基础丛书·典藏版; 117)
ISBN 978-7-03-027037-5

Ⅰ. 非… Ⅱ. 苗… Ⅲ. 非线性方程: 波动方程-研究生-教材 Ⅳ. O175.27

中国版本图书馆 CIP 数据核字(2010) 第 045777 号

责任编辑: 赵彦超 / 责任校对: 钟 洋
责任印制: 吴兆东 / 封面设计: 陈 敬

科学出版社 出版

北京东黄城根北街 16 号
邮政编码: 100717
http://www.sciencep.com

北京凌奇印刷有限责任公司印刷
科学出版社发行 各地新华书店经销

*

2010 年 4 月第 二 版　开本: B5(720×1000)
2025 年 9 月 印 刷　印张: 25 1/4
字数: 484 000
定价: 149.00 元
(如有印装质量问题, 我社负责调换)

《现代数学基础丛书》序

对于数学研究与培养青年数学人才而言,书籍与期刊起着特殊重要的作用.许多成就卓越的数学家在青年时代都曾钻研或参考过一些优秀书籍,从中汲取营养,获得教益.

20 世纪 70 年代后期,我国的数学研究与数学书刊的出版由于文化大革命的浩劫已经破坏与中断了 10 余年,而在这期间国际上数学研究却在迅猛地发展着. 1978 年以后,我国青年学子重新获得了学习、钻研与深造的机会. 当时他们的参考书籍大多还是 50 年代甚至更早期的著述. 据此,科学出版社陆续推出了多套数学丛书,其中《纯粹数学与应用数学专著》丛书与《现代数学基础丛书》更为突出,前者出版约 40 卷,后者则逾 80 卷. 它们质量甚高,影响颇大,对我国数学研究、交流与人才培养发挥了显著效用.

《现代数学基础丛书》的宗旨是面向大学数学专业的高年级学生、研究生以及青年学者,针对一些重要的数学领域与研究方向,作较系统的介绍. 既注意该领域的基础知识,又反映其新发展,力求深入浅出,简明扼要,注重创新.

近年来,数学在各门科学、高新技术、经济、管理等方面取得了更加广泛与深入的应用,还形成了一些交叉学科. 我们希望这套丛书的内容由基础数学拓展到应用数学、计算数学以及数学交叉学科的各个领域.

这套丛书得到了许多数学家长期的大力支持,编辑人员也为其付出了艰辛的劳动. 它获得了广大读者的喜爱. 我们诚挚地希望大家更加关心与支持它的发展,使它越办越好,为我国数学研究与教育水平的进一步提高做出贡献.

杨 乐

2003 年 8 月

第二版序言

本书的主旨是利用调和分析的现代理论 (特别是 Fourier 限制型估计、可微函数空间的 Littlewood-Paley 刻画、Fourier 局部化技术等) 研究非线性波动方程的适定性与散射理论. 内容主要涉及下面几个部分：

(1) 第 1~4 章、第 7 章保持了第一版第 1~5 章的写作风格与基本内容, 但对其进行了认真的修改, 并增加了一些注记, 以反映这些内容的最新进展及方便读者的阅读 (这已经得到了专家与读者的好评). 主要内容是研究在共形变换或其他变换群下的不变量、经典 Morawetz 估计, 借助于 Strichartz 估计研究非线性波动方程弱解的正则性与唯一性、光滑解与能量解的适定性、临界波方程的散射性理论、非线性 Klein-Gordon 型方程解的局部衰减性与低正则性, 其中用乘子方法详细讨论有关波动方程在共形变换或其他变换群下的不变量是同类专著中所没有的, 它在研究散射理论中的重要性也充分体现了本书的特色.

(2) 近年来, 非线性 Klein-Gordon 方程的散射性理论取得了重要进展, 特别是 Fields 奖得主 Bourgain 与 Tao 的工作. 因此, 用全书三分之一强的篇幅 (第 5, 6 章) 着重讲解 Bourgain 的新方法并用此统一处理临界及次临界 Klein-Gordon 方程的散射性理论. 采用时空乘子方法与加权的 Sobolev-Hardy 型不等式, 建立不依赖于非线性项及空间维数的 Morawetz 估计, 再结合能量的局部化及线性波的分离、Bourgain 的能量归纳技术, 证明了临界及次临界 Klein-Gordon 方程的散射性理论与低维空间中 Klein-Gordon 方程 ($n \leqslant 2$) 的散射性理论.

(3) 具双 Schrödinger 结构的高阶 Klein-Gordon 方程 (第 8 章, 占全书近五分之一), 即具有鲜明物理意义的梁方程 (beam equation), 其特点是既没有有限传播速度, 也没有独立的质量守恒, 在数学研究上具有很大的挑战性. 通过引入不同形式的容许关系, 建立局部与整体的 Strichartz 估计, 在此基础上首先建立整体适定性理论. 对于散射性理论, 除了利用 Bourgain 的能量归纳技术之外, 还必须采用 Tao 的频率局部化方法建立广义的几乎有限传播速度, 进而达到高阶 Klein-Gordon 方程能量散射的目标. 这部分内容综合利用了物理空间与频率空间的局部化技术, 充分体现了现代调和分析特别是 Littlewood-Paley 理论在现代数学物理研究的重要作用.

与第一版相比, 第二版的篇幅是其两倍, 其基本特点就是将调和分析方法与现代数学物理方法有机的结合, 反映了这一核心数学领域的最新研究成果与研究进展, 特别是利用 Bourgain 的能量归纳技术与 Tao 的频率局部化方法, 给出了非线性波动方程、非线性 Klein-Gordon 方程的经典研究的统一处理. 本书的内容是作者近年来在香港中文大学数学科学研究所、中国科学院晨兴数学中心、北京大学、南京大学和中国科技大学主办的教育部数学研究生暑期学校、北京应用物理与计算数学研究所等授课讲稿的基础上, 经认真修改与增删而成. 作者不仅致力于数学内容的深刻性与数学主题的主流性, 而且强调其数学思想性, 无论文字讲解还是数学推导都非常详尽, 可以帮助读者很快进入这一领域研究的前沿. 鉴于国内这方面研究尚属起步阶段, 而在国际上则属于蓬勃发展的核心研究领域之一, 相信本书的出版, 将帮助国内年轻的学者很快进入这一领域的研究前沿, 经过刻苦努力, 做出一些国际上有影响的工作, 为中国成为世界数学强国做出贡献.

作 者
2009 年 3 月于北京

第一版序言

本书是以作者 2003 年在北京大学所作的数学特别讲座为基础, 经过增删整理而成. 作者试图用不太长的篇幅, 给出研究非线性波动方程的一些基本工具与方法, 特别是与调和分析、变分原理及现代物理密切相关的方法与技术. 鉴于上述理由, 去掉了作者原来在特别数学讲座中有关 Schrödinger 方程、三代 Calderón-Zygmund 奇异积分算子与 Lip 边界上的椭圆边值问题等内容, 增加了作者在香港中文大学数学研究所所作的共形变换、乘子方法、Lagrange 方法及其在波动方程中的应用等内容. 本书选材的思路是以研究工具、研究方法为主线, 在内容安排上着力反映非线性波动方程特别是临界情形的最新研究进展, 在不同的层面阐述各种研究方法以及它们之间的相互联系. 为了使本书具有自封闭性、可读性, 避免与现有同类专著的重复, 用通俗的语言, 增加了附录: 函数空间嵌入定理的记忆方法, 以方便读者阅读与使用.

守恒律在数学物理的研究中起着重要的作用. 对于每一个自然现象的正确描述, 质量、动量、角动量是最基本的守恒量. 除此之外, 物理系统还常常具有其他守恒量, 例如, 电荷、同位旋等守恒积分. 众所周知, 对于任意一个保持物理状态 (作用量) 不变的连续整体变换 T, 一定存在一个守恒量或守恒积分. 以共形变换 (conformal transformations) 群为例, 在时空平移变换群及 Lorentz 变换群作用下的不变性就可分别得到能量、动量与角动量等基本的守恒量, 在相位变换下保持不变性就蕴涵着电荷守恒. 类似地, 在更一般的变换 (例如, 其母元是一般的一阶微分算子) 下的不变性可以获得更多的内蕴守恒积分与不变性. 基于上述理由, 我们在第 1 章中, 首先用乘子方法详细讨论了 Laplace 方程、非线性波动方程在共形变换群及一般变换群作用下的不变性及守恒积分. 特别, 取经典的 Morawetz 型乘子, 即径向导数的反称部分, 就可以获得经典的 Morawetz 型守恒积分及 Morawetz 估计 ($n \geqslant 3$). 另一方面, 还重点介绍了 Lagrange 变分方法, 通过对 Lagrange 密度泛函进行变分, 可以统一地给出 Laplace 方程、非线性波方程及非线性 Schrödinger 方程在各种变换群作用下的守恒积分. 特别需要指出的是, 通过构造时空径向导数的反称部分 (作为新的 Morawetz 型乘子), 可以建立新型的 Morawetz 估计, 这在临界非线性 Klein-Gordon 型方程、临界 Schrödinger 方程的散射性理论, 特别是低维情形 ($n = 1, 2$, 此时经典的 Morawetz 估计不成立) 的散射性理论研究中起着极其重要的作用.

第 2 章以非线性波方程为例, 详细介绍了基于正则化或 Galerkin 逼近的紧致性方法. 在对非线性增长没有限制 (非聚焦情形) 的情形下, 得到了弱解的存在性及适当的正则性. 鉴于极限是在较弱的框架下进行, 这一过程本质上忽略了高频与高频的相互作用. 因此, 所得的解很难捕获应有的奇性 (远离无穷的高频部分的能量将在极限过程中消失). 一般来讲, 此弱解仅仅满足能量不等式. 弱解是否唯一是不清楚的. 欲使弱解唯一 (由此可推出能量等式与能量强解及其正则性), 需要限定 p 的增长条件. 此条件本质上又回到用 Strichartz 估计与压缩映射方法处理能量解所要求的条件. 为更好地阐述这一事实, 我们还对齐次 Besov 空间及线性方程的解在齐次 Besov 空间的 Strichartz 估计进行了详细的讨论, 刻意强调 Fourier 限制型方法 (Strichartz 估计) 在紧致性方法的作用及它们之间的联系.

第 3 章着重讨论了临界与次临界半线性波动方程 Cauchy 问题的光滑解的整体适定性 (非聚焦情形). 众所周知, 此问题源于 1961 年 Jörgen 的研究. 利用基本解的正性及压缩映射方法, Jörgen 证明了 $\mathbb{R}^3$ 中次临界半线性波动方程的整体存在性. 对于基本解失去正性的高维情形 ($3 < n \leqslant 9$), Brenner, Wahl, Pecher 等采用 Boot-strapping 方法建立了光滑解的整体适定性. 然而, 直到 1989 年, Grillakis 才解决了临界半线性波动方程 Cauchy 问题的光滑解的适定性. 与次临界不同, 处理临界波动方程的困难是势能部分无法被动能部分所控制, 这就要求助于 Morawetz 估计来排除能量的聚集现象. 本章主要采用了 Sogge, Shatah 与 Struwe 的方法, 用 Strichartz 估计与压缩映射方法证明了光滑解的整体适定性, 优点在于可用时空模替代 L^∞ 模来刻画局部解是否可以继续延拓, 这就极大地简化了证明. 另一方面, 详细地介绍了用变分方法在特征锥上推导 Morawetz 估计、Strichartz 估计在特征锥上的局部化及非线性函数在局部 Besov 空间中的估计, 从而充分体现了调和分析方法及 Lagrange 变分方法的重要作用.

第 4 章采用正则化方法、局部的 Strichartz 估计及能量方法等建立能量空间中临界波方程的整体适定性. 另一方面, 证明能量解同样满足 Dilation 恒等式及相应的 Morawetz 估计, 借此就获得了能量解的衰减估计及能量解的整体时空估计. 作为能量解的整体时空估计的直接结果, 给出了临界波方程能量解的散射性结果. 最后, 指出能量解理论中尚未解决的公开问题.

第 5 章主要介绍 Morawetz 估计的应用及低正则性问题. 利用 Morawetz 估计, 首先证明非线性 Klein-Gordon 型方程光滑解的局部 L^2 范数与 Ω 上能量 ($|\Omega| < \infty$) 关于时间变量的衰减现象. 我们希望这一方法可以处理更一般的具有物理意义的 PDEs 的相应问题. 例如, 如何证明 4 阶非线性波动型方程解的局部能量衰减等结果. 另一方面, 这也是建立整体散射性理论的基础. 基于此, 采用乘子技术、Lagrange 变分原理等方法, 建立了 4 阶非线性波动型方程所满足的 Morawetz 守恒积分形式或 Morawetz 估计. 在此过程中, 可以熟悉或了解导数的分解与合成技术, 为非线性估计打下良好的基础. 需要指出的是, 对于高阶非线性 Klein-Gordon 方程而言, 许

多问题都是公开的. 最后, 利用 Bourgain 的 Fourier 截断方法, 证明了高维非线性波动方程 Cauchy 问题的低正则性问题的整体适定性.

本书的初稿始于在北京大学所作的数学特别讲座, 在本书形成过程中, 得到了田刚院士的关心与帮助, 作者深表感谢. 受辛周平教授的邀请, 在香港中文大学数学研究所的讨论班上报告书中的部分内容, 辛教授对本书内容、选材等提出了许多建设性的意见, 作者深表感谢. 书中部分内容与洪家兴院士进行了交流, 得到了他的诸多指导与鼓励, 在此表示由衷的感谢. 作者还要感谢周毓麟院士、张恭庆院士、李大潜院士、郭柏灵院士、林芳华教授、韩永生教授、肖玲教授、陈恕行教授、陆善镇教授、陈国旺教授、周忆教授、江松教授、张波教授等, 他们给作者提出了许多好的建议与意见.

最后, 对参加我主持的 "偏微分方程的现代方法学术讨论班" 的年轻同事: 谌稳固研究员、杨晗教授、王衡庚副教授、张晓轶博士、章志飞博士、邹雄博士、陈琼蕾博士及博士生原保全、叶耀军、朱佑彬、徐桂香、王月山、苑佳等表示感谢, 他们为本书的校对做了许多有益的工作.

本书得到国家自然科学基金、国家重点基础研究发展规划项目(核心数学 "973") 及中国工程物理研究院科学技术基金的资助.

作 者

2005 年 3 月于北京

目 录

《现代数学基础丛书》序
第二版序言
第一版序言

第 1 章　乘子方法、不变量及守恒积分 ········· 1
　1.1　Laplace 方程与共形变换群 ········· 1
　1.2　乘子方法与一般的变换群 ········· 7
　1.3　非线性波方程以及 Klein-Gordon 方程的不变量 ········· 15
　1.4　Lagrange 方法及其在波 (含色散波) 方程中的应用 ········· 22

第 2 章　弱解的时空可积性、唯一性及正则性 ········· 40
　2.1　预备知识、线性估计及应用 ········· 41
　2.2　弱解的存在性 ········· 52
　2.3　解的唯一性与正则性 ········· 57

第 3 章　半线性波动方程的光滑解 ········· 76
　3.1　问题、结果及证明的归结 ········· 77
　3.2　能量估计与次临界的情形 ········· 83
　3.3　衰减估计与临界的情形 ········· 86
　3.4　高维波动方程的 Cauchy 问题解的正则性 ········· 96

第 4 章　临界波方程能量解的整体适定性与散射性 ········· 112
　4.1　能量解的 Morawetz 估计及整体适定性 ········· 112
　4.2　能量解的整体时空估计及散射理论 ········· 124
　4.3　波方程与 Klein-Gordon 型方程能量解及相关问题 ········· 132

第 5 章　非线性次临界 Klein-Gordon 方程与 Schrödinger 方程的散射理论 ········· 141
　5.1　引言 ········· 141
　5.2　新型的 Morawetz 估计 ········· 146
　5.3　整体时空估计 I ········· 171
　5.4　整体时空估计 II ········· 202
　5.5　散射性理论 ········· 211

第 6 章　非线性临界 Klein-Gordon 方程解的散射理论 ········· 214
　6.1　引言 ········· 214

6.2	时空范数导致的能量聚积现象	220
6.3	局部时空估计	224
6.4	整体时空估计	232
6.5	散射性理论	250

第 7 章 非线性 Klein-Gordon 型方程解的局部衰减与低正则性 ... 255

7.1	非线性 Klein-Gordon 方程解的局部衰减	256
7.2	高阶非线性 Klein-Gordon 方程解的局部衰减	266
7.3	非线性波动方程的低正则性	277

第 8 章 非线性高阶 Klein-Gordon 方程的散射性理论 ... 298

8.1	引言	298
8.2	Strichartz 估计与适定性理论	303
8.3	散射理论的机制	315
8.4	频率局部化技术	324
8.5	几乎有限传播速度	333
8.6	散射性理论	342

附录 函数空间嵌入定理及其记忆方法 ... 349

A.1	函数空间中嵌入定理的基本内容与证明思路	349
A.2	Sobolev 嵌入定理与尺度变换原理	355
A.3	用纯光滑尺度来理解插值、乘子、嵌入等关系	358
A.4	Morrey 型空间与 John-Nirenberg 型位势估计	364
A.5	Sobolev 嵌入定理在 PDEs 中的应用举例	371

参考文献 ... 374

名词索引 ... 382

《现代数学基础丛书》已出版书目 ... 385

第 1 章 乘子方法、不变量及守恒积分

1.1 Laplace 方程与共形变换群

众所周知, Laplace 算子在共形变换群下保持不变 (所谓共形变换群 $\mathcal{G}$ 是指 $\mathbb{R}^N$ 上保持角度的变换群). 当 $N \geqslant 3$ 时, 共形变换群 $\mathcal{G}$ 包含了如下四类变换:

(1) 平移变换群 (group of translation transformations);
(2) 旋转变换群 (group of rotation transformations);
(3) 伸缩变换群 (group of dilation transformations);
(4) 反射变换群 (group of inversion transformations).

我们将会证明共形变换群 $\mathcal{G}$ 的维数是

$$\dim(\mathcal{G}) = N + \frac{N(N-1)}{2} + 1 + N = \frac{(N+1)(N+2)}{2}.$$

然而, 对于 Laplace 方程

$$\Delta u = f(u), \quad f(0) = 0 \tag{1.1}$$

而言, 它仅仅在 Galilo 变换群下保持不变, 而并非在所有的共形变换群 $\mathcal{G}$ 下保持不变.

注记 1.1 以四维时空空间 $\mathbb{R} \times \mathbb{R}^3$ 为例, 考察各种变换群之间的关系:

(i) Galilo 变换群是指平移变换群与旋转变换群. 平移变换是指

$$x' = x + a, \quad x = (x_0, x_1, x_2, x_3), \quad a \in \mathbb{R}^4.$$

旋转变换是指

$$\begin{cases} x'_0 = x_0, \\ x'_i = x_i \cos\theta + x_j \sin\theta, \\ x'_j = -x_i \sin\theta + x_j \cos\theta, \\ x'_k = x_k, \end{cases} \quad i, j, k \in [1, 2, 3].$$

(ii) 一般地说, 狭义相对论中 Galilo 变换是指

$$x'_j = x_j - v_j t, \quad 1 \leqslant j \leqslant 3.$$

(iii) Poincaré 变换群包含了四个时空平移变换群与 Lorentz 变换群, Lorentz 变换群是由整体 Lorentz 变换

$$x'^\mu = x^\mu + \varepsilon^{\mu\nu} x_\nu, \quad \varepsilon^{\mu\nu} = -\varepsilon^{\nu\mu}, \quad \mu, \nu = 0, 1, 2, 3$$

诱导的变换群. 具体地说, Lorentz 变换群是由旋转变换群 (见 (i)) 及下面的 Lorentz 变换

$$\begin{cases} t' = t\cosh\tau + x_i \sinh\tau, \\ x'_i = t\sinh\tau + x_i \cosh\tau, \\ x'_j = x_j, \\ x'_k = x_k, \end{cases} \quad i, j, k \in [1, 2, 3]$$

所诱导的变换群.

本章的目的是: 寻求 $f(u)$ 满足什么条件, 以确保椭圆方程 (1.1) 在共形变换群 (group of conformal transformations) 下的不变性. 通过这些共形变换群的母元 (就是我们要找的乘子) 来建立 (1.1) 所满足的对称, 特别, 将它应用到相对论中的方程如波动方程、Schrödinger 方程 (或其他色散方程) 时, 就可以获得一系列的守恒积分. 这对于我们研究这些方程的适定性、散射性理论是非常重要的.

下面从几个不同的侧面考察 (1.1). 假设 (1.1) 的解 $u(x)$ 光滑且在无穷远处衰减, 即

$$\lim_{|x|\to\infty} u(x) = 0.$$

视角 1 直接验算, 可见

$$0 = (-\Delta u + f(u))u = \nabla \cdot (-\nabla u u) + |\nabla u|^2 + u f(u).$$

因此, 在 $\mathbb{R}^N$ 上积分, 就得

$$\int_{\mathbb{R}^N} (|\nabla u|^2 + u f(u)) \mathrm{d}x = 0. \tag{1.2}$$

如果设 $u(x)$ 及 $v(x)$ 均是 (1.1) 的解, 则

$$0 = (-\Delta u + f(u))v = \nabla \cdot (-\nabla u v) + \nabla u \nabla v + v f(u),$$

$$0 = (-\Delta v + f(v))u = \nabla \cdot (-\nabla v u) + \nabla v \nabla u + u f(v).$$

因此, 在 $\mathbb{R}^N$ 上积分上面两式, 作差就得

$$\int_{\mathbb{R}^N} (v f(u) - u f(v)) \mathrm{d}x = 0. \tag{1.3}$$

视角 2 设 $u(x)$ 满足 (1.1), 则尺度变换 (scaling transformation) 就意味着 $v(x) = \alpha u(\lambda x)$ 满足

$$\Delta v = \alpha \lambda^2 f\left(\frac{v}{\alpha}\right), \quad f(0) = 0. \tag{1.4}$$

于是, 对于形如 $f(u) = cu^p + du^q$ 的非线性函数, 通过尺度变换 $v(x) = \alpha u(\lambda x)$, 就可以将 (1.1) 转换成

$$\Delta v = \pm v^p \pm v^q. \tag{1.5}$$

视角 3 记 $F(u) = \int_0^u f(v) \mathrm{d}v$ 及

$$E(u) = \int_{\mathbb{R}^N} \left\{ \frac{1}{2} |\nabla u|^2 + F(u) \right\} \mathrm{d}x. \tag{1.6}$$

则方程 (1.1) 可以写成变分形式

$$\delta E(u) = 0. \tag{1.7}$$

形式上, 设 T_ε 是满足 $T_0 = I$ 的一簇光滑的变换, 记 $M = \left.\dfrac{\mathrm{d}T_\varepsilon}{\mathrm{d}\varepsilon}\right|_{\varepsilon=0}$ 是光滑变换簇所对应的乘子. 对于任意的函数 $u(x)$, 有

$$\left.\frac{\mathrm{d}}{\mathrm{d}\varepsilon}\right|_{\varepsilon=0} E[T_\varepsilon u] = (E'(u), Mu) = (-\Delta u + f(u), Mu). \tag{1.8}$$

若 $u(x)$ 是 (1.1) 的解, 则 (1.8) 式是 0, 说明 $E[T_\varepsilon u] = E[T_\eta u] = \mathrm{const}$, $(-\Delta u + f(u))Mu$ 是一个散度形式. 当然, 这恰好是如下著名的 Noether 定理的直接结果.

Noether 定理 如果存在一个单参数变换簇保持变分问题 (方程) 不变, 则方程的解满足一个守恒律.

下面就来研究 (1.1) 在 $\mathbb{R}^N$ 中的共形变换群作用下所满足的守恒积分或分析非线性项 $f(u)$ 应满足什么条件才能确保在共形变换群作用下的不变性. 与此同时, 利用这些性质还可以得到对某些非线性函数, (1.1) 不存在解的一些判定条件.

1. 平移变换 (translation transformation)

$$T_\varepsilon: u(x) \longrightarrow u(x + \varepsilon a), \quad M = \left.\frac{\mathrm{d}T_\varepsilon}{\mathrm{d}\varepsilon}\right|_{\varepsilon=0} = a \cdot \nabla. \tag{1.9}$$

将 $(-\Delta u + f(u))Mu$ 写成散度形式, 就得守恒积分:

$$\nabla \cdot \left\{ -(a \cdot \nabla u)\nabla u + a\left(\frac{|\nabla u|^2}{2} + F(u)\right) \right\} = 0. \tag{1.10}$$

特别, 取 $a = e_k$ 是第 k 个坐标的单位向量, 则 (1.10) 就意味着

$$\left\{ -u_k^2 + \frac{1}{2}|\nabla u|^2 + F(u) \right\}_k + \sum_{j \neq k} \{-u_j u_k\}_j = 0, \quad \text{其中 } u_j = \frac{\partial u}{\partial x_j}. \tag{1.11}$$

2. **旋转变换** (rotation transformation)

$$T_\theta u(x_1, \cdots, x_j, \cdots, x_k, \cdots, x_N) = u(x_1, \cdots, \tilde{x}_j, \cdots, \tilde{x}_k, \cdots, x_N),$$
$$\tilde{x}_j = x_j \cos\theta + x_k \sin\theta, \quad \tilde{x}_k = -x_j \sin\theta + x_k \cos\theta. \tag{1.12}$$

直接验算可得

$$M = \frac{\mathrm{d}T_\theta}{\mathrm{d}\theta}\bigg|_{\theta=0} = (-x_j \sin\theta + x_k \cos\theta)\partial_j + (-x_j \cos\theta - x_k \sin\theta)\partial_k\bigg|_{\theta=0}$$
$$= x_k \partial_j - x_j \partial_k. \tag{1.13}$$

将 $(-\Delta u + f(u))Mu$ 写成散度形式, 就得守恒形式:

$$\nabla \cdot \{-(x_k \partial_j - x_j \partial_k) u \nabla u\} + \left\{x_k\left(\frac{|\nabla u|^2}{2} + F(u)\right)\right\}_j - \left\{x_j\left(\frac{|\nabla u|^2}{2} + F(u)\right)\right\}_k = 0. \tag{1.14}$$

3. **伸缩变换** (dilation transformation)

寻求在伸缩变换

$$T_\lambda(u(x)) \stackrel{\triangle}{=} u_\lambda(x) = \lambda^m u(\lambda x), \quad \lambda > 0 \tag{1.15}$$

下, 保持 (1.1) 对应的 Lagrange 积分不变 (仅需找满足条件的 m 即可). 注意到 $\nabla u_\lambda(x) = \lambda^{m+1}(\nabla u)(\lambda x)$, 直接计算可得

$$E(u_\lambda) = \int_{\mathbb{R}^N} \left\{\frac{1}{2}\lambda^{2m+2}|(\nabla u)(\lambda x)|^2 + F(\lambda^m u(\lambda x))\right\}\mathrm{d}x$$
$$= \int_{\mathbb{R}^N} \left\{\frac{1}{2}\lambda^{2m+2-N}|(\nabla u)(y)|^2 + \lambda^{-N}F(\lambda^m u(y))\right\}\mathrm{d}y, \tag{1.16}$$

这里用到 $y = \lambda x$, $\mathrm{d}y = \lambda^N \mathrm{d}x$. 现取 $2m+2 = N$ (即 $m = (N-2)/2$), 总有

$$0 = \frac{\mathrm{d}}{\mathrm{d}\lambda}E(u_\lambda(x))\bigg|_{\lambda=1} = \int_{\mathbb{R}^N}\{-NF(u) + muf(u)\}\mathrm{d}y. \tag{1.17}$$

这就说明对于上面选取的 $m = (N-2)/2$, $-NF(u) + muf(u)$ 是一个散度形式. 此时, 伸缩变换 (1.15) 对应的母元 M 为

$$Mu = \frac{\mathrm{d}}{\mathrm{d}\lambda}[\lambda^m u(\lambda x)]\bigg|_{\lambda=1} = x \cdot \nabla u + mu. \tag{1.18}$$

相应的守恒形式是

$$0 = (-\Delta u + f(u))(x \cdot \nabla u + mu)$$

1.1 Laplace 方程与共形变换群

$$\begin{aligned}
&= muf(u) - NF(u) + \nabla \cdot \{-(x \cdot \nabla)u\nabla u \\
&\quad + \frac{1}{2}x|\nabla u|^2 - mu\nabla u + xF(u)\}, \quad m = \frac{N-2}{2}.
\end{aligned} \quad (1.19)$$

在验证上面守恒形式时, 用到了如下等式:

$$\nabla \cdot ((x \cdot \nabla)u\nabla u) = \partial_j((x_k\partial_k u)\partial_j u) = \delta_{jk}\partial_k u \partial_j u + x_k\partial_k\partial_j u \partial_j u + x_k\partial_k u \partial_j^2 u.$$

利用

$$\int_{\mathbb{R}^N}(|\nabla u|^2 + uf(u))\mathrm{d}x = 0, \quad \int_{\mathbb{R}^N}\{-NF(u) + muf(u)\}\mathrm{d}x = 0$$

(见 (1.2) 与 (1.17)) 就得

$$\int_{\mathbb{R}^N}|\nabla u|^2\mathrm{d}x = -\int_{\mathbb{R}^N}uf(u)\mathrm{d}x = -\frac{2N}{N-2}\int_{\mathbb{R}^N}F(u)\mathrm{d}x, \quad N \geqslant 3 \quad (1.20)$$

及

$$E(u) = \int_{\mathbb{R}^N}\left(\frac{1}{2}|\nabla u|^2 + F(u)\right)\mathrm{d}x = \frac{1}{N}\int_{\mathbb{R}^N}|\nabla u|^2\mathrm{d}x > 0. \quad (1.21)$$

作为上面等式的推论, 我们有如下结果:

定理 1.1 设 $u(x)$ 是 (1.1) 的光滑解且在 $|x| \to \infty$ 时有衰减, 则 (1.1) 对应的能量 $E(u) > 0 (u(x) \equiv 0$ 除外$)$. 另外, 如果

(a) $sf(s) > 0, N \geqslant 2$;

(b) $F(s) > 0, N \geqslant 2$;

(c) $H(s) > 0, H(s) = (N-2)sf(s) - 2NF(s), N \geqslant 2$;

(d) $-H(s) > 0, N \geqslant 2$;

(e) $K(s) > 0, K(s) = sf(s) - 2F(s), N \geqslant 3$

之一成立, 则 (1.1) 不存在解.

证明 为简单起见, 仅在 $N \geqslant 3$ 下证明. 注意到

$$\int_{\mathbb{R}^N}uf(u)\mathrm{d}x = -\int_{\mathbb{R}^N}|\nabla u|^2\mathrm{d}x \leqslant 0,$$

$$\int_{\mathbb{R}^N}F(u)\mathrm{d}x = \frac{N-2}{2N}\int_{\mathbb{R}^N}uf(u)\mathrm{d}x = -\frac{N-2}{2N}\int_{\mathbb{R}^N}|\nabla u|^2\mathrm{d}x \leqslant 0,$$

$$\int_{\mathbb{R}^N}H(u)\mathrm{d}x = (N-2)\int_{\mathbb{R}^N}uf(u)\mathrm{d}x - 2N\int_{\mathbb{R}^N}F(u)\mathrm{d}x = 0,$$

$$\int_{\mathbb{R}^N}-H(u)\mathrm{d}x = 0$$

和
$$\int_{\mathbb{R}^N} K(u)\mathrm{d}x = \int_{\mathbb{R}^N} uf(u)\mathrm{d}x - 2\int_{\mathbb{R}^N} F(u)\mathrm{d}x$$
$$= -\int_{\mathbb{R}^N} |\nabla u|^2 \mathrm{d}x + \frac{N-2}{N}\int_{\mathbb{R}^N} |\nabla u|^2 \mathrm{d}x$$
$$= -\frac{2}{N}\int_{\mathbb{R}^N} |\nabla u|^2 \mathrm{d}x \leqslant 0,$$

利用反证法就得定理 1.1 的结果.

注记 1.2　(i) 定理 1.1 在 $N=1$ 的情形下是不成立的. 这是因为当 $F \geqslant 0$ 时, (1.1) 仍存在解. 见文献 [S2] 及其引文.

(ii) 一般来说, 椭圆型方程 (1.1) 在伸缩变换

$$u(x) \longrightarrow u_\lambda = \lambda^m u(\lambda x), \quad m = \frac{N-2}{2}$$

下并不具有不变性. 然而, 如果非线性项满足

$$-NF(u) + \frac{N-2}{2}uf(u) = 0, \quad F'(u) = f(u), \tag{1.22}$$

即

$$F(u) = \mathrm{const} \cdot u^{\frac{2N}{N-2}},$$

则 (1.1) 在伸缩变换下保持不变. 在此情形下, 椭圆方程 (1.1) 对应的变分问题 (可以是光滑区域上的边值问题) 的解就恰好是达到最佳的 Sobolev 嵌入不等式

$$\|\varphi(x)\|_{\frac{2N}{N-2}} \leqslant C\|\nabla\varphi\|_2, \quad C = \text{最佳常数} \tag{1.23}$$

的 $\varphi(x)$. 具体证明可参见文献 [S2].

注记 1.3　如果假设 f 与 F 还显式地依赖于 x, 则可获得 (1.17) 的一个 Virial 等式, 即

$$0 = \int_{\mathbb{R}^N} \left\{ -NF(x,u) + \frac{N-2}{N}uf(x,u) - x \cdot \nabla F \right\} \mathrm{d}x$$
$$= \int_{\mathbb{R}^N} \left\{ -NF(x,u) + \frac{N-2}{N}uf(x,u) - r\frac{\partial F}{\partial r} \right\} \mathrm{d}x. \tag{1.24}$$

4. 反射变换 (inversion transformation)

众所周知, $\mathbb{R}^N$ 上的反射变换

$$V: \quad x \longrightarrow \frac{x}{|x|^2}$$

保持单位球面不变, 即 V 将球面 $|x|=1$ 变成球面 $|y|=|V(x)|=1$. 令 $v(x)=|x|^{2-N}u\left(\dfrac{x}{|x|^2}\right)$, 容易验证

$$\int_{\mathbb{R}^N}|\nabla u(y)|^2 \mathrm{d}y = \int_{\mathbb{R}^N}|\nabla v(x)|^2 \mathrm{d}x. \qquad (1.25)$$

一般地说, 具有 N 参数形式的反射变换

$$\begin{aligned} y &= V_a(x) = (VT_aV)(x) = VT_a\left(\dfrac{x}{|x|^2}\right) = V\left(\dfrac{x}{|x|^2}+a\right) \\ &= \dfrac{x+a|x|^2}{1+2a\cdot x+|a|^2|x|^2}. \end{aligned} \qquad (1.26)$$

它所诱导的乘子本质上就是

$$\left.\dfrac{\partial}{\partial \varepsilon}u(V_{\varepsilon a}(x))\right|_{\varepsilon=0} = |x|^2 a\cdot \nabla u - 2(a\cdot x)(x\cdot \nabla u). \qquad (1.27)$$

它对应的对偶算子是

$$Mu = -|x|^2 a\cdot \nabla u + 2(a\cdot x)(x\cdot \nabla u) + 2N(a\cdot x)u. \qquad (1.28)$$

不同于前面几个变换群, 直接将

$$[-\Delta u + f(u)]Mu$$

表示成散度形式的恒等式是很复杂的. 我们在下一节给出一般乘子所对应的守恒形式, 作为特例就可获得在反射变换作用下不变的守恒积分形式.

1.2 乘子方法与一般的变换群

本节将给出一个一般的乘子定理, 作为直接结果可以得到椭圆方程在共形变换下不变的守恒积分. 与此同时, 还可以得到在其他变换群作用下的椭圆方程对应的守恒等式. 另一方面, 我们还将证明保持 Laplace 算子不变的变换群一定是共形变换群.

定理 2.1 设

$$M = \sum_{i=1}^{N}\ell_i(x)\partial_i + p(x) = \ell(x)\cdot \nabla + p(x), \qquad (2.1)$$

$$q = -\dfrac{1}{2}\sum_{i=1}^{N}\dfrac{\partial \ell_i}{\partial x_i} + p(x) = -\dfrac{1}{2}\mathrm{div}\ell(x) + p(x). \qquad (2.2)$$

则对于任意的 $u(x) \in C^2(\mathbb{R}^N)$, 满足如下恒等式:

$$(-\Delta u + f(u))Mu = \sum_{i,j=1}^{N} \frac{\partial \ell_i}{\partial x_j}\partial_i u \partial_j u + q|\nabla u|^2 - \frac{1}{2}\Delta p u^2 + puf(u) - (\nabla \cdot \ell)F(u)$$

$$+ \nabla \cdot \left\{ -\nabla u Mu + \ell\left(\frac{|\nabla u|^2}{2} + F(u)\right) + \frac{1}{2}\nabla p u^2 \right\}. \tag{2.3}$$

证明 直接验算, 可见

$$\begin{aligned}(-\Delta u + f(u))Mu =& \nabla \cdot \{-\nabla u Mu\} + \nabla u \nabla(Mu) + f(u)\ell \cdot \nabla u + puf(u) \\ =& \nabla \cdot \{-\nabla u Mu\} + \nabla u \nabla(Mu) + \nabla \cdot (\ell F(u)) \\ & - (\nabla \cdot \ell)F(u) + puf(u).\end{aligned} \tag{2.4}$$

记

$$\ell_{ij} = \frac{\partial \ell_i}{\partial x_j}, \quad \ell_{ijk} = \frac{\partial^2 \ell_i}{\partial x_j \partial x_k}, \quad \cdots.$$

下面用对称化技术来计算 $\nabla u \nabla(Mu)$. 注意到

$$-\Delta = -\nabla^2 = -\text{divgrad} = B^*B, \quad B = \nabla = \text{grad}. \tag{2.5}$$

$$\begin{aligned}M^* =& \sum_{i=1}^{N} -\partial_i(\ell_i \cdot) + p(x) = -\sum_{i=1}^{N} \ell_i \partial_i - \sum_{i=1}^{N} \ell_{ii} + p \\ =& -\ell(x)\cdot\nabla - \text{div}\ell + p(x),\end{aligned} \tag{2.6}$$

$$M_a = \frac{M - M^*}{2} = \ell \cdot \nabla + \frac{1}{2}\text{div}\ell, \tag{2.7}$$

$$M_s = \frac{M + M^*}{2} = -\frac{1}{2}\text{div}\ell + p = -\frac{1}{2}\sum_{i=1}^{N}\ell_{ii} + p \stackrel{\triangle}{=} q. \tag{2.8}$$

这样, 在内积意义下, 考虑 $\nabla u \nabla(Mu)$ (最后一定要捡回散度部分, 尽管它在内积下是零), 经过简单计算就得到

$$\begin{aligned}(-\Delta u, Mu) =& (B^*Bu, Mu) = (Bu, BMu) \quad (\text{去掉 (2.4) 中已出现的散度项}) \\ =& (Bu, BM_a u) + (Bu, BM_s u) \\ =& (Bu, [B, M_a]u) + (Bu, BM_s u).\end{aligned} \tag{2.9}$$

最后一步用到

$$(Bu, M_a Bu) \stackrel{\triangle}{=} (v, M_a v) = \frac{1}{2}(v, Mv) - \frac{1}{2}(Mv, v) = 0, \tag{2.10}$$

相当于去掉了散度项

$$\nabla \cdot \left(\ell\left(\frac{|\nabla u|^2}{2}\right)\right). \tag{2.11}$$

由交换子的定义, 易见

$$
\begin{aligned}
[B, M_a] &= \partial_j \sum_{i=1}^N \left(\ell_i \partial_i + \frac{1}{2}\ell_{ii}\right) - \sum_{i=1}^N \left(\ell_i \partial_i + \frac{1}{2}\ell_{ii}\right)\partial_j \\
&= \sum_{i=1}^N \left(\ell_{ij}\partial_i + \frac{1}{2}\ell_{iij}\right).
\end{aligned} \tag{2.12}
$$

注意到 $BM_s u = \partial_j(qu)$, 容易推出

$$
\begin{aligned}
(-\Delta u, Mu) &= \sum_{j=1}^N \int_{\mathbb{R}^N} \left[\sum_{i=1}^N \left(\ell_{ij}\partial_i u + \frac{1}{2}\ell_{iij}u\right) + \partial_j(qu)\right]\partial_j u \,\mathrm{d}x \\
&= \int_{\mathbb{R}^N}\left[\sum_{i,j=1}^N \left(\ell_{ij}\partial_i u \partial_j u + \frac{1}{2}\ell_{iij}u\partial_j u\right) + q|\nabla u|^2 + \sum_{j=1}^N \frac{1}{2}\partial_j q \partial_j u^2\right]\mathrm{d}x \\
&= \int_{\mathbb{R}^N}\left[\sum_{i,j=1}^N \left(\ell_{ij}\partial_i u \partial_j u + \frac{1}{4}\partial_j(\ell_{iij}u^2) - \frac{1}{4}\ell_{iijj}u^2\right)\right. \\
&\quad \left. + \sum_{j=1}^N \left(\frac{1}{2}\partial_j(u^2\partial_j q) - \frac{1}{2}u^2\partial_{jj}q\right) + q|\nabla u|^2\right]\mathrm{d}x \\
&= \int_{\mathbb{R}^N}\left[\sum_{i,j=1}^N \ell_{ij}\partial_i u \partial_j u + q|\nabla u|^2 - \frac{1}{2}\Delta p u^2\right]\mathrm{d}x.
\end{aligned} \tag{2.13}
$$

这里去掉了散度项

$$\frac{1}{2}\partial_j(u^2\partial_j q) + \frac{1}{4}\partial_j(\ell_{iij}u^2) = \frac{1}{2}\nabla\cdot(\nabla p u^2). \tag{2.14}$$

将 (2.9)~(2.14) 代入 (2.4), 就得恒等式 (2.3).

Morawetz-Pohožaev 恒等式 一个重要的乘子源于径向导数 $\dfrac{\partial}{\partial r} = \dfrac{x}{|x|}\cdot\nabla$. 显然, 对于椭圆方程 (1.1) 而言, 它不是不变的乘子. 考虑它的反称部分 (由 (2.7) 容易算出):

$$Mu = \frac{\partial u}{\partial r} + \frac{N-1}{2r}u = \sum_{i=1}^N \ell_i \partial_i u + \frac{1}{2}\sum_{i=1}^N \ell_{ii}u = \ell\cdot\nabla u + pu, \tag{2.15}$$

与标准的记号对应, 可得

$$\ell = \frac{x}{r}\left(\ell_i = \frac{x_i}{r},\ i=1,2,\cdots,N\right), \qquad p(x) = \frac{N-1}{2r}. \tag{2.16}$$

直接计算就得

$$\ell_{ij} = \frac{\partial \ell_i}{\partial x_j} = \frac{\partial}{\partial x_j}\left(\frac{x_i}{r}\right) = \frac{\delta_{ij}}{r} - \frac{x_i x_j}{r^3}, \quad \nabla\cdot\ell = \sum_{i=1}^N \frac{\partial \ell_i}{\partial x_i} = \frac{N-1}{r}, \tag{2.17}$$

$$q = M_s = -\frac{1}{2}\sum_{i=1}^{N}\frac{\partial \ell_i}{\partial x_i} + p = -\frac{N-1}{2r} + \frac{N-1}{2r} = 0, \qquad (2.18)$$

$$\nabla p = \frac{N-1}{2}\nabla\left(\frac{1}{r}\right) = -\frac{N-1}{2}\frac{x}{r^3}, \qquad (2.19)$$

$$\Delta p = \frac{N-1}{2}\Delta\left(\frac{1}{r}\right) = -\frac{(N-1)(N-3)}{2r^3}. \qquad (2.20)$$

特别, 当 $N=3$, $-\Delta p = 4\pi\delta(0)$, M_s 表示径向算子的对称部分. 现将 (2.16)~(2.20) 代入 (2.3), 就得

$$\begin{aligned}[-\Delta u + f(u)]Mu = &\nabla \cdot \left(-\nabla u Mu + \frac{x}{r}\left(\frac{|\nabla u|^2}{2} + F(u)\right) - \frac{N-1}{4}\frac{x}{r^3}|u|^2\right)\\
&+ \frac{|\nabla u|^2 - u_r^2}{r} + \frac{(N-1)(N-3)}{4r^3}u^2\\
&+ \frac{N-1}{2r}(uf(u) - 2F(u)). \end{aligned} \qquad (2.21)$$

积分上式, 并利用散度定理就得

$$\begin{aligned}(-\Delta u + f(u), Mu) =& \int_{\mathbb{R}^N}(|\nabla u|^2 - u_r^2)\frac{\mathrm{d}x}{r} + \frac{(N-1)(N-3)}{4}\int_{\mathbb{R}^N}\frac{u^2}{r^3}\mathrm{d}x\\
&+ \frac{N-1}{2}\int_{\mathbb{R}^N}(uf(u) - 2F(u))\frac{\mathrm{d}x}{r}, \quad N \geqslant 4, \end{aligned}$$

$$\begin{aligned}(-\Delta u + f(u), Mu) =& 2\pi|u(0)|^2 + \int_{\mathbb{R}^3}(|\nabla u|^2 - u_r^2)\frac{\mathrm{d}x}{r}\\
&+ \int_{\mathbb{R}^3}(uf(u) - 2F(u))\frac{\mathrm{d}x}{r}, \quad N = 3. \end{aligned} \qquad (2.22)$$

由椭圆方程的平移不变性, 可见

$$\begin{aligned}(-\Delta u + f(u), Mu) =& 2\pi|u(x)|^2 + \int_{\mathbb{R}^3}(|\nabla u|^2 - u_r^2)\frac{\mathrm{d}x}{r}\\
&+ \int_{\mathbb{R}^3}(uf(u) - 2F(u))\frac{\mathrm{d}x}{r}, \quad N = 3. \end{aligned} \qquad (2.23)$$

(2.22), (2.23) 就是著名的 Morawetz-Pohožaev 恒等式. 虽然乘子 Mu(即 $\partial_r u$ 的反称部分) 关于椭圆方程 (1.1) 不是不变的乘子, 然而, Morawetz-Pohožaev 恒等式的右边全部是非负的项, 这一点对于我们建立整体的估计或其他的先验估计是非常重要的.

注记 2.1 (i) 容易看出, 在利用散度定理推导 (2.22) 及 (2.23) 过程中, 最强的奇性源于

$$\frac{1}{2}\nabla \cdot (u^2 \nabla p) = -\frac{N-1}{4}\nabla \cdot \left(\frac{x}{r^3}u^2\right). \qquad (2.24)$$

显然
$$\left|\nabla \cdot \left(\frac{x}{r^3}\right)\right| = O(r^{-3}), \qquad r \longrightarrow 0, \quad N \geqslant 4. \tag{2.25}$$

因此
$$\frac{1}{2}\int_{\mathbb{R}^N} \nabla \cdot (\nabla p u^2) \mathrm{d}x = 0, \quad N \geqslant 4. \tag{2.26}$$

(ii) 当 $N = 1, 2$ 时, (2.26) 的积分显然是发散的.

(iii) 当 $N = 3$ 时, 利用
$$-\frac{N-1}{4}\Delta p = -\frac{1}{2}\Delta\left(\frac{1}{r}\right) = 2\pi\delta(0) \tag{2.27}$$

就可推出 (2.23).

(iv) 作为 (2.22) 或 (2.23) 的直接推论, 就得到了定理 1.1 (e) 的另一种证明.

定理 2.2 设 $N \geqslant 3$, 记满足
$$(\Delta u, Mu) = 0 \tag{2.28}$$

的全体一阶偏微分算子 M 的集合是 $\mathcal{A}$, 则 $\mathcal{A}$ 由平移 (translation) 变换、旋转 (rotation) 变换、伸缩 (dilation) 变换及反射 (inversion) 变换的母元所构成, 且
$$\dim\mathcal{A} = \frac{N^2 + 3N + 2}{2} = \frac{(N+1)(N+2)}{2}. \tag{2.29}$$

证明 记 $M = \sum_{i=1}^N \ell_i(x)\partial_i + p(x) = \ell(x) \cdot \nabla + p(x)$, 直接验算就得
$$(-\Delta u, Mu) = \int_{\mathbb{R}^N}\left[\sum_{i,j=1}^N \ell_{ij}\partial_i u\partial_j u + q|\nabla u|^2 - \frac{1}{2}\Delta p u^2\right]\mathrm{d}x. \tag{2.30}$$

故 M 关于 Laplace 算子是不变乘子的充要条件是
$$\begin{cases} \ell_{ij} + \ell_{ji} = 0, & i \neq j, \\ \ell_{ii} + q = 0, & \forall i = 1, \cdots, N, \\ \Delta p = 0. \end{cases} \tag{2.31}$$

显然, (2.31) 中的前两个式子含 $N+1$ 个未知函数, 共有 $\dfrac{N(N+1)}{2}$ 个方程. 现仍然采用定理 2.1 及其证明中所用的记号, 即
$$q_j = \frac{\partial q}{\partial x_j}, \quad q_{ij} = \frac{\partial^2 q}{\partial x_i \partial x_j}, \cdots; \ell_{ij} = \frac{\partial \ell_i}{\partial x_j}, \quad \ell_{ijk} = \frac{\partial^2 \ell_i}{\partial x_j \partial x_k}, \cdots. \tag{2.32}$$

第一步. 首先证明 $\Delta p = 0$ 是多余的条件 (由前面的方程所蕴涵). 直接验算可得

$$q_{ii} = -\ell_{jjii} = -\ell_{jiij} = \ell_{ijij} = \ell_{iijj} = -q_{jj}, \tag{2.33}$$

$$q_{ii} = -q_{jj} = q_{kk} = -q_{ii}, \quad \forall 1 \leqslant i, j, k \leqslant N. \tag{2.34}$$

由此推出

$$q_{ii} = 0, \quad \forall 1 \leqslant i \leqslant N. \tag{2.35}$$

注意到

$$q = -\frac{1}{2}\sum_{i=1}^{N} \ell_{ii} + p, \quad q = -\ell_{ii}, \quad \forall 1 \leqslant i \leqslant N,$$

就得

$$p = -\frac{N-2}{2}q \Longrightarrow \Delta p = 0. \tag{2.36}$$

第二步. 证明 $q_{ij} = 0$. 注意到

$$\ell_{ijk} = -\ell_{jik} = -\ell_{jki} = \ell_{kji} = \ell_{kij} = -\ell_{ikj} = -\ell_{ijk},$$

说明 $\ell_{ijk} = 0$. 因此, 就推出

$$q_{ij} = -\ell_{kkij} = -\ell_{kikj} = \ell_{ikkj} = \ell_{ikjk} = 0, \tag{2.37}$$

这说明 $\nabla q_i = 0$. 故令 $q_i = -\alpha_i$, 从而

$$\ell_{jj} = -q = \sum_{i=1}^{N} \alpha_i x_i + \beta. \tag{2.38}$$

第三步. $\ell(x)$ 的构造技术. 积分 (2.38) 且定义 $f_j(x)$ 满足

$$\ell_j(x) = x_j \sum_{i=1}^{N} \alpha_i x_i - \frac{1}{2}\alpha_j \sum_{i=1}^{N} x_i^2 + \beta x_j + f_j(x). \tag{2.39}$$

显然, $f_{jj} = 0$ 且

$$f_{jk} = \ell_{jk} - \alpha_k x_j + \alpha_j x_k, \quad k \neq j. \tag{2.40}$$

换个记号, 就推得

$$f_{kj} = \ell_{kj} - \alpha_j x_k + \alpha_k x_j = -\ell_{jk} + \alpha_j x_k - \alpha_j x_k = -f_{jk}, \quad k \neq j.$$

因此

$$f_j(x) = \sum_{k=1}^{N} \gamma_{jk} x_k + \delta_j, \quad \gamma_{jk} = -\gamma_{kj}, \quad \delta_j = 常数, \quad 1 \leqslant j \leqslant N. \tag{2.41}$$

1.2 乘子方法与一般的变换群

将上式代入 (2.39), 可得

$$\ell_j(x) = x_j \sum_{i=1}^{N} \alpha_i x_i - \frac{1}{2}\alpha_j \sum_{i=1}^{N} x_i^2 + \beta x_j + \sum_{k=1}^{N} \gamma_{jk} x_k + \delta_j, \quad 1 \leqslant j \leqslant N, \tag{2.42}$$

或

$$\ell(x) = (\alpha \cdot x)x - \frac{1}{2}\alpha|x|^2 + \beta x + \Gamma x + \delta, \tag{2.43}$$

这里 $\ell(x), \alpha$ 及 δ 是 N 维向量, Γ 是一个反称矩阵. 于是

$$\dim \mathcal{A} = N + 1 + \frac{N(N-1)}{2} + N = \frac{(N+1)(N+2)}{2}. \tag{2.44}$$

第四步. 重新改写在共形变换群作用下的乘子 M. 注意到

$$p = q + \frac{1}{2}\sum_{i=1}^{N} \ell_{ii} = \frac{2-N}{2}q = -\frac{N-2}{2}q, \quad \nabla p = -\frac{N-2}{2}\nabla q = \frac{N-2}{2}\alpha, \tag{2.45}$$

推知

$$M = \ell \cdot \nabla + \frac{2-N}{2}q = \ell \cdot \nabla - \frac{N-2}{2}q. \tag{2.46}$$

重新表示椭圆方程 (1.1) 在共形变换群作用下的守恒积分为 (2.3) 的特殊形式:

$$(-\Delta u + f(u))Mu = \left(1 - \frac{N}{2}\right)quf(u) + NqF(u)$$
$$+ \sum_{j=1}^{N} \frac{\partial}{\partial x_j}\left\{-\frac{\partial u}{\partial x_j}Mu + \ell_j\left(\frac{1}{2}|\nabla u|^2 + F(u)\right) + \frac{N-2}{4}\alpha_j u^2\right\}. \tag{2.47}$$

应用 1 (平移变换群) 取 $\Gamma = 0, \alpha = 0, \beta = 0, \delta = e_k = (0, \cdots, 1, 0, \cdots, 0)$. 这样推得

$$\ell = e_k, q = 0, p = 0 \Longrightarrow Mu = \partial_k u.$$

将这些参数代入 (2.47) 就得

$$0 = \left\{-u_k^2 + \frac{1}{2}|\nabla u|^2 + F(u)\right\}_k + \sum_{j \neq k}\{-u_j u_k\}_j. \tag{2.48}$$

应用 2 (旋转变换) 取 $\gamma_{jk} = 1 = -\gamma_{kj}$, 矩阵中的其他元素为零, $\alpha = 0, \beta = 0, \delta = 0$. 这样, $M = x_k \partial_j - x_j \partial_k, \ell = (0, \cdots, 0, x_k, 0, \cdots, 0, -x_j, 0, \cdots, 0)$(不妨设 $j < k$). 由此推得

$$q = -\ell_{kk} = -\frac{\partial(-x_j)}{\partial x_k} = 0 = -\frac{\partial x_k}{\partial x_j} = -\ell_{jj}, \quad p = 0.$$

将这些参数代入 (2.47) 就得

$$\nabla \cdot \{-(x_k\partial_j - x_j\partial_k)u\nabla u\} + \left\{x_k\left(\frac{|\nabla u|^2}{2} + F(u)\right)\right\}_j - \left\{x_j\left(\frac{|\nabla u|^2}{2} + F(u)\right)\right\}_k = 0. \tag{2.49}$$

应用 3 (伸缩变换) 取 $\Gamma = 0$, $\alpha = 0$, $\delta = 0$, $\beta = 1$. 此时, $M = x \cdot \nabla + \dfrac{N-2}{2}$, $\ell(x) = x$, 故

$$q = -\ell_{ii} = -1, \quad p = \left(1 - \frac{N}{2}\right)q = \frac{N-2}{2}.$$

将这些参数代入 (2.47) 就得到

$$0 = \frac{N-2}{2}uf(u) - NF(u) \\ + \nabla \cdot \left\{-(x \cdot \nabla)u\nabla u + \frac{1}{2}x|\nabla u|^2 - \frac{N-2}{2}u\nabla u + xF(u)\right\}. \tag{2.50}$$

应用 4 (反射变换) 我们考虑保持 Laplace 算子不变的一般形式的乘子. 取 $\alpha = 2a$, $\Gamma = 0$, $\delta = 0$, $\beta = 0$. 此时, $\ell = 2(a \cdot x)x - a|x|^2$, 故

$$q = -\ell_{kk} = -2\sum_{i=1}^{N}a_ix_i = -2(a \cdot x), \quad p = \frac{2-N}{2}q = (N-2)(a \cdot x) \tag{2.51}$$

及

$$Mu = -|x|^2(a \cdot \nabla)u + 2(a \cdot x)(x \cdot \nabla u) + (N-2)(a \cdot x)u. \tag{2.52}$$

特别, 取 $\alpha_k = 2$, $\alpha_j = 0$, $j \neq k$. 此时, $a_k = 1$,

$$\ell = 2x_k x - |x|^2 e_k = \left(x_k^2 - \sum_{i \neq k}x_i^2\right)e_k + \sum_{j \neq k}2x_kx_j e_j \\ = \left(x_k^2 - \sum_{i \neq k}x_i^2\right)e_k + 2x_k\tilde{e}_k, \quad \tilde{e}_k = (1, \cdots, 1) - e_k. \tag{2.53}$$

故

$$q = -\ell_{kk} = -2x_k, \quad p = \frac{2-N}{2}q = (N-2)x_k \tag{2.54}$$

及

$$Mu = \left(x_k^2 - \sum_{i \neq k}x_i^2\right)\partial_k u + 2x_k\sum_{i \neq k}x_i\partial_i u + (N-2)x_k u. \tag{2.55}$$

将这些参数代入 (2.47) 就得

$$0 = (N-2)x_k uf(u) - 2Nx_k F(u) + \nabla \cdot \left\{-\left[\left(x_k^2 - \sum_{i \neq k}x_i^2\right)\partial_k u + 2x_k\sum_{i \neq k}x_i\partial_i u\right.\right.$$

$$+ (N-2)x_k u \Big] \nabla u \Big\} + \left\{ \left(x_k^2 - \sum_{i \neq k} x_i^2 \right) \left(\frac{1}{2}|\nabla u|^2 + F(u) \right) \right\}_k$$

$$+ \sum_{j \neq k} \left\{ 2x_k x_j \left(\frac{1}{2}|\nabla u|^2 + F(u) \right) \right\}_j + \left\{ \frac{N-2}{2} u^2 \right\}_k. \tag{2.56}$$

在处理波方程时，需要 ℓ 的分量表示式

$$\ell_k = \left(x_k^2 - \sum_{i \neq k} x_i^2 \right), \qquad \ell_j = 2x_k x_j, \quad k \neq j. \tag{2.57}$$

注记 2.2　欲使共形变换群的母元对应着 Laplace 方程 (1.1) 的不变乘子，可能的情形是

(i) $q = 0$. 对应着 $\ell_{ii} = -q = 0$, $1 \leqslant i \leqslant N$. 根据 (2.38) 有

$$\ell_{ii} = \sum_{j=1}^{N} \alpha_j x_j + \beta = 0.$$

由此就推出 $\alpha = 0$ 和 $\beta = 0$. 从 (2.43) 就知，此时 M 对应着平移变换群与旋转变换群.

(ii) $q \neq 0$. 对应着

$$\left(1 - \frac{N}{2} \right) q u f(u) + N q F(u) = 0,$$

这对应着非线性项是临界增长的情形，即

$$F(u) = C u^{\frac{2N}{N-2}}, \qquad C \text{ 是常数}. \tag{2.58}$$

1.3　非线性波方程以及 Klein-Gordon 方程的不变量

考虑非线性 Klein-Gordon 方程

$$u_{tt} - \Delta u + m^2 u + f(u) = 0, \quad m \in \mathbb{R}, \quad (t,x) \in \mathbb{R} \times \mathbb{R}^n. \tag{3.1}$$

当 $m = 0$ 时，(3.1) 就对应着非线性波动方程. 本节的目的是通过变换

$$\begin{cases} x \longrightarrow (x_1, \cdots, x_n, x_{n+1}) \stackrel{\triangle}{=} \tilde{x}, \quad N = n+1, \quad x_{n+1} = \mathrm{i}t, \\ f(u) \longrightarrow m^2 u + f(u) \stackrel{\triangle}{=} \tilde{f}(u), \end{cases} \tag{3.2}$$

于是

$$\partial_{n+1} = \frac{\partial}{\partial x_{n+1}} = -\mathrm{i}\frac{\partial}{\partial t} = -\mathrm{i}\partial_t. \tag{3.3}$$

将前两节得到的在各种变换群作用下的不变性 (用散度形式给出) 应用到非线性波方程以及 Klein-Gordon 方程, 就可以获得动量守恒、角动量守恒、能量守恒、Morawetz 的反射与共形恒等式及经典的 Morawetz 估计, 这些在非线性波方程以及 Klein-Gordon 方程 Cauchy 问题整体适定性及散射性的研究中起着极其重要的作用.

下面将欧氏空间 $\mathbb{R}^{n+1}$ 中 Laplace 方程 (1.1) 在不同变换群下的不变性转化成非线性波方程以及 Klein-Gordon 方程对应的不变形式, 两边关于空间变量积分, 就可以得到我们熟知的守恒律与守恒积分.

(a) 关于时间变量的平移变换. 在 (1.11) 或 (2.48) 中取 $k = n+1$, 将其中 $n+1$ 空间的 ∇_{n+1} 分解成 $\partial_{n+1} = -\mathrm{i}\partial_t$ 与 n 维欧氏空间的 ∇, 并注意到

$$N = n+1, \quad x_{n+1} = \mathrm{i}t, \quad \partial_{n+1} = -\mathrm{i}\partial_t \tag{3.4}$$

及 $Mu = \partial_{n+1} u = -\mathrm{i}\partial_t u$, 就得

$$\begin{aligned}
0 &= \left\{ -u_{n+1}^2 + \frac{1}{2}|\nabla u|^2 + \frac{1}{2}|u_{n+1}|^2 + \tilde{F}(u) \right\}_{n+1} + \sum_{j \neq n+1} \{-u_j u_{n+1}\}_j \\
&= -\mathrm{i}\left\{ \frac{1}{2}u_t^2 + \frac{1}{2}|\nabla u|^2 + \frac{1}{2}m^2|u|^2 + F(u) \right\}_t + \mathrm{i}\nabla \cdot \{\nabla u u_t\},
\end{aligned} \tag{3.5}$$

这里 $\tilde{F}(u) = \dfrac{m^2}{2}u^2 + F(u)$. 消去 i 且在 (3.5) 的两边关于空间变量积分就得能量守恒律:

$$\begin{aligned}
E(u, \mathbb{R}^n, t) &\triangleq \int_{\mathbb{R}^n} e(u)\mathrm{d}x = \int_{\mathbb{R}^n} \left\{ \frac{1}{2}u_t^2 + \frac{1}{2}|\nabla u|^2 + \frac{1}{2}m^2|u|^2 + F(u) \right\}\mathrm{d}x \\
&= E(u, \mathbb{R}^n, 0) = \text{const}.
\end{aligned} \tag{3.6}$$

注记 3.1 能量守恒律 (3.6) 也可以直接用乘子 $Mu = \partial_t u$ 乘以 (3.1) 的两边, 然后在 $\mathbb{R}^n$ 上积分得到. 下面的各个守恒积分自然也可以通过 (3.1) 乘以相应的乘子得到 (相差一个常数因子不影响所得的守恒律或守恒积分). 这里所强调的是可以用一个统一的方法来获得各种偏微分方程的对称, 特别是波动型方程、色散型方程的守恒律或守恒积分.

(b) 关于空间变量的平移变换. 在 (1.11) 或 (2.48) 中取 $1 \leqslant k \leqslant n$, 类同于能量等式的推导, 在 $\mathbb{R}^n$ 中积分, 注意利用 (3.4) 就得

$$\int_{\mathbb{R}^n} \{-u_{n+1}u_k\}_{x_{n+1}}\mathrm{d}x = -\mathrm{i}\int_{\mathbb{R}^n} \{\mathrm{i}u_t u_k\}_t \mathrm{d}x = 0, \quad 1 \leqslant k \leqslant n, \tag{3.7}$$

即动量守恒律

$$\int_{\mathbb{R}^n} u_t u_k \mathrm{d}x = \text{const}, \quad 1 \leqslant k \leqslant n. \tag{3.8}$$

1.3 非线性波方程以及 Klein-Gordon 方程的不变量

当然, 动量守恒律也可以直接用 $Mu = u_k$ 乘以 (3.1) 的两边, 然后在 $\mathbb{R}^n$ 上积分得到.

(c) Lorentz 变换.

情形 1. 若 $1 \leqslant j, k \leqslant n$, $M = x_k\partial_j - x_j\partial_k$. 则对应着空间变量的旋转变换 (rotation transformation) 的母元. 利用 (3.4), 在 (1.14) 或 (2.49) 将其中 $n+1$ 空间的 ∇_{n+1} 分解成 $\partial_{n+1} = -\mathrm{i}\partial_t$ 与 n 维欧氏空间的 ∇, 在 $\mathbb{R}^n$ 中积分就得

$$\int_{\mathbb{R}^n} \partial_{x_{n+1}}\{(-x_k u_j + x_j u_k)u_{n+1}\}\mathrm{d}x = -\int_{\mathbb{R}^n} \partial_t\{(-x_k u_j + x_j u_k)u_t\}\mathrm{d}x = 0.$$

从而推出角动量守恒律公式:

$$\int_{\mathbb{R}^n} (x_k u_j - x_j u_k)u_t \mathrm{d}x = \mathrm{const}, \quad \text{其中 } u_j = \frac{\partial u}{\partial x_j}. \tag{3.9}$$

情形 2. 若 $1 \leqslant j \leqslant n$, $k = n+1$ 时, $M = x_{n+1}\partial_j - x_j\partial_{n+1} = \mathrm{i}(t\partial_j + x_j\partial_t)$. 用时空空间的记号, M 与 Lorentz 变换:

$$\begin{cases} x'_1 = x_1, \\ \cdots\cdots \\ x'_j = t\sinh\tau + x_j\cosh\tau, \\ x'_{j+1} = x_{j+1}, \\ \cdots\cdots \\ x'_n = x_n, \\ t' = t\cosh\tau + x_j\sinh\tau, \end{cases}$$

对应的生成元相差 i. 同前面相同的方法, 容易推出

$$0 = \int_{\mathbb{R}^n} \partial_{x_{n+1}}\{(-x_{n+1}u_j + x_j u_{n+1})u_{n+1}\}\mathrm{d}x$$
$$- \int_{\mathbb{R}^n}\left\{x_j\left(\frac{1}{2}|\nabla u|^2 + \frac{1}{2}|u_{n+1}|^2 + \frac{1}{2}m^2|u|^2 + F(u)\right)\right\}_{n+1}\mathrm{d}x.$$

整理即得

$$\int_{\mathbb{R}^n} (x_j e(u) + t u_j u_t)\mathrm{d}x = \mathrm{const}, \quad 1 \leqslant j \leqslant n. \tag{3.10}$$

(d) 伸缩变换. 注意将 $n+1$ 空间的 ∇_{n+1} 分解成 $\partial_{n+1} = -\mathrm{i}\partial_t$ 与 n 维欧氏空间的 ∇, 相应的乘子

$$M = x_{n+1}\partial_{x_{n+1}} + x \cdot \nabla + \frac{n-1}{2} = t\partial_t + x \cdot \nabla + \frac{n-1}{2}.$$

整理 (2.50) 并在 $\mathbb{R}^n$ 中积分就得

$$\frac{1}{2}\int_{\mathbb{R}^n} H(u)\mathrm{d}x + \frac{\mathrm{d}}{\mathrm{d}x_{n+1}}\int_{\mathbb{R}^n}\left\{\left(-x_{n+1}\partial_{x_{n+1}}u - x\cdot\nabla u\right)\partial_{x_{n+1}}u + \frac{1}{2}x_{n+1}|u_{n+1}|^2\right.$$
$$\left.+\frac{1}{2}x_{n+1}|\nabla u|^2 - \frac{n-1}{2}u\partial_{x_{n+1}}u + \frac{1}{2}x_{n+1}m^2u^2 + x_{n+1}F(u)\right\}\mathrm{d}x = 0.$$

这里用到 $(n-1)m^2u^2 - (n+1)m^2u^2 = -2m^2u^2$ 及

$$H(u) = (n-1)uf(u) - 2(n+1)F(u) - 2m^2u^2. \tag{3.11}$$

整理上面积分式就得

$$\frac{1}{2}\int_{\mathbb{R}^n} H(u)\mathrm{d}x + \frac{\mathrm{d}}{\mathrm{d}t}\int_{\mathbb{R}^n}\left\{(tu_t + x\cdot\nabla u)u_t - \frac{1}{2}tu_t^2 + \frac{1}{2}t|\nabla u|^2\right.$$
$$\left.+\frac{n-1}{2}uu_t + \frac{t}{2}m^2u^2 + tF(u)\right\}\mathrm{d}x = 0.$$

即

$$\frac{1}{2}\int_{\mathbb{R}^n} H(u)\mathrm{d}x + \frac{\mathrm{d}}{\mathrm{d}t}\int_{\mathbb{R}^n}\left(te(u) + ru_r u_t + \frac{n-1}{2}uu_t\right)\mathrm{d}x = 0, \tag{3.12}$$

这就是 Morawetz 的伸缩恒等式.

(e) 反射变换与共形恒等式.

情形 1. 考虑 $k = n+1$ 的情形. 此时

$$Mu = \left(x_{n+1}^2 - \sum_{i\neq n+1}x_i^2\right)\partial_{x_{n+1}}u + 2x_{n+1}\sum_{i\neq n+1}x_i\partial_i u + (n-1)x_{n+1}u$$
$$=\mathrm{i}(t^2 + |x|^2)u_t + 2\mathrm{i}tx\cdot\nabla u + (n-1)\mathrm{i}tu. \tag{3.13}$$

类似于前面的方法, 注意到 (3.11), 整理 (2.56) 并在 $\mathbb{R}^n$ 中积分就得

$$0 = x_{n+1}\int_{\mathbb{R}^n} H(u)\mathrm{d}x - \int_{\mathbb{R}^n}\partial_{x_{n+1}}\left\{\left[\left(x_{n+1}^2 - \sum_{i\neq n+1}x_i^2\right)\partial_{x_{n+1}}u\right.\right.$$
$$\left.\left.+ 2x_{n+1}\sum_{i\neq n+1}x_i\partial_i u + (n-1)x_{n+1}u\right]\partial_{x_{n+1}}u\right\}\mathrm{d}x + \int_{\mathbb{R}^n}\left\{\left(x_{n+1}^2 - \sum_{i\neq n+1}x_i^2\right)\right.$$
$$\left.\times\left(\frac{1}{2}u_{x_{n+1}}^2 + \frac{1}{2}|\nabla u|^2 + \frac{1}{2}m^2|u|^2 + F(u)\right) + \frac{n-1}{2}u_{x_{n+1}}^2\right\}\mathrm{d}x$$

或

$$0 = t\int_{\mathbb{R}^n} H(u)\mathrm{d}x + \frac{\mathrm{d}}{\mathrm{d}t}\int_{\mathbb{R}^n}\left\{[(t^2+|x|^2)u_t + 2tx\cdot\nabla u + (n-1)tu]u_t\right\}\mathrm{d}x$$

1.3 非线性波方程以及 Klein-Gordon 方程的不变量

$$+ \frac{d}{dt}\int_{\mathbb{R}^n}\left\{(t^2+|x|^2)\left(-\frac{1}{2}u_t^2+\frac{1}{2}|\nabla u|^2+\frac{1}{2}m^2|u|^2+F(u)\right)-\frac{n-1}{2}u^2\right\}dx.$$

进一步整理就是

$$0 = t\int_{\mathbb{R}^n}H(u)dx + \frac{d}{dt}\int_{\mathbb{R}^n}\left\{(t^2+|x|^2)e(u)+2tru_ru_t+(n-1)tuu_t-\frac{n-1}{2}u^2\right\}dx. \tag{3.14}$$

这就是 Morawetz 的反射恒等式. 若引入共形能量密度

$$e_d = (t^2+|x|^2)e(u)+2tru_ru_t+(n-1)tuu_t-\frac{n-1}{2}u^2, \tag{3.15}$$

则 (3.14) 可以改写成

$$\frac{d}{dt}\int_{\mathbb{R}^n}e_d dx = -t\int_{\mathbb{R}^n}H(u)dx. \tag{3.16}$$

用 $\cong$ 表示在相差一个散度项 (关于空间变量) 的意义相等, 则共形能量密度 e_d 可以改写成如下有用的形式:

$$\begin{aligned}e_d \cong{}& \frac{1}{4}(t+r)^2\left(u_t+u_r+\frac{n-1}{2r}u\right)^2+\frac{1}{4}(t-r)^2\left(u_t-u_r-\frac{n-1}{2r}u\right)^2\\&+\frac{1}{2}(t^2+r^2)(|\nabla u|^2-u_r^2)+\frac{(n-1)(n-3)}{4r^2}u^2\\&+(t^2+r^2)\left(\frac{1}{2}m^2u+F(u)\right).\end{aligned} \tag{3.17}$$

情形 2. 考虑 $1\leqslant k\leqslant n$ 的情形. 此时

$$\begin{aligned}Mu ={}& (x_k^2+t^2-|x|^2+x_k^2)u_k+2x_ktu_t+2x_k\sum_{i\neq k}x_i\partial_iu+(n-1)x_ku\\={}& 2x_ktu_t+(t^2+2x_k^2-r^2)u_k+2x_k\sum_{i\neq k}x_i\partial_iu+(n-1)x_ku.\end{aligned} \tag{3.18}$$

类似于前面的方法, 整理 (2.56) 并在 $\mathbb{R}^n$ 中积分就得

$$\begin{aligned}0 ={}& \int_{\mathbb{R}^n}x_kH(u)dx-\int_{\mathbb{R}^n}\partial_{x_{n+1}}\bigg\{\bigg[2x_ktu_t+(t^2+2x_k^2-r^2)u_k\\&+2x_k\sum_{i\neq k}x_i\partial_iu+(n-1)x_ku\bigg]\partial_{x_{n+1}}u\bigg\}dx\\&+\int_{\mathbb{R}^n}\left\{2x_kx_{n+1}\left(\frac{1}{2}u_{x_{n+1}}^2+\frac{1}{2}|\nabla u|^2+\frac{1}{2}m^2|u|^2+F(u)\right)\right\}_{x_{n+1}}dx\end{aligned}$$

或

$$0 = \int_{\mathbb{R}^n}x_kH(u)dx+\frac{d}{dt}\int_{\mathbb{R}^n}\bigg\{\bigg[2x_ktu_t+(t^2+2x_k^2-r^2)u_k$$

$$+ 2x_k \sum_{i \neq k} x_i \partial_i u + (n-1)x_k u \Big] u_t \Big\} \mathrm{d}x$$
$$+ \frac{\mathrm{d}}{\mathrm{d}t} \int_{\mathbb{R}^n} \Big\{ 2x_k t \Big(-\frac{1}{2}u_t^2 + \frac{1}{2}|\nabla u|^2 + \frac{1}{2}m^2|u|^2 + F(u) \Big) \Big\} \mathrm{d}x.$$

进一步整理就是

$$0 = \int_{\mathbb{R}^n} x_k H(u)\mathrm{d}x + \frac{\mathrm{d}}{\mathrm{d}t} \int_{\mathbb{R}^n} \Big\{ 2x_k t e(u) + (t^2 + 2x_k^2 - r^2)u_k u_t$$
$$+ 2x_k \sum_{i \neq k} x_i \partial_i u u_t + (n-1)x_k u u_t \Big\} \mathrm{d}x. \tag{3.19}$$

(3.19) 也是 Morawetz 发现的恒等式.

(f) Morawetz 恒等式. 注意到基本的等式

$$\frac{n-1}{r}f + \frac{\partial}{\partial r}f = \mathrm{div}\Big(\frac{x}{r}f\Big), \quad r = |x|$$

及

$$Mu = \frac{\partial u}{\partial r} + \frac{n-1}{2r}u,$$

就得

$$\begin{aligned} u_{tt} Mu &= \partial_t(u_t Mu) - u_t \Big(\frac{\partial u}{\partial r} + \frac{n-1}{2r}u\Big)_t \\ &= \partial_t(u_t Mu) - \Big(\frac{1}{2}\frac{\partial u_t^2}{\partial r} + \frac{n-1}{2r}u_t^2\Big) \\ &= \partial_t(u_t Mu) - \mathrm{div}\Big(\frac{x}{2r}u_t^2\Big). \end{aligned} \tag{3.20}$$

利用椭圆情形的 Morawetz-Pohožaev 恒等式 (2.21), 即

$$\begin{aligned} &[\Box u + f(u)]Mu \\ &= \partial_t(u_t Mu) + \nabla \cdot \Big\{ -\nabla u Mu + \frac{x}{r}\Big(-\frac{1}{2}u_t^2 + \frac{|\nabla u|^2}{2} + \frac{1}{2}m^2|u|^2 + F(u) \Big) \\ &\quad - \frac{n-1}{4}\frac{x}{r^3}|u|^2 \Big\} + \frac{|\nabla u|^2 - u_r^2}{r} + \frac{(n-1)(n-3)}{4r^3}u^2 \\ &\quad + \frac{n-1}{2r}(uf(u) - 2F(u)). \end{aligned} \tag{3.21}$$

积分上式, 并利用散度定理就得 Morawetz 恒等式

$$0 = \frac{\mathrm{d}}{\mathrm{d}t}\int_{\mathbb{R}^n} u_t\Big(u_r + \frac{n-1}{2r}u\Big)\mathrm{d}x + \int_{\mathbb{R}^n}(|\nabla u|^2 - u_r^2)\frac{\mathrm{d}x}{r}$$

1.3 非线性波方程以及 Klein-Gordon 方程的不变量

$$+ \frac{(n-1)(n-3)}{4} \int_{\mathbb{R}^n} \frac{u^2}{r^3} \mathrm{d}x$$
$$+ \frac{n-1}{2} \int_{\mathbb{R}^n} (uf(u) - 2F(u)) \frac{\mathrm{d}x}{r}, \qquad n \geqslant 4. \tag{3.22}$$

特别, 当 $n = 3$ 时, 就是

$$0 = \frac{\mathrm{d}}{\mathrm{d}t} \int_{\mathbb{R}^3} u_t \left(u_r + \frac{1}{r}u\right) \mathrm{d}x + \int_{\mathbb{R}^3} (|\nabla u|^2 - u_r^2) \frac{\mathrm{d}x}{r} + 2\pi u^2(0, t)$$
$$+ \int_{\mathbb{R}^3} (uf(u) - 2F(u)) \frac{\mathrm{d}x}{r}, \qquad n = 3. \tag{3.23}$$

由平移不变性就得

$$0 = \frac{\mathrm{d}}{\mathrm{d}t} \int_{\mathbb{R}^3} u_t \left(u_r + \frac{1}{r}u\right) \mathrm{d}x + \int_{\mathbb{R}^3} (|\nabla u|^2 - u_r^2) \frac{\mathrm{d}x}{r} + 2\pi u^2(x, t)$$
$$+ \int_{\mathbb{R}^3} (uf(u) - 2F(u)) \frac{\mathrm{d}x}{r}, \qquad n = 3. \tag{3.24}$$

注记 3.2 (i) 设 u, v 是波动方程

$$y_{tt} - \Delta y + f(y) = 0 \tag{3.25}$$

的解. 由 1.1 节有关椭圆方程的结果, 在 (1.3) 及其推导中取 $x_{n+1} = \mathrm{i}t$, 就得

$$\frac{\mathrm{d}}{\mathrm{d}t} \int_{\mathbb{R}^n} (uv_t - u_t v) \mathrm{d}x = \int_{\mathbb{R}^n} (f(u)v - uf(v)) \mathrm{d}x. \tag{3.26}$$

(ii) 设 u 是满足 (3.25) 的复值函数, 等价于满足 $n+1$ 维欧氏空间中的椭圆方程, 因此

$$0 = (-\Delta u + f(u))\bar{u} = \nabla \cdot (-\nabla u \bar{u}) + |\nabla u|^2 + f(u)\bar{u}. \tag{3.27}$$

将其中 $n+1$ 空间的 ∇_{n+1} 分解成 $\partial_{n+1} = -\mathrm{i}\partial_t$ 与 n 维欧氏空间的 ∇, 并注意到 $x_{n+1} = \mathrm{i}t$, 在 $\mathbb{R}^n$ 中积分, 容易看出

$$0 = \frac{\mathrm{d}}{\mathrm{d}t} \int_{\mathbb{R}^N} u_t \bar{u} \mathrm{d}x + \int_{\mathbb{R}^n} (|\nabla u|^2 - |u_t|^2 + \bar{u}f(u)) \mathrm{d}x. \tag{3.28}$$

两边取虚部, 当 $\mathrm{Im}\,\bar{u}f(u) = 0$ 时, 就得

$$\mathrm{Im} \int_{\mathbb{R}^n} u_t \bar{u} \mathrm{d}x = \mathrm{const}. \tag{3.29}$$

这就是电荷守恒律 (conservation of charge).

1.4 Lagrange 方法及其在波 (含色散波) 方程中的应用

本节采用对 Lagrange 密度泛函进行变分的技术来研究非线性波 (Klein-Gordon 方程)、非线性 Schrödinger 方程在各种变换群作用下的守恒积分, 特别是通过构造一般的一阶微分算子 (径向导数的推广) 的反称部分作为新的 Morawetz 型乘子, 我们可以建立新型的 Morawetz 估计, 这在非线性波方程、非线性 Schrödinger 方程的散射性理论, 特别是临界或低维 ($n=1,2$, 此时经典的 Morawetz 估计不成立) 情形的散射性理论研究中起着极其重要的作用.

为方便讨论, 先引入一些记号:

$$\begin{cases} \Box u + u + f(u) = 0, \quad \Box = \partial_{tt} - \Delta, \quad (t,x) \in \mathbb{R} \times \mathbb{R}^n, \\ u(0) = \varphi(x), \quad u_t(0) = \psi(x), \quad x \in \mathbb{R}^n. \end{cases} \tag{4.1}$$

$$\begin{cases} iu_t - \Delta u + f(u) = 0, \quad (t,x) \in \mathbb{R} \times \mathbb{R}^n, \\ u(0) = \varphi(x), \quad x \in \mathbb{R}^n. \end{cases} \tag{4.2}$$

一般来讲, $u = u(t,x): \mathbb{R}^{1+n} \longmapsto \mathbb{C}$, $\dot{u} = u_t = \dfrac{\partial u}{\partial t}$. $f(z)$ 是 $\mathbb{C} \longmapsto \mathbb{C}$ 满足

$$\partial_{\bar{z}} F(z) = f(z), \quad f(0) = 0, \quad F(0) = 0, \tag{4.3}$$

这里 $F(z)$ 是 $\mathbb{C} \longmapsto \mathbb{R}$. 对于非线性 Schrödinger 方程而言, 在 (4.3) 的基础上, 需要条件

$$f(e^{iw}u) = e^{iw}f(u) \quad \text{或} \quad f(u) = f(|u|)\dfrac{u}{|u|}. \tag{4.4}$$

为了陈述与理清非线性项在势能部分所起的作用, 引入

$$G(u) \triangleq \operatorname{Re}(\bar{u}f(u)) - F(u), \quad V(u) \triangleq \dfrac{F(u)}{|u|^2}. \tag{4.5}$$

显然, $G(z)$ 与 $V(z)$ 均是 $\mathbb{C} \longmapsto \mathbb{R}$ 的函数. 容易验证:

$$G(z) \triangleq \operatorname{Re}(\bar{z}f(z)) - F(z) = \operatorname{Re}(\partial_z V(z)|z|^2 z). \tag{4.6}$$

事实上, 由 $F(z) = V(z)|z|^2$ 与 $f(z)$ 的定义易见

$$\dfrac{\partial F}{\partial \bar{z}} = f(z) \Longrightarrow \overline{\left(\dfrac{\partial F(z)}{\partial \bar{z}}\right)} = \dfrac{\partial F(z)}{\partial z} = \overline{f(z)},$$

$$\overline{f(z)} = \dfrac{\partial F}{\partial z} = \partial_z V(z)|z|^2 + V(z)\bar{z}.$$

进而有
$$\overline{f(z)}z = \partial_z V(z)|z|^2 z + V(z)|z|^2.$$

利用 $\operatorname{Re}(\overline{f(z)}z) = \operatorname{Re}(f(z)\bar{z})$, 可得
$$\operatorname{Re}(\partial_z V(z)|z|^2 z) = \operatorname{Re}(f(z)\bar{z}) - V(z)|z|^2 = \operatorname{Re}(f(z)\bar{z}) - F(z) = G(z).$$

由此推出 (4.6) 成立.

注记 4.1 (i) 众所周知,
$$\partial_{|z|} V(z) = \frac{z}{|z|}\partial_z V(z) + \frac{\bar{z}}{|z|}\partial_{\bar{z}} V(z) = 2\operatorname{Re}\left(\partial_z V(z)\frac{z}{|z|}\right)$$

是刻画散射性理论成立与否的重要量. 经典的散射性结果 (见文献 [GV3]) 需要的条件是
$$\partial_{|z|} V(z) \geqslant \min(|z|^{-1}, |z|^p), \quad p > 0. \tag{4.7}$$

此条件意味着 $V(u)$ 在 $u = 0$ 处是非平坦的, $V(u)$ 在 $u = \infty$ 处是发散 (diverges) 的. 最近, Nakanishi 在一系列文章中, 通过建立推广形式的 Morawetz 估计, 在非线性项 $f(u)$ 满足互斥条件
$$\partial_{|z|} V(z) = 2\operatorname{Re}\left(\partial_z V(z)\frac{z}{|z|}\right) \geqslant 0 \tag{4.8}$$

下, 建立了非线性 Klein-Gordon 方程 (NLKG)、非线性 Schrödinger 方程 (NLS) 能量解的散射性结果.

(ii) 为了统一处理非线性 Klein-Gordon 方程、非线性 Schrödinger 方程, 引入
$$\mathcal{U} \triangleq \begin{cases} (u, \sqrt{1-\Delta}^{-1}\dot{u}), & \text{NLKG}, \\ u, & \text{NLS}. \end{cases} \tag{4.9}$$

在 $\mathcal{U}(0) \in H^1$ (对非线性 Klein-Gordon 方程而言, 等价于 $\varphi(x) \in H^1, \psi(x) \in L^2$) 的条件下, 有
$$E(u, \mathbb{R}^n, t) = \int_{\mathbb{R}^n} (|\nabla \mathcal{U}|^2 + |\mathcal{U}|^2 + F(u)) \mathrm{d}x = E(u, \mathbb{R}^n, 0), \quad \mathcal{U}(0) \in H^1. \tag{4.10}$$

与线性 Klein-Gordon 方程、线性 Schrödinger 方程
$$\Box u + u + V(x)u = 0, \quad (t, x) \in \mathbb{R} \times \mathbb{R}^n, \tag{4.11}$$

$$iu_t - \Delta u + V(x)u = 0, \quad (t, x) \in \mathbb{R} \times \mathbb{R}^n \tag{4.12}$$

所对应的能量是

$$E(u,\mathbb{R}^n,t)=\int_{\mathbb{R}^n}\left(|\nabla \mathcal{U}|^2+|\mathcal{U}|^2+V(x)|u|^2\right)\mathrm{d}x=E(u,\mathbb{R}^n,0),\quad \mathcal{U}(0)\in H^1. \qquad (4.13)$$

相对应地, 非线性项 $f(u)$ 所起的作用等价于具位势 $V(u)$(见 (4.5)) 的线性方程所对应的能量

$$E(u,\mathbb{R}^n,t)=\int_{\mathbb{R}^n}\left(|\nabla \mathcal{U}|^2+|\mathcal{U}|^2+V(u)|u|^2\right)\mathrm{d}x=E(u,\mathbb{R}^n,0),\quad \mathcal{U}(0)\in H^1. \qquad (4.14)$$

这等价于 (4.10).

(iii) 对于波动方程

$$\Box u + f(u) = 0$$

而言, 可以转化成非线性 Klein-Gordon 方程

$$\Box u + u + \tilde{f}(u) = 0, \quad \tilde{f}(u) = f(u) - u. \qquad (4.15)$$

注记 4.2 下面谈一谈研究在各种变换群作用下的守恒积分的动因与可能性.

(i) 经典的 Morawetz-Pohožaev 恒等式 (3.22) 及 (3.23) 所导出经典的 Morawetz 估计:

$$\iint_{\mathbb{R}^{1+n}}\frac{G(u)}{|x|}\mathrm{d}x\mathrm{d}t \leqslant CE(u,\mathbb{R}^n,0),\qquad n\geqslant 3, \qquad (4.16)$$

可以应用到在条件 (4.7) 下的散射性理论, 此情形包含满足互斥条件的半线性项, 例如, $|u|^{p-1}u, 1+\dfrac{4}{n}<p<1+\dfrac{4}{n-2}$. 然而, 当 $n\leqslant 2$ 时, 无法推出经典的 Morawetz 估计 (4.16). 事实上, 当 $n = 1$ 时, (4.16) 不成立. 现在的问题是如何处理如下情形:

情形 1. 当 $n \leqslant 2$ 时, 非线性 Klein-Gordon 方程、非线性 Schrödinger 方程能量解的散射性.

情形 2. 当 $n \geqslant 3$ 时, 临界非线性 Klein-Gordon 方程、非线性 Schrödinger 方程能量解的散射性.

情形 3. 在条件 (4.8) 下, 如何建立非线性 Klein-Gordon 方程、非线性 Schrödinger 方程能量解的散射性.

情形 4. $n \geqslant 3$ 时, 在一定的条件下, 如何建立其他色散波方程, 如 Hartree 型方程能量解的散射性理论.

(ii) 利用 Hardy 型不等式、Sobolev 型不等式、乘子方法、Morawetz 相互作用位势方法及 Lagrange 变分技术等建立不依赖于非线性项的新型 Morawetz 估计. 在

上述四种情形下, 获得解的整体时空估计及能量解的散射性理论. 例如, 对非线性 Klein-Gordon 方程, 可以建立如下估计:

$$\int_{\mathbb{R}^{1+n}} \frac{|u|^{2^*}}{|t|+|x|} \mathrm{d}x\mathrm{d}t \leqslant CE(u,\mathbb{R}^n,0), \qquad n \geqslant 3, \tag{4.17}$$

$$\begin{cases} \displaystyle\int_{\mathbb{R}^{1+n}} \frac{|u|^p}{|t|} \mathrm{d}x\mathrm{d}t \leqslant CE(u,\mathbb{R}^n,0)^{\frac{p}{2}}, & 2+\dfrac{4}{n} \leqslant p < \infty, \quad n \leqslant 2, \\ \displaystyle\int_{\mathbb{R}^{1+n}} \frac{|u|^p}{|t|} \mathrm{d}x\mathrm{d}t \leqslant CE(u,\mathbb{R}^n,0)^{\frac{p}{2}}, & 2+\dfrac{4}{n} \leqslant p \leqslant 2^*, \quad n \geqslant 3. \end{cases} \tag{4.18}$$

对于非线性 Schrödinger 方程或 Hartree 方程, 有如下估计:

$$\begin{cases} \displaystyle\int_{\mathbb{R}^{1+n}} \frac{t^2|u|^p}{|(t,x)|^3} \mathrm{d}x\mathrm{d}t \leqslant CE(u,\mathbb{R}^n,0)^{\frac{p}{2}}, & 2+\dfrac{4}{n} \leqslant p < \infty, \quad n \leqslant 2, \\ \displaystyle\int_{\mathbb{R}^{1+n}} \frac{t^2|u|^p}{|(t,x)|^3} \mathrm{d}x\mathrm{d}t \leqslant CE(u,\mathbb{R}^n,0)^{\frac{p}{2}}, & 2+\dfrac{4}{n} \leqslant p \leqslant 2^*, \quad n \geqslant 3, \end{cases} \tag{4.19}$$

这里能量 $E(u,\mathbb{R}^n,t)$ 的定义见注记 4.1.

(iii) 对线性方程 (4.11) 与 (4.12) 而言, 如果

$$V(z) < V(0), \quad \exists z \in \mathbb{C}, \tag{4.20}$$

那么, 波算子就不是满射. 能否在条件

$$V(z) > V(0), \quad \forall z \in \mathbb{C} \tag{4.21}$$

下建立非线性 Klein-Gordon 方程、非线性 Schrödinger 方程能量解的散射仍是一个公开的问题.

记

$$\langle a,b \rangle = \mathrm{Re}(a\bar{b}), \quad \partial = (\partial_t, \nabla), \quad \mathcal{D} = \begin{cases} (-\partial_t, \nabla), & \text{NLKG}, \\ (-\mathrm{i}/2, \nabla), & \text{NLS}, \end{cases} \tag{4.22}$$

$$\mathrm{eq}_L(u) = \begin{cases} \Box u + u, & \text{NLKG}, \\ \mathrm{i}u_t - \Delta u, & \text{NLS}, \end{cases} \quad \mathrm{eq}(u) = \mathrm{eq}_L(u) + f(u). \tag{4.23}$$

定义 Lagrange 密度泛函 $\ell(u)$ 为

$$2\ell(u) = \begin{cases} -|u_t|^2 + |\nabla u|^2 + |u|^2 + F(u), & \text{NLKG}, \\ \langle \mathrm{i}u_t, u \rangle + |\nabla u|^2 + F(u), & \text{NLS}. \end{cases} \tag{4.24}$$

现在研究 Lagrange 密度泛函 $\ell(u)$ 的变分, 直接计算

$$\delta_v \ell(u) = \lim_{\varepsilon \to 0} \frac{\ell(u+\varepsilon v) - \ell(u)}{\varepsilon} = \langle \mathrm{eq}(u), v \rangle + \partial \cdot \langle \mathcal{D}u, v \rangle. \tag{4.25}$$

对于非线性 Schrödinger 方程的情形, 需要用到
$$\left\langle \frac{\mathrm{i}}{2}\dot{u}, v \right\rangle + \left\langle \frac{\mathrm{i}}{2}\dot{v}, u \right\rangle = \left\langle \frac{\mathrm{i}}{2}\dot{u}, v \right\rangle - \left\langle \frac{\mathrm{i}}{2}u, \dot{v} \right\rangle = \left\langle \frac{\mathrm{i}}{2}\dot{u}, v \right\rangle - \partial_t \left\langle \frac{\mathrm{i}}{2}u, v \right\rangle + \left\langle \frac{\mathrm{i}}{2}\dot{u}, v \right\rangle$$
$$= \langle \mathrm{i}\dot{u}, v \rangle + \partial_t \left\langle -\frac{\mathrm{i}}{2}u, v \right\rangle = \langle \mathrm{i}\dot{u}, v \rangle + \partial_t \langle \mathcal{D}_0 u, v \rangle.$$

定理 4.1 设, $u: \mathbb{R}^{1+n} \longmapsto \mathbb{C}$, $h: \mathbb{R}^{1+n} \longmapsto \mathbb{R}^{1+n}$, $q: \mathbb{R}^{1+n} \longmapsto \mathbb{R}$ 光滑, 记 $Mu = h \cdot \mathcal{D}u + qu$, 则

$$\langle \mathrm{eq}(u), Mu \rangle = -\partial \cdot \langle \mathcal{D}u, Mu \rangle + \mathrm{Re}\mathcal{D}\left(h\ell(u) + \frac{|u|^2}{2}\partial q \right) + \langle \mathcal{D}u, \partial h \mathcal{D}u \rangle$$
$$- \frac{|u|^2}{2}\mathrm{Re}(\mathcal{D}^\alpha \partial_\alpha q) + (2q - \mathrm{Re}(\mathcal{D}\cdot h))\ell(u) + G(u)q, \tag{4.26}$$

其中 $G(u)$ 同 (4.5) 的定义, $\ell(u)$ 同 (4.24) 的定义. 特别, 若取

$$Mu = \tilde{h}\mathcal{D}^\alpha u + qu, \quad \tilde{h}: \mathbb{R}^{1+n} \longmapsto \mathbb{R}, \tag{4.27}$$

则对于 $\forall\, 0 \leqslant \alpha \leqslant n$, 有

$$\langle \mathrm{eq}(u), Mu \rangle = -\partial \cdot \langle \mathcal{D}u, Mu \rangle + \mathrm{Re}\mathcal{D}^\alpha \cdot \left(\tilde{h}\ell(u) + \frac{|u|^2}{2}\partial_\alpha q \right) + \langle \mathcal{D}u, \partial \tilde{h} \mathcal{D}_\alpha u \rangle$$
$$- \frac{|u|^2}{2}\mathrm{Re}(\mathcal{D}_\alpha \partial_\alpha q) + (2q - \mathrm{Re}(\mathcal{D}_\alpha \tilde{h}))\ell(u) + G(u)q. \tag{4.28}$$

在 (4.28) 中重复的下标不表示求和.

证明 记 $T(\lambda)$ 表示单参数变换群, T' 表示相应的无穷小母元. 若 $T(\lambda)$ 表示平移变换, 显然有

$$\ell(T(\lambda)u) = T(\lambda)\ell(u). \tag{4.29}$$

注意到

$$\left. \frac{\mathrm{d}}{\mathrm{d}\lambda}\ell(T(\lambda)u) \right|_{\lambda=0} = \lim_{\lambda \to 0}\frac{\ell(u + \lambda T'u) - \ell(u)}{\lambda} = \delta_{T'u}\ell(u), \tag{4.30}$$

对 (4.29) 两边求导, 整理就得

$$\langle \mathrm{eq}(u), T'u \rangle = T'\ell(u) - \partial \cdot \langle \mathcal{D}u, T'u \rangle. \tag{4.31}$$

第一步. 若 $T(\lambda)u = \mathrm{e}^{\mathrm{i}\lambda}u$ (要求满足共形不变条件), 易见 $T'u = \mathrm{i}u$ 且

$$\ell(T(\lambda)u) = \ell(u). \tag{4.32}$$

对 (4.32) 两边关于 λ 求导, 由 (4.31) 就得

$$\langle \mathrm{eq}(u), \mathrm{i}u \rangle + \partial \cdot \langle \mathcal{D}u, \mathrm{i}u \rangle = 0 \Longrightarrow \langle \mathrm{eq}(u), \mathrm{i}u \rangle = -\partial \cdot \langle \mathcal{D}u, \mathrm{i}u \rangle. \tag{4.33}$$

第二步. 若 $T(\lambda)u = e^{\lambda}u$, 易见 $T'u = u$. 当 $V(u) = C$ 不依赖于 u(相当于 $\ell(u)$ 是 u 及其导函数的 2 次多项式) 时, 显然成立

$$\ell(T(\lambda)u) = T(2\lambda)\ell(u). \tag{4.34}$$

对 (4.34) 两边关于 λ 求导, 就得

$$\delta_u \ell(u) = 2\ell(u). \tag{4.35}$$

第三步. 当 $V(u)$ 依赖于 u 时, 显然可将 $\ell(u)$ 分解成

$$\ell(u) = \tilde{\ell}(u) + \frac{F(u)}{2} = \tilde{\ell}(u) + \frac{|u|^2}{2}V(u), \tag{4.36}$$

其中 $\tilde{\ell}(u)$ 是满足 (4.34) 的密度函数. 对 (4.36) 两边的密度泛函进行变分并且利用 (4.35), 就得

$$\begin{aligned}
\delta_u \ell(u) &= \delta_u \tilde{\ell}(u) + V(u)\delta_u\left(\frac{|u|^2}{2}\right) + \delta_u(V(u))\frac{|u|^2}{2} \\
&= 2\tilde{\ell}(u) + V(u)2\left(\frac{|u|^2}{2}\right) + \left(\frac{\partial V(u)}{\partial \bar{u}}\bar{u} + \frac{\partial V(u)}{\partial u}u\right)\frac{|u|^2}{2} \\
&= 2\left(\tilde{\ell}(u) + \frac{|u|^2}{2}V(u)\right) + \operatorname{Re}(V_z'(u)|u|^2 u) \\
&= 2\ell(u) + G(u).
\end{aligned} \tag{4.37}$$

由 (4.25) 就得

$$\langle \operatorname{eq}(u), u \rangle + \partial \cdot \langle \mathcal{D}u, u \rangle = 2\ell(u) + G(u). \tag{4.38}$$

由 (4.31), (4.33) 及 (4.38), 直接推出

$$\begin{aligned}
\langle \operatorname{eq}(u), h\mathcal{D}u \rangle &= h\langle \operatorname{eq}(u), \mathcal{D}u \rangle = h\operatorname{Re}(\mathcal{D}\ell(u)) - h\partial\langle \mathcal{D}u, \mathcal{D}u \rangle \\
&= \operatorname{Re}[\mathcal{D}(h\ell(u)) - (\mathcal{D}\cdot h)\ell(u)] - h\partial\langle \mathcal{D}u, \mathcal{D}u \rangle \\
&= \operatorname{Re}[\mathcal{D}(h\ell(u)) - (\mathcal{D}\cdot h)\ell(u)] - \partial\langle \mathcal{D}u, h\mathcal{D}u \rangle \\
&\quad + \langle \mathcal{D}u, \partial h \mathcal{D}u \rangle, \\
\langle \operatorname{eq}(u), h_0 \mathcal{D}_0 u \rangle &= h_0 \langle \operatorname{eq}(u), \mathcal{D}_0 u \rangle = \operatorname{Re}[\mathcal{D}_0(h_0 \ell(u)) - (\mathcal{D}_0 h_0)\ell(u)] \\
&\quad - h_0 \partial \cdot \langle \mathcal{D}u, \mathcal{D}_0 u \rangle, \quad \text{NLS}, \\
\langle \operatorname{eq}(u), qu \rangle &= q(2\ell(u) + G(u)) - q\partial \cdot \langle \mathcal{D}u, u \rangle \\
&= q(2\ell(u) + G(u)) - \partial \cdot \langle \mathcal{D}u, qu \rangle + \langle \mathcal{D}u, \partial q \cdot u \rangle.
\end{aligned}$$

由此推出

$$\langle \operatorname{eq}(u), Mu \rangle = \operatorname{Re}[\mathcal{D}(h\ell(u)) - (\mathcal{D}\cdot h)\ell(u)] - h\partial \cdot \langle \mathcal{D}u, \mathcal{D}u \rangle$$

$$+ q(2\ell(u) + G(u)) - q\partial \cdot \langle \mathcal{D}u, u \rangle$$
$$= -\partial \cdot \langle \mathcal{D}u, h\mathcal{D}u + qu \rangle + \langle \mathcal{D}u, u\partial q \rangle + \langle \mathcal{D}u, \partial h\mathcal{D}u \rangle$$
$$+ \operatorname{Re}(\mathcal{D}(h\ell(u))) + (2q - \operatorname{Re}(\mathcal{D} \cdot h))\ell(u) + G(u)q. \tag{4.39}$$

注意到
$$\langle \mathcal{D}u, u\partial q \rangle = \operatorname{Re}\left[\mathcal{D}\left(\frac{|u|^2}{2}\partial q\right) - \frac{|u|^2}{2}\mathcal{D}^\alpha \partial_\alpha q\right],$$

代入 (4.39) 就得 (4.26). 取 (4.27) 中的 M, 就推出 (4.28).

注记 4.3 (i) 就非线性波方程
$$\Box u + f(u) = 0 \tag{4.40}$$

而言, 记 ∂_α 是算子 ∂ 的分量, ∂^α 是算子 $\mathcal{D}$ 分量, 直接计算
$$\operatorname{Re}\{(\Box u + f(u))\overline{Mu}\} = \operatorname{Re}\{-\partial^\alpha \partial_\alpha u \overline{Mu} + f(u)\overline{(h_\alpha \partial^\alpha u + qu)}\}$$
$$= \operatorname{Re}\left\{-\partial^\alpha(\partial_\alpha u \cdot \overline{Mu}) + \partial_\alpha u \overline{\partial^\alpha Mu}\right\} + \frac{1}{2}\partial^\alpha(F(u)h_\alpha)$$
$$- \frac{F(u)}{2}\partial^\alpha h_\alpha + (G(u) + F(u))q$$
$$= \partial^\alpha \operatorname{Re}\left\{-\partial_\alpha u \cdot \overline{Mu} + \ell_0(u)h_\alpha + \frac{1}{2}|u|^2 \partial_\alpha q\right\} + \operatorname{Re}(\partial_\alpha u \partial^\alpha h_\beta \overline{\partial^\beta u})$$
$$+ \frac{1}{2}|u|^2 \Box q + (2q - \partial^\beta h_\beta)\ell_0(u) + G(u)q, \tag{4.41}$$

这里
$$\ell_0(u) = \frac{1}{2}\big(-|u_t|^2 + |\nabla u|^2 + F(u)\big). \tag{4.42}$$

(ii) 注意到 (4.41) 推导的第二步用到
$$\frac{1}{2}\partial^\alpha(m^2|u|^2 h_\alpha) - \frac{1}{2}m^2|u|^2 \partial^\alpha h_\alpha + m^2|u|^2 q = \frac{1}{2}\partial^\alpha(m^2|u|^2 h_\alpha), \tag{4.43}$$

则对于非线性 Klein-Gordon 方程
$$\Box u + m^2 u + f(u) = 0 \tag{4.44}$$

有
$$\operatorname{Re}\{(\Box u + m^2 u + f(u))\overline{Mu}\}$$
$$= \partial^\alpha \operatorname{Re}\left\{-\partial_\alpha u \cdot \overline{Mu} + \ell_m(u)h_\alpha + \frac{1}{2}|u|^2 \partial_\alpha q\right\} + \operatorname{Re}(\partial_\alpha u \partial^\alpha h_\beta \overline{\partial^\beta u})$$
$$+ \frac{1}{2}|u|^2 \Box q + (2q - \partial^\beta h_\beta)\ell_m(u) + G(u)q, \tag{4.45}$$

1.4 Lagrange 方法及其在波 (含色散波) 方程中的应用

这里
$$\ell_m(u) = \frac{1}{2}\big(-|u_t|^2 + |\nabla u|^2 + m^2|u|^2 + F(u)\big). \tag{4.46}$$

应用 1 (非线性 Klein-Gordon 方程与波方程)   将定理 4.1 中的 (4.26) 改写成具体的形式, 就有

$$\begin{aligned}\langle \mathrm{eq}(u), Mu\rangle &= \mathrm{Re}\big\{(\Box u + u + f(u))\overline{Mu}\big\}\\ &= \partial^\alpha \mathrm{Re}\big\{-\partial_\alpha u \cdot \overline{Mu} + \ell(u)h_\alpha + \frac{1}{2}|u|^2\partial_\alpha q\big\} + \frac{1}{2}|u|^2\Box q\\ &\quad + \mathrm{Re}(\partial_\alpha u \partial^\alpha h_\beta \overline{\partial^\beta u}) + (2q - \partial^\alpha h_\alpha)\ell(u) + G(u)q,\end{aligned} \tag{4.47}$$

这里 $\ell(u)$ 同 (4.24). 对于波方程 (4.40), 可以改写成非线性 Klein-Gordon 方程

$$\Box u + u + \tilde{f}(u) = 0, \qquad \tilde{f} = f(u) - u. \tag{4.48}$$

此时, (4.40) 或 (4.48) 满足 (4.47) 将能量密度泛函 $\ell(u)$ 换成

$$\begin{aligned}\tilde{\ell}(u) &= \frac{1}{2}\big(-|u_t|^2 + |\nabla u|^2 + |u|^2 + \tilde{F}(u)\big)\\ &= \frac{1}{2}\big(-|u_t|^2 + |\nabla u|^2 + F(u)\big) = \ell_0(u).\end{aligned} \tag{4.49}$$

注记 4.4   (i) 在共形变换下, 在 (4.47) 中所对应的乘子应具有形式

$$Mu = h\mathcal{D}u + qu = h\mathcal{D}u + \frac{n-1}{2(n+1)}\partial^\alpha h_\alpha u. \tag{4.50}$$

具体地说, 分如下情形:

情形 1 (平移变换). $h = -e_0$ 或 $h = e_k, 1 \leqslant k \leqslant n$;

情形 2 (旋转变换). $h = x_\alpha e_\beta - x_\beta e_\alpha, \alpha \neq \beta$;

情形 3 (伸缩变换). $h = (x^0, x^1, \cdots, x^n) = (-t, x)$;

情形 4 (反射变换). $h = -(t^2 + |x|^2)e_0 + 2tx$ 或 $h = -2x_k t e_0 + (t^2 + 2x_k^2 - r^2)e_k + 2x_k\tilde{x}_k$, 这里 $\tilde{x}_k = (x_1, \cdots, x_{k-1}, 0, x_{k+1}, \cdots, x_n)$.

(ii) 以伸缩变换为例, 直接计算就得

$$q = \frac{n-1}{2(n+1)}\mathcal{D}\cdot(-t, x) = \frac{n-1}{2(n+1)}\partial^\alpha h_\alpha = \frac{n-1}{2}.$$

故取 $Mu = t\partial_t u + x \cdot \nabla u + \frac{n-1}{2}u$, 代入 (4.47), 就得

$$\partial_t \mathrm{Re}\{\partial_t u \cdot \overline{Mu} + t\ell(u)\} - \nabla\mathrm{Re}\{\nabla u \cdot \overline{Mu} - x\ell(u)\}$$
$$+ |\nabla u|^2 - |u_t|^2 + \frac{n-1}{2}G(u) - 2\ell(u) = 0.$$

两边积分就得方程 (4.1) 所对应的 Morawetz 伸缩恒等式:

$$\frac{1}{2}\int_{\mathbb{R}^n}[(n-1)G(u)-2F(u)-2|u|^2]dx$$
$$+\frac{d}{dt}\text{Re}\int_{\mathbb{R}^n}\left(te(u)+r\bar{u}_r u_t+\frac{n-1}{2}\bar{u}u_t\right)dx=0. \tag{4.51}$$

注意到

$$(n-1)G(u)-2F(u)=(n-1)\bar{u}f(u)-(n+1)F(u),$$

(4.51) 就是 Morawetz 的伸缩恒等式 (3.12).

注记 4.5 (i) 在应用中, 总希望寻求合适的乘子, 使得 (4.47) 的右边是正定项. 其基本原则是选取的乘子满足 $2q-\partial^\beta h_\beta=0$. 这样, 所选取的乘子

$$Mu = h\mathcal{D}u+qu = h\mathcal{D}u+\frac{\text{Re}(\mathcal{D}\cdot h)}{2}u$$
$$\equiv h\mathcal{D}u+\frac{1}{2}\partial^\alpha h_\alpha u, \qquad \text{NLKG 或 NLW}. \tag{4.52}$$

换句话说 (就线性 Klein-Gordon 方程与波方程而言), Mu 恰好是其一阶齐次部分 $A=h\mathcal{D}u$ 的反称部分. 在此基础上, 尽可能使得所构造的乘子满足下面的辅助条件

$$b_\alpha\partial^\alpha h_\beta\overline{b^\beta}\geqslant 0, \quad \Box q\geqslant 0. \tag{4.53}$$

(ii) 就非线性 Klein-Gordon 方程与波方程而言, 取 $h=(0,x)/|x|$, 相应的 Morawetz 乘子就是

$$Mu=\frac{x}{r}\nabla u+\frac{n-1}{2r}u, \quad r=|x|. \tag{4.54}$$

代入 (4.47) 就获得类似于实变量的非线性 Klein-Gordon 方程的 Morawetz 乘子恒等式 (见 (3.22) 与 (3.23)), 即

$$0=\frac{d}{dt}\text{Re}\int_{\mathbb{R}^n}u_t\overline{\left(u_r+\frac{n-1}{2r}u\right)}dx+\frac{(n-1)(n-3)}{4}\int_{\mathbb{R}^n}\frac{|u|^2}{r^3}dx$$
$$+\int_{\mathbb{R}^n}\frac{|\nabla u|^2-|u_r|^2}{r}dx+\frac{n-1}{2}\int_{\mathbb{R}^n}(\text{Re}(\bar{u}f(u))-F(u))\frac{dx}{r}, \qquad n\geqslant 4.$$

特别, 当 $n=3$ 时, 就是

$$0=\frac{d}{dt}\text{Re}\int_{\mathbb{R}^3}u_t\overline{\left(u_r+\frac{1}{r}u\right)}dx+\int_{\mathbb{R}^3}(|\nabla u|^2-|u_r|^2)\frac{dx}{r}$$
$$+2\pi|u|^2(0,t)+\int_{\mathbb{R}^3}(\text{Re}(\bar{u}f(u))-2F(u))\frac{dx}{r}, \qquad n=3.$$

(iii) 显然, 当 $n \leqslant 2$ 时, 经典的 Morawetz 乘子在 $x = 0$ 的奇性太强, 无法获得经典的 Morawetz 恒等式与经典的 Morawetz 估计. Ginibre-Velo [GV3] 在 20 世纪 80 年代, 选取

$$h = \frac{(0, x)}{\sqrt{1+|x|^2}} \Longrightarrow Mu = \frac{x \cdot \nabla u}{\sqrt{1+r^2}} + \left(\frac{n}{\sqrt{1+r^2}^3} + \frac{n-1}{\sqrt{1+r^2}}\right)u \tag{4.55}$$

来研究非线性 Klein-Gordon 方程的散射性理论. 然而他们的结果仍然局限于 $n \geqslant 3$. 原因是仅当 $n \geqslant 3$ 时, $-|u|^2 \Delta q \geqslant 0$, 而当 $n \leqslant 2$ 时, 无法估计 $-|u|^2 \Delta q$. 事实上, 当 $n \leqslant 2$ 时, 不存在非平凡的函数 q 使得 $q \geqslant 0$ 且 $-\Delta q \geqslant 0$.

(iv) 为了克服上面所选取乘子的局限性, 取

$$h(x,t) = \frac{(t,x)}{\sqrt{t^2+|x|^2}} \triangleq \frac{(t,x)}{\lambda}, \tag{4.56}$$

则

$$q = \frac{1}{2} \mathcal{D} \cdot h = \frac{1}{2} \partial^\alpha h_\alpha = \frac{n-1}{2\lambda} + \frac{t^2-r^2}{2\lambda^3}, \tag{4.57}$$

$$Mu = h \cdot \mathcal{D}u + qu = \frac{(t,x)}{\lambda} \cdot \mathcal{D}u + \left(\frac{n-1}{2\lambda} + \frac{t^2-r^2}{2\lambda^3}\right)u. \tag{4.58}$$

直接计算, 有

$$\Box q = \frac{(n-3)(n+3)}{2\lambda^3} + 3(n-1)\frac{t^2-r^2}{\lambda^5} + 15\frac{(t^2-r^2)^2}{2\lambda^7}. \tag{4.59}$$

故

$$\langle \mathrm{eq}(u), Mu \rangle = -\partial \cdot \langle \mathcal{D}u, Mu \rangle + \mathcal{D} \cdot \left(h\ell(u) + \frac{|u|^2}{2}\partial q\right) + \frac{|u|^2}{2}\Box q$$
$$+ \frac{|u_\omega|^2}{\lambda} + G(u)\left\{\frac{n-1}{2\lambda} + \frac{t^2-r^2}{2\lambda^3}\right\} \tag{4.60}$$

或

$$\langle \mathrm{eq}(u), Mu \rangle = -\partial \cdot \langle \mathcal{D}u, Mu \rangle + \mathcal{D} \cdot \left(h\ell(u) + \frac{|u|^2}{2}\partial q\right) + \frac{|u|^2}{2}\Box q$$
$$+ \frac{|t\nabla u + x\dot u|^2 + |x|^2|\nabla u|^2 - |x \cdot \nabla u|^2}{\lambda^3}$$
$$+ G(u)\left\{\frac{n-1}{2\lambda} + \frac{t^2-r^2}{2\lambda^3}\right\}, \tag{4.61}$$

这里用到

$$\mathrm{Re}(\partial_\alpha u \partial^\alpha h_\beta \overline{\partial^\beta u}) = \left(\frac{\delta^\alpha_\beta}{\lambda} \partial_\alpha u \overline{\partial^\beta u}\right) - \left(\frac{x^\alpha x_\beta}{\lambda^3} \partial_\alpha u \overline{\partial^\beta u}\right)$$
$$= \frac{|\nabla u|^2 + |u_t|^2}{\lambda} - \frac{1}{\lambda}\frac{(t,x)}{\lambda}\mathcal{D}u \cdot \frac{(t,x)}{\lambda}\mathcal{D}u$$

$$=\frac{1}{\lambda}\left[|\mathcal{D}u|^2-|u_\lambda|^2\right]=\frac{|u_\omega|^2}{\lambda} \tag{4.62}$$

或

$$\begin{aligned}\operatorname{Re}\bigl(\partial_\alpha u\partial^\alpha h_\beta\overline{\partial^\beta u}\bigr)&=\left(\frac{\delta_\beta^\alpha}{\lambda}\partial_\alpha u\overline{\partial^\beta u}\right)-\left(\frac{x^\alpha x_\beta}{\lambda^3}\partial_\alpha u\overline{\partial^\beta u}\right)\\ &=\frac{(t^2+|x|^2)[|\nabla u|^2+|u_t|^2]}{\lambda^3}-\frac{|x\cdot\nabla u-t\dot u|^2}{\lambda^3}\\ &=\frac{t^2|\nabla u|^2+|x|^2|u_t|^2+|x|^2|\nabla u|^2+2\operatorname{Re}(x\cdot\nabla u\overline{u_t})-|x\cdot\nabla u|^2}{\lambda^3}\\ &=\frac{|t\nabla u+xu_t|^2+|x|^2|\nabla u|^2-|x\cdot\nabla u|^2}{\lambda^3},\end{aligned} \tag{4.63}$$

这里

$$\delta_\alpha^\beta=0,\quad \alpha\ne\beta;\quad \delta_0^0=-1,\quad \delta_j^j=1,\quad j=1,\cdots,n.$$

应用 2 (非线性 Schrödinger 方程与 Hartree 方程) 将定理 4.1 中的 (4.26) 改写成具体的形式, 就有

$$\begin{aligned}\langle\operatorname{eq}(u),Mu\rangle&=\operatorname{Re}\bigl\{\bigl(iu_t-\Delta u+f(u)\bigr)\overline{Mu}\bigr\}\\ &=-\partial\cdot\langle\mathcal{D}u,Mu\rangle+\nabla\cdot\left(\ell(u)h+\frac{1}{2}|u|^2\nabla q\right)-\frac{1}{2}|u|^2\Delta q\\ &\quad+\langle\mathcal{D}u,\partial h\mathcal{D}u\rangle+(2q-\nabla\cdot h)\ell(u)+G(u)q,\end{aligned} \tag{4.64}$$

这里 $\ell(u)$ 同 (4.24).

与非线性 Klein-Gordon 方程和波方程不同, (4.64) 中所用的乘子

$$Mu=h\mathcal{D}u+qu$$

并没有包含所有的一阶乘子. 例如, 它不包含关于时间的平移变换所对应的乘子. 事实上, 像椭圆方程、非线性 Klein-Gordon 方程、波方程一样, 针对共形变换所对应的乘子给出一个统一表示式比较困难. 另一方面, 有些在共形变换下的不变量并不能为我们提供更多的估计, 鉴于上述理由, 我们直接从变换群出发 (同 1.1 节关于椭圆方程的讨论), 来研究为我们提供正定守恒等式的变换及其相应的乘子.

注记 4.6 (i) 在复尺度变换

$$u(x,t)\mapsto\exp(i\varepsilon)u \tag{4.65}$$

下, 非线性 Schrödinger 方程 (4.2) 保持不变. 显然, (4.65) 对应的母元是 $Mu=iu$. 这对应着取 $h=-2e_0$, $q=0$, 代入 (4.64) 或直接用 $Mu=iu$ 与方程 (4.2) 作 L^2 内积 ((4.2) 两边同乘以 $\overline{iu}$ 后在 $\mathbb{R}^n$ 上积分) 就可推出

$$\frac{1}{2}\int_{\mathbb{R}^n}|u|^2\mathrm{d}x=\frac{1}{2}\int_{\mathbb{R}^n}|\varphi|^2\mathrm{d}x=\operatorname{const}. \tag{4.66}$$

1.4 Lagrange 方法及其在波 (含色散波) 方程中的应用

(ii) 在关于时间变量的平移变换

$$u(x,t) \mapsto u(x,t+\varepsilon) \tag{4.67}$$

下, 方程 (4.2) 保持不变. 显然, (4.67) 对应的母元是 $M = \dfrac{\partial}{\partial t}$. (4.2) 两边同乘以 $\overline{Mu}$, 积分就可推出

$$\frac{1}{2}\int_{\mathbb{R}^n}\left(|\nabla u|^2 + F(u)\right)\mathrm{d}x = \frac{1}{2}\int_{\mathbb{R}^n}\left(|\nabla \varphi|^2 + F(\varphi)\right)\mathrm{d}x = \text{const.} \tag{4.68}$$

(iii) 关于空间变量的平移变换 $\left(\text{对应的乘子 } Mu = u_k = \dfrac{\partial u}{\partial x_k}\right)$ 及旋转变换 (对应的乘子 $Mu = x_k u_j - x_j u_k$) 可归结为 (4.65) 的特例, 代入 (4.64) 可得. 因为所得的不是正定形式, 故省略之.

(iv) Dilation 变换

$$u(x,t) \mapsto \lambda^{\frac{n}{2}}u(\lambda x, \lambda^2 t) \tag{4.69}$$

所对应的乘子是 $Mu = 2tu_t + ru_r + \dfrac{n}{2}u$, (4.2) 两边同乘以 $\overline{Mu}$, 积分就可推出伸缩恒等式

$$\frac{\mathrm{d}}{\mathrm{d}t}\int_{\mathbb{R}^n}\left\{\frac{1}{2}\mathrm{Im}(ru_r\bar{u}) + t|\nabla u|^2 + tF(u)\right\}\mathrm{d}x = -\frac{1}{2}\int_{\mathbb{R}^n}H(u)\mathrm{d}x, \tag{4.70}$$

这里

$$H(u) = nf(u)\bar{u} - (n+2)F(u). \tag{4.71}$$

(v) 在拟共形变换 (Pseudo-Conformal 变换)

$$u(x,t) \mapsto (it)^{-\frac{n}{2}}\mathrm{e}^{\mathrm{i}\frac{|x|^2}{4t}}\bar{u}\left(\frac{x}{t},\frac{1}{t}\right) \tag{4.72}$$

及 $F(u) = 0$ 的特殊情形下, Lagrange $\ell(u)$ 作用保持不变. 上面变换结合平移变换, 就可推出

$$\frac{\mathrm{d}}{\mathrm{d}t}\int_{\mathbb{R}^n}\left\{\frac{1}{2}|xu - 2it\nabla u|^2 + 2t^2 F(u)\right\}\mathrm{d}x = -2t\int_{\mathbb{R}^n}H(u)\mathrm{d}x. \tag{4.73}$$

如果 $H = 0$, 即

$$f(u) = C|u|^{p-1}u, \quad p = 1 + \frac{4}{n}. \tag{4.74}$$

在此条件下, 从 (4.70), (4.73) 就分别推出一个守恒量, 进而, 在 Dilation 变换及拟共形变换下, 方程 (4.2) 及其对应的 Lagrange $\ell(u)$ 保持不变.

(vi) 拟共形守恒等式的推导. 用 $2\bar{u}$ 乘以 (4.2) 两边, 并取虚部:

$$\frac{\mathrm{d}}{\mathrm{d}t}\left(|u(t)|^2\right) = \nabla \cdot \mathrm{Im}(2\bar{u}\nabla u). \tag{4.75}$$

用 $\bar{u}_t$ 乘以 (4.2) 两边, 并取实部, 就得

$$\frac{\mathrm{d}}{\mathrm{d}t}\int_{\mathbb{R}^n}\left(|\nabla u|^2+F(u)\right)\mathrm{d}x=0. \tag{4.76}$$

用 $2r\bar{u}_r=2x\cdot\nabla\bar{u}$ 乘以 (4.2) 两边, 并取实部:

$$2\mathrm{Re}\int_{\mathbb{R}^n}\mathrm{i}r\bar{u}_r u_t\mathrm{d}x=2\mathrm{Re}\int_{\mathbb{R}^n}r\bar{u}_r\Delta u\mathrm{d}x-\int_{\mathbb{R}^n}r\partial_r(F(u))\mathrm{d}x. \tag{4.77}$$

直接验算, 并利用方程 (4.2) 或分部积分, 可见

$$\begin{aligned}2\mathrm{Re}\int_{\mathbb{R}^n}\mathrm{i}r\bar{u}_r u_t\mathrm{d}x=&2\mathrm{Re}\int_{\mathbb{R}^n}\mathrm{i}\sum_k x_k\bar{u}_k u_t\mathrm{d}x=\mathrm{Re}\int_{\mathbb{R}^n}\mathrm{i}\sum_k x_k[\bar{u}_k u_t-u_k\bar{u}_t]\mathrm{d}x\\=&\mathrm{Re}\int_{\mathbb{R}^n}\mathrm{i}\sum_k x_k[\partial_t(\bar{u}_k u)-\partial_k(u\bar{u}_t)]\mathrm{d}x\\=&\frac{\mathrm{d}}{\mathrm{d}t}\mathrm{Re}\int_{\mathbb{R}^n}\mathrm{i}r\bar{u}_r u\mathrm{d}x+\mathrm{Re}\int_{\mathbb{R}^n}\mathrm{i}nu\bar{u}_t\mathrm{d}x\\=&\frac{\mathrm{d}}{\mathrm{d}t}\mathrm{Im}\int_{\mathbb{R}^n}ru_r\bar{u}\mathrm{d}x+n\mathrm{Re}\int_{\mathbb{R}^n}\left[|\nabla u|^2+u\overline{f(u)}\right]\mathrm{d}x\\=&\frac{\mathrm{d}}{\mathrm{d}t}\mathrm{Im}\int_{\mathbb{R}^n}ru_r\bar{u}\mathrm{d}x+n\int_{\mathbb{R}^n}\left[|\nabla u|^2+\mathrm{Re}(\bar{u}f(u)\right]\mathrm{d}x,\end{aligned} \tag{4.78}$$

$$\begin{aligned}2\mathrm{Re}\int_{\mathbb{R}^n}r\bar{u}_r\Delta u\mathrm{d}x=&2\mathrm{Re}\int_{\mathbb{R}^n}\nabla\cdot[x\cdot\nabla\bar{u}\nabla u]\mathrm{d}x-2\mathrm{Re}\int_{\mathbb{R}^n}\nabla(x\cdot\nabla\bar{u})\nabla u\mathrm{d}x\\=&-2\mathrm{Re}\int_{\mathbb{R}^n}\delta_{kj}\partial_k\bar{u}\partial_j u\mathrm{d}x-2\mathrm{Re}\int_{\mathbb{R}^n}x_k\partial_j\partial_k\bar{u}\partial_j u\mathrm{d}x\\=&-2\int_{\mathbb{R}^n}|\nabla u|^2\mathrm{d}x-\int_{\mathbb{R}^n}x_k\partial_k(|\nabla u|^2)\mathrm{d}x\\=&(n-2)\int_{\mathbb{R}^n}|\nabla u|^2\mathrm{d}x,\end{aligned} \tag{4.79}$$

$$-\int_{\mathbb{R}^n}r\partial_r(F(u))\mathrm{d}x=-\int_{\Sigma_{n-1}}\int_0^\infty r^n\partial_r F(u)\mathrm{d}r\mathrm{d}\sigma=n\int_{\mathbb{R}^n}F(u)\mathrm{d}x. \tag{4.80}$$

由 (4.76)~(4.80), 就得

$$\frac{\mathrm{d}}{\mathrm{d}t}\mathrm{Im}\int_{\mathbb{R}^n}ru_r\bar{u}\mathrm{d}x=-2\int_{\mathbb{R}^n}|\nabla u|^2\mathrm{d}x-n\int_{\mathbb{R}^n}[\mathrm{Re}(\bar{u}f(u))-F(u)]\mathrm{d}x. \tag{4.81}$$

(4.75) 两边同乘以 $|x|^2$, 在 $\mathbb{R}^n$ 上积分就得

$$\frac{\mathrm{d}}{\mathrm{d}t}\int_{\mathbb{R}^n}|x|^2|u(t)|^2\mathrm{d}x=-4\mathrm{Im}\int_{\mathbb{R}^n}ru_r\bar{u}\mathrm{d}x. \tag{4.82}$$

于是, 从 (4.81) 与 (4.82) 直接推出: 在 (4.81) 两边同乘以 $4t$, 并注意将其写成散度形式, 整理就是

$$\frac{\mathrm{d}}{\mathrm{d}t}\left(4t\mathrm{Im}\int_{\mathbb{R}^n}ru_r\bar{u}\mathrm{d}x\right)-4\mathrm{Im}\int_{\mathbb{R}^n}ru_r\bar{u}\mathrm{d}x$$

$$\begin{aligned}&=\frac{\mathrm{d}}{\mathrm{d}t}\left(-4t^2\int_{\mathbb{R}^n}|\nabla u|^2\mathrm{d}x\right)+4t^2\frac{\mathrm{d}}{\mathrm{d}t}\int_{\mathbb{R}^n}|\nabla u|^2\mathrm{d}x\\&\quad-4nt\int_{\mathbb{R}^n}[\mathrm{Re}(\bar{u}f(u))-F(u)]\mathrm{d}x.\end{aligned} \qquad(4.83)$$

将 (4.82) 代入 (4.83) 左边的第二项, 将 (4.76) 代入 (4.83) 右边的第二项, 就得

$$\begin{aligned}&\frac{\mathrm{d}}{\mathrm{d}t}\int_{\mathbb{R}^n}\left(|x|^2|u(t)|^2+4t^2|\nabla u|^2-\mathrm{Re}(4\mathrm{i}rtu_r\bar{u})\right)\mathrm{d}x\\&=\frac{\mathrm{d}}{\mathrm{d}t}\left(-4t^2\int_{\mathbb{R}^n}F(u)\mathrm{d}x\right)+8t\int_{\mathbb{R}^n}F(u)\mathrm{d}x\\&\quad-4nt\int_{\mathbb{R}^n}[\mathrm{Re}(\bar{u}f(u))-F(u)]\mathrm{d}x.\end{aligned} \qquad(4.84)$$

进一步改写就得拟共形守恒等式

$$\begin{aligned}&\frac{\mathrm{d}}{\mathrm{d}t}\int_{\mathbb{R}^n}\left(|xu-2\mathrm{i}t\nabla u|^2+4t^2F(u)\right)\mathrm{d}x\\&=t\int_{\mathbb{R}^n}\left[4(n+2)F(u)-4n\mathrm{Re}(\bar{u}f(u))\right]\mathrm{d}x.\end{aligned} \qquad(4.85)$$

(vii) 令

$$h(t)=\int_{\mathbb{R}^n}\left(|xu-2\mathrm{i}t\nabla u|^2+4t^2F(u)\right)\mathrm{d}x. \qquad(4.86)$$

通过求导 $h'(t)$ 的过程亦可以证明 (4.85), 详见 Cazenave 的著作.

注记 4.7 (i) 类同于非线性 Klein-Gordon 方程与波方程, 为了使得形如 (4.26) 或 (4.64) 的右边是正定项, 首先要求所选取的乘子满足

$$q=\frac{1}{2}\mathcal{D}\cdot h=\frac{1}{2}\partial^\beta h_\beta. \qquad(4.87)$$

换句话说, 所选取的乘子

$$Mu=h\mathcal{D}u+qu=h\mathcal{D}u+\frac{\mathrm{Re}(\mathcal{D}\cdot h)}{2}u\equiv h\mathcal{D}u+\frac{1}{2}\partial^\alpha h_\alpha u,\quad \text{NLS} \qquad(4.88)$$

恰好是其一阶齐次部分 $Au=h\mathcal{D}u$ 的反称部分. 在此基础上, 尽可能使得所构造的乘子满足下面的辅助条件:

$$b_\alpha\partial^\alpha h_\beta\overline{b^\beta}\geqslant 0,\quad \Delta q\leqslant 0. \qquad(4.89)$$

(ii) 就非线性 Schrödinger 方程而言, 取 $h=(0,x)/|x|$, 对应着经典的 Morawetz 乘子 (4.54), 即

$$Mu=\frac{x}{r}\nabla u+\frac{n-1}{2r}u,\quad r=|x|.$$

代入 (4.64) 获得非线性 Schrödinger 方程 (4.2) 所对应的经典的 Morawetz 乘子恒等式:

$$\langle \text{eq}(u), Mu \rangle = \frac{1}{2}\partial_t \text{Re}(iu\bar{u}_r) + \nabla \cdot \text{Re}\left\{\frac{x}{2r}(iu_t\bar{u}) - \nabla u\left(\bar{u}_r + \frac{n-1}{2r}\bar{u}\right) + \frac{x}{2r}|\nabla u|^2\right.$$
$$\left. - \left(\frac{n-1}{4r^3}x|u|^2\right) + \frac{x}{2r}F(u)\right\} + \frac{1}{r}\{|\nabla u|^2 - |u_r|^2\}$$
$$+ \frac{(n-1)(n-3)}{4r^3}|u|^2 + \frac{n-1}{2r}\{\text{Re}(\bar{u}f(u)) - F(u)\}, \quad n \geqslant 4, \quad (4.90)$$

$$\langle \text{eq}(u), Mu \rangle = \frac{1}{2}\partial_t \text{Re}(iu\bar{u}_r) + \nabla \cdot \text{Re}\left\{\frac{x}{2r}(iu_t\bar{u}) - \nabla u\left(\bar{u}_r + \frac{1}{r}\bar{u}\right) + \frac{x}{2r}|\nabla u|^2\right.$$
$$\left. - \frac{x}{2r^3}|u|^2 + \frac{x}{2r}F(u)\right\} + \frac{1}{r}\{|\nabla u|^2 - |u_r|^2\} + 2\pi|u(0,t)|^2$$
$$+ \frac{1}{r}\{\text{Re}(\bar{u}f(u)) - F(u)\}, \quad n = 3. \quad (4.91)$$

(iii) 显然, 当 $n \leqslant 2$ 时, 经典的 Morawetz 乘子在 $x = 0$ 的奇性太强, 无法获得经典的 Morawetz 恒等式与经典的 Morawetz 估计. 在文献 [GV3] 中, Ginibre-Velo 选取

$$h = \frac{(0,x)}{\sqrt{1+|x|^2}} \implies Mu = \frac{x \cdot \nabla u}{\sqrt{1+r^2}} + \left(\frac{n}{(\sqrt{1+r^2})^3} + \frac{n-1}{\sqrt{1+r^2}}\right)u$$

来研究非线性 Schrödinger 方程的散射性理论. 与非线性 Klein-Gordon 方程讨论完全类似, 结果仍然局限于 $n \geqslant 3$. 为了克服上面所选取乘子的局限性, 取 $h(x,t) = \dfrac{(t,x)}{\lambda}$, 见 (4.56), 则

$$q = \frac{1}{2}\text{Re}(\mathcal{D} \cdot h) = \frac{1}{2}\partial^k h_k = \frac{n-1}{2\lambda} + \frac{t^2}{2\lambda^3} > 0, \quad (4.92)$$

$$Mu = h\mathcal{D}u + qu = \frac{r}{\lambda}u_r + \left(\frac{n-1-\mathrm{i}t}{2\lambda} + \frac{t^2}{2\lambda^3}\right)u. \quad (4.93)$$

直接计算, 有

$$-\Delta q = \frac{(n-3)(n+3)}{2\lambda^3} + 3(n-3)\frac{t^2}{\lambda^5} + 15\frac{t^4}{2\lambda^7}. \quad (4.94)$$

故

$$\langle \text{eq}(u), Mu \rangle = -\partial \cdot \langle \mathcal{D}u, Mu \rangle + \nabla \cdot \left(h\ell(u) + \frac{|u|^2}{2}\partial q\right) - \frac{|u|^2}{2}\Delta q$$
$$+ \frac{\left|t\nabla u + \frac{\mathrm{i}}{2}xu\right|^2 + |x|^2|\nabla u|^2 - |x \cdot \nabla u|^2}{|(t,x)|^3}$$
$$+ G(u)\left\{\frac{n-1}{2\lambda} + \frac{t^2}{2\lambda^3}\right\}, \quad (4.95)$$

1.4 Lagrange 方法及其在波 (含色散波) 方程中的应用

这里用到

$$\operatorname{Re}(\mathcal{D}u\partial h\overline{\mathcal{D}u}) = \left(\frac{\delta_\beta^\alpha}{\lambda}\mathcal{D}_\alpha u\overline{\mathcal{D}^\beta u}\right) - \left(\frac{x^\alpha x_\beta}{\lambda^3}\mathcal{D}_\alpha u\overline{\mathcal{D}^\beta u}\right)$$

$$=\frac{|u|^2}{4\lambda} - \frac{t^2|u|^2}{4\lambda^3} + \operatorname{Re}\left(i\bar{u}\frac{tx\cdot\nabla u}{\lambda^3}\right) + \frac{|\nabla u|^2}{\lambda} - \frac{|x\cdot\nabla u|^2}{\lambda^3}$$

$$=\frac{r^2|u|^2}{4\lambda^3} + \operatorname{Re}\left(i\bar{u}\frac{tru_r}{\lambda^3}\right) + \frac{(r^2+t^2)|\nabla u|^2}{\lambda^3} - \frac{|x\cdot\nabla u|^2}{\lambda^3}$$

$$=\frac{\left|t\nabla u + \dfrac{i}{2}xu\right|^2 + |x|^2|\nabla u|^2 - |x\cdot\nabla u|^2}{|(t,x)|^3}. \tag{4.96}$$

(iv) 为了研究非线性 Schrödinger 方程与 Hartree 方程的散射性, 需要建立更一般的 Morawetz 型估计, 这就需要构造合适的乘子. Nakanishi 在研究 Hartree 方程 (对于非线性 Schrödinger 方程仍然有效)

$$iu_t - \Delta u + V(x)*|u|^2 u = 0 \tag{4.97}$$

的散射性时, 构造了一个很好的乘子. 记 $\gamma = \dfrac{r}{t}$. 构造广义的径向导数 $Au = h\mathcal{D}u = \left(-\psi(\gamma), \varphi(\gamma)\dfrac{x}{r}\right)\mathcal{D}u$ 的反称形式

$$Mu = \left(-\psi(\gamma), \varphi(\gamma)\frac{x}{r}\right)\mathcal{D}u + qu, \tag{4.98}$$

这里

$$q = \frac{1}{2}\operatorname{Re}\mathcal{D}\cdot h = \frac{1}{2}\nabla\left(\frac{x}{r}\varphi(\gamma)\right) = \frac{(n-1)\varphi(\gamma)}{2r} + \frac{\varphi'(\gamma)}{2t}. \tag{4.99}$$

如果取

$$\begin{cases} \varphi(\gamma) = \int_0^\gamma \dfrac{\mathrm{d}s}{\langle s\rangle^{2+\nu}}, \quad \psi(\gamma) = \int_{-\infty}^\gamma \dfrac{s\mathrm{d}s}{\langle s\rangle^{2+\nu}}, \quad \psi'(\gamma) = \gamma\varphi'(\gamma), \\ \langle s\rangle \triangleq (1+|s|^2)^{\frac{1}{2}}, \quad q \triangleq \dfrac{g}{2t}, \quad g = \varphi'(\gamma) + \dfrac{n-1}{\gamma}\varphi. \end{cases} \tag{4.100}$$

特别, 当 $\nu = 1$ 时, M 就是 (4.93) 中定义的 Morawetz 型乘子. 注意到 $\operatorname{Re}(iu_t\bar{u}) = \operatorname{Im}(u\bar{u}_t)$, 代入 (4.64) 就得 (仅看线性部分, 非线性部分作用后正定) 下面形式的 Morawetz 型守恒形式:

$$\operatorname{Re}\{(iu_t - \Delta u)\overline{Mu}\}$$
$$=\partial_t\left\{-\frac{1}{2}\varphi(\gamma)\operatorname{Im}(u\bar{u}_r) + \frac{|u|^2}{4}\psi(\gamma)\right\}$$
$$+\nabla\cdot\operatorname{Re}\left\{-\nabla u\overline{Mu} + \frac{1}{2}\varphi(\gamma)\{\operatorname{Im}(u\bar{u}_t) + |\nabla u|^2\}\frac{x}{r} + \frac{|u|^2}{4t^2}g'(\gamma)\frac{x}{r}\right\}$$

$$+ \frac{\varphi'(\gamma)}{t^3}\left|t\nabla u + \frac{\mathrm{i}}{2}xu\right|^2 + \left(\frac{\varphi(\gamma)}{\gamma} - \varphi'(\gamma)\right)\frac{|\nabla u|^2 - |u_r|^2}{t}$$
$$- \frac{|u|^2}{4t^3}\left(\partial_\gamma^2 + \frac{n-1}{\gamma}\partial_\gamma\right)g(\gamma). \tag{4.101}$$

借助于

$$\begin{aligned}\operatorname{Re}(f(u)\overline{Mu}) &= V(x) * |u|^2 [\operatorname{Re}(\bar{u}h\cdot\nabla)u + |u|^2\nabla\cdot h]\\ &= \frac{1}{2}V(x) * |u|^2 \nabla\cdot(h|u|^2)\\ &= -h\nabla V * |u|^2|u^2| + \frac{1}{2}\nabla\cdot[V(x)*|u|^2\cdot(h|u|^2)]\end{aligned} \tag{4.102}$$

及 (4.101) 中最后两项的非负性就推出 Morawetz 型估计:

$$\int_{\mathbb{R}^{n+1}} \frac{|2t\nabla u + \mathrm{i}xu|^2}{|t|^{1-\nu}(|t|+|x|)^{2+\nu}} \mathrm{d}x\mathrm{d}t \leqslant C(E,\nu), \quad 0 < \nu \leqslant 1. \tag{4.103}$$

利用带权的 Sobolev 型不等式

$$\int_{\mathbb{R}^n} |\varphi|^{p^*}\omega(r)\mathrm{d}x \leqslant C(\nu,n,p)\|\nabla\varphi\|_p^{p^*-p} \int_{\mathbb{R}^n} |\nabla\varphi + \mathrm{i}xT(x)\varphi|^p \omega(r)\mathrm{d}x,$$
$$\frac{-\omega'(r)r}{n\omega(r)} \leqslant \nu, \quad \nu \in (0,1), \quad p^* = \frac{np}{n-p}, \quad \frac{n-1}{n-2} \leqslant p < n, \tag{4.104}$$

就可以得到

$$\int_{\mathbb{R}^{n+1}} \frac{|t|^{1+\nu}|u|^{2^*}}{(|t|+|x|)^{2+\nu}} \mathrm{d}x\mathrm{d}t \leqslant C(E,\nu), \quad 0 < \nu \leqslant 1. \tag{4.105}$$

利用上式就可以推出整体时空估计, 进而获得相应的散射性理论.

注记 4.8 类似于 1.1 节有关椭圆型方程的一般乘子方法, 对于 Schrödinger 方程, 取

$$Mu = h\cdot\nabla u + qu, \quad h\colon \mathbb{R}^{1+n} \longmapsto \mathbb{R}^n, \quad q\colon \mathbb{R}^{1+n} \longmapsto \mathbb{C}. \tag{4.106}$$

类似于定理 2.1 的证明, 可以得到

$$\begin{aligned}&\operatorname{Re}\{(\mathrm{i}u_t - \Delta u + f(u))\overline{Mu}\}\\ &= \frac{1}{2}\operatorname{Im}\partial_t\{h\cdot\bar{u}\nabla u + q|u|^2\}\\ &\quad + \nabla\cdot\operatorname{Re}\left\{-\nabla u\overline{Mu} + h\ell(u) + \frac{|u|^2}{2}\nabla q\right\}\\ &\quad + \sum_{k,j=1}^n \partial_j u\partial_j h_k \overline{\partial_k u} + G(u)\operatorname{Re}q\end{aligned}$$

1.4 Lagrange 方法及其在波 (含色散波) 方程中的应用

$$+ \frac{1}{2}|u|^2 \mathrm{Re}(\mathrm{i}q_t - \Delta q) + \frac{1}{2}(2\nabla \mathrm{Im}q - h_t)\mathrm{Im}(\bar{u}\nabla u)$$
$$+ (2\mathrm{Re}q - \nabla \cdot h)\ell(u), \tag{4.107}$$

这里 $\ell(u)$ 同 (4.24) 的定义. 对于经典的 Morawetz 乘子 (4.93), 将

$$h(x,t) = \frac{x}{\lambda} = \frac{x}{\sqrt{r^2 + t^2}}, \quad q = \frac{n - 1 - \mathrm{i}t}{2\lambda} = \frac{n - 1 - \mathrm{i}t}{\sqrt{r^2 + t^2}}$$

代入 (4.107), 就得 Morawetz 型守恒形式 (4.95).

第 2 章　弱解的时空可积性、唯一性及正则性

本章研究
$$\begin{cases} \ddot{u} - \Delta u + f(u) = 0, \quad (x,t) \in \mathbb{R}^n \times \mathbb{R}, \\ u(t_0) = \varphi(x), \quad u_t(t_0) = \psi(x), \end{cases} \tag{0.1}$$

其中
$$f(u) = \sum_{j=1}^2 \lambda_j |u|^{p_j} u, \quad 1 \leqslant p_1 \leqslant p_2 < \infty, \quad \lambda_j \geqslant 0, \tag{0.2}$$

$$\mathbb{X}_e = \left\{ (\varphi, \psi) \,\middle|\, E(\varphi, \psi) = \int_{\mathbb{R}^n} (|\nabla \varphi|^2 + |\psi|^2) \mathrm{d}x + \int_{\mathbb{R}^n} V(|\varphi|) \mathrm{d}x \right.$$
$$\left. = \|\nabla \varphi\|_2^2 + \|\psi\|_2^2 + \int_{\mathbb{R}^n} V(|\varphi|) \mathrm{d}x \right\}, \tag{0.3}$$

这里
$$\frac{\partial V(|z|)}{\partial \bar{z}} = f(z). \tag{0.4}$$

研究方法：(1) 紧致性方法.

(2) Banach 压缩映射原理.

研究历史：(1) 光滑解. 当 $n=3$, $p_2 < 5$ 时, Jörgen 采用基本解的正性及压缩映射方法, 证明 (0.1) 的光滑解的整体存在性 (见文献 [J]). 当 $p_2 = 5$ 时, Grillakis 解决了光滑解的整体存在性 (见文献 [Gr1]). 当 $n > 3$, $p_2 < 1 + \dfrac{4}{n-2}$ 时, 相应的研究可见 Wahl & Brenner, Pecher 等的工作 (见文献 [BW], [P1]), 但这些结果均限定 $n \leqslant 9$. 高维临界增长的情形 $\left(3 < n \leqslant 9, p_2 = 1 + \dfrac{4}{n-2}\right)$ 的结果, 可参见文献 [SS1], [SS2], [Str], [GV10] 及 [BS]. 需要指出的是, 波方程具有有限传播速度这一特征在光滑解的研究中起着重要作用.

(2) 能量解. 由尺度技术及压缩映射方法, 能量解所能容许的非线性增长 $p_2 \leqslant 1 + \dfrac{4}{n-2}$. Ginibre-Velo 采用 Strichartz 估计及非线性函数在 Besov 空间中的估计方法可获得次临界增长条件下能量解的存在唯一性 (见文献 [GV8]). 作为压缩映射方法的直接结果, 可以获得临界情形下 (单项式) 小能量解的整体适定性. 临界情形的大解整体适定性是由 Shatah 和 Struwe 在文献 [SS2] 中给出.

(3) 弱解. 弱解的存在性对非线性增长没有限制, 研究方法是紧致性方法. 一般来讲, 弱解充其量满足能量不等式. 然而, 弱解是否唯一 (与能量等式成立在某种意义下等价) 是不清楚的. 若使弱解唯一 (由此可推出能量恒等式与能量强解), 需要限定 p 的增长条件. 这方面的研究历史与进展是:

(i) 当 $p_2 < 1 + \dfrac{2}{n-2}$ 时, $f(u)$ 满足单调性, 则弱解是唯一的且此解就是能量空间中的强解.

(ii) 当 $p_2 < 1 + \dfrac{4n}{(n-2)(n+1)}$ 时, Tsutsumi 与 Glassey 证明弱解的唯一性与弱解的正则性.

本章以 Ginibre-Velo 在文献 [GV2] 中的结果为基础, 在 $p_2 < 1 + \dfrac{4}{n-2}$ 的情形下, 证明 (0.1) 的弱解存在唯一性, 进而证明此弱解就是能量空间中的强连续解. 采用的方法是紧致性方法来处理弱解的存在性 (见文献 [Li]), 唯一性及解的正则性的证明的主要工具是 Strichartz 估计、Besov 空间上的非线性估计及能量空间的闭集上的压缩技术.

2.1 预备知识、线性估计及应用

一些常用的记号:

(i) $\omega = (-\Delta)^{\frac{1}{2}}, K(t) = \omega^{-1} \sin \omega t, \dot{K} = \cos \omega t$;

(ii) $\mathcal{C}(I; B)$: 定义在区间 I 上取值在抽象 Banach 空间 B 上的连续函数空间;

(iii) $\mathcal{C}_\omega(I; B)$: 定义在区间 I 上取值在抽象 Banach 空间 B 上的弱连续函数空间;

(iv) $\mathcal{C}^\alpha(I; B)$ $(0 < \alpha < 1)$: 定义在区间 I 上取值在抽象 Banach 空间 B 上的 α 阶 Hölder 连续函数空间;

(v) $\mathcal{C}^L(I; B)$: 定义在区间 I 上取值在抽象 Banach 空间 B 上的 Lipschitz 函数空间;

(vi) 对于 $2 \leqslant r \leqslant \infty$, 记

$$\beta(r) = \frac{n+1}{2}\left(\frac{1}{2} - \frac{1}{r}\right), \quad \delta(r) = n\left(\frac{1}{2} - \frac{1}{r}\right), \quad \gamma(r) = (n-1)\left(\frac{1}{2} - \frac{1}{r}\right).$$

预备知识 Besov 空间与位势 Banach 空间

$$\mathcal{F}, \mathcal{F}^{-1}: \mathcal{S}'(\mathbb{R}^n) \mapsto \mathcal{S}'(\mathbb{R}^n)$$

定义 Schwartz 缓增分布空间 $\mathcal{S}'(\mathbb{R}^n)$ 的同胚映射. 引入 Schwartz 速降函数空间 $\mathcal{S}(\mathbb{R}^n)$ 的子空间:

$$\hat{\mathcal{D}}_0(\mathbb{R}^n) = \{\varphi \in \mathcal{S}(\mathbb{R}^n), \hat{\varphi} \in \mathcal{C}_c^\infty(\mathbb{R}^n \backslash \{0\})\},$$

$$\mathcal{Z} = \{\varphi \in \mathcal{S}(\mathbb{R}^n), \partial^\alpha \hat{\varphi}(0) = 0, \forall \alpha \in (\mathbb{N} \cup \{0\})^n\}.$$

显然, $\mathcal{Z}(\mathbb{R}^n)$ 是 $\mathcal{S}(\mathbb{R}^n)$ 的闭子空间, $\hat{\mathcal{D}}_0(\mathbb{R}^n)$ 稠于 $\mathcal{Z}(\mathbb{R}^n)$. 容易看出, $\hat{\mathcal{D}}_0(\mathbb{R}^n)$ 中的函数 $\varphi(x)$ 的 Fourier 变换 $\hat{\varphi}(\xi)$ 的支集包含在某个以 0 为中心的球形环内.

直接验证: 算子 $\omega^\sigma (\sigma \in \mathbb{R})$ 是 $\mathcal{Z}(\mathbb{R}^n) \to \mathcal{Z}(\mathbb{R}^n)$ 上的同胚映射, $\hat{\mathcal{D}}_0(\mathbb{R}^n)$ 是映射 ω^σ 的不变集合, 并且具有群的运算性质:

$$\omega^{\sigma_1} \omega^{\sigma_2} = \omega^{\sigma_1+\sigma_2}.$$

根据嵌入关系 $\mathcal{Z}(\mathbb{R}^n) \hookrightarrow \mathcal{S}(\mathbb{R}^n)$, 就可以诱导 $\mathcal{S}'(\mathbb{R}^n) \mapsto \mathcal{Z}'(\mathbb{R}^n)$ 上的映射 Π. 具体地说,

$$\langle \Pi v, u \rangle = \langle v, u \rangle, \quad \forall v \in \mathcal{S}'(\mathbb{R}^n), u \in \mathcal{Z}(\mathbb{R}^n),$$

$$N(\Pi) = \{v \in \mathcal{S}'(\mathbb{R}^n), \mathrm{supp}\hat{v}(\xi) = \{0\}\} = \{\text{多项式的集合}\} \stackrel{\triangle}{=} \mathcal{P},$$

这里 $N(\Pi)$ 表示映射 Π 的零空间. 事实上, 若

$$\begin{aligned}\langle v(x), u(x) \rangle &= \int_{\mathbb{R}^n} \hat{v}(\xi)\hat{u}(-\xi)\mathrm{d}\xi = \hat{v} * \hat{u}(0) \\ &= (v(D)\hat{u})(0) = 0, \quad v(x) \in \mathcal{S}'(\mathbb{R}^n), \quad u(x) \in \mathcal{Z}(\mathbb{R}^n).\end{aligned}$$

由此推出 $\mathrm{supp}\hat{v}(\xi) = \{0\}$, v 具有形式:

$$v(x) = \sum_{\alpha \in (\mathbb{N} \cup \{0\})^n} C_\alpha x^\alpha, \quad x = (x_1, \cdots, x_n).$$

另一方面, 由 Hahn-Banach 延拓定理, $\forall \omega \in \mathcal{Z}'(\mathbb{R}^n)$, 均可延拓成 $\bar{\omega} \in \mathcal{S}'(\mathbb{R}^n)$ 且

$$\langle \Pi \bar{\omega}, u \rangle = \langle \bar{\omega}, u \rangle = \langle \omega, u \rangle, \quad u \in \mathcal{Z}(\mathbb{R}^n).$$

由此推出 $\Pi \bar{\omega} = \omega$, 这说明 Π 是满射. 因此

$$\mathcal{Z}'(\mathbb{R}^n) = \mathcal{S}'(\mathbb{R}^n)/\mathcal{P}. \tag{1.1}$$

由对偶性定理, 映射 ω^σ 可以诱导 $\mathcal{Z}'(\mathbb{R}^n) \mapsto \mathcal{Z}'(\mathbb{R}^n)$ 上的微分同胚, 仍可用 ω^σ 记之. 注意到 $L^p(\mathbb{R}^n) \hookrightarrow \mathcal{S}'(\mathbb{R}^n) \hookrightarrow \mathcal{Z}'(\mathbb{R}^n)$, 则

$$\Pi(L^p(\mathbb{R}^n)) \hookrightarrow \mathcal{Z}'(\mathbb{R}^n), \quad \forall 1 \leqslant p < \infty.$$

对 $\forall 1 \leqslant p < \infty, v \in \Pi(L^p(\mathbb{R}^n))$, 在 L^p 中存在唯一的原像 $\tilde{v}$, 使得 $\Pi \tilde{v} = v$. 由于 $L^p(\mathbb{R}^n)$ 不包含多项式, 故 L^p 典则地嵌入到 $\mathcal{Z}'(\mathbb{R}^n)$. 对 $\forall \sigma \in \mathbb{R}$, 定义 Riesz 型位势 Banach 空间如下:

$$\dot{H}^{\sigma,p} = \omega^{-\sigma} L^p, \quad \|v\|_{\dot{H}^{\sigma,p}} = \|\omega^\sigma v\|_p, \quad 1 \leqslant p < \infty.$$

易见 $\omega^\sigma: \dot{H}^{\sigma_1,p} \mapsto \dot{H}^{\sigma_1-\sigma,p}(\mathbb{R}^n)$ 是等距同构. 对于 $\forall 1 < p < \infty$, 注意到 $\hat{\mathcal{D}}_0(\mathbb{R}^n) \hookrightarrow \mathcal{Z}(\mathbb{R}^n)$ 稠于 L^p, 故 $L^{p'} \hookrightarrow H^{-\sigma,p'}$ 稠于 $\mathcal{Z}'(\mathbb{R}^n) \hookrightarrow \hat{\mathcal{D}}_0'(\mathbb{R}^n)$. 由对偶性原理, 可以推出 $\hat{\mathcal{D}}_0(\mathbb{R}^n)$ 及 $\mathcal{Z}(\mathbb{R}^n)$ 稠于 $\dot{H}^{\sigma,p}(\mathbb{R}^n)$.

下面给出 $\dot{H}^{\sigma,p}(\mathbb{R}^n)$ 的 Littlewood-Paley 二进制分解定义. 取 $\hat{\psi}(\xi) \in \mathcal{C}_c^\infty(\mathbb{R}^n)$ 满足 $0 \leqslant \hat{\psi}(\xi) \leqslant 1$ 及

$$\hat{\psi}(\xi) = \begin{cases} 1, & |\xi| \leqslant 1, \\ 0, & |\xi| \geqslant 2. \end{cases}$$

对 $\forall j \in \mathbb{Z}$, 定义

$$\hat{\varphi}_j(\xi) = \hat{\psi}(2^{-j}\xi) - \hat{\psi}(2^{-j+1}\xi),$$

满足 $\mathrm{supp}\,\hat{\varphi}_j(\xi) \subset \{\xi: 2^{j-1} < |\xi| < 2^{j+1}\}$ 及

$$\sum_{j \in \mathbb{Z}} \hat{\varphi}_j(\xi) = 1, \quad |\xi| \neq 0,$$

其中上面的和式中至多有两个非零项 (对于 $\xi \neq 0$).

对 $\forall v \in \mathcal{S}'(\mathbb{R}^n)$, 构造 $\mathcal{C}^\infty(\mathbb{R}^n)$ 序列 $\Phi(v) = \{v_j = \varphi_j * v\}_{j \in \mathbb{Z}}$ 与之对应. 注意到 $v_j = \varphi_j * \Pi v + \varphi_j * (v - \Pi v)$ 满足

$$(\varphi_j * (v - \Pi v), g) = (v - \Pi v, \varphi_j * g) = 0,$$

因为

$$g \in \mathcal{S}(\mathbb{R}^n) \Longrightarrow \varphi_j * g \in \mathcal{Z}(\mathbb{R}^n),$$

这说明 $\Phi(v)$ 仅依赖于 Πv. 换言之, Φ 本质上是定义在 $\mathcal{Z}'(\mathbb{R}^n)$ 的函数列. 对 $\forall \sigma \in \mathbb{R}$, $1 \leqslant p, q \leqslant \infty$, 定义 Besov 和 Triebel 空间分别是

$$\dot{B}_{p,q}^\sigma = \left\{ v \in \mathcal{Z}'(\mathbb{R}^n), \left\{ \sum_j 2^{j\sigma q} \|\varphi_j * v\|_p^q \right\}^{\frac{1}{q}} = \|v, \dot{B}_{p,q}^\sigma\| < \infty \right\}, \qquad (1.2)$$

$$\dot{F}_{p,q}^\sigma = \left\{ v \in \mathcal{Z}'(\mathbb{R}^n), \left\| \left\{ \sum_j |2^{j\sigma}(\varphi_j * v)|^q \right\}^{\frac{1}{q}} \right\|_p = \|v\|_{\dot{F}_{p,q}^\sigma} < \infty \right\}. \qquad (1.3)$$

特别, 当 $q = \infty$ 时, 可将上面的定义进行适当的修正. 易见, 当 $1 < p, q < \infty$ 时, 按上面 $\dot{B}_{p,q}^\sigma, \dot{F}_{p,q}^\sigma$ 定义中的范数, $\dot{B}_{p,q}^\sigma, \dot{F}_{p,q}^\sigma$ 就构成一个 Banach 空间. 由 Minkowski 不等式, 可得

$$\dot{B}_{p,\min(p,q)}^\sigma \hookrightarrow \dot{F}_{p,q}^\sigma \hookrightarrow \dot{B}_{p,\max(p,q)}^\sigma. \qquad (1.4)$$

采用向量形式的 Mikhlin-Hörmander 定理 (见文献 [Tr1] 中的 2.3.3 或 2.2.4), 可以证明: 对 $\forall \sigma \in \mathbb{R}$, 有

$$\dot{F}_{p,2}^\sigma = \dot{H}^{\sigma,p}, \quad 1 < p < \infty. \qquad (1.5)$$

由此及 (1.4) 就可以推导出

$$\begin{cases} \dot{B}_{p,2}^{\sigma} \hookrightarrow \dot{H}^{\sigma,p} \hookrightarrow \dot{B}_{p,p}^{\sigma}, & p \geqslant 2, \\ \dot{B}_{p',p'}^{\sigma} \hookrightarrow \dot{H}^{\sigma,p'} \hookrightarrow \dot{B}_{p',2}^{\sigma}, & p' \leqslant 2. \end{cases} \tag{1.6}$$

另一方面, 由等价模的刻画与 Hölder 不等式, 可以获得如下有用的凸性不等式.

引理 1.1 设 $0 \leqslant \mu_j \leqslant 1, 1 \leqslant j \leqslant N$ 满足 $\sum_{j=1}^{N} \mu_j = 1$. 设 $\sigma_j \in \mathbb{R}, \sigma = \sum_{j=1}^{N} \mu_j \sigma_j$. 令

$$1 \leqslant p_j \leqslant \infty, \quad \frac{1}{p} = \sum_{j=1}^{N} \frac{\mu_j}{p_j}. \tag{1.7}$$

则有如下结果:

(1) 假设 $1 \leqslant q_j \leqslant \infty, \dfrac{1}{q} = \sum_{j=1}^{N} \dfrac{\mu_j}{q_j}$, 则 $\bigcap_{1 \leqslant j \leqslant N} \dot{B}_{p_j,q_j}^{\sigma_j} \subset \dot{B}_{p,q}^{\sigma}$, 并且满足

$$\|v; \dot{B}_{p,q}^{\sigma}\| \leqslant \prod_{1 \leqslant j \leqslant N} \|v; \dot{B}_{p_j,q_j}^{\sigma_j}\|^{\mu_j}, \quad \forall v \in \bigcap_{1 \leqslant j \leqslant N} \dot{B}_{p_j,q_j}^{\sigma_j}. \tag{1.8}$$

同理, 将 $\dot{B}_{p,q}^{\sigma}$ 换成 $\dot{F}_{p,q}^{\sigma}$ 亦有相同的结果, 即

$$\|v; \dot{F}_{p,q}^{\sigma}\| \leqslant \prod_{1 \leqslant j \leqslant N} \|v; \dot{F}_{p_j,q_j}^{\sigma_j}\|^{\mu_j}, \quad \forall v \in \bigcap_{1 \leqslant j \leqslant N} \dot{F}_{p_j,q_j}^{\sigma_j}. \tag{1.9}$$

(2) 设 $1 < p_j < \infty$, 则 $\bigcap_{1 \leqslant j \leqslant N} \dot{H}^{\sigma_j, p_j} \subset \dot{H}^{\sigma, p}$, 并且

$$\|v; \dot{H}^{\sigma,p}\| \leqslant C \prod_{1 \leqslant j \leqslant N} \|v; \dot{H}^{\sigma_j, p_j}\|^{\mu_j}, \quad \forall v \in \bigcap_{1 \leqslant j \leqslant N} \dot{H}^{\sigma_j, p_j}, \tag{1.10}$$

这里 $C = C(\sigma_j, p_j, \mu_j)$ 关于 $(\sigma_j, p_j) \in B \times D$ 一致有界, 这里 B 是 $\mathbb{R}$ 的任意有界集, D 是 $(1, \infty)$ 中的任意紧集.

Besov 空间中的 Sobolev 不等式是 Hölder 不等式的直接结果, 记

$$I_{\sigma} = \mathcal{F}^{-1}|\xi|^{-\sigma} = C_{\sigma}|x|^{-n+\sigma}. \tag{1.11}$$

则 $\omega^{-\sigma} f = I_{\sigma} * f$ 满足如下 Hardy-Littlewood-Sobolev 不等式

$$\|I_{\sigma} * f\|_r \leqslant C\|f\|_p, \quad \frac{1}{r} = \frac{1}{p} - \frac{\sigma}{n}, \quad 1 < p < r < \infty. \tag{1.12}$$

另外, 关于 Besov 型的空间, 有如下的嵌入关系

$$\begin{cases} \dot{B}_{p,q}^{\sigma} \hookrightarrow \dot{B}_{r,q}^{\rho}, \quad \|v, \dot{B}_{r,q}^{\rho}\| \leqslant C\|v; \dot{B}_{p,q}^{\sigma}\|, \quad \rho, \sigma \in \mathbb{R}, \\ 1 \leqslant p \leqslant r \leqslant \infty, \quad 1 \leqslant q \leqslant \infty, \quad \sigma - \dfrac{n}{p} = \rho - \dfrac{n}{r}, \end{cases} \tag{1.13}$$

$$\begin{cases} \dot H^{\sigma,p} \hookrightarrow \dot H^{\rho,r}, \quad \|v, \dot H^{\rho,r}\| \leqslant C\|v; \dot H^{\sigma,p}\|, \quad \rho, \sigma \in \mathbb{R}, \\ 1 \leqslant p \leqslant r < \infty, \quad \sigma - \dfrac{n}{p} = \rho - \dfrac{n}{r}. \end{cases} \tag{1.14}$$

在应用中, 经常将齐空间的 Sobolev 不等式与凸性定理混合使用. 估计 (1.12)~(1.14) 本质上都是在 $\mathcal{Z}'(\mathbb{R}^n)$ 的合适子空间上成立的. 通过这些估计及 Sobolev 嵌入, 最终获得相应的 L^ℓ 范数的估计. 当然, $L^\ell \hookrightarrow \mathcal{Z}'(\mathbb{R}^n)$ 是 modulo 多项式后的等价类. 另一方面, 具体问题的本身可获得 v 属于某一个 L^s, 其中 $1 < s < \infty$. 最常用的情形是 $s = 2$. 因此, 上面有关 L^ℓ 的估计对通常意义下的 $v \in L^\ell$ 估计亦成立.

引理 1.2 设 X 与 Y 是两个 Banach 空间, X 自反且 $X \hookrightarrow Y$. 记

$$\mathcal{C}_\omega(I, Y) = \{f \mid f \in L^\infty(I, Y) \text{ 且 } \forall y' \in Y^*, 有 (f(t), y') \in \mathcal{C}(I)\},$$

则 $L^\infty(I, X) \cap \mathcal{C}_\omega(I, Y) = \mathcal{C}_\omega(I, X)$.

证明 仅需证明 $L^\infty(I, X) \cap \mathcal{C}_\omega(I, Y) \hookrightarrow \mathcal{C}_\omega(I, X)$. 任取 $f(t) \in L^\infty(I; X) \cap \mathcal{C}_\omega(I, Y)$, 可以将 $f(t)$ 扩张成 $\mathbb{R}$ 上的抽象函数. 记 $\rho \in \mathcal{D}(\mathbb{R})$, $\rho_n(t) = n\rho(nt)$ 满足

$$\int_\mathbb{R} \rho(t)\mathrm{d}t = 1, \quad \rho(t) \geqslant 0.$$

注意到 $f \in L^\infty(\mathbb{R}, X)$, 易见 $f * \rho_n \in \mathcal{C}^\infty(\mathbb{R}; X)$ 且满足

$$\|\rho_n * f\|_X \leqslant \|\rho_n * f\|_{L^\infty(\mathbb{R}; X)} \leqslant \|\rho_n\|_1 \|f\|_{L^\infty(\mathbb{R}; X)} \leqslant M < \infty.$$

因此, 对固定 t, 总能找到子序列 (X 自反条件), 使得

$$\rho_\nu * f \xrightarrow{w} \tilde{f}(t) \in X, \quad \text{且} \quad \|\tilde{f}(t)\|_X \leqslant M.$$

同时, 对 $\forall y' \in Y^*$, $t \mapsto (f(t), y')$ 是连续函数. 因此

$$\langle \rho_n * f - f, y' \rangle = \rho_n * \langle f, y' \rangle - \langle f, y' \rangle \to 0, \quad n \to \infty.$$

因此

$$\rho_n * f(t) \xrightarrow{w} f \in Y.$$

由此推出 $\tilde{f} = f(t)$. 此意味着 $\rho_\nu * f \xrightarrow{w} f$ 在 X 中成立, 进而, 整个函数列 $\rho_n * f$ 在 X 中弱收敛于 f.

下面说明连续性, 考虑

$$\begin{aligned} |(f(t_1) - f(t_2), x')| \leqslant & |(f(t_1) - \rho_\nu * f(t_1), x')| \\ & + |(\rho_\nu * f(t_1) - \rho_\nu * f(t_2), x')| \\ & + |(\rho_\nu * f(t_2) - f(t_2), x')|, \end{aligned}$$

只要取充分大的 ν 及 $t_2 - t_1$ 充分小, 就推出上式右边可以充分小, 即得 $f(t) \in \mathcal{C}_\omega(I, X)$.

引理 1.3 f 是 Banach 空间 X 上的连续线性凸泛函, 即
$$f(tx + (1-t)y) \leqslant tf(x) + (1-t)f(y), \quad \forall t \in [0,1],$$
则 f 弱下半连续.

证明   先回忆弱下半连续定义. 对于 $\forall x_n \xrightarrow{\omega} x_0 \in X$, 有
$$\varliminf_{n \to \infty} f(x_n) \geqslant f(x_0).$$
采用反证法. $\exists \{x_n\} \subset X$ 及 $\varepsilon_0 > 0$, 虽然 $x_n \xrightarrow{\omega} x_0 \in X$, 然而
$$f(x_n) \leqslant f(x_0) - \varepsilon.$$
由 Saks-Banach 定理, 存在 $\{x_n\}$ 的凸组合
$$y_k = \sum_{j=1}^k \alpha_j^{(k)} x_j, \quad \alpha_j^{(k)} \geqslant 0, \quad \sum_{j=1}^k \alpha_j^{(k)} = 1,$$
使得 $y_k \xrightarrow{s} x_0$. 由 f 的连续性及凸性可以推出, 当 k 充分大时, 有
$$f(x_0) - \varepsilon_0 < f(y_k) \leqslant \sum_{j=1}^k \alpha_j^{(k)} f(x_j) \leqslant f(x_0) - \varepsilon_0.$$
矛盾.

引理 1.4   设 B 是 Banach 空间, H 是一个 Hilbert 空间, $H \hookrightarrow B$. $\{v_j\} \subset H$ 且 $\|v_j\|_H \leqslant C$,
$$\lim_{j \to \infty} v_j \xrightarrow{w} v \in B.$$
则有如下事实成立:

(1) $\lim\limits_{j \to \infty} v_j \xrightarrow{w} v \in H$.

(2) 对于 H 中非负有界二次型 q, 有
$$q(v) \leqslant \varliminf_{j \to \infty} q(v_j), \quad \text{特别,} \quad \|v\|_H \leqslant \varliminf_{j \to \infty} \|v_j\|_H.$$

(3) $\varlimsup\limits_{j \to \infty} \|v_j\|_H \leqslant \|v\|_H \Longrightarrow \lim\limits_{j \to \infty} v_j \xrightarrow{s} v \in H$.

推论 1.5   设 B 是 Banach 空间, H 是一个 Hilbert 空间且 $H \hookrightarrow B$, M 是度量空间. 设 v 是 $M \mapsto B$ 的弱连续映射使得 $\forall \mu \in M$, $v(\mu) \in H$ 满足
$$\sup_{\mu \in M} \|v(\mu)\|_H \leqslant C.$$

2.1 预备知识、线性估计及应用

则 $v: M \mapsto H$ 是弱连续的. 进而, 如果 $\mu \mapsto \|v(\mu)\|_H$ 连续, 就可推出 $v: M \mapsto H$ 强连续.

考虑

$$\begin{cases} \Box v = h(x,t), & \Box = \partial_{tt} - \Delta, \quad (x,t) \in \mathbb{R}^n \times \mathbb{R}, \\ v(0) = \varphi(x), & v_t(0) = \psi(x), \quad x \in \mathbb{R}^n. \end{cases} \tag{1.15}$$

显然

$$\begin{aligned} v(x,t) &= \mathcal{F}^{-1} \cos|\xi|t \mathcal{F}\varphi + \mathcal{F}^{-1} \frac{\sin|\xi|t}{|\xi|} \mathcal{F}\psi + \int_0^t \mathcal{F}^{-1} \frac{\sin|\xi|(t-\tau)}{|\xi|} \mathcal{F}h \mathrm{d}\tau \\ &\triangleq \dot{K}(t)\varphi + K(t)\psi + \int_0^t K(t-\tau)h(x,\tau)\mathrm{d}\tau \\ &\triangleq \dot{K}(t)\varphi + K(t)\psi + Gh \quad \left(K(t) = \mathcal{F}^{-1} \frac{\sin|\xi|t}{|\xi|} \mathcal{F} \right) \end{aligned} \tag{1.16}$$

是 (1.15) 的解. 另一方面, $R(x,t) = \mathcal{F}^{-1} \dfrac{\sin|\xi|t}{|\xi|}$ 是

$$\begin{cases} \Box w = 0, & \Box = \partial_{tt} - \Delta, \quad (x,t) \in \mathbb{R}^n \times \mathbb{R}, \\ w(0) = 0, & w_t(0) = \delta(x), \quad x \in \mathbb{R}^n \end{cases} \tag{1.17}$$

的基本解. 采用特征坐标变换、球面平均方法、降维法等方法, 容易推出

$$R(x,t) = \frac{1}{2}\chi_{|x|\leqslant t}(x), \quad n=1, \tag{1.18}$$

$$R(x,t) = A_n \left(\frac{1}{t}\partial_t\right)^{\frac{n-3}{2}} \frac{1}{t}\delta(t-|x|), \quad A_n = \frac{1}{\omega_{n-1}(n-2)\cdots 3 \cdot 1}, \quad n \geqslant 3 \text{ 奇数}, \tag{1.19}$$

$$R(x,t) = A_n \left(\frac{1}{t}\partial_t\right)^{\frac{n-2}{2}} \frac{\chi_{B_t(x)}}{\sqrt{t^2-|x|^2}}, \quad A_n = \frac{2}{\omega_n(n-1)\cdots 3 \cdot 1}, \quad n \geqslant 2 \text{ 偶数}. \tag{1.20}$$

这样一来, (1.15) 的解亦可改写成

$$v(x,t) = \frac{\partial}{\partial t}(R(x,t)*\varphi) + R(x,t)*\psi + \int_0^t R(x,t-\tau)*h(x,\tau)\mathrm{d}\tau, \tag{1.21}$$

这里

$$R(x,t)*\psi = A_n \left(\frac{1}{t}\partial_t\right)^{\frac{n-3}{2}} \left(t^{n-2} \int_{\Sigma^{n-1}} \psi(x+t\omega)\mathrm{d}\omega \right), \quad n \geqslant 3 \text{ 奇数}, \tag{1.22}$$

$$R(x,t)*\psi = A_n \left(\frac{1}{t}\partial_t\right)^{\frac{n-2}{2}} \left(t^{n-1} \int_{B_1(0)} \frac{\psi(x+yt)}{\sqrt{1-|y|^2}}\mathrm{d}y \right), \quad n \geqslant 2 \text{ 偶数}. \tag{1.23}$$

特别,

$$v(x,t) = \partial_t \left(\frac{1}{4\pi t} \int_{\partial B_t(x)} \varphi(y) \mathrm{d}\sigma(y) \right) + \frac{1}{4\pi t} \int_{\partial B_t(x)} \psi(y) \mathrm{d}\sigma(y)$$
$$+ \frac{1}{4\pi} \int_0^t \int_{\partial B_{t-\tau}(x)} \frac{h(y,\tau)}{t-\tau} \mathrm{d}\sigma(y) \mathrm{d}\tau$$
$$= \partial_t \left(\frac{t}{4\pi} \int_{\Sigma^2} \varphi(x+t\omega) \mathrm{d}\omega \right) + \frac{t}{4\pi} \int_{\Sigma^2} \psi(x+t\omega) \mathrm{d}\omega$$
$$+ \frac{1}{4\pi} \int_0^t \int_{\Sigma^2} (t-\tau) h(x+(t-\tau)\omega, \tau) \mathrm{d}\omega \mathrm{d}\tau, \quad n=3, \quad (1.24)$$

$$v(x,t) = \partial_t \left(\frac{t}{2\pi} \int_{B_1(0)} \frac{\varphi(x+yt)}{\sqrt{1-|y|^2}} \mathrm{d}y \right) + \frac{t}{2\pi} \int_{B_1(0)} \frac{\psi(x+yt)}{\sqrt{1-|y|^2}} \mathrm{d}y$$
$$+ \frac{1}{2\pi} \int_0^t \int_{B_1(0)} \frac{(t-\tau)h(x+(t-\tau)y,\tau)}{\sqrt{1-|y|^2}} \mathrm{d}y \mathrm{d}\tau, \quad n=2. \quad (1.25)$$

由平移变换与尺度技术, 从上面的表示式就可推出 $L^\infty - L^1$ 衰减估计:

$$\|R(x,t) * \psi\|_\infty \leqslant C|t|^{\frac{n-1}{2}} \|\psi\|_{\dot{W}^{\frac{n-1}{2},1}}, \quad n \geqslant 3 \text{ 奇数}, \quad (1.26)$$

$$\|R(x,t) * \psi\|_\infty \leqslant C|t|^{\frac{n-1}{2}} \|\psi\|_{\dot{B}_{1,1}^{\frac{n-1}{2}}}, \quad n \geqslant 2 \text{ 偶数}. \quad (1.27)$$

注意到 $\dot{B}_{1,1}^{\frac{n-1}{2}} \subset \dot{W}^{\frac{n-1}{2},1}$, 总有

$$\|v_0(x,t)\|_\infty \leqslant C|t|^{\frac{n-1}{2}} \left(\|\psi\|_{\dot{B}_{1,1}^{\frac{n+1}{2}}} + \|\psi\|_{\dot{B}_{1,1}^{\frac{n-1}{2}}} \right), \quad (1.28)$$

这里 $v_0(x,t) = \frac{\partial}{\partial t}(R(x,t) * \varphi) + R(x,t) * \psi$ 是

$$\begin{cases} \Box v = 0, \quad \Box = \partial_{tt} - \Delta, \quad (x,t) \in \mathbb{R}^n \times \mathbb{R}, \\ v(0) = \varphi(x), \quad v_t(0) = \psi(x), \quad x \in \mathbb{R}^n \end{cases} \quad (1.29)$$

的解. 记

$$\beta(r) = \frac{n+1}{2} \left(\frac{1}{2} - \frac{1}{r} \right), \quad \delta(r) = n \left(\frac{1}{2} - \frac{1}{r} \right), \quad \gamma(r) = (n-1) \left(\frac{1}{2} - \frac{1}{r} \right), \quad (1.30)$$

其中

$$\begin{cases} 2 \leqslant r \leqslant \frac{2(n-1)}{n-3}, & n \geqslant 4, \\ 2 \leqslant r < \infty, & n = 3, \\ 2 \leqslant r \leqslant \infty, & n = 2. \end{cases} \quad (1.31)$$

借助于 Littlewood-Paley 二进制分解及第一型的振荡积分估计,容易看出 (见文献 [Mi8]):

$$\|\exp(\mathrm{i}\omega t)f(x)\|_{\dot{B}_{r,2}^{-\beta(r)}} \leqslant C|t|^{-\gamma(r)}\|f(x)\|_{\dot{B}_{r',2}^{\beta(r)}}, \tag{1.32}$$

$$\|\dot{K}(t)f(x)\|_{\dot{B}_{r,2}^{-\beta(r)}} \leqslant C|t|^{-\gamma(r)}\|f(x)\|_{\dot{B}_{r',2}^{\beta(r)}}, \tag{1.33}$$

$$\|K(t)f(x)\|_{\dot{B}_{r,2}^{1-\beta(r)}} \leqslant C|t|^{-\gamma(r)}\|f(x)\|_{\dot{B}_{r',2}^{\beta(r)}}, \tag{1.34}$$

这里 $\exp(\mathrm{i}\omega t) = \mathcal{F}^{-1}\mathrm{e}^{\mathrm{i}|\xi|t}\mathcal{F}$. 利用泛函对偶技术、插值定理及 Sobolev 嵌入定理就可建立 Strichartz 估计.

定义 1.1 (波容许对的概念)　称 (q,r) 是波容许对,如果

$$2 \leqslant q, r \leqslant \infty, \quad (q,r,\gamma(r)) \neq (2,\infty,1),$$

且满足

$$0 \leqslant \frac{2}{q} \leqslant \gamma(r) = (n-1)\left(\frac{1}{2}-\frac{1}{r}\right) \leqslant 1. \tag{1.35}$$

习惯记为 $(q,r) \in \tilde{\Lambda}$. 特别,当

$$\frac{2}{q} = \gamma(r)$$

时,就称 (q,r) 是最佳波容许对,记 $(q,r) \in \Lambda$.

定理 1.6 (Strichartz 估计)　设 $\sigma_1, \sigma_2, \mu \in \mathbb{R}$, $(q_j, r_j) \in \tilde{\Lambda}$ $(j=1,2)$,并且

$$\begin{cases} \sigma_1 + \delta(r_1) - \dfrac{1}{q_1} = \mu, \\ \sigma_2 + \delta(r_2) - \dfrac{1}{q_2} = 1-\mu. \end{cases} \tag{1.36}$$

记

$$Y^\mu = \dot{H}^\mu \times \dot{H}^{\mu-1}, \qquad \|(\varphi,\psi)\|_{Y^\mu} = \|\varphi\|_{\dot{H}^\mu} + \|\psi\|_{\dot{H}^{\mu-1}}. \tag{1.37}$$

若 $(\varphi,\psi) \in Y^\mu$, $h(x,t) \in L^{q_2'}(I; \dot{B}_{r_2',2}^{-\sigma_2})$,则 $v \in C(I; \dot{H}^\mu) \cap C^1(I; \dot{H}^{\mu-1})$ 满足如下可积性:

$$\|v\|_{L^{q_1}(I;\dot{B}_{r_1,2}^{\sigma_1})} + \|v_t\|_{L^{q_1}(I;\dot{B}_{r_1,2}^{\sigma_1-1})} \leqslant C\|(\varphi,\psi)\|_{Y^\mu} + C\|h\|_{L^{q_2'}(I;\dot{B}_{r_2',2}^{-\sigma_2})}. \tag{1.38}$$

推论 1.7 (Strichartz 估计)　设 $(q,r), (q_j, r_j) \in \Lambda (j=1,2)$, $I = \mathbb{R}$ 或 $I \subset \mathbb{R}$ 且 $0 \in \bar{I}$. 则有如下估计:

$$\|\dot{K}\varphi\|_{L^q(I;\dot{B}_{r,2}^{\sigma-\beta(r)})} + \|K(t)\psi\|_{L^q(I;\dot{B}_{r,2}^{\sigma-\beta(r)})} \leqslant C\|(D^\sigma\varphi, D^{\sigma-1}\psi)\|_2, \tag{1.39}$$

$$\|Gh\|_{L^{q_1}(I;\dot{B}_{r_1,2}^{\sigma-\beta(r_1)})} \leqslant C\|h\|_{L^{q_2'}(I;\dot{B}_{r_2',2}^{\sigma+\beta(r_2)-1})}, \tag{1.40}$$

特别

$$\|Gh\|_{L^q(I;\dot{B}_{r,2}^{\sigma-\beta(r)})} \leqslant C\|h\|_{L^{q'}(I;\dot{B}_{r',2}^{\sigma+\beta(r)-1})}. \tag{1.41}$$

注记 1.1　(i) 若定理 1.6 对于最佳波容许对成立, 则定理 1.6 成立. 事实上, 对于任意的 $(\tilde{q}_j, \tilde{r}_j) \in \tilde{\Lambda}$ 满足

$$\begin{cases} \tilde{\sigma}_1 + \delta(\tilde{r}_1) - \dfrac{1}{\tilde{q}_1} = \mu, \\ \tilde{\sigma}_2 + \delta(\tilde{r}_2) - \dfrac{1}{\tilde{q}_2} = 1 - \mu, \end{cases} \tag{1.42}$$

则存在 $(\tilde{q}_j, r_j) \in \Lambda$ 及 $\sigma_j \in \mathbb{R}$ $(j=1,2)$ 满足

$$\begin{cases} \sigma_1 + \delta(r_1) - \dfrac{1}{\tilde{q}_1} = \mu, \\ \sigma_2 + \delta(r_2) - \dfrac{1}{\tilde{q}_2} = 1 - \mu. \end{cases} \tag{1.43}$$

显然

$$\sigma_j + \delta(r_j) = \tilde{\sigma}_j + \delta(\tilde{r}_j), \quad \tilde{r}_j \geqslant r_j. \tag{1.44}$$

因此, 由 Sobolev 嵌入定理就得

$$\begin{aligned} \|v\|_{L^{\tilde{q}_1}(I;\dot{B}_{\tilde{r}_1,2}^{\tilde{\sigma}_1})} + \|v_t\|_{L^{\tilde{q}_1}(I;\dot{B}_{\tilde{r}_1,2}^{\tilde{\sigma}_1-1})} &\lesssim \|v\|_{L^{\tilde{q}_1}(I;\dot{B}_{r_1,2}^{\sigma_1})} + \|v_t\|_{L^{\tilde{q}_1}(I;\dot{B}_{r_1,2}^{\sigma_1-1})} \\ &\lesssim \|(\varphi,\psi)\|_{Y^\mu} + C\|h\|_{L^{\tilde{q}_2'}(I;\dot{B}_{r_2',2}^{-\sigma_2})} \\ &\lesssim \|(\varphi,\psi)\|_{Y^\mu} + C\|h\|_{L^{\tilde{q}_2'}(I;\dot{B}_{\tilde{r}_2',2}^{-\tilde{\sigma}_2})}. \end{aligned} \tag{1.45}$$

因此, 在证明定理 1.6 时, 仅需对于最佳波容许对的情形来证明.

(ii) 当初始函数 $(\varphi,\psi) \in H^1 \otimes L^2$, 那么 $\dot{K}(t)\varphi + K(t)\psi \in L^\infty_{\text{loc}}(\mathbb{R}; L^2)$ 并且有

$$\|\dot{K}(t)\varphi + K(t)\psi\|_2 \leqslant \|\varphi\|_2 + t\|\psi\|_2. \tag{1.46}$$

推论 1.8 (Strichartz 估计)　(1) 设 $(q,r) \in \Lambda$, $\forall\, \psi \in L^2(\mathbb{R}^n)$, 则 $\exp(\mathrm{i}\omega t)\psi \in L^q(\mathbb{R}; \dot{B}_{r,2}^{-\beta(r)})$ 且

$$\|\exp(\mathrm{i}\omega t)\psi; L^q(\mathbb{R}; \dot{B}_{r,2}^{-\beta(r)})\| \leqslant C\|\psi\|_2. \tag{1.47}$$

(2) 设 ρ 与 r 满足

$$\begin{cases} 0 \leqslant \delta(r) \leqslant \dfrac{n}{2}, \\ 0 \leqslant \rho + \delta(r) - 1 < \dfrac{1}{2}, \\ \rho \leqslant 1 - \beta(r). \end{cases} \tag{1.48}$$

若令
$$\frac{1}{q} = \rho + \delta(r) - 1, \tag{1.49}$$

则对任意 $(\varphi, \psi) \in \dot{H}^1 \otimes L^2$, $\dot{K}\varphi + K\psi \in L^q(\mathbb{R}; \dot{B}_{r,2}^\rho)$ 并且满足如下估计:

$$\|\dot{K}\varphi + K\psi; L^q(\mathbb{R}; \dot{B}_{r,2}^\rho)\| \leqslant C(\|\nabla\varphi\|_2 + \|\psi\|_2). \tag{1.50}$$

注记 1.2 推论 1.8 的第 (2) 部分则是 (1.47) 与 Sobolev 嵌入定理的直接结果. 事实上, 对于满足 (1.48) 和 (1.49) 的 ρ, r, 存在 r_1 满足

$$0 \leqslant \rho + \delta(r) - 1 = \frac{1}{2}\gamma(r_1) < \frac{1}{2}$$

使得嵌入关系

$$\dot{B}_{r_1,2}^{1-\beta(r_1)} \hookrightarrow \dot{B}_{r,2}^\rho \tag{1.51}$$

成立. 换言之, 即验证 $1 - \beta(r_1) - \frac{n}{r_1} = \rho - \frac{n}{r}$, $\frac{1}{r_1} \geqslant \frac{1}{r}$.

事实上, 由 $\rho \leqslant 1 - \beta(r)$, 就有

$$\frac{1}{2}\gamma(r_1) = \rho + \delta(r) - 1 \leqslant \delta(r) - \beta(r) = \frac{1}{2}\gamma(r).$$

由此可见 $\frac{1}{r_1} \geqslant \frac{1}{r}$. 另一方面

$$\rho - \frac{n}{r} = 1 - \frac{n}{2} + \frac{\gamma(r_1)}{2} = 1 - \beta(r_1) - \frac{n}{r_1}.$$

由此推出

$$\|K(t)\psi; \ L^q(\mathbb{R}; \dot{B}_{r,2}^\rho)\| \leqslant \|K(t)\psi; L^q(\mathbb{R}; \dot{B}_{r_1,2}^{1-\beta(r_1)})\|$$
$$\leqslant \left\|\frac{\exp(\mathrm{i}\omega t) - \exp(\mathrm{i}\omega t)}{2\mathrm{i}\omega}\psi; \ L^q(\mathbb{R}; \dot{B}_{r_1,2}^{1-\beta(r_1)})\right\| \leqslant C\|\psi\|_2. \tag{1.52}$$

定理 1.6 的详细证明见文献 [Mi1] 或 [Mi2], 这里仅给出非端点情形下 Strichartz 估计的证明概要. 本质上等价于证明 (1.47). 由稠密性, 仅需对 $\forall \psi \in \mathcal{S}(\mathbb{R}^n)$ 来证明 (1.47). 由泛函对偶技术, 此归结为证明

$$|\langle \theta, U(t)\psi \rangle_{n+1}| \leqslant C\|\psi\|_2 \|\theta; L^{q'}(\mathbb{R}; \dot{B}_{r',2}^{\beta(r)})\|, \tag{1.53}$$

这里 $\theta \in \mathbb{Z}_{n+1}^n$, 其中 $U(t) = \exp(\mathrm{i}\omega t)$,

$$\mathbb{Z}_{n+1}^n = \{u \in \mathcal{S}(\mathbb{R}^{n+1}), D_\xi^\alpha \hat{u}(\xi_0, 0) = 0, \forall \alpha \in (\mathbb{N} \cup \{0\})^n\},$$

$\langle\cdot,\cdot\rangle$ 表示 $n+1$ 维空间 $\mathbb{R}^{n+1}$ 中的 L^2 内积. 考察

$$|\langle\theta,U(t)\psi\rangle_{n+1}|=\left|\left\langle\int_{\mathbb{R}}U(-\tau)\theta(\tau,\cdot)\mathrm{d}\tau,\psi\right\rangle_n\right|$$
$$\leqslant\|\psi\|_2\left\|\int_{\mathbb{R}}U(-\tau)\theta(\tau,\cdot)\mathrm{d}\tau\right\|_2. \tag{1.54}$$

注意到

$$\left\|\int_{\mathbb{R}}U(-\tau)\theta(\tau,\cdot)\mathrm{d}\tau\right\|_2^2=\int_{\mathbb{R}}\left\langle\theta(t,\cdot),\int U(t-\tau)\theta(\tau,\cdot)\mathrm{d}\tau\right\rangle\mathrm{d}t$$
$$\leqslant\|\theta;L^{q'}(\mathbb{R};\dot{B}_{r',2}^{\beta(r)})\|\cdot\left\|\int_{\mathbb{R}}U(t-\tau)\theta(\tau)\mathrm{d}\tau\right\|_{L^q(\mathbb{R};\dot{B}_{r,2}^{-\beta(r)})}$$
$$\leqslant\|\theta;L^{q'}(\mathbb{R};\dot{B}_{r',2}^{\beta(r)})\|\cdot\left\|\int_{\mathbb{R}}|t-\tau|^{-\gamma(r)}\|\theta(\tau)\|_{\dot{B}_{r',2}^{\beta(r)}}\mathrm{d}\tau\right\|_q$$
$$\leqslant\|\theta;L^{q'}(\mathbb{R};\dot{B}_{r',2}^{\beta(r)})\|^2,$$

这就推出 (1.53) 成立.

2.2 弱解的存在性

首先回顾一下如何利用紧性方法建立 (0.1) 在能量空间 X_e 中整体弱解的存在性. 为简单起见, 这里仅陈述结果, 具体步骤可见 Ginibre-Velo 关于 Schrödinger 方程的相应结果 (参见文献 [GV5] 或 [Li]).

基本假设 (H1): $f\in\mathcal{C}(\mathbb{C},\mathbb{C})$, 存在 $1\leqslant p<\infty$ 使得对 $\forall z\in\mathbb{C}$ 有

$$|f(z)|\leqslant C(|z|+|z|^p). \tag{2.1}$$

基本假设 (H2): 存在 $V\in\mathcal{C}^1(\mathbb{C},\mathbb{R})$ 满足 $V(z)=V(|z|)$, $V(0)=0$ 及 $f(z)=\dfrac{\partial V}{\partial\bar{z}}$. 对于 $\rho\in\mathbb{R}^+$, $V(\rho)$ 满足估计

$$V(\rho)\geqslant-a^2\rho^2,\quad a\in\mathbb{R}. \tag{2.2}$$

在 (H2) 的假设下, 方程 (0.1) 的解至少形式上满足了如下能量守恒定律:

$$E(u(t),u_t)=\|u_t(t)\|_2^2+\|\nabla u\|_2^2+\int_{\mathbb{R}^n}V(u)\mathrm{d}x=E(\varphi,\psi). \tag{2.3}$$

紧致性方法所需的工作空间:

$$X=H^1\cap L^{p+1},\quad X'=H^{-1}\oplus L^{(p+1)'}.$$

2.2 弱解的存在性

X 与 X' 的对偶性可以通过 L^2 上的内积 $\langle \varphi_1, \varphi_2 \rangle$(关于 φ_2 线性, 关于 φ_1 共轭线性) 来实现. 今定义能量空间 $X_e = X \otimes L^2$. 下面来陈述 (0.1) 的能量弱解的基本性质.

定理 2.1 设 $f(u)$ 满足 (H_1), $I \subseteq \mathbb{R}$ 是有界开区间, $u \in L^\infty(I;X)$. 则有如下结果:

(1) $f(u) \in L^\infty(I; L^2 \oplus L^{(p+1)'})$.

(2) 设 $u(t)$ 在 $\mathcal{D}'(I;X')$ 意义下满足方程 (0.1), 则 $\ddot{u} \in L^\infty(I;X')$, $\dot{u} \in \mathcal{C}^L(I;X')$. 进而, 若 $\dot{u} \in L^\infty(I;L^2)$, 则 $\dot{u} \in \mathcal{C}_\omega(I;L^2(\mathbb{R}^n))$ 并且满足

$$u(t) \in \mathcal{C}_\omega(\bar{I};X) \cap \mathcal{C}^L(\bar{I};L^2) \cap \bigcap_{2<r<\max(p+1,2^*)} \mathcal{C}^{\alpha(r)}(I;L^r), \tag{2.4}$$

这里

$$\alpha(r) = 1 - \delta(r)\min\{1, \delta(p+1)^{-1}\}, \quad \delta(r) = n\left(\frac{1}{2} - \frac{1}{r}\right). \tag{2.5}$$

(3) 对任意 $t, s \in \bar{I}$, $k \geqslant \max\{0, \delta(p+1) - 1\}$, $u(t)$ 满足积分方程

$$u(t) = \dot{K}(t-s)u(s) + K(t-s)\dot{u}(s) - \int_s^t K(t-\tau)f(u(\tau))\mathrm{d}\tau, \tag{2.6}$$

这里积分是在 H^{-k} 意义下的 Bochner 积分.

注记 2.1 (i) 从 $u(t) \in L^\infty(I;X)$ 可以推出 $\ddot{u} \in L^\infty(I;X')$. 进而, 对任意的 $a, b \in I$, 直接计算

$$\int_{a \leqslant s \leqslant t \leqslant b} \|\dot{u}(s) - \dot{u}(t)\|_2^2 \mathrm{d}s\mathrm{d}t = \frac{1}{2} \int_a^b \int_a^b (\dot{u}(s) - \dot{u}(t), \dot{u}(s) - \dot{u}(t))\mathrm{d}s\mathrm{d}t$$

$$= (b-a) \int_a^b (\dot{u}(t), \dot{u}(t))\mathrm{d}t - \int_a^b \int_a^b (\dot{u}(t), \dot{u}(s))\mathrm{d}t\mathrm{d}s$$

$$\sim (b-a) \int_a^b (\dot{u}(t), \dot{u}(t))\mathrm{d}t - \int_a^b (\dot{u}(t), u(b) - u(a))\mathrm{d}t$$

$$\sim \int_a^b (\dot{u}(t), (b-a)\dot{u}(t) - (u(b) - u(a)))\mathrm{d}t$$

$$\sim (b-a) \int_a^b \left(\dot{u}(t), \dot{u}(t) - \frac{u(b) - u(a)}{b-a}\right)\mathrm{d}t$$

$$\sim (b-a) \int_a^b \left(\dot{u}(t), \left(u(t) - u(a) - \frac{u(b) - u(a)}{b-a}(t-a)\right)'\right)\mathrm{d}t$$

$$\sim -(b-a) \int_a^b \left(\ddot{u}(t), u(t) - u(a) - \frac{u(b) - u(a)}{b-a}(t-a)\right)\mathrm{d}t$$

$$\sim \int_a^b (\ddot{u}(t), (b-t)u(a) + (t-a)u(b) - (b-a)u(t))\mathrm{d}t$$

$$\lesssim 2|b-a|^2 \|\ddot{u}\|_{L^\infty([a,b];X')} \|u\|_{L^\infty([a,b];X)}.$$

此说明
$$\|\dot{u}(s) - \dot{u}(t)\|_2 < \infty, \quad \forall s, t \in I.$$

然而, 此仍不足于说明 $\dot{u}(t) \in L^\infty(I; L^2(\mathbb{R}^n))$. 因此, 在定理 2.1(2) 中明确地附加了这一条件.

(ii) $u(t)$ 在 $\mathcal{D}'(I; X')$ 中满足波动方程 (0.1) 是指: 对 $\forall \chi(t,x) \in \mathcal{D}([0,T] \times \mathbb{R}^n)$,

$$\int_0^T \int_{\mathbb{R}^n} [-u_t \cdot \chi_t + \nabla u \cdot \nabla \chi + f(u)\chi] \mathrm{d}x \mathrm{d}t = \int_{\mathbb{R}^n} \psi(x)\chi(x,0) \mathrm{d}x. \tag{2.7}$$

定理 2.1 的证明 (1) 由 $u(t) \in L^\infty(I; X)$, $X = H^1 \cap L^{p+1}$ 及非线性增长条件

$$|f(u)| \leqslant C(|u| + |u|^p),$$

可以推出 $f(u) \in L^\infty(I; L^2 \oplus L^{(p+1)'}(\mathbb{R}^n))$.

(2) 由方程易见 $\ddot{u} \in L^\infty(I; X')$. 于是 $\dot{u} \in \mathrm{Lip}(I; X') \hookrightarrow \mathcal{C}_\omega(I; X')$. 进而, 由 $\dot{u} \in L^\infty(I; L^2)$ 及 $L^2 \hookrightarrow X'$, 利用引理 1.2 就推出 $\dot{u}(t) \in \mathcal{C}_\omega(I; L^2)$. 由此推出

$$u(t) \in \mathcal{C}^L(\bar{I}; L^2(\mathbb{R}^n)). \tag{2.8}$$

另外, 由 $X = H^1 \cap L^{p+1}$ 自反且 $X \hookrightarrow X'$, 由引理 1.2 亦有 $u(t) \in \mathcal{C}_\omega(\bar{I}; X)$.

现对 (2.8) 与 $u \in L^\infty(I; X)$ 进行插值, 可见

$$u(t) \in (\mathcal{C}^L(I; L^2); L^\infty(I, H^1))_{\alpha(r)} \subset \mathcal{C}^{\alpha(r)}(I; L^r(\mathbb{R}^n)), \quad p+1 < 2^*,$$

这里 $\alpha(r) = 1 - \delta(r)$ 满足 $\dfrac{\alpha(r)}{2} + \dfrac{1-\alpha(r)}{2^*} = \dfrac{1}{r}$. 与此同时

$$u(t) \in (\mathcal{C}^L(I; L^2), L^\infty(I; L^{p+1}))_{\alpha(r)} \subseteq \mathcal{C}^{\alpha(r)}(I; L^r(\mathbb{R}^n)), \quad p+1 \geqslant 2^*,$$

此时 $\alpha(r) = 1 - \delta(r)\delta(p+1)^{-1}$. 综上所述, 就得

$$u(t) \in \bigcap_{2 < r < \max(2^*, p+1)} \mathcal{C}^{\alpha(r)}(I; L^r), \tag{2.9}$$

这里 $\alpha(r)$ 由 (2.5) 确定.

(3) 仅需证明 $\int_0^t K(t-\tau) f(u(\tau)) \mathrm{d}\tau \in H^{-k}(\mathbb{R}^n)$. 当 $p+1 > 2^*$ 时, 易见 $\delta(p+1) - 1 > 0$, 从而 $k \geqslant \delta(p+1) - 1$. 直接验证:

$$\left\| \int_0^t K(t-\tau) f(u(\tau)) \mathrm{d}\tau \right\|_{H^{-k}} \leqslant \left\| \int_0^t K(t-\tau) f(u(\tau)) \mathrm{d}\tau \right\|_{H^{1-\delta(p+1)}}$$

2.2 弱解的存在性

$$\leqslant \int_0^t \|f(u(\tau))\|_{H^{-\delta(p+1)}} \mathrm{d}\tau \lesssim \int_0^t \|u\|_2 \mathrm{d}\tau + \int_0^t \||u|^p\|_{\frac{p+1}{p}} \mathrm{d}\tau$$

$$\lesssim \int_0^t \|u\|_2 \mathrm{d}\tau + \int_0^t \|u\|_{p+1}^p \mathrm{d}\tau < \infty. \tag{2.10}$$

当 $p+1 \leqslant 2^*$, $k \geqslant 0$ 时

$$\left\| \int_0^t K(t-\tau)f(u(\tau))\mathrm{d}\tau \right\|_{H^{-k}} \leqslant \int_0^t \|f(u(\tau))\|_{H^{-1}} \mathrm{d}\tau$$

$$\lesssim \int_0^t \|u\|_2 \mathrm{d}\tau + \int_0^t \|f(u)\|_{L^{\frac{2n}{n+2}}} \mathrm{d}\tau$$

$$\lesssim \int_0^t \|u\|_2 \mathrm{d}\tau + \int_0^t \|u\|_{\frac{2np}{n+2}}^p \mathrm{d}\tau$$

$$\lesssim \int_0^t \|u\|_2 \mathrm{d}\tau + \int_0^t \|u\|_{H^1}^p \mathrm{d}\tau < \infty. \tag{2.11}$$

采用 Galerkin 方法, 可以建立如下弱解的存在性定理.

定理 2.2 设 $f(u)$ 满足 (H1) 和 (H2), 特别, 当 $p+1 > 2^*$ 时, 还需要额外假设

$$V(\rho) \geqslant -a^2 \rho^2 + C\rho^{p+1}, \quad \forall \rho \in \mathbb{R}^+, C > 0. \tag{2.12}$$

设 $t_0 \in \mathbb{R}$, $(\varphi(x), \psi(x)) \in X \otimes L^2$, 则 Cauchy 问题 (0.1) 存在一个解

$$u(t) \in L_{\mathrm{loc}}^\infty(\mathbb{R}; X) \cap \mathcal{C}_\omega(\mathbb{R}; X) \cap \mathcal{C}^L(\mathbb{R}; L^2(\mathbb{R}^n))$$
$$\cap \bigcap_{2 < r < \max(p+1, 2^*)} \mathcal{C}^{\alpha(r)}(\mathbb{R}; L^r(\mathbb{R}^n)), \tag{2.13}$$

满足

$$\dot{u} \in L_{\mathrm{loc}}^\infty(\mathbb{R}; L^2) \cap \mathcal{C}_\omega(\mathbb{R}; L^2(\mathbb{R}^n)) \cap \mathcal{C}^L(\mathbb{R}; X'). \tag{2.14}$$

与此同时, 对于 $\forall t \in \mathbb{R}$, $u(t)$ 满足估计

$$\|u(t)\|_2 \leqslant e(t - t_0), \tag{2.15}$$

$$\|\dot{u}(t)\|_2^2 + \|\nabla u\|_2^2 + C\|u\|_{p+1}^{p+1} \leqslant \dot{e}(t - t_0)^2, \tag{2.16}$$

这里

$$e(\tau) = \|\varphi\|_2 \cosh(a\tau) + (E(\varphi, \psi) + a^2\|\varphi\|_2^2)^{\frac{1}{2}} a^{-1} \sinh(a|\tau|). \tag{2.17}$$

进而, 若映射 $u \mapsto \int_{\mathbb{R}^n} V(u) \mathrm{d}x$ 是 X 上的有界集到 $\mathbb{R}$ 上的下半连续的泛函, 则 $u(t)$ 满足能量不等式

$$E(u(t), u_t(t)) \leqslant E(\varphi, \psi), \quad \forall t \in \mathbb{R}. \tag{2.18}$$

证明思路 采用 Galerkin 方法 (紧致性原理) 可以很方便地给出定理 2.2 的证明. 基本思路如下: 有限维的近似解在 X_e 中关于时间逐点弱收敛意味着获得能量不等式 (2.18). 直接对近似解进行计算就得估计 (2.15) 和 (2.16). 下面给出形式的推导. 由条件 (2.12) 可见

$$\begin{aligned}
E(\varphi,\psi) &= \|\psi\|_2^2 + \|\nabla\varphi\|_2^2 + \int_{\mathbb{R}^n} V(\varphi)\mathrm{d}x \\
&\geqslant \|u_t\|_2^2 + \|\nabla u\|_2^2 + \int_{\mathbb{R}^n} V(u(t))\mathrm{d}x \\
&\geqslant \|u_t\|_2^2 + \|\nabla u\|_2^2 - a^2\|u\|_2^2 + C\|u\|_{p+1}^{p+1} \\
&\geqslant \|u_t\|_2^2 - a^2\|u\|_2^2.
\end{aligned} \quad (2.19)$$

设 $y(t) = a\|u(t)\|_2$, 则

$$2\dot{y}(t)y(t) = a^2 \frac{\mathrm{d}}{\mathrm{d}t}\int |u(t)|^2 \mathrm{d}x = a^2 \int 2u_t u \, \mathrm{d}x \leqslant 2a^2 \|u_t\|_2 \|u\|_2. \quad (2.20)$$

由此可见

$$\dot{y} \leqslant a\|u_t(t)\|_2 \leqslant a(E + a^2\|u(t)\|_2^2)^{\frac{1}{2}} = a(E + y^2)^{\frac{1}{2}}. \quad (2.21)$$

注意到 $\int \mathrm{d}y/\sqrt{1+y^2} = \operatorname{arsinh} y$, 两边积分

$$\int \frac{\mathrm{d}y/\sqrt{E}}{\sqrt{1+(y/\sqrt{E})^2}} \leqslant \int a\,\mathrm{d}t$$

$$\Longrightarrow \operatorname{arcsinh}\left(\frac{y(t)}{\sqrt{E}}\right) \leqslant \operatorname{arcsinh}\left(\frac{y_0}{\sqrt{E}}\right) + a(t-t_0).$$

因为

$$\sinh\alpha \nearrow, \quad \sinh(\alpha+\beta) = \sinh\alpha\cosh\beta + \sinh\beta\cosh\alpha,$$

所以

$$\frac{y}{\sqrt{E}} \leqslant \frac{y_0}{\sqrt{E}} \cosh(a(t-t_0)) + \sqrt{1+\left(\frac{y_0}{\sqrt{E}}\right)^2}\sinh(a(t-t_0)),$$

整理就得

$$y \leqslant y_0 \cosh(a(t-t_0)) + \sqrt{E + |y_0|^2}\sinh(a(t-t_0)). \quad (2.22)$$

将 y 的表达式代入上式, 整理就得

$$\|u(t)\|_2 \leqslant \|\varphi\|_2 \cosh(a(t-t_0)) + \sqrt{E + a^2\|\varphi\|_2^2}\,\frac{1}{a}\sinh(a(t-t_0)) = e(t-t_0).$$

其次, 由条件 (2.19) 就可以推出

$$\|\dot{u}(t)\|_2^2 + \|\nabla u(t)\|_2^2 + C\|u(t)\|_{p+1}^{p+1} \lesssim E(\varphi,\psi) + a^2\|u(t)\|_2^2. \tag{2.23}$$

注意到

$$\begin{aligned}\dot{e}(t-t_0) =& a\|\varphi\|_2 \sinh(a(t-t_0)) + \sqrt{E(\varphi,\psi) + a^2\|\varphi\|_2^2}\cosh(a(t-t_0))\\ \geqslant & \sqrt{E + a^2\|\varphi\|_2^2}\,.\end{aligned}$$

根据 $\cosh^2\alpha - \sinh^2\alpha = 1$, 就得

$$\begin{aligned}\dot{e}(t-t_0)^2 =& E(\varphi,\psi) + a^2 e^2(t-t_0)\\ \geqslant & \|\dot{u}(t)\|_2^2 + \|\nabla u(t)\|_2^2 + C\|u(t)\|_{p+1}^{p+1}.\end{aligned}$$

注记 2.2 非线性波方程与非线性 Schrödinger 方程的最大区别在于它缺少 L^2 守恒等式. 故近似解无法在 L^2 范数意义下逼近 $u(t)$. 非线性函数 $V(u)$ 的弱下半连续条件可以保证能量不等式成立, 而凸性条件是 $V(u)$ 弱下半连续的一个充分条件. 另一方面, 在保证解的唯一性的合适的条件下 (对非线性函数的假设), 可以去掉 $V(u)$ 弱下半连续的要求, 同时亦能保证解满足能量等式.

2.3 解的唯一性与正则性

为了获得解的唯一性, 需要对非线性相互作用项作更强的假设, 用基本假设 (H3) 代替基本假设 (H1), 即

基本假设 (H3): $f \in \mathcal{C}^1(\mathbb{C},\mathbb{C})$, $f(0) = 0$, $n \geqslant 2$,

$$|f'(z)| = \max\left\{\left|\frac{\partial f}{\partial z}\right|, \left|\frac{\partial f}{\partial \bar{z}}\right|\right\} \leqslant C(1+|z|^{p-1}), \tag{3.1}$$

这里

$$0 \leqslant p - 1 < \frac{4}{n-2}. \tag{3.2}$$

显然 (H3) $\Longrightarrow$ (H1), (3.2) 意味着 $H^1 \hookrightarrow L^{p+1} \Longrightarrow X = H^1$, $X_e = H^1 \otimes L^2$.

当 $n \leqslant 2$ 时, 采用压缩映射方法, 可以直接在形如 $\mathcal{C}(\mathbb{R}; X_e)$ 中证明 (0.1) 解的存在性及唯一性. 然而, 当 $n \geqslant 3$ 时, 唯一性的证明需要 Strichartz 时空估计 (见引理 1.4). 直接验证, 自由波方程的解 $K(t)\psi + \dot{K}(t)\varphi$ 满足估计:

$$\|K(t)\psi + \dot{K}(t)\varphi\|_2 \leqslant t\|\psi\|_2 + \|\varphi\|_2. \tag{3.3}$$

为了证明弱解的唯一性, 需要如下细致的非线性估计.

引理 3.1 设 $f \in \mathcal{C}^1(\mathbb{C},\mathbb{C})$ 满足

$$|f'(z)| \leqslant C_0 |z|^{p-1}, \quad 1 \leqslant p < \infty.$$

记 $0 < \lambda < 1$, $1 \leqslant \ell' \leqslant k \leqslant \infty$, $1 \leqslant m \leqslant \infty$ 及

$$\frac{1}{s} = \frac{1}{\ell'} - \frac{1}{k}.$$

则

$$\|f(u)\|_{\dot{B}^\lambda_{\ell',m}} \leqslant C \|u\|_{\dot{B}^\lambda_{k,m}} \| |u|^{p-1} \|_s. \tag{3.4}$$

特别, 当 $\lambda = 1$, $1 < \ell' \leqslant 2 = k = m$, 就有

$$\|f(u)\|_{\dot{B}^1_{\ell',2}} \leqslant C \|u\|_{\dot{B}^1_{2,2}} \| |u|^{p-1} \|_s. \tag{3.5}$$

证明 上面的非线性估计的合理性与正确性从尺度关系

$$\lambda - \frac{n}{\ell'} \sim \lambda - \frac{n}{k} - \frac{n}{s}$$

就可发现. 记 $\tau_y u = u(x+y) - u(x)$, 注意到

$$|\tau_y f(u) - f(u)| \leqslant \left| \int_0^1 f'(\alpha \tau_y u + (1-\alpha)u) \mathrm{d}\alpha \cdot (\tau_y u - u) \right|$$

$$\leqslant |\tau_y u - u| \int_0^1 |f'(\alpha \tau_y u + (1-\alpha)u)| \mathrm{d}\alpha \tag{3.6}$$

及齐次 Besov 空间 $\dot{B}^\lambda_{r,q}$ 的定义

$$\|v; \dot{B}^\lambda_{r,q}\| = \left(\int_0^\infty \left(\sup_{|y|<t} t^{-\lambda} \|\tau_y v - v\|_r \right)^q \frac{\mathrm{d}t}{t} \right)^{\frac{1}{q}} \tag{3.7}$$

及 Hölder 不等式就得

$$\|f(u)\|_{\dot{B}^\lambda_{\ell',m}} = \left(\int_0^\infty \left(\sup_{|y|<t} t^{-\lambda} \|\tau_y f(u) - f(u)\|_{\ell'} \right)^m \frac{\mathrm{d}t}{t} \right)^{\frac{1}{m}}$$

$$\lesssim \left(\int_0^\infty \left(\sup_{|y|<t} t^{-\lambda} \|\tau_y u - u\|_k \| |u|^{p-1} \|_s \right)^m \frac{\mathrm{d}t}{t} \right)^{\frac{1}{m}}$$

$$\leqslant \|u\|_{\dot{B}^\lambda_{k,m}} \| |u|^{p-1} \|_s. \tag{3.8}$$

当 $\lambda = 1$ 时, 注意到

$$\dot{H}^{1,\ell'} \equiv \dot{F}^1_{\ell',2} \hookrightarrow \dot{B}^1_{\ell',2}, \tag{3.9}$$

2.3 解的唯一性与正则性

$$\|f(u)\|_{\dot{B}^1_{\ell',2}} \lesssim \|\nabla f(u)\|_{\ell'} \leqslant \|\nabla u\|_2 \||u|^{p-1}\|_s$$
$$\lesssim \|u\|_{\dot{B}^1_{2,2}} \||u|^{p-1}\|_s. \tag{3.10}$$

引理 3.2 设 $n \geqslant 3$, $f(u)$ 满足条件 (H3), 设 I 是一个开区间, $t_0 \in I$, $(\varphi, \psi) \in H^1 \otimes L^2$, $u(t) \in L^\infty_{\text{loc}}(I; H^1)$ 是 Cauchy 问题 (0.1) 的弱解. 设 q, r, ρ 满足

$$\begin{cases} 0 \leqslant \delta(r) \leqslant \dfrac{n}{2}, & 2 \leqslant r \leqslant \infty, \\ 0 \leqslant \rho + \delta(r) - 1 < \dfrac{1}{2}, \\ \rho \leqslant 1 - \beta(r), \end{cases} \tag{3.11}$$

$$\frac{1}{q} \geqslant \rho + \delta(r) - 1. \tag{3.12}$$

则 $u(t) \in L^q_{\text{loc}}(I; \dot{B}^\rho_{r,2})$, 并且对任意的紧子区间 $J \subset I$, $t_0 \in J$ 有

$$\|u(t)\|_{L^q(J;\dot{B}^\rho_{r,2})} \leqslant C(\|u(t)\|_{L^\infty(J;H^1)}, \|(\varphi,\psi)\|_X). \tag{3.13}$$

特别, 当 $r < \infty$ 时, 有

$$\|u(t)\|_{L^q(J;\dot{H}^{\rho,r})} \leqslant C(\|u(t)\|_{L^\infty(J;H^1)}, \|(\varphi,\psi)\|_X), \tag{3.14}$$

这里用到 $\dot{F}^\rho_{r,2}$ 在 $r = \infty$ 时无定义.

证明 与 (0.1) 等价的积分方程是

$$u(t) = \dot{K}(t-t_0)\varphi + K(t-t_0)\psi - \int_{t_0}^t K(t-\tau)f(u(\tau))\mathrm{d}\tau. \tag{3.15}$$

为方便起见, 引入参量 $\sigma = \rho + \delta(r) - 1$, 此时 (3.11) 中的第二个条件就变成了 $0 \leqslant \sigma < 1/2$. 先取 r 满足 $2^* \leqslant r \leqslant \infty$ $\left(\text{即 } 1 \leqslant \delta(r) \leqslant \dfrac{n}{2}\right)$, σ', σ'' 满足

$$0 \leqslant \sigma' < \sigma'' \leqslant \sigma' + \varepsilon < 1/2, \quad \varepsilon \text{ 充分小待定.} \tag{3.16}$$

断言: $\forall u(t) \in H^1 \cap \dot{B}^{\rho'}_{r,2}$, $K(t)f(u) \in \dot{B}^{\rho''}_{r,2}$ 满足

$$\|K(t)f(u); \dot{B}^{\rho''}_{r,2}\| \leqslant M(1 + |t|^{-\gamma}(1 + \|u(t); \dot{B}^{\rho'}_{r,2}\|^\nu)), \quad t \neq 0, \tag{3.17}$$

这里 γ, ν 满足 $0 \leqslant \gamma < 1$, $0 \leqslant \nu \leqslant 1$. $M = M(\gamma, \nu, \varepsilon, \|u\|_{H^1})$, 但不依赖于 ρ' 与 ρ''. 由 (H3), 分解 $f = f_1 + f_2$ 使得

$$|f_1'(z)| \leqslant C, \quad |f_2'(z)| \leqslant C|z|^{p-1}. \tag{3.18}$$

下面分别估计 f_1, f_2 在 (3.17) 中的贡献. 由 Sobolev 嵌入定理,

$$\|K(t)f_1(u)\|_{\dot{B}^{\rho''}_{r,2}} \leqslant C\|K(t)f_1(u); \dot{B}^{1+\sigma''}_{2,2}\| \leqslant C\|u; \dot{H}^{\sigma''}\|, \tag{3.19}$$

这里用到 $\frac{1}{r}-\frac{\rho''}{n}=\frac{1}{2}-\frac{1+\sigma''}{n}$ (等价于 $\sigma''=\rho''+\delta(r)-1$), (3.19) 的左边可以被 (3.17) 右边的第一项所控制. 下面考虑 $f_2(u)$ 的贡献, 由 $L^r\to L^{r'}$ 估计及 Sobolev 嵌入定理, 就有

$$\|K(t)f_2(u);\dot{B}_{r,2}^{\rho''}\|\lesssim \|K(t)f_2(u);\dot{B}_{l,2}^{1+\lambda-2\beta(l)}\|\leqslant C|t|^{-\gamma(l)}\|f_2(u);\dot{B}_{\ell',2}^{\lambda}\|, \qquad (3.20)$$

这里

$$r\geqslant l\geqslant 2,\quad \lambda=\sigma''+\frac{\delta(\ell)}{n}, \qquad (3.21)$$

此处用到

$$\begin{cases}\dfrac{1}{r}-\dfrac{\rho''}{n}=\dfrac{1}{l}-\dfrac{1+\lambda-2\beta(l)}{n},\\ \sigma''=\rho''+\delta(r)-1,\end{cases}\implies \lambda=\sigma''+\frac{\delta(\ell)}{n}.$$

注意到 $0<\sigma''<1/2$, $2\leqslant \ell\leqslant\infty$, 就知 $0<\lambda<1$. 由引理 3.1 可见

$$\|f_2(u);\dot{B}_{\ell',2}^{\lambda}\|\leqslant C\|u;\dot{B}_{k,2}^{\lambda}\|\cdot\||u|^{p-1}\|_s, \qquad (3.22)$$

这里

$$\frac{n}{s}=\delta(\ell)+\delta(k)\iff \frac{1}{\ell'}=\frac{1}{k}+\frac{1}{s}. \qquad (3.23)$$

下面通过 L^2, $\dot{B}_{2,2}^1 (\equiv \dot{H}^1)$ 及 $\dot{B}_{r,2}^{\rho'}$ 范数及插值公式来估计 (3.22) 的右端. 注意到 $\delta(r)\geqslant 1$, 因此

$$\lambda\geqslant\sigma''>\sigma'\geqslant\rho', \qquad (3.24)$$

这里用到 $\lambda=\sigma''+\dfrac{\delta(\ell)}{n}$, $\sigma'<\sigma''\leqslant\sigma'+\varepsilon$ 及 $\sigma'=\rho'+\delta(r)-1$ 等.

(i) 首先用 $\dot{B}_{r,2}^{\rho'}$ 与 H^1 (更具体地是 $\dot{H}^\varrho, \lambda\leqslant\varrho<1$) 的范数来控制 $\dot{B}_{k,2}^\lambda$ 的范数的条件是

$$0\leqslant\delta(k)\leqslant\delta(r)\frac{1-\lambda}{1-\rho'}, \qquad (3.25)$$

这里用到

$$\lambda=\theta\rho'+(1-\theta)\varrho\leqslant\theta\rho'+(1-\theta),\quad \frac{1}{k}=\frac{\theta}{r}+\frac{1-\theta}{2},\quad \theta\leqslant\frac{1-\lambda}{1-\rho'}.$$

(ii) 控制 $L^{(p-1)s}$ 范数需要分三种情形:

(a) $(p-1)s\geqslant 2^*$, $\rho'<0$. 此时 $L^{(p-1)s}(\hookleftarrow \dot{B}_{(p-1)s,2}^0)$ 范数用 $\dot{B}_{r,2}^{\rho'}$ 与 $\dot{H}^1=\dot{B}_{2,2}^1$ 范数来控制, 需要

$$\delta(s(p-1))=\frac{1}{1-\rho'}\delta(r)=\frac{\sigma'+1-\rho'}{1-\rho'}=1+\frac{\sigma'}{1-\rho'},$$

2.3 解的唯一性与正则性

这里用到

$$0 = \theta\rho' + (1-\theta), \quad \frac{1}{s(p-1)} = \frac{\theta}{r} + \frac{1-\theta}{2}.$$

(b) $(p-1)s \geqslant 2^*$, $\rho' \geqslant 0$. 注意到 $\sigma' = \rho' + \delta(r) - 1$ 及 $\sigma' < \frac{1}{2}$, 就有

$$\frac{1}{r} - \frac{\rho'}{n} = \frac{1}{2} - \frac{1}{n} - \frac{\sigma'}{n} \geqslant \frac{1}{2} - \frac{3}{2n} \geqslant 0.$$

记 $\frac{1}{\tilde{r}} = \frac{1}{r} - \frac{\rho'}{n}$, $L^{(p-1)s}$ 范数用 $L^{\tilde{r}}$ 与 L^2 范数来控制, 需要

$$\frac{1}{s(p-1)} = \frac{\theta}{\tilde{r}} + \frac{1-\theta}{2}, \quad 0 \leqslant \theta \leqslant 1.$$

因此, 就推出所需条件:

$$\delta(s(p-1)) = \theta\delta(r) + \theta\rho' \leqslant 1 + \sigma'.$$

(c) $(p-1)s < 2^*$. 此时 $L^{(p-1)s}$ 范数用 L^2 与 $\dot{H}^1$ 范数来控制, 需要

$$\delta(s(p-1)) < \delta(2^*) = 1 < 1 + \sigma'.$$

综合上述情形, 就是

$$0 \leqslant \delta((p-1)s) \leqslant 1 + \min\left\{\sigma', \frac{\sigma'}{1-\rho'}\right\} = 1 + \frac{\sigma'}{1+\rho'_-}, \quad (3.26)$$

或等价地有 (两边同乘以 $(p-1)$ 就得)

$$(p-1)\left(\frac{n}{2} - 1 - \frac{\sigma'}{1+\rho'_-}\right) \leqslant \frac{n}{s} \leqslant (p-1)\frac{n}{2}, \quad (3.27)$$

这里 $\rho'_\pm = \max(0, \pm\rho')$ (此处第二个不等式表示 $s(p-1) \geqslant 2$ 即能插值的条件). 为确保上面插值的可行性, 需要取合适的 k 使得 (3.25) 与 (3.27) 成立. 事实上, 只要条件

$$(p-1)\frac{n}{2} \geqslant \delta(\ell) \quad (3.28)$$

与

$$(p-1)\left(\frac{n}{2} - 1 - \frac{\sigma'}{1+\rho'_-}\right) \leqslant \delta(\ell) + \delta(r)\frac{1-\lambda}{1-\rho'} \quad (3.29)$$

成立.

条件 (3.28) 在 p 的容许范围内是可以保证的. 事实上, 由 $\delta(\ell) \leqslant \delta(r), \delta(r)$ 满足 $0 < \rho + \delta(r) - 1 < \frac{1}{2}$ 与 $\rho \leqslant 1 - \beta(r)$, 只要取 r 满足

$$1-\beta(r)+\delta(r)-1<\frac{1}{2}\Longleftrightarrow \gamma(r)<1\Longleftrightarrow r<\frac{2(n-1)}{n-3}\triangleq 2^*(n-1).$$

注意到 $\delta(\ell)\leqslant \delta(r)<\delta(2^*(n-1))=n/(n-1)$, 欲使 (3.28) 成立, 仅需

$$(p-1)\frac{n}{2}>\frac{n}{n-1}$$

成立, 即 $p-1>\dfrac{2}{n-1}$, 这是属于 p 所容许的范围之内.

下面证明 (3.29) 成立的可能性, 注意到

$$1+\sigma'-\rho'=\delta(r),\quad \sigma''\leqslant \sigma'+\varepsilon,\quad \lambda=\sigma''+\frac{\delta(\ell)}{n},$$

我们断言

$$(p-1)\left(\frac{n}{2}-1-\frac{\sigma'}{1+\rho'_-}\right)\leqslant 1+\gamma(\ell)-\varepsilon-\frac{\sigma'}{1-\rho'}\left[\delta(r)-1+\varepsilon+\frac{\delta(\ell)}{n}\right] \qquad (3.30)$$

就可说明 (3.29) 成立. 事实上, 仅需证明

$$1+\gamma(\ell)-\varepsilon-\frac{\sigma'}{1-\rho'}\left[\delta(r)-1+\varepsilon+\frac{\delta(\ell)}{n}\right]<\delta(\ell)+\delta(r)\frac{1-\lambda}{1-\rho'},$$

即

$$1-\frac{\delta(\ell)}{n}-\varepsilon-\frac{\sigma'}{1-\rho'}\left[\delta(r)-1+\varepsilon+\frac{\delta(\ell)}{n}\right]\leqslant \frac{\delta(r)(1-\lambda)}{1-\rho'}$$

$$\Longleftrightarrow (\delta(r)-\sigma')\left[1-\frac{\delta(\ell)}{n}-\varepsilon\right]-\sigma'\left(\delta(r)-1+\varepsilon+\frac{\delta(\ell)}{n}\right)\leqslant \delta(r)\left(1-\sigma''-\frac{\delta(\ell)}{n}\right)$$

$$\Longleftrightarrow \delta(r)\left(1-\frac{\delta(\ell)}{n}-\varepsilon-\sigma'\right)\leqslant \delta(r)\left(1-\sigma''-\frac{\delta(\ell)}{n}\right).$$

注意到 $-\sigma''\geqslant -\sigma'-\varepsilon$ 就可获断言成立.

方法 I 当 $\sigma'=0$ 时, (3.30) 就可归结成

$$p-1\leqslant 2(1+\gamma(\ell)-\varepsilon)/(n-2). \qquad (3.31)$$

因此, 只要取 $\gamma(\ell)=1-\varepsilon$, 上式所确定的范围

$$p-1\leqslant \frac{4(1-\varepsilon)}{n-2}$$

就是 p 所容许. 对于 $\sigma'>0$, 在 p 的容许条件 (3.31) 下,

$$(n-2)\left(\delta(r)-1+\varepsilon+\frac{\delta(\ell)}{n}\right)\leqslant 2(1+\gamma(\ell)-\varepsilon)(1-\rho'_+) \qquad (3.32)$$

2.3 解的唯一性与正则性

蕴涵着 (3.30). 事实上

$$2(1+\gamma(\ell)-\varepsilon)\left(\frac{n}{2}-1-\frac{\sigma'}{1+\rho'_-}\right)$$
$$\leqslant (n-2)(1+\gamma(\ell)-\varepsilon)-\frac{\sigma'}{1-\rho'}\left[\delta(r)-1+\varepsilon+\frac{\delta(\ell)}{n}\right](n-2) \quad (3.33)$$
$$\Longleftrightarrow \frac{\sigma'}{1-\rho'}\left[\delta(r)-1+\varepsilon+\frac{\delta(\ell)}{n}\right](n-2) \leqslant (1+\gamma(\ell)-\varepsilon)\frac{2\sigma'}{1+\rho'_-}$$
$$\Longleftrightarrow \left(\delta(r)-1+\varepsilon+\frac{\delta(\ell)}{n}\right)(n-2) \leqslant \frac{2(1+\gamma(\ell)-\varepsilon)}{1+\rho'_-}(1-\rho')$$
$$\Longleftrightarrow \left(\delta(r)-1+\varepsilon+\frac{\delta(\ell)}{n}\right)(n-2) \leqslant 2(1+\gamma(\ell)-\varepsilon)(1-\rho'_+),$$

这里用到 $(1-\rho') \equiv (1+\rho'_-)(1-\rho'_+)$.

当 $\rho' \leqslant 0$ 时, (3.32) 就可归结于

$$(n-2)\gamma(r) \leqslant (n-1)(1-\varepsilon) + \gamma(\ell). \quad (3.34)$$

取 $\gamma(\ell) = 1-\varepsilon$, $\gamma(r) \leqslant (1-\varepsilon)n/(n-2)$, (3.34) 自然满足. 特别, 最简单的取法是 $\gamma(\ell) = \gamma(r) = 1-\varepsilon$.

当 $\rho' > 0$ 时, 注意到 $\sigma' - \delta(r) = \rho' - 1$, $\rho'_+ = \rho$, 令

$$A = \frac{2(1-\varepsilon+\gamma(\ell))}{n-2}.$$

则 (3.32) 可归结于证明

$$\delta(r)(1-A) \leqslant 1-\varepsilon - \frac{\delta(\ell)}{n} - A\sigma'. \quad (3.35)$$

事实上, (3.35) 等价于

$$\delta(r) + A(\sigma'-\delta(r)) \leqslant 1-\varepsilon - \frac{\delta(\ell)}{n}$$
$$\Longleftrightarrow \delta(r) + \frac{2(1-\varepsilon+\gamma(\ell))}{n-2}(\rho'-1) \leqslant \left(1-\varepsilon - \frac{\delta(\ell)}{n}\right)$$
$$\Longleftrightarrow \left(\delta(r)-1+\varepsilon+\frac{\delta(\ell)}{n}\right)(n-2) \leqslant 2(1-\varepsilon+\gamma(\ell))(1-\rho'_+).$$

由 (3.35), 仅需对于 $0 \leqslant \sigma' \leqslant 1/2$, $\gamma(r) = \gamma(\ell) = 1-\varepsilon$, 只要 $\varepsilon \leqslant \dfrac{3}{2n}$ 就能确保 (3.35) 成立. 事实上

$$(1-\varepsilon)\left(1-\frac{4(1-\varepsilon)}{n-2}\right) \leqslant \frac{(n-1)(1-\varepsilon)}{n} - \frac{n-1}{n}\frac{4(1-\varepsilon)}{n-2}\sigma' - \frac{1-\varepsilon}{n}$$

$$\iff \frac{1}{n} \leqslant \frac{2(1-\varepsilon)}{n-2} - \frac{2(n-1)}{n(n-2)}\sigma' \leqslant \frac{2(1-\varepsilon)}{n-2} - \frac{n-1}{n(n-2)},$$

这就意味着 $\varepsilon \leqslant \dfrac{3}{2n}$.

方法 II 由 (3.31) 仅需证明

$$(p-1)\frac{\sigma'}{1+\rho'_-} \geqslant \frac{\sigma'}{1-\rho'}\left[\delta(r) - 1 + \varepsilon + \frac{\delta(\ell)}{n}\right]$$

或

$$(p-1)(1-\rho'_+) \geqslant \delta(r) - 1 + \varepsilon + \frac{\delta(\ell)}{n}.$$

取 $\gamma(r) = \gamma(\ell) = 1 - \varepsilon$, 上式归结为

$$(p-1)(1-\rho'_+) \geqslant \frac{2(1-\varepsilon)}{n-1}.$$

注意到 $\rho'_+ \leqslant \dfrac{1}{2}$, 因此, 只要 $p \geqslant \dfrac{2(1-\varepsilon)}{n-1}$, 这是 p 的条件所容许的.

综上面分析可见, 对于 (3.22) 右端两项进行插值估计是可行的. 注意到

$$\frac{1}{k} + \frac{1}{s} = \frac{1}{\ell'},$$

总可以选取 k 和 s 使得

$$\lambda + \delta(k) - 1 \text{ 与 } \delta((p-1)s) - 1 \text{ 同号}. \tag{3.36}$$

事实上, 令

$$\lambda + \delta(k) - 1 = 0 \Longrightarrow \frac{1}{k_c} = \frac{n - 2(1-\lambda)}{2n},$$

$$\delta((p-1)s) - 1 = 0 \Longrightarrow \frac{1}{s_c} = \frac{(n-2)(p-1)}{2n}.$$

易见

$$\begin{cases} \dfrac{1}{k} > \dfrac{1}{k_c} \Longrightarrow \lambda + \delta(k) - 1 < 0, \\ \dfrac{1}{k} < \dfrac{1}{k_c} \Longrightarrow \lambda + \delta(k) - 1 > 0, \end{cases}$$

$$\begin{cases} \dfrac{1}{s} > \dfrac{1}{s_c} \Longrightarrow \delta((p-1)s) - 1 < 0, \\ \dfrac{1}{s} < \dfrac{1}{s_c} \Longrightarrow \delta((p-1)s) - 1 > 0. \end{cases}$$

2.3 解的唯一性与正则性

若 $\dfrac{1}{k_c}+\dfrac{1}{s_c}<\dfrac{1}{\ell'}$, 记 $\varepsilon=\dfrac{1}{\ell'}-\left(\dfrac{1}{k_c}+\dfrac{1}{s_c}\right)>0$. 取

$$\frac{1}{k}=\frac{1}{k_c}+\frac{\varepsilon}{2}>\frac{1}{k_c}, \quad \frac{1}{s}=\frac{1}{s_c}+\frac{\varepsilon}{2}>\frac{1}{s_c},$$

从而推出 (3.36) 成立.

若 $\dfrac{1}{k_c}+\dfrac{1}{s_c}>\dfrac{1}{\ell'}$, 记 $\varepsilon=\dfrac{1}{s_c}+\dfrac{1}{k_c}-\dfrac{1}{\ell'}>0$. 取

$$\frac{1}{k}=\frac{1}{k_c}-\frac{\varepsilon}{2}<\frac{1}{k_c}, \quad \frac{1}{s}=\frac{1}{s_c}-\frac{\varepsilon}{2}<\frac{1}{s_c},$$

这种取法确保 (3.36) 成立.

情形 1. 如果 $\lambda+\delta(k)-1<0$, $\delta((p-1)s)-1<0$, 则利用插值公式

$$H^1 \hookrightarrow \dot{B}^\lambda_{k,2} \sim (\dot{H}^1, L^2)_{\theta_1}, \quad H^1 \hookrightarrow L^{(p-1)s} \sim (\dot{H}^1, L^2)_{\theta_2}.$$

这样一来, (3.22) 的左边可用 $\|u\|_{H^1}$ 来控制.

情形 2. 如果 $\lambda+\delta(k)-1>0$, $\delta((p-1)s)-1>0$, 则利用插值公式

$$\dot{B}^\lambda_{k,2} \sim (\dot{H}^1, \dot{B}^{\rho'}_{r,2})_{\theta_2} \hookrightarrow L^{(p-1)s},$$

得

$$\|f_2(u)\|_{\dot{B}^\lambda_{\ell',2}} \leqslant C\|\nabla u\|_2^{p-\nu}\|u\|_{\dot{B}^{\rho'}_{r,2}}^\nu, \tag{3.37}$$

这里

$$(p-1)\left(\frac{n}{2}-1\right)=\delta(\ell)+1-\lambda+\nu\sigma' \tag{3.38}$$

是尺度等式

$$\frac{1}{\ell'}-\frac{\lambda}{n}=(p-\nu)\left(\frac{1}{2}-\frac{1}{n}\right)+\nu\left(\frac{1}{r}-\frac{\rho'}{n}\right)$$

的变形. 将估计 (3.37) 代入 (3.20), 结合 (3.20), (3.19) 就可得估计 (3.17). 条件 $\nu\leqslant 1$ 就归结成

$$(p-1)\left(\frac{n}{2}-1\right)\leqslant\delta(\ell)+1-\lambda+\sigma'$$
$$=\delta(\ell)+1-\sigma''-\frac{\delta(\ell)}{n}+\sigma'$$
$$=\gamma(\ell)+1-\sigma''+\sigma'.$$

若取 $\gamma(\ell)=1-\varepsilon$, 注意到 $\sigma''\leqslant\sigma'+\varepsilon$, 上式成立仅需

$$(p-1)\leqslant\frac{4(1-\varepsilon)}{n-2}.$$

下面来利用 (3.17) 证明引理 3.2. 由 $u \in L^\infty_{\text{loc}}(I; H^1)$, 找 $L^q_{\text{loc}}(I; \dot{B}^\rho_{r,2})$ 使得 $H^1 \hookrightarrow \dot{B}^\rho_{r,2}$. 取 $\varepsilon > 0$ 充分小, r 满足 $\gamma(r) = 1 - \varepsilon$. 则

$$r = \frac{2(n-1)}{n-3+2\varepsilon} \quad (\varepsilon \text{ 取充分小能保证 } \delta(r) \geqslant 1).$$

由 $0 = \sigma = \rho + \delta(r) - 1$, 易见 ρ 所容许的最小值是

$$\rho_{\min} = 1 - n\left(\frac{1}{2} - \frac{n-3+2\varepsilon}{2(n-1)}\right) = 1 - \frac{n(1-\varepsilon)}{n-1} = \frac{-(1-n\varepsilon)}{n-1}.$$

此外, ρ 所容许的最大值是

$$\rho_{\max} < \min\left(1 - \beta(r), \frac{3}{2} - \delta(r)\right)$$
$$= \min\left(1 - \frac{(n+1)(1-\varepsilon)}{2(n-1)}, \frac{1}{2} - \frac{1-n\varepsilon}{n-1}\right)$$
$$= \frac{1}{2} - \frac{1 - (n+1)\frac{\varepsilon}{2}}{n-1}.$$

就积分方程 (3.15) 进行迭代估计, 取 $\rho'' = \rho_{\min} + \varepsilon$,

$$r = \frac{2(n-1)}{n-3+2\varepsilon},$$
$$\frac{1}{q} \stackrel{\triangle}{=} \sigma'' = \rho'' + \delta(r) - 1 = \varepsilon, \quad 0 = \sigma = \rho_{\min} + \delta(r) - 1.$$

由 Strichartz 估计就可推出

$$\|u(t)\|_{L^q(J; \dot{B}^{\rho''}_{r,2})} \leqslant \|\dot{K}(t-t_0)\varphi + K(t-t_0)\psi; L^q(\mathbb{R}; \dot{B}^{\rho''}_{r,2})\|$$
$$+ \left\|\int_{t_0}^t \|K(t)f(\varphi)\|_{\dot{B}^{\rho''}_{r,2}} \mathrm{d}t\right\|_{L^q(J)}$$
$$\leqslant C[\|\varphi\|_{\dot{H}^1} + \|\psi\|_2]$$
$$+ M\left\|\int_{t_0}^t \left(1 + |t-\tau|^{\varepsilon-1}(1 + \|u; \dot{B}^{\rho_{\min}}_{r,2}\|^\nu)\right)\mathrm{d}\tau\right\|_{L^q(J)}$$
$$\leqslant C[\|\varphi\|_{\dot{H}^1} + \|\psi\|_2] + MC(J)(1 + \|u; L^{\nu q}(J; \dot{B}^{\rho'}_{r,2})\|^\nu), \quad (3.39)$$

这里 $M = M(\|u\|_{H^1})$. (3.39) 最后一项的有界性可由

$$\nu q \leqslant q = \frac{1}{\sigma''} \leqslant \frac{1}{\sigma'}$$

保证. 这样, 经有限次迭代之后, 可以获得

2.3 解的唯一性与正则性

$$u \in L^q(J; \dot{B}_{r,2}^\rho), \quad \rho_{\min} \leqslant \rho < \rho_{\max}, \quad \frac{1}{q} = \sigma,$$

并且

$$\|u\|_{L^q(J;\ \dot{B}_{r,2}^\rho)} \leqslant C(M, \|\varphi\|_{\dot{H}^1} + \|\psi\|_2, \|u(t)\|_{H^1}).$$

这样, 对于 $\gamma(r) = 1 - \varepsilon(\varepsilon > 0$ 充分小$)$ 且满足 (3.11) 的 (ρ, r), 证明了引理 3.2.

对于一般的 (ρ, r), $\gamma(r) \geqslant 1$, 利用 Sobolev 嵌入定理即可获得引理 3.2 的结果. 事实上, 对固定的 $\frac{1}{q} = \rho + \delta(r) - 1$, 可以取 r_1 满足

$$\frac{1}{q} = \rho_1 + \delta(r_1) - 1, \quad \gamma(r_1) = 1 - \varepsilon.$$

在此情形下, $\dot{B}_{r_1,2}^{\rho_1} \hookrightarrow \dot{B}_{r,2}^\rho$.

对于 $0 \leqslant \gamma(r) < 1$ 的情形, 可用已知的情形与 $L_{\mathrm{loc}}^\infty(I; H^1)$ 有界进行插值获得. 关于 Sobolev 型空间的情形, 利用 Sobolev 嵌入定理

$$\dot{B}_{p,2}^\sigma \hookrightarrow H_p^\sigma \hookrightarrow \dot{B}_{p,p}^\sigma \quad \text{及} \quad \dot{B}_{p',p'}^{\sigma'} \hookrightarrow \dot{H}_{p'}^{\sigma'} \hookrightarrow \dot{B}_{p',2}^{\sigma'},$$

即可获得引理 3.2 的证明.

命题 3.3 设 f 满足 (H3), I 是一个开区间, $t_0 \in \bar{I}$, $(\varphi, \psi) \in H^1 \otimes L^2$, 则至多有一个解 $u \in L^\infty(I; H^1)$ 满足 (0.1) 或 (3.15) ($\mathcal{D}'(I; H^1)$).

证明 仅考虑 $n \geqslant 3$ 的情形. 设 $u_1(t), u_2(t)$ 是 (0.1) 或 (3.15) 的解, 则

$$u_1(t) - u_2(t) = -\int_{t_0}^{t} K(t-\tau)(f(u_1(\tau)) - f(u_2(\tau)))\mathrm{d}\tau, \tag{3.40}$$

这里积分是在 L^2 意义下的积分 (完全由 (2.6) 决定, $k = 0$).

取 $\bar{r}$ 满足

$$0 \leqslant \gamma' \equiv \gamma(\bar{r}) \leqslant \frac{n-1}{n+1}, \quad 2 \leqslant \bar{r} \leqslant \frac{2(n+1)}{n-1} = 2^*(n+1), \tag{3.41}$$

并将 f 分解成 $f_1 + f_2$ 来予以估计.

$$\|K(t-\tau)(f_1(u_1(\tau)) - f_1(u_2(\tau)))\|_{\bar{r}} \leqslant C|t-\tau| \|u_1(\tau) - u_2(\tau)\|_{\bar{r}}, \tag{3.42}$$

这里用到 Peral 估计 $\|K(t)\psi\|_{\bar{r}} \leqslant C|t| \|\psi\|_{\bar{r}}$, 其中 $|\gamma(\bar{r})| \leqslant 1$. 下面来估计 f_2 的贡献.

$$\|K(t-\tau)(f_2(u_1(\tau)) - f_2(u_2(\tau)))\|_{\bar{r}} \leqslant \|K(t-\tau)(f_2(u_1(\tau)) - f_2(u_2(\tau)))\|_{\dot{B}_{\bar{r},2}^0}$$
$$\leqslant C|t-\tau|^{\gamma(\bar{r})} \|f_2(u_1(\tau)) - f_2(u_2(\tau))\|_{\dot{B}_{\bar{r}',2}^{2\beta(\bar{r})-1}}$$
$$\leqslant C|t-\tau|^{-\gamma'} \|f_2(u_1(\tau)) - f_2(u_2(\tau))\|_{\bar{s}}, \tag{3.43}$$

这里
$$\frac{n}{\bar{s}} = \frac{1}{\bar{r}} + \frac{n+1}{2}, \quad \frac{n}{\bar{\ell}} = 1 + \gamma(\bar{r}). \tag{3.44}$$

事实上,
$$\frac{1}{\bar{s}} = \frac{1}{\bar{r}'} - \frac{2\beta(\bar{r})-1}{n} = \frac{1}{2} + \frac{1}{2n} + \frac{1}{n\bar{r}} \Longleftrightarrow \frac{n}{\bar{s}} = \frac{1}{\bar{r}} + \frac{n+1}{2},$$

$$\frac{1}{\bar{s}} = \frac{1}{\bar{r}} + \frac{1}{\bar{\ell}} = \frac{1}{n\bar{r}} + \frac{n+1}{2n} \Longleftrightarrow \frac{n}{\bar{\ell}} = -\frac{n-1}{\bar{r}} + \frac{n+1}{2} = \gamma(\bar{r}) + 1 = \gamma' + 1.$$

将 (3.42), (3.43) 代入 (3.40), 并使用 Hölder 不等式, 就可以推出

$$\|u_1(t) - u_2(t)\|_{\bar{r}} \leqslant \sup_{t_0 \leqslant \tau \leqslant t} \|u_1(\tau) - u_2(\tau)\|_{\bar{r}}$$
$$\times \left\{ |t-t_0|^2 + |t-t_0|^{1-\bar{\gamma}-\frac{1}{\bar{m}}} \sum_{j=1}^{2} \|u_j\|_{L^{(p-1)\bar{m}}([t_0,t];L^{\bar{\ell}(p-1)})}^{p-1} \right\}, \tag{3.45}$$

这里要求
$$\frac{1}{\bar{m}} < 1 - \bar{\gamma}. \tag{3.46}$$

如果
$$(p-1)\bar{\ell} \leqslant 2^* = \frac{2n}{n-2},$$

那么就可用 $\|u\|_{H^1}$ 来估计 (3.45) 的最后一项. 如果

$$(p-1)\bar{\ell} > 2^* = \frac{2n}{n-2},$$

则可用引理 3.2 在 $\rho = 0$ 情形时的估计, 只要存在 r 使得

$$1 \leqslant \delta(r) < 3/2 \quad \text{及} \quad 2 \leqslant (p-1)\bar{\ell} \leqslant r, \tag{3.47}$$

$$\frac{1}{(p-1)\bar{m}} \geqslant \delta((p-1)\bar{\ell}) - 1, \tag{3.48}$$

就可以用 t 和 $\|u_1\|_{H^1}, \|u_2\|_{H^1}$ 来估计 (3.45) 右边的第二个因子. 条件

$$(p-1)\bar{\ell} \geqslant 2$$

是在 p 容许范围内, 这里无妨取 $p-1$ 接近 $\frac{4}{n-2}$, 而由

$$\gamma' = \gamma(\bar{r}) \leqslant \frac{n-1}{n+1}, \quad \frac{n}{\bar{\ell}} = 1 + \gamma' \leqslant 1 + \frac{n-1}{n+1} = \frac{2n}{n+1}$$

$$\Longrightarrow (p-1)\bar{\ell} \geqslant (p-1)\frac{n+1}{2} \gtrsim \frac{4-\varepsilon}{n-2} \cdot \frac{n+1}{2} \geqslant 2.$$

于是, 条件 (3.47), (3.48) 就可归结于证明

$$p - 1 \leqslant \frac{1+\gamma'}{n} \cdot r = 2(1+\gamma')/(n - 2\delta(r)), \tag{3.49}$$

$$\frac{1}{\bar{m}} \geqslant (p-1)\left(\frac{n}{2} - 1\right) - (1+\gamma'). \tag{3.50}$$

显然, 如果 p 满足 $0 < p - 1 < \dfrac{4}{n-2}$, 就可推出满足 (3.46) 和 (3.50) 的 $\bar{m}$ 存在. 条件 (3.49) 在 (H3) 下就归结为证明

$$(1+\gamma')(n-2) \geqslant 2(n - 2\delta(r)). \tag{3.51}$$

显然, 在 γ' 与 $\delta(r)$ 的容许范围可以确保 (3.51) 成立. 事实上, 由

$$0 \leqslant \gamma' \leqslant \frac{n-1}{n+1}, \quad 1 \leqslant \delta(r) < \frac{3}{2},$$

取 $\gamma' = \dfrac{n-1}{n+1}, \delta(r) = \dfrac{3n}{2(n+1)}$, 那么

$$\left(1 + \frac{n-1}{n+1}\right) \cdot (n-2) \geqslant 2 \cdot \left(n - \frac{3n}{n+1}\right) = 2\frac{n^2 - 2n}{n+1}.$$

这样, 就 (3.45) 式的两边关于 t 在含 t_0 的小区间上取上确界, 就得

$$u_1(t) = u_2(t), \quad t \in [t_0 - \varepsilon, t_0 + \varepsilon].$$

迭代并反复使用这一过程就可以推出

$$u_1(t) = u_2(t), \quad t \in I. \tag{3.52}$$

在定理 2.2 或命题 3.3 中, 我们获得了弱解的存在性与唯一性. 除此之外, 解还满足能量守恒 (即使没有对 V 施加弱下半连续的条件, 仍然如此). 从守恒积分可以推出关于时间的正则性, 即在能量空间中的强连续性.

命题 3.4 设 $f(u)$ 满足 (H2) 及 (H3), $t_0 \in \mathbb{R}, (\varphi, \psi) \in H^1 \otimes L^2$. 则 (0.1) 存在唯一解 $u(t) \in \mathcal{C}(\mathbb{R}; H^1) \cap \mathcal{C}^1(\mathbb{R}; L^2(\mathbb{R}^n))$, $\dot{u}(t) \in \mathcal{C}(\mathbb{R}; L^2(\mathbb{R}^n)) \cap \mathcal{C}^L(\mathbb{R}; H^{-1})$, 并且满足估计

$$\|u(t)\|_2 \leqslant e(t - t_0), \tag{3.53}$$

$$\|\dot{u}(t)\|_2^2 + \|\nabla u(t)\|_2^2 \leqslant \dot{e}(t - t_0)^2 \tag{3.54}$$

及能量恒等式

$$E(u, \dot{u}(t)) = E(\varphi, \psi), \quad \forall t \in \mathbb{R}, \tag{3.55}$$

这里 $e(\cdot)$ 式由 (2.17) 给出.

证明 由定理 2.2 及命题 3.3 可知 (3.1) 存在唯一解 $u(t) \in L^\infty_{\text{loc}}(\mathbb{R}; H^1)$ 满足

$$u \in \mathcal{C}_\omega(\mathbb{R}; H^1) \cap \mathcal{C}^L(\mathbb{R}; L^2(\mathbb{R}^n)) \cap \bigcap_{2<r<2^*} \mathcal{C}^{\alpha(r)}(\mathbb{R}; L^r),$$

$$\dot{u} \in L^\infty_{\text{loc}}(\mathbb{R}; L^2) \cap \mathcal{C}_\omega(\mathbb{R}; L^2(\mathbb{R}^n)) \cap \mathcal{C}^L(\mathbb{R}; H^{-1}),$$

及估计 (2.15) 与 (2.16), 这里

$$\alpha(r) = 1 - \delta(r), \quad \delta(r) = n\left(\frac{1}{2} - \frac{1}{r}\right).$$

估计 (3.53), (3.54) 就是 (2.15), (2.16) 的直接结果. 先假设能量恒等式 (3.55) 成立, 再来证明命题 3.4 的其他结果 (能量恒等式 (3.55) 需要采用逼近方法, 在后面予以证明).

注意到 $u(t) \in \bigcap_{2\leqslant r<2^*} \mathcal{C}^{\alpha(r)}(\mathbb{R}; L^r(\mathbb{R}^n))$, 由能量公式

$$\|\dot{u}(t)\|_2^2 + \|\nabla u(t)\|_2^2 = E(\varphi, \psi) - \int V(u(t))\mathrm{d}x. \tag{3.56}$$

因此, $\|\dot{u}(t)\|_2^2 + \|\nabla u(t)\|_2^2$ 是 t 的连续函数. 由弱连续与范数的连续性获得 $(u, \dot{u}(t)) \in \mathcal{C}(\mathbb{R}; H^1 \otimes L^2)$.

下面证明能量守恒等式. 为此, 采用正则化技术, 取 $0 \leqslant h_1(x) \in \mathcal{C}_c^\infty(\mathbb{R}^n)$ 满足 $\|h(x)\|_1 = 1$. 记

$$h_j(x) = j^n h_1(jx), \quad f_j(u) = h_j * f(h_j * u).$$

相应地

$$E_j(u, \dot{u}(t)) = \|\dot{u}\|_2^2 + \|\nabla u(t)\|_2^2 + \int V(h_j * u)\mathrm{d}x. \tag{3.57}$$

考虑正则化方程 (积分形式)

$$u(t) = \dot{K}(t-t_0)h_j*\varphi + K(t-t_0)h_j*\psi - \int_{t_0}^t K(t-\tau)f_j(u(\tau))\mathrm{d}\tau. \tag{3.58}$$

由抽象 Segal 定理, (3.58) 存在唯一解 $u_j(t) \in \mathcal{C}(\mathbb{R}; H^1)$ 满足

$$(u_j, \dot{u}_{jt}) \in \mathcal{C}(\mathbb{R}; H^{k+1} \otimes H^{k-1}), \quad \forall k \in \mathbb{Z}, \tag{3.59}$$

且 H^{k-1} 中满足

$$\ddot{u}_j - \Delta u_j + f_j(u_j) = 0. \tag{3.60}$$

进而, 直接验证 u_j 满足能量守恒

$$E_j(u_j(t), \dot{u}_j(t)) = E_j(h_j*\varphi, h_j*\psi) \tag{3.61}$$

2.3 解的唯一性与正则性

及积分不等式

$$\|u_j(t)\|_2 \leqslant e_j(t-t_0) \leqslant \bar{e}(t-t_0), \tag{3.62}$$

$$\|\dot{u}_j(t)\|_2^2 + \|\nabla u_j(t)\|_2^2 \leqslant \dot{e}_j(t-t_0) \leqslant \dot{\bar{e}}(t-t_0)^2, \tag{3.63}$$

这里 $e_j, \bar{e}$ 类同于 (2.17) 中所定义的 e, 不同之处在于 $E(\varphi,\psi)$ 分别被

$$E_j(h_j*\varphi, h_j*\psi) \quad \text{或} \quad \bar{E} = \sup_j E_j(h_j*\varphi, h_j*\psi) \tag{3.64}$$

所取代. 进而, 由引理 3.2 可见, 对于 q, r 满足 (3.11) 及 $\frac{1}{q} = \rho + \delta(r) - 1$, 有

$$u_j(t) \in L^q_{\text{loc}}(\mathbb{R}; \dot{H}^{\rho,r}).$$

特别, 对任意紧区间 I,

$$\|u_j(t); L^q(I; \dot{H}^{\rho,r})\| \leqslant C(\|\psi\|_2 + \|\varphi\|_{H^1}, \bar{e}_{\max}(I)),$$

这里用到 h_j* 在 $\dot{B}^\rho_{r,2}$ 上是压缩算子及

$$\bar{e}_{\max}(I) = \sup_{t\in I} \bar{e}(t-t_0) < \infty.$$

下面证明, 对 $\forall 2 \leqslant r < 2^*$ 及任意紧子区间, 在 $\mathcal{C}(I; L^r)$ 中有 $u_j \longrightarrow u$(证明能量恒等式, 仅需证明 u_j 在 L^r 是逐点强收敛于 u 即可, 这里证明的收敛更强些). 首先证明

$$u_j \xrightarrow{L^{\bar{r}}} u, \quad \gamma(\bar{r}) = \frac{n-1}{n+1}. \tag{3.65}$$

这一步本质上是重复了命题 3.3 的证明, 比较 (3.15) 及 (3.58), 就可以推出

$$\begin{aligned}\|u_j(t) - u(t)\|_{\bar{r}} \leqslant & C|t-t_0|^{1-\delta(\bar{r})}\|h_j*\psi - \psi\|_2 + C\|\omega^{\delta(\bar{r})}(h_j*\varphi - \varphi)\|_2 \\ & + \int_{t_0}^t \|K(t-\tau)(h_j*f(u(\tau)) - f(u(\tau)))\|_{\bar{r}} d\tau \\ & + \int_{t_0}^t (\|h_j*u - u\|_{\bar{r}} + \|u_j(\tau) - u\|_{\bar{r}}) M_j(t,\tau) d\tau, \end{aligned} \tag{3.66}$$

这里 $\frac{n}{\bar{\ell}} = 1 + \gamma(\bar{r}) \stackrel{\triangle}{=} \gamma'$,

$$M_j(t,\tau) = C\{|t-\tau| + |t-\tau|^{-\gamma(\bar{r})}(\|u(\tau)\|^{p-1}_{(p+1)\bar{\ell}} + \|u_j(\tau)\|^{p-1}_{(p-1)\bar{\ell}}\}. \tag{3.67}$$

用到了如下事实:

$$\begin{cases} \|\dot{K}(t-\tau)(h_j*\varphi - \varphi)\|_{2^*} \lesssim \|\nabla(h_j*\varphi - \varphi)\|_2, \\ \|\dot{K}(t-\tau)(h_j*\varphi - \varphi)\|_2 \lesssim \|h_j*\varphi - \varphi\|_2 \end{cases}$$

$$\Longrightarrow \begin{cases} \|\dot{K}(t-\tau)(h_j*\varphi-\varphi)\|_{\bar{r}} \lesssim \|\omega^{\delta(\bar{r})}(h_j*\varphi-\varphi)\|_2, \\ \|K(t-t_0)(h_j*\psi-\psi)\|_{2^*} \lesssim \|\nabla K(t-\tau)(h_j*\psi-\psi)\|_2 \lesssim \|h_j*\psi-\psi\|_2, \\ \|K(t-t_0)(h_j*\psi-\psi)\|_2 \lesssim |t-\tau|\|h_j*\psi-\psi\|_2 \end{cases}$$

$$\Longrightarrow \|K(t-\tau)(h_j*\psi-\psi)\|_{\bar{r}} \lesssim |t-\tau|^{1-\delta(\bar{r})}\|(h_j*\psi-\psi)\|_2$$

及

$$h_j * f(h_j * u_j) - f(u) = h_j * f(u) - f(u) + h_j * \int_0^1 f'(\alpha h_j * u_j + (1-\alpha)u) \\ \times (h_j * u - u + h_j * (u_j - u)) d\alpha. \tag{3.68}$$

与命题 3.3 类似, 将 $f(u)$ 分解成 $f(u) = f_1(u) + f_2(u)$, 然后考察它们在 (3.66) 右端项估计中的贡献. 注意到 $u(t) \in \mathcal{C}(\mathbb{R}; L^{\bar{r}}(\mathbb{R}^n))$, 容易看出

$$\|h_j * u(t,x) - u(t,x)\|_{\bar{r}} - \|h_j * u(\tau,x) - u(\tau,x)\|_{\bar{r}}$$
$$\leqslant \|h_j * u(t,x) - u(t,x) - h_j * u(\tau,x) + u(\tau,x)\|_{\bar{r}}$$
$$\leqslant \|h_j * (u(t,x) - u(\tau,x))\|_{\bar{r}} + \|u(t,x) - u(\tau,x)\|_{\bar{r}}$$
$$\leqslant 2\|u(t,x) - u(\tau,x)\|_{\bar{r}}.$$

因此, 函数序列 $\|h_j * u(t,x) - u(t,x)\|_{\bar{r}}$ 关于时间变量等度连续. 这样, 在任意的紧子区间中有

$$\lim_{j \to \infty} \|h_j * u - u\|_{\bar{r}} = 0.$$

另一方面, 由引理 3.2(对于 u_j 成立类同的估计) 及命题 3.3 的证明过程, 推出 $M_j(t,\tau)$ 关于 τ 局部可积, $\int_{t_0}^t M_j(t-\tau) d\tau$ 关于 j 一致有界并且

$$\lim_{t \to t_0} \int_{t_0}^t M_j(t-\tau) d\tau = 0.$$

注意到

$$\|K(t-\tau)(h_j * f(u(\tau)) - f(u(\tau)))\|_{\bar{r}} \leqslant 2\|K(t-\tau)f(u(\tau))\|_{\bar{r}},$$

及

$$\|K(t-\tau)(h_j * f(u(\tau)) - f(u(\tau)))\|_{\bar{r}} \leqslant |t-\tau|^{1-\delta(\bar{r})}\|h_j * f(u(\tau)) - f(u(\tau))\|_2.$$

由 Lebesgue 控制收敛定理知 (3.66) 式右边的第一个积分项趋向于 0(当 $j \to \infty$ 时). 注意到 $\gamma(\bar{r}) < 1$, 在 (3.66) 两边关于 t 在 t_0 的小区间 $[t_0 - \eta, t_0 + \eta]$ 上取上确界, 令 $j \to \infty$ 就可以推出

$$\|u_j - u\|_{\bar{r}} \to 0, \quad t \in [t_0 - \eta, t_0 + \eta], \quad \eta > 0 \text{ 充分小}.$$

2.3 解的唯一性与正则性

由迭代方法就可以证明 $\forall I \subset \mathbb{R}$ 紧, 有
$$\|u_j - u\|_{\bar{r}} \to 0, \quad t \in I.$$

一般地, 由于 $\|u_j\|_{L^\infty_{\text{loc}}(\mathbb{R}, H^1)} \leqslant C < \infty$, 对 $\forall 2 < r < 2^*$, 有
$$\|u_j - u\|_r \leqslant \|u_j - u\|_{\bar{r}}^\theta \|u_j - u\|_{H^1}^{1-\theta} \to 0, \quad 0 < \theta < 1 \tag{3.69}$$

或
$$\|u_j - u\|_r \leqslant \|u_j - u\|_{\bar{r}}^\theta \|u_j - u\|_{L^2}^{1-\theta} \to 0, \quad 0 < \theta < 1. \tag{3.70}$$

下面证明 $\|u_j - u\|_{C(I;L^2)} \to 0$. 对于任意 $\forall I \subset \mathbb{R}$ 紧, 直接计算

$$\begin{aligned}\|u_j(t) - u(t)\|_2 \leqslant & |t - t_0|\|h_j * \psi - \psi\|_2 + \|h_j * \varphi - \varphi\|_2 \\ & + \int_{t_0}^t \|K(t-\tau)(h_j * f(u(\tau)) - f(u(\tau)))\|_2 d\tau \\ & + C\int_{t_0}^t |t-\tau|(\|u_j(\tau) - u(\tau)\|_2 + \|h_j * u(\tau) - u(\tau)\|_2) d\tau \\ & + C\int_{t_0}^t \left(\|u(\tau)\|_{(p-1)\ell}^{(p-1)} + \|u_j(\tau)\|_{(p-1)\ell}^{(p-1)}\right) \\ & \times (\|h_j * u - u\|_r + \|u_j(\tau) - u(\tau)\|_r) d\tau,\end{aligned} \tag{3.71}$$

这里用到
$$\begin{aligned}&\|(|u(\tau)|^{p-1} + |u_j(\tau)|^{p-1})(|h_j * u - u| + |u_j - u|)\|_{\frac{2n}{n+2}} \\ &\lesssim [\|u\|_{(p-1)\ell}^{p-1} + \|u_j\|_{(p-1)\ell}^{p-1}][\|h_j * u(\tau) - u(\tau)\|_r + \|u_j - u\|_r],\end{aligned} \tag{3.72}$$

其中 $2 < r < 2^*$. 可以选择 r 使得 $u, u_j \in L^{p-1}_{\text{loc}}(\mathbb{R}; L^{(p-1)\ell}(\mathbb{R}^n))$. 这需要使 ℓ 满足
$$\max\left\{\frac{(p-1)(n-3)}{2}, (p-1)\left(\frac{n}{2} - 1\right) - 1\right\} < \frac{n}{\ell} < 2. \tag{3.73}$$

事实上
$$\delta((p-1)\ell) - 1 < \frac{1}{2} \iff \frac{n}{2} - \frac{n}{(p-1)\ell} < \frac{3}{2} \iff (p-1)\frac{n-3}{2} < \frac{n}{\ell},$$
$$\delta((p-1)\ell) - \frac{1}{q} = 1, \quad \frac{1}{q} \leqslant \frac{1}{p-1}$$
$$\Longrightarrow \delta((p-1)\ell) - 1 < \frac{1}{p-1} \Longrightarrow (p-1)\left(\frac{n}{2} - 1\right) - 1 < \frac{n}{\ell}.$$

直接验证, (3.73) 在 (H3) 条件下归结于证明
$$\max\left(2 - \frac{2}{n-2}, 1\right) \leqslant \frac{n}{\ell} < 2. \tag{3.74}$$

容易看出
$$\lim_{j\to\infty} u_j \xrightarrow{C(I;L^r(\mathbb{R}^n))} u \Longrightarrow \lim_{j\to\infty} u_j \xrightarrow{C(I;L^2(\mathbb{R}^n))} u, \quad \forall I \text{ 是紧区间}.$$

由 (3.61), (3.62) 关于 u_j 的一致性估计及在 $C(I;L^r(\mathbb{R}^n))$ 中 $u_j \to u$ $(2 \leqslant r < 2^*)$, 采用紧性原理, 可以推出在几类不同的拓扑下的收敛性, 这些收敛性可用于有限维近似解收敛性. 特别, 对任意紧子区间 I,

$$u_j \xrightarrow{w^*} u, \quad L^\infty(I;H^1),$$
$$\dot{u}_j \xrightarrow{w^*} \dot{u}, \quad L^\infty(I;L^2).$$

此处收敛是序列自身, 而非子序列. 这里用到: 如 $\|f_j\|_H \leqslant C$, H 是 Hilbert 空间且 f_j 的任一子序列 $\{f_{jk}\}$ 均有一个相同的弱 $*$ 极限点 f, 则 $f_j \to f$. 由于 $\|u_j(t)\|_{H^1} < C$, $\forall t \in I$ 及

$$\|u_j(t) - u(t)\|_{L^r} \to 0, \quad j \to \infty,$$

由引理 1.4 就推出
$$\lim_{j\to\infty} u_j \xrightarrow{w} u, \quad \text{在 } H^1 \text{ 意义下}.$$

下面来证明
$$\dot{u}_j(t) \longrightarrow \dot{u}(t), \quad \text{在 } L^2(\mathbb{R}^n) \text{ 中}.$$

由方程 (3.60) 可见, $\dot{u}_j(t)$ 在 H^{-1} 中 Lip 连续 (关于 j 一致). 另一方面, 由估计 (3.54), $\|\dot{u}_j(t)\|_2$ 一致有界. 因此 $\{\dot{u}_j(t)\}$ 在 L^2 中是弱紧集, 仅需证明 $\{\dot{u}_j\}$ 仅有一个弱聚点 $\dot{u}(t)$ (即没有其他弱聚点). 若不然, 存在子序列仍记 $\{\dot{u}_j(t)\}$ 在 L^2 中弱收敛于 χ, 那么, 对 $\forall \theta > 0$ 和 $v \in H^1$ 有

$$\begin{aligned}\langle v, \dot{u}(t) - \chi \rangle &= \frac{1}{2\theta} \int_{t-\theta}^{t+\theta} \langle v, (\dot{u}(t) - \dot{u}(\tau)) + (\dot{u}(\tau) - \dot{u}_j(\tau)) \\ &\quad + (\dot{u}_j(\tau) - \dot{u}_j(t)) + (\dot{u}_j(t) - \chi)\rangle d\tau \\ &= I_1 + I_2 + I_3 + I_4.\end{aligned} \quad (3.75)$$

因 $\dot{u}(t), \dot{u}_j(t)$ 在 H^{-1} 中一致 Lip 连续, 故
$$\lim_{\theta \to 0} I_1 = 0, \quad \lim_{\theta \to 0} I_3 = 0.$$

因 $\dot{u}_j \xrightarrow{w^*} \dot{u}(t)$ 在 $L^\infty(I;L^2)$ 中成立及
$$\dot{u}_j(t) \xrightarrow{w} \chi, \quad \text{在 } L^2(\mathbb{R}^n) \text{ 意义下}.$$

2.3 解的唯一性与正则性

因此
$$\lim_{j\to\infty} I_2 = 0, \quad \lim_{j\to\infty} I_4 = 0$$
$$\Longrightarrow \langle v, \dot{u}(t) - \chi \rangle = 0, \quad \forall v \in H^1$$
$$\Longrightarrow \dot{u}(t) \equiv \chi. \tag{3.76}$$

最后来证明能量守恒等式, 在 (3.61) 两边取 $j \to \infty$, 容易发现:

(1) 由于 h_j* 在 $L^r(1 \leqslant r < \infty)$ 上收敛于单位算子, 且 $u \to V(u)$ 是 $L^2 \cap L^{p+1} \mapsto L^1$ 上的连续映射, 则

$$\lim_{j\to\infty} E_j(h_j*\varphi, h_j*\psi) = E(\varphi, \psi). \tag{3.77}$$

(2) 另一方面
$$\lim_{j\to\infty} \int_{\mathbb{R}^n} V(h_j*u) \mathrm{d}x \to \int_{\mathbb{R}^n} V(u) \mathrm{d}x,$$
$$\lim_{j\to\infty} \|u_j(t) - u(t)\|_{L^2 \cap L^{p+1}} = 0,$$

因此
$$\lim_{j\to\infty} (\|\dot{u}_j(t)\|_2^2 + \|\nabla u_j(t)\|_2^2) = E(\varphi, \psi) - \int V(u(t)) \mathrm{d}x. \tag{3.78}$$

注意到
$$\dot{u}_j(t) \xrightarrow{w} \dot{u}(t), \quad \text{在 } L^2 \text{ 意义下},$$
$$u_j(t) \xrightarrow{w} u(t), \quad \text{在 } H^1 \text{ 意义下}$$
$$\Longrightarrow E(u(t), \dot{u}(t)) \leqslant E(\varphi, \psi), \quad \forall t \in \mathbb{R}. \tag{3.79}$$

由解的唯一性, 可以反向求解方程 (0.1), 可得
$$E(\varphi, \psi) \leqslant E(u(t), \dot{u}(t)). \tag{3.80}$$

故能量守恒等式成立.

第3章　半线性波动方程的光滑解

半线性波动方程的 Cauchy 问题

$$\begin{cases} u_{tt} - \Delta u + f(u) = 0, & (x,t) \in \mathbb{R}^n \times \mathbb{R}, \\ u(0) = \varphi(x), \quad u_t(0) = \psi(x), & x \in \mathbb{R}^n \end{cases} \tag{0.1}$$

源于 Jörgen 的研究, 这里

$$f(u) = u|u|^{p-1}, \quad 1 < p \leqslant \frac{n+2}{n-2}, \quad n \geqslant 3. \tag{0.2}$$

$p_c = \dfrac{n+2}{n-2}$ 对应着 (0.1) 的 H^1 临界指标. 当 $n \leqslant 2$ 时, $1 < p < \infty$ 都属于次临界增长的范围 (不存在临界增长指标), 与高维情形相比是简单情形, 这里不予考虑. 当 $n = 3$, $1 < p < p_c = 5$ 时, Jörgen [J] 1961 年证明了 (0.1), (0.2) 的光滑解的整体适定性. 对于高维的情形 ($3 < n \leqslant 9$), Brenner 和 Wahl, Pecher 等建立了光滑解的整体适定性, 见文献 [WJ] 及 [P1]. (0.1), (0.2) 的能量解的整体适定性由 Ginibre 和 Velo 在文献 [GV2] 及 [GV8] 中解决 (次临界情形). 然而, 对于临界波方程, 很长一段时间内没有任何结果. 当 $n = 3$, $p = p_c = 5$ 时, 在小能量条件

$$E(\varphi, \psi) = \int_{\mathbb{R}^n} \left(\frac{1}{2} |\nabla \varphi|^2 + \frac{1}{2} |\psi|^2 + \frac{1}{p+1} |\varphi|^{p+1} \right) dx \ll 1 \tag{0.3}$$

下, Rauch 于 1982 年在文献 [Ra] 中证明了 (0.1), (0.2) 光滑解的整体适定性. Struwe 于 1988 年证明了: 当 $\varphi(x) = \varphi(|x|) \in C^3(\mathbb{R}^3)$, $\psi(x) = \psi(|x|) \in C^2(\mathbb{R}^3)$ 时, (0.1), (0.2) 存在唯一的整体光滑解 $u(t) \in C^2(\mathbb{R} \times \mathbb{R}^3)$(见文献 [Str]). 1990 年, Grillakis 借助于 Morawetz 估计, 去掉了 Struwe 关于径向初值的假设, 证明了对一般的光滑初值 $\varphi(x) \in C^3(\mathbb{R}^3), \psi(x) \in C^2(\mathbb{R}^3)$, (0.1), (0.2) 存在唯一的整体光滑解 $u(t) \in C^2(\mathbb{R} \times \mathbb{R}^3)$(见文献 [Gr1]). 不久, Kapitanskii 在文献 [Ka1] 中用完全不同的方法, 巧妙地使用 Strichartz 估计, 建立了 (0.1), (0.2) 的部分正则解的存在唯一性. 进而, Grillakis 结合 Strichartz 估计、Morawetz 估计证明: 当 $3 \leqslant n \leqslant 5$ 时, 临界问题 (0.1), (0.2) 光滑解的整体适定, 见文献 [Gr2]. 与此同时, 对于 $n \leqslant 7$, $\varphi(x) = \varphi(|x|), \psi(x) = \psi(|x|)$ (即径向对称初值) 的情形, 亦给出了 (0.1), (0.2) 的整体适定性. 随后, Shatah 和 Struwe 证明了: 当 $n \leqslant 7$ 时, 临界问题 (0.1), (0.2) 光滑解整体适定 (见文献 [SS1]). 关于能量解的情形, Shatah 和 Struwe 在文献 [SS2] 中给出了临界波方程 (0.1), (0.2) 在能量模意义下的整体适定性.

3.1 问题、结果及证明的归结

以 $\mathbb{R}^3$ 为例, 考虑半线性波动方程的 Cauchy 问题

$$\begin{cases} \Box u = -f_k(u), & (x,t) \in \mathbb{R}^3 \times \mathbb{R}, \\ u(0,x) = \varphi(x), & u_t(0,x) = \psi(x), \quad x \in \mathbb{R}^3. \end{cases} \tag{1.1}$$

为确保 (1.1) 整体光滑解适定性, 需要如下基本假设:

(H1) $f_k(u) \in C^2(\mathbb{R})$ 满足 $f_k(0) = 0$ 及幂函数增长条件:

$$|f_k'(u)| \leqslant C_0(1 + |u|^{k-1}). \tag{1.2}$$

(H2) 互斥性条件:

$$F_k(u) = \int_0^u f_k(\tau)\mathrm{d}\tau \geqslant 0, \quad |u|^{k+1} \leqslant C_1(1 + F_k(u)). \tag{1.3}$$

(H3) 当 $k = p_c = 5$(临界非线性增长指标) 时, 进一步假设

$$uf_k(u) - 4F_k(u) \geqslant 0, \quad |u| \gg 1. \tag{1.4}$$

注记 1.1 (i) 条件 (H1) 意味着

$$F_k(u), uf_k(u) \leqslant C_0(|u|^2 + |u|^{k+1}). \tag{1.5}$$

(ii) 特别, 当 $f_k(u) = u^5$ 时, 它满足 (H3) 中的不等式 (1.4). 此条件在建立 Morawetz 估计时是需要的.

(iii) 对于次临界增长 ($1 < k < 5$) 的非线性项, 不需要条件 (H3). 容易看出, 对于特殊的非线性函数 $f_k(u) = |u|^{k-1}u$, 条件 (1.4) 就意味着 k 是超共形指标 (即 $k \geqslant 3$).

(iv) 为简单起见, 常用 u' 表示 $(\partial_t u, \partial_{x_1} u, \cdots, \partial_{x_n} u)$.

(v) 形式计算, (1.1) 的解满足如下守恒积分:

$$E(u(t), u_t(t)) = \int_{\mathbb{R}^3} \left(\frac{1}{2}u_t^2 + \frac{1}{2}|\nabla u|^2 + F_k(u) \right)\mathrm{d}x = E(\varphi, \psi). \tag{1.6}$$

欲证明解整体适定, 就要确保在能量中非线性项的贡献 (势能部分)

$$\int_{\mathbb{R}^3} F_k(u)\mathrm{d}x$$

可以被动能部分控制, 这就要求 $k \leqslant 5$. 从数学上来讲, 等价于

$$\dot{H}^1(\mathbb{R}^3) \hookrightarrow L^q_{\mathrm{loc}}(\mathbb{R}^3), \quad \forall q \leqslant 6.$$

定理 1.1 设 $1 < k \leqslant 5$, $f_k(u)$ 满足 (H1) 和 (H2). 特别, 当 $k = 5$ 时, 需要假设条件 (H3). 若 $\varphi(x) \in C^3(\mathbb{R}^3)$, $\psi(x) \in C^2(\mathbb{R}^3)$, 则 (1.1) 存在唯一的整体光滑解

$$u(t,x) \in C^2(\mathbb{R}_+ \times \mathbb{R}^3) \quad (\text{不妨在正方向上求解}).$$

进而, 如果设 $f_k \in C^\infty(\mathbb{R})$, $\varphi(x) \in C^\infty(\mathbb{R}^3)$, $\psi(x) \in C^\infty(\mathbb{R}^3)$, 则

$$u(t,x) \in C^\infty(\mathbb{R}_+ \times \mathbb{R}^3).$$

注记 1.2 (i) 显然, 定理 1.1 所考虑的情形包含临界波方程

$$\Box u = -u^5.$$

然而, 对于聚焦型非线性波动方程

$$\Box u = u^5 \tag{1.7}$$

而言, 即使对于 C^∞ 光滑的初始函数 (其至紧支集的 C_c^∞ 的初始函数), 解仍然会产生爆破现象. 例如

$$u(t,x) = \left(\frac{3}{4}\right)^{\frac{1}{4}} (1-t)^{-\frac{1}{2}}$$

在 $[0,1) \times \mathbb{R}^3$ 上是 (1.7) 的光滑解, 自然在 $t \nearrow 1$ 时, 产生爆破现象.

(ii) 证明定理 1.1 时, 仅需对于具有紧支集的初始函数 $(\varphi(x), \psi(x))$ 来证明. 事实上, 取 $\chi(x) \in C_c^\infty(\mathbb{R}^3)$ 是径向对称函数, 满足

$$\chi(x) = 1, \quad |x| \leqslant 1. \tag{1.8}$$

令

$$\varphi_r(x) = \chi\left(\frac{x}{r}\right)\varphi(x), \quad \psi_r(x) = \chi\left(\frac{x}{r}\right)\psi(x), \tag{1.9}$$

假设定理 1.1 对上面具紧支集的光滑初始函数成立, 记 $u_r(t,x)$ 是波方程具有形如 (1.9) 的初值时的光滑解. 我们断言: 当 $r \to \infty$ 时, $u_r(t,x)$ 收敛于 (1.1) 对应的解 $u(t,x)$ (在 $C^2(\mathbb{R}_+^{1+3})$ 意义下). 事实上, 对 $\forall t_0 \in \mathbb{R}_+$, 令

$$\Lambda_{t_0,0} = \{(x,t), 0 \leqslant t \leqslant t_0, |x| \leqslant t_0 - t\}$$

表示通过 $(t_0, 0)$ 的后向光锥. 注意到当 $r_1, r_2 > t_0$ 时,

$$u_{r_1}(0,x) = u_{r_2}(0,x) = \varphi(x), \quad \dot{u}_{r_1}(0,x) = \dot{u}_{r_2}(0,x) = \psi(x), \quad x \in \Lambda_{t_0,0} \cap \mathbb{R}^3.$$

因此, 由唯一性就推出

$$u_{r_1}(t,x) = u_{r_2}(t,x), \quad (t,x) \in \Lambda_{t_0,0},$$

3.1 问题、结果及证明的归结

$$\lim_{r\to\infty} u_r(x,t) \equiv u(t,x), \quad (t,x) \in \Lambda_{t_0,0}.$$

又

$$\mathbb{R}_+^{1+3} = \bigcup_{t_0 > 0} \Lambda_{t_0,0},$$

故

$$\lim_{r\to\infty} u_r = u(t,x), \quad \text{在 } C^2(\mathbb{R}_+ \times \mathbb{R}^3) \text{ 意义下}.$$

在讨论与阐述定理 1.1 的证明思路之前, 先回顾一下半线性波动方程的局部存在性定理.

命题 1.2 考虑半线性波方程的 Cauchy 问题 (1.1). 假设

$$\begin{cases} f_k(u) \in C^m(\mathbb{R}), \quad f_k(0) = 0, \\ \varphi(x) \in C_c^{m+1}(\mathbb{R}^3), \quad \psi(x) \in C_c^m(\mathbb{R}^3), \end{cases} \quad m = 1, 2, \cdots, \tag{1.10}$$

则存在相应 $T^* > 0$ 与 (1.1) 的唯一解

$$u(t) \triangleq u(t,x) \in C^m([0,T^*] \times \mathbb{R}^3) \tag{1.11}$$

满足如下二择性结果:

(i) $T^* = \infty$;

(ii) $T^* < \infty$ 且 $\lim\limits_{t \to T^*} \sup\limits_x |u(t,x)| = \infty$.

证明 命题 1.2 的第一部分的证明是标准的迭代方法, 设 $T^* > 0$ 是极大存在区间的右端点, 则

$$\lim_{t\to T^*} \sup_{\substack{x \in \mathbb{R}^n, \\ |\alpha| \leqslant m}} |\partial^\alpha u(t,x)| = \infty.$$

下面仅需要给出第二部分的爆破准则. 设 $u \in C^m([0,T^*] \times \mathbb{R}^3)$ 是 Cauchy 问题 (1.1) 的解, 满足

$$\sup_{\substack{(t,x) \\ 0 \leqslant t < T^*}} |u(t,x)| \leqslant A < \infty, \tag{1.12}$$

则 $u \in C^m([0,T^*] \times \mathbb{R}^3)$. 这就等价于 (1.12) 意味着

$$\sup_{\substack{|\alpha| \leqslant m \\ (t,x)\ 0 \leqslant t < T^*}} |\partial^\alpha u(t,x)| \leqslant C(A) < \infty.$$

事实上, 注意到

$$\Box u' = f_k'(u)u', \quad u'(x,t) = \frac{1}{4\pi} \int_0^t \int_{S^2} (t-s) f_k(s, x-(t-s)y) \mathrm{d}\sigma(y) \mathrm{d}s,$$

直接估计就得

$$\|u'(t,\cdot)\|_\infty = \|u_0'(\cdot)\|_\infty + \int_0^t (t-s)\|f_k(s,\cdot)u'(s,\cdot)\|_\infty \mathrm{d}s$$
$$\leqslant C + CT^* \int_0^t \|u'(s,\cdot)\|_\infty \mathrm{d}s,$$

利用 Gronwall 不等式就得 $\|u'\|_\infty$ 的一致性估计. 类似地, 可以给出高阶导数的一致性估计, 这就意味着 $u \in C^{m-1,1}([0,T^*] \times \mathbb{R}^3)$. 最后来证明 $u \in C^m([0,T^*] \times \mathbb{R}^3)$.

对于任意的 $|\alpha| = m$, $h = (h_0, h_1, h_2, h_3) \in \mathbb{R}^{1+3}$, 考虑

$$\omega(t,h) = \begin{cases} \sup_x |\partial^\alpha u((t,x)+h) - \partial^\alpha u(t,x)|, & t+h_0 \leqslant T^*, \\ 0, & \text{其他情形}. \end{cases}$$

直接验证

$$\omega(t,h) \leqslant \omega_0(h) + C_T \Big(|h| + \sum_{j=1}^m \sup_{\substack{|v| \leqslant C|h| \\ |u| \leqslant C}} |F^{(j)}(u+v) - F^{(j)}(u)| + \int_0^t \omega(s,h)\mathrm{d}s\Big).$$

利用 Gronwall 不等式就得

$$\omega(t,h) \leqslant C_T' \Big(\omega_0(h) + \sum_{j=1}^m \sup_{\substack{|v| \leqslant C|h| \\ |u| \leqslant C}} |F^{(j)}(u+v) - F^{(j)}(u)|\Big),$$

这里

$$\omega_0(h) = \sup_{\substack{(t,x) \\ t+h_0 \leqslant T^*}} |\partial^\alpha u_0((t,x)+h) - \partial^\alpha u_0(t,x)|, \quad \Box u_0 = 0,\ u(0) = f(x),\ u_t(0) = g.$$

注意到 $u_0 \in C^m$, $f_k \in C^m$, 当 $|h| \to 0$, 上式右边趋向于 0. 这就说明 u 的 m 导数的极大模可控, 即 $u \in C^m([0,T^*] \times \mathbb{R}^3)$.

我们知道, 线性波动方程 Cauchy 问题

$$\begin{cases} \Box v(t,x) = g(t,x), \\ v(0) = \varphi(x), \quad v_t(0) = \psi(x) \end{cases} \tag{1.13}$$

的解

$$v(t,x) = \mathcal{F}^{-1} \cos(|\xi|t) \mathcal{F}\varphi + \mathcal{F}^{-1} \frac{\sin(|\xi|t)}{|\xi|} \mathcal{F}\psi$$
$$+ \int_0^t \mathcal{F}^{-1} \frac{\sin|\xi|(t-\tau)}{|\xi|} \mathcal{F}g(x,\tau)\mathrm{d}\tau \tag{1.14}$$

满足如下 Strichartz 估计

$$\|v\|_{L_t^4(I;L_x^{12})} \lesssim \|\varphi\|_{\dot{H}^1} + \|\psi\|_{L^2} + \|g\|_{L_t^1(I;L^2(\mathbb{R}^3))}$$
$$\triangleq \|v'(0)\|_{L^2} + \|g\|_{L_t^1(I;L^2(\mathbb{R}^3))}, \tag{1.15}$$

$$\|v\|_{L^\infty(I,L^6(\mathbb{R}^3))} \lesssim \|v'(0)\|_{L^2} + \|g\|_{L_t^1(I;L^2(\mathbb{R}^3))}. \tag{1.16}$$

下面来分析定理 1.1 的证明思路. 由注记 1.2, 在证明定理 1.1 时, 仅需对具有紧支集的初始函数来进行. 根据局部存在性定理, 如果 $T^* < \infty$, 就有 $u(t,x) \notin L^\infty([0,T^*) \times \mathbb{R}^3)$. 下面的结论就是想用 $\|\cdot\|_{L_t^4 L_x^{12}}$ 代替 $\|\cdot\|_{L_{t,x}^\infty}$ 的位置. 具体地说, 即证明 $T^* = \infty$ 或

$$T^* < \infty, \quad \|u(t,x)\|_{L_t^4([0,T^*);L_x^{12}(\mathbb{R}^3))} = \infty. \tag{1.17}$$

换言之, 建立整体适定性就归结为证明 $u(t,x) \in L_t^4 L_x^{12}([0,T^*) \times \mathbb{R}^3)$.

命题 1.3 设 $1 < k \leqslant 5$, $f_k(u) \in C^2$ 满足 (H1), $\varphi(x) \in C_c^3(\mathbb{R}^3)$, $\psi(x) \in C_c^2(\mathbb{R}^3)$. 则存在 $T^* > 0$ 及 (1.1) 的唯一解 $u(t) \in C^2([0,T^*) \times \mathbb{R}^3)$ 满足如下二择性 (其中之一成立):

(i) $T^* = +\infty$;

(ii) $T^* < \infty$, $u(t) \notin L_t^4([0,T^*); L_x^{12}(\mathbb{R}^3))$.

证明 命题 1.3 的存在性部分源于局部适定性, 故仅需证明第二部分. 采用反证法. 设 $T^* < \infty$, (1.1) 的解 $u(t) \in C^2(I \times \mathbb{R}^3)$ 满足

$$u \in L_t^4(I;L_x^{12}(\mathbb{R}^3)), \quad I = [0,T^*). \tag{1.18}$$

下面证明 u 可以扩张成 $C^2([0,T^*] \times \mathbb{R}^3)$ 上的函数, 此就意味着

$$u(t) \in L^\infty([0,T^*) \times \mathbb{R}^3). \tag{1.19}$$

由局部存在性定理就推出矛盾. 下面按此思路来证明: 设 $0 < R < \infty$ 充分大, 使得

$$\operatorname{supp} \varphi(x), \operatorname{supp} \psi(x) \subset B_R(0).$$

由 Huygens 原理, 可推知

$$\operatorname{supp} u(x,t) \subset B_{R+t}(0).$$

由假设条件 (H1) 可见, 对 $\forall 0 \leqslant t_0 < s < T^*$ 有

$$\sum_{|\alpha| \leqslant 1} \|\partial_x^\alpha (f_k(u))\|_{L_t^1 L_x^2([t_0,s] \times \mathbb{R}^3)}$$

$$\lesssim C(T^* - t_0, R + T^*) \times \sum_{|\alpha|\leqslant 1} \|\partial^\alpha u\|_{L^\infty([t_0,s];L^6(\mathbb{R}^3))} + \sum_{|\alpha|\leqslant 1} \|u^{k-1}\partial_x^\alpha u\|_{L_t^1 L_x^2}, \quad (1.20)$$

这里

$$\lim_{t_0 \to T^*} C(T^* - t_0, R + T^*) = 0. \quad (1.21)$$

由 Strichartz 估计与 Hölder 不等式, 就得

$$\sup_{t_0\leqslant t\leqslant s} \sum_{|\alpha|\leqslant 1} \|\partial_x^\alpha u(t)\|_{L^6(\mathbb{R}^3)}$$

$$\lesssim \sum_{|\alpha|\leqslant 1} \|(\partial_x^\alpha u)'(t_0)\|_{L^2(\mathbb{R}^3)} + C(T^* - t_0, R + T^*) \sum_{|\alpha|\leqslant 1} \|\partial_x^\alpha u\|_{L^\infty([t_0,s],L^6(\mathbb{R}^3))}$$

$$+ \sum_{|\alpha|\leqslant 1} \|\partial_x^\alpha u\|_{L_t^\infty([t_0,s],L^6(\mathbb{R}^3))} \|u\|_{L_t^{k-1}([t_0,s],L^{3(k-1)}(\mathbb{R}^3))}^{k-1}. \quad (1.22)$$

当 $k = 5$ 时, 注意到 (1.21) 及

$$\lim_{s,t_0 \to T^*} \|u\|_{L_t^4([t_0,s];L^{12}(\mathbb{R}^3))} = 0, \quad (1.23)$$

当 t_0 充分接近 T^* 时, 有

$$\sup_{t_0\leqslant t\leqslant s} \sum_{|\alpha|\leqslant 1} \|\partial_x^\alpha u(t,\cdot)\|_{L^6(\mathbb{R}^3)} \leqslant 2 \sum_{|\alpha|\leqslant 1} \|(\partial_x^\alpha u)'(t_0)\|_{L^2(\mathbb{R}^3)} = C(t_0) < \infty.$$

令 $s \to T^*$, 注意到 $u(t,x) \in C^2([0,t_0] \times \mathbb{R}^3)$ 及

$$\mathrm{supp}\, u(t,x) \subset \{x|\ |x| \leqslant t_0 + R\}, \quad (1.24)$$

容易推得

$$\sup_{0\leqslant t\leqslant T^*} \sum_{|\alpha|\leqslant 1} \|\partial_x^\alpha u(\cdot,t)\|_{L^6(\mathbb{R}^3)} < \infty. \quad (1.25)$$

由 Sobolev 嵌入定理 $W^{1,6}(\mathbb{R}^3) \hookrightarrow L^\infty(\mathbb{R}^3)$, 推出 (1.19) 成立.

下面来考虑 $1 < k < 5$ 的情形. 注意到 u 具有紧支集, 由 Hölder 不等式就得

$$\|u\|_{L^{k-1}([t_0,s],L^{3(k-1)}(\mathbb{R}^3))}^{k-1} \leqslant \rho(T^* - t_0, T^* + R) \|u\|_{L^4([t_0,s];L^{12}(\mathbb{R}^3))}^{k-1}, \quad (1.26)$$

其中

$$\lim_{t_0 \to T^*} \rho(T^* - t_0, R + T^*) = 0.$$

注意到 $k > 1$, 类同于 $k = 5$ 情形的推理, 得知 (1.19) 成立.

这样，证明定理 1.1 就归结为证明估计 (1.18)，读者将会发现：

(i) $1 \leqslant k < 5$，用能量守恒律与 Strichartz 估计可以获得 (1.18) 的证明；

(ii) 当 $k = 5$ 时，除了能量守恒律、Strichartz 估计之外，还需要局部能量估计及 Morawetz 估计等工具.

3.2 能量估计与次临界的情形

命题 2.1 设 $f_k(u)$ 满足定理 1.1 中的条件，$\varphi(x) \in C_c^3(\mathbb{R}^3)$，$\psi(x) \in C_c^2(\mathbb{R}^3)$. 若 $u \in C^2([0, T^*) \times \mathbb{R}^3)$ 是 Cauchy 问题 (1.1) 的解，则

$$E(u(t), u_t(t)) = \int_{\mathbb{R}^3} \left(\frac{1}{2}|u'(t,x)|^2 + F_k(u(t,x))\right) dx = E(\varphi(x), \psi(x)),$$
$$0 < t < T^*, \quad u' = (u_t, \nabla u). \tag{2.1}$$

进而，若

$$\operatorname{supp} \varphi(x), \ \operatorname{supp} \psi(x) \subset \{x| \ |x| \leqslant R\},$$

则

$$\int_{\mathbb{R}^3} \left(|u'(t,x)|^2 + |u(t,x)|^{k+1}\right) dx \leqslant C_{R,T^*}, \quad 0 < t < T^*. \tag{2.2}$$

证明 注意到 $\operatorname{supp} u \subset \{x| \ |x| \leqslant R + T^*\}$，由条件 (1.3) 与 (2.1) 就可推出 (2.2) 成立.

关于能量估计 (2.1)，用 $\partial_t u$ 乘以方程 (1.1) 的两边，就有

$$0 = \partial_t u(\Box u + f_k(u)) = \operatorname{div}_{t,x} e(u), \tag{2.3}$$

这里

$$e(u) = \left(\frac{1}{2}|u'|^2 + F_k(u), -\partial_t u \nabla_x u\right). \tag{2.4}$$

注意到 $u(t,x) \in C^2([0, T^*) \times \mathbb{R}^3)$ 是具有紧支集的解，对于 $0 < t < T^*$，有

$$0 = \int_0^t \int_{\mathbb{R}^3} \operatorname{div}_{\tau,x} e(u) dx d\tau = \int_{\mathbb{R}^3} \int_0^t \frac{\partial}{\partial \tau}\left(\frac{1}{2}|u'|^2 + F_k(u)\right) d\tau dx$$
$$= \int_{\mathbb{R}^3} \left(\frac{1}{2}|u'(t)|^2 + F_k(u(t))\right) dx - \int_{\mathbb{R}^3} \left(\frac{1}{2}|u'(0)|^2 + F_k(u(0))\right) dx.$$

故能量守恒律 (2.1) 成立.

引理 2.2 设 $0 < C_0 < \infty, 0 \leqslant y(s) \in C([a,b])$ 且满足

$$y(a) = 0, \quad y(s) \leqslant C_0 + \varepsilon y(s)^\sigma, \quad \sigma > 0. \tag{2.5}$$

则当 $\varepsilon < 2^{-\sigma} C_0^{1-\sigma}$ 时, 成立

$$y(s) \leqslant 2C_0, \quad s \in [a,b]. \tag{2.6}$$

证明 考虑函数
$$h(x) = C_0 + \varepsilon x^\sigma - x.$$

当 $x_1 = 2C_0$, $\varepsilon < 2^{-\sigma} C_0^{1-\sigma}$ 时,

$$C_0 + \varepsilon x_1^\sigma - x_1 \equiv h(x_1) = h(2C_0) < C_0 + 2^{-\sigma} C_0^{1-\sigma}(2C_0)^\sigma - 2C_0 = 0.$$

因此, 欲使
$$C_0 + \varepsilon x^\sigma - x \geqslant 0, \quad \forall x \in [0, x_0]$$

成立, 必须有 $x_0 < 2C_0$. 注意到 $y(s)$ 小于使得上式成立的全体 x_0 的上确界, 由此推出

$$y(s) \leqslant 2C_0, \quad \forall s \in [a,b].$$

定理 1.1 的证明 (次临界情形) 综前所述, 问题归结为: 在条件

$$\operatorname{supp} \varphi(x), \quad \operatorname{supp} \psi(x) \subset \{x \mid |x| \leqslant R\} \tag{2.7}$$

及

$$u \in C^2([0, T^*] \times \mathbb{R}^3), \quad 0 < T^* < \infty \tag{2.8}$$

下, 证明

$$u(t) \in L_t^4 L_x^{12}([0, T^*] \times \mathbb{R}^3). \tag{2.9}$$

由此推得 $T^* = \infty$.

对 $0 \leqslant t_0 < s < T^*$, 由 Strichartz 估计及 Hölder 不等式可见

$$\|u\|_{L_t^4 L_x^{12}([t_0,s] \times \mathbb{R}^3)} \lesssim \|u'(t_0)\|_{L^2(\mathbb{R}^3)} + \||u| + |u|^k\|_{L_t^1 L_x^2([t_0,s] \times \mathbb{R}^3)}$$
$$\lesssim \|u'(t_0)\|_{L^2(\mathbb{R}^3)} + C(R, T^*) + \||u|^k\|_{L_t^1 L_x^2([t_0,s] \times \mathbb{R}^3)}$$
$$\leqslant C(R, T^*) + (2E(\varphi, \psi))^{\frac{1}{2}} + \||u|^k\|_{L_t^1 L_x^2([t_0,s] \times \mathbb{R}^3)}. \tag{2.10}$$

由 Hölder 不等式

$$1 = \frac{k-1}{4} + \frac{5-k}{4}, \quad \frac{1}{2} = \frac{7-k}{12} + \frac{k-1}{12} \tag{2.11}$$

$$\Longrightarrow \||u|^k\|_{L_t^1 L_x^2([t_0,s] \times \mathbb{R}^3)} \leqslant \|u\|_{L_t^{\frac{4}{5-k}} L_x^{\frac{12}{7-k}}([t_0,s] \times \mathbb{R}^3)} \|u\|_{L_t^4 L_x^{12}([t_0,s] \times \mathbb{R}^3)}^{k-1}. \tag{2.12}$$

注意到

$$\frac{12}{7-k} < k+1, \quad 1 < k < 5 \tag{2.13}$$

3.2 能量估计与次临界的情形

及
$$\operatorname{supp} u(t,x) \subset \{x \mid |x| \leqslant t+R\}, \tag{2.14}$$

推得
$$\begin{aligned}
\|u\|_{L_t^{\frac{4}{5-k}} L_x^{\frac{12}{7-k}}([t_0,s]\times\mathbb{R}^3)} &\leqslant (T^*-t_0)^{\frac{5-k}{4}} \sup_{t_0\leqslant t\leqslant s} \|u(t)\|_{L_x^{\frac{12}{7-k}}} \\
&\lesssim (T^*-t_0)^{\frac{5-k}{4}} (T^*+R)^{3(\frac{7-k}{12}-\frac{1}{k+1})} \sup_{t_0\leqslant t\leqslant s} \|u\|_{L^{k+1}(\mathbb{R}^3)} \\
&\leqslant \rho(R,T^*)(T^*-t_0)^{\frac{5-k}{4}}, \tag{2.15}
\end{aligned}$$

这里用到
$$\frac{7-k}{12} = \frac{1}{k+1} + \frac{1}{\chi}, \quad \frac{1}{\chi} = \left(\frac{7-k}{12} - \frac{1}{k+1}\right).$$

令
$$\varepsilon(t_0) = \rho(R,T^*)(T^*-t_0)^{\frac{5-k}{4}}, \tag{2.16}$$

则 (2.10) 就变成
$$\|u\|_{L_t^4 L_x^{12}([t_0,s]\times\mathbb{R}^3)} \leqslant C(R,T^*) + C(2E(\varphi,\psi))^{\frac{1}{2}} + \varepsilon(t_0)\|u(t)\|_{L_t^4 L_x^{12}([t_0,s]\times\mathbb{R}^3)}^{k-1}. \tag{2.17}$$

注意到
$$\lim_{t_0 \nearrow T^*} \varepsilon(t_0) = 0, \quad k < 5, \tag{2.18}$$

由引理 2.2 推出
$$\|u\|_{L_t^4 L_x^{12}([t_0,T^*)\times\mathbb{R}^3)} \leqslant 2C(R,T^*) + 2C(2E(\varphi,\psi))^{\frac{1}{2}}. \tag{2.19}$$

进而, 由 u 在 $[0,t_0]\times\mathbb{R}^3$ 上的有界性, 就推知 (2.9) 成立.

注记 2.1 (i) 由上面证明可以看出: 当 $E(u(0)) \ll 1$, $f_k(u) = u^5$ 时, 就可获得整体光滑解的存在性, 这就是 Rauch 的结果. 此时, 在上面估计中不出现形如 $C(R,T^*)$ 的常数, 可以直接对不具紧支集的初始函数予以证明.

(ii) 由上面的证明技术, 当 $k=5$ 时, $\varepsilon(t_0)$ 可能是一个足够大的常数. 因此, 对于大初值来讲是不能适用的. 为了在后向光锥上获得解 u 的 $\|u\|_{L_t^4 L_x^{12}}$ 的估计, 需要修正 $\varepsilon(t_0)$ 的定义, 使得 $\varepsilon(t_0)$ 含有 $\int_{|x-x_0|\leqslant |T^*-t|} |u(t)|^6 \mathrm{d}x$ 的积分. 如果能证明此积分在 $t \longmapsto T^*$ 时趋向于 0, 可获得 u 在后向光锥上的 $\|u\|_{L_t^4 L_x^{12}}$ 模. 注意到 $f_k(u)$ 所满足的条件, 故 $\int_{|x-x_0|\leqslant |T^*-t|} |u(t)|^6 \mathrm{d}x$ 本质上与估计 $\int_{|x-x_0|\leqslant |T^*-t|} F_k(u) \mathrm{d}x$ 相互控制. 证明这一点, 需要局部能量不等式等工具.

3.3 衰减估计与临界的情形

先引入一些记号. 对固定 $x_0 \in \mathbb{R}^3$, $0 \leqslant t_0 < s < T^*$ 和 $\delta > 0$, 记

$$\Lambda(\delta, t_0, s) = \{(t, x) \big| \ t_0 \leqslant t \leqslant s, \ |x - x_0| \leqslant \delta + T^* - t\}$$

是超平面 $t = t_0, t = s$ 截过 $(T^* + \delta, x_0)$ 的后向光锥所得锥台部分, 记

$$D_{t_0} = \{(t, x) \in \Lambda(\delta, t_0, s), t = t_0\},$$

$$D_s = \{(t, x) \in \Lambda(\delta, t_0, s), t = s\},$$

$$M_{t_0}^s = \{(t, x) \in \Lambda(\delta, t_0, s), t_0 \leqslant t \leqslant s, |x - x_0| = \delta + T^* - t\}.$$

用 $u(t, x)$ 表示命题 2.1 中所得的解. 记

$$E(u, D_t) = \int_{D_t} \left(\frac{1}{2}|u'(t, x)|^2 + F_k(u)\right) \mathrm{d}x, \quad 0 \leqslant t \leqslant T^*, \tag{3.1}$$

$$\mathrm{Flux}(u, M_{t_0}^s) = \int_{M_{t_0}^s} \langle e(u), \nu\rangle \mathrm{d}\sigma, \quad 0 \leqslant t_0 < s < T^*, \tag{3.2}$$

其中 ν 表示 $M_{t_0}^s$ 的外法向, $\mathrm{d}\sigma$ 表示 $M_{t_0}^s$ 的面测度. 在 $\Lambda(\delta, t_0, s)$ 上积分下式

$$0 = \partial_t\left(\frac{1}{2}|u'(t, x)|^2 + F_k(u)\right) - \mathrm{div}(\partial_t u \cdot \nabla_x u), \tag{3.3}$$

利用散度定理, 可见

$$E(u, D_{t_0}) = E(u, D_s) + \mathrm{Flux}(u, M_{t_0}^s). \tag{3.4}$$

注意到 $M_{t_0}^s$ 是由形如

$$(\delta + T^* - |x - x_0|, x), \quad \delta + T^* - |x - x_0| \in [t_0, s] \tag{3.5}$$

的点所构成 (本质上是 $|x - x_0| = \delta + T^* - t$ 确定). 在这些点的法向是

$$\nu = \frac{1}{\sqrt{2}}\left(1, \frac{x - x_0}{|x - x_0|}\right). \tag{3.6}$$

因此

$$\sqrt{2}\langle e(u), \nu\rangle = \frac{1}{2}|u'|^2 + F_k(u) - \partial_t u \frac{x - x_0}{|x - x_0|} \nabla_{x - x_0} u$$

3.3 衰减估计与临界的情形

$$=\frac{1}{2}\left|\frac{x-x_0}{|x-x_0|}\partial_t u - \nabla_{x-x_0} u\right|^2 + F_k(u). \tag{3.7}$$

注意到

$$\text{Flux}(u, M_{t_0}^s) = \frac{1}{\sqrt{2}}\int_{M_{t_0}^s}\left(\frac{1}{2}\left|\frac{x-x_0}{|x-x_0|}\partial_t u - \nabla_{x-x_0} u\right|^2 + F_k(u)\right)d\sigma \geqslant 0, \tag{3.8}$$

就能推出：局部能量函数 $t \longmapsto E(u, D_t)$ 在 $t \in [0, T^*)$ 上是单调下降的, 并且

$$E(u, D_t) \leqslant E(u(t), u_t(t)) = E(u(0), u_t(0)) < \infty.$$

因此推出

$$\lim_{t \to T^*} \text{Flux}(u, M_t^{T^*}) = 0. \tag{3.9}$$

命题 3.1 设 $k = 5$, $\varphi(x) \in C_c^3(\mathbb{R}^3)$, $\psi(x) \in C_c^2(\mathbb{R}^3)$ 满足

$$\text{supp } \varphi(x), \text{ supp } \psi(x) \subset \{x|\ |x| \leqslant R\}.$$

记 $u(t, x) \in C^2([0, T^*) \times \mathbb{R}^3)$ 是 (1.1) 的解, 对固定 $x_0 \in \mathbb{R}^3$, 假设

$$\int_{|x-x_0| \leqslant T^*-t_0}\left(\frac{1}{2}|u'(t_0)|^2 + F_k(u(t_0))\right)dx < \varepsilon. \tag{3.10}$$

则存在 $\varepsilon_0 = \varepsilon_0(R, T^*, E(u(0), u_t(0))) > 0$, 使得当 $0 < \varepsilon < \varepsilon_0$ 及 $0 \leqslant t_0 < T^*$ 时, 有

$$u(t) \in L_t^4 L_x^{12}(\Lambda(\delta, t_0, T^*)), \tag{3.11}$$

这里要求 $\delta > 0$, $T^* - t_0 > 0$ 充分小.

注记 3.1 仅需证明 t_0 充分接近 T^* 时 (3.11) 成立. 因为 $u(t) \in C^2([0, T^*) \times \mathbb{R}^3)$ 及

$$u(t, x) \equiv 0, \quad |x| > t + R$$
$$\Longrightarrow u(t, x) \in L_t^4 L_x^{12}(\Lambda(\delta, 0, T^*)). \tag{3.12}$$

由 u 具有紧支集的性质, $u(t, x)$ 满足 (1.18).

命题 3.1 的证明 在非线性增长条件 (H2) 下, 如果 (3.10) 成立, 则有

$$\sup_{t_0 \leqslant t < T^*}\int_{|x-x_0| \leqslant \delta + T^*-t}|u(t, x)|^6 dx \leqslant 2C_1 \varepsilon, \tag{3.13}$$

这里要求 $\delta > 0$ 和 $T^* - t > 0$ 充分小. 事实上, 取 $\delta > 0$ 充分小, 就有

$$\int_{|x-x_0| \leqslant \delta + T^*-t_0}\left(\frac{1}{2}|u'(t_0)|^2 + F_k(u(t_0))\right)dx < \frac{3}{2}\varepsilon. \tag{3.14}$$

由于 $E(u, D_t)$ 是 t 的非增函数，因此

$$\sup_{t_0 \leq t < T^*} \int_{|x-x_0| \leq \delta + T^* - t} \left(\frac{1}{2}|u'(t)|^2 + F_k(u(t))\right) dx < \frac{3}{2}\varepsilon. \tag{3.15}$$

于是，只要取 $\delta > 0$ 与 $T^* - t_0$ 充分小，就有

$$\int_{|x-x_0| \leq \delta + T^* - t} |u(t,x)|^6 dx \leq \frac{4\pi}{3} C_1(\delta + T^* - t_0)^3 + C_1 \int_{|x-x_0| \leq \delta + T^* - t} F_k(u) dx$$

$$\leq \frac{4\pi}{3} C_1(\delta + T^* - t_0)^3 + \frac{3C_1}{2}\varepsilon \leq 2C_1 \varepsilon. \tag{3.16}$$

我们断言：只要取 $\varepsilon > 0$ 充分小，则 (3.13) 就意味着 (3.11) 成立. 由 Strichartz 估计及 Huygens 原理 (非线性函数的估计亦应在相同的依赖区域)，得到

$$\|u\|_{L_t^4 L_x^{12}(\Lambda(\delta, t_0, s))} \lesssim \|u'(t_0)\|_{L^2(\mathbb{R}^3)} + \|f_k(u)\|_{L_t^1 L_x^2(\Lambda(\delta, t_0, s))}$$

$$\lesssim (2E(\varphi, \psi))^{\frac{1}{2}} + \|f_k(u)\|_{L_t^1 L_x^2(\Lambda(\delta, t_0, s))}. \tag{3.17}$$

注意到非线性假设 (H1)，就有

$$\|f_k(u)\|_{L_t^1 L_x^2(\Lambda(\delta, t_0, s))} \lesssim C_1(T^*, R) + \||u|^4 u\|_{L_t^1 L_x^2(\Lambda(\delta, t_0, s))}$$

$$\lesssim C_1(T^*, R) + \|u\|_{L_t^\infty L_x^6(\Lambda(\delta, t_0, s))} \|u\|_{L_t^4 L_x^{12}(\Lambda(\delta, t_0, s))}^4. \tag{3.18}$$

结合 (3.13),(3.17),(3.18) 就可推出

$$\|u\|_{L_t^4 L_x^{12}(\Lambda(\delta, t_0, s))} \leq C[(2E(\varphi, \psi))^{\frac{1}{2}} + C_1(R, T^*)]$$

$$+ C(2C_1 \varepsilon)^{\frac{1}{6}} \|u\|_{L_t^4 L_x^{12}(\Lambda(\delta, t_0, s))}^4. \tag{3.19}$$

于是，根据技术引理 2.2 知，只要取 ε 满足

$$C(2C_1 \varepsilon)^{1/6} < 2^{-4}(C(2E(\varphi, \psi))^{1/2} + C_1(R, T^*))^{-3}, \tag{3.20}$$

就能保证

$$\|u\|_{L_t^4 L_x^{12}(\Lambda(\delta, t_0, s))} \leq 2(C(2E(\varphi, \psi))^{\frac{1}{2}} + C_1(R, T^*)), \tag{3.21}$$

这里 ε 选取仅依赖于 T^*, R 与 $E(\varphi, \psi)$. 证毕.

注记 3.2 我们看到，临界波动方程的整体光滑解的存在性可归结为证明能量不能在任意一点 (T^*, x_0) 点聚积. 具体地说，对 $\forall x_0$，证明

$$\lim_{t \nearrow T^*} \int_{|x-x_0| < T^* - t} \left(\frac{1}{2}|u'(t,x)|^2 + F_k(u(t))\right) dx = 0. \tag{3.22}$$

3.3 衰减估计与临界的情形

这意味着对 $\forall \varepsilon > 0$, 只要 $T^* - t_0$ 充分小, 就保证命题 3.1 中的 (3.10) 成立. 因此, 对 $\forall x_0 \in \mathbb{R}^3$, 一定存在 $\delta > 0$, 使得 (3.11) 成立. 由 $u(t,x) \in C^2([0,t_0] \times \mathbb{R}^3)$, 则 $u(t)$ 满足

$$u(t) \in L_t^4 L_x^{12}(\Lambda(\delta, 0, T^*)). \tag{3.23}$$

由于

$$\operatorname{supp} u(t) \subset \{(t,x) \,|\, |x| \leqslant t + R, 0 \leqslant t \leqslant T^*\}, \tag{3.24}$$

从而存在有限个多个 $\Lambda_j(\delta, 0, T^*)$, 使得

$$\bigcup_j \Lambda_j(\delta, 0, T^*) \supset \operatorname{supp} u(t,x), \tag{3.25}$$

$$u(t) \in L_t^4 L_x^{12}([0, T^*] \times \mathbb{R}^3). \tag{3.26}$$

这意味着光滑解的整体存在性.

命题 3.2 设 $k = 5$, 则 (3.22) 成立的充分条件是

$$\lim_{t \nearrow T^*} \int_{|x - x_0| \leqslant T^* - t} F_k(u) \mathrm{d}x = 0. \tag{3.27}$$

证明 此命题意味着 (3.27) 就能排除能量的聚积. 由 (H1) 与 (H2), (3.27) 等价于

$$\lim_{t \nearrow T^*} \int_{|x - x_0| < T^* - t} |u(t,x)|^6 \mathrm{d}x = 0. \tag{3.28}$$

由命题 3.1 的证明过程, (3.28) 意味着

$$u(t,x) \in L_t^4 L_x^{12}(\Lambda(0, 0, T^*)). \tag{3.29}$$

下面在 (3.28) 下, 证明 (3.22) 成立. 事实上, 对方程

$$\Box u' = -f_k'(u) u' \tag{3.30}$$

应用 Strichartz 估计与有限传播速度的性质, 可见 (设 $0 \leqslant t_0 < s < T^*$)

$$\sup_{t_0 \leqslant t \leqslant s} \left(\int_{|x-x_0| < T^* - t} |u'(t,x)|^6 \mathrm{d}x \right)^{1/6}$$

$$= \|u'\|_{L_t^\infty L_x^6(\Lambda(0,t_0,s))}$$

$$\leqslant C \sum_{|\alpha|=2} \|\partial^\alpha u(t_0)\|_{L^2(\mathbb{R}^3)} + C \|f_k'(u) u'\|_{L_t^1 L_x^2(\Lambda(0,t_0,s))}$$

$$\leqslant C \sum_{|\alpha|=2} \|\partial^\alpha u(t_0)\|_{L^2(\mathbb{R}^3)} + C_1(R, T^*) + C \|u^4 u'\|_{L_t^1 L_x^2(\Lambda(0,t_0,s))}$$

$$\leqslant C(t_0) + C\|u\|^4_{L^4_x L^{12}_x(\Lambda(0,t_0,s))} \|u'\|_{L^\infty_t L^6_x(\Lambda(0,t_0,s))}. \tag{3.31}$$

由于 $u(t,x) \in C^2([0,T^*) \times \mathbb{R}^3)$, $\mathrm{supp}\, u \subset \{x|\ |x-x_0| \leqslant R+T^*\}$, 故 $C(t_0) < \infty$. 注意到

$$\lim_{t_0 \to T^*} \|u\|_{L^4_t L^{12}_x(\Lambda(0,t_0,T^*))} = 0,$$

由 (3.31) 及引理 2.2 就推出

$$\sup_{t_0 \leqslant t < T^*} \left(\int_{|x-x_0|<T^*-t} |u'(t,x)|^6 \mathrm{d}x \right)^{\frac{1}{6}} \leqslant 2C(t_0). \tag{3.32}$$

由 Hölder 不等式, 就得

$$\left(\int_{|x-x_0|<T^*-t} |u'(t,x)|^2 \mathrm{d}x \right)^{1/2} \leqslant 2C(t_0) \left(\frac{4\pi}{3}(T^*-t)^3 \right)^{1/3}, \quad t_0 \leqslant t \leqslant T^*. \tag{3.33}$$

故

$$\lim_{t \nearrow T^*} \int_{|x-x_0|<T^*-t} \frac{1}{2} |u'(t,x)|^2 \mathrm{d}x = 0. \tag{3.34}$$

这就说明由 (3.28) 就可以推出 (3.22) 成立.

最后, 采用 Morawetz-Pohožaev 恒等式来建立 (3.27) 或 (3.28). 为方便起见, 将

$$\lim_{t \to T^*} \int_{|x-x_0|<T^*-t} F_k(u(t,x)) \mathrm{d}x = 0$$

中的 (T^*, x_0) 变成原点. 具体地来讲, 设

$$u(t,x) \in C^2([-T^*, 0) \times \mathbb{R}^3) \tag{3.35}$$

是

$$\begin{cases} \Box u + f_k(u) = 0, \\ u(-T^*) = \varphi(x), \quad u_t(-T^*) = \psi(x) \end{cases} \tag{3.36}$$

的光滑解, 在此条件下证明

$$\lim_{t \nearrow 0} \int_{|x|<|t|} F_k(u) \mathrm{d}x = 0. \tag{3.37}$$

下面来推导 Morawetz 估计, 用 Noether 原理进行考察. 考虑与波动方程关联的 Lagrange 密度函数

$$L(q,p) = \frac{1}{2}|p_0|^2 - \frac{1}{2} \sum_{j=1}^3 |p_j|^2 - F_k(q), \tag{3.38}$$

这里 $(q,p) \in \mathbb{R} \times \mathbb{R}^4$. 直接验算, 对 $\forall v \in C_c^\infty([-T^*,0) \times \mathbb{R}^3)$, 有

$$\frac{\mathrm{d}}{\mathrm{d}\varepsilon} \int_{[-T^*,0) \times \mathbb{R}^3} L(u+\varepsilon v, (u+\varepsilon v)') \mathrm{d}t \mathrm{d}x \bigg|_{\varepsilon=0}$$
$$= -\int_{[-T^*,0) \times \mathbb{R}^3} (\Box u + f_k(u))v \mathrm{d}t \mathrm{d}x = 0. \tag{3.39}$$

因此, u 一定满足 $L(q,p)$ 所对应的 Euler-Lagrange 方程

$$\frac{\partial L}{\partial q}(u, u') - \sum_{j=0}^{3} \partial_j \left(\frac{\partial L}{\partial p_j}(u, u') \right) = 0, \tag{3.40}$$

这里 $\partial_0 = \partial_t$. 设 u_ε 是 u 的 C^1 单参数形变, 则

$$\partial_\varepsilon L(u_\varepsilon, u'_\varepsilon) = \frac{\partial L}{\partial q}(u_\varepsilon, u'_\varepsilon) \partial_\varepsilon u_\varepsilon + \sum_{j=0}^{3} \frac{\partial L}{\partial p_j}(u_\varepsilon, u'_\varepsilon) \partial_j \partial_\varepsilon u_\varepsilon. \tag{3.41}$$

如果假设 $u_{\varepsilon_0} = u$, 则由 Euler-Lagrange 方程 (3.40) 得

$$\partial_\varepsilon L(u_\varepsilon, u'_\varepsilon) \bigg|_{\varepsilon=\varepsilon_0} = \sum_{j=0}^{3} \partial_j \left[\frac{\partial L}{\partial p_j}(u_\varepsilon, u'_\varepsilon) \partial_\varepsilon u_\varepsilon \right]_{\varepsilon=\varepsilon_0}. \tag{3.42}$$

特别, 令

$$u_\varepsilon(t,x) = \varepsilon u(\varepsilon t, \varepsilon x), \quad \varepsilon_0 = 1. \tag{3.43}$$

此时

$$\partial_\varepsilon u_\varepsilon \big|_{\varepsilon=1} = u + \sum_{j=0}^{3} x_j \partial_j u, \quad x_0 = t. \tag{3.44}$$

考虑 $L(q,p) + F_k(q)$ 的伸缩变换, 容易看出

$$L(u_\varepsilon, u'_\varepsilon) = \varepsilon^4 L(u, u')(\varepsilon t, \varepsilon x) + \varepsilon^4 F_k(u(\varepsilon t, \varepsilon x)) - F_k(u_\varepsilon(t,x)) \tag{3.45}$$

$$\Longrightarrow \partial_\varepsilon L(u_\varepsilon, u'_\varepsilon) \big|_{\varepsilon=1} = \sum_{j=0}^{3} x_j \frac{\partial}{\partial x_j} L(u,u') + 4L(u,u') + 4F_k(u) + \sum_{j=0}^{3} F'_k(u) \frac{\partial u}{\partial x_j} \cdot x_j$$

$$- F'_k(u) \cdot u - \sum_{j=0}^{3} F'_k(u) \frac{\partial u}{\partial x_j} \cdot x_j$$

$$= \sum_{j=0}^{3} x_j \frac{\partial}{\partial x_j} L(u,u') + 4L(u,u') + 4F_k(u) - u F'_k(u). \tag{3.46}$$

由 (3.42),(3.44) 与 (3.46) 得

$$\sum_{j=0}^{3} \partial_j \left[\frac{\partial L}{\partial p_j}(u,u') \left(u + \sum_{k=0}^{3} x_k \partial_k u \right) - x_j L(u,u') \right] = 4F_k(u) - u f_k(u). \tag{3.47}$$

将 Lagrange 语言换成散度表示式, (3.47) 就是

$$\text{div}_{t,x}(tQ + \partial_t u \cdot u, -tP) = 4F_k(u) - uf_k(u), \tag{3.48}$$

这里

$$Q = \frac{1}{2}|u'|^2 + F_k(u) + t^{-1}\partial_t u x \cdot \nabla u, \tag{3.49}$$

$$P = \left(\frac{1}{2}|\partial_t u|^2 - \frac{1}{2}|\nabla u|^2 - F_k(u)\right)\frac{x}{t} + \left(\frac{u}{t} + \partial_t u + \frac{x}{t} \cdot \nabla u\right)\nabla u. \tag{3.50}$$

事实上, 直接验证

$$\frac{\partial L}{\partial p_0}(u, u')(u + tu_t + x \cdot \nabla u) - tL(u, u')$$

$$= u_t u + tu_t^2 + u_t(x \cdot \nabla u) - t\left[\frac{1}{2}|u_t|^2 - \frac{1}{2}|\nabla u|^2 - F_k(u)\right]$$

$$= t\left[\frac{1}{2}|u_t|^2 + \frac{1}{2}|\nabla u|^2 + F_k(u)\right] + u_t(x \cdot \nabla u) + u_t u$$

$$= tQ + uu_t,$$

$$\frac{\partial L}{\partial p_j}(u, u')\left(u + \sum_{k=0}^{3} x_k \partial_k u\right) - x_j L(u, u')$$

$$= -\frac{\partial u}{\partial x_j}(u + tu_t + x \cdot \nabla u) - x_j\left(\frac{1}{2}|\partial_t u|^2 - \frac{1}{2}|\nabla u|^2 - F_k(u)\right)$$

$$= -\frac{\partial u}{\partial x_j}\left(\frac{u}{t} + u_t + \frac{x}{t} \cdot \nabla u\right)t - \left(\frac{1}{2}|\partial_t u|^2 - \frac{1}{2}|\nabla u|^2 - F_k(u)\right)x_j$$

$$= -t\frac{\partial u}{\partial x_j}\left(\frac{u}{t} + u_t + \frac{x}{t} \cdot \nabla u\right) - t\left(\frac{1}{2}|\partial_t u|^2 - \frac{1}{2}|\nabla u|^2 - F_k(u)\right)\frac{x_j}{t}.$$

由此推出 P 满足 (3.50) 式.

注记 3.3 (i) 注意到变换

$$u \longmapsto u_\varepsilon(t, x) = \varepsilon u(\varepsilon t, \varepsilon x)$$

对应的生成元是 $t\partial_t + x \cdot \nabla + 1$. 因此, 方程 $\Box u + f_k(u) = 0$ 两边同乘以 $t\partial_t u + x \cdot \nabla u + u$, 就可以推出 (3.48).

(ii) 如果将 (a) 中的变换换成

$$u \longmapsto u_\varepsilon(t, x) = u(t + \varepsilon, x),$$

3.3 衰减估计与临界的情形

仿照前面的推导, 能量恒等式 (即 (2.3) 式) 可由公式

$$\partial_t \left[\frac{\partial L}{\partial p_0}(u, u')u_t - L(u, u') \right] + \sum_{j=1}^{3} \partial_j \left[\frac{\partial L}{\partial p_j}(u, u')\partial_t u \right] = 0 \tag{3.51}$$

给出.

下来利用 (3.48) 来证明 (3.37). 对 $T^* < T < S \leqslant 0$, 记

$$D_T = \{(T, x), |x| \leqslant -T\},$$

$$\Lambda(T, S) = \{(t, x) \colon T \leqslant t \leqslant S, |x| \leqslant -t\},$$

$$M_T^S = \{(t, x) | T \leqslant t \leqslant S, |x| = -t\}.$$

因此, 锥台 $\Lambda(T, S)$ 表示过原点 $(0,0)$ 的后向光锥与 $[T, S] \times \mathbb{R}^3$ 的交集. $\Lambda(T, S)$ 的边界可分为如下三部分:

$$\partial \Lambda(T, S) = D_T \cup D_S \cup M_T^S. \tag{3.52}$$

在 $\Lambda(T, S)$ 上积分 (3.48), 并采用散度定理可得

$$\int_{D_S} (SQ + u\partial_t u) \mathrm{d}x - \int_{D_T} (TQ + u\partial_t u) \mathrm{d}x + \frac{1}{\sqrt{2}} \int_{M_T^S} (tQ + u\partial_t u + xP) \mathrm{d}\sigma$$

$$= \iint_{\Lambda(T,S)} (4F_k(u) - u f_k(u)) \mathrm{d}x \mathrm{d}t, \tag{3.53}$$

这里用到 $|x| = -t$ 和 $\nu = \dfrac{1}{\sqrt{2}}\left(1, \dfrac{x}{|x|}\right)$. 由能量守恒及 Hölder 不等式, 令 $S \nearrow 0$, 则 (3.53) 就变成

$$\mathrm{I} + \mathrm{II} = \iint_{\Lambda(T,0)} (4F_k(u) - u f_k(u)) \mathrm{d}x \mathrm{d}t, \tag{3.54}$$

其中

$$\mathrm{I} = -\int_{D_T} (TQ + u\partial_t u) \mathrm{d}x, \tag{3.55}$$

$$\mathrm{II} = \frac{1}{\sqrt{2}} \int_{M_T^0} (tQ + u\partial_t u + xP) \mathrm{d}\sigma. \tag{3.56}$$

由条件 (H3) 与能量不等式, 可以推出

$$\mathrm{I} + \mathrm{II} \leqslant CT^4. \tag{3.57}$$

下面来具体估计 I 与 II(用 Q 的表示式, 可见 I 中有我们欲控制的项). 先估计 II, 注意到在 M_T^0 上, 有 $|x| = -t$. 因此

$$\mathrm{II} = \frac{1}{\sqrt{2}} \int_{M_T^0} \left[-|x||\partial_t u|^2 + 2(x \cdot \nabla_x u)\partial_t u - \frac{(x \cdot \nabla_x u)^2}{|x|} - u\frac{x}{|x|} \cdot \nabla_x u + u\partial_t u \right] \mathrm{d}\sigma$$

$$= -\frac{1}{\sqrt{2}} \int_{M_T^0} \left[|x|\left(\frac{x \cdot \nabla_x u}{|x|} - \partial_t u\right)^2 + \left(\frac{x \cdot \nabla_x u}{|x|} - \partial_t u\right)u \right] \mathrm{d}\sigma. \tag{3.58}$$

用参数形式表示 M_T^0 就是

$$y \to (-|y|, y), \quad |y| \leqslant T,$$

则

$$\mathrm{d}\sigma = \sqrt{2}\mathrm{d}y.$$

令 $v(y) = u(-|y|, y)$, 则

$$y \cdot \frac{\nabla v}{|y|} = \frac{x \cdot \nabla_x u}{|x|} - \partial_t u.$$

故

$$\mathrm{II} = -\int_{|y| \leqslant |T|} \left(\frac{|y \cdot \nabla v|^2}{|y|} + v\frac{y \cdot \nabla v}{|y|} \right) \mathrm{d}y$$

$$= -\int_{|y| \leqslant |T|} \frac{|y \cdot \nabla v + v|^2}{|y|} \mathrm{d}y + \int_{|y| \leqslant |T|} \left[\frac{v^2}{|y|} + v\frac{y \cdot \nabla v}{|y|} \right] \mathrm{d}y. \tag{3.59}$$

注意到

$$v\frac{y \cdot \nabla v}{|y|} = v\partial_r v = \frac{1}{2}\partial_r v^2,$$

由极坐标形式

$$\int_{|y| \leqslant T} v\frac{y \cdot \nabla v}{|y|} \mathrm{d}y = \frac{1}{2} \int_{\Sigma^2} \int_0^T \partial_r v^2(rw) r^2 \mathrm{d}r\mathrm{d}\sigma(w)$$

$$= \frac{1}{2} \int_{\Sigma^2} v^2(|T|w)|T|^2 \mathrm{d}\sigma(w) - \int_{\Sigma^2} \int_0^T v^2(rw) r \mathrm{d}r\mathrm{d}\sigma(w)$$

$$= \frac{1}{2} \int_{\partial D_T} u^2 \mathrm{d}\sigma - \int_{|y| \leqslant T} v^2 \frac{\mathrm{d}y}{|y|}, \tag{3.60}$$

将 (3.60) 代回 (3.59), 并用面积积分表示, 可见

$$\mathrm{II} = \frac{1}{\sqrt{2}} \int_{M_T^0} t \left| \frac{x}{|x|} \cdot \nabla_x u - \partial_t u + \frac{u}{|x|} \right|^2 \mathrm{d}\sigma + \frac{1}{2} \int_{\partial D_T} u^2 \mathrm{d}\sigma. \tag{3.61}$$

3.3 衰减估计与临界的情形

下面处理 I 的估计，I 中的被积函数是

$$TQ + u\partial_t u = T\left(\frac{1}{2}|u'|^2 + F_k(u)\right) + \partial_t u(u + x \cdot \nabla_x u). \tag{3.62}$$

注意到 $|x| \leqslant -T$,

$$u + x \cdot \nabla_x u = x \cdot \left(\nabla_x u + \frac{x}{|x|^2}u\right)$$

及

$$|\partial_t u(u + x \cdot \nabla_x u)| \leqslant -T\left[\frac{1}{2}(\partial_t u)^2 + \frac{1}{2}\left|\nabla_x u + \frac{x}{|x|^2}u\right|^2\right] \tag{3.63}$$

$$\Longrightarrow I \geqslant -T\int_{D_T} F_k(u)\mathrm{d}x - T\int_{D_T}\left(\frac{1}{2}|\nabla_x u|^2 - \frac{1}{2}\left|\nabla_x u + \frac{x}{|x|^2}u\right|^2\right)\mathrm{d}x$$

$$\geqslant |T|\int_{D_T} F_k(u)\mathrm{d}x + T\left(\int_{D_T} u \cdot \frac{x \cdot \nabla_x u}{|x|^2}\mathrm{d}x + \frac{1}{2}\int_{D_T}\frac{|u|^2}{|x|^2}\mathrm{d}x\right). \tag{3.64}$$

类似于前面的分部积分，有

$$\int_{D_T} u \cdot \frac{x \cdot \nabla_x u}{|x|^2}\mathrm{d}x + \frac{1}{2}\int_{D_T}\frac{|u|^2}{|x|^2}\mathrm{d}x$$

$$= \frac{1}{2}\int_{\Sigma^2}\int_0^{|T|} r\partial_r u^2(r\omega)\mathrm{d}r\mathrm{d}\sigma(\omega) + \frac{1}{2}\int_{D_T}\frac{|u|^2}{|x|^2}\mathrm{d}x$$

$$= \frac{1}{2}\left(\int_{\Sigma^2}|T|u^2(|T|\omega)\mathrm{d}\sigma(\omega) - \int_{\Sigma^2}\int_0^{|T|}u^2(r\omega)\mathrm{d}r\mathrm{d}\sigma(\omega)\right) + \frac{1}{2}\int_{D_T}\frac{|u|^2}{|x|^2}\mathrm{d}x$$

$$= \frac{1}{2}\int_{\Sigma^2}|T|u^2(|T|\omega)\mathrm{d}\sigma(\omega) - \frac{1}{2}\int_{D_T}\frac{|u|^2}{|x|^2}\mathrm{d}x + \frac{1}{2}\int_{D_T}\frac{|u|^2}{|x|^2}\mathrm{d}x$$

$$= \frac{1}{2}\int_{\partial D_T}\frac{u^2}{|T|}\mathrm{d}\sigma \tag{3.65}$$

$$\Longrightarrow I \geqslant |T|\int_{D_T} F_k(u)\mathrm{d}x - \frac{1}{2}\int_{\partial D_T} u^2\mathrm{d}\sigma. \tag{3.66}$$

由 (3.57), (3.61) 及 (3.66) 有

$$|T|\int_{D_T} F_k(u)\mathrm{d}x \lesssim T^4 + \frac{1}{\sqrt{2}}\int_{M_T^0}|t|\left|-\partial_t u + \frac{x}{|x|}\cdot\nabla u + \frac{u}{|x|}\right|^2\mathrm{d}\sigma$$

$$\lesssim T^4 + |T|\int_{M_T^0}\left|\frac{x}{|x|}\cdot\nabla_x u - \partial_t u\right|^2\mathrm{d}\sigma + \int_{M_T^0}\frac{|u|^2}{|t|}\mathrm{d}\sigma$$

$$\lesssim T^4 + |T|\mathrm{Flux}(u, M_T^0) + \int_{M_T^0}\frac{|u|^2}{|t|}\mathrm{d}\sigma$$

$$\lesssim T^4 + |T|\mathrm{Flux}(u, M_T^0) + \left(\int_{M_T^0} |t|^{-\frac{3}{2}}\mathrm{d}\sigma\right)^{\frac{2}{3}} \cdot \left(\int_{M_T^0} |u|^6 \mathrm{d}\sigma\right)^{\frac{1}{3}}$$

$$\lesssim T^4 + |T|\mathrm{Flux}(u, M_T^0) + |T|\left(\int_{M_T^0} (1 + F_k(u))\mathrm{d}\sigma\right)^{\frac{1}{3}}$$

$$\lesssim T^4 + |T|\mathrm{Flux}(u, M_T^0) + |T|\left(\mathrm{Flux}(u, M_T^0)\right)^{\frac{1}{3}} + |T|\left(\frac{4\pi|T|^3}{3}\right)^{\frac{1}{3}},$$

$$\int_{D_T} F_k(u)\mathrm{d}x \leqslant C|T|^3 + \mathrm{Flux}(u, M_T^0) + \mathrm{Flux}(u, M_T^0)^{\frac{1}{3}} + C\left(\frac{4\pi|T|^3}{3}\right)^{\frac{1}{3}}. \tag{3.67}$$

令 $T \to 0$, 注意到 $\mathrm{Flux}\,(u, M_T^0) \to 0$ 就推出

$$\lim_{T\to 0} \int_{D_T} F_k(u)\mathrm{d}x = 0.$$

证毕.

3.4 高维波动方程的 Cauchy 问题解的正则性

考虑半线性波动方程的 Cauchy 问题

$$\begin{cases} u_{tt} - \Delta u + f(u) = 0, (x,t) \in \mathbb{R}^n \times \mathbb{R}^+, \\ u(0) = \varphi(x), \quad u_t(0) = \psi(x), \quad x \in \mathbb{R}^n, \end{cases} \tag{4.1}$$

这里 $f(u) \in C(\mathbb{R}, \mathbb{R})$ (或 $f(u) \in C(\mathbb{C}, \mathbb{C})$) 且满足共形不变条件 $f(e^{i\omega}u) = e^{i\omega}f(u)$, $f(0) = 0$, $F(u)$ 是 $f(u)$ 的满足 $F(0) = 0$ 的原函数. 记 $X = H^1(\mathbb{R}^n) \times L^2(\mathbb{R}^n)$,

$$E(u(t), \dot{u}(t)) = \int_{\mathbb{R}^n} \left[\frac{1}{2}|\dot{u}|^2 + \frac{1}{2}|\nabla u|^2 + F(u)\right]\mathrm{d}x.$$

Segal [S1] 建立了 (4.1) 的整体弱解的存在性定理.

定理 4.1 设 $F(u)$ 满足

$$F(u) \geqslant -C|u|^2, \quad \lim_{|u|\to\infty} \frac{|F(u)|}{|f(u)|} = \infty.$$

若 $E(\varphi, \psi) < \infty$ 且 $\varphi(x) \in L^2(\mathbb{R}^n)$, 则 (4.1) 存在一个弱连续的解 $u: \mathbb{R} \longrightarrow X$ 满足能量不等式 $E(u(t), u_t(t)) \leqslant E(\varphi, \psi)$.

注记 4.1 (i) 定理 4.1 的证明方法是 Segal 定理与紧致性方法, 可参见文献 [L], [S5] 及 [Re] 等. 关于定理 4.1 的更深入的结果可见文献 [GV2] 及 [GV8], 这里

关于非线性函数的假设是非常弱的, 它包含了具互斥条件的、非线性增长低于指数增长 ($|u| \to \infty$) 的非线性项. 然而, 这里获得的整体弱解是否唯一 (是否是物理解) 是不知道的. 一般来说, 若能证明弱解唯一性 (等价于能量等式成立), 也就意味着解可以正则化. 这是一件困难的事, 在多数情形下也是不可能的事. 当然, 通过研究弱解的正则性来获得光滑解的适定性也是偏微分方程研究的一个重要的方法与途径.

(ii) 当对非线性增长加以限制时, 就可以获得次临界情形下的有限能量解的适定性 (见文献 [GV2]), 即

定理 4.2 设 $f(u) \in C^1(\mathbb{R}, \mathbb{R})$ 满足

$$|f'(u)| \leqslant C(1 + |u|^{p-1}), \quad 1 < p < 2^* = \frac{2n}{n-2}, \quad 1 < p < \infty, \quad n = 1, 2. \quad (4.2)$$

若 $(\varphi, \psi) \in H^1(\mathbb{R}^n) \times L^2(\mathbb{R}^n)$, 则 (4.1) 存在唯一的强连续解 $u: \mathbb{R} \longrightarrow X$ 满足能量等式 $E(u(t)) = E(u(0))$.

本节着重研究临界波方程的光滑解的整体适定性, 这里采用 Shatah 和 Struwe 的证明方法 (见文献 [SS1]), 也可参见文献 [Ka1]. 为简单起见, 取 $f(u) = |u|^{2^*-2}u$, $3 \leqslant n \leqslant 7$, 即考虑

$$\begin{cases} u_{tt} - \Delta u + u|u|^{2^*-2} = 0, & (x,t) \in \mathbb{R}^n \times \mathbb{R}^+, \\ u(0) = \varphi(x), \quad u_t(0) = \psi(x), & x \in \mathbb{R}^n. \end{cases} \quad (4.3)$$

先引入一些记号:

$$z_0 = (x_0, t_0),$$
$$K(z_0) = \{z = (x,t) \mid |x - x_0| \leqslant t_0 - t\},$$
$$M(z_0) = \{z = (x,t) \mid |x - x_0| = t_0 - t\},$$
$$D_t(z_0) = \{z = (x,t) \mid (x,t) \in K(z_0), t \text{ 固定}\}.$$

设 $Q \subset \mathbb{R}^n \times \mathbb{R}, S < T$. 记

$$Q_S^T = \{z = (x,t) \mid (x,t) \in Q, S \leqslant t \leqslant T\}.$$

据此记号, $K(z_0)$ 被超平面 $t = S, t = T$ 所截而得的锥台为

$$K_S^T = \{z = (x,t) \mid (x,t) \in K(z_0), S \leqslant t \leqslant T\}.$$

K_S^T 的边界为

$$\partial K_S^T = D_S(z_0) \cup D_T(z_0) \cup M_S^T.$$

定义 4.1(光滑解)　称 $u(t,x)$ 是 (4.3) 的光滑解, 如果 $u(t,x)$ 及其出现在方程 (4.3) 中的导函数是 $\mathbb{R}^{n+1}$ 中的局部有界的连续函数, 并且诸点满足方程 (4.3) 及初始条件.

定义 4.2(弱解)　称 $u(t,x)$ 是 (4.3) 的弱解, 如果
$$u(t,x) \in L^\infty(\mathbb{R}; H^1(\mathbb{R}^n)),$$
$$u_t(t,x) \in L^\infty(\mathbb{R}; L^2(\mathbb{R}^n)),$$
在分布意义下满足 (4.3), 并且满足能量不等式
$$E(u(t),\dot{u}(t)) = \int_{\mathbb{R}^n} \left(\frac{1}{2}(|u_t|^2 + |\nabla u|^2) + \frac{1}{2^*}|u|^{2^*}\right) dx \leqslant E(\varphi(x),\psi(x)). \tag{4.4}$$

容易看出, 弱解所满足的能量不等式给出了 $u(t)$ 的 H^1 模的有界性. 然而, 即使对光滑的初始函数, $u(t)$ 的 H^1 模亦不足以获得解的高阶正则性. 解的高阶正则性的获得需如下步骤:

(1) 相互作用能量 (非线性引起的部分) 不在一点产生 "聚积";

(2) 利用能量的非聚积性、Strichartz 估计, 建立有限能量解的正则性;

(3) 用标准的技术, 证明具光滑初值函数的解的正则性.

给定 $K(z_0)$ 上的函数 u, 记
$$e(u) = \left(\frac{1}{2}|u_t|^2 + \frac{1}{2}|\nabla u|^2 + \frac{1}{2^*}|u|^{2^*}, -(u_t \nabla u)\right), \tag{4.5}$$
$$E(u, D_T(z_0)) = \int_{D_T(z_0)} \left(\frac{1}{2}|u_t|^2 + \frac{1}{2}|\nabla u|^2 + \frac{1}{2^*}|u|^{2^*}\right) dx, \tag{4.6}$$
$$dz_0(u) = \frac{1}{2}\left|\frac{y}{|y|}u_t - \nabla u\right|^2 + \frac{1}{2^*}|u|^{2^*}, \quad y = x - x_0, \tag{4.7}$$
$$\text{Flux}(u, M_S^T(z_0)) = \int_{M_S^T(z_0)} dz_0(u) d\sigma, \tag{4.8}$$

这里称 $dz_0(u)$ 是 $M(z_0)$ 上的流密度.

命题 4.3　设 $u(t)$ 是问题 (4.3) 在 $K(z_0)$ 上的正则解, 则对于 $0 \leqslant S \leqslant T < t_0$, 成立如下守恒等式
$$E(u, D_T(z_0)) + \frac{1}{\sqrt{2}}\text{Flux}(u, M_S^T(z_0)) = E(u, D_S(z_0)). \tag{4.9}$$

证明　用 $\partial_t u$ 乘以 (4.3) 两边, 得
$$\text{div}_{t,x} e(u) = \left(\frac{1}{2}|u_t|^2 + \frac{1}{2}|\nabla u|^2 + \frac{1}{2^*}|u|^{2^*}\right)_t - \text{div}(\nabla u u_t) = 0. \tag{4.10}$$

3.4 高维波动方程的 Cauchy 问题解的正则性

注意到 $M(z_0)$ 上的法向量

$$\nu(x) = \frac{1}{\sqrt{2}}\left(\frac{x-x_0}{|x-x_0|}, 1\right) = \frac{1}{\sqrt{2}}\left(\frac{y}{|y|}, 1\right), \tag{4.11}$$

积分 (4.10) 并且用散度公式就得

$$E(u, D_T(z_0)) - E(u, D_S(z_0))$$
$$+ \frac{1}{\sqrt{2}} \int_{M_S^T(z_0)} \left(\frac{1}{2}|u_t|^2 + \frac{1}{2}|\nabla u|^2 + \frac{1}{2^*}|u|^{2^*} - \frac{y}{|y|}\nabla u u_t\right)\mathrm{d}\sigma = 0,$$

整理上式得到 (4.9). 注意到 $dz_0(u) \geqslant 0$, 从而 $E(u, D_t(z_0))$ 是单调下降的有界函数 (关于变量 t), 由此推出

$$\lim_{S \to t_0} \mathrm{Flux}(u, M_S^{t_0}(z_0)) = 0, \tag{4.12}$$

并且上式不依赖于 z_0(这里不考虑收敛率, 收敛率可能依赖 z_0).

引理 4.4 设 $u(t,x)$ 是 (4.3) 在 $K(z_0) \setminus \{z_0\}$ 上的正则解 (至少满足 $u(t,x) \in C^2([0,t_0) \times \mathbb{R}^n)$), 则

$$\lim_{S \to t_0} \int_{D_S(z_0)} |u|^{2^*} \mathrm{d}x = 0. \tag{4.13}$$

证明 不妨将 z_0 平移到原点, 这样 (4.13) 就是

$$\lim_{S \to 0} \int_{D_S(0)} |u|^{2^*} \mathrm{d}x = \lim_{S \to 0} \int_{|x|<|S|} |u|^{2^*} \mathrm{d}x = 0. \tag{4.14}$$

先建立如下关系式

$$\mathrm{div}_{t,x}\left(tQ_0 + \frac{n-1}{2}u_t u, -tP_0\right) + R_0 = 0,$$

即

$$\partial_t\left(tQ_0 + \frac{n-1}{2}u_t u\right) - \mathrm{div}(tP_0) + R_0 = 0, \tag{4.15}$$

这里

$$Q_0 = \frac{1}{2}\left(|u_t|^2 + |\nabla u|^2\right) + \frac{1}{2^*}|u|^{2^*} + u_t\left(\frac{x}{t} \cdot \nabla u\right), \tag{4.16}$$

$$P_0 = \frac{x}{t}\left(\frac{|u_t|^2 - |\nabla u|^2}{2} - \frac{|u|^{2^*}}{2^*}\right) + \nabla u\left(u_t + \frac{x}{t} \cdot \nabla u + \frac{n-1}{2}\frac{u}{t}\right), \tag{4.17}$$

$$R_0 = \frac{|u|^{2^*}}{n}. \tag{4.18}$$

事实上, 考虑 (4.3) 所对应的 Lagrange 密度函数

$$L(p,q) = \frac{1}{2}|p_0|^2 - \frac{1}{2}\sum_{j=1}^{n}|p_j|^2 - F(q), \quad F(q) = \frac{q^{2^*}}{2^*}, \tag{4.19}$$

这里 $(q,p) \in \mathbb{R} \times \mathbb{R}^{n+1}$. 它对应的 Euler-Lagrange 方程是

$$\frac{\partial L}{\partial q}(u,u') - \sum_{j=0}^{n}\partial_j\left[\frac{\partial L}{\partial p_j}(u,u')\right] = 0, \quad \partial_0 = \partial_t. \tag{4.20}$$

设 u_ε 是关于 u 的任意一个满足 $u_{\varepsilon_0} = u$ 的 C^1 形变, 直接计算可见

$$\partial_\varepsilon L(u_\varepsilon, u'_\varepsilon) = \frac{\partial L}{\partial q}(u_\varepsilon, u'_\varepsilon)\partial_\varepsilon u_\varepsilon + \sum_{j=0}^{n}\frac{\partial L}{\partial p_j}(u_\varepsilon, u'_\varepsilon)\partial_j\partial_\varepsilon u_\varepsilon. \tag{4.21}$$

由 (4.20),(4.21) 可推出

$$\partial_\varepsilon L(u_\varepsilon, u'_\varepsilon)\big|_{\varepsilon=\varepsilon_0} = \sum_{j=0}^{n}\partial_j\left(\frac{\partial L}{\partial p_j}(u_\varepsilon, u'_\varepsilon)\partial_\varepsilon u_\varepsilon\right)\bigg|_{\varepsilon=\varepsilon_0}. \tag{4.22}$$

今取

$$u_\varepsilon(t,x) = \varepsilon^{\frac{n-1}{2}}u(\varepsilon x, \varepsilon t), \tag{4.23}$$

则

$$\partial_\varepsilon u_\varepsilon\big|_{\varepsilon=1} = \frac{n-1}{2}u + \sum_{j=0}^{n}x_j\partial_j u. \tag{4.24}$$

另一方面

$$L(u_\varepsilon, u'_\varepsilon) + F(u_\varepsilon) = \varepsilon^{n+1}L(u,u')(\varepsilon x, \varepsilon t) + \varepsilon^{n+1}F(u(\varepsilon x, \varepsilon t)). \tag{4.25}$$

从而推出

$$\partial_\varepsilon L(u_\varepsilon, u'_\varepsilon)\big|_{\varepsilon=1} = \sum_{j=0}^{n}x_j\partial_j L(u,u') + (n+1)L(u,u')$$
$$+ (n+1)F(u) - \frac{n-1}{2}uF'(u), \tag{4.26}$$

对比 (4.22),(4.24),(4.26), 容易看出

$$\sum_{j=0}^{n}\partial_j\left[\frac{\partial L}{\partial p_j}(u,u')\left(\frac{n-1}{2}u + \sum_{k=0}^{n}x_k\partial_k u\right) - x_j L(u,u')\right]$$
$$= (n+1)F(u) - \frac{n-1}{2}uF'(u). \tag{4.27}$$

3.4 高维波动方程的 Cauchy 问题解的正则性

直接验证

$$\frac{\partial L}{\partial p_0}(u,u')\left(\frac{n-1}{2}u + \sum_{k=0}^{n}x_k\partial_k u\right) - tL(u,u') = tQ + \frac{n-1}{2}\partial_t u \cdot u,$$

$$\frac{\partial L}{\partial p_j}(u,u')\left(\frac{n-1}{2}u + \sum_{k=0}^{n}x_k\partial_k u\right) - x_j L(u,u')$$

$$= -t\frac{\partial u}{\partial x_j}\left(\frac{(n-1)u}{2t} + u_t + \frac{x}{t}\cdot\nabla u\right) - t\left(\frac{1}{2}|u_t|^2 - \frac{1}{2}|\nabla u|^2 - F(u)\right)\frac{x_j}{t},$$

$$(n+1)F(u) - \frac{n-1}{2}uF'(u) = \frac{n+1}{2^*}|u|^{2^*} - \frac{n-1}{2}|u|^{2^*}$$

$$= \left(\frac{(n+1)(n-2)}{2n} - \frac{n-1}{2}\right)|u|^{2^*} = -\frac{|u|^{2^*}}{n}.$$

将上面诸式代入 (4.27), 就得 (4.15). 对于 (4.15) 在 $K_S^T(0)$ 上积分, 并令 $T \to 0$, 有

$$-\int_{D_S(0)}\left\{SQ_0 + \frac{n-1}{2}u_t u\right\}\mathrm{d}x + \int_{K_S}R_0\mathrm{d}x\mathrm{d}t$$
$$+ \frac{1}{\sqrt{2}}\int_{M_S(0)}\left(tQ_0 + \frac{n-1}{2}u_t u + x\cdot P_0\right)\mathrm{d}\sigma$$
$$\equiv \mathrm{I} + \mathrm{II} + \mathrm{III} = 0, \tag{4.28}$$

这里用到能量的有界性与 Hölder 不等式.

在 $M_S(0)$ 上, 有 $|x| = -t$. 因此

$$\mathrm{III} = \frac{1}{\sqrt{2}}\int_{M_S(0)}\left(-|x||u_t|^2 + 2x\cdot\nabla u u_t + \frac{n-1}{2}u u_t\right.$$
$$\left. - \frac{|x\cdot\nabla u|^2}{|x|} - \frac{n-1}{2}\frac{(x\cdot\nabla u)u}{|x|}\right)\mathrm{d}\sigma$$
$$= \frac{1}{\sqrt{2}}\int_{M_S(0)}\left\{-|x|\left|u_t - \frac{x\cdot\nabla u}{|x|}\right|^2 + \frac{n-1}{2}\left(u_t - \frac{x\cdot\nabla u}{|x|}\right)u\right\}\mathrm{d}\sigma. \tag{4.29}$$

将曲面积分化成超平面上的积分, 通过

$$y \longmapsto (y, -|y|),$$

并令 $v(y) = u(y, -|y|)$, 易见

$$\mathrm{d}\sigma = \sqrt{2}\mathrm{d}y.$$

这样

$$\begin{aligned}\text{III} &= -\int_{D_S(0)}\left\{\frac{|y\cdot\nabla v|^2}{|y|} + \frac{n-1}{2}\frac{y\cdot\nabla v}{|y|}v\right\}\mathrm{d}y \\ &= -\int_{D_S(0)}|y|^{-1}\left\{\left|y\cdot\nabla v + \frac{n-1}{2}v\right|^2 - \left(\frac{n-1}{2}\right)^2 v^2\right\}\mathrm{d}y \\ &\quad + \int_{D_S(0)}\frac{(n-1)y\cdot\nabla(v^2)}{4|y|}\mathrm{d}y.\end{aligned} \quad (4.30)$$

注意到

$$\begin{aligned}\int_{|y|\leqslant |S|}\frac{n-1}{4}\frac{y\cdot\nabla(v^2)}{|y|}\mathrm{d}y &= \frac{n-1}{4}\int_{\Sigma^n}\int_0^{|S|}\partial_r(v^2(r\omega))r^{n-1}\mathrm{d}r\mathrm{d}\sigma(\omega) \\ &= \frac{n-1}{4}\int_{\Sigma^n}v^2(|S|w)|S|^{n-1}\mathrm{d}\sigma(\omega) - \frac{(n-1)^2}{4}\int_{\Sigma^n}\int_0^{|S|}v^2(rw)r^{n-2}\mathrm{d}r\mathrm{d}\sigma \\ &= \frac{n-1}{4}\int_{\partial D_S(0)}u^2\mathrm{d}\sigma - \frac{(n-1)^2}{4}\int_{|y|\leqslant |S|}\frac{|u|^2}{|y|}\mathrm{d}y,\end{aligned}$$

整理 (4.30), 回到原来的坐标系, 可得

$$\begin{aligned}\text{III} &= \frac{1}{\sqrt{2}}\int_{M_S(0)}\frac{1}{t}\left|tu_t + x\cdot\nabla u + \frac{n-1}{2}u\right|^2\mathrm{d}\sigma + \frac{n-1}{4}\int_{\partial D_S(0)}|u|^2\mathrm{d}\sigma \\ &= So(1) + \frac{n-1}{4}\int_{\partial D_S(0)}|u|^2\mathrm{d}\sigma,\end{aligned} \quad (4.31)$$

这里 $o(1)$ 表示

$$\lim_{S\nearrow 0}o(1) = 0.$$

另一方面, 由分部积分与散度定理 $\int_{\Omega}\mathrm{div}\vec{v}\mathrm{d}x = \int_{\partial\Omega}\nu\cdot\vec{v}\mathrm{d}\sigma$, 易见

$$\begin{aligned}\text{I} &= -\int_{D_S(0)}\left\{S\left[\frac{1}{2}|u_t|^2 + \frac{1}{2}\left|\nabla u + \frac{n-1}{2}\frac{x}{|x|^2}u\right|^2 - \frac{n-1}{2}\frac{x\cdot\nabla u}{|x|^2}u\right.\right. \\ &\quad \left.\left. - \frac{1}{2}\left(\frac{n-1}{2}\right)^2\frac{|u|^2}{|x|^2} + \frac{|u|^{2^*}}{2^*}\right] + u_t\left(x\cdot\nabla u + \frac{n-1}{2}u\right)\right\}\mathrm{d}x \\ &= -\int_{D_S(0)}S\left[\frac{1}{2}|u_t|^2 + \frac{1}{2}\left|\nabla u + \frac{n-1}{2}\frac{x}{|x|^2}u\right|^2 - \mathrm{div}\left(\frac{n-1}{4}\frac{x}{|x|^2}u^2\right)\right. \\ &\quad \left. + \frac{(n-1)(n-3)}{8}\frac{|u|^2}{|x|^2} + \frac{|u|^{2^*}}{2^*} + \frac{x}{S}\cdot u_t\left(\nabla u + \frac{n-1}{2}\frac{x}{|x|^2}u\right)\right]\mathrm{d}x \\ &\geqslant -\int_{D_S}S\frac{|u|^{2^*}}{2^*}\mathrm{d}x - \frac{n-1}{4}\int_{\partial D_S(0)}u^2\mathrm{d}\sigma.\end{aligned} \quad (4.32)$$

3.4 高维波动方程的 Cauchy 问题解的正则性

这里用到 Cauchy 不等式. 显然 II $\geqslant 0$, 因此

$$-S \int_{D_S} |u|^{2^*} dx + S \cdot o(1) \leqslant 0,$$

即

$$\int_{D_S} \frac{|u|^{2^*}}{2^*} dx \leqslant o(1). \tag{4.33}$$

由此推得 (4.14) 成立.

下面利用 Strichartz 估计来提高具有限能量初始函数的解的正则性.

命题 4.5 (Strichartz 估计特殊形式) 设 w 是线性波方程的 Cauchy 问题

$$\begin{cases} \Box w = h, \\ w(0) = \varphi, \quad w_t(0) = \psi \end{cases} \tag{4.34}$$

的解, 则有如下 Strichartz 估计

$$\|w\|_{L^q(\mathbb{R}^{n+1})} \lesssim \|\varphi\|_{\dot{H}^{\frac{1}{2}}(\mathbb{R}^n)} + \|\psi\|_{\dot{H}^{-\frac{1}{2}}(\mathbb{R}^n)} + \|h\|_{L^p(\mathbb{R}^{n+1})}, \tag{4.35}$$

这里

$$\frac{1}{q} = \frac{n-1}{2(n+1)}, \quad \frac{1}{p} = \frac{n+3}{2(n+1)}. \tag{4.36}$$

直接验算:

$$\frac{1}{q} = \frac{1}{p} - \frac{2}{n+1}.$$

这意味着可积性的最大增长. 事实上, 即使是 Laplace 算子替代 $\Box$,

$$\|(-\Delta)^{-1} f\|_{L^q(\mathbb{R}^{n+1})} \lesssim \|f\|_{L^p(\mathbb{R}^{n+1})},$$

$$\frac{1}{q} = \frac{1}{p} - \frac{2}{n+1}, \quad 1 < p, q < \infty, \tag{4.37}$$

也是获得同样的可积性增长.

现将 (4.35) 在能量层次上改写, 就是

$$\|w\|_{L^q(I; \dot{B}^{\frac{1}{2}}_{q,q}(\mathbb{R}^n))} \lesssim \|\varphi\|_{\dot{H}^1(\mathbb{R}^n)} + \|\psi\|_{L^2(\mathbb{R}^n)} + \|h\|_{L^p(I; \dot{B}^{\frac{1}{2}}_{p,p}(\mathbb{R}^n))}. \tag{4.38}$$

注意到 $n \geqslant 3$, 则 $q < 2n$. 令

$$\frac{1}{q^*} = \frac{1}{q} - \frac{1}{2n}, \tag{4.39}$$

则 $\dot{B}_{q,q}^{1/2} \hookrightarrow L^{q^*}(\mathbb{R}^n)$. 自然就有

$$\|w\|_{L^q(I,L^{q^*})} \lesssim \|\varphi\|_{\dot{H}^1(\mathbb{R}^n)} + \|\psi\|_{L^2(\mathbb{R}^n)} + \|h\|_{L^p(I;\dot{B}_{p,p}^{\frac{1}{2}}(\mathbb{R}^n))}. \tag{4.40}$$

若令
$$\dot{B}_q^{1/2} \triangleq \dot{B}_{q,q}^{\frac{1}{2}} \cap L^{q^*},$$

则 (4.38) 与 (4.40) 可写成一个统一式子

$$\|w\|_{L^q(I;\dot{B}_q^{\frac{1}{2}})} \leq C\big(\|\varphi\|_{\dot{H}^1(\mathbb{R}^n)} + \|\psi\|_{L^2(\mathbb{R}^n)} + \|h\|_{L^p(I;\dot{B}_{p,p}^{\frac{1}{2}}(\mathbb{R}^n))}\big), \tag{4.41}$$

这里 $I = \mathbb{R}$ 或 I 是满足 $0 \in I$ 的区间. 由于 $L^{q^*}(\Omega) \hookrightarrow L^q(\Omega)$, $|\Omega| < \infty$, 因此

$$\dot{B}_q^{1/2}(D(-1)) = B_{q,q}^{\frac{1}{2}}(D(-1)). \tag{4.42}$$

下面利用尺度技术与 $D(-1)$ 上的 Besov 空间来定义 $D(t)(t < 0)$ 上局部 Besov 空间与它上面的范数. 注意到

$$\|u\|_{L^q(D(t))} = \bigg(\int_{|x|\leq |t|} |u(t,x)|^q dx\bigg)^{\frac{1}{q}} = t^{\frac{n}{q}} \bigg(\int_{|X|\leq 1} |u(t,tX)|^q dX\bigg)^{\frac{1}{q}}$$
$$= t^{\frac{n}{q}} \bigg(\int_{D(-1)} |u(t,tX)|^q dX\bigg)^{\frac{1}{q}},$$
$$\|\nabla u\|_{L^q(D(t))} = t^{\frac{n}{q}-1} \bigg(\int_{D(-1)} |\nabla_X u(t,tX)|^q dX\bigg)^{\frac{1}{q}}.$$

因此, $W^{1,q}(D(t))$ 上的范数就定义为

$$\|u\|_{W^{1,q}(D(t))} = \frac{1}{|t|} \|u\|_{L^q(D(t))} + \|\nabla u\|_{L^q(D(t))}. \tag{4.43}$$

容易看出, $W^{1,q}(D(t))$ 与 $\mathbb{R}^n$ 上定义齐次空间 $\dot{W}^{1,q}(\mathbb{R}^n)$ 具有相同形式的插值公式, 范数关于 t 是齐次的. 特别, 插值常数不依赖于 t. 进而, 有

$$[W^{1,q}(D(t)), L^q(D(t))]_{s,q} \cong \dot{B}_{q,q}^s(\mathbb{R}^n) \text{ 在} D(t) \text{ 的限制空间}.$$

下面来讨论 Strichartz 估计的局部化形式. 利用解 w 的另一种表示式

$$w(t,x) = \partial_t R(t-s) * w(s) + R(t-s) * w_t(s) + \int_s^t R(t-t') * h(t') dt', \tag{4.44}$$

这里

$$R(x,t) = A_n \bigg(\frac{1}{t}\partial_t\bigg)^{\frac{n-3}{2}} \frac{\delta(t-|x|)}{t}, \quad A_n = \frac{1}{\omega_n(n-2)(n-4)\cdots 3\cdot 1}, \quad n \text{ 奇},$$

$$R(x,t) = A_n \left(\frac{1}{t}\partial_t\right)^{\frac{n-2}{2}} \frac{\chi_{B_t(x)}}{\sqrt{t^2-|x|^2}}, \quad A_n = \frac{2}{\omega_n(n-1)(n-3)\cdots 3\cdot 1}, \quad n \text{ 偶}.$$

由 Huygens 原理可见, 令 $h(t,x) = 0$, $t > \tau$, 它不影响 $w(t,x)$ 在 $[s,\tau]$ 上的函数值. 由 Strichartz 估计 (4.41), 对于 $0 \leqslant s < \tau \leqslant \infty$, 有

$$\|w\|_{L^q([s,\tau];\dot{B}_q^{\frac{1}{2}}(\mathbb{R}^n))} \leqslant C\sqrt{E(w,s)} + C\|h\|_{L^p([s,\tau];\dot{B}_p^{\frac{1}{2}}(\mathbb{R}^n))}, \tag{4.45}$$

这里

$$q = \frac{2(n+1)}{n-1}, \quad p = \frac{2(n+1)}{n+3}.$$

Strichartz 估计的局部化 注意到解的传播速度 $\leqslant 1$, 可以按下面方法在后向光锥上给出局部化的 Strichartz 型估计. 设 $z_0 = (x_0, t_0)$, $0 \leqslant s < \tau \leqslant t_0$. 为方便起见, 将 z_0 平移到原点 $z_0 = (0,0)$. 若 $\phi(x) \in C_c^\infty(\mathbb{R}^n)$, $0 \leqslant \phi(x) \leqslant 1$ 满足

$$\begin{cases} \phi(x) \equiv 1, & x \in B_1(0), \\ \phi(x) \equiv 0, & x \notin B_2(0). \end{cases} \tag{4.46}$$

对任意 $t \in [s,\tau]$, 定义

$$\tilde{h}(t) = \begin{cases} h(t), & x \in D(t), \\ h\left(\frac{|t|^2}{|x|^2}x, t\right)\phi\left(\frac{x}{t}\right), & x \notin D(t). \end{cases} \tag{4.47}$$

这样, 就可以定义 $L^p(D(t)) \to L^p(\mathbb{R}^n)$ 的扩张算子 $E = E(t)$ 如下:

$$Eu = \tilde{u}(t,x).$$

对任意 $p \in (1,\infty)$, 直接验算

$$\begin{aligned}
\|\tilde{h}(t)\|_{L^p(\mathbb{R}^n)} &\leqslant \|h\|_{L^p(D(t))} + \left(\int_{2t \geqslant |x| \geqslant t} \left|h\left(\frac{|t|^2}{|x|^2}x, t\right)\right|^p dx\right)^{\frac{1}{p}} \\
&\leqslant \|h\|_{L^p(D(t))} + \left(\int_{|y| \leqslant t} |h(y,t)|^p 2^{2n} dy\right)^{\frac{1}{p}} \\
&\leqslant C\|h\|_{L^p(D(t))}.
\end{aligned}$$

同理可见

$$\begin{aligned}
\|\nabla \tilde{h}(t)\|_{L^p(\mathbb{R}^n)} &\lesssim |t|^{-1}\|h(t)\|_{L^p(D(t))} + \|\nabla h\|_{L^p(D(t))} \\
&\leqslant C\|h(t)\|_{W^{1,p}(D(t))}.
\end{aligned}$$

由插值定理可得

$$\|\tilde{h}(t)\|_{\dot{B}_p^{\frac{1}{2}}(\mathbb{R}^n)} \leqslant C\|h(t)\|_{\dot{B}_p^{\frac{1}{2}}(D(t))}, \quad 1 < p < \infty. \tag{4.48}$$

另一方面, 由范数的定义与插值定理, 可得

$$\|h(t)\|_{L^p(D(t))} \leqslant \|\tilde{h}(t)\|_{L^p(\mathbb{R}^n)}, \quad \|\nabla h(t)\|_{L^p(D(t))} \leqslant \|\nabla \tilde{h}(t)\|_{L^p(\mathbb{R}^n)}, \tag{4.49}$$

这里 $1 < p < \infty$. 按上面的方法, 将 $w(x,s)$, $w_t(x,s)$ 分别延拓成 $\tilde{w}(x,s)$, $\tilde{w}_t(x,s)$. 记 $\bar{w}(t,x)$ 是问题

$$\begin{cases} \Box w = \tilde{h}(x,t), \\ w(x,s) = \tilde{w}(x,s), \quad w_t(x,s) = \tilde{w}_t(x,s) \end{cases} \tag{4.50}$$

的解, 由相应的 Strichartz 估计 (4.45) 的局部化的 Strichartz 估计

$$\begin{aligned}
\|w\|_{L^q([s,\tau];\dot{B}_q^{\frac{1}{2}}(D_t(z_0)))} &\leqslant \|\tilde{w}\|_{L^q([s,\tau];\dot{B}_q^{\frac{1}{2}}(\mathbb{R}^n))} \\
&\leqslant CE(\tilde{w}(x,s),\tilde{w}_t(x,s))^{\frac{1}{2}} + C\|\tilde{h}\|_{L^p([s,\tau];\dot{B}_p^{\frac{1}{2}}(\mathbb{R}^n))} \\
&\leqslant CE(w(t),D_s(z_0))^{\frac{1}{2}} + C\|h\|_{L^p([s,\tau];\dot{B}_p^{\frac{1}{2}}(D_t))}.
\end{aligned} \tag{4.51}$$

注记 4.2 在前面的讨论中, Shatah-Struwe 用 $B_{\ell,\ell}^s$ 型的 Besov 空间代替 $B_{\ell,2}^s$ 型的 Besov 空间. 因此, 在进行非线性估计时, 多次利用了嵌入关系

$$B_{p,\min\{p,q\}}^s \subset F_{p,q}^s \subset B_{p,\max\{p,q\}}^s, \quad \dot{B}_{p,\min\{p,q\}}^s \subset \dot{F}_{p,q}^s \subset \dot{B}_{p,\max\{p,q\}}^s,$$

及 Hölder 不等式.

按上面的思路, 就可将 K_s^τ 上的函数 $u(x,t)$ 扩张成 $\mathbb{R}^n \times [s,\tau]$ 的函数 $\tilde{u}$. 记

$$\|\cdot\|_{q,[s,\tau]} \stackrel{\triangle}{=} \|\cdot\|_{L^q([s,\tau];\dot{B}_q^{\frac{1}{2}}(D_t(z_0)))} \quad \text{或} \quad \|\cdot\|_{q,[s,\tau]} \stackrel{\triangle}{=} \|\cdot\|_{L^q([s,\tau];\dot{B}_q^{\frac{1}{2}}(\mathbb{R}^n))}. \tag{4.52}$$

由 (4.51) 就可获得如下正则性结果:

命题 4.6 设 u 是 (4.3) 在 $K(z_0) \setminus \{z_0\}$ 上经典光滑解, 则

$$u(t,x) \in L^q([0,t_0]; \dot{B}_q^{\frac{1}{2}}(D_t(z_0))),$$

并且

$$\|u\|_{q,[0,t_0]} \leqslant C(z_0, E(u, D_0(z_0))). \tag{4.53}$$

证明 由 (4.51) 可见

$$\|u\|_{q,[s,\tau]} \leqslant C(E(u,D_s(z_0)))^{\frac{1}{2}} + C\||u|^{2^*-1}\|_{p,[s,\tau]}. \tag{4.54}$$

3.4 高维波动方程的 Cauchy 问题解的正则性

由非线性函数在 Besov 空间中的估计可见

$$|||u|^{2^*-1}||_{p,[s,\tau]} \leqslant |||\tilde{u}|^{2^*-1}||_{p,[s,\tau]} \leqslant C|||\tilde{u}|^{2^*-2}||_{L^{p_1}}||\tilde{u}||_{q,[s,\tau]}$$
$$\leqslant C|||u|^{2^*-2}||_{L^{p_1}(K_s^\tau(z_0))}||u||_{q,[s,\tau]}, \tag{4.55}$$

这里

$$\frac{1}{p_1} = \frac{1}{p} - \frac{1}{q} = \frac{n+3}{2(n+1)} - \frac{n-1}{2(n+1)} = \frac{2}{n+1} \tag{4.56}$$

及

$$|||u|^{2^*-2}||_{L^{p_1}} \leqslant ||u||_{L^{p_2}}^{2^*-2}, \quad p_2 = (2^*-2)p_1 = \frac{2(n+1)}{n-2}. \tag{4.57}$$

进而, 由 Sobolev 嵌入定理, 延拓与限制性定理与插值公式可推出

$$||u||_{L^{p_2}(D_t(z_0))} \leqslant ||\tilde{u}||_{L^{p_2}(\mathbb{R}^n)} \leqslant ||\tilde{u}||_{\dot{B}_q^{\frac{1}{2}}(\mathbb{R}^n)}^{\alpha} ||\tilde{u}||_{L^{2^*}(\mathbb{R}^n)}^{1-\alpha}$$
$$\leqslant C||u||_{\dot{B}_q^{\frac{1}{2}}(D_t(z_0))}^{\alpha} ||u||_{L^{2^*}(D_t(z_0))}^{1-\alpha}, \tag{4.58}$$

这里

$$\frac{1}{p_2} = \alpha\left(\frac{1}{q} - \frac{1}{2n}\right) + (1-\alpha)\frac{1}{2^*}, \quad \alpha = \frac{n-2}{n-1}. \tag{4.59}$$

注意到 $\alpha p_2 = q$, 从而

$$||u||_{L^{p_2}(K_s^\tau(z_0))} = \left(\iint_{K_s^\tau} |u|^{p_2} dxdt\right)^{1/p_2} \leqslant C\left(\int_s^\tau ||u||_{\dot{B}_q^{\frac{1}{2}}}^{\alpha p_2} ||u||_{L^{2^*}}^{(1-\alpha)p_2} dt\right)^{1/p_2}$$
$$\leqslant C||u||_{q,[s,\tau]}^{\alpha} \sup_{s \leqslant t \leqslant \tau} ||u||_{L^{2^*}(D_t(z_0))}^{1-\alpha} \tag{4.60}$$

$$\Longrightarrow ||u||_{q,[s,\tau]} \leqslant C(E(u,D(s,z_0)))^{1/2} + C\sup_{s\leqslant t\leqslant \tau} ||u||_{L^{2^*}(D_t(z_0))}^{\beta} ||u||_{q,[s,\tau]}^{\gamma},$$
$$\beta > 0, \quad \gamma > 1. \tag{4.61}$$

注意到

$$\lim_{\tau,s\to t_0} \sup_{s\leqslant t\leqslant \tau} ||u||_{L^{2^*}(D(t,z_0))}^{\beta} = 0, \tag{4.62}$$

及 $E(u, D_s(z_0)) \leqslant E_0$, 从而推知, $\forall \varepsilon > 0$, 当 s 与 t_0 很接近时, 有

$$||u||_{q,[s,\tau]} \leqslant C(E_0) + \varepsilon ||u||_{q,[s,\tau]}^{\gamma}, \quad s \leqslant \tau < t_0. \tag{4.63}$$

选取

$$\varepsilon < \varepsilon_0 = 2^{-\gamma} C(E_0)^{1-\gamma}, \tag{4.64}$$

利用 $\|u\|_{q,[0,s]} < \infty$ 就可推出命题 4.6 成立.

注记 4.3　(i) 命题 4.6 的证明所依赖的工具是

$$\sup_{s \leqslant t} \|u(s)\|_{L^{2^*}(D_t(z_0))} < \varepsilon_0, \qquad (4.65)$$

这里 ε_0 可以充分小. 因此, 对于满足

$$|f(x,t,u)| \leqslant C(1+|u|^{2^*-1}), \quad f(x,t,0)=0, \qquad (4.66)$$

$$|f_x| \leqslant C(1+|u|^{2^*-1}), \quad |f_u| \leqslant C(1+|u|^{2^*-2}) \qquad (4.67)$$

的非线性项, 自然可获得形如

$$\|f(u)\|_{p,[s,\tau]} \leqslant C(\tau-s) + C\||u|^{2^*-2}\|_{p_1} \|u\|_{q,[s,\tau]} \qquad (4.68)$$

的估计, 这里 $\lim_{s \to \tau} C(\tau-s) = 0$. 当然, 这里所用的初始函数是定义在 $D_s(z_0)$ 上的. 因此, 在次临界的增长条件下, 若 (4.65) 成立, 就可获得命题 4.6 相同的结果.

(ii) 对于具有限能量的初值, 可以构造出 (4.3) 的能量解 $u(t,x)$ 满足

$$u(t,x) \in L^q_{\mathrm{loc}}(\mathbb{R}; \dot{B}^{\frac{1}{2}}_q(\mathbb{R}^n)).$$

我们将在今后专门讨论能量解的整体适定性问题.

(iii) 用 $B^s_{\ell,\ell}$ 型的 Besov 空间代替 $B^s_{\ell,2}$ 型的 Besov 空间, 按照定义非线性估计 (4.55) 的第二个不等式就应该是

$$\||\tilde{u}|^{2^*-1}\|_{p,[s,\tau]} \leqslant C\||\tilde{u}|^{2^*-2}\|_{L^{p_1}([s,\tau];B^0_{p_1,p_1}(D_t(z_0)))}\|\tilde{u}\|_{q,[s,\tau]}$$
$$\leqslant C\||\tilde{u}|^{2^*-2}\|_{L^{p_1}(K^\tau_s)}\|\tilde{u}\|_{q,[s,\tau]}.$$

定理 4.7　设 $u(t,x)$ 是 (4.3) 具有光滑初值函数的解, 则当 $n \leqslant 7$ 时, u 是正则解.

证明　由有限传播速度的特性, 无妨设初始函数 $(\varphi(x), \psi(x))$ 具有紧支集. 设非线性项 $f(u)$ 光滑, 则问题 (4.3) 有唯一极大正则解

$$u(t,x) \in C^\infty(\mathbb{R}^n \times [0,t_0)). \qquad (4.69)$$

对 $x_0 \in \mathbb{R}^n$, 我们证明 $u(t,x)$ 可以光滑地扩张到 $z_0 = (x_0, t_0)$ 的光滑邻域内, 此就意味着

$$u(t,x) \in C^\infty(\mathbb{R}^n \times [0,\infty)).$$

对方程 (4.3) 两边微分, 由局部 Strichartz 估计可得

$$\|Du\|_{L^q(K^\tau_s(z_0))} \leqslant E(Du, D_s(z_0)) + C\|Du|u|^{2^*-2}\|_{L^p(K^\tau_s(z_0))}. \qquad (4.70)$$

3.4 高维波动方程的 Cauchy 问题解的正则性

这里忽略了 $\frac{1}{2}$ 阶导数的增长. 类同命题 4.6 中的非线性估计, 有

$$\||Du|u|^{2^*-2}\|_{L^p(K_s^\tau(z_0))} \leqslant \|Du\|_{L^q} \|u\|_{L^{p_2}(K_s^\tau(z_0))}^{2^*-2}$$
$$\leqslant C \sup_{s \leqslant t \leqslant \tau} \|u\|_{L^{2^*}(D_t(z_0))}^{\beta} \|u\|_{q,[s,\tau]}^{\gamma-1} \|Du\|_{L^q(K_s^\tau(z_0))}. \tag{4.71}$$

注意到

$$\lim_{s \to t_0} \sup_{s \leqslant t \leqslant \tau} \|u\|_{L^{2^*}(D_t(z_0))}^{\beta} = 0, \tag{4.72}$$

由 (4.70) 就可以推出

$$Du \in L^q(K(z_0)), \tag{4.73}$$

当 $n \leqslant 2$ 时, $W^{1,q}(\mathbb{R}^{n+1}) \hookrightarrow L^\infty$, $W^{1,q}(\mathbb{R}^{n+1})$ 是一个 Banach 代数. 然而

$$W^{1,q} \not\hookrightarrow L^\infty, \quad n \geqslant 3 \quad \left(\text{因为 } 1 - \frac{n-1}{2} \leqslant 0\right). \tag{4.74}$$

方程 (4.3) 两边继续关于空时变量求导, 有

$$\|D^2 u\|_{L^q(K_s^\tau(z_0))} \leqslant C E(D^2 u, D(s, z_0)) + C \||D^2 u|u|^{2^*-2}\|_{L^p(K_s^\tau(z_0))}$$
$$+ C \|f''(u)(Du)^2\|_{L^p(K_s^\tau(z_0))}. \tag{4.75}$$

类似于 (4.71), 有

$$\||D^2 u|u|^{2^*-2}\|_{L^p(K_s^\tau(z_0))} \leqslant C \sup_{s \leqslant t \leqslant \tau} \|u\|_{L^{2^*}(D_t(z_0))}^{\beta} \|u\|_{q,[s,\tau]}^{\gamma-1} \|D^2 u\|_{L^q(K_s^\tau(z_0))}. \tag{4.76}$$

为了获得 $\|D^2 u\|_{L^q(K_s^\tau(z_0))}$ 的估计, 需要形如

$$\|f''(u)(Du)^2\|_{L^p} \leqslant C(\|Du\|_{L^q} + \|u\|_{L^q})^\rho \|D^2 u\|_{L^q}^\ell, \quad \ell \leqslant 1 \tag{4.77}$$

的估计, 如果 $n \geqslant 6$, $|f''|$ 有界. 由

$$\frac{1}{2p} = \frac{1-\sigma}{q} + \left(\frac{1}{q} - \frac{1}{n+1}\right)\sigma,$$
$$\sigma = \left(\frac{1}{q} - \frac{1}{2p}\right)(n+1) = \left[\frac{n-1}{2(n+1)} - \frac{n+3}{4(n+1)}\right](n+1)$$
$$= \left(\frac{n-1}{2} - \frac{n+3}{4}\right) = \frac{n-5}{4},$$

及插值定理, 就得

$$\|Du\|_{L^{2p}}^2 \leqslant C \|Du\|_{L^q}^{2(1-\sigma)} \|D^2 u\|_{L^q}^{2\sigma}, \quad \ell = 2\sigma \leqslant 1.$$

注意到当 $n=6,7$, $2\sigma \leqslant 1$, 由第一步, 见估计 (4.73), 可见

$$\lim_{s\to t_0}\sup_{s\leqslant t\leqslant \tau}\|\nabla u\|_{L^q(D_t(z_0))}^{2(1-\sigma)}=0, \tag{4.78}$$

由 (4.75) 及 (4.70) 就推出

$$D^2 u \in L^q(K(z_0)). \tag{4.79}$$

当 $n<6$ 时, 亦见

$$|f''(u)|\leqslant C\big(1+|u|^{2^*-3}\big),\quad 2^*-3=\frac{6-n}{n-2}>0, \tag{4.80}$$

$$\|f''(u)(Du)^2\|_p \lesssim \|Du\|_{2p}^2+\big\|\,|u|^{2^*-3}|Du|^2\big\|_p = I_1+I_2. \tag{4.81}$$

利用 $\dfrac{1}{2p}=\dfrac{\theta}{q}+\dfrac{1-\theta}{\chi}$, 取 $\theta=\dfrac{1+\varepsilon}{2}$, 直接计算:

$$\frac{n+3}{4(n+1)}-\frac{(n-1)(1+\varepsilon)}{4(n+1)}=\frac{(1-\varepsilon)}{2\chi},\quad \frac{1}{\chi}=\frac{4-(n-1)\varepsilon}{2(n+1)(1-\varepsilon)},$$

$$\frac{1}{q}-\frac{1}{n+1}=\frac{n-1}{2(n+1)}-\frac{1}{n+1}=\frac{n-3}{2(n+1)}\leqslant \frac{4-(n-1)\varepsilon}{2(n+1)(1-\varepsilon)}=\frac{1}{\chi}.$$

由 Sobolev 嵌入定理, 就推出

$$\|Du\|_{L^{2p}(K_s^\tau(z_0))}^2 \lesssim \|Du\|_{L^q(K_s^\tau(z_0))}^{1+\varepsilon}\|D^2u\|_{L^q(K_s^\tau(z_0))}^{1-\varepsilon},\quad 0<\varepsilon<1. \tag{4.82}$$

另一方面, 当 $1\leqslant n\leqslant 2$, $W^{1,q}(\mathbb{R}^{n+1})$ 是一个 Banach 代数, 借助于 (4.82) 就可得 I_2 对应的估计. 当 $3\leqslant n\leqslant 5$ 时, 直接验算:

$$\frac{1}{p}=2\theta\left(\frac{1}{q}-\frac{1}{n+1}\right)+2(1-\theta)\frac{1}{q}+\frac{2^*-3}{2^*},\quad \theta=\frac{3}{2n}\leqslant \frac{1}{2}. \tag{4.83}$$

因此, 推出

$$I_2 \leqslant C(t-\tau)\sup_{s\leqslant t\leqslant \tau}\|u\|_{L^{2^*}(D_t(z_0))}^{2^*-3}\|Du\|_{L^q(K_s^\tau)}^{2(1-\theta)}\|D^2u\|_{L^q(K_s^\tau(z_0))}^{2\theta},\quad \theta\leqslant \frac{1}{2}. \tag{4.84}$$

将上面所得的估计 (4.76), (4.81), (4.82) 及 (4.84) 等代入 (4.75), 在 $n\leqslant 5$ 的条件下, 就得估计 (4.79).

下面利用能量估计证明: 若 $u\in W^{2,q}(K(z_0))$, 则问题 (4.3) 的解具有高阶正则性, 这里 $n\leqslant 7$. 事实上, 若 $u\in W^{2,q}(K(z_0))$, 则 $f(u)\in H^2(K(z_0))$. 因此, 由能量估计就得 $D^3 u\in L^\infty([0,t_0);L^2(D_t(z_0)))$. 重复上面的步骤, 使用能量估计及 Gronwall 不等式, 就有

$$D^k u\in L^\infty([0,t_0);L^2(D(z_0))),\quad \forall k\in \mathbb{Z}. \tag{4.85}$$

特别, 有
$$\lim_{t \nearrow t_0} E(u, D_t(z_0)) = 0. \tag{4.86}$$

因此, 对 $\forall \varepsilon > 0$, 存在 $s < t_0$, 使得 $E(u, D_s(z_0)) < \varepsilon$. 由于 u 在 $D_s(z_0)$ 的邻域内光滑, 故当 $\tilde{z} \in U(z_0)$ 时, 成立
$$E(u, D_s(\tilde{z}_0)) < \varepsilon.$$

这意味着假设条件 (4.65) 对于属于 z_0 的邻域 $U(z_0)$ 中的 $\tilde{z}$ 都成立. 综上推导就知, u 可以光滑地扩充到 z_0 邻域中. 故定理 4.7 得证.

第4章 临界波方程能量解的整体适定性与散射性

本章主要是在前面建立的 Dilation 恒等式、Morawetz 估计的基础上, 利用局部的 Strichartz 估计、能量方法等建立能量空间中临界波方程的整体适定性、解的整体时空估计及散射性.

4.1 能量解的 Morawetz 估计及整体适定性

本节旨在建立临界波方程在能量空间中的整体适定性, 关键在于对能量解证明 Dilation 恒等式及相应的 Morawetz 估计.

在能量空间中考虑临界波方程的 Cauchy 问题:

$$\begin{cases} u_{tt} - \Delta u + |u|^{2^*-2}u = 0, & (x,t) \in \mathbb{R}^n \times \mathbb{R}, \\ u(0,x) = \varphi(x), \quad u_t(0,x) = \psi(x), & x \in \mathbb{R}^n, \\ (\varphi(x), \psi(x)) \in \dot{H}^1(\mathbb{R}^n) \otimes L^2(\mathbb{R}^n). \end{cases} \quad (1.1)$$

与此等价的积分方程可表示为

$$u(t,x) = \dot{K}(t)\varphi(x) + K(t)\psi(x) - \int_0^t K(t-\tau)|u|^{2^*-2}u d\tau, \quad (1.2)$$

这里

$$K(t) = \mathcal{F}^{-1} \frac{\sin|\xi|t}{|\xi|} \mathcal{F} = \frac{\sin(-\Delta)^{\frac{1}{2}}t}{(-\Delta)^{\frac{1}{2}}}. \quad (1.3)$$

则有如下结果:

定理 1.1 Cauchy 问题 (1.1) 或 (1.2) 存在唯一的解 $u(t,x)$ 满足

$$(u(t,x), u_t(t,x)) \in \mathcal{C}(\mathbb{R}; \dot{H}^1(\mathbb{R}^n) \otimes L^2(\mathbb{R}^n)) \cap L^q_{\text{loc}}(\mathbb{R}; \dot{B}^{\frac{1}{2}}_q(\mathbb{R}^n) \otimes \dot{B}^{-\frac{1}{2}}_q(\mathbb{R}^n)), \quad (1.4)$$

这里

$$\dot{B}^{\frac{1}{2}}_q(\mathbb{R}^n) = \dot{B}^{\frac{1}{2}}_{q,q}(\mathbb{R}^n) \cap L^{q^*}(\mathbb{R}^n), \quad q = \frac{2(n+1)}{n-1}, \quad q^* = \frac{2(n+1)n}{n^2-2n-1}. \quad (1.5)$$

第 3 章已经研究了临界波方程光滑解的整体适定性, 现在着手处理在能量空间中的整体适定性. 我们的思路是建立对能量解成立 Dilation 恒等式及相应的

Morawetz 估计, 在此基础上, 借助于锥上的 Strichartz 估计就可以证明临界波方程在能量空间中的整体适定性. 定理 1.1 的证明将分几步来进行.

证明 第一步. 局部存在性. 选取 $\mathcal{C}_c^\infty(\mathbb{R}^n)$ 函数列 $(\varphi_k(x), \psi_k(x))$ 使得

$$\lim_{k\to\infty} \|\varphi_k(x) - \varphi(x)\|_{\dot{H}^1} = 0, \quad \lim_{k\to\infty} \|\psi_k(x) - \psi(x)\|_{L^2} = 0. \tag{1.6}$$

相应地构造非线性项的逼近列

$$f_k(s) = \begin{cases} |s|^{2^*-2}s, & |s| < k, \\ \pm |k|^{2^*-2}k, & |s| \geqslant k. \end{cases} \tag{1.7}$$

由紧致性方法 (见文献 [S1]), (1.1) 的正则化问题

$$\begin{cases} \dfrac{\partial^2 u_k}{\partial t^2} - \Delta u_k + f_k(u_k) = 0, & (t,x) \in \mathbb{R} \times \mathbb{R}^n, \\ u_k(0,x) = \varphi_k(x), \quad \dfrac{\partial u_k}{\partial t}(0,x) = \psi_k(x), \quad x \in \mathbb{R}^n \end{cases} \tag{1.8}$$

的解 $\{u_k(t,x)\}$ 在能量模意义下弱收敛于 $u(t,x)$, 满足

(i) $(u(t,x), u_t(t,x)) \in L^\infty(\mathbb{R}; \dot{H}^1(\mathbb{R}^n) \otimes L^2(\mathbb{R}^n)) \cap \mathcal{C}_w(\mathbb{R}; \dot{H}^1(\mathbb{R}^n) \otimes L^2(\mathbb{R}^n))$.

(ii) 记 $\Box = \partial_t^2 - \Delta$.

u 在分布意义下满足 (1.1), 即

$$\int_0^\infty \int_{\mathbb{R}^n} \Box \chi u \, dx dt = \int_0^\infty \int_{\mathbb{R}^n} \chi f(u) dx dt - \int_{\mathbb{R}^n} \chi(0,x)\psi(x) dx$$
$$+ \int_{\mathbb{R}^n} \chi_t(0,x)\varphi(x) dx, \quad \forall \chi(t,x) \in \mathcal{C}_c^\infty(\mathbb{R}^{n+1}). \tag{1.9}$$

(iii) 能量不等式

$$E(u, \mathbb{R}^n, t) = \int_{\mathbb{R}^n} \left\{ \frac{1}{2}|u_t|^2 + \frac{1}{2}|\nabla u|^2 + F(u) \right\} dx \leqslant E(u, \mathbb{R}^n, 0). \tag{1.10}$$

断言 存在区间 $I = [-\delta, \delta]$, 使得 $u(t,x)$ 满足

$$(u(t,x), u_t(t,x)) \in L^q(I; \dot{B}_q^{\frac{1}{2}}(\mathbb{R}^n) \otimes \dot{B}_q^{-\frac{1}{2}}(\mathbb{R}^n)), \quad q = \frac{2(n+1)}{n-1}. \tag{1.11}$$

事实上, 对于 $\forall \varepsilon > 0$, 存在闭球 B, 使得

$$\int_{B_0} \left\{ \frac{1}{2}|\nabla \varphi|^2 + \frac{1}{2}|\psi|^2 + F(\varphi) \right\} dx < \varepsilon, \quad B_0 = \mathbb{R}^n \setminus B. \tag{1.12}$$

对于 $\forall x \in B$, 记 $B(x, 2\delta) = \{y \in B, |x-y| < 2\delta\}$ 及

$$e(x, \delta) = \int_{B(x, 2\delta)} \left\{ \frac{1}{2}|\nabla \varphi|^2 + \frac{1}{2}|\psi|^2 + F(\varphi) \right\} dy. \tag{1.13}$$

显然
$$\lim_{\delta \to 0} S(\delta) = 0, \quad S(\delta) = \sup_{x \in B} e(x, \delta). \tag{1.14}$$

由此可以推出, 对于上面 $\varepsilon > 0$, 只要选取 $\delta > 0$ 足够小, 就可以确保

$$S(\delta) < \varepsilon. \tag{1.15}$$

记 K 是以 $\widetilde{B} = B_0$ 或 $\widetilde{B} = B(x, 2\delta)$ 为底的锥,

$$\|\cdot\|_{q,[0,2\delta]} \stackrel{\triangle}{=\!=} \|\cdot\|_{L^q([0,2\delta];\dot{B}_q^{\frac{1}{2}}(\widetilde{B}_t))}, \quad \widetilde{B}_t = K \cap \{\{t\} \times \mathbb{R}^n\}. \tag{1.16}$$

由第 3 章中建立的局部 Strichartz 估计及非线性估计技术, 得

$$\begin{aligned}
\|u_k\|_{q,[0,2\delta]} &\leqslant CE(u_k(0), \widetilde{B})^{\frac{1}{2}} + C\||u_k|^{2^*-2} u_k\|_{p,[0,2\delta]} \\
&\leqslant CE(u_k(0), \widetilde{B})^{\frac{1}{2}} + C\||u_k|^{2^*-2}\|_{L^{p_1}(K)} \|u_k\|_{q,[0,2\delta]} \\
&\leqslant CE(u_k, \widetilde{B})^{\frac{1}{2}} + C\|u_k\|_{L^{p_2}(K)}^{2^*-2} \|u_k\|_{q,[0,2\delta]},
\end{aligned} \tag{1.17}$$

这里

$$\frac{1}{p_1} = \frac{1}{p} - \frac{1}{q} = \frac{2}{n+1}, \quad p_2 = (2^*-2)p_1 = \frac{2(n+1)}{n-2}. \tag{1.18}$$

进而, 由 Sobolev 嵌入定理、延拓与限制性定理、插值公式可推出

$$\begin{aligned}
\|u_k\|_{L^{p_2}(\widetilde{B}_t)} &\leqslant \|\tilde{u}_k\|_{L^{p_2}(\mathbb{R}^n)} \leqslant \|\tilde{u}_k\|_{\dot{B}_q^{\frac{1}{2}}(\mathbb{R}^n)}^{\alpha} \|\tilde{u}_k\|_{L^{2^*}(\mathbb{R}^n)}^{1-\alpha} \\
&\leqslant C\|u_k\|_{\dot{B}_q^{\frac{1}{2}}(\widetilde{B}_t)}^{\alpha} \|u_k\|_{L^{2^*}(\widetilde{B}_t)}^{1-\alpha},
\end{aligned} \tag{1.19}$$

这里

$$\frac{1}{p_2} = \alpha \left(\frac{1}{q} - \frac{1}{2n}\right) + (1-\alpha)\frac{1}{2^*}, \quad \alpha = \frac{n-2}{n-1}. \tag{1.20}$$

注意到 $\alpha p_2 = q$, 从而

$$\begin{aligned}
\|u_k\|_{L^{p_2}(K)} = \left(\iint_K |u_k|^{p_2} \mathrm{d}x \mathrm{d}t\right)^{1/p_2} &\leqslant C \left(\int_0^{2\delta} \|u_k\|_{\dot{B}_q^{\frac{1}{2}}(\widetilde{B}_t)}^{\alpha p_2} \|u_k\|_{L^{2^*}(\widetilde{B}_t)}^{(1-\alpha)p_2} \mathrm{d}t\right)^{1/p_2} \\
&\leqslant C\|u_k\|_{q,[0,2\delta]}^{\alpha} \sup_{0 \leqslant t \leqslant 2\delta} \|u_k\|_{L^{2^*}(\widetilde{B}_t)}^{1-\alpha}
\end{aligned} \tag{1.21}$$

$$\Longrightarrow \|u_k\|_{q,[0,2\delta]} \leqslant CE(u_k, \widetilde{B})^{1/2} + C \sup_{0 \leqslant t \leqslant 2\delta} \|u_k\|_{L^{2^*}(\widetilde{B}_t)}^{(1-\alpha)(2^*-2)} \|u_k\|_{q,[0,2\delta]}^{1+\alpha(2^*-2)}. \tag{1.22}$$

注意到

$$\sup_{0 \leqslant t \leqslant 2\delta} \|u_k\|_{L^{2^*}(\widetilde{B}_t)}^{(1-\alpha)(2^*-2)} < \varepsilon \tag{1.23}$$

4.1 能量解的 Morawetz 估计及整体适定性

及 $E(u_k, \widetilde{B}_t) \leqslant E(u_k, \mathbb{R}^n, 0)$, 从而推知

$$\|u_k\|_{q,[0,2\delta]} \leqslant C(E_0) + \varepsilon \|u_k\|_{q,[0,2\delta]}^{1+\alpha(2^*-2)}. \tag{1.24}$$

选取 $\varepsilon < \varepsilon_0 = 2^{-1-\alpha(2^*-2)} C(E_0)^{-\alpha(2^*-2)}$, 在所得的关系式中取 $k \to \infty$, 就有

$$\|u_k\|_{q,[0,2\delta]} < E(u_k, \mathbb{R}^n, 0) \Longrightarrow \|u\|_{q,[0,2\delta]} \leqslant E(u, \mathbb{R}^n, 0). \tag{1.25}$$

利用有限覆盖定理 (将区间长度缩短)、有限可加性原则推出

$$u(t,x) \in L^q\big(I; \dot{B}_q^{\frac{1}{2}}(\mathbb{R}^n)\big) = L^q\big([0,\delta]; \dot{B}_q^{\frac{1}{2}}(\mathbb{R}^n)\big). \tag{1.26}$$

至于 $u_t(t,x) \in L^q\big([0,\delta]; \dot{B}_q^{-\frac{1}{2}}(\mathbb{R}^n)\big)$, 可以从经典的 Strichartz 估计

$$\|u\|_{L^q(I; \dot{B}_q^{\frac{1}{2}})} + \|u_t\|_{L^q(I; \dot{B}_q^{-\frac{1}{2}})} \leqslant CE(u, \mathbb{R}^n, 0)^{\frac{1}{2}} + C\|\Box u\|_{L^p(I; \dot{B}_p^{\frac{1}{2}})}, \tag{1.27}$$

(1.26) 的推导过程及负方向的相应估计就得断言的证明.

注记 1.1 (i) 在 (1.22) 的推导过程中, 直观上来看, $L^{p_2}(I; L^{p_2}(\widetilde{B}_t))$ 可以直接由 $L^\infty(I; L^{2^*}(\widetilde{B}_t))$ 与 $L^q(I; \dot{B}_q^{\frac{1}{2}}(\widetilde{B}_t))$ 插值推得.

(ii) 正则化方法的评注. 对于不同的形式的非线性项、不同的定解问题, 不同的方程正则化的技术是不同的, 但本质上是去掉高频部分, 在弱拓扑下忽视了高频与高频作用可能产生的影响. 这也是在较弱拓扑下得到的弱解可能不是物理解的原因. 正则化方法大致有:

(a) 有限光滑区域上的定解问题: 采用 Galerkin 方法;

(b) Cauchy 问题: 用磨光子 (mollifier) 的卷积正则化技术;

(c) 对于局部非线性项: 采用截断正则化技术;

(d) 对于非局部的非线性项: 采用磨光卷积正则化技术;

(e) 对于某些发展型方程, 则是采用加高阶粘性项的方法, 如 Euler 方程加上 $\nu \Delta u$;

(f) 一个最朴实、最适用的方法是用光滑算子 $(I - \varepsilon \Delta)^{-1}$ 来磨光方程, 然后通过紧致性方法求解.

第二步. 唯一性. 设 u, v 是 (1.1) 且满足 (1.11) 的解, 由经典的 Strichartz 估计就得

$$\begin{aligned}
\|u - v\|_{L^q(K)} &= \|u - v\|_{L^q(I; L^q(\widetilde{B}_t))} \leqslant C \|(|u|^{2^*-2} + |v|^{2^*-2})(u-v)\|_{L^p(I; L^p(\widetilde{B}_t))} \\
&\leqslant C \bigg[\|u\|_{q,[0,2\delta]}^{\alpha(2^*-2)} \sup_{0 \leqslant t \leqslant \delta} \|u\|_{L^{2^*}(\widetilde{B}_t)}^{(1-\alpha)(2^*-2)} \\
&\quad + \|v\|_{q,[0,2\delta]}^{\alpha(2^*-2)} \sup_{0 \leqslant t \leqslant \delta} \|v\|_{L^{2^*}(\widetilde{B}_t)}^{(1-\alpha)(2^*-2)} \bigg] \|u - v\|_{L^q(I; L^q(\widetilde{B}_t))}
\end{aligned}$$

$$\leqslant C(u,v,\delta)\|u-v\|_{L^q(K)}. \tag{1.28}$$

今取 $\delta>0$ 充分小, 确保 $C(u,v,\delta)<\dfrac{1}{2}$. 利用 (1.28)、有限覆盖定理 (覆盖球 $2B$) 及有限可加性原则推出

$$u(t,x)=v(t,x),\quad (t,x)\in I\times\mathbb{R}^n. \tag{1.29}$$

第三步. 能量守恒等式及 Morawetz 的 Dilation 恒等式.

由局部解唯一性及波动方程关于时间解的双向性, 从能量不等式 (1.10), 对 $-\delta\leqslant t\leqslant\delta$, 成立:

$$\int_{\mathbb{R}^n}\left\{\frac{1}{2}|u_t|^2+\frac{1}{2}|\nabla u|^2+F(u)\right\}\mathrm{d}x=\int_{\mathbb{R}^n}\left\{\frac{1}{2}|\psi|^2+\frac{1}{2}|\nabla\varphi|^2+F(\varphi)\right\}\mathrm{d}x. \tag{1.30}$$

由上面能量等式及 $(u(t,x),u_t(t,x))\in\mathcal{C}_w(\mathbb{R};\dot{H}^1(\mathbb{R}^n)\otimes L^2(\mathbb{R}^n))$ 就可以推出

$$(u(t,x),u_t(t,x))\in\mathcal{C}(I;\dot{H}^1(\mathbb{R}^n)\otimes L^2(\mathbb{R}^n)). \tag{1.31}$$

事实上, 对任意的 $\tau\in[-\delta,\delta]$,

$$\|u(\tau)\|_{\dot{H}^1}+\|u_t(\tau)\|_{L^2}\leqslant CE(u,\mathbb{R}^n,0)^{\frac{1}{2}}. \tag{1.32}$$

在

$$\begin{aligned}X(J)=&\Big\{u(t,x)\in\mathcal{C}\big(J;\dot{H}^1(\mathbb{R}^n)\big)\cap\mathcal{C}^1\big(J;L^2(\mathbb{R}^n)\big),\\ &\text{s.t.}\|(u,u_t)\|_{L^q(J;\dot{B}_q^{\frac{1}{2}}(\mathbb{R}^n)\otimes\dot{B}_q^{-\frac{1}{2}}(\mathbb{R}^n))},\|u\|_{L^{p_2}(J\times\mathbb{R}^n)}\\ &\leqslant 4CE^{\frac{1}{2}}(u,\mathbb{R}^n,0),d(u,v)=\|u-v\|_{L^q(J\times\mathbb{R}^n)},J=[\tau,\tau+\varepsilon],\\ &p_2=\frac{2(n+1)}{n-2},q=\frac{2(n+1)}{n-1}\Big\}\end{aligned}$$

上求解积分方程 (1.2), 这里 ε 待定. 定义

$$\mathcal{T}u=\dot{K}(t-\tau)u(\tau)+K(t-\tau)u_t(\tau)-\int_\tau^t K(t-\tau)|u|^{2^*-2}u\mathrm{d}\tau. \tag{1.33}$$

利用 Strichartz 估计与非线性估计

$$\begin{aligned}\|\mathcal{T}u\|_{X(J)}\leqslant &CE(u,\mathbb{R}^n,0)^{\frac{1}{2}}+C\|u\|_{L^{p_2}(J\times\mathbb{R}^n)}^{2^*-2}\|u\|_{L^q(J;\dot{B}_q^{\frac{1}{2}}(\mathbb{R}^n))}\\ \leqslant &CE(u,\mathbb{R}^n,0)^{\frac{1}{2}}+C\|u\|_{X(J)}^{2^*-1},\\ d(\mathcal{T}u,\mathcal{T}v)\leqslant &C\Big(\|u\|_{L^{p_2}(J\times\mathbb{R}^n)}^{2^*-2}+\|v\|_{L^{p_2}(J\times\mathbb{R}^n)}^{2^*-2}\Big)\|u-v\|_{L^q(J\times\mathbb{R}^n)}\end{aligned}$$

$$\leqslant C\bigg(\|u\|_{X(J)}^{2^*-2}+\|v\|_{X(J)}^{2^*-2}\bigg)d(u,v), \qquad u,v\in X(J).$$

推出, 存在 $\varepsilon(u(\tau))>0$, 映射 $\mathcal{T}$ 在 $X(J)$ 存在唯一的不动点 $u(t,x)$ 满足

$$(u(t,x),u_t(t,x))\in \mathcal{C}(J;\dot{H}^1(\mathbb{R}^n)\otimes L^2(\mathbb{R}^n))$$

及时空可积性. 根据 $\tau\in I$ 的任意性及解的唯一性就得 (1.31).

注记 1.2 对于次临界增长 $1<p<1+\dfrac{4}{n-2}$, 由 Ginibre-Velo 定理 (见文献 [GV2]). 从 $u(t,x)\in L^\infty([-\delta,\delta];H^1(\mathbb{R}^n))$ 可以推出

$$u(t)\in \mathcal{C}_\omega(I,H^1(\mathbb{R}^n))\cap \mathrm{Lip}(I;L^2(\mathbb{R}^n))\cap \bigcap_{2<r<2^*}\mathcal{C}^{\alpha(r)}(I;L^r(\mathbb{R}^n)), \tag{1.34}$$

这里

$$\alpha(r)=1-\delta(r), \qquad \delta(r)=n\left(\frac{1}{2}-\frac{1}{r}\right).$$

由此推出

$$\int_{\mathbb{R}^n}\frac{1}{2}(|u_t|^2+|\nabla u|^2)\mathrm{d}x=E(u,\mathbb{R}^n,0)-\int_{\mathbb{R}^n}\frac{1}{p+1}|u|^{p+1}\mathrm{d}x \tag{1.35}$$

的右边是 $t\in I=[-\delta,\delta]$ 的连续函数, 自然

$$t\longmapsto \|u_t\|_{L^2(\mathbb{R}^n)}+\|\nabla u\|_{L^2(\mathbb{R}^n)}$$

是连续函数. 注意到 $(u(t,x),u_t(t,x))\in \mathcal{C}_w(I;\dot{H}^1(\mathbb{R}^n)\otimes L^2(\mathbb{R}^n))$, 故 (1.31) 成立.

设 $0<t_0\in I$, $z_0=(x_0,t_0)$, 引入如下记号:

$$K(z_0)=\{z=(x,t)\,|\,|x-x_0|\leqslant t_0-t,\,0\leqslant t\leqslant t_0\},$$
$$M(z_0)=\{z=(x,t)\,|\,|x-x_0|=t_0-t,\,0\leqslant t\leqslant t_0\},$$
$$D_t(z_0)=\{z=(x,t)\,|\,(x,t)\in K(z_0),\,t\text{ 固定}\}.$$

$K(z_0)$ 被超平面 $t=S$, $t=T$ 所截而得的锥台为

$$K_S^T=\{z=(x,t)\,|\,(x,t)\in K(z_0),\,S\leqslant t\leqslant T\}.$$

K_S^T 的边界为

$$\partial K_S^T=D_S(z_0)\cup D_T(z_0)\cup M_S^T.$$

命题 1.2 (1) $(u(t,x),u_t(t,x))\in \mathcal{C}(I;\dot{H}^1(\mathbb{R}^n)\otimes L^2(\mathbb{R}^n))$ 满足局部的能量等式

$$E(u,D_T(z_0))+\frac{1}{\sqrt{2}}\mathrm{Flux}(u,M_S^T(z_0))=E(u,D_S(z_0)), \tag{1.36}$$

这里

$$\begin{cases} \ell(u) = -\frac{1}{2}|u_t|^2 + \frac{1}{2}|\nabla u|^2 + \frac{1}{2^*}|u|^{2^*}, \\ e(u) = \frac{1}{2}|u_t|^2 + \frac{1}{2}|\nabla u|^2 + \frac{1}{2^*}|u|^{2^*}, \end{cases} \quad (1.37)$$

$$E(u, D_T(z_0)) = \int_{D_T(z_0)} e(u)\mathrm{d}x, \quad (1.38)$$

$$\mathrm{Flux}(u, M_S^T(z_0)) = \int_{M_S^T(z_0)} \left[\frac{1}{2}\left|\frac{y}{|y|}u_t - \nabla u\right|^2 + \frac{1}{2^*}|u|^{2^*}\right]\mathrm{d}\sigma, \quad (1.39)$$

这里 $y = x - x_0$.

(2) Morawetz 的 Dilation 等式. 不失一般性, 将 z_0 平移到坐标原点 $z_0 = (0,0)$, 记 $K_S = K_S^0$, $M_S = M_S^0$, 相应的 Dilation 恒等式为

$$-\int_{D_S(0)} \left\{SQ_0 + \frac{n-1}{2}u_t u\right\}\mathrm{d}x + \int_{K_S} R_0 \mathrm{d}x\mathrm{d}t$$
$$+ \frac{1}{\sqrt{2}}\int_{M_S(0)} \left(tQ_0 + \frac{n-1}{2}u_t u + x \cdot P_0\right)\mathrm{d}\sigma = 0, \quad (1.40)$$

这里

$$Q_0 = \frac{1}{2}\left(|u_t|^2 + |\nabla u|^2\right) + \frac{1}{2^*}|u|^{2^*} + u_t\left(\frac{x}{t} \cdot \nabla u\right), \quad (1.41)$$

$$P_0 = \frac{x}{t}\left(\frac{|u_t|^2 - |\nabla u|^2}{2} - \frac{|u|^{2^*}}{2^*}\right) + \nabla u\left(u_t + \frac{x}{t} \cdot \nabla u + \frac{n-1}{2}\frac{u}{t}\right), \quad (1.42)$$

$$R_0 = \frac{|u|^{2^*}}{n}. \quad (1.43)$$

在证明命题 1.2 之前, 先作一些具体的分析. 由于 $u \in L^q(I; \dot{B}_q^{\frac{1}{2}}(\mathbb{R}^n))$, 则

$$|u|^{2^*-2}u \in L^p(I; \dot{B}_p^{\frac{1}{2}}(\mathbb{R}^n)), \quad \frac{1}{p} + \frac{1}{q} = 1, \quad q = \frac{2(n+1)}{n-1}. \quad (1.44)$$

这就意味着 $\nabla u \in L^q(I; \dot{B}_q^{-\frac{1}{2}}(\mathbb{R}^n))$ 恰好是 $|u|^{2^*-2}u$ 所属空间 $L^p(I; \dot{B}_p^{\frac{1}{2}}(\mathbb{R}^n))$ 的对偶空间. 另一方面, 局部能量等式 (1.36) 与 Dilation 等式 (1.40) 是在光滑意义下建立的, 欲在能量解意义下证明这两个等式, 就需要克服方程中出现二阶导数的困难. 这就需要正则化技术.

命题 1.2 的证明 选取 $\hat{\Phi}(\xi) \in \mathcal{C}_c^\infty(\mathbb{R}^n)$ 满足

$$\int_{\mathbb{R}^n} \hat{\Phi}(\xi)\mathrm{d}\xi = 1, \qquad \hat{\Phi}(\xi) = \begin{cases} 1, & |\xi| \leqslant \frac{1}{2}, \\ 0, & |\xi| \geqslant 1. \end{cases} \quad (1.45)$$

这样,记 $\hat{\Phi}_j(\xi) = \hat{\Phi}(2^{-j}\xi)$, 则
$$\Phi_j(x) = 2^{jn}\Phi(2^j x) \in \mathcal{S}(\mathbb{R}^n).$$

令 $u_j = \Phi_j * u$, 则它满足
$$\frac{\partial^2 u_j}{\partial t^2} - \Delta u_j + \Phi_j * (|u|^{2^*-2} u) = 0 \tag{1.46}$$

及对于几乎处处的 t,
$$\begin{cases} u_j(t,x) \xrightarrow{\text{a.e}} u(t,x), & \text{在 } \dot{H}^1(\mathbb{R}^n) \cap \dot{B}_q^{\frac{1}{2}}(\mathbb{R}^n) \text{中}, \\ \partial_t u_j(t,x) \xrightarrow{\text{a.e}} u_t(t,x), & \text{在 } L^2(\mathbb{R}^n) \text{中}. \end{cases} \tag{1.47}$$

利用控制收敛定理, 有
$$\begin{cases} u_j(t,x) \longrightarrow u(t,x), & \text{在 } L^2(I; \dot{H}^1(\mathbb{R}^n)) \cap L^q(I; \dot{B}_q^{\frac{1}{2}}(\mathbb{R}^n)) \text{中}, \\ \partial_t u_j(t,x) \longrightarrow u_t(t,x), & \text{在 } L^2(I; L^2(\mathbb{R}^n)) \cap L^q(I; \dot{B}_q^{-\frac{1}{2}}(\mathbb{R}^n)) \text{中}, \end{cases} \tag{1.48}$$

$$\begin{cases} \Phi_j * (|u|^{2^*-2} u) \xrightarrow{w} |u|^{2^*-2} u, & \text{在 } L^p(I; \dot{B}_p^{\frac{1}{2}}(\mathbb{R}^n)) \text{意义下}, \\ |u_j|^{2^*-2} u_j \xrightarrow{w} |u|^{2^*-2} u, & \text{在 } L^p(I; \dot{B}_p^{\frac{1}{2}}(\mathbb{R}^n)) \text{意义下}. \end{cases} \tag{1.49}$$

为简单起见, 在以 $z_0 = (0,0)$ 为顶点, 以 $\{(t,x) \mid |x| \leqslant -t_0 = -S\}$ 的锥上来证明命题 1.2. 选取

$$\eta(t,x) = \begin{cases} 1, & t + |x| \leqslant -\varepsilon, \quad t_0 + \varepsilon < t < 0, \\ 1 - \dfrac{|x| + t + \varepsilon}{\varepsilon}, & -\varepsilon < t + |x| \leqslant 0, \quad \dfrac{1}{2}t_0 \leqslant t + \dfrac{1}{2}|x|, \\ 1 + \dfrac{t - t_0 - \varepsilon}{\varepsilon}, & t_0 \leqslant t \leqslant t_0 + \varepsilon, \quad t + \dfrac{1}{2}|x| \leqslant \dfrac{1}{2}t_0. \end{cases} \tag{1.50}$$

考察正则化方程 (1.46) 在关于时间的平移变换下的守恒形式, 等价于两边同乘以 $Mu_j = \eta(t,x)\partial_t u_j$, 就是

$$\eta(t,x)\partial_t\{|\partial_t u_j|^2 + \ell(u_j)\} - \eta(t,x)\nabla\{\nabla u_j \partial_t u_j\}$$
$$+ \eta(t,x)\big(\Phi_j * (|u|^{2^*-2} u) - |u_j|^{2^*-2} u_j\big)\partial_t u_j = 0.$$

整理就得

$$\partial_t\{\eta e(u_j)\} - \eta_t e(u_j) - \nabla \cdot \{\eta(\nabla u_j \partial_t u_j)\} + \nabla \eta \cdot (\nabla u_j \partial_t u_j)$$
$$+ \eta(t,x)\big(\Phi_j * (|u|^{2^*-2} u) - |u_j|^{2^*-2} u_j\big)\partial_t u_j = 0. \tag{1.51}$$

两边在 $K_S(0)$ 上积分, 可见

$$\iint_{K_S(0)} \{\eta_t e(u_j) - \nabla\eta \cdot (\nabla u_j \partial_t u_j)\} \mathrm{d}x\mathrm{d}t$$

$$= \iint_{K_S(0)} \eta(t,x)\big(\Phi_j * (|u|^{2^*-2}u) - |u_j|^{2^*-2}u_j\big)\partial_t u_j \mathrm{d}x\mathrm{d}t.$$

在上式中令 $j \to \infty$, 整理就得

$$\iint_{K_S(0)} \left\{ \eta_t\left(\frac{1}{2}|u_t|^2 + \frac{1}{2}|\nabla u|^2 + \frac{1}{2^*}|u|^{2^*}\right) - \nabla\eta \cdot (\nabla u u_t)\right\}\mathrm{d}x\mathrm{d}t = 0. \tag{1.52}$$

现将 $\eta(t,x)$ 的表示式 (1.50) 代入上式, 就是

$$\iint_{\substack{-\varepsilon < t+|x| \leqslant 0, \\ \frac{1}{2}t_0 \leqslant t+\frac{1}{2}|x|}} \frac{1}{\varepsilon}\left(\frac{1}{2}|u_t|^2 + \frac{1}{2}|\nabla u|^2 + \frac{1}{2^*}|u|^{2^*} - \frac{x}{|x|} \cdot \nabla u u_t\right)\mathrm{d}x\mathrm{d}t$$

$$= \iint_{\substack{t_0 \leqslant t \leqslant t_0+\varepsilon, \\ t+\frac{1}{2}|x| \leqslant \frac{1}{2}t_0}} \frac{1}{\varepsilon}\left(\frac{1}{2}|u_t|^2 + \frac{1}{2}|\nabla u|^2 + \frac{1}{2^*}|u|^{2^*}\right)\mathrm{d}x\mathrm{d}t. \tag{1.53}$$

两边同乘以 ε, 采用特征坐标 $\beta = t+|x|$, $\omega = \dfrac{x}{|x|}$. 则 (1.53) 就变成如下形式:

$$\int_{-\varepsilon}^0 \int_0^{\beta-t_0} \int_{S^{n-1}} \left(\frac{1}{2}|u_t|^2 + \frac{1}{2}|\nabla u|^2 + \frac{1}{2^*}|u|^{2^*} - \omega \cdot \nabla u u_t\right)r^{n-1}\mathrm{d}\omega \mathrm{d}r\mathrm{d}\beta$$

$$= \int_{t_0}^{t_0+\varepsilon} \int_{|x| \leqslant t_0-2t} \left(\frac{1}{2}|u_t|^2 + \frac{1}{2}|\nabla u|^2 + \frac{1}{2^*}|u|^{2^*}\right)\mathrm{d}x\mathrm{d}t, \tag{1.54}$$

这里积分限的选定用到 $0 \leqslant |x| = -t \leqslant \beta - t_0$. (1.54) 的两边关于 ε 求导, 可见

$$\int_0^{-\varepsilon-t_0} \int_{S^{n-1}} \left(\frac{1}{2}|u_t|^2 + \frac{1}{2}|\nabla u|^2 + \frac{1}{2^*}|u|^{2^*} - \omega \cdot \nabla u u_t\right)r^{n-1}\mathrm{d}\omega\mathrm{d}r$$

$$= \int_{|x| \leqslant -t_0-2\varepsilon} \left(\frac{1}{2}|u_t|^2 + \frac{1}{2}|\nabla u|^2 + \frac{1}{2^*}|u|^{2^*}\right)\mathrm{d}x. \tag{1.55}$$

令 $\varepsilon \to 0$, 并注意到将平面上的积分还原到锥面上的积分, 就是

$$\frac{1}{\sqrt{2}}\int_{M_{t_0}^0(z_0)} \left(\frac{1}{2}\left|\frac{x}{|x|}u_t - \nabla u\right|^2 + \frac{1}{2^*}|u|^{2^*}\right)\mathrm{d}\sigma = E(u, D_{t_0}(z_0)). \tag{1.56}$$

同理, 对于任意的 $t_0 < t_1 < 0$, 也有

$$\frac{1}{\sqrt{2}}\int_{M_{t_1}^0(z_0)} \left(\frac{1}{2}\left|\frac{x}{|x|}u_t - \nabla u\right|^2 + \frac{1}{2^*}|u|^{2^*}\right)\mathrm{d}\sigma = E(u, D_{t_1}(z_0)). \tag{1.57}$$

用 (1.56) 与 (1.57) 做差, 就得到

$$\frac{1}{\sqrt{2}}\int_{M_{t_0}^{t_1}(z_0)} \left(\frac{1}{2}\left|\frac{x}{|x|}u_t - \nabla u\right|^2 + \frac{1}{2^*}|u|^{2^*}\right)\mathrm{d}\sigma + E(u, D_{t_1}(z_0)) = E(u, D_{t_0}(z_0)), \tag{1.58}$$

从而 (1.36) 成立.

下面证明 (1.40). 用乘子

$$Mu_j = \eta(t,x)\left(t\partial_t u_j + x\cdot\nabla u_j + \frac{n-1}{2}u_j\right) \tag{1.59}$$

乘以正则化方程 (1.46) 的两边, 就是

$$\eta(t,x)\left[\partial_t\left(tQ_{j0} + \frac{n-1}{2}u_{jt}u_j\right) - \mathrm{div}(tP_{j0}) + R_{j0}\right] = 0, \tag{1.60}$$

这里

$$Q_{j0} = \frac{1}{2}\left(|u_{jt}|^2 + |\nabla u_j|^2\right) + \frac{1}{2^*}|u_j|^{2^*} + u_{jt}\left(\frac{x}{t}\cdot\nabla u_j\right), \tag{1.61}$$

$$P_{j0} = \frac{x}{t}\left(\frac{|u_{jt}|^2 - |\nabla u_j|^2}{2} - \frac{|u_j|^{2^*}}{2^*}\right) + \nabla u_j\left(u_{jt} + \frac{x}{t}\cdot\nabla u_j + \frac{n-1}{2}\frac{u_j}{t}\right), \tag{1.62}$$

$$R_{j0} = \frac{|u_j|^{2^*}}{n}. \tag{1.63}$$

整理得

$$-\eta_t\left(tQ_{j0} + \frac{n-1}{2}u_{jt}u_j\right) + \partial_t\left[\eta\left(tQ_{j0} + \frac{n-1}{2}u_{jt}u_j\right)\right]$$
$$+ \nabla\eta\cdot tP_{0j} + \mathrm{div}(\eta\cdot tP_{j0}) + \eta R_{j0} = 0. \tag{1.64}$$

两边在 $K_S(0)$ 上积分, 然后 $j\to\infty$, 得

$$-\iint_{K_S(0)}\left[\eta_t\left(tQ_0 + \frac{n-1}{2}u_t u\right) - t\nabla\eta\cdot P_0\right]dxdt + \iint_{K_S(0)}\eta R_0 dxdt = 0. \tag{1.65}$$

现将 $\eta(t,x)$ 的表示式 (1.65) 代入上式, 得到

$$\iint_{\substack{-\varepsilon<t+|x|\leqslant 0,\\ \frac{1}{2}t_0\leqslant t+\frac{1}{2}|x|}}\frac{1}{\varepsilon}\left(tQ_0 + \frac{n-1}{2}u_t u + xP_0\right)dxdt + \iint_{K_S(0)}\eta R_0 dxdt$$
$$-\iint_{\substack{t_0\leqslant t\leqslant t_0+\varepsilon,\\ t+\frac{1}{2}|x|\leqslant\frac{1}{2}t_0}}\frac{1}{\varepsilon}\left(tQ_0 + \frac{n-1}{2}u_t u\right)dxdt = 0. \tag{1.66}$$

(1.66) 两边同乘以 ε, 然后对关于 ε 求导, 并在 $\varepsilon=0$ 取值, 得

$$-\int_{D_{t_0}(z_0)}\left\{t_0 Q_0 + \frac{n-1}{2}u_t u\right\}dx + \int_{K_{t_0}(z_0)}R_0 dxdt$$
$$+ \frac{1}{\sqrt{2}}\int_{M_{t_0}(z_0)}\left(tQ_0 + \frac{n-1}{2}u_t u + x\cdot P_0\right)d\sigma = 0,$$

由此就证明了 (1.40).

第四步. 今设 $u(t,x)$ 是问题 (1.1) 的极大解, $I = [0, T^*)$. 若 $T^* < \infty$, 则任取 $x_0 \in \mathbb{R}^n$, 记 $z_0 = (T^*, x_0)$. 借助于 $u(t,x)$ 所满足的 (1.36) 与 (1.40), 容易推出

$$\lim_{S \to T^*} \int_{D_S(z_0)} |u|^{2^*} \mathrm{d}x = 0. \tag{1.67}$$

与经典解的证明完全相同, 由局部的 Strichartz 不等式、Hölder 不等式就可以推出

$$\|u\|_{L^q(I; \dot{B}_q^{\frac{1}{2}}(D_t(z_0)))} \leqslant CE(u, \mathbb{R}^n, 0)^{\frac{1}{2}} < \infty. \tag{1.68}$$

命题 1.3

$$\lim_{t \to T^*} E(u, D_t(z_0), t) = 0. \tag{1.69}$$

事实上, 取 s 充分接近于 T^*, v 是自由方程

$$\begin{cases} \partial_{tt} v - \Delta v = 0, \\ v|_{t=s} = u(s, x), \quad v_t|_{t=s} = u_t(s, x) \end{cases} \tag{1.70}$$

的解, 则 $w = u - v$ 满足相差方程的 Cauchy 问题

$$\begin{cases} \partial_{tt} w - \Delta w = -|u|^{2^*-2} u, \\ w|_{t=s} = 0, \quad w_t|_{t=s} = 0. \end{cases} \tag{1.71}$$

应用能量守恒等式, 就有

$$\partial_t \{|\partial_t w|^2 + \ell(w)\} - \nabla \cdot \{\nabla w w_t\} + |u|^{2^*-2} u w_t - |w|^{2^*-2} w w_t = 0. \tag{1.72}$$

在锥台 $K_s^\zeta(z_0)$ 上积分上式, 可见

$$E(w, D_\zeta(z_0)) + \frac{1}{\sqrt{2}} \mathrm{Flux}(w, M_s^\zeta(z_0))$$
$$+ \iint_{K_s^\zeta(z_0)} |u|^{2^*-2} u w_t \mathrm{d}x\mathrm{d}t - \iint_{K_s^\zeta(z_0)} |w|^{2^*-2} w w_t \mathrm{d}x\mathrm{d}t = 0. \tag{1.73}$$

注意到

$$\left| \iint_{K_s^\zeta(z_0)} |u|^{2^*-2} u w_t \mathrm{d}x\mathrm{d}t \right| \leqslant \| |u|^{2^*-2} u \|_{p, [s,t]} \| w_t \|_{L^q([s,t]; \dot{B}_q^{-\frac{1}{2}})}$$
$$\leqslant C \sup_{s \leqslant \zeta < t} \|u\|_{L^{2^*}(D_\zeta(z_0))}^{1-\alpha} \|u\|_{q,[s,t]}^{\alpha+1} \|w_t\|_{L^q([s,t]; \dot{B}_q^{-\frac{1}{2}}(K_s^\zeta(z_0)))}$$
$$\leqslant C(u,v) \sup_{s \leqslant \zeta < t} \|u\|_{L^{2^*}(D_\zeta(z_0))}^{1-\alpha}, \quad \alpha = \frac{n-2}{n-1}, \tag{1.74}$$

$$\left|\iint_{K_s^\zeta(z_0)} |w|^{2^*-2} w w_t \mathrm{d}x\mathrm{d}t\right| \leqslant C(u,v)\left[\sup_{s<\zeta<t} \|u\|_{L^{2^*}(D_\zeta(z_0))}^{1-\alpha} + \sup_{s<\zeta<t} \|v\|_{L^{2^*}(D_\zeta(z_0))}^{1-\alpha}\right], \tag{1.75}$$

这里 $C(u,v)$ 依赖于能量模及 u,v 的 $L^q([s,t]; \dot{B}_q^{\frac{1}{2}}(K_s^\zeta(z_0)))$ 模. 故由 (1.73) 就得估计

$$\sup_{s<\zeta<t} E(w, D_\zeta(z_0)) \leqslant C\left[\sup_{s<\zeta<t} \|u\|_{L^{2^*}(D_\zeta(z_0))}^{1-\alpha} + \sup_{s<\zeta<t} \|v\|_{L^{2^*}(D_\zeta(z_0))}^{1-\alpha}\right]. \tag{1.76}$$

令 $s \to T^*$, 上式与 (1.67) 就意味着

$$\lim_{t \to T^*} E(w, D_t(z_0)) = 0. \tag{1.77}$$

另一方面, 由经典的 Strichartz 估计知

$$\lim_{t \to T^*} E(v, D_t(z_0)) = 0. \tag{1.78}$$

故估计 (1.69) 就可以直接从 (1.77) 及 (1.78) 得到.

根据前面的讨论, 有

Rauch 定理的局部形式 设 $z_0 = (t_0, x_0)$, $t_0 > 0$.

$$u(t,x) \in \mathcal{C}([0,t_0); \dot{H}^1(\mathbb{R}^n)) \cap \mathcal{C}^1([0,t_0); L^2(\mathbb{R}^n))$$

是 (1.1) 的解. 存在 $\varepsilon_0 > 0$, 如果

$$E(u, D_T(z_0)) < \varepsilon_0, \qquad \text{对 } T < t_0, \tag{1.79}$$

则

$$\begin{cases} (u, u_t) \in (L^\infty \cap \mathcal{C})([0,t_0); \dot{H}^1(K_t(z_0)) \otimes L^2(K_t(z_0))), \\ (u, u_t) \in L^q([0,t_0); \dot{B}_q^{\frac{1}{2}}(K_t(z_0)) \otimes \dot{B}_q^{-\frac{1}{2}}(K_t(z_0))). \end{cases} \tag{1.80}$$

断言 在命题 1.3 的意义下, Rauch 定理的局部形式意味着 $u(t,x)$ 可以扩充到 z_0 的邻域 $K(\tilde{z}_0)$, $\tilde{z}_0 = (t_0 + \eta_0, x_0)$, 并在此邻域内满足

$$\begin{cases} (u, u_t) \in L^\infty \cap \mathcal{C}([0, t_0 + \eta_0); \dot{H}^1(K_t(\tilde{z}_0)) \otimes L^2(K_t(\tilde{z}_0))), \\ (u, u_t) \in L^q([0, t_0 + \eta_0); \dot{B}_q^{\frac{1}{2}}(K_t(\tilde{z}_0)) \otimes \dot{B}_q^{-\frac{1}{2}}(K_t(\tilde{z}_0))). \end{cases} \tag{1.81}$$

事实上, 由命题 1.3, 存在 $T > 0$, 使得当 $t \geqslant T$ 时,

$$E(u, D_t(z_0)) < \frac{\varepsilon_0}{5}, \tag{1.82}$$

故存在 $z_0 = (t_0, x_0)$ 在平面 $\{t_0\} \times \mathbb{R}^n$ 上的球形邻域 $U_{t_0}(x_0)$, 使得

$$E(u, D_T(\bar{z})) < \frac{\varepsilon_0}{5}, \qquad \bar{z} = (t_0, x) \in U_{t_0}(x_0). \tag{1.83}$$

这说明在较 $D_T(z_0)$ 更大的球 $B_T = \{(T,x), \operatorname{dist}(x, D_T(z_0)) \leqslant t_0 - T + \eta\}$ 上,

$$E(u, B_T) \leqslant \varepsilon_0.$$

由解的有限传播速度就推出断言成立.

下面来完成定理 1.1 的证明. 设

$$u(t,x) \in \mathcal{C}([0,T^*); \dot{H}^1(\mathbb{R}^n)) \cap \mathcal{C}^1([0,T^*); L^2(\mathbb{R}^n)) \tag{1.84}$$

是 (1.1) 的极大解, 由上面的断言、有限覆盖定理、第一步的证明方法, 就推出问题 (1.1) 的满足 (1.83) 的解可以扩充到 $[0,\tilde{T}) \times \mathbb{R}^n, \tilde{T} > T^*$, 并且满足

$$(u, u_t) \in L^q\big(I; \dot{B}_q^{\frac{1}{2}}(\mathbb{R}^n) \otimes \dot{B}_q^{-\frac{1}{2}}(\mathbb{R}^n)\big), \quad I = [0,\tilde{T}). \tag{1.85}$$

这与 T^* 的极大性相矛盾. 故定理 1.1 得证.

4.2 能量解的整体时空估计及散射理论

为建立临界波方程能量解的整体时空估计, 首先要建立能量解的衰减估计. 关键的工具是 Dilation 恒等式及相应的 Morawetz 估计. 作为能量解的整体时空估计的直接结果, 给出了临界波方程能量解的散射性结果.

考虑临界波方程的 Cauchy 问题:

$$\begin{cases} u_{tt} - \Delta u + |u|^{2^*-2}u = 0, & (t,x) \in \mathbb{R} \times \mathbb{R}^n, \\ u(0,x) = \varphi(x), \quad u_t(0,x) = \psi(x), \quad x \in \mathbb{R}^n, \\ (\varphi(x), \psi(x)) \in \dot{H}^1(\mathbb{R}^n) \otimes L^2(\mathbb{R}^n), \end{cases} \tag{2.1}$$

则有如下结果:

定理 2.1 设 $u(t,x)$ 是 Cauchy 问题 (2.1) 整体能量解, 则

$$(u, u_t) \in \mathcal{C}\big(\mathbb{R}; \dot{H}^1(\mathbb{R}^n) \otimes L^2(\mathbb{R}^n)\big) \cap L^q\big(\mathbb{R}; \dot{B}_q^{\frac{1}{2}}(\mathbb{R}^n) \otimes \dot{B}_q^{-\frac{1}{2}}(\mathbb{R}^n)\big), \tag{2.2}$$

这里

$$\dot{B}_q^{\frac{1}{2}}(\mathbb{R}^n) = \dot{B}_{q,2}^{\frac{1}{2}}(\mathbb{R}^n) \cap L^{q^*}(\mathbb{R}^n), \quad q = \frac{2(n+1)}{n-1}, \quad q^* = \frac{2(n+1)n}{n^2 - 2n - 1}. \tag{2.3}$$

在上一节已证明

$$(u, u_t) \in L^q_{\operatorname{loc}}\big(\mathbb{R}; \dot{B}_q^{\frac{1}{2}}(\mathbb{R}^n) \otimes \dot{B}_q^{-\frac{1}{2}}(\mathbb{R}^n)\big),$$

4.2 能量解的整体时空估计及散射理论

这里的任务是证明: 能量解关于时间不仅是局部可积的, 而且是整体可积的. 具体地说, 就是证明

$$\|u\|_{L^q(\mathbb{R};\dot{B}_q^{\frac{1}{2}}(\mathbb{R}^n))}, \quad \|u_t\|_{L^q(\mathbb{R};\dot{B}_q^{-\frac{1}{2}}(\mathbb{R}^n))} < \infty. \tag{2.4}$$

我们将会发现, (2.4) 可以归结为能量中势能部分的衰减性, 即

命题 2.2 设 $u(t,x)$ 是 Cauchy 问题 (2.1) 整体能量解, 则

$$\lim_{t\to\infty} g(t) \triangleq \lim_{t\to\infty} \frac{1}{2^*} \int_{\mathbb{R}^n} |u|^{2^*} \mathrm{d}x = 0. \tag{2.5}$$

证明 $\forall \varepsilon_0 > 0$, 仅需证明存在 $T_0 > 0$,

$$|g(t)| \leqslant \varepsilon_0, \quad \forall t \geqslant T_0 \tag{2.6}$$

即可. 由能量守恒等式, 存在 $R > 0$ 充分大, 使得

$$\int_{|x| \geqslant R} e(u)(0,x) \mathrm{d}x \leqslant \frac{\varepsilon_0}{8}, \tag{2.7}$$

这里能量密度函数

$$e(u) = \frac{1}{2}|u_t|^2 + \frac{1}{2}|\nabla u|^2 + \frac{1}{2^*}|u|^{2^*}. \tag{2.8}$$

另一方面, 注意到 (关于时间变量平移不变性所对应的恒等式):

$$\partial_t \{e(u)\} - \nabla \cdot \{\nabla u u_t\} = 0, \tag{2.9}$$

在前向光锥的外部区域利用散度定理, 就有

$$\int_{|x| \geqslant R+t} e(u) \mathrm{d}x + \frac{1}{\sqrt{2}} \mathrm{Flux}(u, M_0^t) = \int_{|x| \geqslant R} e(u)(0,x) \mathrm{d}x \leqslant \frac{\varepsilon_0}{8}, \tag{2.10}$$

这里

$$\mathrm{Flux}(M_0^t) = \int_{M_0^t} \left(\frac{1}{2} \left| \frac{x}{|x|} u_t + \nabla u \right|^2 + \frac{1}{2^*} |u|^{2^*} \right) \mathrm{d}\sigma, \tag{2.11}$$

$$M_a^b = \{(t,x) \in [a,b] \times \mathbb{R}^n, |x| = R+t\}. \tag{2.12}$$

下面仅需证明

$$\frac{1}{2^*} \int_{|x| \leqslant R+t} |u(t,x)|^{2^*} \mathrm{d}x \leqslant \frac{\varepsilon_0}{2}, \quad \forall t \geqslant T_0. \tag{2.13}$$

通过平移变换 $t \to t+R$, (2.11) 就归结为证明:

$$\frac{1}{2^*} \int_{|x| \leqslant t} |u(t,x)|^{2^*} \mathrm{d}x \leqslant \frac{\varepsilon_0}{2}, \quad \forall t \geqslant T_0. \tag{2.14}$$

用乘子 $Mu = t\partial_t u + x \cdot \nabla u + \dfrac{n-1}{2}u$ 乘以 (2.1) 两边, 就得到 Dilation 恒等式

$$\partial_t\left(tQ_0 + \frac{n-1}{2}u_t u\right) - \mathrm{div}(tP_0) + R_0 = 0, \qquad (2.15)$$

这里

$$Q_0 = \frac{1}{2}\left(|u_t|^2 + |\nabla u|^2\right) + \frac{1}{2^*}|u|^{2^*} + u_t\left(\frac{x}{t}\cdot\nabla u\right), \qquad (2.16)$$

$$P_0 = \frac{x}{t}\left(\frac{|u_t|^2 - |\nabla u|^2}{2} - \frac{|u|^{2^*}}{2^*}\right) + \nabla u\left(u_t + \frac{x}{t}\cdot\nabla u + \frac{n-1}{2}\frac{u}{t}\right), \qquad (2.17)$$

$$R_0 = \frac{|u|^{2^*}}{n}. \qquad (2.18)$$

在锥台 $K_{T_1}^{T_2}$ 上积分, 应用散度定理,

$$\int_{D(T_2)}\left(T_2 Q_0 + \frac{n-1}{2}u_t u\right)\mathrm{d}x - \int_{D(T_1)}\left(T_1 Q_0 + \frac{n-1}{2}u_t u\right)\mathrm{d}x$$

$$-\frac{1}{\sqrt{2}}\int_{M_{T_1}^{T_2}}\left(tQ_0 + \frac{n-1}{2}u_t u + tP_0\cdot\frac{x}{|x|}\right)\mathrm{d}\sigma + \int_{K_{T_1}^{T_2}}\frac{|u|^{2^*}}{n}\mathrm{d}x\mathrm{d}t$$

$$\triangleq \mathrm{I} + \mathrm{II} + \mathrm{III} + \mathrm{IV} = 0, \quad D(T_j) = \{x\in\mathbb{R}^n, |x|\leqslant T_j, j=1,2\}. \qquad (2.19)$$

在 $M_{T_1}^{T_2}$ 上, 有 $|x| = t$. 因此

$$\mathrm{III} = -\frac{1}{\sqrt{2}}\int_{M_{T_1}^{T_2}}\left\{|x|\left|u_t + \frac{x}{|x|}\nabla u\right|^2 + \frac{n-1}{2}u\left(u_t + \frac{x}{|x|}\nabla u\right)\right\}\mathrm{d}\sigma$$

$$= -\frac{1}{\sqrt{2}}\int_{M_{T_1}^{T_2}}\left\{r(u_t + u_r)^2 + \frac{n-1}{2}(u_t + u_r)\right\}\mathrm{d}\sigma. \qquad (2.20)$$

将曲面积分化成超平面上的积分, 通过

$$y \longmapsto (y, |y|),$$

并令 $v(y) = u(y, |y|)$, 亦见

$$v_r = u_r + u_t, \quad \mathrm{d}\sigma = \sqrt{2}\mathrm{d}y. \qquad (2.21)$$

这样

$$\mathrm{III} = -\int_{T_1}^{T_2}\int_{S^{n-1}}\left(rv_r^2 + \frac{n-1}{2}vv_r\right)r^{n-1}\mathrm{d}\omega\mathrm{d}r$$

$$\begin{aligned}
&= -\int_{T_1}^{T_2}\int_{S^{n-1}} r\left(v_r + \frac{n-1}{2r}v\right)^2 r^{n-1}\mathrm{d}\omega\mathrm{d}r + \int_{T_1}^{T_2}\int_{S^{n-1}} \frac{n-1}{4}(v^2)_r r^{n-1}\mathrm{d}r\mathrm{d}\omega \\
&\quad + \int_{T_1}^{T_2}\int_{S^{n-1}} \frac{n-1}{4r} v^2 r^{n-1}\mathrm{d}r\mathrm{d}\omega \\
&= -\int_{T_1}^{T_2}\int_{S^{n-1}} r\left(v_r + \frac{n-1}{2r}v\right)^2 r^{n-1}\mathrm{d}\omega\mathrm{d}r + \frac{n-1}{4}\int_{S^{n-1}} T_2^2 v^2(T_2\omega)\mathrm{d}\omega \\
&\quad - \frac{n-1}{4}\int_{S^{n-1}} T_1^2 v^2(T_1\omega)\mathrm{d}\omega,
\end{aligned} \tag{2.22}$$

$$\begin{aligned}
\mathrm{I} &= \int_{D(T_2)}\left\{T_2\left[\frac{1}{2}|u_t|^2 + \frac{1}{2}\left(u_r + \frac{n-1}{2r}u\right)^2 + \frac{|\nabla_\omega u|^2}{2r^2} + \frac{|u|^{2^*}}{2^*}\right]\right. \\
&\quad \left. + r\left(u_r + \frac{n-1}{2r}u\right)u_t\right\}\mathrm{d}x - \int_{D(T_2)} T_2\frac{n-1}{2r} u u_r\mathrm{d}x - \int_{D(T_2)} T_2\frac{(n-1)^2}{8r^2}|u|^2\mathrm{d}x \\
&= \int_{D(T_2)}\left\{T_2\left[\frac{1}{2}|u_t|^2 + \frac{1}{2}\left(u_r + \frac{n-1}{2r}u\right)^2 + \frac{|\nabla_\omega u|^2}{2r^2} + \frac{|u|^{2^*}}{2^*}\right]\right. \\
&\quad \left. + r\left(u_r + \frac{n-1}{2r}u\right)u_t\right\}\mathrm{d}x - \frac{n-1}{4}\int_0^{T_2}\int_{S^{n-1}} T_2 \partial_r(r^{n-2}|u|^2)\mathrm{d}r\mathrm{d}\omega \\
&\quad + \frac{(n-1)(n-3)}{8}\int_0^{T_2}\int_{S^{n-1}} T_2 r^{n-3}|u|^2\mathrm{d}r\mathrm{d}\omega \\
&= \int_{D(T_2)}\left\{T_2\left[\frac{1}{2}|u_t|^2 + \frac{1}{2}\left(u_r + \frac{n-1}{2r}u\right)^2 + \frac{|\nabla_\omega u|^2}{2r^2} + \frac{|u|^{2^*}}{2^*}\right]\right. \\
&\quad \left. + r\left(u_r + \frac{n-1}{2r}u\right)u_t\right\}\mathrm{d}x - \frac{n-1}{4}\int_{S^{n-1}} T_2^{n-1}|u|^2(\omega T_2)\mathrm{d}\omega \\
&\quad + \int_{D(T_2)} T_2 \frac{(n-1)(n-3)}{8r^2}|u|^2\mathrm{d}x,
\end{aligned} \tag{2.23}$$

这里用到 Cauchy 不等式及

$$|\nabla u|^2 - u_r^2 = \frac{|\nabla_\omega u|^2}{r^2} = \frac{1}{r^2}\sum_{j\leqslant k}(\Gamma_{jk}u)^2. \tag{2.24}$$

同理

$$\begin{aligned}
\mathrm{II} &= -\int_{D(T_1)}\left\{T_1\left[\frac{1}{2}|u_t|^2 + \frac{1}{2}\left(u_r + \frac{n-1}{2r}u\right)^2 + \frac{|\nabla_\omega u|^2}{2r^2} + \frac{|u|^{2^*}}{2^*}\right]\right. \\
&\quad \left. + r\left(u_r + \frac{n-1}{2r}u\right)u_t\right\}\mathrm{d}x + \frac{n-1}{4}\int_{S^{n-1}} T_1^{n-1}|u|^2(\omega T_1)\mathrm{d}\omega
\end{aligned}$$

$$-\int_{D(T_1)} T_1 \frac{(n-1)(n-3)}{8r^2} |u|^2 \mathrm{d}x, \tag{2.25}$$

令
$$T_2 = T, \quad T_1 = \varepsilon T, \quad 0 < \varepsilon < 1. \tag{2.26}$$

将 (2.22), (2.23) 及 (2.25) 代入 (2.19), 注意利用 Hardy 不等式
$$\int_{\mathbb{R}^n} \frac{|u|^2}{|x|^2} \mathrm{d}x \leqslant C \int_{\mathbb{R}^n} |\nabla u|^2 \mathrm{d}x, \tag{2.27}$$

就得到
$$T \int_{D(T)} |u|^{2^*} \mathrm{d}x \leqslant C\varepsilon T E(u, \mathbb{R}^n, 0) + \int_{\varepsilon T}^{T} \int_{S^{n-1}} T \left(v_r + \frac{n-1}{2r} v \right)^2 r^{n-1} \mathrm{d}\omega \mathrm{d}r,$$

即
$$\int_{D(T)} |u|^{2^*} \mathrm{d}x \leqslant C\varepsilon E(u, \mathbb{R}^n, 0) + \int_{\varepsilon T}^{T} \int_{S^{n-1}} \left(v_r + \frac{n-1}{2r} v \right)^2 r^{n-1} \mathrm{d}\omega \mathrm{d}r. \tag{2.28}$$

先取 $\varepsilon > 0$ 充分小, 使得
$$\varepsilon C E(u, \mathbb{R}^n, 0) = \frac{\varepsilon_0}{4}. \tag{2.29}$$

另一方面, 由 Hardy 不等式与能量不等式 (2.10), 可见
$$\int_{\varepsilon T}^{T} \int_{S^{n-1}} \left(v_r + \frac{n-1}{2r} v \right)^2 r^{n-1} \mathrm{d}\omega \mathrm{d}r \leqslant 2 \mathrm{Flux}(u, M_{\varepsilon T}^{\infty}) < \frac{\varepsilon_0}{4}. \tag{2.30}$$

由此推得 (2.5), 从而命题 2.2 得证.

定理 2.3 Cauchy 问题 (2.1) 的解 $u(t,x) \in \mathcal{C}(\mathbb{R}; \dot{H}^1(\mathbb{R}^n) \otimes L^2(\mathbb{R}^n))$ 满足整体时空估计 (2.4). 换言之, $u(t,x)$ 满足如下整体时空可积性:
$$(u(t,x), u_t(t,x)) \in L^q\big(\mathbb{R}; \dot{B}_q^{\frac{1}{2}}(\mathbb{R}^n) \otimes \dot{B}_q^{-\frac{1}{2}}(\mathbb{R}^n)\big). \tag{2.31}$$

证明 由 Strichartz 估计, (2.31) 等价于证明 $u(t,x) \in L^q(\mathbb{R}; \dot{B}_q^{\frac{1}{2}}(\mathbb{R}^n))$. 再由局部的时空估计 (2.3), (2.4) 或 (2.31) 就归结为证明: 仅需对某个固定的 $T_0 > 0$,
$$u(t,x) \in L^q\big([T_0, \infty); \dot{B}_q^{\frac{1}{2}}(\mathbb{R}^n)\big). \tag{2.32}$$

由命题 2.2 知, 对于充分小的 $\varepsilon_0 > 0$, 可找到 $T_0 > 0$, 使得
$$|g(t)| < \varepsilon_0, \quad \forall t \geqslant T_0. \tag{2.33}$$

今对任意的 $T > T_0$, 由 Strichartz 估计及非线性估计, 就得

$$\|u\|_{L^q([T_0,T];\dot{B}_q^{\frac{1}{2}})} \leqslant CE(u,\mathbb{R}^n,0)^{\frac{1}{2}} + C \sup_{T_0 \leqslant t \leqslant T} \|u\|_{L^{2^*}(\mathbb{R}^n)}^{(1-\alpha)(2^*-2)} \|u\|_{L^q([T_0,T];\dot{B}_q^{\frac{1}{2}})}^{1+\alpha(2^*-2)}$$

$$\leqslant CE(u,\mathbb{R}^n,0)^{\frac{1}{2}} + C\varepsilon_0^{(1-\alpha)(2^*-2)} \|u\|_{L^q([T_0,T];\dot{B}_q^{\frac{1}{2}})}^{1+\alpha(2^*-2)}, \qquad (2.34)$$

这里 $\alpha = \dfrac{n-2}{n-1}$. 今取 $\varepsilon_0 > 0$ 充分小, 就可推出

$$\|u\|_{L^q([T_0,T];\dot{B}_q^{\frac{1}{2}})} \leqslant 2CE(u,\mathbb{R}^n,0)^{\frac{1}{2}}, \quad \forall T \geqslant T_0. \qquad (2.35)$$

在上式中令 $T \to \infty$, 就得定理 2.3 的证明.

定义 2.1(波容许对的概念) 称 (q,r) 是波容许对, 如果

$$2 \leqslant q, r \leqslant \infty, \quad (q,r,\gamma(r)) \neq (2,\infty,1),$$

且满足

$$0 \leqslant \frac{2}{q} \leqslant \min(\gamma(r),1), \qquad (2.36)$$

习惯记为 $(q,r) \in \tilde{\Lambda}$. 特别, 当

$$\frac{2}{q} = \gamma(r)$$

时, 就称 (q,r) 是最佳波容许对, 记 $(q,r) \in \Lambda$.

推论 2.4 设 $(q_1, r_1) \in \tilde{\Lambda}$ 满足

$$\rho_1 + \delta(r_1) - \frac{1}{q_1} = 1. \qquad (2.37)$$

则 Cauchy 问题 (2.1) 的解 $u(t,x)$ 满足如下整体时空估计

$$\|u\|_{L^{q_1}(\mathbb{R};\dot{B}_{r_1}^{\rho_1}(\mathbb{R}^n))} + \|u_t\|_{L^{q_1}(\mathbb{R};\dot{B}_{r_1}^{\rho_1-1}(\mathbb{R}^n))} < CE(u,\mathbb{R}^n,0)^{\frac{1}{2}}. \qquad (2.38)$$

特别, 若 $(\tilde{q}, \tilde{r})$ 满足

$$\frac{1}{\tilde{q}} + \frac{n}{\tilde{r}} = \frac{n-2}{2},$$

则

$$\|u\|_{L^{\tilde{q}}(\mathbb{R};L^{\tilde{r}}(\mathbb{R}^n))} < CE(u,\mathbb{R}^n,0)^{\frac{1}{2}}. \qquad (2.39)$$

事实上, 取

$$(q_1,r_1) = (q,q) = \left(\frac{2(n+1)}{n-1}, \frac{2(n+1)}{n-1}\right), \quad \rho_2 = -\frac{1}{2}.$$

则由经典的 Strichartz 估计

$$\|u\|_{L^{q_1}(\mathbb{R};\dot{B}^{\rho_1}_{r_1}(\mathbb{R}^n))} + \|u_t\|_{L^{q_1}(\mathbb{R};\dot{B}^{\rho_1-1}_{r_1}(\mathbb{R}^n))}$$
$$\leqslant E(u,\mathbb{R}^n,0)^{\frac{1}{2}} + \|f(u)\|_{L^{q'_2}(\mathbb{R};\dot{B}^{\frac{1}{2}}_{r'_2}(\mathbb{R}^n))}, \tag{2.40}$$

及非线性估计就得推论 2.4 的证明.

定理 2.5 Cauchy 问题 (2.1) 所定义的波算子 $W_\pm$ 及散射算子 $S = W_+^{-1} \circ W_-$ 是 $\dot{H}^1(\mathbb{R}^n) \otimes L^2(\mathbb{R}^n)$ 到自身的同胚映射.

证明 记 $A = (-\Delta)^{\frac{1}{2}}$, 定义

$$U_0(t)(\varphi,\psi) = \big(\cos(At)\varphi + A^{-1}\sin(At)\psi, -A\sin(At)\varphi + \cos(At)\psi\big). \tag{2.41}$$

我们知道, (2.1) 对应的自由波方程

$$\begin{cases} v_{tt} - \Delta v = 0, & (t,x) \in \mathbb{R} \times \mathbb{R}^n, \\ v(0,x) = \varphi(x), \quad v_t(0,x) = \psi(x), & x \in \mathbb{R}^n \end{cases} \tag{2.42}$$

的解可表示成

$$v(t,x) = \cos(At)\varphi + A^{-1}\sin(At)\psi. \tag{2.43}$$

易见, $(v(t,x), v_t(t,x)) = U_0(t)(\varphi,\psi)$. 下面先来考虑渐近完备性.

对于 $\forall(\varphi,\psi) \in \dot{H}^1(\mathbb{R}^n) \otimes L^2(\mathbb{R}^n)$, 令

$$(u^\pm(t), \partial_t u^\pm(t)) = U_0(t)(\varphi,\psi) - \int_0^{\pm\infty} U_0(t-\tau)(0, |u|^{2^*-2}u)\mathrm{d}\tau. \tag{2.44}$$

直接验证

$$\begin{aligned}
& \big\|(u(t),u_t(t)) - (u^\pm(t), \partial_t u^\pm(t))\big\|_{\dot{H}^1 \otimes L^2} \\
& \leqslant \left\|\int_t^{\pm\infty} (A^{-1}\sin A(t-\tau), \cos A(t-\tau))|u|^{2^*-2}u\mathrm{d}\tau\right\|_{\dot{H}^1 \otimes L^2} \\
& \leqslant \sup_{t \leqslant \tau < \infty} \|u\|_{L^{2^*}(\mathbb{R}^n)}^{(1-\alpha)(2^*-2)} \|u\|_{L^q([t,\pm\infty);\dot{B}^{\frac{1}{2}}_q(\mathbb{R}^n))}^{1+\alpha(2^*-2)} \\
& \longrightarrow 0, \quad t \to \pm\infty, \quad \alpha = \frac{n-2}{n-1}.
\end{aligned} \tag{2.45}$$

引入如下记号

$$(\Phi^\pm(x), \Psi^\pm(x)) = \int_0^{\pm\infty} \big(A^{-1}\sin A\tau, \cos A\tau\big)|u|^{2^*-2}u\mathrm{d}\tau. \tag{2.46}$$

4.2 能量解的整体时空估计及散射理论

则 (2.44) 就等价于

$$(u^{\pm}(t), \partial_t u^{\pm}(t)) = U_0(t)(\varphi(x) - \Phi^{\pm}(x), \psi(x) - \Psi^{\pm}(x)). \tag{2.47}$$

这样一来，就可以定义 $X = \dot{H}^1(\mathbb{R}^n) \otimes L^2(\mathbb{R}^n)$ 到自身的映射 $\widetilde{W}_{\pm}^{-1}$ 为

$$(\varphi^{\pm}(x), \psi^{\pm}(x)) = \widetilde{W}_{\pm}^{-1}(\varphi(x), \psi(x)) \triangleq (\varphi(x) - \Phi^{\pm}(x), \psi(x) - \Psi^{\pm}(x)). \tag{2.48}$$

反过来，对于 $(\varphi^{\pm}(x), \psi^{\pm}(x)) \in \dot{H}^1(\mathbb{R}^n) \otimes L^2(\mathbb{R}^n)$，波算子的存在性就归结为寻求积分方程

$$(u(t,x), u_t(t,x)) = U_0(t)(\varphi^{\pm}(x), \psi^{\pm}(x)) + \int_t^{\pm\infty} U_0(t-\tau)(0, |u|^{2^*-2}u)\mathrm{d}\tau \tag{2.49}$$

的满足条件

$$\lim_{t \to \pm\infty} \left\| \int_t^{\pm\infty} U_0(t-\tau)(0, |u|^{2^*-2}u)\mathrm{d}\tau \right\|_X = 0 \tag{2.50}$$

的解.

为此目的，构造工作空间

$$\mathcal{Y}(I) = \{(u, u_t) \in \mathcal{C}(I; \dot{H}^1(\mathbb{R}^n) \otimes L^2(\mathbb{R}^n)) \text{ s.t. } (u, u_t) \in L^q\big(I; \dot{B}_q^{\frac{1}{2}}(\mathbb{R}^n)$$
$$\otimes \dot{B}_q^{-\frac{1}{2}}(\mathbb{R}^n)\big), I = [t_0, \infty) \text{ 或 } I = (-\infty, -t_0]\}. \tag{2.51}$$

在其闭子集

$$B = \{(u, u_t) \in \mathcal{Y}(I), \|(u, u_t)\|_{\mathcal{Y}(I)} \leqslant C_{t_0}\} \tag{2.52}$$

上讨论，这里

$$\lim_{|t_0| \to \infty} C_{t_0} = 0, \quad C_{t_0} = \|U_0(t)(\varphi^{\pm}(x), \psi^{\pm}(x))\|_{L^q(I; \dot{B}_q^{\frac{1}{2}}(\mathbb{R}^n) \otimes \dot{B}_q^{-\frac{1}{2}}(\mathbb{R}^n))}. \tag{2.53}$$

这样一来，利用标准的方法，可以建立终值问题 (2.49) 在 $\mathcal{Y}(I)$ 上的局部适定性. 利用波方程关于时间的可逆性，从 t_0 或 $-t_0$ 出发，求解波方程的 Cauchy 问题，就可以将其延拓到整个 $\mathbb{R}$ 上. 这样一来，就定义了波映射

$$W_{\pm}: (\varphi^{\pm}(x), \psi^{\pm}(x)) \longmapsto (\varphi(x), \psi(x)). \tag{2.54}$$

下面验证 $W_{\pm}^{-1}$ 存在且恰好是上面渐近完备性定义的映射 $\widetilde{W}_{\pm}^{-1}$. 事实上，(2.49) 决定的初值是

$$(\tilde{\varphi}(x), \tilde{\psi}(x)) = (\varphi^{\pm}(x), \psi^{\pm}(x)) + \int_0^{\pm\infty} U_0(-\tau)(0, |u|^{2^*-2}u)\mathrm{d}\tau. \tag{2.55}$$

由此推知
$$(\varphi^\pm(x), \psi^\pm(x)) = (\tilde{\varphi}(x) - \Phi^\pm(x), \tilde{\psi}(x) - \Psi^\pm(x)). \tag{2.56}$$

这意味着 $W_\pm$ 可逆且 $W_\pm^{-1} = \widetilde{W}_\pm^{-1}$ 是 $\dot{H}^1(\mathbb{R}^n) \otimes L^2(\mathbb{R}^n)$ 到自身的同胚映射. 作为直接结果, 就定义了散射算子 $S = W_+^{-1} \circ W_-$, 它自然也是 $\dot{H}^1(\mathbb{R}^n) \otimes L^2(\mathbb{R}^n)$ 到自身的同胚映射.

4.3 波方程与 Klein-Gordon 型方程能量解及相关问题

半线性超临界波方程能量解与光滑解的整体适定性仍然是公开的, 而临界与次临界波方程的研究近几年取得了长足的进展, 现将这一领域的研究进展、遗留问题、主要的方法与技术给出一些总结, 以便今后从事研究时使用.

考虑形如临界或次临界波方程的 Cauchy 问题:

$$\begin{cases} u_{tt} - \Delta u + \tilde{f}(u) = 0, & (x,t) \in \mathbb{R}^n \times \mathbb{R}, \\ u(0,x) = \varphi(x), \quad u_t(0,x) = \psi(x), & x \in \mathbb{R}^n, \\ (\varphi(x), \psi(x)) \in \dot{H}^1(\mathbb{R}^n) \otimes L^2(\mathbb{R}^n), \end{cases} \tag{3.1}$$

这里 (i) $\tilde{f} : \mathbb{C} \longmapsto \mathbb{C}$ 连续且有 $\tilde{f} = f(u) + h(u)$, 其中

$$\begin{cases} f(z) = \dfrac{\partial F}{\partial \bar{z}}, \quad F(z) \in \mathcal{C}^1(\mathbb{C}, \mathbb{R}^+), \\ |f(z_1) - f(z_2)| \leqslant C(|z_1|^{\rho-1} + |z_2|^{\rho-1})|z_1 - z_2|, \end{cases} \quad 1 \leqslant \rho \leqslant 1 + \dfrac{4}{n-2}; \tag{3.2}$$

(ii) $h(z)$ 是 $\mathbb{C}$ 上整体 Lip 连续, 即

$$|h(z_1) - h(z_2)| \leqslant C|z_1 - z_2|, \quad \forall z_1, z_2 \in \mathbb{C}. \tag{3.3}$$

由紧致性方法、经典的 Strichartz 估计与不动点定理, 有如下结果:

定理 3.1 在 (3.1)~(3.3) 的假设条件下, 有如下结论:

(1) 设 $1 \leqslant \rho < 1 + \dfrac{4}{n-2}$, Cauchy 问题 (3.1) 存在一个唯一解 $u(t,x)$ 满足

$$(u, u_t) \in \mathcal{C}(\mathbb{R}; H^1(\mathbb{R}^n) \otimes L^2(\mathbb{R}^n)), \tag{3.4}$$

$$u(t,x) \in L^{\frac{2(n+1)}{n-2}}([0,T] \times \mathbb{R}^n), \quad \forall T > 0. \tag{3.5}$$

(2) 设 $\rho = 1 + \dfrac{4}{n-2}$, Cauchy 问题 (3.1) 至少存在一个解 $u(t,x)$ 满足

(i) $(u, u_t) \in \mathcal{C}_w(\mathbb{R}; H^1(\mathbb{R}^n) \otimes L^2(\mathbb{R}^n))$; \hfill (3.6)

(ii) 对于任意的 $t \geqslant 0$, 存在 $\tau(t) > 0$ 满足

$$(u, u_t) \in \mathcal{C}([t, t+\tau(t)]; H^1(\mathbb{R}^n) \otimes L^2(\mathbb{R}^n)), \tag{3.7}$$

4.3 波方程与 Klein-Gordon 型方程能量解及相关问题

$$u(t,x) \in L^{\frac{2(n+1)}{n-2}}([t, t+\tau(t)] \times \mathbb{R}^n). \tag{3.8}$$

注记 3.1 (i) 在次临界的情形下, 由 Stricharz 估计, 对所有的波容许对 $(q,r) \in \widetilde{\Lambda}$, 如果满足 $\sigma + \delta(r) - \frac{1}{q} = 1$, 那么

$$(u, u_t) \in L^q([0,T]; \dot{B}^\sigma_{r,2}(\mathbb{R}^n)) \otimes L^q([0,T]; \dot{B}^{\sigma-1}_{r,2}(\mathbb{R}^n)), \quad \forall T > 0. \tag{3.9}$$

特别,

$$u(t,x) \in L^{\tilde{q}}([0,T]; L^{\tilde{r}}(\mathbb{R}^n)), \quad \delta(\tilde{r}) - \frac{1}{\tilde{q}} = 1, \quad \forall T > 0. \tag{3.10}$$

这是时空估计 (3.5) 的推广形式. 同理, 对于临界情形的局部时空估计 (3.8) 亦有类似的推广形式.

(ii) 对于临界的情形, 如果得到的弱解是唯一的, 那么利用 (3.7) 及 $t \geqslant 0$ 的任意性就可以得到

$$(u, u_t) \in \mathcal{C}(\mathbb{R}; H^1(\mathbb{R}^n) \otimes L^2(\mathbb{R}^n)). \tag{3.11}$$

(iii) 在临界情形下, 证明 $(u, u_t) \in \mathcal{C}(\mathbb{R}; H^1(\mathbb{R}^n) \otimes L^2(\mathbb{R}^n))$ 就需要排除能量 (以 Klein-Gordon 方程为例)

$$E(u; \mathbb{R}^n, t) = \frac{1}{2} \int_{\mathbb{R}^n} \left(|\dot{u}|^2 + |\nabla u|^2 + |u|^2 + F(u) \right) dx \tag{3.12}$$

在某些点聚积. 直观上来看, 能量函数的不连续点可能有可数个 t(最多只能可数个), 这可数个不连续点可能有聚点, 这样一来就产生能量聚积现象.

为简单起见, 考虑临界 Klein-Gordon 方程 (亦可以考虑波方程, 见上节的讨论) 的 Cauchy 问题:

$$\begin{cases} u_{tt} - \Delta u + u + f(u) = 0, & (t,x) \in \mathbb{R} \times \mathbb{R}^n, \\ u(0,x) = \varphi(x), \quad u_t(0,x) = \psi(x), & x \in \mathbb{R}^n, \\ (\varphi(x), \psi(x)) \in H^1(\mathbb{R}^n) \otimes L^2(\mathbb{R}^n), \end{cases} \tag{3.13}$$

这里

$$f(u) = |u|^{2^*-2} u. \tag{3.14}$$

Ginibre, Soffer 和 Velo 对对称的初始函数, 证明了 (3.13) 的弱解所对应的能量函数是一个常数, 故 (3.11) 成立. 当 $3 \leqslant n \leqslant 7$ 时, Grillakis, Struwe, Shatah 等证明了整体光滑解的适定性, 见第 3 章的内容. 上一节证明了 (3.13) 的弱解是满足能量守恒及 (3.11) 的整体解. 现在再给出这一结果的另一个证明, 以便更好地理解这一问题的本质.

定义 3.1　定义

$$\mathcal{A} = \{\text{Cauchy 问题 (3.1) 的满足 (3.6)} \sim \text{(3.8) 的弱解的全体}\}, \tag{3.15}$$

$$\mathcal{M}[u] = \{\tau > 0; E(u, \mathbb{R}^n, \tau - 0) \neq E(u, \mathbb{R}^n, \tau + 0), u \in \mathcal{A}\}. \tag{3.16}$$

定理 3.2　设 $T > t_0 \geqslant 0$, $u(t,x) \in \mathcal{A}$ 满足 $\mathcal{M}[u] \cap (t_0, T) = \varnothing$. 则下面关于 u 的几条性质互相等价：

(1) $T \notin \mathcal{M}[u]$;

(2) $(u, u_t) \in \mathcal{C}([t_0, T]; H^1 \otimes L^2(\mathbb{R}^n))$;

(3) $u(t, x) \in L^{\frac{2(n+1)}{n-2}}([t_0, T] \times \mathbb{R}^n)$;

(4) $u \in L^{\tilde{q}}([t_0, T]; L^{\tilde{r}}(\mathbb{R}^n))$，这里

$$\delta(\tilde{r}) - \frac{1}{\tilde{q}} = 1, \quad \frac{2n}{n-2} < \tilde{r} < \frac{3n}{n-3}; \tag{3.17}$$

(5) $u \in L^q([t_0, T]; B^{\sigma}_{r,2}(\mathbb{R}^n))$，这里 $(q, r) \in \Lambda$(最佳容许对) 且满足

$$\sigma + \delta(r) - \frac{1}{q} = 1, \tag{3.18}$$

换言之，从 $2 \leqslant r \leqslant \frac{2(n-1)}{n-3}$ $(n \geqslant 4)$ 及 $2 \leqslant r < \infty$ $(n = 3)$，就是

$$\begin{cases} 1 - \dfrac{n+1}{2(n-1)} \leqslant \sigma < 1, & \sigma = 1 - \beta(r), & \dfrac{1}{q} = \dfrac{n-1}{n+1}(1-\sigma), & n \geqslant 4, \\ 1 - \dfrac{n+1}{2(n-1)} < \sigma < 1, & \sigma = 1 - \beta(r), & \dfrac{1}{q} = \dfrac{n-1}{n+1}(1-\sigma), & n = 3; \end{cases} \tag{3.19}$$

(6) 对于任意的 $x_0 \in \mathbb{R}^n$, 存在 $\delta = \delta(u, x_0) > 0$ 及球 $\Omega(x_0) = \{x; |x - x_0| \leqslant \eta\}$, $\eta(u, x_0) > 0$ 使得

$$u(t, x) \in L^{\frac{2(n+1)}{n-2}}([T - \delta, T] \times \Omega(x_0)); \tag{3.20}$$

(7) 对于任意的 $x_0 \in \mathbb{R}^n$, 存在 $\delta = \delta(u, x_0) > 0$ 使得

$$\int_{T-\delta}^{T} \int_{\delta|x-x_0|^2 \leqslant T-t} |u|^{\frac{2(n+1)}{n-2}} \mathrm{d}x \mathrm{d}t < \infty. \tag{3.21}$$

证明思路　由 $\mathcal{M}[u]$ 的定义，有 (1) $\Longleftrightarrow$ (2).

利用经典的 Strichartz 估计及临界情形局部存在性的证明技术与非线性估计方法，就得 (5) $\Longleftrightarrow$ (2).

利用 Sobolev 嵌入定理, (5) $\Longrightarrow$ (4) $\Longrightarrow$ (3).

(3)$\Longrightarrow$ (2) 因为 $u \in \mathcal{A}$ 且 $\mathcal{M}[u] \cap (t_0, T) = \varnothing$, 故

$$(u, u_t) \in \mathcal{C}([t_0, t]; H^1 \otimes L^2(\mathbb{R}^n)), \quad \forall t < T \tag{3.22}$$

且

$$\lim_{t \nearrow T}(u(t,x), \partial_t u(t,x)) \overset{w}{=} (u(T,x), \partial_t u(T,x)), \quad 在 H^1(\mathbb{R}^n) \otimes L^2(\mathbb{R}^n) 意义下. \tag{3.23}$$

今取 $(u(T,x), \partial_t u(T,x))$ 为初值, 反向求解 (3.1), 则存在 $t_0 \leqslant \tau < T$ 及解 $\underline{u}(t,x)$ 满足

$$\begin{cases} (\underline{u}(t,x), \underline{u}_t(t,x)) \in \mathcal{C}([\tau, T]; H^1(\mathbb{R}^n) \otimes L^2(\mathbb{R}^n)), \\ \underline{u}(t,x) \in L^{\frac{2(n+1)}{n-2}}([\tau, T] \times \mathbb{R}^n). \end{cases} \tag{3.24}$$

由于 $u(t,x)$ 与 $\underline{u}(t,x)$ 在 T 处有相同的初值且在 $[\tau, T]$ 均满足 (3.24) 中的时空可积性, 故 $u(t,x) = \underline{u}(t,x)$.

(6)$\Longrightarrow$ (2) 由总的假设条件 (即 $u(t,x) \in \mathcal{A}$ 且 $\mathcal{M}[u] \cap (t_0, T) = \varnothing$) 及 (6) 可见, 对于任意的 $R > 0$, 利用有限覆盖定理, 可得

$$\|u; L^{\frac{2(n+1)}{n-2}}([t_0, T] \times \{|x| \leqslant R\})\| < \infty. \tag{3.25}$$

下面的证明本质上是 (3)$\Longrightarrow$ (2) 的局部形式. 今取 $(u(T,x), \partial_t u(T,x))$ 为初值, 反向求解 (3.1), 则存在 $t_0 \leqslant \tau < T$ 及解 $\underline{u}(t,x)$ 满足 (3.24). 根据波的有限传播速度, 可见

$$u(t,x) = \underline{u}(t,x), \quad (t,x) \in [\tau, T] \times \mathbb{R}^n \cap \{(t,x); |x| \leqslant R - (T-t)\}. \tag{3.26}$$

利用 $R > 0$ 的任意性就知 (6)$\Longrightarrow$ (2).

(7)$\Longrightarrow$ (6) 由于所证的结果是局部的, 故仅需对 $x_0 = 0$ 来证明: 存在 $\delta > 0$ 使得: $u(t,x) \in L^{\frac{2(n+1)}{n-2}}([T-\eta, T] \times \{x; |x| \leqslant \eta\})$. 记

$$Q = Q^\delta = \{(t,x): x \in \mathbb{R}^n, 0 \leqslant t \leqslant \Phi^\delta(x)\}, \tag{3.27}$$

这里 $\Phi^\delta(x) \in \mathcal{C}^\infty(\mathbb{R}^n)$ 是非负的径向函数, 满足

$$\Phi^\delta(x) = \begin{cases} T - \delta |x|^2, & |x| \leqslant 1, \\ T - 2\delta, & |x| \geqslant M. \end{cases} \quad M \gg 1, \delta \ll 1. \tag{3.28}$$

显然, 存在 $[-1, T+1]$ 到自身的光滑同胚映射 (变量的变换)Ψ: $(t,x) \longmapsto (t', x')$ 使得

$$\begin{cases} Q' = \Psi(Q) = [0, T - 2\delta] \times \mathbb{R}^n, \quad \Sigma' = \{t' = T - 2\delta\}; \\ (t', x') = (t, x), \quad |x| \geqslant 10M. \end{cases} \tag{3.29}$$

在微分同胚意义下, (3.13) 在 Q 上的解 $u(t,x)$ 就映射到类似于 (1.13) 的方程在 Q' 上的解 $\tilde{u}(t,x)$, 且满足 $\tilde{u}(t,x) \in L^{\frac{2(n+1)}{n-2}}(Q')$. 由上一步的证明知, $\tilde{u}(t,x)$ 可以扩充到 $Q'' = [0, T - 2\delta + \varepsilon] \times \mathbb{R}^n$. 故逆变换 $\Psi^{-1}\tilde{u}$ 是 $u(t,x)$ 的一个扩张, 且 Σ' 是其内部. 与此同时, $u(t,x) \in L^{\frac{2(n+1)}{n-2}}(\Psi^{-1}(Q''))$.

注记 3.2 (i) 在定理 3.2 总的假设 (即 $u(t,x) \in \mathcal{A}$ 且 $\mathcal{M}[u] \cap (t_0, T) = \varnothing$) 下, 下面的性质与定理 3.2 的 (1)~(7) 等价, 具体地说就是

(8) 对任意的 $x_0 \in \mathbb{R}^n$, 存在 $\delta = \delta(u, x_0) > 0$ 及 $\Omega = \Omega(u, x_0) = \{x; |x - x_0| \leqslant \eta\}$, $\eta = \eta(u, x_0) > 0$ 使得

$$(u(t,x), u_t(t,x)) \in \mathcal{C}([T - \delta, T]; H^1(\Omega) \otimes L^2(\Omega)). \tag{3.30}$$

这一事实的证明本质上依赖于局部的 Strichartz 估计.

(ii) 性质 (3.30) 表明, 对于任意的 $u(t,x) \in \mathcal{A}$, 整体能量 $E(u, \mathbb{R}^n, t)$ 的连续性等价于局部能量

$$E(u, \Omega, t) = \frac{1}{2} \int_\Omega \left(|\dot{u}|^2 + |\nabla u|^2 + |u|^2 + F(u) \right) \mathrm{d}x, \quad \text{对任意的球 } \Omega \subset \mathbb{R}^n \tag{3.31}$$

的连续性. 对给定的球 Ω, 我们知道 $E(u, \Omega, t)$ 关于 $t \in [t_0, T)$ 一致有界. 因此

$$\lim_{t \nearrow T} E(u, \Omega, t) = E(u, \Omega, T)$$

等价于能量密度函数

$$e(u) = \frac{1}{2} \left(|\dot{u}|^2 + |\nabla u|^2 + |u|^2 + F(u) \right)$$

在 Ω 上的一致可积性. 换句话说, 不发生能量聚积效应, 即对于任意的 $\varepsilon > 0$, 存在 $\delta > 0$, 使得

$$E(u, \Omega_s, t) \leqslant \varepsilon, \quad \Omega_s \subset \Omega, \quad |\Omega_s| \leqslant \delta, \quad \forall t \in [t_0, T). \tag{3.32}$$

(iii) 如何排除能量聚积是研究临界波方程整体适定性的关键. Struwe 首次指出局部时空估计、局部 Morawetz 估计在研究临界波方程相应问题时的重要性. Grillakis 注意到排除能量聚积可以归结为排除能量中的势能部分的聚积. 换言之, 就是证明 $\|u\|_{L^{2^*}}$ 不存在聚积现象. 用这一观察结合 Strichartz 估计就证明了当 $3 \leqslant n \leqslant 5$ 时, 临界波方程光滑解的整体适定性. Shatah 和 Struwe 利用局部的 Strichartz 估计等工具将 Grillakis 的结果推广到 $n = 6, 7$.

(iv) 与上一节一样, 这里处理的也是在能量解意义下临界波方程的整体适定性. 与此同时, 如果采用更精确的 Strichartz 估计, 可以证明当 $n \leqslant 9$ 时, 临界波方程整体光滑解的适定性.

4.3 波方程与 Klein-Gordon 型方程能量解及相关问题

命题 3.3(局部的 Strichartz 估计)　(1) 设 $(\tilde{q},\tilde{r}) \in \tilde{\Lambda}$ 满足 (3.17). 则

$$\left(\int_\tau^T \|v(t)\|_{L_{\tilde{r}}(Q_t)}^{\tilde{q}} \mathrm{d}t\right)^{\frac{1}{\tilde{q}}} \leqslant C\left[\|v\|_{H^1(Q_\tau)} + \|\dot{v}\|_{L^2(Q_\tau)}\right] + \left(\int_\tau^T \|\mathcal{L}v(t)\|_{L^2(Q_t)} \mathrm{d}t\right)^{\frac{1}{2}},$$
$$\mathcal{L} = (\Box - 1), \quad \tau \in [T-\delta, T]. \tag{3.33}$$

(2) 设 $\sigma, q, r, \bar{\sigma}$ 满足下面条件：

$$r = 2^*, \quad \sigma = \frac{1}{q} = \frac{n-1}{2n}, \quad r' = \frac{2n}{n+2}, \quad \bar{\sigma} = 1-\sigma = \frac{1}{q'} = \frac{n+1}{2n}. \tag{3.34}$$

则存在 $\varepsilon_0 > 0$, 对于任意的 $\theta < \varepsilon_0$, 成立

$$\left(\int_\tau^{\tau+\theta} \|v(t)\|_{B_r^\sigma(Q_t)}^q \mathrm{d}t\right)^{\frac{1}{q}}$$
$$\leqslant C\Big\{\|v(\tau)\|_{H^1(Q_\tau)} + \|\dot{v}(\tau)\|_{L_2(Q_\tau)} + \left(\int_\tau^{\tau+\theta} \|\mathcal{L}v(t)\|_{B_{r'}^{\bar{\sigma}}(Q_t)}^{q'} \mathrm{d}t\right)^{\frac{1}{q'}}$$
$$+ \int_\tau^{\tau+\theta} \|\mathcal{L}v(t)\|_{L^2(Q_t)} \mathrm{d}t\Big\}, \tag{3.35}$$

这里 $\tau \in [T-\delta, T-\theta]$, $n \geqslant 5$, B_p^σ 表示局部的 Besov 空间, 可参见文献 [Tr2].

注记 3.3　(i) (3.17) 中关于 $\tilde{r}$ 的范围从

$$\begin{cases} 2 \leqslant \tilde{q} \leqslant \infty, & n \geqslant 4, \\ 2 < \tilde{q} \leqslant \infty, & n \leqslant 3 \end{cases}$$

就可以直接得到.

(ii) 从 $(q,r) \in \Lambda$ 满足 $\sigma + \delta(r) - \frac{1}{q} = 1$ 中可见 $\sigma = 1 - \beta(r)$. 取 $r = 2^*$, 就可推出关系式 (3.34).

(iii) 局部的 Strichartz 估计可以根据整体 Strichartz 估计及波方程的有限传播速度的性质得到. 关于 (3.35), 需要证明: 存在扩张算子 $\mathcal{E}_t: B_r^\sigma(Q_t) \longmapsto B_r^\sigma(\mathbb{R}^n)$ 及收缩算子 $\mathcal{R}_t: B_r^\sigma(\mathbb{R}^n) \longmapsto B_r^\sigma(Q_t)$, 且关于 $|t| \leqslant T$ 是一致有界的算子. 若 Q_t 是球形区域, 当 $0 < \sigma < 1$, $1 < r < n$ 时, 不难构造满足上面要求的扩张与收缩算子. 然而, 对于一般的区域及对可积指标更一般的范围 (例如 $r \geqslant n$), 还需要证明满足上面性质的映射的存在性. $n \geqslant 5$ 的限制正是源于 $2^* < n$ 的要求.

定理 3.4　设 $T > 0$, $u(t,x) \in \mathcal{A}$ 满足 $\mathcal{M}[u] \cap (0,T) = \varnothing$. 若

$$\lim_{t \nearrow T} \int_{Q_t} |u(t)|^{\frac{2n}{n-2}} \mathrm{d}x = 0, \tag{3.36}$$

则 $u(t) \in L^{\frac{2(n+1)}{n-2}}(Q)$.

证明思路 (i) 当 $n=3,4,5$ 时, 利用 Strichartz 估计 (3.33) 及
$$\frac{2n}{n-2} < \frac{2(n+1)}{n-2} < \frac{2n}{n-3}, \qquad 3 \leqslant n \leqslant 5$$
就可以直接得到所要结果.

(ii) 下面考虑 $n \geqslant 6$ 的情形. 容易看出, $u(t) \in L^{\frac{2(n+1)}{n-2}}(Q)$ 可以归结为证明

$$\int_{T-\delta}^{T} \|u(t)\|_{B_r^\sigma(Q_t)}^q \mathrm{d}t < \infty, \tag{3.37}$$

这里 σ, q, r 同 (3.34). 事实上, 由 Sobolev 嵌入定理,

$$\int_{T-\delta}^{T} \|u(t)\|_{L^{r^*}(Q_t)}^q \mathrm{d}t \leqslant \int_{T-\delta}^{T} \|u(t)\|_{B_r^\sigma(Q_t)}^q \mathrm{d}t < \infty, \qquad r^* = \frac{2n^2}{n^2-3n+1}. \tag{3.38}$$

与此同时, $u(t) \in L^{2^*}(Q_t)$. 它与 (3.38) 插值就得 $u(t) \in L^{\frac{2(n+1)}{n-2}}(Q)$. 下面证明 (3.37). 对任意的 $\theta > 0$, 令

$$N_\tau = \left(\int_\tau^{(\tau+\theta)\wedge T} \|u(t)\|_{B_r^\sigma(Q_t)}^q \mathrm{d}t \right)^{\frac{1}{q}}. \tag{3.39}$$

这样一来, 仅需证明当 τ 很接近 T 时, N_τ 一致有界. 由局部的 Strichartz 估计 (3.35), 得

$$N_\tau \leqslant C\|u(\tau)\|_{H^1(Q_\tau)} + C\|\dot{u}(\tau)\|_{L^2(Q_\tau)} + C\left(\int_\tau^{\tau+\theta} \|f(u)\|_{B_{r'}^{\tilde{\sigma}}(Q_t)}^{q'} \mathrm{d}t \right)^{\frac{1}{q'}}$$

$$\leqslant CE(u, Q_t, t)^{\frac{1}{2}} + C\left(\int_\tau^{\tau+\theta} \|f(u)\|_{B_{r'}^{\tilde{\sigma}}(Q_t)}^{q'} \mathrm{d}t \right)^{\frac{1}{q'}}. \tag{3.40}$$

由非线性估计的技术, 可见

$$\left(\int_\tau^{\tau+\theta} \|f(u)\|_{B_{r'}^{\tilde{\sigma}}(Q_t)}^{q'} \mathrm{d}t \right)^{\frac{1}{q'}} \leqslant C \sup_{\tau \leqslant t \leqslant \tau+\theta} \|u(t)\|_{L^{2^*}(Q_t)}^{\eta_*(1-\lambda)} \cdot \sup_{\tau \leqslant t \leqslant \tau+\theta} \|u(t)\|_{H^1(Q_t)}^{1-\nu} \cdot N_\tau^\gamma, \tag{3.41}$$

这里

$$\lambda = \frac{n(n-2)}{n^2-1}, \quad \nu = \frac{n-1}{n+1}, \quad \gamma = \nu + \eta_*\lambda = \frac{n+1}{n-1}, \quad \eta_* = \frac{4}{n-2}. \tag{3.42}$$

注意到 (3.36), 将 (3.41) 代入 (3.40), 就得估计

$$N_\tau \leqslant C_1 + C_2(\tau) N_\tau^\gamma, \tag{3.43}$$

这里 C_1 是常数, 而 $C_2(\tau)$ 满足

$$\lim_{\tau \to T} C_2(\tau) = 0.$$

由此就得定理 3.4 的证明.

对于经典的波方程或 Klein-Gordon 方程, 利用 Dilation 恒等式就可推出 (3.36), 即

命题 3.5 设 $u(t,x) \in \mathcal{A}$ 是 (3.13) 的解. 对任意给定的 $T > 0$, 满足 $\mathcal{M}[u] \cap (0,T) = \varnothing$. $f(u)$ 除满足 (3.2) 之外, 对于充分大的 $|z|$, 还满足

$$F(z) \leqslant C|z|^{2^*}, \quad \operatorname{Re}(\bar{z}f(z)) - F(z) \geqslant C|z|^{2^*}. \tag{3.44}$$

则

$$\lim_{t \nearrow T} \int_{Q_t} |u(t)|^{\frac{2n}{n-2}} \mathrm{d}x = 0, \quad Q = \{(t,x): |x|^2 \leqslant t - T, t \leqslant T\}. \tag{3.45}$$

注记 3.4 从能量的正性及 Morawetz 估计的推导就可以发现限制性条件是自然的. 然而, 究竟 (3.45) 是否是必要条件, 是一个需要研究的问题.

综上所述, 可以得到与上一节类似的结果:

定理 3.6 设 $\tilde{f}(u)$ 满足 (3.2) 及 (3.44). 则 Cauchy 问题 (3.1) 或 (3.13) 存在一个唯一解 $u(t,x)$ 满足 $(u, u_t) \in \mathcal{C}(\mathbb{R}; H^1(\mathbb{R}^n) \otimes L^2(\mathbb{R}^n))$ 及

$$u(t,x) \in L^{\frac{2(n+1)}{n-2}}([0,T] \times \mathbb{R}^n), \quad \forall T > 0. \tag{3.46}$$

下面的定理给出了上面弱解的一些性质.

定理 3.7 在定理 3.6 的条件下, 记 $u(t,x)$ 是由定理 3.6 所决定的 Cauchy 问题 (3.1) 或 (3.13) 的解, 有如下结果:

(1) 对任意的 $T > 0$, $u(t,x)$ 在空间 $\mathcal{C}([0,T]; H^1(\mathbb{R}^n) \otimes L^2(\mathbb{R}^n))$ 中连续依赖于初始函数.

(2) 设 $(q,r) \in \widetilde{\Lambda}$ 满足 $\sigma + \delta(r) - \dfrac{1}{q} = 1$, 则

$$(u, u_t) \in L^q([0,T]; \dot{B}^{\sigma}_{r,2}(\mathbb{R}^n)) \otimes L^q([0,T]; \dot{B}^{\sigma-1}_{r,2}(\mathbb{R}^n)), \quad \forall T > 0. \tag{3.47}$$

特别

$$u(t,x) \in L^{\tilde{q}}([0,T]; L^{\tilde{r}}(\mathbb{R}^n)), \quad \delta(\tilde{r}) - \dfrac{1}{\tilde{q}} = 1, \quad \forall T > 0. \tag{3.48}$$

这是时空估计 (3.5) 的推广形式. 同理, 对于临界情形的局部时空估计 (3.8) 亦有类似的推广形式.

(3) 设 $0 < s < \dfrac{1}{2}$, $(\varphi(x), \psi(x)) \in H^{s+1}(\mathbb{R}^n) \otimes H^s(\mathbb{R}^n)$, 则 $(u, u_t) \in \mathcal{C}(\mathbb{R}; H^{s+1}(\mathbb{R}^n) \otimes H^s(\mathbb{R}^n))$, 且

$$(u, u_t) \in L^q([0,T]; B^{s+\sigma}_{r,2}(\mathbb{R}^n)) \otimes L^q([0,T]; B^{s+\sigma-1}_{r,2}(\mathbb{R}^n)), \quad \forall T > 0, \tag{3.49}$$

这里 q, r, σ 同 (2).

(4) 设 $n \leqslant 21$, $\big(\varphi(x), \psi(x)\big) \in H^2(\mathbb{R}^n) \otimes H^1(\mathbb{R}^n)$. 若 $f(u)$ 还满足

$$\left|\frac{\partial}{\partial \bar{z}}(f(u)-f(v))\right| \vee \left|\frac{\partial}{\partial \bar{z}}(f(u)-f(v))\right|$$
$$\leqslant C \begin{cases} (|u|^{2^*-3}-|v|^{2^*-3})|u-v|, & 2^* \geqslant 3, \\ |u-v|^{2^*-2}, & 2^* < 3, \end{cases} \tag{3.50}$$

则 $u(t,x)$ 就是 (3.1) 或 (3.13) 的强解, 即 $(u, u_t) \in \mathcal{C}\big(\mathbb{R}; H^2(\mathbb{R}^n) \otimes H^1(\mathbb{R}^n)\big)$.

(5) 设 $n \leqslant 9$, $\tilde{f} \in \mathcal{C}^\infty(\mathbb{C}, \mathbb{C})$ 且

$$\tilde{f}(u) \sim |u|^{2^*-2} u, \qquad |u| \sim \infty. \tag{3.51}$$

若 $\big(\varphi(x), \psi(x)\big) \in \cap_{s>0} H^{s+1}(\mathbb{R}^n) \otimes H^s(\mathbb{R}^n)$, 则

$$(u, u_t) \in \mathcal{C}\big(\mathbb{R}; H^{s+1}(\mathbb{R}^n) \otimes H^s(\mathbb{R}^n)\big), \quad s > 0. \tag{3.52}$$

(6) 设 $n \leqslant 9$, $\tilde{f} \in \mathcal{C}^\infty(\mathbb{C}, \mathbb{C})$ 且满足 (3.51). 若 $\big(\varphi(x), \psi(x)\big) \in \mathcal{C}^\infty(\mathbb{R}^n) \otimes \mathcal{C}^\infty(\mathbb{R}^n)$, 则 $u(t,x) \in \mathcal{C}^\infty(\mathbb{R}^{n+1})$.

注记 3.5 定理 3.7 中 (1)~(4) 的详细证明可以参见文献 [Ka1], (5) 的证明可以参见文献 [GV10], (6) 则是 (5) 的直接推论.

第5章 非线性次临界 Klein-Gordon 方程与 Schrödinger 方程的散射理论

本章利用时空乘子方法及广义的乘子方法结合加权的 Sobolev-Hardy 型不等式,在较弱的互斥条件下,建立不依赖于非线性项及空间维数的 Morawetz 型估计,并证明了任意维空间中次临界 Klein-Gordon 方程、非线性 Schrödinger 方程的散射性理论.

5.1 引言

考虑

(NLKG) $$\Box u + u + f(u) = 0, \tag{1.1}$$

(NLS) $$iu_t - \Delta u + f(u) = 0, \tag{1.2}$$

这里 f: 表示 $\mathbb{C} \longmapsto \mathbb{C}$ 的非线性映射,

$$u = u(t,x) : \mathbb{R}^{1+n} \longmapsto \mathbb{C}, \quad n \in \mathbb{N},$$

$$u_t = \dot{u} = \frac{\partial u}{\partial t}, \quad \Box = \frac{\partial^2}{\partial t^2} - \Delta.$$

本章主要目的是在非聚焦型非线性次临界增长条件下,证明 (NLKG) 及 (NLS) 在能量空间

$$E = H^1 \otimes L^2 \quad \text{(NLKG)} \quad \text{或} \quad E = H^1 \quad \text{(NLS)}$$

中波算子、散射算子是良定的,并且是连续的双射.

研究历史与经典方法

(1) Brenner, Ginibre-Velo(1985) 借助于经典的 Morawetz 估计

$$\iint_{\mathbb{R}^{1+n}} \frac{G(u)}{|x|} dxdt \leqslant CE(u), \quad G(u) = \mathrm{Re}(\bar{u}f(u) - F(u)), \tag{1.3}$$

证明了当 $n \geqslant 3$ 时,次临界 Klein-Gordon 方程与非线性 Schrödinger 方程的散射理论,这里 u 是任意的有限能量解,$E(u)$ 表示能量,$G(u) : \mathbb{C} \to \mathbb{R}$ 是由非线性项 $f(u)$ 诱导的函数. 详见文献 [Br3], [GV3].

(2) 当 $n \leqslant 2$ 时,不存在形如 (1.3) 的经典 Morawetz 估计, 故 $n = 1, 2$ 情形的散射理论一直是公开的问题. Nakanishi[N3] 利用加权的 Sobolev-Hardy 不等式, 建立了变形的新型 Morawetz 估计:

$$\iint_{\mathbb{R}^{1+n}} \left[\frac{|2t\nabla u + \mathrm{i}xu|^2}{\langle t \rangle^3 + |x|^3} + \frac{\langle t \rangle^2 G(u)}{\langle t \rangle^3 + |x|^3} \right] \mathrm{d}x\mathrm{d}t \leqslant CE(u), \quad n = 1, 2. \quad \text{(NLS)} \quad (1.4)$$

由 (1.4) 的证明过程可得

$$\iint_{\mathbb{R}^{1+n}} \frac{G(u)}{|t| + |x| + 1} \mathrm{d}x\mathrm{d}t \leqslant CE(u), \quad n = 2, \quad \text{(NLS)}$$

$$\iint_{\mathbb{R}^{1+n}} \left[\frac{|u_\omega|^2}{\langle t \rangle + |x|} + \frac{\langle t \rangle^2 G(u)}{\langle t \rangle^3 + |x|^3} \right] \mathrm{d}x\mathrm{d}t \leqslant CE(u), \quad n = 2, \quad \text{(NLKG)} \quad (1.5)$$

$$\iint_{\mathbb{R}^{1+n}} \frac{\min(|u|^2, G(u))}{\langle t \rangle \log(|t| + 2) \log(\max(r - t, 2))} \mathrm{d}x\mathrm{d}t \leqslant CE(u), \quad n = 1, \quad \text{(NLKG)} \quad (1.6)$$

这里

$$u_\omega = (\partial_t u, \nabla u) - \frac{(-t, x)}{\lambda} \left(\frac{(-t, x)}{\lambda} (\partial_t u, \nabla u) \right)$$

表示 $(\partial_t u, \nabla u)$ 在 $t^2 - |x|^2 = 1$ 的切空间上的投影.

另一方面, 采用 Hardy-Sobolev 型不等式 (参见文献 [N3]), 建立了不依赖于非线性项的 Morawetz 估计 $(n \geqslant 3)$

$$\iint_{\mathbb{R}^{1+n}} \frac{|t|^{1+\nu}|u|^{2^*}}{(|t| + |x|)^{2+\nu}} \mathrm{d}x\mathrm{d}t \leqslant CE(u, \nu), \quad \forall \nu > 0, \quad (1.7)$$

由此推出适用于 NLKG 与 NLS 方程、Hartree 方程的 Morawetz 估计

$$\iint_{\mathbb{R}^{1+n}} \frac{|u|^{2^*}}{|t| + |x|} \mathrm{d}x\mathrm{d}t \leqslant C(E).$$

(3) 虽然在 $n \leqslant 2$ 时, 无法推出形如 (1.7) 的估计, 但是可以导出不依赖于非线性项的新型 Morawetz 估计. 这些估计不仅简单, 而且比估计 (1.5) 和 (1.6) 要强. 我们将详细陈述如何利用这些不依赖于非线性项的 Morawetz 估计, 建立散射性理论.

基本假设 $F: \mathbb{C} \mapsto \mathbb{R}$ 具有如下结构条件:

$$\frac{\partial F(z)}{\partial \bar{z}} = f(z), \quad F(0) = 0. \quad (1.8)$$

对于非线性 Schrödinger 方程, 为了保证 L^2 守恒, 相应的结构条件 (1.8) 就应该写成

$$\frac{\partial F(z)}{\partial \bar{z}} = f(z), \quad f(z) = f(|z|)\frac{z}{|z|}, \quad F(0) = 0. \quad (1.9)$$

光滑性和非线性增长条件

$$f(0) = 0, \quad |f(u) - f(v)| \leqslant C(|u|^{p_1} + |v|^{p_1} + |u|^{p_2} + |v|^{p_2})|u - v|, \tag{1.10}$$

这里

$$\frac{4}{n} < p_1 \leqslant p_2 < 2^* - 2, \quad 2^* = \infty, \ \text{若} \ n \leqslant 2.$$

互斥条件的刻画 令

$$V(u) = \frac{F(u)}{|u|^2}, \qquad \mathbb{C} \mapsto \mathbb{R}, \tag{1.11}$$

则互斥条件可表示成

$$\partial_{|z|} V(z) = 2\operatorname{Re}\left[\partial_z V(z) \frac{z}{|z|}\right] \geqslant 0, \quad V(u) \text{关于} |u| \text{是非减函数}. \tag{1.12}$$

这样,与经典 Morawetz 估计相关的函数 $G(u)$ 可以表示为

$$G(z) = \operatorname{Re}(\partial_z V(z)|z|^2 z) = \operatorname{Re}(\bar{z} f(z)) - F(z) = \operatorname{Re}(\overline{f(z)} z) - F(z). \tag{1.13}$$

关于表达式的解释

例 1 (1) 注意到 $\dfrac{\partial F(z)}{\partial \bar{z}} = f(z)$, 令

$$f(u) = |u|^{p-1} u \equiv |u|^p \frac{u}{|u|} = f(|u|) \frac{u}{|u|} \Longrightarrow F(u) = \frac{2}{p+1} |u|^{p+1}.$$

则

$$V(u) = \frac{1}{|u|^2} \frac{2}{p+1} |u|^{p+1} = \frac{2}{p+1} |u|^{p-1},$$

满足

$$\partial_{|z|} V(z) = \frac{2(p-1)}{p+1} |z|^{p-2},$$

$$\partial_z V(z) = \frac{p-1}{p+1} |z|^{p-3} \bar{z},$$

$$\partial_z V(z) \cdot \frac{z}{|z|} = \frac{p-1}{p+1} |z|^{p-2}.$$

自然有

$$\partial_{|z|} V(z) = 2 \partial_z V(z) \frac{z}{|z|} \equiv 2\operatorname{Re}\left[\partial_z V(z) \frac{z}{|z|}\right].$$

一方面

$$G(z) = \operatorname{Re}(\partial_z V(z) |z|^2 z) = \frac{p-1}{p+1} |z|^{p-3} \bar{z} |z|^2 z = \frac{p-1}{p+1} |z|^{p+1},$$

另一方面
$$\bar{z}f(z) - F(z) = |z|^{p+1} - \frac{2}{p+1}|z|^{p+1} = \frac{p-1}{p+1}|z|^{p+1}.$$

(2) 一般性的证明
$$\partial_{\bar{z}}F(z) = f(z) \Longrightarrow \overline{\partial_{\bar{z}}F(z)} = \partial_z \overline{F(z)} = \overline{f(z)},$$

因为
$$F(z) = V(z)|z|^2 \Longrightarrow \frac{\partial F}{\partial z} = \partial_z V(z)|z|^2 + V(z)\bar{z} = \overline{f(z)} = \overline{\partial_z F(z)}.$$

从而推出
$$\overline{f(z)}\,z = \partial_z V(z)|z|^2 z + V(z)|z|^2,$$
$$\mathrm{Re}(\overline{f(z)}\,z) - V(z)|z|^2 = \mathrm{Re}(\partial_z V(z)|z|^2 z) = G(z).$$

注记 1.1 (1) 经典的散射理论均依赖于经典的 Morawetz 估计 (1.3), 从中导出关于 u 的衰减估计. 因此, 要求位势函数
$$\partial_{|z|}V(z) \geqslant C\min(|z|^{-1}, |z|^p), \quad p > 0, \quad C > 0. \tag{1.14}$$

此条件意味着位势 $V(u)$ 在 $u = 0$ 处是非平坦的, 在 $u = \infty$ 处是发散的.

(2) 对于 $n \geqslant 3$ 时, 可以在 (1.12), 即 $\partial_{|z|}V(z) \geqslant 0$ 的条件下, 借助于
$$\iint_{\mathbb{R}^{1+n}} \frac{|u|^{2^*}}{|t|+|x|} \mathrm{d}x\mathrm{d}t \leqslant CE(u) \quad (\text{NLKG 与 NLS}) \tag{1.15}$$

建立非线性 Klein-Gordon 方程及非线性 Schrödinger 方程的散射性理论.

(3) Nakanishi[N1] 建立了临界 Klein-Gordon 方程的散射性理论, 我们将在下一章中详细介绍. 只要适当修改解空间, 对于更一般的非线性临界 Klein-Gordon 方程, 例如, 在
$$\frac{4}{n} < p_1 \leqslant p_2 \leqslant \frac{4}{n-2} = 2^* - 2$$

的条件下, 可以建立非聚焦型非线性临界 Klein-Gordon 方程的散射性结果.

为了统一处理 NLKG 方程及 NLS 方程, 采用
$$\vec{u} = \begin{cases} (u, (I-\Delta)^{-1/2}\dot{u}), & (\text{NLKG}) \\ u, & (\text{NLS}) \end{cases} \tag{1.16}$$

则对于 $\vec{u}(0) \in H^1(\mathbb{R}^n)$, 有如下守恒律:
$$E(u,t) = \int_{\mathbb{R}^n} (|\nabla \vec{u}|^2 + |\vec{u}|^2 + F(u))\mathrm{d}x = E(u,0). \tag{1.17}$$

5.1 引言

注记 1.2 这里的能量表示式对于 Klein-Gondon 方程来讲恰好对应着能量,而对于 Schrödinger 而言, 对应着质量守恒与能量守恒的综合形式, 即

$$E(u,t) = \int_{\mathbb{R}^n} \left(|\nabla u|^2 + |\nabla\sqrt{1-\Delta}^{-1}\dot{u}|^2 + |u|^2 + |\sqrt{1-\Delta}^{-1}\dot{u}|^2 + F(u)\right)\mathrm{d}x$$

$$\sim \int_{\mathbb{R}^n} \left(|\nabla u|^2 + |\dot{u}|^2 + |u|^2 + F(u)\right)\mathrm{d}x = E(u,0), \qquad \text{(NLKG)}$$

$$E(u,t) = \int_{\mathbb{R}^n} \left(|\nabla u|^2 + |u|^2 + F(u)\right)\mathrm{d}x = E(u,0), \qquad \text{(NLS)}$$

定理 1.1 (Brenner-Ginibre-Velo-Nakanishi 定理) 设 $n \in \mathbb{N}$, $f : \mathbb{C} \mapsto \mathbb{C}$ 满足结构条件 (1.8) 或 (1.9)、非线性增长条件 (1.10) 及互斥条件 (1.12). 则 NLKG 及 NLS 方程的波算子是能量空间上的同胚映射. 更精确地讲, 对于 NLKG 及 NLS 方程的任一整体解 u, $E(u) < \infty$, 存在自由方程

$$\Box v + v = 0, \qquad \text{(NLKG)} \qquad (1.18)$$

$$\mathrm{i}v_t - \Delta v = 0, \qquad \text{(NLS)} \qquad (1.19)$$

的唯一解 v 满足

$$\|\vec{u}(t) - \vec{v}(t)\|_{H^1(\mathbb{R}^n)} \to 0, \quad t \longrightarrow +\infty, \qquad (1.20)$$

相应的波映射

$$\vec{v}(0) = v^+ \longmapsto \vec{u}(0)$$

是 $H^1(\mathbb{R}^n)$ 到自身的同胚映射 (同理, 对于 $t \to -\infty$ 亦然).

进而, 对任意的有限能量解 $u(t)$, 满足如下整体时空估计:

$$\begin{cases} \|u\|_{L^\rho(\mathbb{R}; B^{\frac{1}{2}}_{\rho,2}(\mathbb{R}^n))} \leqslant C(E(u)), \quad n \leqslant 2, & \text{(NLKG)} \\ \|u\|_{L^\rho(\mathbb{R}; B^{\frac{1}{2}}_{\rho,2}(\mathbb{R}^n))} + \|u\|_{L^\zeta(\mathbb{R}; B^{\frac{1}{2}}_{\zeta,2}(\mathbb{R}^n))} \leqslant C(E(u)), \quad n \geqslant 3, & \text{(NLKG)} \\ \|u\|_{L^\rho(\mathbb{R}; B^1_{\rho,2}(\mathbb{R}^n))} \leqslant C(E(u)), \quad n \geqslant 1, & \text{(NLS)} \\ \rho = 2 + \dfrac{4}{n}, \quad \zeta = 2 + \dfrac{4}{n-1}, \quad B^\sigma_{\rho,2} \text{非齐次 Besov 空间.} \end{cases} \qquad (1.21)$$

注记 1.3 (1) 前面引入的非线性函数 $V(u)$ 的物理意义就是非线性项 $f(u)$ 所对应的非线性势函数. 于是, 能量形式可以改写成

$$E(u,t) = \int_{\mathbb{R}^n} \left(|\nabla u|^2 + |u|^2 + V(u)|u|^2\right)\mathrm{d}x. \qquad (1.22)$$

与线性问题

$$\Box u + u + V(x)u = 0, \quad \text{(NLKG)}$$
$$iu_t - \Delta u + V(x)u = 0, \quad \text{(NLS)}$$

相比较, 可见 (1.22) 的 $E(u)$ 形式上与能量

$$E(u,t) = \int_{\mathbb{R}^n} \left(|\nabla u|^2 + |u|^2 + V(x)|u|^2 \right) \mathrm{d}x \tag{1.23}$$

相一致, 这里 $V(x)$ 是线性问题的位势函数.

(2) 设 $f(u)$ 满足结构条件 (1.8) 或 (1.9). 如果存在 $z \in \mathbb{C}$ 使得

$$V(z) < V(0), \tag{1.24}$$

Berestycki-Lions 证明了 NLKG 和 NLS 方程存在行波解, 说明波算子不可能是满射, 见文献 [BL]. 因此, 如何在更一般的条件

$$V(z) \geqslant V(0), \quad \forall\, z \in \mathbb{C} \tag{1.25}$$

下建立 NLKG 方程、NLS 方程的散射性是一个公开的问题, 直接验证 (1.25) 比互斥条件弱.

本章的主要安排如下: 5.2 节利用 Lagrange 方法, 导出不依赖于非线性项并且适用于所有维数的 Morawetz 估计. 5.3 节将建立任意维数非线性 Schrödinger 方程及低维 ($n \leqslant 2$) 非线性 Klein-Gordon 方程有限能量解的整体时空估计. 5.4 节将致力于建立高维 Klein-Gordon 方程有限能量解的整体时空估计. 最后, 5.5 节借助于前面两节建立的整体时空估计, 证明有限能量解的散射理论.

5.2 新型的 Morawetz 估计

在互斥条件

$$\partial_{|z|} V(z) = 2\mathrm{Re}\left[\partial_z V(z) \frac{z}{|z|} \right] \geqslant 0 \quad (V(z)\text{关于}|z|\text{是单调不减函数})$$

下, 导出不依赖于非线性项并且适用于所有维数的 Morawetz 估计. 采用的基本思想是:

(1) 利用方程所满足的含 $\nabla u, \dot{u}$ 的二次型的积分不变量来控制 $|u|$;

(2) 当 $n < 3$ 时, 仅仅利用 $\nabla u, \dot{u}$ 的可积性及 Soboev 嵌入定理无法控制 $|u|$. 因此, 就需要利用 Gagliardo-Nirenberg 型不等式及解的 $L^2(\mathbb{R}^n)$ 范数的有界性.

5.2 新型的 Morawetz 估计

引理 2.1 设 $n \in \mathbb{N}$, $p > 2$, $q = \dfrac{n(p-2)}{2}$. 设 $\lambda(x)$, $\chi(x)$ 均是实值函数. 则对任意的复值函数 $u(x) \in H^1(\mathbb{R}^n)$, 有如下推广形式的 Gagliardo-Nirenberg 型估计:

$$\int_{\mathbb{R}^n} \chi^2 |u|^p \mathrm{d}x \leqslant \|u\|_q^{p-2} \int_{\mathbb{R}^n} \left(\chi^2 |\nabla u + \mathrm{i}\lambda u|^2 + |u \nabla \chi|^2 \right) \mathrm{d}x. \tag{2.1}$$

证明 当 $\chi \equiv 1$, $\lambda \equiv 0$ 时, (2.1) 就是经典的 Gagliardo-Nirenberg 型不等式, 此时的指标关系是

$$\frac{1}{p} = \frac{p-2}{p}\frac{1}{q} + \frac{2}{p}\left(\frac{1}{2} - \frac{1}{n}\right), \qquad q = \frac{n(p-2)}{2}.$$

特别, 有如下对应关系:

$$q = 2 \longleftrightarrow p = 2 + \frac{4}{n}, \qquad q = 2^* \longleftrightarrow p = 2^*.$$

情形 1. $n \leqslant 2$. 注意到 $q = \dfrac{n(p-2)}{2} < p - 2$, 从而 $p > q + 2$. 因此

$$\chi^2 |u|^p = \chi^2 |u|^{p-(q+2)} |u|^{q+2} \equiv \chi^2 |u|^{2s} |u|^{p-2s}, \qquad 2s \equiv q + 2.$$

由 Hölder 不等式可见

$$\int_{\mathbb{R}^n} \chi^2 |u|^p \mathrm{d}x \leqslant \|\chi |u|^s\|_{\frac{2n}{n-1}}^2 \|u\|_q^{p-2s} \lesssim \|\nabla(\chi |u|^s)\|_1^2 \|u\|_q^{p-2s}, \tag{2.2}$$

其中指标关系是

$$\frac{2(n-1)}{n} + \frac{p-2s}{q} = \frac{2n-2}{n} + \frac{p-2}{q} - 1 = \frac{2n-2}{n} + \frac{2}{n} - 1 = 1.$$

注意到

$$\nabla(\chi |u|^s) = \nabla \chi \cdot |u|^s + s \mathrm{Re}(\chi |u|^{s-2} u \overline{\nabla u + \mathrm{i}\lambda u}), \tag{2.3}$$

从而

$$\|\nabla(\chi |u|^s)\|_1 \leqslant C \| |u|^{s-1} \|_2 \left(\|\chi(\nabla u + \mathrm{i}\lambda u)\|_2 + \|u \cdot \nabla \chi\|_2 \right)$$
$$\leqslant C \|u\|_q^{\frac{q}{2}} \left(\|\chi(\nabla u + \mathrm{i}\lambda u)\|_2 + \|u \cdot \nabla \chi\|_2 \right). \tag{2.4}$$

由 (2.2) 推出

$$\int_{\mathbb{R}^n} \chi^2 |u|^p \mathrm{d}x \leqslant C \|u\|_q^{p+q-2s} \left(\|\chi(\nabla u + \mathrm{i}\lambda u)\|_2 + \|u \cdot \nabla \chi\|_2 \right)^2$$
$$\leqslant C \|u\|_q^{p-2} \left(\|\chi(\nabla u + \mathrm{i}\lambda u)\|_2 + \|u \cdot \nabla \chi\|_2 \right)^2. \tag{2.5}$$

情形 2. $n > 2$. 由 Sobolev 嵌入定理可见

$$\||\chi|u|^{\frac{p}{2}}\|_2 \leqslant C\|\nabla(\chi|u|^{\frac{p}{2}})\|_{\frac{2n}{n+2}}. \tag{2.6}$$

注意到

$$\nabla(\chi|u|^{\frac{p}{2}}) = |u|^{\frac{p}{2}}\nabla\chi + \frac{p}{2}\chi\mathrm{Re}(|u|^{\frac{p}{2}-2}u\overline{\nabla u + \mathrm{i}\lambda u}) \tag{2.7}$$

从而, 由 Hölder 不等式可见

$$\|\nabla(\chi|u|^s)\|_{\frac{2n}{n+2}} \leqslant C\||u|^{\frac{p}{2}-1}\|_n \left[\|\chi(\nabla u + \mathrm{i}\lambda u)\|_2 + \|u \cdot \nabla\chi\|_2\right]$$
$$\leqslant C\|u\|_q^{\frac{p}{2}-1}\left(\|\chi(\nabla u + \mathrm{i}\lambda u)\|_2 + \|u \cdot \nabla\chi\|_2\right), \tag{2.8}$$

此意味着估计 (2.1).

下面介绍 Lagrange 方法, 为此先介绍几个有用的记号:

$$\langle a, b\rangle = \mathrm{Re}(a\bar{b}), \qquad \partial = (\partial_t, \nabla_x), \qquad \mathscr{D} = \begin{cases} (-\partial_t, \nabla_x), & \text{(NLKG)} \\ (-\mathrm{i}/2, \nabla_x), & \text{(NLS)} \end{cases} \tag{2.9}$$

$$2\ell(u) = \begin{cases} -|\dot{u}|^2 + |\nabla u|^2 + |u|^2 + F(u), & \text{(NLKG)} \\ \langle \mathrm{i}\dot{u}, u\rangle + |\nabla u|^2 + F(u), & \text{(NLS)} \end{cases} \tag{2.10}$$

$$\mathrm{eq}_L(u) = \begin{cases} \Box u + u, & \text{(NLKG)} \\ \mathrm{i}u_t - \Delta u, & \text{(NLS)} \end{cases} \qquad \mathrm{eq}(u) = \mathrm{eq}_L(u) + f(u), \tag{2.11}$$

这里 $F(u)$ 满足 $\dfrac{\partial F}{\partial \bar{z}} = f(z)$.

注意到 $\ell(u)$ 是与 $\mathrm{eq}(u) = 0$ 对应的 Lagrange 密度函数, 自然微分算子 $\mathscr{D}$ 出现在 $\ell(u)$ 的变分中, 直接验算可见

$$\delta_v \ell(u) := \lim_{\varepsilon \to 0} \frac{\ell(u + \varepsilon v) - \ell(u)}{\varepsilon} = \langle \mathrm{eq}(u), v\rangle + \partial\langle \mathscr{D}u, v\rangle. \tag{2.12}$$

由此可以推出如下形式的乘子公式, 可参见第 1 章的定理 4.1 的详细推导.

定理 2.2 设 $F: \mathbb{C} \mapsto \mathbb{R}$ 满足结构条件 (1.8) 或 (1.9), 进而设 h, q, u 是 $\mathbb{R}^{n+1} \mapsto \mathbb{R}$ 上的光滑函数, 则对 $\alpha = 0, 1, 2, \cdots, n$ 有

$$\langle \mathrm{eq}(u), h\mathscr{D}_\alpha u + qu\rangle = -\partial\langle \mathscr{D}u, h\mathscr{D}_\alpha u + qu\rangle + \mathrm{Re}\left\{\mathscr{D}_\alpha\left(h\ell(u) + \frac{|u|^2}{2}\partial_\alpha q\right)\right\}$$
$$+ \langle \mathscr{D}u, (\partial h)\mathscr{D}_\alpha u\rangle - \frac{|u|^2}{2}\mathrm{Re}(\mathscr{D}_\alpha\partial_\alpha q) + \mathrm{Re}(2q - \mathscr{D}_\alpha h)\ell(u)$$
$$+ G(u)q, \tag{2.13}$$

5.2 新型的 Morawetz 估计

这里
$$G(z) = \text{Re}(\partial_z V(z)|z|^2 z) = \text{Re}(\bar{z} f(z) - F(z)).$$

更一般地, 设 h 是 $\mathbb{R}^{n+1} \longmapsto \mathbb{R}^{n+1}$, $u, q: \mathbb{R}^{n+1} \longmapsto \mathbb{R}$ 上的光滑函数, 则有

$$\begin{aligned}\langle \text{eq}(u), h\mathscr{D}u + qu \rangle =& -\partial \langle \mathscr{D}u, h\mathscr{D}u + qu \rangle + \text{Re}\Big\{\mathscr{D}\Big(h\ell(u) + \frac{|u|^2}{2}\partial q\Big)\Big\} \\ & + \langle \mathscr{D}u, (\partial h)\mathscr{D}u \rangle - \frac{|u|^2}{2}\text{Re}(\mathscr{D}_\alpha \partial_\alpha q) + \text{Re}(2q - \mathscr{D}h)\ell(u) \\ & + G(u)q. \end{aligned} \tag{2.14}$$

注记 2.1 乘子选择原则 (如何确保乘子等式右边的正定性或被能量所控制). 在 Minkowski 空间中, 定义广义径向导数

$$\frac{(t,x)}{\lambda}\mathscr{D} := h\mathscr{D}, \quad \lambda = \sqrt{t^2 + |x|^2}, \tag{2.15}$$

相应的反称部分

$$M = h\mathscr{D} + q, \quad q = \text{Re}(\mathscr{D} \cdot h)/2. \tag{2.16}$$

这样的选法可以保证矩阵 $(\partial_\beta h_\alpha)_{\alpha,\beta=0,1,2,\cdots,n}$ 在 Minkowski 空间中是非负定的, 并且

$$\text{Re}(2q - \mathscr{D} \cdot h) = 0. \tag{2.17}$$

应用 1 取 $Mu = h\mathscr{D}u + qu$, 应用到 NLKG 方程就有

$$\begin{aligned}\langle \text{eq}(u), Mu \rangle =& -\partial \langle \mathscr{D}u, Mu \rangle + \mathscr{D}\Big(h\ell(u) + \frac{|u|^2}{2}\partial q\Big) \\ & + \frac{|t\nabla u + x\dot{u}|^2 + |x|^2|\nabla u|^2 - |x \cdot \nabla u|^2}{\lambda^3} + \frac{|u|^2}{2}\Box q \\ & + G(u)\Big\{\frac{n-1}{2\lambda} + \frac{t^2 - |x|^2}{2\lambda^3}\Big\}, \quad \lambda = \sqrt{t^2 + |x|^2}. \end{aligned} \tag{2.18}$$

应用 2 应用到 NLS 方程, 就有

$$\begin{aligned}\langle \text{eq}(u), Mu \rangle =& -\partial \langle \mathscr{D}u, Mu \rangle + \nabla \Big(\tilde{h}\ell(u) + \frac{|u|^2}{2}\nabla q\Big) \\ & + \frac{\big|t\nabla u + \frac{ix}{2}u\big|^2 + |x|^2|\nabla u|^2 - |x \cdot \nabla u|^2}{\lambda^3} - \frac{|u|^2}{2}\Delta q \\ & + G(u)\Big\{\frac{n-1}{2\lambda} + \frac{t^2}{2\lambda^3}\Big\}, \end{aligned} \tag{2.19}$$

这里 $\tilde{h} = x/\lambda$. 进而有估计

$$|h| \leqslant C, \quad |q| \leqslant \frac{C}{\lambda}, \quad |\partial^j q| \leqslant \frac{C}{\lambda^j}, \quad j = 1, 2. \tag{2.20}$$

注记 2.2 (1) 取 $h = \dfrac{(0, x)}{|x|}$, $q = \text{Re}(\mathscr{D} \cdot h)/2$, 则由 (2.18), (2.19) 就可以推出 $n \geqslant 3$ 时的 Morawetz 估计.

(2) 当 $n \leqslant 2$ 时, Mu 在 $x = 0$ 处奇性太强, 无法导出经典的 Morawetz 估计. 如果

$$h(x) = \frac{(0, x)}{|x|} \longrightarrow h(x) = \frac{(0, x)}{\sqrt{1 + |x|^2}},$$

虽然避开了 M 在 $x = 0$ 处的奇性, 在 $n \geqslant 3$ 情形下是有效的. 然而, 当 $n \leqslant 2$ 时, 无法证明

$$-|u|^2 \Delta q \geqslant 0,$$

事实上, 当 $n \leqslant 2$ 时, 没有非平凡的 q 同时满足 $q \geqslant 0$, $-\Delta q \geqslant 0$. 但是, 正如前面所言, 对于 $n \geqslant 3$ 的情形, 上面不等式是成立的.

借助于乘子恒等式及推广形式的 Gagliardo-Nirenberg 不等式建立不依赖于非线性项且对任意空间维数均适用的新型 Morawetz 估计.

如何建立非平坦的超曲面上的能量估计. 在双曲面内部积分恒等式 (2.18), 这样在截断的空间曲面上利用散度定理可以获得有用的估计. 如果 $\chi : \mathbb{R}^n \mapsto \mathbb{R}$, 形式计算可见

$$\iint_{t > \chi(x)} -\partial \langle \mathscr{D}u, Mu \rangle + \mathscr{D}\Big(h\ell(u) + \frac{|u|^2}{2} \partial q\Big) \mathrm{d}x \mathrm{d}t$$
$$= \int_{t = \chi(x)} (1, \nabla \chi) \Big\{ -\langle \partial u, Mu \rangle + h\ell(u) + \frac{|u|^2}{2} \partial q \Big\} \mathrm{d}\sigma(x). \tag{2.21}$$

令

$$v(x) = u(\chi(x), x), \quad h = (h_0, h^0) \in \mathbb{R} \times \mathbb{R}^n, \tag{2.22}$$

则

$$\nabla u = \nabla v - \nabla \chi \dot{u}. \tag{2.23}$$

因此, 在曲面 $t = \chi(x)$ 上, 可以计算

$$\begin{cases} (1, \nabla \chi) \cdot \partial u = (1 - |\nabla \chi|^2) \dot{u} + \nabla \chi \cdot \nabla v, \\ Mu = h \cdot \mathscr{D}u + qu|_{t = \chi(x)} = -(1, \nabla \chi) h \dot{u}(t) + h^0 \cdot \nabla v + qv, \\ 2\ell(u) = (|\nabla \chi|^2 - 1)|\dot{u}|^2 + |\nabla v|^2 - 2\langle \nabla \chi \cdot \nabla v, \dot{u} \rangle + |v|^2 + F(v). \end{cases} \tag{2.24}$$

5.2 新型的 Morawetz 估计

因此, 代入 (2.21) 即知

$$(2.21) \text{ 的右边} = \int_{t=\chi(x)} \left[\frac{(1, \nabla\chi)h}{2} \left\{ (1 - |\nabla\chi|^2)|\dot{u}|^2 + |\nabla v|^2 + |v|^2 + F(v) \right\} \right.$$
$$\left. - \left\langle (1 - |\nabla\chi|^2)\dot{u} + \nabla\chi \cdot \nabla v, h^0 \cdot \nabla v + qv \right\rangle + \frac{|v|^2}{2}(1, \nabla\chi) \cdot \partial q \right] dx. \quad (2.25)$$

若取 $\chi \in C^1(\mathbb{R}^{1+n}, \mathbb{R})$, $Mu = \dot{u}$, 则 $(h_0, h^0) = h = (1, 0)$. 于是, 对于 $v(t,x) = u(\chi(t,x), x)$, 有估计

$$\int_{t=\chi(x)} \left[\frac{1}{2}(1 - |\nabla\chi|^2)|\dot{u}|^2 + |\nabla v|^2 + |v|^2 + F(v) \right] dx \leqslant E(u).$$

注意到 $|\dot\chi|^2 + |\nabla\chi|^2 = 1$, 并且 $\chi(t,x)$ 是类空曲面 (即满足 $|\dot\chi| > |\nabla\chi|$), 则

$$E(v) \leqslant 4E(u). \quad (2.26)$$

引理 2.3 设非线性函数 $f(u)$ 满足结构条件 (1.8) 或 (1.9)、非线性增长条件 (1.10) 及互斥条件 (1.12). 设

$$2 + \frac{4}{n} < p < \infty, \quad n \leqslant 2 \quad \text{或} \quad 2 + \frac{4}{n} < p \leqslant 2 + \frac{4}{n-2}, \quad n \geqslant 3.$$

则有如下结果:

(i) 对于 NLKG 方程的任意有限能量解 u, 满足

$$\iint_{|x| \leqslant |t|} \frac{|u|^p}{|t|} dxdt \leqslant CE(u)^{\frac{p}{2}}; \quad (2.27)$$

(ii) 设 u 是 NLS 方程的有限能量解, 则

$$\iint_{\mathbb{R}^{n+1}} \frac{t^2|u|^p}{|(t,x)|^3} dxdt \leqslant CE(u)^{\frac{p}{2}}, \quad (2.28)$$

这里 C 是仅依赖于 n, p 的常数 (特别, 不依赖于非线性项增长中的 p_1, p_2).

证明 设

$$r = |x|, \quad \lambda := |(t,x)| = \sqrt{t^2 + r^2}, \quad \tau := \sqrt{t^2 - r^2}. \quad (2.29)$$

注意到有限能量解 u 是光滑解在能量拓扑下的极限, 因此仅需对光滑解证明估计 (2.27) 与 (2.28).

NLKG 方程. 证明的思路是在区域

$$\left\{ (t,x) | \tau = \sqrt{t^2 - r^2} > 1 \right\}$$

上积分恒等式 (2.18), 特别是充分利用 (2.18) 中前两项积分被能量控制的事实.

令 $v(\tau, x) := u(\sqrt{|x|^2 + \tau^2}, x)$, 则

$$\nabla_x v = \nabla u + \frac{x\dot{u}}{t}, \quad |t_\tau|^2 + |\nabla_x t|^2 = 1. \tag{2.30}$$

由散度定理、(2.18), (2.20) 及 (2.25) 就可以推出

$$\iint_{|\tau|>1} \frac{|t\nabla u + x\dot{u}|^2}{\lambda^3} \mathrm{d}x \mathrm{d}t \leqslant C \iint_{|\tau|>1} \frac{|u|^2}{\lambda^3} \mathrm{d}x \mathrm{d}t + CE(v, 1). \tag{2.31}$$

因此

$$\iint_{|\tau|>1} \frac{|t\nabla u + x\dot{u}|^2}{\lambda^3} \mathrm{d}x \mathrm{d}t \leqslant C(E). \tag{2.32}$$

由于

$$\mathrm{d}x \mathrm{d}t = \frac{\tau}{t} \mathrm{d}x \mathrm{d}\tau, \quad t\nabla u + x\dot{u} = t\nabla v, \tag{2.33}$$

因此

$$\iint_{|\tau|>1} \frac{\tau}{r^2 + \tau^2} |\nabla v|^2 \mathrm{d}x \mathrm{d}\tau \leqslant C(E), \tag{2.34}$$

这里用到

$$\lambda \leqslant \sqrt{2}\, |t| \left(因 t^2 \geqslant r^2 + 1 \right).$$

在引理 2.1 中, 令 $\lambda(r) = 0$, 则由

$$\chi := \frac{\tau^{\frac{1}{2}}}{(r^2 + \tau^2)^{1/2}}$$

可得

$$|\nabla \chi| \leqslant \frac{C\tau^{\frac{1}{2}} r}{(r^2 + \tau^2)^{\frac{3}{2}}} \lesssim \tau^{-\frac{3}{2}}. \tag{2.35}$$

这样, 由广义的 Gagliardo-Nirenberg 不等式和引理 2.1 就可以推出

$$\int_{\mathbb{R}^n} \frac{\tau}{r^2 + \tau^2} |v|^p \mathrm{d}x \leqslant C\|v\|_{H^1}^{p-2} \left(\int_{\mathbb{R}^n} \frac{\tau}{r^2 + \tau^2} |\nabla v|^2 \mathrm{d}x + C\tau^{-3} \|v\|_{H^1}^2 \right). \tag{2.36}$$

这里用到 p 的约束条件. 由能量估计 (2.26), 就有 $\|v\|_{H^1}^2 \leqslant CE(u)$, 于是 (2.34), (2.36) 就意味着

$$\iint_{|\tau|>1} \frac{\tau}{r^2 + \tau^2} |v|^p \mathrm{d}x \mathrm{d}\tau \leqslant CE(u)^{\frac{p}{2}}. \tag{2.37}$$

5.2 新型的 Morawetz 估计

回到原来的坐标系, 注意到 (2.33), 就可以推出

$$\iint_{|t|>\sqrt{r^2+1}} \frac{|u|^p}{|t|} \mathrm{d}x\mathrm{d}t \leqslant CE(u)^{\frac{p}{2}}. \tag{2.38}$$

这与估计 (2.27) 尚有一点距离. 下面弥补这一缺陷. 由能量估计 (2.26) 与 Sobolev 嵌入定理可见

$$\begin{aligned}\iint_{r<|t|<r+1} |u|^p \mathrm{d}x\mathrm{d}t &= \int_0^1 \int_{\mathbb{R}^n} |u(r+s,x)|^p \mathrm{d}x\mathrm{d}s \\ &\leqslant \int_0^t \|u(|x|+s,x)\|_{H^1(\mathbb{R}^n)}^p \mathrm{d}s \\ &\leqslant CE(u)^{\frac{p}{2}}.\end{aligned} \tag{2.39}$$

另一方面, 注意到

$$\left\{(x,t)\ |x|<|t|\right\} \subset \left\{(x,t)\ \tau^2 = t^2 - r^2 \geqslant 1\right\} \cup \left\{(x,t)\ |x| \leqslant |t| < |x|+1\right\}$$
$$\cup \left\{(x,t)\ |x| \leqslant |t| \leqslant 1\right\}.$$

剩余的情形是估计

$$\iint_{r<|t|<1} \frac{|u|^p}{|t|} \mathrm{d}x\mathrm{d}t \leqslant CE(u)^{\frac{p}{2}}. \tag{2.40}$$

当 $p < 2^*$ 时, 存在 $\varepsilon > 0$, 由广义的 Hardy 不等式、Sobolev 嵌入定理有

$$\|r^{-\varepsilon} u\|_{L^p} \leqslant \|u\|_{\dot{W}^{\varepsilon,p}} \lesssim \|u\|_{H^1}, \quad \varepsilon \leqslant \frac{2n-(n-2)p}{2p}. \tag{2.41}$$

因此

$$\iint_{r<|t|<1} \frac{|u|^p}{|t|} \mathrm{d}x\mathrm{d}t \leqslant \iint_{|t|<1} \frac{|u|^p}{|t|^{1-p\varepsilon} r^{p\varepsilon}} \mathrm{d}x\mathrm{d}t \leqslant C\int_{-1}^1 \frac{\|u\|_{H^1}^p}{|t|^{1-p\varepsilon}} \mathrm{d}t \leqslant CE(u)^{\frac{p}{2}}. \tag{2.42}$$

当 $p = 2^*$ 时, 根据后面的引理 2.8~引理 2.10, 仍然有 (2.40) 成立. 结合 (2.38), (2.39), (2.42), 就推出对于次临界 Klein-Gordon 方程, (2.27) 成立.

现转向 NLS 方程的讨论, 在区域 $\{(t,x)\ |\ |t|>1\}$ 上积分 (2.19) 式, 容易看出 (前两项为 0 或可以被能量控制)

$$\iint_{|t|>1} \frac{\left|t\nabla u + \dfrac{\mathrm{i}xu}{2}\right|^2}{\lambda^3} \mathrm{d}x\mathrm{d}t \leqslant CE(u). \tag{2.43}$$

在引理 2.1 中, 取 $\chi := t\lambda^{-\frac{3}{2}}$, $\tilde{\lambda}(x) = \dfrac{x}{2t}$, 则

$$|\nabla \chi| \leqslant \frac{C|t|}{|\lambda|^{5/2}} \leqslant C|t|^{-\frac{3}{2}}. \tag{2.44}$$

由 (2.19) 可得

$$\int_{\mathbb{R}^n} \frac{t^2|u|^p}{\lambda^3} \mathrm{d}x \leqslant C\|u\|_{H^1}^{p-2} \int_{\mathbb{R}^n} \frac{\left|t\nabla u + \dfrac{\mathrm{i}xu}{2}\right|^2}{\lambda^3} \mathrm{d}x + C|t|^{-3}\|u\|_{H^1}^p, \tag{2.45}$$

因此

$$\int_{|t|>1} \frac{t^2|u|^p}{\lambda^3} \mathrm{d}x\mathrm{d}t \leqslant CE(u)^{\frac{p}{2}}. \tag{2.46}$$

当 $p < 2^*$ 时, 类似于 NLKG 方程的情形, 有

$$\iint_{|t|<1} \frac{t^2|u|^p}{\lambda^3} \mathrm{d}x\mathrm{d}t \leqslant C\int_{-1}^{1} \frac{1}{t^{1-p\varepsilon}} \left\|\frac{u}{t^\varepsilon}\right\|_p^p \mathrm{d}t \leqslant CE(u)^{\frac{p}{2}}, \quad \varepsilon \leqslant \frac{2n-(n-2)p}{2p}. \tag{2.47}$$

结合 (2.46) 与 (2.47) 即可推出在 $p < 2^*$ 的约束条件下估计 (2.28). 当 $p = 2^*$ 时, 估计 (2.28) 是后面引理 2.6 的直接结果.

下面致力于在 $p = 2^*$, $n \geqslant 3$ 条件下, 建立形如 (2.27) 与 (2.28) 的估计.

引理 2.4 设 $n \geqslant 3$, $\dfrac{n-1}{n-2} \leqslant p < n$, $w(r)$ 是 $(0,\infty)$ 上非负的局部连续函数, 若存在 $\mu \in (0,1)$ 使得

$$-\frac{w'(r)}{nw}r \leqslant \mu \Longleftrightarrow (\ln w)' \geqslant -\frac{n\mu}{r} \quad \text{a.e.}, \tag{2.48}$$

则对任意的光滑函数 $\varphi(x)$ 与实的可测函数 $T(x)$, 有

$$\int_{\mathbb{R}^n} |\varphi|^{p^*} w \mathrm{d}x \leqslant \frac{C(p,n)}{(1-\mu)^p} \|\nabla\varphi\|_p^{p^*-p} \int_{\mathbb{R}^n} |\nabla\varphi + \mathrm{i}xT\varphi|^p w \mathrm{d}x, \tag{2.49}$$

这里

$$p^* = \frac{np}{n-p}, \quad C = C(p,n). \tag{2.50}$$

证明 本质上 (2.49) 是 $\|\nabla u\|_p \geqslant \|u\|_{p^*}$ 的推广形式. 需要指出, 可以取 $w(r) = r^a$, $a > -n$. 令 $\theta = \dfrac{x}{r}$, $\varphi_T = \nabla\varphi + \mathrm{i}xT(x)\varphi$, 直接验证

$$\mathrm{Re}(\varphi\theta\bar{\varphi}_T) = \mathrm{Re}\left(\varphi\frac{x}{r}\bar{\varphi}_T\right) = \mathrm{Re}(\varphi\bar{\varphi}_r),$$

5.2 新型的 Morawetz 估计

$$\varphi_\theta = \nabla\varphi - \frac{x}{r}\left(\frac{x}{r}\cdot\nabla\varphi\right) = \nabla\varphi + \mathrm{i}xT\varphi - (\theta\varphi_r + \mathrm{i}xT\varphi)$$
$$= \varphi_T - \theta\left(\frac{x}{r}\cdot\nabla\varphi + \frac{x}{r}\mathrm{i}xT\varphi\right) = \varphi_T - \theta(\theta\cdot\varphi_T).$$

关于 $p \geqslant \dfrac{n-1}{n-2}$ 条件假设的理解. 为了确保球面上的 Sobolev 嵌入定理

$$W^{1,q}(S^{n-1}) \hookrightarrow L^p(S^{n-1})$$

成立, 需要的指标关系是

$$1 - \frac{n-1}{q} \geqslant -\frac{n-1}{p}, \quad \frac{1}{q} \geqslant \frac{1}{p}.$$

因此, 选取

$$q = \frac{(n-1)p}{n-1+p} \geqslant 1 \Longrightarrow p \geqslant \frac{n-1}{n-2}.$$

采用球坐标与 Sobolev 嵌入定理来进行估计, 直接验证

$$\|\varphi\|_{L^{p^*}_\theta} \equiv \left\|\,|\varphi|^{\frac{p^*}{p}}\right\|_{L^p_\theta}^{\frac{p}{p^*}} \leqslant \left\|\,|\varphi(r\cdot)|^{\frac{p^*}{p}}\right\|_{W^{1,q}(S^{n-1})}^{\frac{p}{p^*}} \leqslant \|\varphi(r\cdot)\|_{L^b_\theta} + \left\|\partial_\theta|\varphi|^{\frac{p^*}{p}}\right\|_{L^q_\theta}^{\frac{p}{p^*}}, \quad (2.51)$$

这里 $b = \dfrac{p^*q}{p}$. 这样, 证明 (2.49) 就归结为证明

$$\int_0^\infty \|\varphi(r\cdot)\|_{L^b_\theta}^{p^*} r^{n-1}w(r)\mathrm{d}r + \int_0^\infty \left\|\partial_\theta|\varphi(r\cdot)|^{\frac{p^*}{p}}\right\|_{L^q_\theta}^{p} r^{n-1}w(r)\mathrm{d}r$$
$$\leqslant \frac{C(p,n)}{(1-\mu)^p}\|\nabla\varphi\|_p^{p^*-p} \int_{\mathbb{R}^n}|\nabla\varphi + \mathrm{i}xT\varphi|^p w\mathrm{d}x. \tag{2.52}$$

情形 1. 先来估计 (2.52) 左边的第一项. 注意到

$$\left\|\,|\varphi|^{\frac{p^*}{p}}\right\|_{L^q_\theta}^{\frac{p}{p^*}} = \left(\int_{S^{n-1}} |\varphi|^{\frac{p^*q}{p}}\mathrm{d}\sigma\right)^{\frac{p}{p^*q}} = \|\varphi\|_{L^b_\theta}, \quad b = \frac{p^*q}{p} > 1,$$

及

$$-\frac{w'r}{nw} < \mu \Longleftrightarrow 1 - \mu \leqslant 1 + \frac{w'r}{nw}.$$

直接估计 (2.52) 左边的第一项, 就得

$$(1-\mu)\int_0^\infty \|\varphi\|_{L^b_\theta}^{p^*} w r^{n-1}\mathrm{d}r \leqslant \int_0^\infty \|\varphi\|_{L^b_\theta}^{p^*}\left(w + \frac{rw'}{n}\right)r^{n-1}\mathrm{d}r$$
$$= \int_0^\infty \|\varphi\|_{L^b_\theta}^{p^*} \partial_r\left(\frac{wr^n}{n}\right)\mathrm{d}r$$
$$= -\int_0^\infty \partial_r\left(\|\varphi\|_{L^b_\theta}^{p^*}\right)\frac{wr^n}{n}\mathrm{d}r. \tag{2.53}$$

$$\left|\partial_r \|\varphi\|_{L_\theta^b}^{p^*}\right| = \left|\partial_r \left(\int_{S^{n-1}} |\varphi|^b \mathrm{d}\theta\right)^{\frac{p^*}{b}}\right|$$

$$= \left|\frac{p^*}{b}\left(\int_{S^{n-1}} |\varphi|^b \mathrm{d}\theta\right)^{\frac{p^*}{b}-1} \int_{S^{n-1}} \partial_r |\varphi|^b \mathrm{d}\theta\right|$$

$$\leqslant p^* \left(\int_{S^{n-1}} |\varphi|^b \mathrm{d}\theta\right)^{\frac{p^*}{b}-1} \left|\int_{S^{n-1}} |\varphi|^{b-2} \mathrm{Re}(\varphi\bar{\varphi}_r) \mathrm{d}\theta\right|$$

$$= p^* \|\varphi\|_{L_\theta^b}^{p^*-b} \left|\int_{S^{n-1}} |\varphi|^{b-2} \mathrm{Re}(\varphi\theta\bar{\varphi}_T) \mathrm{d}\theta\right|$$

$$\leqslant p^* \|\varphi\|_{L_\theta^b}^{p^*-b} \|\varphi\|_{L_\theta^b}^{b-\frac{p^*}{p}} \|\varphi\|_{L_\theta^\beta}^{\frac{p^*-p}{p}} \|\theta\bar{\varphi}_T\|_{L_\theta^p}$$

$$\left(1 = \frac{b-\frac{p^*}{p}}{b} + \frac{\frac{p^*-p}{p}}{\beta} + \frac{1}{p} \Longrightarrow \beta = \frac{n-1}{n-p}p\right)$$

$$\leqslant p^* \|\varphi\|_{L_\theta^b}^{p^*-\frac{p^*}{p}} \|\varphi\|_{L_\theta^\beta}^{\frac{p^*-p}{p}} \|\bar{\varphi}_T\|_{L_\theta^p}$$

$$\leqslant p^* \|\varphi\|_{L_\theta^b}^{\frac{p^*}{p'}} \|\varphi\|_{L_\theta^\beta}^{\frac{p^*-p}{p}} \|\bar{\varphi}_T\|_{L_\theta^p}, \tag{2.54}$$

于是有

$$(1-\mu)\int_0^\infty \|\varphi\|_{L_\theta^b}^{p^*} w r^{n-1} \mathrm{d}r$$

$$\leqslant \frac{p^*}{n}\int_0^\infty \|\varphi\|_{L_\theta^b}^{\frac{p^*}{p'}} \|\varphi\|_{L_\theta^\beta}^{\frac{p^*-p}{p}} \|\varphi_T\|_{L_\theta^p} w\, r^n \mathrm{d}r$$

$$\leqslant \left\|r\|\varphi\|_{L_\theta^\beta}^{\frac{p^*-p}{p}}\right\|_{L_r^\infty} \frac{p^*}{n}\int_0^\infty \|\varphi\|_{L_\theta^b}^{\frac{p^*}{p'}} \|\varphi_T\|_{L_\theta^p} w\, r^{n-1} \mathrm{d}r \quad \text{(加权 Hölder 不等式)}$$

$$\leqslant \frac{p^*}{n}\left(\int_0^\infty \|\varphi\|_{L_\theta^b}^{p^*} w\, r^{n-1} \mathrm{d}r\right)^{\frac{1}{p'}} \left\|r\|\varphi\|_{L_\theta^\beta}^{\frac{p^*-p}{p}}\right\|_{L_r^\infty} \left(\int_0^\infty \|\varphi_T\|_{L_\theta^p}^p w\, r^{n-1} \mathrm{d}r\right)^{\frac{1}{p}}. \tag{2.55}$$

因此

$$\left(\int_0^\infty \|\varphi\|_{L_\theta^b}^{p^*} w r^{n-1} \mathrm{d}r\right)^{1-\frac{1}{p'}} \leqslant \frac{p^*}{(1-\mu)n}\left\|r\|\varphi\|_{L_\theta^\beta}^{\frac{p^*-p}{p}}\right\|_{L_r^\infty} \left(\int_0^\infty \|\varphi_T\|_{L_\theta^p}^p w r^{n-1} \mathrm{d}r\right)^{\frac{1}{p}}.$$

由此推出

$$\int_0^\infty \|\varphi\|_{L_\theta^b}^{p^*} w r^{n-1} \mathrm{d}r \leqslant \left(\frac{p^*}{(1-\mu)n}\right)^p \left\|r^{\frac{p}{p^*-p}}\varphi\right\|_{L_r^\infty L_\theta^\beta}^{p^*-p} \int_0^\infty \|\varphi_T\|_{L_\theta^p}^p w r^{n-1} \mathrm{d}r. \tag{2.56}$$

5.2 新型的 Morawetz 估计

情形 2. 下面来估计 (2.52) 左边的第二项. 直接计算可见

$$\left\|\partial_\theta\left(|\varphi|^{\frac{p^*}{p}}\right)\right\|_{L_\theta^q} = \frac{p^*}{p}\left\||\varphi|^{\frac{p^*}{p}-1}\varphi_\theta r\right\|_{L_\theta^q} \qquad (\varphi(x) = \varphi(r\theta))$$

$$= \frac{p^*}{p}\left\||\varphi|^{\frac{p^*}{p}-1}(\varphi_T - \theta(\theta\cdot\varphi_T))r\right\|_{L_\theta^q}$$

$$\leqslant \frac{p^*}{p}r\|\varphi\|_{L_\theta^\beta}^{\frac{p}{n-p}}\|\varphi_T - \theta(\theta\varphi_T)\|_{L_\theta^p}$$

$$\left(\frac{1}{q} = \frac{p}{n-p}\frac{1}{\beta} + \frac{1}{p}, \frac{p^*}{p} - 1 = \frac{p}{n-p}\right)$$

$$\leqslant \frac{p^*}{p}r\|\varphi\|_{L_\theta^\beta}^{\frac{p}{n-p}}\|\varphi_T\|_{L_\theta^p}.$$

因此

$$\int_0^\infty\left\|\partial_\theta\left(|\varphi|^{\frac{p^*}{p}}\right)\right\|_{L_\theta^q}^p wr^{n-1}\mathrm{d}r \leqslant \left(\frac{p^*}{p}\right)^p\int_0^\infty\left(r\|\varphi\|_{L_\theta^\beta}^{\frac{p}{n-p}}\|\varphi_T\|_{L_\theta^p}\right)^p wr^{n-1}\mathrm{d}r$$

$$\leqslant \left(\frac{p^*}{p}\right)^p\left\|r^{\frac{n-p}{p}}\|\varphi\|_{L_\theta^\beta}\right\|_{L_r^\infty}^{\frac{p^2}{n-p}}\int_0^\infty\|\varphi_T\|_{L_\theta^p}^p wr^{n-1}\mathrm{d}r$$

$$\leqslant \left(\frac{p^*}{p}\right)^p\left\|r^{\frac{n-p}{p}}\varphi\right\|_{L_r^\infty L_\theta^\beta}^{p^*-p}\int_0^\infty\|\varphi_T\|_{L_\theta^p}^p wr^{n-1}\mathrm{d}r, \quad (2.57)$$

这里用到

$$\frac{p}{p^*-p} = \frac{n-p}{p}, \quad p^* - p = \frac{p^2}{n-p}.$$

综合 (2.52), (2.56), (2.57) 得

$$\int_0^\infty\|\varphi\|_{L_\theta^{p^*}}^{p^*} wr^{n-1}\mathrm{d}r \leqslant \left[\left(\frac{p^*}{n(1-\mu)}\right)^p + \left(\frac{p^*}{p}\right)^p\right]$$

$$\times \left\|r^{\frac{n-p}{p}}\varphi\right\|_{L_r^\infty L_\theta^\beta}^{p^*-p}\int_0^\infty\|\varphi_T\|_{L_\theta^p}^p wr^{n-1}\mathrm{d}r. \quad (2.58)$$

考察

$$\|r^{\frac{n-p}{p}}\varphi\|_{L_r^\infty L_\theta^\beta} = \sup_{r>0}\left\|r^{\frac{n-p}{p}}\varphi(r)\right\|_{L_\theta^\beta(S^{n-1})} \qquad \left(\frac{n-p}{p}\beta = n-1\right)$$

$$= \sup_{r>0}\left(\int_{S^{n-1}} r^{n-1}|\varphi(r)|^\beta\mathrm{d}\theta\right)^{\frac{1}{\beta}}$$

$$= \sup_{r>0}\left(\int_{S^{n-1}} r^{n-1}\int_r^\infty \mathrm{Re}\left(\beta|\varphi|^{\beta-2}\varphi\bar\varphi_R\right)\mathrm{d}R\mathrm{d}\theta\right)^{\frac{1}{\beta}}$$

$$\leqslant \sup_{r>0}\left(\int_{S^{n-1}}\int_r^\infty R^{n-1}\mathrm{Re}\left(\beta|\varphi|^{\beta-2}\varphi\bar\varphi_R\right)\mathrm{d}R\mathrm{d}\theta\right)^{\frac{1}{\beta}}$$

$$\leqslant |\beta|^{\frac{1}{\beta}} \left(\int_{\mathbb{R}^n} |\varphi|^{\beta-2} \mathrm{Re}(\varphi \bar\varphi_R) \mathrm{d}x \right)^{\frac{1}{\beta}}$$
$$\leqslant C(p,n) \|\varphi\|_{L^{p^*}}^{1-\frac{1}{\beta}} \|\varphi_r\|_{L^p}^{\frac{1}{\beta}} \qquad \left(1 = \frac{\beta-1}{p^*} + \frac{1}{p}\right)$$
$$\leqslant C(p,n) \|\varphi\|_{p^*}^{1-\frac{1}{\beta}} \|\nabla\varphi\|_p^{\frac{1}{\beta}}$$
$$\leqslant C(p,n) \|\nabla\varphi\|_p. \tag{2.59}$$

将 (2.59) 代入 (2.58), 并注意到 $\mu < 1$, 就可以推出

$$\int_0^\infty \|\varphi\|_{L_\theta^{p^*}}^{p^*} w r^{n-1} \mathrm{d}r \leqslant \frac{C(p,n)}{(1-\mu)p} \|\nabla\varphi\|_p^{p^*-p} \|\varphi_T\|_p^p.$$

引理 2.5 设 $1 \leqslant p < n$, 则

$$\dot H_p^1 \hookrightarrow L_\theta^\beta L_r^{\infty,\nu} \hookrightarrow L_r^{\infty,\nu} L_\theta^\beta, \quad \beta = \frac{(n-1)p}{n-p}, \quad \nu = \frac{n-p}{p}. \tag{2.60}$$

这里

$$\|u\|_{L_\theta^\beta L_r^{\infty,\nu}} = \left\| \|r^\nu u(t,r\theta)\|_{L_r^\infty} \right\|_{L_\theta^\beta(S^{n-1})},$$
$$\|u\|_{L_r^{\infty,\nu} L_\theta^\beta} = \left\| \|r^\nu u(t,r\theta)\|_{L_\theta^\beta(S^{n-1})} \right\|_{L_r^\infty((0,\infty),\mathrm{d}r)}.$$

证明 由 Minkowski 不等式知, (2.60) 中第二个嵌入不等式显然成立, 仅需证明第一个不等式. 由

$$\frac{1}{\beta} = \left(1 - \frac{1}{\beta}\right) \frac{1}{p^*} + \frac{1}{\beta} \cdot \frac{1}{p},$$

可得

$$|\varphi|^\beta(R\theta) \leqslant \left| \int_R^\infty \mathrm{Re}\,\beta|\varphi|^{\beta-2} (\varphi\bar\varphi_r) r^{n-1} \mathrm{d}r \right| R^{-n+1} \leqslant \beta \|\varphi\|_{L_r^{p^*}}^{\beta-1} \|\varphi_r\|_{L_r^p} R^{-n+1}.$$

注意到 $\nu = \dfrac{n-1}{\beta} = \dfrac{n-p}{p}$, 可见

$$\|r^\nu \varphi\|_{L_\theta^\beta L_r^\infty} \leqslant \left(\int_{S^{n-1}} r^{\nu\beta} \beta \|\varphi\|_{L_r^{p^*}}^{\beta-1} \|\varphi_r\|_{L_r^p} r^{-n+1} \mathrm{d}\theta \right)^{\frac{1}{\beta}}$$
$$\leqslant \beta^{\frac{1}{\beta}} \|\varphi\|_{L_x^{p^*}}^{1-\frac{1}{\beta}} \|\varphi_r\|_{L_x^p}^{\frac{1}{\beta}} \lesssim \|\nabla\varphi\|_{L^p}.$$

注记 2.3 (1) 可以证明

$$\|\varphi\|_{L^{p^*}} \leqslant C \|\nabla\varphi + \mathrm{i}xT\varphi\|_{L^p}. \tag{2.61}$$

事实上, 在 (2.59) 的证明中, 仅需要利用其中的一部分证明过程就得

$$\left\| r^{\frac{n-p}{p}} \varphi \right\|_{L_r^\infty L_\theta^\beta} = |\beta|^{\frac{1}{\beta}} \left(\int_{\mathbb{R}^n} |\varphi|^{\beta-2} \text{Re}\, (\varphi \bar{\varphi}_r)\, dx \right)^{\frac{1}{\beta}}$$
$$\leqslant |\beta|^{\frac{1}{\beta}} \left(\int_{\mathbb{R}^n} |\varphi|^{\beta-2} \text{Re}\, (\varphi \theta \bar{\varphi}_T)\, dx \right)^{\frac{1}{\beta}}$$
$$\leqslant C(\beta) \|\varphi\|_{L^{p^*}}^{1-\frac{1}{\beta}} \|\varphi_T\|_{L_x^p}^{\frac{1}{\beta}}, \tag{2.62}$$

将上式代入 (2.58) 就得

$$\|\varphi\|_{L^{p^*}} \leqslant C \|\nabla \varphi + \mathrm{i} x T \varphi\|_{L^p}.$$

(2) 在上式基础上, 可以从引理 2.5 的证明过程中看出

$$\|r^\nu \varphi\|_{L_\theta^{\frac{n-1}{\nu}} L_r^\infty} \leqslant C \|\nabla \varphi + \mathrm{i} x T \varphi\|_{L^p}. \tag{2.63}$$

事实上, 由 $\beta\nu = n-1$ 及

$$|\varphi|^\beta (R\theta) = \int_\infty^R \text{Re}\, \left(\beta |\varphi|^{\beta-2} \varphi \bar{\varphi}_r \right) dr$$

得

$$\left(\int_{S^{n-1}} \sup_{R>0} R^{n-1} \int_\infty^R \text{Re}\, \left(\beta |\varphi|^{\beta-2} \varphi \bar{\varphi}_r \right) dr d\theta \right)^{\frac{1}{\beta}}$$
$$\leqslant |\beta|^{\frac{1}{\beta}} \left(\int_{\mathbb{R}^n} |\varphi|^{\beta-2} \text{Re}\, (\varphi \theta \bar{\varphi}_T)\, dx \right)^{\frac{1}{\beta}}$$
$$\leqslant C(\beta) \|\varphi\|_{L^{p^*}}^{1-\frac{1}{\beta}} \|\varphi_T\|_{L^p}^{\frac{1}{\beta}},$$

故 (2.63) 成立.

(3) 进而, 对任意实函数 $S(x), T(x)$ 有

$$\int_{\mathbb{R}^n} |\varphi|^{p^*} w dx \leqslant \frac{C}{(1-\mu)^p} \|\nabla \varphi + \mathrm{i} x S \varphi\|_{L^p}^{p^*-p} \|\nabla \varphi + \mathrm{i} x T \varphi\|_{L^p}^p, \tag{2.64}$$

这里 $w(x)$ 满足引理 2.4 中的条件.

引理 2.6 设 $n \geqslant 3$, 在引理 2.3 的条件下, 非线性 Schrödinger 方程的解满足如下的 Morawetz 型估计:

$$\iint_{\mathbb{R}^{n+1}} \frac{|t|^{1+\nu} |u|^{2^*}}{(|t|+|x|)^{2+\nu}} dx dt \leqslant C(E, \nu), \quad 0 < \nu \leqslant 1. \tag{2.65}$$

证明 在引理 2.4 中, 取 $w = |t|^{1+\nu}(|t|+|x|)^{-(2+\nu)}$, 直接计算

$$w'(r) = \frac{-(2+\nu)|t|^{1+\nu}}{(|t|+|x|)^{3+\nu}} \Longrightarrow -\frac{w'r}{nw} = \frac{(2+\nu)|x|}{(|t|+|x|)n} < \frac{2+\nu}{n} \triangleq \mu \leqslant 1,$$

由此推出

$$\int_{\mathbb{R}}\int_{\mathbb{R}^n} \frac{|t|^{1+\nu}|u|^{2^*}}{(|t|+|x|)^{2+\nu}} \mathrm{d}x\mathrm{d}t$$

$$= \int_{\mathbb{R}} |t|^{1+\nu} \int_{\mathbb{R}^n} \frac{|u|^{2^*}}{(|t|+|x|)^{2+\nu}} \mathrm{d}x\mathrm{d}t$$

$$\leqslant \frac{C}{(1-\mu)^2} \|\nabla u\|_{L_t^\infty L_x^2}^{2^*-2} \int_{\mathbb{R}} |t|^{1+\nu} \int_{\mathbb{R}^n} \frac{|\nabla u + \mathrm{i}xTu|^2}{(|t|+|x|)^{2+\nu}} \mathrm{d}x \qquad (\text{引理}2.4, p = 2)$$

$$\leqslant \frac{C(E)}{(1-\mu)^2} \int_{\mathbb{R}^{n+1}} \frac{|t|^{1+\nu}|\nabla u + \mathrm{i}xTu|^2}{(|t|+|x|)^{2+\nu}} \mathrm{d}x$$

$$= \frac{C(E)}{(1-\mu)^2} \int_{\mathbb{R}^{n+1}} \frac{|2t\nabla u + \mathrm{i}xu|^2}{|t|^{1-\nu}(|t|+|x|)^{2+\nu}} \mathrm{d}x\mathrm{d}t \qquad \left(\text{选取 } T(x) = \frac{1}{2t}\right)$$

$$\leqslant C(E,\nu) \qquad (\text{引理 2.1 与命题 2.7}).$$

最后一个估计用到如下命题.

命题 2.7 设非线性函数 $f(u)$ 满足结构条件 (1.9) 和非线性增长条件 (1.10), 其中

$$2 + \frac{4}{n} < p < \infty, \quad n \leqslant 2 \quad \text{或} \quad 2 + \frac{4}{n} < p \leqslant 2 + \frac{4}{n-2}, \quad n \geqslant 3.$$

设 $u(t)$ 是 (2.1) 满足 $E(u(t)) = E(\varphi) < \infty$ 的 H^1 整体解. 则有如下结果:

(i)

$$\iint_{\mathbb{R}^{n+1}} \left[\frac{|2t\nabla u + \mathrm{i}xu|^2}{\langle t \rangle^3 + |x|^3} + \frac{\langle t \rangle^2 G(u)}{\langle t \rangle^3 + |x|^3} \right] \mathrm{d}x\mathrm{d}t \leqslant C(E), \quad n \geqslant 1, \tag{2.66}$$

特别

$$\iint_{\mathbb{R}^{1+n}} \frac{G(u)}{|t|+|x|+1} \mathrm{d}x\mathrm{d}t \leqslant CE(u), \quad n \geqslant 2. \tag{2.67}$$

(ii) 对任意 $0 < \nu < 1$, 有估计

$$\iint_{\mathbb{R}^{n+1}} \frac{|2t\nabla u + \mathrm{i}xu(t)|^2}{|t|^{1-\nu}(|t|+|x|)^{2+\nu}} \mathrm{d}x\mathrm{d}t \leqslant C(E,\nu). \tag{2.68}$$

证明 引入如下记号:

$$r = |x|, \quad \theta = \frac{x}{r}, \quad \lambda = \sqrt{r^2 + t^2}, \quad \gamma = \frac{r}{t},$$

$$u_r = \theta \cdot \nabla u, \quad u_\theta = \nabla u - \theta u_r.$$

5.2 新型的 Morawetz 估计

不失一般性, 仅需对 $t > 0$, u 是光滑解的情形来证明命题 2.7. 自然亦很容易将此结果推广到能量解的情形. 引入

$$\langle a, b\rangle = \text{Re}(a\bar{b}),$$

广义梯度算子 $\mathscr{D} = \left(-\dfrac{\text{i}}{2}, \nabla\right)$; 广义径向导数 $\dfrac{(t,x)}{\lambda}\mathscr{D} \triangleq \tilde{h}\mathscr{D}$. 其中, 广义径向导数的反称部分 = 时空型的 Morawetz 乘子.

$$\begin{aligned}
Mu &= \frac{(t,x)}{\lambda}\mathscr{D}u + \frac{1}{2}\text{Re}\mathscr{D}\frac{(t,x)}{\lambda}u \\
&= \frac{(t,x)}{\lambda}\mathscr{D}u + \frac{1}{2}\text{Re}\widetilde{\text{div}}\frac{(t,x)}{\lambda}u \\
&= -\frac{t\text{i}}{2\lambda}u + \frac{x}{\lambda}\nabla u + \frac{1}{2}\text{div}\frac{x}{\lambda}\cdot u \\
&= -\frac{t\text{i}}{2\lambda}u + \frac{r}{\lambda}u_r + \frac{1}{2}\left(\frac{n}{\lambda} - \frac{|x|^2}{\lambda^3}\right)u \\
&= -\frac{t\text{i}}{2\lambda}u + \frac{r}{\lambda}u_r + \frac{n-1}{2\lambda}u + \frac{t^2}{2\lambda^3}u \\
&= \frac{r}{\lambda}u_r + \left(\frac{n-1-\text{i}t}{2\lambda} + \frac{t^2}{2\lambda^3}\right)u,
\end{aligned}$$

即

$$Mu = \frac{r}{\lambda}u_r + \left(\frac{n-1-\text{i}t}{2\lambda} + \frac{t^2}{2\lambda^3}\right)u = \frac{x}{\lambda}\cdot\nabla u + \left(\frac{n-1-\text{i}t}{2\lambda} + \frac{t^2}{2\lambda^3}\right)u.$$

仅考虑 $f(u)$ 是局部非线性项的情形, 即

$$G(u) = \text{Re}(\bar{u}f(u)) - F(u) = \text{Re}\left(\partial_z V(z)|z|^2 z\right)\Big|_{z=u},$$

$$2\ell(u) = \langle \text{i}u_t, u\rangle + |\nabla u|^2 + F(u),$$

$$V(u) = \frac{F(u)}{|u|^2}, \quad f(u) = \frac{\partial F(u)}{\partial \bar{u}},$$

$$\langle \text{Eq}(u), Mu\rangle = -\partial\langle\mathscr{D}u, Mu\rangle + \nabla\cdot\left(h\ell(u) + \frac{|u|^2}{2}\nabla q\right)$$

$$-\frac{|u|^2}{2}\Delta q + \frac{\left|t\nabla u + \dfrac{\text{i}}{2}xu\right|^2 + |x|^2|\nabla u|^2 - |x\cdot\nabla u|^2}{\lambda^3}$$

$$+ G(u)\left\{\frac{n-1}{2\lambda} + \frac{t^2}{2\lambda^3}\right\}, \tag{2.69}$$

这里

$$h = \frac{x}{\lambda}, \qquad q = \frac{n-1}{2\lambda} + \frac{t^2}{2\lambda^3}.$$

直接在 $[2,\infty) \times \mathbb{R}^n$ 积分 (2.69), 容易看出

$$\int_2^\infty \int_{\mathbb{R}^n} \left[\frac{|2t\nabla u + \mathrm{i} x u|^2}{|t|^3 + |x|^3} + \frac{|t|^2 G(u)}{|t|^3 + |x|^3} \right] \mathrm{d}x \mathrm{d}t \leqslant C(E), \quad n \geqslant 1, \tag{2.70}$$

$$\int_2^\infty \int_{\mathbb{R}^n} \left[\frac{|2t\nabla u + \mathrm{i} x u|^2}{|t|^3 + |x|^3} + \frac{(|x|^2 + |t|^2) G(u)}{|t|^3 + |x|^3} \right] \mathrm{d}x \mathrm{d}t \leqslant C(E), \quad n \geqslant 2. \tag{2.71}$$

当 $t \leqslant 2$ 时, (2.66) 与 (2.67) 换成在 $[0,2]$ 的积分显然成立, 因此, 这一事实与 (2.70) 与 (2.71) 相结合, 就得估计 (2.66) 与 (2.67). 它可以用于处理低维情形的散射性理论.

(2.68) 的证明需要如下推广形式的乘子理论.

定义广义径向函数如下:

$$A = \tilde{h}\mathscr{D} \triangleq \left(-\psi(\gamma), \varphi(\gamma)\frac{x}{r} \right) \mathscr{D}, \qquad h = \varphi(\gamma)\frac{x}{r},$$

这里

$$\gamma = \frac{r}{t}, \quad \langle s \rangle = (1 + |s|^2)^{\frac{1}{2}},$$

$$\varphi(\gamma) = \int_0^\gamma \frac{\mathrm{d}s}{\langle s \rangle^{2+\nu}}, \quad \psi(\gamma) = \int_{-\infty}^\gamma \frac{s \mathrm{d}s}{\langle s \rangle^{2+\nu}}, \quad \psi'(\gamma) = \gamma \varphi'(\gamma).$$

定义广义 Morawetz 乘子 (广义径向导数的反称部分)

$$\begin{cases} Mu = \left(-\psi(\gamma), \varphi(\gamma)\frac{x}{r} \right) \mathscr{D}u + qu = \varphi(\gamma)\frac{x}{r} \cdot \nabla u + qu + \dfrac{\mathrm{i}}{2}\psi(\gamma)u, \\ q = \dfrac{1}{2}\mathrm{Re}(\mathscr{D} \cdot \tilde{h}) = \dfrac{1}{2}\nabla\left(\dfrac{x}{r}\varphi(\gamma) \right) = \dfrac{(n-1)\varphi(\gamma)}{2r} + \dfrac{\varphi'(\gamma)}{2t}. \end{cases} \tag{2.72}$$

直接验算

$$\int_0^\gamma \frac{\mathrm{d}s}{\langle s \rangle^3} = \left.\frac{s}{\sqrt{1+s^2}}\right|_0^\gamma = \frac{r}{\lambda},$$

$$\int_\gamma^\infty \frac{s \mathrm{d}s}{\langle s \rangle^3} = \left.(1+s^2)^{-\frac{1}{2}}\right|_\gamma^\infty = -\frac{t}{\lambda},$$

说明当 $\nu = 1$ 时, 上面抽象的乘子就回到前面定义的时空 Morawetz 乘子.

令

$$g \triangleq 2tq = \frac{(n-1)\varphi(\gamma)}{\gamma} + \varphi'(\gamma), \tag{2.73}$$

5.2 新型的 Morawetz 估计

采用乘子基本定理

$$\langle \mathrm{eq}(u), Mu \rangle = -\partial \cdot \langle \mathscr{D}u, Mu \rangle + \mathrm{Re}\mathscr{D}\left(\tilde{h}\ell(u) + \frac{|u|^2}{2}\partial q\right) + \langle \mathscr{D}u, \partial \tilde{h}\mathscr{D}u \rangle$$

$$- \frac{|u|^2}{2}\mathrm{Re}\left(\mathscr{D}^\alpha \partial_\alpha q\right) + (2q - \mathrm{Re}\mathscr{D}\tilde{h})\ell(u) + G(u)q$$

$$= I_1 + I_2 + I_3 + I_4 + I_5 + I_6, \tag{2.74}$$

$$\tilde{I}_1 = -\partial_t \left\{ -\frac{|u|^2}{4}\psi(\gamma) + \mathrm{Re}\left(-\frac{\mathrm{i}}{2}u\bar{u}_r\right)\varphi(\gamma) + \mathrm{Re}\left(-\frac{\mathrm{i}}{2}|u|^2\right)\frac{g(\gamma)}{2t}\right\}$$

$$= -\partial_t \left\{ -\frac{|u|^2}{4}\psi(\gamma) + \frac{1}{2}\mathrm{Im}(u\bar{u}_r)\varphi(\gamma)\right\}$$

$$\equiv \partial_t \left\{ -\frac{1}{2}\mathrm{Im}(u\bar{u}_r)\varphi(\gamma) + \frac{|u|^2}{4}\psi(\gamma)\right\},$$

$$\tilde{\tilde{I}}_1 = -\nabla \mathrm{Re}\left\{\nabla u \overline{Mu}\right\},$$

$$\tilde{I}_2 = \mathrm{Re}\left[\left(-\frac{\mathrm{i}}{2}\right)(-\psi(\gamma))\ell(u) + \frac{|u|^2}{2}\partial_t q(t) \cdot \left(\frac{-\mathrm{i}}{2}\right)\right] = 0,$$

$$\tilde{\tilde{I}}_2 = \mathrm{Re}\nabla\left(\varphi(\gamma)\ell(u)\frac{x}{r} + \frac{g'(\gamma)}{4t^2}\cdot\frac{x}{r}|u|^2\right),$$

$$I_1 + I_2 = \partial_t\left\{-\frac{1}{2}\mathrm{Im}(u\bar{u}_r)\varphi(\gamma) + \frac{|u|^2}{4}\psi(\gamma)\right\}$$

$$+ \nabla \cdot \mathrm{Re}\left\{-\nabla u \overline{Mu} + \varphi(\gamma)\ell(u)\frac{x}{r} + \frac{g'(\gamma)}{4t^2}|u|^2\frac{x}{r}\right\},$$

$$I_5 = 0,$$

$$I_4 = -\frac{|u|^2}{2}\mathrm{Re}\left(-\frac{\mathrm{i}}{2}\partial_t\frac{g(\gamma)}{2t}\right) - \frac{|u|^2}{4t^2}\mathrm{Re}(\Delta g(\gamma))$$

$$= -\frac{|u|^2}{4t}\mathrm{Re}\left(\nabla\cdot\left(g'(\gamma)\frac{x}{tr}\right)\right)$$

$$= -\frac{|u|^2}{4t}\left[g''(\gamma)\frac{1}{t^2} + \frac{n-1}{tr}g'(\gamma)\right]$$

$$= -\frac{|u|^2}{4t^3}\left[\partial_\gamma^2 + \frac{n-1}{\gamma}\right]g(\gamma),$$

$$I_3 = \mathrm{Re}\left(\mathscr{D}_\alpha u \partial^\alpha \tilde{h}_\beta \overline{\mathscr{D}^\beta u}\right)$$

$$= \mathrm{Re}\left(-\frac{\mathrm{i}}{2}u\partial_t(-\psi(\gamma))\frac{\mathrm{i}}{2}\bar{u}\right) + \mathrm{Re}\left(-\frac{\mathrm{i}}{2}u\partial_t(\varphi(\gamma))\frac{x}{r}\nabla\bar{u}\right)$$

$$+\mathrm{Re}\left(\partial_j u \partial^j (-\psi(\gamma)) \frac{\mathrm{i}}{2}\bar{u}\right) + \mathrm{Re}\left(\partial_j u \partial^j \left(\varphi(\gamma)\frac{x_k}{r}\right)\overline{\partial_k u}\right)$$

$$= \frac{|u|^2 r}{4t^2}\psi'(\gamma) + \frac{\varphi'(\gamma)}{2t^2}\mathrm{Re}(\mathrm{i}u\cdot x\cdot \nabla\bar{u})$$

$$-\mathrm{Re}(\mathrm{i}x\cdot\nabla u\cdot\bar{u})\frac{\psi'(\gamma)}{2tr} + \mathrm{Re}\left(\frac{\varphi(\gamma)}{r}\partial_j u \overline{\partial_k u}\delta_{kj}\right)$$

$$+\mathrm{Re}\left(\partial_j u \frac{\varphi(\gamma)x_j x_k}{r^3}\overline{\partial_k u}\right) + \mathrm{Re}\left(-\partial_j u \varphi'(\gamma)\frac{1}{t}\frac{x_k x_j}{r^2}\overline{\partial_k u}\right)$$

$$= \frac{|u|^2 r^2}{4t^3}\varphi'(\gamma) + \frac{\varphi'(\gamma)}{2t^2}\mathrm{Re}(\mathrm{i}u\cdot x\cdot\nabla\bar{u}) \qquad (\psi'(\gamma)=\gamma\varphi'(\gamma))$$

$$-\mathrm{Re}(\mathrm{i}x\cdot\nabla u\cdot\bar{u})\frac{\varphi'(\gamma)}{2t^2} + \frac{\varphi(\gamma)}{r}|\nabla u|^2$$

$$-|x\cdot\nabla u|^2\frac{\varphi(\gamma)}{r^3} + \frac{\varphi'(\gamma)}{t}|u_r|^2$$

$$= \frac{|u|^2 r^2}{4t^3}\varphi'(\gamma) + \frac{\varphi'(\gamma)}{t^2}\mathrm{Re}(\mathrm{i}u\cdot x\cdot\nabla\bar{u}) + \frac{\varphi(\gamma)}{r}|\nabla u|^2$$

$$-\frac{\varphi(\gamma)}{r}|u_r|^2 + \frac{\varphi'(\gamma)}{t}|u_r|^2$$

$$= \frac{|u|^2 r^2}{4t^3}\varphi'(\gamma) + \frac{\varphi'(\gamma)}{t^2}\mathrm{Re}(\mathrm{i}u\cdot x\cdot\nabla\bar{u}) + \frac{\varphi'(\gamma)}{t}|\nabla u|^2$$

$$+\left(\frac{\varphi(\gamma)}{\gamma} - \varphi'(\gamma)\right)\frac{|\nabla u|^2 - |u_r|^2}{t}$$

$$= \frac{\varphi'(\gamma)}{t^3}\left|t\nabla u + \frac{\mathrm{i}}{2}x\cdot u\right|^2 + \left(\frac{\varphi(\gamma)}{\gamma} - \varphi(\gamma)\right)\frac{|\nabla u|^2-|u_r|^2}{t},$$

$$I_6 = G(u)q = \mathrm{Re}(\bar{u}f(u)) - F(u))q \geqslant 0.$$

由此推出

$$\partial_t\left\{-\frac{1}{2}\varphi(\gamma)\mathrm{Im}(u\bar{u}_r) + \frac{|u|^2}{4}\psi(\gamma)\right\}$$

$$+\nabla\cdot\mathrm{Re}\left\{-\nabla u\cdot\overline{Mu} + \varphi(\gamma)\ell(u)\frac{x}{r} + \frac{|u|^2}{4t^2}g'(\gamma)\frac{x}{r}\right\}$$

$$+\frac{\varphi'(\gamma)}{t^3}\left|t\nabla u + \frac{\mathrm{i}}{2}xu\right|^2 + \left(\frac{\varphi(\gamma)}{\gamma} - \varphi'(\gamma)\right)\frac{|\nabla u|^2 - |u_r|^2}{t}$$

$$-\frac{|u|^2}{4t^3}\left(\partial_r^2 + \frac{n-1}{\gamma}\partial\gamma\right)g(\gamma) + G(u)q = 0, \tag{2.75}$$

注意到

5.2 新型的 Morawetz 估计

$$\frac{1}{\gamma}\int_0^\gamma \frac{\mathrm{d}s}{\langle s\rangle^{\nu+2}} \geqslant \frac{1}{\langle \gamma\rangle^{\nu+2}} = \varphi'(\gamma)$$

及

$$\left(\partial_\gamma^2 + \frac{n-1}{\gamma}\right)g(\gamma) = \left(\partial_\gamma^2 + \frac{n-1}{\gamma}\partial_\gamma\right)\left(\varphi'(\gamma) + \frac{n-1}{\gamma}\varphi(\gamma)\right)$$

$$= \left(\partial_\gamma^2 + 2\frac{n-1}{\gamma}\partial_\gamma\right)\varphi'(\gamma) + \frac{2(n-1)}{\gamma^3}\varphi(\gamma) - 2\frac{(n-1)}{\gamma^2}\varphi'(\gamma)$$

$$- \frac{(n-1)^2}{\gamma^3}\varphi(\gamma) + \frac{(n-1)^2}{\gamma^2}\partial_\gamma\varphi(\gamma)$$

$$= \left(\partial_\gamma^2 + 2\frac{n-1}{\gamma}\partial_\gamma\right)\varphi'(\gamma) + \frac{(n-1)(n-3)}{\gamma^2}\varphi'(\gamma)$$

$$- \frac{(n-1)(n-3)}{\gamma^3}\varphi(\gamma)$$

$$= \left(\partial_\gamma^2 + 2\frac{n-1}{\gamma}\partial_\gamma\right)\varphi'(\gamma) + \frac{(n-1)(n-3)}{\gamma^2}\left(\varphi'(\gamma) - \frac{\varphi(\gamma)}{\gamma}\right).$$

另一方面, 直接验证可见

$$\left(\partial_\gamma^2 + 2\frac{n-1}{\gamma}\partial_\gamma\right)\varphi'(\gamma) = \left(\partial_\gamma^2 + 2\frac{n-1}{\gamma}\partial_\gamma\right)\frac{1}{\langle \gamma\rangle^{2+\nu}}$$

$$= -(2+\nu)\left\{\frac{2n-5-\nu}{\langle \gamma\rangle^{4+\nu}} + \frac{\nu+4}{\langle \gamma\rangle^{6+\nu}}\right\} \leqslant 0.$$

积分 (2.75) 可见

$$\int_S^T \int_{\mathbb{R}^n} G(u)q\mathrm{d}x\mathrm{d}t + \int_S^T \int_{\mathbb{R}^n} \frac{\varphi'(\gamma)|2t\nabla u + \mathrm{i}xu|^2}{4t^3}\mathrm{d}x\mathrm{d}t$$

$$\leqslant \int_{\mathbb{R}^n}\left[-\frac{1}{2}\varphi(\gamma)\mathrm{Im}(u\bar{u}_r) + \frac{|u|^2}{4}\psi(\gamma)\right]\mathrm{d}x\Big|_S^T. \tag{2.76}$$

注意到

$$\varphi'(\gamma) = \frac{1}{\langle \gamma\rangle^{2+\nu}} = \frac{t^{2+\nu}}{(t^2+\gamma^2)^{\frac{2+\nu}{2}}} \sim \frac{|t|^{2+\nu}}{(|t|+|x|)^{2+\nu}}.$$

利用 Hölder 不等式可得

$$\iint_{\mathbb{R}^{n+1}} \frac{|2t\nabla u + \mathrm{i}xu|^2}{t^{1-\nu}(|t|+|x|)^{2+\nu}}\mathrm{d}x\mathrm{d}t \leqslant C(E,\nu). \tag{2.77}$$

下面考虑 Klein-Gordon 方程的情形. 首先建立局部的加权型 G-N 不等式.

引理 2.8 设 $n \geqslant 3$, $\frac{n-1}{n-2} \leqslant p < n$, 设 $w_0(r)$ 与 $w_1(r)$ 是非负的可测函数. 进而设 w_0 是 $(0,\infty)$ 上局部一致连续的函数, 且对某个 $\mu \in (0,1)$, 成立

$$\frac{-w_0'r}{nw_0} \leqslant \mu, \quad \text{a.e. } r \in (0,\infty),$$

则对任意光滑函数 $\varphi(x)$, 成立

$$\int_{S\leqslant |x|\leqslant T}|\varphi|^{p^*}w_0\mathrm{d}x \leqslant \frac{C}{(1-\mu)^p}\bigg[\bigg\|\bigg(\frac{w_0}{w_1}\bigg)^{\frac{n-p}{p^2}}r^{\frac{n-p}{p}}\varphi\bigg\|_{L_r^\infty L_\theta^\beta}^{\frac{p^2}{n-p}}\int_{S\leqslant |x|\leqslant T}|\nabla\varphi|^p w_1\mathrm{d}x$$
$$+T^n w_0(T)\int_{S^{n-1}}|\varphi|^{p^*}(T\theta)\mathrm{d}t\bigg], \tag{2.78}$$

这里 $\beta = \dfrac{(n-1)p}{n-p}$, $C = C(n,p) > 0$.

证明 类似于引理 2.4 的证明, 注意到

$$q = \frac{(n-1)p}{n-1+p} \geqslant 1 \Longleftrightarrow p \geqslant \frac{n-1}{n-2}, b = \frac{p^*q}{p} > 1.$$

分部积分

$$(1-\mu)\int_S^T \|\varphi\|_{L_\theta^b}^{p^*}w_0 r^{n-1}\mathrm{d}r \leqslant \int_S^T \|\varphi\|_{L_\theta^b}^{p^*}\bigg(w_0 + \frac{rw_0'}{n}\bigg)r^{n-1}\mathrm{d}r$$
$$= \bigg[\|\varphi\|_{L_\theta^b}^{p^*}\frac{r^n w_0}{n}\bigg]_S^T - \int_S^T \partial_r\big(\|\varphi\|_{L_\theta^b}^{p^*}\big)w_0\frac{r^n}{n}\mathrm{d}r, \tag{2.79}$$

$$\bigg|\partial_r\|\varphi\|_{L_\theta^b}^{p^*}\bigg| = p^*\bigg(\int |\varphi|^b \mathrm{d}t\bigg)^{\frac{p^*}{b}-1}\int \mathrm{Re}\big[|\varphi|^{b-2}\varphi\bar\varphi_r\big]\mathrm{d}\theta$$
$$\leqslant p^*\|\varphi\|_{L_\theta^b}^{p^*-\frac{p^*}{p}}\|\varphi\|_{L_\theta^\beta}^{\frac{p^*}{n}}\|\varphi_r\|_{L_\theta^p}, \tag{2.80}$$

这里用到

$$1 = \bigg(b-\frac{p^*}{p}\bigg)\frac{1}{b}+\frac{p^*}{n}\frac{1}{\beta}+\frac{1}{p}, \quad \frac{1}{\beta} = \frac{n-p}{p(n-1)}, \quad p^* = \frac{np}{n-p}. \tag{2.81}$$

故有

$$|(2.79)\text{右边的第二项}| \leqslant \frac{p^*}{n}\int_S^T \|\varphi\|_{L_\theta^b}^{\frac{n(p-1)}{n-p}}\|\varphi\|_{L_\theta^\beta}^{\frac{p^*}{n}}\|\varphi_r\|_{L_\theta^p}w_0 r^n\mathrm{d}r$$
$$\leqslant \frac{p^*}{n}\bigg(\int_S^T \|\varphi\|_{L_\theta^b}^{p^*}w_0 r^{n-1}\mathrm{d}r\bigg)^{\frac{p-1}{p}}\bigg(\int_S^T r^p\|\varphi_r\|_{L_\theta^p}^p\|\varphi\|_{L_\theta^\beta}^{\frac{pp^*}{n}}w_0 r^{n-1}\mathrm{d}r\bigg)^{\frac{1}{p}}$$
$$\leqslant \frac{p^*}{n}\bigg(\int_S^T \|\varphi\|_{L_\theta^b}^{p^*}w_0 r^{n-1}\mathrm{d}r\bigg)^{\frac{p-1}{p}}$$
$$\times \bigg(\int_S^T \|\varphi_r\|_{L_\theta^p}^p w_1 r^{n-1}\mathrm{d}r\bigg)^{\frac{1}{p}}\bigg\|\bigg(\frac{w_0}{w_1}\bigg)^{\frac{1}{p}}r\|\varphi\|_{L_\theta^\beta}^{\frac{p^*}{n}}\bigg\|_{L_r^\infty}. \tag{2.82}$$

5.2 新型的 Morawetz 估计

将上面估计代入 (2.79), 利用带 ε 的 Hölder 不等式可见

$$\int_S^T \|\varphi\|_{L_\theta^b}^{p^*} w_0 r^{n-1} \mathrm{d}r$$

$$\leqslant \frac{2p}{1-\mu} \|\varphi\|_{L_\theta^b}^{p^*} w_0 \frac{r^n}{n}\Big|_{r=T}$$

$$+ \left(\frac{2p^*}{(1-\mu)n}\right)^p \int_S^T \|\varphi_r\|_{L_\theta^p}^p w_1 r^{n-1} \mathrm{d}r \left\|\left\{\left(\frac{w_0}{w_1}\right)^{\frac{1}{p}} r\right\}^{\frac{n-p}{p}} \varphi\right\|_{L_r^\infty L_\theta^\beta}^{\frac{p^2}{n-p}}. \quad (2.83)$$

同理, 关于剩余含导数的部分, 有如下估计:

$$\left\||\partial_\theta|\varphi|^{\frac{p^*}{p}}\right\|_{L_\theta^q} = \frac{p^*}{p} \left\||\varphi|^{\frac{p^*}{p}-1} r\varphi_\theta\right\|_{L_\theta^q} \leqslant \frac{rp^*}{p} \|\varphi\|_{L_\theta^\beta}^{\frac{p}{n-p}} \|\varphi_\theta\|_{L_\theta^p}, \quad (2.84)$$

这里用到

$$\frac{1}{q} = \frac{p}{n-p}\frac{1}{p} + \frac{1}{p}, \qquad \partial_\theta \varphi(r\theta) = r\varphi_\theta.$$

故有

$$\int_S^T \left\||\partial_\theta|\varphi|^{\frac{p^*}{p}}\right\|_{L_\theta^q}^p w_0 r^{n-1} \mathrm{d}r \leqslant \left(\frac{n}{n-p}\right)^p \int_S^T \|\varphi_r\|_{L_\theta^p}^p w_1 r^{n-1} \mathrm{d}r$$

$$\times \left\|\left\{\left(\frac{w_0}{w_1}\right)^{\frac{1}{p}} r\right\}^{\frac{n-p}{p}} \varphi\right\|_{L_r^\infty L_\theta^\beta}^{\frac{p^2}{n-p}}. \quad (2.85)$$

注意到 $\|\varphi\|_{L_\theta^b} \lesssim \|\varphi\|_{L_\theta^{p^*}}$, 将 (2.83), (2.85) 及 (2.51) 代入

$$\int_{S \leqslant |x| \leqslant T} |\varphi|^{p^*} w_0 \mathrm{d}x = \int_S^T \|\varphi\|_{p^*}^{p^*} w_0 r^{n-1} \mathrm{d}r,$$

就得估计 (2.78).

由引理 2.5 及引理 2.8 就可以推出

推论 2.9 设 $n \geqslant 3$, $\frac{n-1}{n-2} \leqslant p < n$, 设 $w_0(r)$ 是一个非负有界满足 (2.48) 的局部连续函数, 则对任意 $\varphi \in \dot{H}_p^1$, $S > 0$, 有估计:

$$\int_{r \geqslant S} |\varphi|^{p^*} w_0 \mathrm{d}x \leqslant \frac{C}{(1-\mu)^p} \|\varphi\|_{L_r^{\infty,\nu}((S,\infty);L_\theta^\beta)}^{\frac{p}{\nu}} \int_{r \geqslant S} |\nabla \varphi|^p w_0 \mathrm{d}x$$

$$\leqslant \frac{C}{(1-\mu)^p} \|\nabla \varphi\|_{L_p}^{\frac{p}{\nu}} \int_{r \geqslant S} |\nabla \varphi|^p w_0 \mathrm{d}x,$$

$$\nu = \frac{n-p}{p}, \quad \beta = \frac{(n-p)p}{n-p}, \quad C = C(n,p) > 0. \quad (2.86)$$

引理 2.10 (引理 2.8 在双曲空间的应用及表现形式) 设 $n \geqslant 3$, $\dfrac{n-1}{n-2} \leqslant p < n$, 设 $w(t,r) \in C^1((0,\infty) \times (0,\infty))$ 是满足如下条件的非负函数: 存在 $0 < \mu < 1$ 使得

$$-\frac{tw_r + r\dot{w}}{w} \leqslant \max\left(n\mu\frac{t}{r} - \frac{r}{t},\ (n\mu - n + 1)\frac{r}{t} + (n-2)\frac{t}{r}\right), \tag{2.87}$$

则对 Klein-Gordon 方程的任意光滑解 $u(t,x)$ 和 $T \geqslant S > 0$, 有

$$\int_{S<t<T} |u|^{p^*} w \mathrm{d}y \leqslant \frac{C}{(1-\mu)^p} \|u\|_{L_t^\infty L_r^{\infty,\nu} L_\theta^\beta}^{\frac{p}{\nu}} \int_{S \leqslant t \leqslant T} |u_w|^p w \mathrm{d}y$$

$$+ T\int_{t=T} |u|^{p^*} w \mathrm{d}x, \tag{2.88}$$

这里

$$\nu = \frac{n-p}{p}, \quad \beta = \frac{(n-1)p}{n-p}, \quad C = C(n,p) > 0.$$

特别, 取 $w = w(\lambda)$, (2.87) 等价于存在 δ 满足

$$0 < \delta < \frac{n-1}{2} + \sqrt{n-2}, \quad 使得\ -\frac{\lambda w'}{w} \leqslant \delta. \tag{2.89}$$

证明 为书写方便, 引入一些记号

$$y = (t,x), \quad \eta = (-t,x), \quad \partial = (\partial_t, \nabla), \quad \mathscr{D} = \nabla_\eta = (-\partial_t, \nabla),$$
$$r = |x|, \quad \theta = \frac{x}{r}, \quad \lambda = |\eta| = \sqrt{t^2 + r^2}, \quad \omega = \frac{\eta}{\lambda},$$
$$u_r = \theta \cdot \nabla u, \quad u_\eta = \omega \cdot \nabla_y u, \quad u_\theta = \nabla u - \theta u_r,$$
$$u_\omega = \nabla_y - \omega u_\eta.$$

情形 1. $t > r$ 的情形. 设 $\rho = \sqrt{t^2 - r^2}$, $v(\rho, x) = u(t,x)$, 则

$$\nabla v = \frac{x}{t}\dot{u} + \nabla u = \frac{x}{t}\left(\dot{u} + \frac{t}{\lambda}u_\eta\right) + \left(\nabla u - \frac{x}{\lambda}u_\eta\right), \tag{2.90}$$

故有

$$|\nabla v| \leqslant \left|\dot{u} + \frac{t}{\lambda}u_\eta\right| + \left|\nabla u - \frac{x}{\lambda}u_\eta\right| \leqslant \sqrt{2}|u_\omega|. \tag{2.91}$$

通过变量替换 $(t,x) \longmapsto (\rho, x)$, 有

$$\int_S^T \int_{r<t} |u|^{p^*} w \mathrm{d}y = \int_0^T \int_{S_\rho < r < T_\rho} |v|^{p^*} \tilde{w} \mathrm{d}x \mathrm{d}\rho, \tag{2.92}$$

这里 $\tau_\rho = \sqrt{\tau^2 - \rho^2}$, $\tilde{w} = w\dfrac{\rho}{t}$. 为了应用引理 2.8, 需要验证

$$\frac{-\tilde{w}_r r}{n\tilde{w}} \leqslant \mu < 1, \quad \exists \mu\ 满足此条件. \tag{2.93}$$

5.2 新型的 Morawetz 估计

此恰好是 (2.87) 与 $t > r$ 所蕴涵的条件, 事实上

$$\frac{-\tilde{w}_r r}{\tilde{w}} = -\frac{r}{t}\frac{tw_r + r\dot{w}}{w} + \frac{r^2}{t^2}, \quad t = \sqrt{\rho^2 + r^2},$$

$$n\mu\frac{t}{r} - \frac{r}{t} \geqslant (n\mu - n + 1)\frac{r}{t} + (n-2)\frac{t}{r}, \quad t > r, \mu \to 1.$$

在 (2.87) 下, 就可以确保

$$\frac{-\tilde{w}_r\, r}{\tilde{w}} \leqslant \frac{r}{t}\left(n\mu\frac{t}{r} - \frac{r}{t}\right) + \frac{r^2}{t^2} = n\mu.$$

因此, 应用引理 2.8, 可见

$$\int_{S_\rho < r < T_\rho} |v|^{p^*} \tilde{w}\mathrm{d}x \leqslant \frac{C}{(1-\mu)^p}\Bigg[\|v\|_{L_r^{\infty,\nu}L_\theta^\beta}^{\frac{p}{\nu}} \int_{S_\rho < r < T_\rho} |\nabla v|^{p^*}\tilde{w}\mathrm{d}x$$

$$+ T_\rho^n \tilde{w}(T_\rho) \int_{S^{n-1}} |v|^{p^*}(\rho, T_\rho\theta)\mathrm{d}\theta\Bigg].$$

因此, 利用 (2.92) 就可以推出

$$\int_S^T \int_{r<t} |v|^{p^*} w\mathrm{d}y \leqslant \frac{C}{(1-\mu)^p}\Bigg[\int_0^T \|v\|_{L_r^{\infty,\nu}}^{\frac{p}{\nu}}\int_{S_\rho<r<T_\rho}|u_\omega|^{p^*}\tilde{w}\mathrm{d}x\mathrm{d}\rho$$

$$+ \int_0^T \int_{S^{n-1}} |u|^{p^*}(T, T_\rho\theta)T_\rho^n w(T, T_\rho)\frac{\rho}{T}\mathrm{d}\theta\mathrm{d}\rho\Bigg]$$

$$\leqslant \frac{C}{(1-\mu)^p}\Bigg[\|u\|_{L_t^\infty L_r^{\infty,\nu}L_\theta^\beta}^{\frac{p}{\nu}} \int_{\substack{r<t \\ S<t<T}} |u_\omega|^{p^*}w\mathrm{d}y$$

$$+ T \int_{\substack{r<t \\ t=T}} |u|^{p^*} w\mathrm{d}x\Bigg]. \tag{2.94}$$

情形 2. 考虑 $t < r$ 的情形. 令 $\rho = \sqrt{r^2 - t^2}$, $\xi = t\theta$, 并且

$$v(\rho, \xi) = u(t, x) = u(|\xi|, \sqrt{|\xi|^2 + \rho^2}\,\theta). \tag{2.95}$$

则

$$\nabla_\xi v = \theta\dot{u} + \frac{\xi}{\sqrt{|\xi|^2 + \rho^2}} u_r + \sqrt{|\xi|^2 + \rho^2}\frac{u_\theta}{t}$$

$$= \theta\dot{u} + \frac{t}{r}\theta u_r + r\frac{u_\theta}{t}$$

$$= \theta\left(\dot{u} + \frac{t}{\lambda}u_\eta\right) + \frac{t}{r}\theta\left(u_r - \frac{r}{\lambda}u_\eta\right) + \frac{r}{t}u_\theta. \tag{2.96}$$

故有

$$|\nabla_\xi v| \leqslant \sqrt{1 + \left(\frac{t}{r}\right)^2 + \left(\frac{r}{t}\right)^2}\, |u_\omega| \leqslant \frac{2r}{t}|u_\omega|. \tag{2.97}$$

采用变量代替 $(t,x) \longmapsto (\rho, \xi)$, 有

$$\int_S^T \int_{r<t} |v|^{p^*} w \mathrm{d}y = \int_0^\infty \int_{S<t<T} |v|^{p^*} \tilde{w} \mathrm{d}\xi \mathrm{d}\rho, \quad \tilde{w} = w r^{n-2} \rho t^{1-n}. \tag{2.98}$$

为了利用引理 2.8, 需要验证存在 μ 满足

$$\frac{t\tilde{w}_t}{n\tilde{w}} \leqslant \mu < 1. \tag{2.99}$$

这可以从 (2.87) 与 $t < r$ 推出. 因此, 对于

$$w_0 = \tilde{w}, \quad w_1 = \left(\frac{t}{r}\right)^p \tilde{w},$$

就有

$$\int_{S<t<T} |v|^{p^*} \tilde{w} \mathrm{d}\xi \leqslant \frac{C}{(1-\mu)^p} \bigg[\bigg\| \bigg\{ \bigg(\frac{\tilde{w}}{w_1}\bigg)^{\frac{1}{p}} \bigg\}^{\frac{n-p}{p}} v \bigg\|_{L_t^\infty L_\theta^\beta}^{\frac{p^2}{n-p}} \int_{S<t<T} |\nabla_\xi v|^p w_1 \mathrm{d}\xi$$
$$+ T^n \tilde{w}(T) \int_{S^{n-1}} |v|^{p^*}(\rho, T\theta) \mathrm{d}\theta \bigg].$$

回到原来的坐标系可见

$$\int_S^T \int_{t<r} |u|^{p^*} w \mathrm{d}y \leqslant \frac{C}{(1-\mu)^p} \bigg[\int_0^\infty \bigg\| r^{\frac{n-p}{p}} v \bigg\|_{L_t^\infty L_\theta^\beta}^{\frac{p^2}{n-p}} \int_{S<t<T} |u_\omega|^p \tilde{w} \mathrm{d}\xi \mathrm{d}\rho$$
$$+ \int_0^\infty \int_{S^{n-1}} |u|^{p^*} w(T, \sqrt{T^2+\rho^2}\,\theta) T(T^2+\rho^2)^{\frac{n-2}{2}} \rho \mathrm{d}\theta \mathrm{d}\rho \bigg]$$
$$\leqslant \frac{C}{(1-\mu)^p} \bigg[\bigg\| r^{\frac{n-p}{p}} u \bigg\|_{L_{tr}^\infty L_\theta^\beta}^{\frac{p^2}{n-p}} \int_{\substack{r>t \\ S<t<T}} |u_\omega|^2 w \mathrm{d}y + T \int_{\substack{r>t \\ t=T}} |u|^{p^*} w \mathrm{d}w \bigg]. \tag{2.100}$$

结合 (2.84), (2.100) 就得到所需要证明的不等式 (2.88).

情形 3. 特殊情形 $w = w(\lambda)$ 下条件的等价性. 当权函数具有上面特殊形式时, 就有

$$\frac{tw_r + r\dot{w}}{w} = \frac{2tr w'}{\lambda w}. \tag{2.101}$$

因此

$$(2.87) \Longleftrightarrow -\frac{\lambda w'(\lambda)}{w(\lambda)} \leqslant \frac{1}{2} \max\left(\frac{n\mu}{r^2/\lambda^2} - \frac{1}{t^2/\lambda^2}, \frac{n\mu - n + 1}{t^2/\lambda^2} + \frac{n-2}{r^2/\lambda^2}\right),$$
$$\forall\, t > 0,\ r > 0.$$
$$\Longleftrightarrow -\frac{\lambda w'(\lambda)}{w(\lambda)} \leqslant \frac{1}{2} \inf_{r^2+t^2=1} \max\left(\frac{n\mu}{r^2} - \frac{1}{t^2}, \frac{n\mu-n+1}{t^2} + \frac{n-2}{r^2}\right),$$
$$\forall\, \lambda > 0. \tag{2.102}$$

利用等式
$$\min_{0<c<1}\left(\frac{a}{c}+\frac{b}{1-c}\right)=(\sqrt{a}+\sqrt{b})^2,\qquad a,b>0,$$
就有
$$\inf_{r^2+t^2=1}\max\left(\frac{n\mu}{r^2}-\frac{1}{t^2},\frac{n\mu-n+1}{t^2}+\frac{n-2}{r^2}\right)=(\sqrt{n\mu-n+1}+\sqrt{n-2})^2.$$

只要取 $\mu\to 1$, 即得关系式 (2.89).

注意到经典的 Morawetz 估计
$$\iint\frac{|u_\omega|^2}{\lambda}\mathrm{d}y\leqslant CE(u),\quad \mathrm{d}y=\mathrm{d}t\mathrm{d}x \tag{2.103}$$

及引理 2.10, 选取 $w(\lambda)=\dfrac{1}{\lambda}$, 容易看出
$$\int_{S<t<T}\frac{|u|^{2^*}}{\lambda}\mathrm{d}y\leqslant C\left[\|\nabla u\|_{L^\infty L_x^2}^{2^*-2}\int_{S<t<T}\frac{|u_\omega|^2}{\lambda}\mathrm{d}y+\int_{t=T}u^{2^*}\mathrm{d}x\right],$$

故有
$$\iint\frac{|u|^{2^*}}{t+|x|}\mathrm{d}x\mathrm{d}t\leqslant CE(u).$$

这可以推出 (2.27) 在 $p=2^*$ 时的情形.

5.3 整体时空估计 I

本节考虑任意维 Schrödinger 方程及低维的非线性 Klein-Gordon 方程 ($n\leqslant 2$) 有限能量解的整体时空估计. 先引入一些记号:

$L^\infty(I;H^1(\mathbb{R}^n))$: 相当于能量空间;

$L^\infty(I;B_{\infty,\infty}^{1-\frac{n}{2}-\sigma}(\mathbb{R}^n))$: $\sigma>0$ 很小, 当 $\sigma=0$, 与能量空间同度的最大时空 Besov 空间;

$L^{q_2}(I\times\mathbb{R}^n): q_2=\dfrac{(n+2)p_2}{2}$ 是与非线性项 $|u|^{p_2}u$ 对应的临界对称时空可积指标, 即满足 $\dfrac{2}{q_2}=n\left(\dfrac{1}{2}-\dfrac{1}{q_2}\right)-\left(\dfrac{n}{2}-\dfrac{2}{p_2}\right)$, 它确保非线性估计
$$\||u|^{p_2}u\|_{L^{\rho'}(I;B_{\rho',2}^{\sigma_k})}\lesssim \|u\|_{L^{q_2}(I\times\mathbb{R}^n)}^{p_2}\|u\|_{L^\rho(I;B_{\rho,2}^{\sigma_k})};$$

$L^{q_1}(I\times\mathbb{R}^n): q_1=\dfrac{(n+2)p_1}{2}$ 是与非线性项 $|u|^{p_1}u$ 对应的临界对称时空空间可积指标;

$$L^\rho(I; B^{\sigma_k}_{\rho,2}(\mathbb{R}^n)) \Longleftrightarrow L^{\rho'}(I; B^{\sigma_k}_{\rho',2}):$$

$$\sigma_k + (n+1)\left(\frac{1}{2} - \frac{1}{\rho}\right) - \frac{1}{\rho} = 1, \text{Klein-Gordon 方程},$$

$$\sigma_k + n\left(\frac{1}{2} - \frac{1}{\rho}\right) - \frac{2}{\rho} = 1, \text{Schrödinger 方程},$$

$$\sigma_k = \begin{cases} 1, & \text{Schrödinger 方程}, \\ \frac{1}{2}, & \text{Klein-Gordon 方程}, \end{cases} \quad \rho = 2 + \frac{4}{n};$$

$L^{q_2}(I; L^\rho(\mathbb{R}^n)) \Longleftrightarrow L^{\frac{q_2}{p_2+1}}(I; L^{\rho'}(\mathbb{R}^n))$: 工作空间的部分模, 是部分压缩映射原理的基础, 是由 $L^p - L^{p'}$ 估计及 H-L-S 所确定的.

注记 3.1 (i) 上面空间的选取原则是试图统一非线性 Klein-Gordon 方程与非线性 Schrödinger 方程. 因此, 这里用到了 Klein-Gordon 方程较波动方程更好的特性.

(ii) 在 $n \geqslant 3$ 时, 需要将非线性 Klein-Gordon 方程与非线性 Schrödinger 方程分别处理. 一般来讲, 对于具结构 (1.10) 的非线性 Klein-Gordon 方程, 选取:

$L^{q_2}(I \times \mathbb{R}^n): q_2 = \dfrac{(n+1)p_2}{2}$ 是与非线性项 $|u|^{p_2}u$ 对应的对称时空可积指标,

它确保非线性估计 $\||u|^{p_2}u\|_{L^{\rho'}(I; B^{\sigma_k}_{\rho',2})} \lesssim \|u\|^{p_2}_{L^{q_2}(I \times \mathbb{R}^n)} \|u\|_{L^\rho(I; B^{\sigma_k}_{\rho,2})}$

成立;

$L^\rho(I; B^{\sigma_k}_{\rho,2}(\mathbb{R}^n)) \Longleftrightarrow L^{\rho'}(I; B^{\sigma_k}_{\rho',2}): \sigma_k + n\left(\dfrac{1}{2} - \dfrac{1}{\rho}\right) - \dfrac{1}{\rho} = 1, \sigma_k = \dfrac{1}{2} \Longrightarrow \rho = 2 + \dfrac{4}{n-1}.$

(iii) $L^\infty(I; B^{1-\frac{n}{2}-\sigma}_{\infty,\infty}(\mathbb{R}^n))$ 的使用方法: 从经典的 Sobolev 嵌入关系

$$\|u\|_{L^\infty(I; B^{1-\frac{n}{2}-\sigma}_{\infty,\infty})} \leqslant \|u\|_{L^\infty(H^1)}.$$

可以看出, $L^\infty(I; B^{1-\frac{n}{2}-\sigma}_{\infty,\infty}(\mathbb{R}^n))$ 实质上是比 $L^\infty(H^1)$ 更大的替代空间, 它意味着 $s_c = \dfrac{n}{2} - \dfrac{2}{p}$ 层次上时空模总可以被 H^1 层次的时空模与 $L^\infty(H^1)$ 模来控制. 事实上,

$$\|u\|_{L^q(I \times \mathbb{R}^n)} \leqslant C \|u\|^{\frac{\rho}{q}}_{L^\rho(I; B^{\sigma_k}_{\rho,2})} \|u\|^{1-\frac{\rho}{q}}_{L^\infty(I; B^{1-\frac{n}{2}-\sigma}_{\infty,\infty})}, \tag{3.1}$$

$$\left[-\frac{n}{q} = \frac{\rho}{q}\left(\sigma_k - \frac{n}{\rho}\right) + \left(1 - \frac{\rho}{q}\right)\left(1 - \frac{n}{2} - \sigma\right), \frac{1}{q} \geqslant \frac{\rho}{q}\frac{1}{\rho} + \left(1 - \frac{\rho}{q}\right)\frac{1}{\infty}\right],$$

即

$$0 < \sigma_k \frac{\rho}{q} + \left(1 - \frac{\rho}{q}\right)\left(1 - \frac{n}{2} - \sigma\right) \Longleftrightarrow L^q \cong \left[B^{\sigma_k}_{\rho,2}; \ B^{1-\frac{n}{2}-\sigma}_{\infty,\infty}\right]_\theta. \tag{3.2}$$

另外, 容易看出
$$\frac{4}{n} < p_1 \leqslant p_2 \Longrightarrow \rho < q_1 \leqslant q_2.$$

(iv) 对于非线性 Schrödinger 方程而言, 确保非线性估计 (3.1) 成立的条件 (3.2) 等价于

$$1 - \frac{n}{2} + \frac{n\rho}{2q} > 0 \Longleftrightarrow q < \frac{n\rho}{n-2} \left(\text{利用 } q = \frac{(n+2)p}{2}\right) \Longleftrightarrow p < \frac{4}{n-2},$$

这里用到 $\sigma > 0$ 充分小.

(v) 对于低维的非线性 Klein-Gordon 方程 ($n \leqslant 2$), 总可以取 $\sigma > 0$ 充分小, 确保非线性估计 (3.1) 成立的条件 (3.2) 成立, 当然, 与非线性 Schrödinger 方程相同, 仍然采用 $q = \frac{(n+2)p}{2}$. 然而, 对于高维的非线性 Klein-Gordon 方程 ($n \geqslant 3$), 如果取 $q = \frac{(n+2)p}{2}$, 则确保非线性估计 (3.1) 成立的条件 (3.2) 等价于

$$1 - \frac{\rho}{2q} - \frac{n}{2} + \frac{n\rho}{2q} > 0 \Longleftrightarrow q < \frac{(n-1)\rho}{n-2} \Longleftrightarrow p < \frac{4}{n-2} \frac{n-1}{n}.$$

如果取 $q = \frac{(n+1)p}{2}$, 则确保非线性估计 (3.1) 成立的条件 (3.2) 等价于

$$\frac{\rho}{2q} + 1 - \frac{\rho}{q} - \frac{n}{2} + \frac{n\rho}{2q} > 0 \Longleftrightarrow q < \frac{(n-1)\rho}{n-2} \Longleftrightarrow p < \frac{4}{n-2},$$

这里用到 $\sigma > 0$ 充分小. 由此可以看出, 处理高维非线性 Klein-Gordon 方程需要波动方程的容许关系及相应的 Strichartz 估计.

本节的目标与思想是对于任意有限能量解, 证明

$$\|u\|_{L^\rho(\mathbb{R}, B^{\sigma_k}_{\rho,2})} \leqslant C(E). \tag{3.3}$$

当然, 由于次临界的非线性 Klein-Gordon 方程和非线性 Schrödinger 方程与临界指标有一个容许的尺度, 因此, 可以将证明形如 (3.3) 的整体时空估计归结为证明低于 $\dot{H}^1$ 层次的整体时空估计. 例如, 利用 Strichartz 估计、非线性估计及连续性方法, 仅需要证明

$$\|u\|_{L^{q_2}(\mathbb{R} \times \mathbb{R}^n)} \leqslant C(E).$$

以下首先回忆几个熟悉的插值不等式和 Sobolev 嵌入公式:

$$\|u\|_{L^{q_1}(I \times \mathbb{R}^n)} \lesssim \|u\|_{L^\rho(I, B^{\sigma_k}_{\rho,2})}^{1-\alpha} \|u\|_{L^{q_2}(I \times \mathbb{R}^n)}^{\alpha}, \quad \frac{1-\alpha}{\rho} + \frac{\alpha}{q_2} = \frac{1}{q_1}, \quad 0 < \alpha \leqslant 1. \tag{3.4}$$

$$\|\varphi_j * u\|_{L^\infty(I; B^{1-\frac{n}{2}-\sigma}_{\infty,\infty})} \leqslant C 2^{-\sigma j} \|u\|_{L^\infty(H^1)}, \qquad 0 \leqslant j \leqslant \infty, \tag{3.5}$$

这里 $\{\varphi_j\}_{j=0}^\infty$ 是从属于非齐次 Littlewood-Paley 分解定义中的函数.

$$\|u\|_{L^{q_j}(I\times\mathbb{R}^n)} \leqslant C \|u\|_{L^\rho(I, B^{\sigma_k}_{\rho,2})}^{\frac{\rho}{q_j}} \|u\|_{L^\infty(I; B^{1-\frac{n}{2}-\sigma}_{\infty,\infty})}^{1-\frac{\rho}{q_j}}, \quad j=1,2, \tag{3.6}$$

$$\begin{aligned}\|u\|_{L^{q_2}(I\times\mathbb{R}^n)} &\leqslant C \|u\|_{L^{q_2}(I,L^\rho)}^{1-\beta} \|u\|_{L^{q_2}(I;L^{\tilde q_2})}^\beta \\ &\leqslant C \|u\|_{L^{q_2}(I,L^\rho(\mathbb{R}^n))}^{1-\beta} \left(\|u\|_{L^\rho(B^{\sigma_k}_{\rho,2})}^{\frac{\rho}{q_2}} \|u\|_{L^\infty(H^1)}^{1-\frac{\rho}{q_2}} \right)^\beta, \end{aligned} \tag{3.7}$$

这里插值所需要的指标关系是

$$-\frac{n}{q_2} = -(1-\beta)\frac{n}{\rho} + \beta \left\{ \frac{\rho}{q_2}\left(\sigma_k - \frac{n}{\rho}\right) + \left(1-\frac{\rho}{q_2}\right)\left(1-\frac{n}{2}\right) \right\}$$

$$\iff \frac{n}{\rho} - \frac{n}{q_2} = \beta \left[\frac{\rho}{q_2}\sigma_k + \frac{n}{\rho} - \frac{n}{q_2} + \left(1-\frac{\rho}{q_2}\right)\left(1-\frac{n}{2}\right) \right], \quad 0<\beta<1,$$

与 (3.2) 在 $q=q_2$ 时完全一致.

$$\|f(u)\|_{L^{\rho'}(I, B^{\sigma_k}_{\rho',2})} \leqslant C \left(\|u\|_{L^{q_2}(I\times\mathbb{R}^n)}^{p_2} + \|u\|_{L^{q_1}(I\times\mathbb{R}^n)}^{p_1} \right) \|u\|_{L^\rho(I, B^{\sigma_k}_{\rho,2})}, \tag{3.8}$$

$$\begin{aligned}\|f(u)-f(v)\|_{L^{\frac{q_2}{p_2+1}}(I, L^{\rho'}(\mathbb{R}^n))} \leqslant C \Big(&\|u\|_{L^{q_2}(I\times\mathbb{R}^n)}^{p_2} + \|v\|_{L^{q_2}(I\times\mathbb{R}^n)}^{p_2} + \|u\|_{L^{q_1}(I\times\mathbb{R}^n)}^{p_1} \\ &+ \|v\|_{L^{q_1}(I\times\mathbb{R}^n)}^{p_1} \Big) \|u-v\|_{L^{q_2}(I, L^\rho)}. \end{aligned} \tag{3.9}$$

注记 3.2 (1) (3.4) 是经典插值定理, 利用 Sobolev 嵌入定理及经典的 Bernstein 估计, 容易证明 (3.5), 事实上

$$\begin{aligned}\|\varphi_j * f\|_{L^\infty(I; B^{1-\frac{n}{2}-\sigma}_{\infty,\infty})} &\lesssim \|\varphi_j * u\|_{H^{1-\sigma}} \leqslant 2^{(1-\sigma)j} \|\varphi_j * u\|_{L^2} \\ &\leqslant 2^{-\sigma j} \|\varphi_j * u\|_{H^1} \leqslant 2^{-\sigma j} \|u\|_{H^1}.\end{aligned}$$

(3.6) 与 (3.7) 是插值公式与 Sobolev 嵌入定理的直接结果. (3.8) 与 (3.9) 是典型的 Hölder 不等式, 这两个非线性估计源于适定性的证明过程, 所需要的指标关系分别是

$$\frac{1}{\rho'} = \frac{p_2}{q_2} + \frac{1}{\rho}, \quad \frac{1}{\rho'} = \frac{p_1}{q_1} + \frac{1}{\rho},$$

及

$$\frac{p_2+1}{q_2} = \frac{p_2}{q_2} + \frac{1}{q_2} \equiv \frac{p_1}{q_1} + \frac{1}{q_2}.$$

(2) 在本节使用的统一的 Strichartz 估计是

$$\|\vec{u}\|_{L^\infty(H^1)} + \|\vec{u}\|_{L^\rho(I, B^{\sigma_k}_{\rho,2})} \leqslant C \|\vec{u}(0)\|_{H^1} + C \|Eq_L(u)\|_{L^{\rho'}(I, B^{\sigma_k}_{\rho',2})}. \tag{3.10}$$

5.3 整体时空估计 I

此时, 对应于 Klein-Gordon 方程的容许对的定义有如下的转换:

$$(q,r) \in \Lambda \iff \frac{2}{q} \leqslant (n-1)\Big(\frac{1}{2} - \frac{1}{r}\Big) \longmapsto (q,r) \in \Lambda \iff \frac{2}{q} \leqslant n\Big(\frac{1}{2} - \frac{1}{r}\Big).$$

(3) 估计 (3.8) 与 (3.9) 给出了非线性 Klein-Gordon 方程与非线性 Schrödinger 方程 Cauchy 问题适定性的数学证明. 事实上, 就非线性 Schrödinger 方程而言, 用部分范数诱导度量 $d(u,v) = \|u - v\|_{L^\rho(I;L^\rho)}$, 注意到 $(\rho,\rho) \in \Lambda$, 则有如下压缩性估计:

$$d(\mathcal{T}u, \mathcal{T}v) \leqslant \|f(u) - f(v)\|_{L^{\rho'}(I, L^{\rho'})}$$
$$\leqslant C\Big(\|u\|_{L^{q_2}(I\times\mathbb{R}^n)}^{p_2} + \|u\|_{L^{q_1}(I\times\mathbb{R}^n)}^{p_1} + \|v\|_{L^{q_2}(I\times\mathbb{R}^n)}^{p_2} + \|v\|_{L^{q_1}(I\times\mathbb{R}^n)}^{p_1}\Big)\|u - v\|_{L^\rho(I, L^\rho)}.$$

(4) 就低维非线性 Klein-Gordon 方程 ($n \leqslant 2$) 而言, 注意到

$$\frac{2}{q_2} \leqslant n\Big(\frac{1}{2} - \frac{1}{\rho}\Big), \quad \frac{2(q_2 - p_2 - 1)}{q_2} \leqslant n\Big(\frac{1}{2} - \frac{1}{\rho}\Big), \quad q_2 = \frac{(n+2)p_2}{2},$$

及

$$2\delta(\rho) - \frac{1}{q_2} - \frac{(q_2 - p_2 - 1)}{q_2} = 1, \quad \delta(r) = (n+1)\Big(\frac{1}{2} - \frac{1}{r}\Big), \quad \rho = \frac{2(n+2)}{n}.$$

就高维非线性 Klein-Gordon 方程 ($n \geqslant 3$) 而言, 注意到

$$\frac{2}{q_2} \leqslant (n-1)\Big(\frac{1}{2} - \frac{1}{\rho}\Big), \quad \frac{2(q_2 - p_2 - 1)}{q_2} \leqslant (n-1)\Big(\frac{1}{2} - \frac{1}{\rho}\Big), \quad q_2 = \frac{(n+1)p_2}{2},$$

及

$$2\delta(\rho) - \frac{1}{q_2} - \frac{(q_2 - p_2 - 1)}{q_2} = 1, \quad \delta(r) = n\Big(\frac{1}{2} - \frac{1}{r}\Big), \quad \rho = \frac{2(n+1)}{n-1}.$$

用部分范数诱导度量 $d(u,v) = \|u - v\|_{L^{q_2}(I;L^\rho)}$, 则有如下压缩性估计:

$$d(\mathcal{T}u, \mathcal{T}v) \leqslant \|f(u) - f(v)\|_{L^{\frac{q_2}{p_2+1}}(I, L^{\rho'}(\mathbb{R}^n))}$$
$$\leqslant C\Big(\|u\|_{L^{q_2}(I\times\mathbb{R}^n)}^{p_2} + \|v\|_{L^{q_2}(I\times\mathbb{R}^n)}^{p_2} + \|u\|_{L^{q_1}(I\times\mathbb{R}^n)}^{p_1} + \|v\|_{L^{q_1}(I\times\mathbb{R}^n)}^{p_1}\Big)\|u - v\|_{L^{q_2}(I, L^\rho)}.$$

引理 3.1 (扰动引理) 设 $f(u)$ 满足 (1.8)~(1.10), $u(t)$ 是非线性 Schrödinger 方程 (1.1) 或非线性 Klein-Gordon 方程 (1.2) ($n < 3$) 在区间 $I = [S,T]$ 上满足条件:

$$\|\vec{u}\|_{L^\infty(I, H^1)} \leqslant E < \infty, \quad \|u\|_{L^{q_2}(I\times\mathbb{R}^n)} = \eta < \infty \tag{3.11}$$

的解. 则存在 $0 < \eta_0 = \eta_0(E)$ 满足当 $\eta \leqslant \eta_0(E)$ 时, 有

$$\|\vec{u}\|_{L^p(I, B^{\sigma_k}_{\rho,2})} + \|u\|_{L^{q_1}(I\times\mathbb{R}^n)} \leqslant C(E). \tag{3.12}$$

证明 设 $v(t)$ 是问题

$$\begin{cases} iv_t + \Delta v = 0, \\ v|_{t=S} = u(S), \end{cases}$$

或者

$$\begin{cases} v_{tt} - \Delta v + v = 0, \\ v|_{t=S} = u(S), \quad \dot{v}(t)|_{t=S} = \dot{u}(S) \end{cases}$$

的解, 则由 Strichartz 估计及非线性估计 (3.8)、插值公式 (3.4), 可见

$$\begin{aligned} \|u - v\|_{L^p(I, B^{\sigma_k}_{\rho,2})} &\leqslant C\|f(u)\|_{L^{\rho'}(I, B^{\sigma_k}_{\rho',2})} \\ &\leqslant C\|u\|_{L^p(I, B^{\sigma_k}_{\rho,2})} \left(\|u\|^{p_2}_{L^{q_2}(I\times\mathbb{R}^n)} + \|u\|^{p_1}_{L^{q_1}(I\times\mathbb{R}^n)}\right) \\ &\leqslant \left(\|u\|_{L^p(I, B^{\sigma_k}_{\rho,2})} \|u\|^{p_2}_{L^{q_2}(I\times\mathbb{R}^n)} + \|u\|^{(1-\alpha)p_1+1}_{L^p(I, B^{\sigma_k}_{\rho,2})} \|u\|^{\alpha p_1}_{L^{q_2}(I\times\mathbb{R}^n)}\right). \end{aligned} \quad (3.13)$$

因此, 只要取 $\eta_0(E)$ 充分小, 就可以保证

$$\begin{aligned} \|u\|_{L^p(I, B^{\sigma_k}_{\rho,2})} &\leqslant \|v\|_{L^p(I, B^{\sigma_k}_{\rho,2})} + C\big(\|u\|_{L^p(I, B^{\sigma_k}_{\rho,2})} \|u\|^{p_2}_{L^{q_2}(I\times\mathbb{R}^n)} \\ &\quad + \|u\|^{(1-\alpha)p_1+1}_{L^p(I, B^{\sigma_k}_{\rho,2})} \|u\|^{\alpha p_1}_{L^{q_2}(I\times\mathbb{R}^n)}\big). \end{aligned} \quad (3.14)$$

利用连续性方法, 容易看出

$$\|u\|_{L^p(I, B^{\sigma_k}_{\rho,2})} \leqslant C(E), \quad (3.15)$$

$$\|u\|_{L^{q_1}(I\times\mathbb{R}^n)} \leqslant \|u\|^{1-\alpha}_{L^p(I, B^{\sigma_k}_{\rho,2})} \|u\|^{\alpha}_{L^{q_2}(I\times\mathbb{R}^n)} < C(E). \quad (3.16)$$

从而推出 (3.12) 成立.

注记 3.3 作为扰动引理的直接结果, 有

$$\|\vec{u}\|_{L^\infty(I, H^1)} \leqslant E < \infty, \quad \|u\|_{L^{q_2}(I\times\mathbb{R}^n)} < \infty \Longrightarrow \|\vec{u}\|_{L^p(I, B^{\sigma_k}_{\rho,2})} < \infty.$$

引理 3.2 (质量集中现象) 设 $f(u)$ 满足结构条件 (1.8) 或 (1.9)、非线性条件 (1.10) 及互斥条件 (1.11), u 是区间 I 上的有限能量解 $E(u) \leqslant E < \infty$. 设

$$\|u\|_{L^{q_2}(I\times\mathbb{R}^n)} = \eta \leqslant \eta_0(E) \quad (\eta_0 \text{ 由扰动定理给出}), \quad (3.17)$$

设 $s \geqslant 1$, 则存在子区间 $J \subset I$, $R > 0$, $c \in \mathbb{R}^n$ 满足

$$\begin{cases} |J| \geqslant C(E, \eta), \quad R < C(E, \eta), \\ \displaystyle\int_{|x-c|<R} \min\left(|u(t)|, |u(t)|^s\right) dx \geqslant C(E, \eta, s), \quad \forall t \in J. \end{cases} \quad (3.18)$$

证明 第一步 (广义质量集中现象的频率尺度分析). 由扰动引理 3.1 与插值定理可见

$$\eta = \|u\|_{L^{q_2}(I\times\mathbb{R}^n)} \lesssim \|u\|_{L^\rho(I,B^{\sigma_k}_{\rho,2})}^{\frac{\rho}{q_2}} \|u\|_{L^\infty(I;B^{1-\frac{n}{2}-\sigma}_{\infty,\infty})}^{1-\frac{\rho}{q_2}}$$

$$\leqslant C(E)\|u\|_{L^\infty(I;B^{1-\frac{n}{2}-\sigma}_{\infty,\infty})}^{1-\frac{\rho}{q_2}}. \tag{3.19}$$

由 Besov 空间的定义

$$\sup_{j\geqslant 0} \|2^{j(1-\frac{n}{2}-\sigma)}\varphi_j * u\|_{L^\infty_{t,x}} > C(E,\eta), \tag{3.20}$$

此意味着存在 $T \in I$, $c \in \mathbb{R}^n$ 及 $j \in \mathbb{N} \cup \{0\}$, 使得

$$|2^{j(1-\frac{n}{2}-\sigma)}\varphi_j * u(T,c)| > C(E,\eta). \tag{3.21}$$

另一方面, 由于 $\|u\|_{L^\infty(I;B^{1-\frac{n}{2}-\sigma}_{\infty,\infty})} \leqslant \|u\|_{L^\infty(H^1)}$ 及基本估计 (3.5), 可见

$$|2^{j(1-\frac{n}{2}-\sigma)}\varphi_j * u(T,c)| \leqslant 2^{-\sigma j} \sup_{j\geqslant 0} 2^{j(1-\frac{n}{2})} \|\varphi_j * u\|_\infty$$

$$\leqslant 2^{-\sigma j} \|u\|_{B^{1-\frac{n}{2}}_{\infty,\infty}} \leqslant 2^{-\sigma j} C(E). \tag{3.22}$$

由此可见

$$C(E,\eta) \leqslant 2^{-\sigma j} C(E) \Longrightarrow j \leqslant C(E,\eta). \tag{3.23}$$

说明形如 (3.21) 的集中现象只能发生在低频部分.

第二步 (广义质量集中现象的时间区间估计). 由 Sobolev 嵌入定理及 Hölder 不等式有

$$\eta = \|u\|_{L^{q_2}(I\times\mathbb{R}^n)} \leqslant C\|u\|_{L^{q_2}(I,L^\rho(\mathbb{R}^n))}^{1-\beta} \left[\|u\|_{L^\rho(I,B^{\sigma_k}_{\rho,2})}^{\frac{\rho}{q_2}} \|u\|_{L^\infty(I;B^{1-\frac{n}{2}-\sigma}_{\infty,\infty})}^{1-\frac{\rho}{q_2}}\right]^\beta$$

$$\leqslant C\|u\|_{L^{q_2}(I,L^\rho(\mathbb{R}^n))}^{1-\beta} C(E) \leqslant C(E)|I|^{\frac{1-\beta}{q_2}}, \quad 0 < \beta < 1, \tag{3.24}$$

由此推出

$$|I| \geqslant C(E,\eta). \tag{3.25}$$

另一方面, 由 Sobolev 嵌入定理可见

$$\|2^{j(1-\frac{n}{2}-\sigma)}\varphi_j * (u(t) - u(T))\|_\infty \leqslant 2^{j(1-\sigma)} \sup_{j\geqslant 0} 2^{-j\frac{n}{2}} \|\varphi_j * (u(t) - u(T))\|_\infty$$

$$\leqslant 2^{j(1-\sigma)} \|u(t) - u(T)\|_{L^2}$$

$$\leqslant C(E,\eta)|t-T|. \tag{3.26}$$

这与 (3.21) 结合, 并利用连续性可见存在 $J \subset I$ 满足 $|J| \geqslant C(E, \eta)$, 使得

$$|2^{j(1-\frac{n}{2}-\sigma)}\varphi_j * u(t, c)| > C(E, \eta), \quad \forall t \in J. \tag{3.27}$$

第三步 (广义质量集中现象). 记

$$\Phi(x) = \begin{cases} 2^n \chi(2x) - \chi(x), & j \geqslant 1, \\ \varphi_0(x), & j = 0, \end{cases} \quad \varphi_j(x) = 2^{jn}\Phi(2^j x).$$

对任意的 $t \in J$ 有

$$C(E, \eta) \leqslant |\varphi_j * u(t, c)| = \left| \int 2^{jn} \Phi(2^j y) u(t, c - y) \mathrm{d}y \right|$$

$$\leqslant \int_{|y| \leqslant R} + \int_{|y| \geqslant R} \quad (\text{作变换 } c - y = x)$$

$$\leqslant 2^{jn} \|\Phi\|_\infty \|u(t)\|_{L^1(|x-c|<R)} + 2^{jn/2} \|\Phi\|_{L^2(|y|>2^j R)} \|u\|_{L^2}$$

$$\leqslant C(E, \eta) \left(\|u(t)\|_{L^1(|x-c|<R)} + \|\Phi\|_{L^2(|x|\geqslant 2^j R)} \right), \tag{3.28}$$

这里用到 j 的低频尺度估计 (3.23) 及 $\|u\|_{L^2}$ 可被能量控制. 由于 $\Phi \in \mathscr{S}(\mathbb{R}^n)$, 只要取 $R \to \infty$, 就有

$$\|\Phi\|_{L^2(|x|>2^j R)} \to 0, \tag{3.29}$$

因此, 可找到固定的 $R \leqslant C(E, \eta)$ 使得

$$\|u(t)\|_{L^1(|x-c|\leqslant R)} \geqslant C(E, \eta), \quad \forall\, t \in J. \tag{3.30}$$

令

$$A := \int_{\substack{|u|<1 \\ |x-c|<R}} |u|^s \mathrm{d}x, \quad B := \int_{\substack{|u|>1 \\ |x-c|<R}} |u| \mathrm{d}x. \tag{3.31}$$

利用 (3.30) 可以看出

$$C(E, \eta) \leqslant B + \int_{\substack{|u|\leqslant 1 \\ |x-c|<R}} |u| \mathrm{d}x$$

$$\leqslant B + C(R) A^{\frac{1}{s}} \quad (\text{Hölder 不等式})$$

$$\leqslant C(E, \eta) \left[(A + B) + (A + B)^{\frac{1}{s}} \right]. \tag{3.32}$$

故有

$$A + B \geqslant C(E, \eta, s). \tag{3.33}$$

注意到当 $n \leqslant 2$ 时, Hardy 不等式

$$\left\| \frac{u}{|x|} \right\|_2 \leqslant \|\nabla u\|_2$$

不成立, 然而, 仍然有形如

$$\left\| \frac{u}{\langle x \rangle} \right\|_2$$

关于 t 的平均衰减性.

引理 3.3 设 $p \geqslant 2 + \dfrac{4}{n}$, 特别当 $n \geqslant 3$ 时, 额外要求 $p < 2 + \dfrac{4}{n-2}$. 设 u 是非线性 Schrödinger 方程或非线性 Klein-Gordon 方程的整体有限能量解 $E_N(u) = E < \infty$. 则有估计

$$\int_{\mathbb{R}} \left\{ \int_{\mathbb{R}^n} \frac{|u|^2}{\langle x \rangle^2} dx \right\}^{\frac{p}{2}} \frac{dt}{\langle t \rangle} \leqslant C(E). \tag{3.34}$$

证明 由 Hölder 不等式易见

$$\int_{\mathbb{R}^n} \frac{|u|^2}{\langle x \rangle^2} dx \leqslant \left(\int_{\mathbb{R}^n} |u|^p dx \right)^{\frac{2}{p}} \left(\int_{\mathbb{R}^n} \langle x \rangle^{-2\frac{p}{p-2}} dx \right)^{1 - \frac{2}{p}}$$

$$\leqslant C \left(\int_{\mathbb{R}^n} |u|^p dx \right)^{\frac{2}{p}}. \tag{3.35}$$

因此, 由不依赖于非线性项的 Morawetz 估计 (引理 2.3), 可见

$$\int_{\mathbb{R}} \left(\int_{r < |t|} \frac{|u|^2}{\langle x \rangle^2} dx \right)^{\frac{p}{2}} \frac{dt}{\langle t \rangle} \leqslant C \iint_{r < |t|} \frac{|u|^p}{\langle t \rangle} dx dt \leqslant C E(u)^{\frac{p}{2}}, \tag{3.36}$$

$$\int_{\mathbb{R}} \left\{ \int_{r > |t|} \frac{|u|^2}{\langle x \rangle^2} dx \right\}^{\frac{p}{2}} \frac{dt}{\langle t \rangle} \leqslant \int_{\mathbb{R}} \frac{(E(u))^{\frac{p}{2}}}{\langle t \rangle^{1+p}} dt \leqslant C E(u)^{\frac{p}{2}}. \tag{3.37}$$

从而推出估计 (3.34).

众所周知, 波动型方程具有有限传播速度, 然而一般的色散方程并不具有有限传播速度, 但是它们具有几乎有限传播速度. 几乎有限传播速度有多种不同的表示方式, 这里采用 Bourgain 的原始形式.

引理 3.4 设 $u(x, t)$ 是非线性 Schrödinger 方程 (1.2) 的有限能量解 $E_N(u) = E < \infty$, 设 B 是 $\mathbb{R}^n$ 中的紧支集, 则对任意的 $R > 0$ 和 $T > 0$, 有

$$\int_{B(R)} |u(T, x)|^2 dx \geqslant \int_B |u(0, x)|^2 dx - \frac{C(E)}{R} T, \tag{3.38}$$

这里 $B(R) = \{x \in \mathbb{R}^n \mid \exists y \in B \text{ 使得 } |x-y| \leqslant R\}$.

证明 令 $d(x) = \inf\limits_{y \in B} |x-y|$, 容易看出

$$x \in B(R) \iff d(x) \leqslant R \text{ 且 } |\nabla d(x)| \leqslant 1. \tag{3.39}$$

令

$$\chi(x) = h\left(1 - \frac{d(x)}{R}\right), \qquad h(t) = \begin{cases} 1, & t > 0, \\ 0, & t \leqslant 0. \end{cases} \tag{3.40}$$

则

$$\chi(x) = \begin{cases} 1, & x \in B, \\ 0, & x \in \mathbb{R}^n \backslash B(R), \end{cases} \tag{3.41}$$

且

$$|\nabla \chi(x)| \leqslant \frac{C}{R}. \tag{3.42}$$

考虑

$$I(t) = \int_{\mathbb{R}^n} |\chi(x) u(t,x)|^2 \mathrm{d}x, \tag{3.43}$$

直接计算

$$I'(t) = 2\mathrm{Re}\,\langle \chi(x)u, \chi(-\mathrm{i}\Delta u + \mathrm{i}f(u))\rangle = -4\mathrm{Im}\,\langle \chi(\nabla\chi)u, \nabla u\rangle \geqslant -\frac{C(E)}{R}. \tag{3.44}$$

两边积分可见

$$\int_{B(R)} |u(T,x)|^2 \mathrm{d}x \geqslant \int_{B(R)} |\chi(x)u(T,x)|^2 \mathrm{d}x = I(T) \geqslant I(0) - \frac{C(E)}{R}T$$

$$\geqslant \int_{B(R)} |u(0,x)|^2 \mathrm{d}x - \frac{C(E)}{R}T.$$

关键估计 I 时空范数的加权分布估计

引理 3.5 设 u 是 (1.1) 或 (1.2) 的整体能量解, 满足

$$E_N(u) = E < \infty, \quad t \in \mathbb{R}.$$

设 $0 = T_0 < T_1 < \cdots < T_\ell < \cdots$, $I_j = (T_{j-1}, T_j)$, $0 < \eta \leqslant \eta_0(E)$, 使得

$$\frac{\eta}{2} \leqslant \|u\|_{L^{q_2}(I_j \times \mathbb{R}^n)} \leqslant \eta, \quad \forall j \in \mathbb{N}_0 = \mathbb{N} \cup \{0\}. \tag{3.45}$$

设 S 表示上述指标 j 的集合 (可以有限或亦可能是无限集), 则对于任意的 $j \in S$, 存在 $t_j \in I_j$ 满足

$$\sum_{j \in S} \frac{1}{(t_j + 1)} \leqslant C(E, \eta). \tag{3.46}$$

证明 对任意的 $j \in S$, 由刻画质量集中现象的引理 3.2, $\exists J_j \subset I_j, c_j \in \mathbb{R}^n$ 和 $R > 0$ 使得

$$|J_j| \geqslant C(E, \eta), \quad R < C(E, \eta), \tag{3.47}$$

及

$$\int_{|x-c_j|<R} |u|^p \mathrm{d}x > C(E, \eta), \quad \forall t \in J_j, \tag{3.48}$$

这里 p 满足

$$2 + \frac{4}{n} < p < 2 + \frac{4}{n-2} \quad \text{或} \quad 2 + \frac{4}{n} < p < \infty, n \leqslant 2.$$

令 $t_j = \inf J_j$. 为了利用有限或几乎有限传播速度的性质, 考虑

$$\begin{cases} |c_j - c_k| \leqslant M|t_j - t_k| + 2R, \\ |c_j - c_k| > M|t_j - t_k| + 2R, \end{cases} \tag{3.49}$$

这里对 Klein-Gordon 方程而言, $M = 1$; 对 Schrödinger 方程而言, 选取 $M = M(E, \eta)$ 足够大保证

$$\frac{C_1(E, \eta)}{2} \geqslant \frac{C_2(E, \eta)}{M}, \tag{3.50}$$

这里 $C_1(E, \eta)$ 是 (3.48) 中出现的常数, $C_2(E, \eta)$ 是引理 3.4 中常数 (几乎有限传播速度中出现的常数). 定义 $\mathbb{N}$ 的子集 (如图 5.1)

$$P = \{p_1, \cdots, p_a, \cdots\}, \tag{3.51}$$

满足

$$p_1 = 1,$$
$$p_2 = \inf_{k} \{k \in S, |c_1 - c_k| > M|t_1 - t_k| + 2R\},$$
$$\cdots \cdots$$
$$p_a = \inf_{k} \{k \in S, |c_j - c_k| > M|t_j - t_k| + 2R, j = p_1, \cdots, p_{a-1}\}.$$

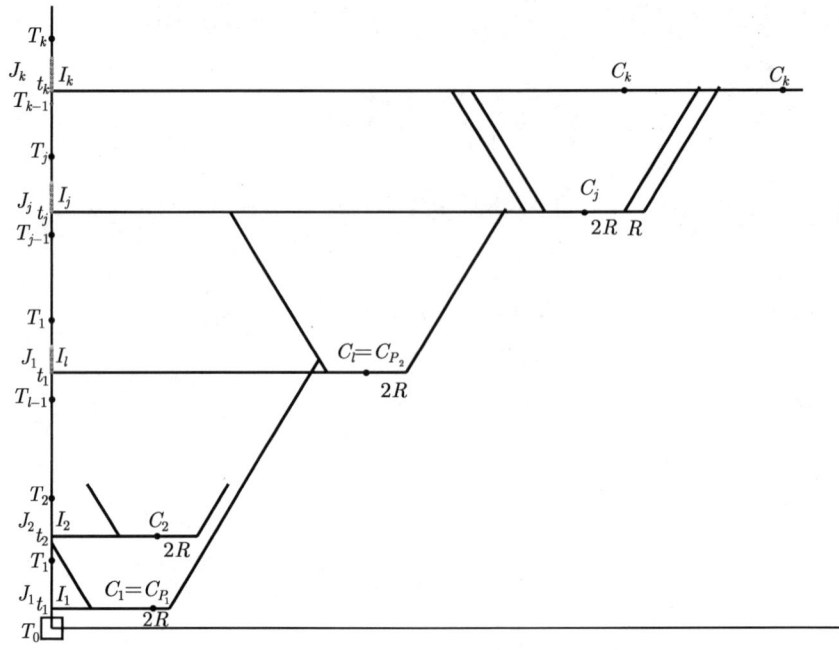

图 5.1

在此基础上, 对任意的 $j \in P$, 定义

$$A_j = \{k \in S \mid k \geqslant j \text{ 且 } |c_j - c_k| \leqslant M|t_j - t_k| + 2R\}. \tag{3.52}$$

由上面定义可见

$$S = \bigcup_{j \in P} A_j = P \cup \bigcup_{j \in P} \tilde{A}_j, \quad \tilde{A}_j = A_j \setminus \{p_j\}. \tag{3.53}$$

采用不依赖于非线性项的 Morawetz 估计及方程的平移不变性, 有

$$\iint_{|x| \leqslant |t|} \frac{|u(x+c_j, t+t_j)|^p}{|t|} \mathrm{d}x \mathrm{d}t \leqslant C(E), \qquad \text{(NLKG)}$$

$$\iint_{\mathbb{R}^{n+1}} \frac{t^2 |u(x+c_j, t+t_j)|^p}{|(t,x)|^3} \mathrm{d}x \mathrm{d}t \leqslant C(E), \qquad \text{(NLS)}$$

故

$$\#PC(E,\eta) \geqslant \sum_{j \in P} \iint_{|x-c_j| \leqslant M|t-t_j|+3R} \frac{|t-t_j|^2 |u|^{2^*}}{(|t-t_j|+|x-c_j|)^3} \mathrm{d}x \mathrm{d}t$$

$$\geqslant \sum_{j \in P} \iint_{|x-c_j| \leqslant M|t-t_j|+3R} \frac{|t-t_j|^2 |u|^{2^*}}{C(M,R)(1+|t-t_j|)^3} \mathrm{d}x \mathrm{d}t$$

5.3 整体时空估计 I

$$\left(\mathbb{R} \supset \bigcup_{l \in S} J_l \supset \bigcup_{\substack{j \in P \\ \ell \in \tilde{A}_j}} J_\ell, \text{这里以 (NLS) 为例证明, (NKLG) 是显然的情形}\right)$$

$$\geqslant \sum_{j \in P} \sum_{k \in \tilde{A}_j} \int_{J_k} \int_{|x-c_j| \leqslant M|t-t_j|+3R} \frac{|t-t_j|^2 |u|^{2^*}}{C(M,R)(1+|t-t_j|)^3} \mathrm{d}x \mathrm{d}t$$

$$\geqslant \sum_{j \in P} \sum_{k \in \tilde{A}_j} \int_{J_k} \frac{C(E,\eta)}{1+t} \mathrm{d}t \quad (\text{使用了条件 (3.47)})$$

$$\geqslant \sum_{k \in S \backslash P} \frac{C(E,\eta)}{t_k+1}, \qquad t_k = \inf_{t \in J_k} |t| \geqslant \max_{\substack{t \in J_{k-1} \\ \text{或} \ t \in J_{k+1}}} |t|, \tag{3.54}$$

这里用到了 $|J_k| \geqslant C(E,\eta)$ 及

$$\left\{(x,t) \Big| \ |x-c_j| \leqslant M|t-t_j|+3R\right\} \supseteq \bigcup_{k \in \tilde{A}_j} \left\{(x,t_k) | |x-c_k| \leqslant R\right\}. \tag{3.55}$$

因此, 问题就归结为证明 $\#P \leqslant C(E,\eta)$. 对于 $\forall k \in P$, 记

$$P_k = \{j \in P \mid j \leqslant k\}. \tag{3.56}$$

构造

$$\bigcup_{j \in P} B(c_j, R+M|t_j-t_k|), \quad \bigcup_{j \in P_k} B(c_j, R).$$

易见, 上面的 $B(c_j, R)$ 互不相交. 事实上, 对 $\forall x \in B(c_j, R), j \in P_k, |x-c_j| \leqslant R$, 对任意 $\ell \neq j, \ell \in P_k$, 直接验证

$$|x-c_\ell| \geqslant |c_j-c_\ell| - |x-c_j| = M|t_j-t_\ell|+2R-R > R,$$

由此可以推出 $x \notin B(c_\ell, R)$.

情形 1(NLKG). 根据解的有限传播速度及 P 的定义, 有

$$E \geqslant \int_{\bigcup_{j \in P_k} B(c_j, R+|t_j-t_k|)} e_N(u, t_k) \mathrm{d}x$$

$$= \int_{\bigcup_{j \in P_{k-1}} B(c_j, R+|t_j-t_k|)} e_N(u, t_k) \mathrm{d}x + \int_{B(c_k, R)} e_N(u, t_k) \mathrm{d}x$$

$$\geqslant \int_{\bigcup_{j \in P_{k-1}} B(c_j, R+|t_j-t_{k-1}|)} e_N(u, t_{k-1}) \mathrm{d}x + \int_{B(c_k, R)} e_N(u, t_k) \mathrm{d}x$$

$$\geqslant \sum_{j \in P_k} \int_{B(c_j, R)} e_N(u, t_j) \mathrm{d}x \geqslant \#P_k C(E, \eta). \tag{3.57}$$

由 k 的任意性就得 $\#P \leqslant C(E,\eta)$.

情形 2 (NLS). 充分利用弱色散不等式 (几乎有限传播速度) 可见

$$\begin{aligned}
E &\geqslant \int_{\bigcup_{j\in P_k} B(c_j, R+M|t_j-t_k|)} |u(t_k)|^2 \mathrm{d}x \\
&= \int_{\bigcup_{j\in P_{k-1}} B(c_j, R+M|t_j-t_k|) \cup B(c_k, R)} |u(t_k)|^2 \mathrm{d}x \\
&= \int_{\bigcup_{j\in P_{k-1}} B(c_j, R+M|t_j-t_k|)} |u(t_k)|^2 \mathrm{d}x + \int_{B(c_k, R)} |u(t_k)|^2 \mathrm{d}x \\
&\geqslant \int_{\bigcup_{j\in P_{k-1}} B(c_j, R+M|t_j-t_{k-1}|)} |u(t_{k-1})|^2 \mathrm{d}x \\
&\quad + \int_{B(c_k, R)} |u(t_k)|^2 \mathrm{d}x - \frac{C_2(E)(t_k - t_{k-1})}{(t_k - t_{k-1})M} \\
&\cdots\cdots \\
&\geqslant \sum_{j\in P_k} \int_{B(c_j, R)} |u(t_j)|^2 \mathrm{d}x - \#P_k \frac{C_2(E,\eta)}{M} \\
&= \#P_k \cdot C_1(E,\eta) - \#P_k \frac{C_2(E,\eta)}{M} \\
&\geqslant \#P_k \frac{C_1(E,\eta)}{2}.
\end{aligned} \quad (3.58)$$

此就意味着 $\#P < \infty$. 综合利用 (3.54) 及 (3.58) 就得有限能量解的时空范数的加权估计 (3.46).

注记 3.4 在时空范数的加权分布估计中, Morawetz 型估计与质量的局部化起着关键的作用.

关键估计 II 时空局部化能量

设有限能量解 $u(t)$ 具有充分大的时空范数 $\|u\|_{L^{q_2}(I\times\mathbb{R}^n)}$, 证明存在一个长的区间 $[S,T] \subset I$, 使得在区间 $[S,T]$ 上 $\|u\|_{L^{q_2}([S,T]\times\mathbb{R}^n)}$ 充分小, 且在区间 $[S,T]$ 的某个端点上能量可以局部化. 其中时间区间的长度 $|T-S|$ 远大于局部能量的空间尺度, 并且在 $[S,T]$ 的时空范数小于局部化能量的值. 具体地讲, 有如下结果.

命题 3.6 设 u 是 (1.1) 或 (1.2) 的整体解, 满足 $E_N(u) = E < \infty$. 设 $\nu, \varepsilon > 0$ 和 $M < \infty$, 则存在 $\nu_1 = \nu_1(E) < \infty$ 和 $N = N(E,\varepsilon,M,\nu) < \infty$ 满足如下结论: 如果 $\nu < \nu_1(E)$, $\|u\|_{L^{q_2}(I\times\mathbb{R}^n)} > N$, 则存在 $(S,T) \subset I$, $c \in \mathbb{R}^n$, $R \in (1,\infty)$ 满足

$$|T - S| > MR,$$

并且

$$\|u\|_{L^{q_2}([S,T]\times\mathbb{R}^n)}^2 + \|\vec{u}\|_{L^{\rho}([S,T];B_{\rho,2}^{\sigma_k})}^2 \leqslant \nu^2 \leqslant \int_{|x-c|<R} e_N(u,t)\mathrm{d}x, \quad t=S \text{ 或 } t=T, \tag{3.59}$$

$$\left\|\frac{u(t)}{\langle x-c\rangle}\right\|_{L^2} < \varepsilon, \qquad t=S \text{ 或 } t=T, \tag{3.60}$$

这里

$$e_N(u,t) = |\nabla \vec{u}|^2 + |\vec{u}|^2 + F(u) \tag{3.61}$$

表示能量密度.

证明 命题 3.6 的结果表明在 $x=c$ 处的局部化主要体现在 $|\nabla u|$, u_t 及势能部分, 原因在于 (3.60) 表明在 $x=c$ 处质量 $\|u\|_2$ 没有局部化. 剖分

$$I = \bigcup_j I_j, \quad I_j = (T_{j-1}, T_j)$$

满足

$$\frac{\eta}{2} \leqslant \|u\|_{X(I_j)} \leqslant \eta = \frac{\eta_0(E)}{2}.$$

由质量集中原理, 对任意的 j, 存在 $t_j \in I_j, R' < C(E)$ 及 $c_j \in \mathbb{R}^n$, 使得

$$\int_{|x-c_j|<R'} |u(t_j)|^2 \mathrm{d}x > C_1(E) \triangleq 4\nu_1^2, \tag{3.62}$$

这里不妨假设 $R' \geqslant 1$, 而 R' 关于 j 是一致的, $R' = R'(E,\eta)$. 由非线性波动方程的有限传播速度及非线性 Schrödinger 方程的几乎有限传播速度, 容易看出

$$\int_{|x-c_j|<R'+|t-t_j|} e_N(u,t)\mathrm{d}x \geqslant 4\nu_1^2 > 4\nu^2 > \nu^2, \tag{3.63}$$

$$\int_{|x-c_j|<R'+\lambda|t-t_j|} e_N(u,t)\mathrm{d}x \geqslant 4\nu_1^2 - \frac{C(E)|t-t_j|}{\lambda|t-t_j|} = 4\nu_1^2 - \frac{C(E)}{\lambda} > \nu^2, \tag{3.64}$$

这里取 $\lambda := \dfrac{C(E)}{3\nu_1^2}$.

对任意的 j, 容易将 I_j 分解为

$$I_j = \bigcup_{\ell \in P_j} J_\ell^j, \quad J_\ell^j = (S_{\ell-1}^j, S_\ell^j), \quad S_0^j = t_j \tag{3.65}$$

(这里 $P_j \subset \mathbb{Z}$ 与上节记号不同) 使得

$$\|u\|_{L^{q_2}(J_\ell^j \times \mathbb{R}^n)}^2 + \|\vec{u}\|_{L^{\rho}(J_\ell^j;B_{\rho,2}^{\sigma_k})} \leqslant \nu, \quad \#P_j < C(E,\nu). \tag{3.66}$$

事实上, 由
$$\|u\|_{L^{q_2}(I_j\times\mathbb{R}^n)} \leqslant \eta = \frac{\eta_0(E)}{2}.$$
则由扰动引理 3.1 就可以推出
$$\|\vec{u}\|_{L^{\rho}(I_j;B^{\sigma_k}_{\rho,2})} \leqslant C(E) \Longrightarrow 剖分 I_j 使得 (3.66) 成立. \tag{3.67}$$
由广义的 Hardy 型估计
$$\int_{\mathbb{R}}\left\{\int_{\mathbb{R}^n}\frac{|u|^2}{\langle x\rangle^2}\mathrm{d}x\right\}^{\frac{p+1}{2}}\frac{\mathrm{d}t}{t} \leqslant C(E), \tag{3.68}$$
及方程在平移变换 $\tilde{u}=u(x+c_j,t+t_j)$ 的不变性可推出
$$\int_{\mathbb{R}}\left\{\int_{\mathbb{R}^n}\frac{|u|^2}{\langle x-c_j\rangle^2}\mathrm{d}x\right\}^{\frac{p+1}{2}}\frac{\mathrm{d}t}{\langle t-t_j\rangle} \leqslant C(E) \tag{3.69}$$

断言 I   存在 $L < C(E,\varepsilon)$ 及
$$\begin{cases} T^j_\ell \in \left(S^j_{\ell-1}, S^j_{\ell-1}+L\langle S^j_{\ell-1}-t_j\rangle\right), & \ell > 0, \\ T^j_\ell \in \left(S^j_\ell - L\langle S^j_\ell - t_j\rangle, S^j_\ell\right), & \ell \leqslant 0, \end{cases} \tag{3.70}$$
使得
$$\left\|\frac{u(T^j_\ell)}{\langle x-c_j\rangle}\right\|_2 < \varepsilon. \tag{3.71}$$

采用反证法. 事实上, 如果 $\exists \varepsilon_0 > 0$ 及 $C(E,\varepsilon_0) > 0$, 对任意的 $L > 0$ 及
$$T^j_\ell \in \left(S^j_{\ell-1}, S^j_{\ell-1}+L\langle S^j_{\ell-1}-t_j\rangle\right), \quad \ell > 0,$$
或
$$T^j_\ell \in \left(S^j_\ell - L\langle S^j_\ell - t_j\rangle, S^j_\ell\right), \quad \ell \leqslant 0,$$
使得
$$\left\|\frac{u(T^j_\ell)}{\langle x-c_j\rangle}\right\|_2 \geqslant \varepsilon_0. \tag{3.72}$$
然而
$$\int_{\mathbb{R}}\left\{\int_{\mathbb{R}^n}\frac{|u|^2}{\langle x-c_j\rangle^2}\mathrm{d}x\right\}^{\frac{p+1}{2}}\frac{\mathrm{d}t}{\langle t-t_j\rangle} \geqslant \int_{S^j_{\ell-1}}^{S^j_{\ell-1}+L\langle S^j_{\ell-1}-t_j\rangle}\varepsilon_0^{p+1}\frac{\mathrm{d}t}{\langle t-t_j\rangle}$$
$$\cong \int_{S^j_{\ell-1}-t_j}^{(1+L)(S^j_{\ell-1}-t_j)}\varepsilon_0^{p+1}\frac{\mathrm{d}t}{\langle t\rangle}$$
$$\cong \log(1+L)\varepsilon_0^{p+1}. \tag{3.73}$$

5.3 整体时空估计 I

由 L 选取的任意性 (可以接近充分大常数 $C(E, \varepsilon_0)$), 这与 (3.69) 产生矛盾.

取 $M' = M'(E, M, \varepsilon)$ 充分大 (其中 $\lambda \geqslant 1$ 是有限或几乎有限传播速度), 满足

$$\begin{cases} M'\lambda - L > M\lambda(L+1), \\ M'R' - L > M(R' + \lambda(L+1)). \end{cases} \tag{3.74}$$

断言 II $\exists j, \exists \ell \in P_j$ 使得 (寻求充分大区间的方法)

$$\begin{cases} |S_{\ell-1}^j - S_\ell^j| > M'(R' + \lambda|S_{\ell-1}^j - t_j|), & \ell > 0, \\ |S_{\ell-1}^j - S_\ell^j| > M'(R' + \lambda|S_\ell^j - t_j|), & \ell \leqslant 0. \end{cases} \tag{3.75}$$

若不然, 对任意的 j 及 $\ell \in P_j$ 有

$$\begin{cases} |S_{\ell-1}^j - S_\ell^j| \leqslant M'(R' + \lambda|S_{\ell-1}^j - t_j|), & \ell > 0, \\ |S_{\ell-1}^j - S_\ell^j| \leqslant M'(R' + \lambda|S_\ell^j - t_j|), & \ell \leqslant 0. \end{cases} \tag{3.76}$$

于是, 对任意的 $\ell \in P_j$ 有

$$|S_\ell^j - t_j| + R' \leqslant R' + M'R' + (M'\lambda + 1)|S_{\ell-1}^j - t_j|$$

$$\leqslant R' + M'\lambda R' + (M'\lambda + 1)|S_{\ell-1}^j - t_j|$$

$$= (M'\lambda + 1)(|S_{\ell-1}^j - t_j| + R')$$

$$\leqslant \cdots \leqslant (2M'\lambda)^{|\ell|} R', \quad \ell > 0. \tag{3.77}$$

根据 ℓ 的任意性, 就可以推出

$$|I_j| = (2M'\lambda)^{\#P_j} R' \leqslant (2M'\lambda)^{C(E,\nu)} R' < C(E, \nu, M, \varepsilon), \quad \forall j. \tag{3.78}$$

同理, 对于 $\ell \leqslant 0$ 的情形, 有类似的结论. 鉴于 (3.78) 关于 j 的一致性, 就有

$$\sum_{j \in S} \frac{1}{t_j + 1} \geqslant \sum_{j \in S} \frac{1}{jC(E, \nu, M, \varepsilon)}. \tag{3.79}$$

另一方面, 由 $N = N(E, \nu, M, \varepsilon)$ 充分大, 且

$$\|u\|_{L^{q_2}(I \times \mathbb{R}^n)} > N, \quad \frac{\eta}{2} < \|u\|_{L^{q_2}(I_j)} < \eta.$$

故

$$\#(I_j) = O\left(\frac{N}{\eta}\right)^{q_2}. \tag{3.80}$$

将此代入估计 (3.79), 再由 N 可以任意大, 与引理 3.5 相矛盾. 说明断言 II 成立.

现假设 $\ell > 0$, 由 (3.75) 可见

$$
\begin{aligned}
S_\ell^j - T_\ell^j &> S_\ell^j - S_{\ell-1}^j - L\langle S_{\ell-1}^j - t_j\rangle \\
&\geqslant M'(R' + \lambda|S_{\ell-1}^j - t_j|) - L\langle S_{\ell-1}^j - t_j\rangle \\
&\geqslant R'M' + M'\lambda|S_{\ell-1}^j - t_j| - L\langle S_{\ell-1}^j - t_j\rangle \\
&\geqslant R'M' + [L + M\lambda(L+1)]|S_{\ell-1}^j - t_j| - L\langle S_{\ell-1}^j - t_j\rangle \\
&\geqslant L + M(R' + \lambda(L+1)) + (L + M\lambda(L+1))|S_{\ell-1}^j - t_j| - L\langle S_{\ell-1}^j - t_j\rangle \\
&\geqslant MR' + \lambda(L+1)M\langle S_{\ell-1}^j - t_j\rangle \\
&\geqslant M(R' + \lambda|T_\ell^j - t_j|) \triangleq MR,
\end{aligned}
$$

其中最后一步用到了 (3.70). 取

$$
\begin{cases}
t = S = T_\ell^j, \quad T = S_\ell^j, \\
c = c_j, \quad R = R' + \lambda|T_\ell^j - t_j|.
\end{cases}
$$

从而推出时空范数的能量局部化估计 (3.59).

关键估计 III 局部化能量的分离现象

下面考虑局部能量的分离现象. 如果局部化能量的空间尺度与时间的长度相比充分小, 并且在其上具有很小的时空范数, 就可以将局部能量进行分离. 需要指出的是, 支撑局部能量的空间尺度的度量可以很大 (上面提到的充分小是与时间尺度的度量相比较而言). 为陈述方便, 仅考虑 $t = S$ (左端点) 的情形.

命题 3.7 设 u 是问题 (1.1) 或 (1.2) 的整体解满足 $E_N(u) = E < \infty$. 假设对某个 $\nu > 0, \varepsilon > 0, c \in \mathbb{R}^n, R > 1, T > S > 0$, 有

$$\|u\|^2_{L^{q_2}([S,T]\times\mathbb{R}^n)} + \|\vec{u}\|^2_{L^p([S,T];B^{\sigma_k}_{\rho,2})} \leqslant \nu^2 \leqslant \int_{|x-c|<R} e_N(u,S)\mathrm{d}x \tag{3.81}$$

与

$$\left\|\frac{u(S)}{\langle x-c\rangle}\right\|_{L^2} < \varepsilon. \tag{3.82}$$

那么总存在 $\nu_2 = \nu_2(E), \varepsilon_0 = \varepsilon_0(E, \nu)$ 满足: 当

$$\nu \leqslant \nu_2(E), \quad \varepsilon \leqslant \varepsilon_0(E, \nu)$$

时, 存在自由方程的解 v 使得

$$\begin{cases} E_N(u-v,T) < E - \dfrac{\nu^2}{4}, \\ E_L(v,T) < 2\nu^2, \\ \|v\|_{L^{q_2}([T,\infty)\times \mathbb{R}^n)} < C(E,\nu) \left(\dfrac{R}{|T-S|}\right)^\alpha, \end{cases} \tag{3.83}$$

这里 $\alpha = \alpha(n,p)$, R 是能量局部化的空间尺度, $e_N(u,t) = |\nabla \vec{u}|^2 + |\vec{u}|^2 + F(u)$.

证明 由于

$$\int_{\mathbb{R}^n} e_N(u,S)\mathrm{d}x < \infty,$$

则存在 $c' \in \mathbb{R}^n$ 满足 $d = |c-c'| < C(E,\nu)$ 且

$$\int_{|x-c'|<2} e_N(u,S)\mathrm{d}x < \dfrac{\nu^2}{2}. \tag{3.84}$$

设 v 是相应的自由方程满足如下初始条件

$$v(S) = \chi_L u(S)$$

或

$$v(S) = \chi_L u(S), \quad \dot{v}(S) = \chi_L \dot{u}(S)$$

的解, 这里

$$\chi_L = h\left(2 - \dfrac{|x-c'|}{L}\right) = \begin{cases} 1, & |x-c'| \leqslant L, \\ 0, & |x-c'| \geqslant 2L, \end{cases} \quad \mathrm{supp}\nabla\chi_L = \{x : |x-c'| \sim L\}$$

是截断函数. 选取 $L \in (1, R+d)$ 使得

$$\int \chi_L^2 e_N(u,S)\mathrm{d}x = \nu^2. \tag{3.85}$$

事实上,

$$\int \chi_1^2 e_N(u,S)\mathrm{d}x \leqslant \int_{|x-c'|<2} e_N(u,S)\mathrm{d}x \leqslant \dfrac{\nu^2}{2}, \quad L=1,$$

$$\int \chi_{R+d}^2 e_N(u,S)\mathrm{d}x \geqslant \int_{|x-c'|<R+d} e_N(u,S)\mathrm{d}x > \nu^2, \quad L = R+d,$$

这里用到 $\{x \mid |x-c| < R\} \subset \{x \mid |x-c'| < R+d\}$. 事实上, 对于任意的 $x \in \{x \mid |x-c| < R\}$, 就有

$$|x-c'| \leqslant |x-c| + |c-c'| < R+d.$$

由积分关于积分区域的连续依赖性就说明 (3.85) 成立.

由条件 (3.81), 容易推出

$$\|\nabla v(S)\|_{L^2(\mathbb{R}^n)}^2 \leqslant \|\chi_L \nabla u(S)\|_2^2 + \|\nabla \chi_L u(S)\|_2^2 + 2\left|\text{Re}\left(\chi_L \nabla u(S), \nabla \chi_L u(S)\right)\right|$$
$$\leqslant \|\chi_L \nabla u(S)\|_2^2 + C(E)(a + a^2), \tag{3.86}$$

这里用到 $\text{supp}\nabla\chi_L = \{x : |x - c'| \sim L\}$, $1 < L < R + d$,

$$\frac{\langle x - c\rangle}{\langle x - c'\rangle} \leqslant \frac{\langle x - c'\rangle + \langle c' - c\rangle}{\langle x - c'\rangle} \leqslant 1 + d,$$

及

$$a = \|u(S)\nabla\chi_L\|_2 \leqslant C\left\|\frac{u(S)}{\langle x - c'\rangle}\right\|_2 \leqslant C\left\|\frac{u(S)}{\langle x - c\rangle} \cdot \frac{\langle x - c\rangle}{\langle x - c'\rangle}\right\|_2$$
$$\leqslant C'(d)\left\|\frac{u(S)}{\langle x - c\rangle}\right\|_2 < C(E, \nu)\varepsilon. \tag{3.87}$$

现以 Klein-Gordon 方程为例证明. 注意到 $\chi_L^2 F(u) \geqslant F(\chi_L u)$, 可得

$$E_L(v, S) \leqslant E_N(v, S) = \int [|v|^2 + |\nabla v|^2 + |v_t|^2 + F(v)]dx$$
$$\leqslant \int \chi_L^2 e_N(u, S)dx + C(E, \nu)\varepsilon \leqslant \nu^2 + C(E, \nu)\varepsilon. \tag{3.88}$$

取 $\varepsilon_0(E, \nu)$ 充分小, 当 $\varepsilon < \varepsilon_0(E, \nu)$ 时, 上式可以改进为

$$E_L(v, S) < 2\nu^2. \tag{3.89}$$

令 $w = u - v$, 类同于 (3.86) 的推导, 有

$$\|\nabla w(S)\|_2^2 \leqslant \|(1 - \chi_L)\nabla u(S)\|_2^2 + C(E)(a + a^2), \tag{3.90}$$

这里 a 就是 (3.87) 所标出的式子. 如果需要, 可以取 $\varepsilon_0(E, \nu)$ 充分小, 使得 $E(w)$ 在起点的能量是

$$E_N(w, S) \leqslant \int (1 - \chi_L)^2 e_N(u, S)dx + C(E, \nu)\varepsilon$$
$$\leqslant \int (1 - \chi_L^2) e_N(u, S)dx + C(E, \nu)\varepsilon_0$$
$$\leqslant E - \nu^2 + C(E, \nu)\varepsilon_0$$
$$\leqslant E - \frac{\nu^2}{2}, \quad \text{这里取 } \varepsilon_0 \text{ 满足} C(E, \nu)\varepsilon_0 \leqslant \frac{\nu^2}{2}. \tag{3.91}$$

5.3 整体时空估计 I

为了估计 $u(t)-v(t)$, $v(t)$ 在 $t=T$ 处的能量及 $v(t)$ 在区间 $[T,\infty)$ 上的时空估计, 先来回忆 Klein-Gordon 方程的 Strichartz 估计

$$\|K(t)\psi(\cdot)\|_{B^s_{r,2}} \leqslant Cm(t)\|\psi\|_{B^{\tilde{s}}_{r',2}}, \quad m(t)=\begin{cases} |t|^{-(n-1-\sigma)(\frac{1}{2}-\frac{1}{r})}, & |t|\leqslant 1, \\ |t|^{-(n-1+\sigma)(\frac{1}{2}-\frac{1}{r})}, & |t|\geqslant 1, \end{cases} \quad (3.92)$$

这里

$$2\leqslant r<\infty, \quad 0\leqslant \sigma\leqslant 1, \quad (n+1+\sigma)\Big(\frac{1}{2}-\frac{1}{r}\Big)\leqslant 1+\tilde{s}-s, \quad s,\tilde{s}\geqslant 0.$$

为了便于陈述, 引入以下记号. 对于 $n\geqslant 1$, $2\leqslant r\leqslant \infty$ 及 $0\leqslant \sigma\leqslant 1$, 记

$$\frac{\delta(r,\sigma)}{n+\sigma}=\frac{2\beta(r,\sigma)}{n+1+\sigma}=\frac{\gamma(r,\sigma)}{n-1+\sigma}=\frac{1}{2}-\frac{1}{r},$$

在应用中, 常常取

$$(n+1+\sigma)\Big(\frac{1}{2}-\frac{1}{r}\Big)=2\beta(r,\sigma)=1+\tilde{s}-s.$$

则 (3.92) 可以表达成

$$\|K(t)\psi(\cdot)\|_{B^s_{r,2}} \leqslant C|t|^{-\gamma(r,\sigma)}\|\psi\|_{B^{s-1+2\beta(r,\sigma)}_{r',2}}, \quad t\neq 0,$$

这里 $K(t)=\dfrac{\sin\sqrt{1-\Delta}\,t}{\sqrt{1-\Delta}}\triangleq\dfrac{\sin\omega t}{\omega}$. 特别地, 对于 $s=1-\beta(r,\sigma)$, 估计 (3.92) 就是

$$\|K(t)\psi(\cdot)\|_{B^{1-\beta(r,\sigma)}_{r,2}} \leqslant C|t|^{-\gamma(r,\sigma)}\|\psi\|_{B^{\beta(r,\sigma)}_{r',2}}, \quad t\neq 0.$$

故有

$$\|v(t)\|_{B^s_{r,2}} \leqslant C|t-S|^{-\gamma(r,\sigma)}\Big[\|v(S)\|_{B^{s+\beta(r,\sigma)}_{r',2}}+\|\dot{v}(S)\|_{B^{s+\beta(r,\sigma)-1}_{r',2}}\Big]. \quad (3.93)$$

今取

$$r=\infty, \quad \sigma=1, \quad s=-\frac{(n+3)}{2},$$

注意到 $v(S)$ 的表示形式, 利用 Besov 空间上具紧支集的连续乘子的性质, 见文献 [Mil] 第八章引理 5.3 (P352), 容易推出

$$\begin{aligned}\|v\|_{B^{-\frac{(n+3)}{2}}_{\infty,2}} &\leqslant C|t-S|^{-\frac{n}{2}}\Big(\|v(S)\|_{B^{-1/2}_{1,2}}+\|\dot{v}(S)\|_{B^{-3/2}_{1,2}}\Big)\\ &\leqslant C|t-S|^{-\frac{n}{2}}E_L(v,S)^{\frac{1}{2}}L^{\frac{n}{2}}\\ &\leqslant C\Big(\frac{L}{|t-S|}\Big)^{\frac{n}{2}}\nu, \quad \forall t\in\mathbb{R}. \end{aligned} \quad (3.94)$$

对于 Schrödinger 方程的情形, 有

$$\|v\|_{B_{\infty,2}^{-\frac{(n+3)}{2}}} \leqslant C|t-S|^{-\frac{n}{2}}\|v(S)\|_{B_{1,2}^{-\frac{(n+3)}{2}}} \leqslant C|t-S|^{-\frac{n}{2}} E_L(v,S)^{\frac{1}{2}} L^{\frac{n}{2}}$$

$$\leqslant C\left(\frac{L}{|t-S|}\right)^{\frac{n}{2}} \nu, \quad \forall t \in \mathbb{R},$$

$$\|v\|_{L^{q_2}([T,\infty)\times\mathbb{R}^n)} \leqslant C\|v\|_{L^{q_2}([T,\infty);B_{q_2,2}^{s_0})}^{1-\beta_2} \|v\|_{L^{q_2}([T,\infty);B_{q_2,2}^{s_1})}^{\beta_2}$$

$$\leqslant C\nu^{1-\beta_2} \|v\|_{L^\rho([T,\infty);B_{\rho,2}^{\sigma_k})}^{\beta_2\gamma_2} \|v\|_{L^\infty([T,\infty);B_{\infty,2}^{-\frac{n+3}{2}})}^{\beta_2(1-\gamma_2)}$$

$$\leqslant C\nu^{1-\beta_2+\beta_2\gamma_2} \left(\frac{L}{|T-S|}\right)^{n\beta_2\left(\frac{1-\gamma_2}{2}\right)} \nu^{\beta_2(1-\gamma_2)}$$

$$\leqslant C\nu \left(\frac{R+d}{|T-S|}\right)^{n\beta_2\left(\frac{1-\gamma_2}{2}\right)} =: C(E,\nu) \left(\frac{R+d}{|T-S|}\right)^{n\beta_2\left(\frac{1-\gamma_2}{2}\right)}. \quad (3.95)$$

用到

$$s_0 + \delta(r) - \frac{1}{q_2} \leqslant 1 \iff s_0 + n\left(\frac{1}{2}-\frac{1}{q_2}\right) - \frac{1}{q_2} \leqslant 1,$$

其中用到如下容许关系、插值关系:

$$s_0 = \frac{n+1}{q_2} + 1 - \frac{n}{2} = \frac{2(n+1)}{(n+2)p_2} - \frac{n-2}{2} > 0, \quad n \leqslant 2,$$

$$(1-\beta_2)s_0 + \beta_2 s_1 > 0 \quad (\text{选取 } \beta_2 \text{ 使得此关系式成立}),$$

$$\frac{1}{q_2} = \frac{\gamma_2}{\rho} + \frac{1-\gamma_2}{\infty} \Longrightarrow \gamma_2 = \frac{\rho}{q_2} = \frac{2(n+2)}{n} \bigg/ \frac{(n+2)p_2}{2} = \frac{4}{np_2} < 1,$$

$$s_1 = \sigma_k \frac{\rho}{q_2} + \left(1-\frac{\rho}{q_2}\right)\left(-\frac{n+3}{2}\right) = \frac{2(n+3+2\sigma_k)}{np_2} - \frac{n+3}{2}.$$

同理亦可证明

$$\|v\|_{L^{q_1}(T,\infty)\times\mathbb{R}^n} \leqslant C(E,\nu) \left(\frac{R+d}{|T-S|}\right)^{n\beta_1\left(\frac{1-\gamma_1}{2}\right)}. \quad (3.96)$$

Klein-Gordon 方程的情形　　由条件

$$\|\vec{u}\|_{L^\rho([S,T];B_{\rho,2}^{\sigma_k})} = \|u\|_{L^\rho([S,T];B_{\rho,2}^{\sigma_k})} + \|\omega^{-1}\dot{u}\|_{L^\rho([S,T];B_{\rho,2}^{\sigma_k})} \leqslant \nu,$$

就能推出

$$\|\vec{w}\|_{L^\rho([S,T];B_{\rho,2}^{\sigma_k})} = \|w\|_{L^\rho([S,T];B_{\rho,2}^{\sigma_k})} + \|\omega^{-1}\dot{w}\|_{L^\rho([S,T];B_{\rho,2}^{\sigma_k})}$$

$$\leqslant \|\vec{u}\|_{L^\rho([S,T];B_{\rho,2}^{\sigma_k})} + \|\vec{v}\|_{L^\rho([S,T];B_{\rho,2}^{\sigma_k})}$$

$$\leqslant \nu + C\|v(S)\|_{H^1} \leqslant \nu + CE_L(v,S) \leqslant C\nu. \quad (3.97)$$

利用能量等式、空间 $L^\rho([S,T]; B_{\rho,2}^{\sigma_k-1})$ 与 $L^{\rho'}([S,T]; B_{\rho',2}^{\sigma_k})$ 的对偶性 $\left(\sigma_k = \dfrac{1}{2}\right)$ 及非线性估计 (3.8), 可见

$$\begin{aligned}
E_N(w,T) &= E_N(w,S) + \int_S^T 2\mathrm{Re}\,(\Box w + w + f(w), \dot w)\,\mathrm{d}t \\
&= E_N(w,S) + \int_S^T 2\mathrm{Re}(f(w) - f(u), \dot w)\,\mathrm{d}t \\
&\leqslant E_N(w,S) + \Big[\|f(w)\|_{L^{\rho'}([S,T]; B_{\rho',2}^{\sigma_k})} + \|f(u)\|_{L^{\rho'}([S,T]; B_{\rho',2}^{\sigma_k})}\Big] \\
&\quad \times \|\omega^{-1}\dot w\|_{L^\rho([S,T]; B_{\rho,2}^{\sigma_k})} \\
&\leqslant E_N(w,S) + C\Big[\big(\|w\|_{L^{q_1}([S,T]\times\mathbb{R}^n)}^{p_1} + \|w\|_{L^{q_2}([S,T]\times\mathbb{R}^n)}^{p_2}\big)\|w\|_{L^\rho([S,T]; B_{\rho,2}^{\sigma_k})} \\
&\quad + \big(\|u\|_{L^{q_1}([S,T]\times\mathbb{R}^n)}^{p_1} + \|u\|_{L^{q_2}([S,T]\times\mathbb{R}^n)}^{p_2}\big) \\
&\quad \times \|u\|_{L^\rho([S,T]; B_{\rho,2}^{\sigma_k})}\Big]\|\omega^{-1}\dot w\|_{L^\rho([S,T]; B_{\rho,2}^{\sigma_k})} \\
&\leqslant E_N(w,S) + C(E)(\nu^{p_1+2} + \nu^{p_2+2}) \leqslant E - \frac{\nu^2}{2} + C(E)(\nu^{p_1+2} + \nu^{p_2+2}).
\end{aligned}$$
(3.98)

因此, 可选取 $\nu_2 = \nu_2(E) > 0$ 充分小, 使得 $C(E)(\nu^{p_1+2} + \nu^{p_2+2}) < \nu^2/4$, 即得 (3.83).

Schrödinger 方程的情形 注意到非线性估计 (3.8), 可见

$$\begin{aligned}
E_N(w,T) &= E_N(w,S) + \int_S^T 2\mathrm{Re}\,(\mathrm{i}\dot w - \Delta w + f(w), \dot w + \mathrm{i}w)\,\mathrm{d}t \\
&= E_N(w,S) + \int_S^T 2\mathrm{Re}(f(w) - f(u), -\mathrm{i}\Delta w + \mathrm{i}f(u) + \mathrm{i}w)\,\mathrm{d}t \\
&= E_N(w,S) + \int_S^T 2\mathrm{Re}(f(w) - f(u), \mathrm{i}(1-\Delta)w)\,\mathrm{d}t \\
&\quad + \int_S^T 2\mathrm{Re}(f(w) - f(u), \mathrm{i}f(u))\,\mathrm{d}t \\
&\leqslant E_N(w,S) + C\Big[\big(\|w\|_{L^{q_1}([S,T]\times\mathbb{R}^n)}^{p_1} + \|w\|_{L^{q_2}([S,T]\times\mathbb{R}^n)}^{p_2}\big)\|w\|_{L^\rho([S,T]; B_{\rho,2}^{\sigma_k})} \\
&\quad + \big(\|u\|_{L^{q_1}([S,T]\times\mathbb{R}^n)}^{p_1} + \|u\|_{L^{q_2}([S,T]\times\mathbb{R}^n)}^{p_2}\big)\|u\|_{L^\rho([S,T]; B_{\rho,2}^{\sigma_k})}\Big] \\
&\quad \times \Big[\|w\|_{L^\rho([S,T]; B_{\rho,2}^{\sigma_k})} + \|f(u)\|_{L^\rho([S,T]; B_{\rho,2}^{-\sigma_k})}\Big], \qquad \sigma_k = 1.
\end{aligned}$$
(3.99)

注意到

$$\begin{aligned}
\|f(u)\|_{L^\rho([S,T]; B_{\rho,2}^{-\sigma_k})} &\leqslant \|f(u)\|_{L^\rho([S,T]; B_{\rho,2}^0)} \\
&\leqslant \|u\|_{L^\rho([S,T]; B_{\rho,2}^{\sigma_k})}\Big[\|u\|_{L^\infty(B_{\infty,2}^0)}^{p_1} + \|u\|_{L^\infty(B_{\infty,2}^0)}^{p_2}\Big] \\
&\leqslant C(E)\nu, \qquad n \leqslant 2, \qquad H^1 \hookrightarrow B_{\infty,2}^0.
\end{aligned}$$

当 $n \geqslant 3$ 时, 由 Sobolev 嵌入定理

$$\|f(u)\|_{L^\rho([S,T];B^{-\sigma_k}_{\rho,2})} \leqslant \|f(u)\|_{L^\rho([S,T];B^0_{(\frac{1}{\rho}+\frac{1}{n})^{-1},2})}$$
$$\leqslant \|u\|_{L^\rho([S,T];B^{\sigma_k}_{\rho,2})}\Big[\|u\|^{p_1}_{L^\infty([S,T],L^{\frac{np_1}{2}})} + \|u\|^{p_2}_{L^\infty([S,T],L^{\frac{np_2}{2}})}\Big]$$
$$\leqslant C(E)\nu,$$

可推出

$$E_N(w,T) \leqslant E_N(w,S) + C(E)(\nu^{p_1+2} + \nu^{p_2+2}). \tag{3.100}$$

因此, 只要取 $\nu_2 = \nu_2(E) > 0$ 充分小, 使得 $C(E)(\nu^{p_1+2} + \nu^{p_2+2}) < \nu^2/4$ 即可.

下面来建立新的扰动定理. 为此, 先给出一个预备性的引理.

引理 3.8 设非线性增长条件 (1.9) 成立, (在 Klein-Gordon 方程总假设 $n \leqslant 2$), 则总存在连续函数 $C_0(E)$, $C_1(\eta, E)$ 满足 $C_1(0, E) = 0$ 使得如下结论成立: 若 u 是 NKLG 方程或 NLS 方程在区间 I 上满足

$$\|\vec{u}\|_{L^\infty(I;H^1)} \leqslant E < \infty, \quad \|u\|_{L^{q_2}(I;L^\rho(\mathbb{R}^n))} \leqslant \eta < \infty \tag{3.101}$$

的解. 若 $\eta \leqslant C_0(E)$, 则

$$\|u\|_{L^{q_2}(I\times\mathbb{R}^n)} + \|u\|_{L^{q_1}(I\times\mathbb{R}^n)} \leqslant C_1(\eta, E). \tag{3.102}$$

证明 设 $I = [S,T]$, 仍用 v 表示自由方程

$$eq_L(v) = 0, \quad \vec{v}(S) = \vec{u}(S)$$

的解. 则由 Strichartz 估计、非线性估计 (3.8)、插值公式 (3.3) 和 (3.7) 可见

$$\|u\|_{L^\rho([S,T];B^{\sigma_k}_{\rho,2})} \leqslant \|\vec{v}(t)\|_{L^\rho([S,T];B^{\sigma_k}_{\rho,2})} + \|f(u)\|_{L^{\rho'}([S,T];B^{\sigma_k}_{\rho',2})}$$
$$\leqslant CE + C\|u\|_{L^\rho([S,T];B^{\sigma_k}_{\rho,2})}\Big[\|u\|^{p_2}_{L^{q_2}([S,T]\times\mathbb{R}^n)} + \|u\|^{p_1}_{L^{q_1}([S,T]\times\mathbb{R}^n)}\Big]$$
$$\leqslant CE + C(E)\Big[\|u\|^a_{L^\rho([S,T];B^{\sigma_k}_{\rho,2})}\|u\|^b_{L^{q_2}([S,T];L^\rho(\mathbb{R}^n))}$$
$$+ \|u\|^c_{L^\rho([S,T];B^{\sigma_k}_{\rho,2})}\|u\|^d_{L^{q_2}([S,T];L^\rho(\mathbb{R}^n))}\Big],$$

这里

$$\begin{cases} a = 1 + p_2\beta\dfrac{\rho}{q_2}, & b = p_2(1-\beta) > 0, \\ c = 1 + p_1(1-\alpha) + p_1\alpha\beta\dfrac{\rho}{q_2}, & d = p_1\alpha(1-\beta) > 0. \end{cases}$$

5.3 整体时空估计 I

因此, 由连续性方法, 只要取 $C_0(E)$ 充分小, 就可以推出

$$\|u\|_{L^\rho([S,T];B^{\sigma_k}_{\rho,2})} \leqslant C(E).$$

因此, 由插值公式 (3.4), (3.7) 即可推出估计 (3.102).

下面通过分离出在 S-T 范数意义下充分衰减的线性波 (与局部化能量相对应), 及剩余部分的整体 S-T 范数来建立解 u 的整体时空估计. 这一思想是 Bourgain 首先提出的, 其数学理念就是极小能量归纳的方法, 这就需要首先从 (1.1) 或 (1.2) 中分离出与局部能量对应的线性波. 下面以 Klein-Gordon 方程为例阐述.

$$\begin{cases} \Box u + u + f(u) = 0, \\ u(0) = u_0(x), \quad u_t(0) = u_1(x) \end{cases} \tag{3.103}$$

的解 $u(t)$ 可以分解成 $u(t) = v + w + g$,

$$\begin{cases} \Box v + v = 0, \\ v(0) = \chi_L u_0(x), \quad v_t(0) = \chi_L u_1(x), \end{cases} \tag{3.104}$$

$$\begin{cases} \Box w + w + f(w) = 0, \\ w(0) = u(0) - v(0) = (1 - \chi_L) u_0(x), \\ w_t(0) = (1 - \chi_L) u_1(x), \end{cases} \tag{3.105}$$

$$\begin{cases} \Box g + g + f(g + w + v) - f(w) = 0, \\ g(0) = 0, \quad g_t(0) = 0. \end{cases} \tag{3.106}$$

引理 3.9 设 u, w 均是非线性 Klein-Gordon 方程或非线性 Schrödinger 的有限能量解 (对 Klein-Gordon 方程, 要求 $n < 3$). 设 v 是线性问题

$$eq_L(v) = 0, \quad \vec{v}(0) = \vec{u}(0) - \vec{w}(0)$$

的解. 假设

$$\|\vec{u}\|_{L^\infty(\mathbb{R}, H^1)}, \|\vec{w}\|_{L^\infty(\mathbb{R}, H^1)} \leqslant E < \infty. \tag{3.107}$$

则对任意的 $L < \infty$, 存在 $\kappa = \kappa(E, L) > 0$ 满足: 如果

$$\|w\|_{L^{q_2}([0,\infty) \times \mathbb{R}^n)} < L, \qquad \|v\|_{L^{q_2}([0,\infty) \times \mathbb{R}^n)} < \kappa. \tag{3.108}$$

则

$$\|u\|_{L^{q_2}([0,\infty) \times \mathbb{R}^n)} < C(E, L). \tag{3.109}$$

证明 用 $D_0(\eta, E)$ 表示关于 η 是单调增加正值连续函数，并且满足

$$D_0(0, E) = 0, \quad \forall E > 0. \tag{3.110}$$

对于 $\eta \in (0, \eta_0(E))$，分解 $[0, \infty) = \cup I_j$ 如下：

$$0 = T_0 < T_1 < T_2 < \cdots < T_N < T_{N+1} = \infty, \quad I_j = (T_j, T_{j+1}), \quad N^{\frac{1}{q_2}}\eta < L,$$

满足

$$\frac{\eta}{2} < \|w\|_{L^{q_2}(I_j \times \mathbb{R}^n)} \leqslant \eta. \tag{3.111}$$

由扰动引理 3.1 和插值公式

$$\|h\|_{L^{q_2}L^\rho} \leqslant C\|h\|_{L^{q_2}(I_j \times \mathbb{R}^n)}^\beta \left(\|h\|_{L^\rho(I_j; B_{\rho,2}^{\sigma_k})}^{\frac{\rho}{q_2}} \|h\|_{L^\infty H^1}^{1-\frac{\rho}{q_2}}\right)^{1-\beta}, \tag{3.112}$$

这里仅需取 $\beta \in (0, 1)$ 满足

$$\beta\left[\frac{\rho}{q_2}\sigma_k + \left(1 - \frac{\rho}{q_2}\right)\left(1 - \frac{n}{2}\right)\right] \leqslant \frac{n}{\rho} - \frac{n}{q_2} + \frac{\rho}{q_2}\sigma_k + \left(1 - \frac{\sigma}{q_2}\right)\left(1 - \frac{n}{2}\right).$$

这是显然的. 事实上，对 Klein-Gordon 方程 $(n \leqslant 2)$，对于任意的 $\beta \in (0, 1)$ 均可. 对于 Schrödinger 方程而言，$\sigma_k = 1$，取 $\beta = 1 - \dfrac{2}{\rho}$，直接验算可见

$$-\frac{2}{\rho}\left[\frac{\rho}{q_2} + \left(1 - \frac{\rho}{q_2}\right)\left(1 - \frac{n}{2}\right)\right] \leqslant \frac{n}{\rho} - \frac{n}{q_2}.$$

因此

$$\begin{aligned}\|w\|_{L^{q_2}(I_j; L^\rho)} &\leqslant C\|w\|_{L^{q_2}(I_j \times \mathbb{R}^n)}^\beta \left(\|w\|_{L^\rho(I_j; B_{\rho,2}^{\sigma_k})}^{\frac{\rho}{q_2}} \|w\|_{L^\infty(I_j; H^1)}^{1-\frac{\rho}{q_2}}\right)^{1-\beta} \\ &\leqslant C\eta^{1-\frac{2}{\rho}}(C(E)^{\frac{2}{q_2}} E^{\frac{2}{\rho} - \frac{2}{q_2}}) \quad \left(\beta := 1 - \frac{2}{\rho}\right) \\ &=: D_0(\eta, E). \end{aligned} \tag{3.113}$$

同理

$$\|v\|_{L^{q_2}(I_j; L^\rho)} \leqslant C\|v\|_{L^{q_2}(I_j \times \mathbb{R}^n)}^\beta \left(\|v\|_{L^\rho(I_j; B_{\rho,2}^{\sigma_k})}^{\frac{\rho}{q_2}} \|v\|_{L^\infty(I_j; H^1)}^{1-\frac{\rho}{q_2}}\right)^{1-\beta} \leqslant D_0(\kappa, E). \tag{3.114}$$

注意到 $u = w + v + g$，则 g 满足 $g(0) = 0$ 与积分方程

$$g(t) = g_j(t) + \int_{T_j}^t U(t-s)\left(f(w) - f(g+v+w)(s)\right)ds, \tag{3.115}$$

5.3 整体时空估计 I

这里

$$U(t) = \begin{cases} \omega^{-1} \sin \omega t, & \text{NLKG}, \\ -\mathrm{i} e^{-\mathrm{i} t \Delta}, & \text{NLS}, \end{cases} \tag{3.116}$$

$g_j(t)$ 是自由方程 $\text{eq}_L(g_j) = 0$ 满足初始条件

$$\begin{cases} g_j(T_j) = g(T_j) = u(T_j) - v(T_j) - w(T_j), \\ \dot{g}_j(T_j) = \dot{g}(T_j) = \dot{u}(T_j) - \dot{v}(T_j) - \dot{w}(T_j) \end{cases} \tag{3.117}$$

的解. 由 $L^p - L^{p'}$ 估计及非线性估计 (3.8), (3.9) 可见, 对任意 $I = [T_j, T)$, 有

$$\|g\|_{L^{q_2}(I;L^\rho)} \leqslant \|g_j\|_{L^{q_2}(I;L^\rho)} + C_2 \Big(\|w\|_{L^{q_2}(I \times \mathbb{R}^n)}^{p_2} + \|u\|_{L^{q_2}(I \times \mathbb{R}^n)}^{p_2} \\ + \|w\|_{L^{q_1}(I \times \mathbb{R}^n)}^{p_1} + \|u\|_{L^{q_1}(I \times \mathbb{R}^n)}^{p_1} \Big) \|v + g\|_{L^{q_2}(I;L^\rho)}, \tag{3.118}$$

这里 C_2 是依赖于 n, p_1, p_2 和估计 (3.9) 中的常数. 令

$$P_j = \|g_j\|_{L^{q_2}([T_j, \infty); L^\rho)}, \quad \forall j \in \mathbb{N}, \tag{3.119}$$

则由

$$\|U(t)\varphi\|_{B^0_{\rho,2}} \leqslant C|t|^{-\mu} \|\varphi\|_{B^0_{\rho',2}}, \quad \mu = n\left(\frac{1}{2} - \frac{1}{\rho}\right) = 1 + \frac{1}{q_2} - \frac{p_2 + 1}{q_2} \tag{3.120}$$

及 Hardy-Young-Sobolev 不等式和嵌入定理可见

$$\left\| \int_{I_j} U(t-s) v(s) \mathrm{d}s \right\|_{L^{q_2}(I_j; L^\rho)} \leqslant C \left\| \int_{I_j} |t-s|^{-\mu} \|v(s)\|_{B^0_{\rho',2}} \mathrm{d}s \right\|_{L^{q_2}(I_j)} \\ \leqslant C \|v\|_{L^{\frac{q_2}{p_2+1}}(I_j; L^{\rho'})}. \tag{3.121}$$

注意到 (3.115), 容易推出

$$g_{j+1}(t) = g_j(t) + \int_{T_j}^{T_{j+1}} U(t-s) \left(f(w) - f(u)\right) \mathrm{d}s. \tag{3.122}$$

则由非线性估计 (3.9) 和 (3.121), 可见

$$P_{j+1} \leqslant P_j + C_2 \Big(\|w\|_{L^{q_2}(I_j \times \mathbb{R}^n)}^{p_2} + \|u\|_{L^{q_2}(I_j \times \mathbb{R}^n)}^{p_2} \\ + \|w\|_{L^{q_1}(I_j \times \mathbb{R}^n)}^{p_1} + \|u\|_{L^{q_1}(I_j \times \mathbb{R}^n)}^{p_1} \Big) \|v + g\|_{L^{q_2}(I_j; L^\rho)}. \tag{3.123}$$

令 $B = 2^{N+1} D_0(\kappa, E)$, 我们证明: 当 κ 充分小时, $\|g\|_{L^{q_2}(I_j; L^\rho)} \leqslant B$. 根据引理 3.8, 存在 $0 < \eta_1(E) < \min\big(\eta_0(E), C_0(E)\big)$ 使得当 $\eta \leqslant \eta_1$ 时, 有估计

$$C_2 \big(2C_1(\eta, E)^{p_2} + 2C_1(\eta, E)^{p_1} \big) < 1/2, \tag{3.124}$$

这里 $C_1(\eta,E)$ 是由引理 3.8 给出的. 由于 $D_j(\eta,E)$ 是连续的正函数, 则存在 $0 < \eta_2(E) < \eta_1(E)$ 使得当 $\eta \leqslant \eta_2$ 时, 还有

$$D_0(\eta,E) < \eta_1(E)/4. \tag{3.125}$$

进而, 存在 $\kappa_1(E,L) > 0$ 满足: 当 $\eta > \dfrac{\eta_2}{2}$, $\kappa \leqslant \kappa_1$ 时, 有

$$D_0(\kappa,E) < 2^{-N-1}\eta_1/4 \Longrightarrow B = 2^{N+1}D_0(\kappa,E) < \eta_1/4. \tag{3.126}$$

今固定 $\eta := \eta_2(E)$, $\kappa = \kappa_1(E,L)$, 用归纳法来证明如下断言:

$$P_j = \|g_j\|_{L^{q_2}([T_j,\infty);L^\rho)} \leqslant (2^j - 1)D_0(\kappa,E), \quad \forall\, 0 \leqslant j \leqslant N. \tag{3.127}$$

第一步. 对于 $j = 0$, 由于 $T_0 = 0$, 容易看出

$$eq_L(g_0) = 0, \quad g_0(T_0) = g(T_0) = g(0) = 0,$$

从而 $g_0 \equiv 0$. 因此 $P_0 = \|g_0\|_{L^{q_2}([0,\infty);L^\rho)} = 0$ 自然满足 (3.127).

第二步. 假设 (3.127) 对于 j 成立, 即

$$P_j = \|g_j\|_{L^{q_2}([T_j,\infty);L^\rho)} \leqslant (2^j - 1)D_0(\kappa,E),$$

来证明 (3.127) 对于 $j+1$ 成立. 我们断言: 存在

$$\|g\|_{L^q([T_j,T);L^\rho)} < (2^{j+1} - 1)D_0(\kappa,E), \quad \forall\, T \in I_j. \tag{3.128}$$

如果不然, 存在 $T \in I_j$, 记 $I := [T_j,T)$ 使得上式变成等式. 于是, 再利用 (3.113) 和 (3.114) 以及 (3.125) 和 (3.126), 就得

$$\begin{aligned}\|u\|_{L^{q_2}(I,L^\rho)} &\leqslant \|v\|_{L^{q_2}(I,L^\rho)} + \|w\|_{L^{q_2}(I,L^\rho)} + \|g\|_{L^{q_2}(I,L^\rho)}\\ &\leqslant D_0(\eta,E) + D_0(\kappa,E) + (2^j - 1)D_0(\kappa,E)\\ &\leqslant \frac{\eta_1(E)}{4} + \frac{\eta_1(E)}{4} < \min\{\eta_0(E), C_0(E)\}.\end{aligned}$$

利用引理 3.8 就得

$$\|u\|_{L^{q_2}(I\times\mathbb{R}^n)} + \|u\|_{L^{q_1}(I\times\mathbb{R}^n)} \leqslant C_1(\eta,E).$$

这样一来, 由 (3.118) 与 (3.124) 就容易推出

$$\begin{aligned}\|g\|_{L^{q_2}(I;L^\rho)} &\leqslant \|g_j\|_{L^{q_2}(I;L^\rho)} + C_2\Big(\|w\|^{p_2}_{L^{q_2}(I\times\mathbb{R}^n)} + \|w\|^{p_1}_{L^{q_1}(I\times\mathbb{R}^n)}\\ &\quad + \|u\|^{p_2}_{L^{q_2}(I\times\mathbb{R}^n)} + \|u\|^{p_1}_{L^{q_1}(I\times\mathbb{R}^n)}\Big)\|v + g\|_{L^{q_2}(I;L^\rho)}\\ &\leqslant \|g_j\|_{L^{q_2}(I;L^\rho)} + \frac{1}{2}\big(\|v\|_{L^{q_2}(I;L^\rho)} + \|g\|_{L^{q_2}(I;L^\rho)}\big).\end{aligned} \tag{3.129}$$

5.3 整体时空估计 I

由归纳假设条件及 (3.114) 就推出

$$\|g\|_{L^{q_2}(I;L^p)} \leq 2\|g_j\|_{L^{q_2}(I;L^p)} + D_0(\kappa,E)$$
$$< 2(2^j-1)D_0(\kappa,E) + D_0(\kappa,E)$$
$$= (2^{j+1}-1)D_0(\kappa,E). \tag{3.130}$$

得出矛盾. 特别, 断言 (3.128) 意味着

$$\|g\|_{L^{q_2}(I_j;L^p)} \leq (2^{j+1}-1)D_0(\kappa,E), \quad 1 \leq j \leq N. \tag{3.131}$$

由迭代估计 (3.123) 就有

$$P_{j+1} \leq P_j + \frac{1}{2}\|v+g\|_{L^{q_2}(I_j;L^p)}$$
$$\leq P_j + \frac{1}{2}D_0(\kappa,E) + \frac{1}{2}(2^{j+1}-1)D_0(\kappa,E)$$
$$\leq (2^j-1)D_0(\kappa,E) + 2^j D_0(\kappa,E)$$
$$\leq (2^{j+1}-1)D_0(\kappa,E). \tag{3.132}$$

结合关系式 $u = w + v + g$, 可见

$$\|u\|_{L^{q_2}(I_j;L^p)} \leq D_0(\eta_2,E) + D_0(\kappa,E) + (2^{N+1}-1)D_0(\kappa,E)$$
$$\leq \frac{\eta_1(E)}{4} + 2^{N+1}D_0(\kappa,E)$$
$$\leq \frac{\eta_1(E)}{2} < \eta < C_0(E). \tag{3.133}$$

重新使用引理 3.8 及连续性方法

$$\|u\|_{L^{q_2}([0,\infty)\times\mathbb{R}^n)} \leq NC_1(C_0(E),E) \leq C(E,L). \tag{3.134}$$

注记 3.5 引理 3.9 证明过程中, 借助于 $w(t)$ 的时空分解充分体现了 Bourgain 的思想!

为了建立散射性结果, 需要建立任意的有限能量解的整体时空估计, 即

引理 3.10 设 u 是 (1.1) 或 (1.2) 的有限能量整体解 (对 Klein-Gordon 方程, 要求 $n \leq 2$), 满足 $E_N(u) = E < \infty$, 则

$$\|u\|_{L^{q_2}(\mathbb{R}\times\mathbb{R}^n)} < C(E). \tag{3.135}$$

证明 采用 Bourgain 的能量归纳技术. 首先对于小能量初值, 可以直接推出解的整体时空估计, 这就说明存在一个临界能量值 E_c, 使得当 $E(0) < E_c$, 就可以得到相应整体解的整体时空估计. 事实上, 利用 Strichartz 估计及非线性估计, 容易看出

$$\begin{aligned}\|u\|_{L^\rho(\mathbb{R};B^{\sigma_k}_{\rho,2})} &\leqslant 2E_L(u,0) + \|f(u)\|_{L^{\rho'}(\mathbb{R};B^{\sigma_k}_{\rho',2})} \\ &\lesssim 2E_L(u,0) + \left(\|u\|^{p_2}_{L^{q_2}(\mathbb{R}\times\mathbb{R}^n)} + \|u\|^{p_1}_{L^{q_1}(\mathbb{R}\times\mathbb{R}^n)}\right)\|u\|_{L^\rho(\mathbb{R};B^{\sigma_k}_{\rho,2})} \\ &\leqslant \varepsilon + \left(\|u\|^{p_2}_{L^{q_2}(\mathbb{R}\times\mathbb{R}^n)} + \|u\|^{p_1(1-\alpha)}_{L^{q_2}(\mathbb{R}\times\mathbb{R}^n)}\|u\|^{p_1\alpha}_{L^\rho(\mathbb{R};B^{\sigma_k}_{\rho,2})}\right)\|u\|_{L^\rho(\mathbb{R};B^{\sigma_k}_{\rho,2})},\end{aligned}$$

故有

$$\|u\|_{L^\rho(\mathbb{R};B^{\sigma_k}_{\rho,2})} < C(\varepsilon) \Longrightarrow \|u\|_{L^{q_2}(\mathbb{R}\times\mathbb{R}^n)} < C(\varepsilon). \tag{3.136}$$

说明对于小能量初值, 可以直接获得 u 的整体时空估计与散射性结果. 对于一般的初值, 相应的问题就归结为证明如下断言.

Bourgain 能量归纳的表述 对任意的 $E > 0$, 存在 $\delta = \delta(E) > 0$ 满足

$$\inf_{0\leqslant E\leqslant E'} \delta(E) > 0, \quad \forall E' > 0. \tag{3.137}$$

使得若

$$E_N(u) \leqslant E - \delta \Longrightarrow \|u\|_{L^{q_2}(\mathbb{R}\times\mathbb{R}^n)} < C(E), \tag{3.138}$$

则可以推出

$$E_N(u) \leqslant E \Longrightarrow \|u\|_{L^{q_2}(\mathbb{R}\times\mathbb{R}^n)} < C(E). \tag{3.139}$$

本质上, (3.137) 成立等价于证明 $\delta(E)$ 是一个正值的连续函数. 在下面的取法中可以清楚地看到这一点.

今取

$$\delta = \nu^2/4, \quad \nu = \nu(E) = \min\left(\nu_1(E), \nu_2(E), \sqrt{E/2}\right), \tag{3.140}$$

$\nu_1(E)$ 是能量的时空局部化命题 3.6 中出现的, 而 $\nu_2(E)$ 是局部化能量的分离性命题 3.7 中出现的量.

反证法. 如果 $E(u) = E < \infty$, $\|u\|_{L^{q_2}(\mathbb{R}\times\mathbb{R}^n)} = \infty$, 则对任意充分大的 $B > 0$, 总有

$$\|u\|_{L^{q_2}(\mathbb{R}\times\mathbb{R}^n)} > 3B. \tag{3.141}$$

5.3 整体时空估计 I

我们将会证明 $B < C(E)$, 这就与 B 的任意大相矛盾.

事实上, 由积分关于积分区间的连续依赖性, 则总存在 $T_0 < T_1$ 满足

$$\|u\|_{L^{q_2}((-\infty,T_0]\times\mathbb{R}^n)}, \quad \|u\|_{L^{q_2}((T_0,T_1)\times\mathbb{R}^n)}, \quad \|u\|_{L^{q_2}([T_1,\infty)\times\mathbb{R}^n)} > B. \tag{3.142}$$

由归纳假设

$$E_N(u) \leqslant E - \delta \Longrightarrow \|u\|_{L^{q_2}(\mathbb{R}\times\mathbb{R}^n)} < C_1(E).$$

记 $\kappa = \kappa(E, C_1(E))$ 是扰动引理 3.9 中出现的参量. 在时空局部化能量的命题 3.6 中选取 $M(E) > 0$ 充分大, 以确保当 $|S - T| > MR$ 时, 命题 3.7 中的估计

$$\|v\|_{L^{q_2}((T,\infty)\times\mathbb{R}^n)} < C(E,\nu)\left(\frac{R}{|S-T|}\right)^\alpha < \kappa \tag{3.143}$$

成立. 令 $\varepsilon := \varepsilon_0(E, \nu(E))$ 是 Bubble 分离性命题 3.7 中需要的参量. 取

$$B > N(E, \nu(E), M(E), \varepsilon(E)),$$

在区间 $[T_0, T_1]$ 上应用命题 3.6. 就得能量局部化估计 (3.59), 不妨假设 (3.59) 在 $t = S$ 处成立. 利用命题 3.7, 存在自由方程的解 v 满足

$$\begin{cases} E_L(v) < 2\nu^2 < E, \quad E_N(u-v,T) < E-\delta, \\ \|v\|_{L^{q_2}((T,\infty)\times\mathbb{R}^n)} < \kappa, \quad \delta = \nu^2/4. \end{cases} \tag{3.144}$$

将能量归纳假设应用到初值满足 $w(T) = u(T) - v(T)$ 的 NLKG 方程 (或 NLS 方程) 上, 就是

$$E_N(w,T) < E - \delta \Longrightarrow \|w\|_{L^{q_2}([T,\infty)\times\mathbb{R}^n)} < C(E). \tag{3.145}$$

利用扰动引理 3.9, 推出

$$\|u\|_{L^{q_2}([T,\infty)\times\mathbb{R}^n)} < C_2(E). \tag{3.146}$$

由于 $(S,T) \subset (T_0, T_1)$, 即 $T \leqslant T_1$, 因此

$$B \leqslant C_2(E). \tag{3.147}$$

这与 B 的任意大相矛盾. 从而推出整体时空估计

$$\|u\|_{L^{q_2}(\mathbb{R}\times\mathbb{R}^n)} < \infty.$$

进而, 通过非线性估计及 $\mathbb{R}$ 的分解技术, 亦可推出

$$\|u\|_{L^\rho(\mathbb{R}; B^{\sigma_k}_{\rho,2})} < \infty. \tag{3.148}$$

5.4 整体时空估计 II

本节考虑当 $n \geqslant 3$ 时, NLKG 方程有限能量整体解的整体时空估计. 为描述工作空间的方便, 先引入如下的指标关系:

$$\frac{4}{n} < p_1 < \frac{4(n+1)}{(n+2)(n-1)} < \frac{4}{n-1} < p_2 < \frac{4}{n-2}, \tag{4.1}$$

这里需要 p_1 的上界或 p_2 的下界的条件仅是为了技术的方便. 事实上, 通过 Hölder 不等式总可以实现这种格局. 在此基础上, 需要引入如下新的工作空间:

$L^\infty(I; H^1(\mathbb{R}^n))$ (能量空间),

$L^\infty(I; B_{\infty,\infty}^{1-\frac{n}{2}-\sigma}(\mathbb{R}^n))$ (比能量空间度数少 σ 的最大空间),

$L^{q_1}(I \times \mathbb{R}^n) : \dfrac{2}{q_1} = n\left(\dfrac{1}{2} - \dfrac{1}{q_1}\right) - s_c, \ s_c = \dfrac{n}{2} - \dfrac{2}{p_1} \Longrightarrow q_1 = \dfrac{(n+2)p_1}{2}$,

$L^\mu(I \times \mathbb{R}^n) : \dfrac{2}{\mu} = (n-1)\left(\dfrac{1}{2} - \dfrac{1}{\mu}\right) - s_c, \ s_c = \dfrac{n}{2} - \dfrac{2}{p_2} \Longrightarrow \mu = \dfrac{(n+1)p_2}{2}$,

$L^\rho(I, B_{\rho,2}^{\sigma_k}) \Longleftrightarrow L^{\rho'}(I, B_{\rho',2}^{\sigma_k}), \rho = 2 + \dfrac{4}{n}, \ \sigma_k = \dfrac{1}{2}$,

$L^\zeta(I, B_{\zeta,2}^{\sigma_k}) \Longleftrightarrow L^{\zeta'}(I, B_{\zeta',2}^{\sigma_k}), \zeta = 2 + \dfrac{4}{n-1}, \ \sigma_k = \dfrac{1}{2}$,

$L^\zeta(I \times \mathbb{R}^n) \times \left(L^\mu(I \times \mathbb{R}^n)\right)^{p_2} \xleftrightarrow{\text{非线性估计}} L^{\zeta'}(I \times \mathbb{R}^n), \dfrac{1}{\zeta'} = \dfrac{1}{\zeta} + \dfrac{p_2}{\mu}$,

$\left(L^\nu(I \times \mathbb{R}^n)\right)^{p_1+1} \xleftrightarrow{\text{非线性估计}} L^{\rho'}(I \times \mathbb{R}^n), \dfrac{1}{\rho'} = \dfrac{p_1+1}{\nu}$,

这里没有突出形如

$L^\rho(I \times \mathbb{R}^n) \times \left(L^{q_1}(I \times \mathbb{R}^n)\right)^{p_1} \xleftrightarrow{\text{非线性估计}} L^{\rho'}(I \times \mathbb{R}^n), \dfrac{1}{\rho'} = \dfrac{1}{\rho} + \dfrac{p_1}{q_1}$

的估计, 它可以被上面最后一组非线性估计与插值公式所替代. 对于非线性 Klein-Gordon 方程, $\sigma_k = \dfrac{1}{2}$, 上面的非线性估计的指标关系式就是

$$\dfrac{p_1}{q_1} + \dfrac{1}{\rho} = \dfrac{1}{\rho'}, \ \dfrac{p_1}{q_1} = \dfrac{1}{\rho'} - \dfrac{1}{\rho} = \dfrac{2}{n+2} \Longrightarrow q_1 = \dfrac{(n+2)p_1}{2},$$

$$\dfrac{p_2}{\mu} + \dfrac{1}{\zeta} = \dfrac{1}{\zeta'}, \ \dfrac{p_2}{\mu} = \dfrac{1}{\zeta'} - \dfrac{1}{\zeta} = \dfrac{2}{n+1} \Longrightarrow \mu = \dfrac{(n+1)p_2}{2},$$

$$\dfrac{1}{\rho'} = \dfrac{p_1}{\nu} + \dfrac{1}{\nu} \Longrightarrow \nu = \dfrac{2(n+2)}{n+4}(p_1 + 1).$$

5.4 整体时空估计 II

$\sigma > 0$ 的选取原则与功能   选取 $\sigma > 0$ 满足

$$0 < \frac{\zeta}{\mu}\sigma_k + \left(1 - \frac{\zeta}{\mu}\right)\left(1 - \frac{n}{2} - \sigma\right), \qquad \zeta = \frac{2(n+1)}{n-1}.$$

它可以确保下面插值关系:

$$\|u\|_{L^\mu(I\times\mathbb{R}^n)} \leqslant C\|u\|_{L^\zeta(I;B^{\sigma_k}_{\zeta,2})}^{\frac{\zeta}{\mu}}\|u\|_{L^\infty(I;B^{1-\frac{n}{2}-\sigma}_{\infty,\infty})}^{1-\frac{\zeta}{\mu}}.$$

利用上面关系, (4.1) 就可以写成

$$\rho < \frac{p_1+1}{\rho-1}\rho < \frac{(n+2)p_1}{2} < \frac{2(n+1)}{n-1} < \frac{(n+1)p_2}{2} < \frac{2(n+1)}{n-2},$$

$$\iff \rho < (p_1+1)\rho' < \frac{(n+2)p_1}{2} < \zeta < \frac{(n+1)p_2}{2}.$$

因此, 从次临界增长条件就导出关系式:

$$\rho < \nu < q_1 < \zeta < \mu < \frac{2(n+1)}{n-2}. \tag{4.2}$$

工作空间的选取机制   基于线性 Klein-Gordon 方程解的 Strichartz 估计.

命题 4.1(Strichartz 估计) $\rho_1, \rho_2, \ell \in \mathbb{R}$, $2 \leqslant q_1, q_2, r_1, r_2 \leqslant \infty$ 满足

$$0 \leqslant \frac{2}{q_j} \leqslant \min(\gamma(r_j, \theta), 1), \qquad n \geqslant 3, \ j = 1, 2,$$

$$(q_j, r_j, n, \theta) \neq (2, \infty, 3, 0), \qquad j = 1, 2,$$

$$\rho_1 + \delta(r_1, \theta) - \frac{1}{q_1} = \ell,$$

$$\rho_2 + \delta(r_2, \theta) - \frac{1}{q_2} = 1 - \ell.$$

则有如下 Strichartz 估计:

$$\|\dot{K}(t)\varphi + K(t)\psi\|_{L^{q_1}(I, B^{\rho_1}_{r_1,2})} \leqslant C\|(\varphi, \psi)\|_{Y^\ell} \triangleq \|\varphi\|_{H^\ell} + \|\psi\|_{H^{\ell-1}},$$

$$\|Gf\|_{L^{q_1}(I, B^{\rho_1}_{r_1,2})} := \left\|\int_0^t K(t-s)f(s)\mathrm{d}s\right\|_{L^{q_1}(I, B^{\rho_1}_{r_1,2})} \leqslant C\|f\|_{L^{q'_2}(I, B^{-\rho_2}_{r'_2,2})}.$$

一般地说, 称满足

$$\frac{2}{q} \leqslant (n-1+\theta)\left(\frac{1}{2} - \frac{1}{r}\right), \qquad 0 \leqslant \theta \leqslant 1$$

是容许对, 当等号成立时, 就称是 Sharp 型的容许对.

特殊情形 I. $\theta=1$, $\ell=\dfrac{1}{2}$, $\rho_1=\rho_2=0$, $q=r$, (q,r) 是 Sharp 型的容许对, 相应的指标关系是

$$\rho_1=\rho_2=0, \quad \ell=(n+1)\left(\frac{1}{2}-\frac{1}{r}\right)-\frac{1}{q}=\frac{1}{2}-\frac{1}{r}+\frac{2}{q}-\frac{1}{q}=\frac{1}{2},$$

$$\frac{2}{q}=(n-1+\theta)\left(\frac{1}{2}-\frac{1}{q}\right) \implies q=r=\frac{2(n+1+\theta)}{n-1+\theta}\bigg|_{\theta=1}=2+\frac{4}{n}.$$

与此容许关系对应的 Strichartz 估计是

$$\|\dot{K}(t)\varphi+K(t)\psi\|_{L^q(\mathbb{R}^{n+1})}+\|Gf\|_{L^q(\mathbb{R}^{n+1})}\leqslant\|\varphi\|_{H^{1/2}}+\|\psi\|_{H^{-1/2}}+\|f\|_{L^{q'}(\mathbb{R}^{n+1})}.$$

特殊情形 II. $\ell=1$, $\rho_1=-\rho_2=\dfrac{1}{2}$, $\theta\in[0,1]$, (q,r) 是 Sharp 型的容许对, 且 $q=r$. 此时,

$$\frac{1}{2}+(n+\theta)\left(\frac{1}{2}-\frac{1}{r}\right)-\frac{1}{q}=1, \quad \frac{2}{q}=(n-1+\theta)\left(\frac{1}{2}-\frac{1}{r}\right),$$

故有

$$q=r=\frac{2(n+1+\theta)}{n-1+\theta}.$$

于是, 结合 $\dfrac{1}{2}$ 层次对应的对称形式的 Strichartz 估计, 就得

$$\|\dot{K}(t)\varphi+K(t)\psi\|_{L^q(\mathbb{R};B^{1/2}_{q,2})}+\|Gf\|_{L^q(\mathbb{R};B^{1/2}_{q,2})}\leqslant\|\varphi\|_{H^1}+\|\psi\|_{L^2}+\|f\|_{L^{q'}(\mathbb{R};B^{1/2}_{q',2})},$$

这里

$$2+\frac{4}{n}\leqslant q\leqslant 2+\frac{4}{n-1}.$$

自由部分的 Strichartz 估计 由 Sobolev 嵌入定理及时空正则性的交换 $\partial_t\sim(I-\Delta)^{1/2}$ 可得

$$\frac{1}{q}-\frac{\chi}{n}=\frac{1}{q}-\left(\frac{1}{2}-\chi\right) \implies \chi=\frac{n}{2(n+1)}.$$

采用 $\dfrac{1}{q}-\dfrac{\chi}{n}=\dfrac{1}{\tilde{q}}$, 可见

$$\|\dot{K}(t)\varphi+K(t)\psi\|_{L^{\tilde{q}}(\mathbb{R}^{n+1})}\leqslant\|\varphi\|_{H^1}+\|\psi\|_{L^2}, \quad \frac{4}{n}\leqslant\tilde{q}\leqslant 2+\frac{6}{n-2}.$$

下面证明

$$\|u\|_{L^\rho(\mathbb{R};B^{\sigma_k}_{\rho,2})}+\|u\|_{L^\zeta(\mathbb{R};B^{\sigma_k}_{\zeta,2})}<C(E(u)). \tag{4.3}$$

5.4 整体时空估计 II

断言 (4.3) 可以归结为证明

$$\|u\|_{L^\mu(\mathbb{R}\times\mathbb{R}^n)} \leqslant CE(u). \tag{4.4}$$

事实上, 利用 Strichartz 估计, 容易看出

$$\begin{aligned}\|\vec{u}\|_{L^\infty(H^1)\cap L^\rho(\mathbb{R};B_{\rho,2}^{\sigma_k})\cap L^\zeta(\mathbb{R};B_{\zeta,2}^{\sigma_k})} \\ \leqslant C\|\vec{u}(0)\|_{H^1} + C\|Eq_L(u)\|_{L^{\rho'}(\mathbb{R};B_{\rho',2}^{\sigma_k})+L^{\zeta'}(\mathbb{R};B_{\zeta',2}^{\sigma_k})}.\end{aligned} \tag{4.5}$$

由 (4.2) 及插值定理, 容易看出

$$\|u\|_{L^\nu(I\times\mathbb{R}^n)\cap L^\zeta(I\times\mathbb{R}^n)} \leqslant C\|\vec{u}(0)\|_{H^1} + C\|Eq_L(u)\|_{L^{\rho'}(I\times\mathbb{R}^n)+L^{\zeta'}(I\times\mathbb{R}^n)}. \tag{4.6}$$

注意到非线性估计

$$\begin{aligned}\|f(u)\|_{L^{\rho'}(I;B_{\rho',2}^{\sigma_k})+L^{\zeta'}(I;B_{\zeta',2}^{\sigma_k})} \leqslant C\big[&\|u\|_{L^\rho(I;B_{\rho,2}^{\sigma_k})}\|u\|_{L^{q_1}(I\times\mathbb{R}^n)}^{p_1} \\ &+ \|u\|_{L^\zeta(I;B_{\zeta,2}^{\sigma_k})}\|u\|_{L^\mu(I\times\mathbb{R}^n)}^{p_2}\big],\end{aligned} \tag{4.7}$$

$$\begin{aligned}\|f(u)-f(v)\|_{L^{\rho'}(I\times\mathbb{R}^n)+L^{\zeta'}(I\times\mathbb{R}^n)} \leqslant C\big[&\|u-v\|_{L^\nu(I\times\mathbb{R}^n)}\|u\|_{L^\nu(I\times\mathbb{R}^n)}^{p_1} \\ &+ \|u-v\|_{L^\zeta(I\times\mathbb{R}^n)}\|u\|_{L^\mu(I\times\mathbb{R}^n)}^{p_2}\big]\end{aligned} \tag{4.8}$$

及插值公式 (用 Sobolev 嵌入定理)

$$\|u\|_{L^\zeta(I\times\mathbb{R}^n)} \leqslant C\|u\|_{L^\rho(I;B_{\rho,2}^{\sigma_k})}^{1-\alpha}\|u\|_{L^\mu(I\times\mathbb{R}^n)}^\alpha, \tag{4.9}$$

$$\|u\|_{L^\nu(I\times\mathbb{R}^n)} \leqslant C\|u\|_{L^\rho(I;B_{\rho,2}^{\sigma_k})}^{1-\beta}\|u\|_{L^\mu(I\times\mathbb{R}^n)}^\beta, \tag{4.10}$$

$$\|u\|_{L^{q_1}(I\times\mathbb{R}^n)} \leqslant C\|u\|_{L^\rho(I;B_{\rho,2}^{\sigma_k})}^{1-\gamma}\|u\|_{L^\mu(I\times\mathbb{R}^n)}^\gamma, \tag{4.11}$$

这里插值的指标关系是

$$\frac{1-\alpha}{\rho}+\frac{\alpha}{\mu}=\frac{1}{\zeta},\quad \frac{1-\beta}{\rho}+\frac{\beta}{\mu}=\frac{1}{\nu},\quad \frac{1-\gamma}{\rho}+\frac{\gamma}{\mu}=\frac{1}{q_1},\quad 0<\alpha,\beta,\gamma<1. \tag{4.12}$$

利用连续性方法就可推知断言成立.

另外, 还需要如下插值估计:

$$\begin{aligned}\|u\|_{L^\mu(I\times\mathbb{R}^n)} \leqslant C\|u\|_{L^\zeta(I;B_{\zeta,2}^{\sigma_k\delta})}^{\frac{\zeta}{\mu}}\|u\|_{L^\infty(I;B_{\infty,\infty}^{1-\frac{n}{2}-\sigma})}^{1-\frac{\zeta}{\mu}} \\ \leqslant C\left\{\|u\|_{L^\zeta(I\times\mathbb{R}^n)}^{1-\delta}\|u\|_{L^\zeta(I;B_{\zeta,2}^{\sigma_k})}^\delta\right\}^{\frac{\zeta}{\mu}}\|u\|_{L^\infty(I;B_{\infty,\infty}^{1-\frac{n}{2}-\sigma})}^{1-\frac{\zeta}{\mu}},\end{aligned} \tag{4.13}$$

这里 $0<\delta<1$ 满足

$$0<\delta\frac{\zeta}{\mu}\sigma_k+\left(1-\frac{\zeta}{\mu}\right)\left(1-\frac{n}{2}-\sigma\right). \tag{4.14}$$

引理 4.2 (扰动引理) 设 $n \geqslant 3$, $f(u)$ 满足非线性增长条件 (1.9). 设 u 是非线性 Klein-Gordon 方程在区间 $I = [S, T]$ 上的有限能量解, 即 $\|\vec{u}\|_{L^\infty(I, H^1)} \leqslant E < \infty$. 如果

$$\|u\|_{L^\mu(I \times \mathbb{R}^n)} = \eta < \infty, \tag{4.15}$$

则存在 $0 < \eta_5 = \eta_5(E)$ 满足当 $\eta < \eta_5(E)$ 时, 有

$$\|\vec{u}\|_{L^\rho(I, B^{\sigma_k}_{\rho, 2})} + \|\vec{u}\|_{L^\varsigma(I, B^{\sigma_k}_{\varsigma, 2})} + \|u\|_{L^{q_1}(I \times \mathbb{R}^n)} \leqslant C(E). \tag{4.16}$$

证明 设 v 是自由方程

$$Eq_L(v) = 0, \quad \vec{v}|_{t=S} = \vec{u}(S)$$

的解, 则由非线性估计 (4.5)~(4.7) 和 (4.11) 可见

$$\begin{aligned}
&\|u - v\|_{L^\varsigma(I, B^{\sigma_k}_{\varsigma, 2}) \cap L^\rho(I, B^{\sigma_k}_{\rho, 2})} \\
&\leqslant C \|f(u)\|_{L^{\varsigma'}(I, B^{\sigma_k}_{\varsigma', 2}) + L^{\rho'}(I, B^{\sigma_k}_{\rho', 2})} \\
&\leqslant C \|u\|_{L^\varsigma(I, B^{\sigma_k}_{\varsigma, 2}) \cap L^\rho(I, B^{\sigma_k}_{\rho, 2})} \left(\|u\|^{p_2}_{L^\mu(I \times \mathbb{R}^n)} + \|u\|^{p_1}_{L^{q_1}(I \times \mathbb{R}^n)}\right) \\
&\leqslant \|u\|_{L^\varsigma(I, B^{\sigma_k}_{\varsigma, 2}) \cap L^\rho(I, B^{\sigma_k}_{\rho, 2})} \|u\|^{p_2}_{L^\mu(I \times \mathbb{R}^n)} \\
&\quad + \|u\|^{(1-\gamma)p_1 + 1}_{L^\varsigma(I, B^{\sigma_k}_{\varsigma, 2}) \cap L^\rho(I, B^{\sigma_k}_{\rho, 2})} \|u\|^{\gamma p_1}_{L^\mu(I \times \mathbb{R}^n)},
\end{aligned} \tag{4.17}$$

$$\|u\|_{L^\varsigma(I, B^{\sigma_k}_{\varsigma, 2}) \cap L^\rho(I, B^{\sigma_k}_{\rho, 2})} \leqslant C(E) + (4.17) \text{ 的右边}. \tag{4.18}$$

因此, 只要取 $\eta_5(E)$ 充分小, 利用连续性方法就可以推出

$$\|u\|_{L^\varsigma(I, B^{\sigma_k}_{\varsigma, 2}) \cap L^\rho(I, B^{\sigma_k}_{\rho, 2})} \leqslant C(E).$$

进而, 利用估计 (4.5), (4.11) 就可以推出

$$\|\vec{u}\|_{L^\varsigma(I, B^{\sigma_k}_{\varsigma, 2}) \cap L^\rho(I, B^{\sigma_k}_{\rho, 2})} + \|u\|_{L^{q_1}(I \times \mathbb{R}^n)} \leqslant C(E). \tag{4.19}$$

引理 4.3 (质量集中现象) 设 $n \geqslant 3$, $f(u)$ 满足非线性增长条件 (1.9). 设 u 是区间 I 上的有限能量解, 满足

$$\|\vec{u}\|_{L^\infty(I; H^1)} \leqslant E < \infty, \quad \|u\|_{L^\mu(I \times \mathbb{R}^n)} = \eta \in (0, \eta_5(E))(\eta_5 \text{ 由引理 4.2 给出}). \tag{4.20}$$

则存在子区间 $J \subset I$, $R > 0$, $c \in \mathbb{R}^n$ 满足 $|J| \geqslant C(E, \eta)$, $R < C(E, \eta)$ 和

$$\int_{|x-c|<R} |u(t)|^s \mathrm{d}x \geqslant C(E, \eta, s), \quad \forall t \in J, s \geqslant 1. \tag{4.21}$$

证明 此引理的证明类似于引理 3.2. 由插值公式 (4.13), 引理 3.2 中的 (3.19) 可用

$$\eta = \|u\|_{L^\mu(I\times\mathbb{R}^n)} \leqslant C\|u\|_{L^\zeta(I,B^{\sigma_k}_{\zeta,2})}^{\frac{\zeta}{\mu}} \|u\|_{L^\infty(I;B^{1-\frac{n}{2}-\sigma}_{\infty,\infty})}^{1-\frac{\zeta}{\mu}}$$

$$\leqslant C(E)\|u\|_{L^\infty(I;B^{1-\frac{n}{2}-\sigma}_{\infty,\infty})}^{1-\frac{\zeta}{\mu}} \tag{4.22}$$

来代替. 另一方面, 利用估计 (4.13), 存在 $0 < \delta < 1$, 使得

$$\|u\|_{L^\mu(I\times\mathbb{R}^n)} \leqslant C\left\{\|u\|_{L^\zeta(I\times\mathbb{R}^n)}^{1-\delta}\|u\|_{L^\zeta(I;B^{\sigma_k}_{\zeta,2})}^{\delta}\right\}^{\frac{\zeta}{\mu}} \|u\|_{L^\infty(I;B^{1-\frac{n}{2}-\sigma}_{\infty,\infty})}^{1-\frac{\zeta}{\mu}}$$

$$\leqslant C(E)|I|^{\frac{1-\delta}{\mu}}. \tag{4.23}$$

由此可见

$$|I| \geqslant C(E,\eta). \tag{4.24}$$

剩余的证明完全同引理 3.2 的证明.

注记 4.1 与引理 3.2 的证明类似, 由 Sobolev 嵌入定理及插值定理, 对任意的 $0 < \beta < 1$, 成立

$$\eta = \|u\|_{L^\mu(I\times\mathbb{R}^n)} \leqslant C\|u\|_{L^\mu(I;L^\zeta)}^{1-\beta}\left[\|u\|_{L^\zeta(I,B^{\sigma_k}_{\zeta,2})}^{\frac{\zeta}{\mu}}\|u\|_{L^\infty H^1}^{1-\frac{\zeta}{\mu}}\right]^\beta \leqslant C(E)|I|^{\frac{1-\beta}{\mu}},$$

这里用到如下指标关系:

$$\frac{n}{\zeta} - \frac{n}{\mu} \leqslant \beta\left[\frac{n}{\zeta} - \frac{n}{\mu} + \sigma_k\frac{\zeta}{\mu} + \left(1-\frac{n}{2}\right)\left(1-\frac{\zeta}{\mu}\right)\right], \tag{4.25}$$

它可以由

$$\frac{1}{p_2}\left(\frac{2}{n-1} + \frac{2(n-2)}{n+1}\right) > \frac{n-2}{2} \iff p_2 < \frac{n^2-2n+3}{n^2-1}\frac{4}{n-2}$$

确保. 然而, 此约束条件没有蕴涵所有的次临界指标范围.

在非线性假设 (1.8), (1.9) 及 (1.11) 下, 利用引理 2.3 所建立的新的 Morawetz 估计, 容易推出 (见引理 3.3 的证明)

$$\int_\mathbb{R}\left\{\int_{\mathbb{R}^n}\frac{|u|^2}{\langle x\rangle^2}\mathrm{d}x\right\}^{\frac{p+1}{2}}\frac{\mathrm{d}t}{\langle t\rangle} \leqslant C(E), \quad p \geqslant 1 + \frac{4}{n}. \tag{4.26}$$

关键估计 I　时空范数的加权分布估计

由引理 4.2 的质量集中现象及引理 2.3, 可以推出如下时空模的加权分布估计:

引理 4.4　设 u 是 (1.2) 的有限能量解, $E_N(u) = E < \infty$, $t \in \mathbb{R}$. 设 $0 = T_0 < T_1 < \cdots < T_j < T_{j+1}$, $I_j = (T_{j-1}, T_j)$, $0 < \eta \leqslant \eta_5(E)$ ($\eta_5(E)$ 是引理 4.2 中的 $\eta_5(E)$), 使得

$$\frac{\eta}{2} \leqslant \|u\|_{L^\mu(I_j \times \mathbb{R}^n)} \leqslant \eta, \qquad \forall j \in \mathbb{Z}. \tag{4.27}$$

设 S 表示上述指标 j 的集合 (可以有限或亦可能是无限集), 则存在 $t_j \in I_j$, $\forall j \in S$, 有

$$\sum_{j \in S} \frac{1}{t_j + 1} \leqslant C(E, \eta). \tag{4.28}$$

关键估计 II　时空局部化能量

证明完全类似于引理 3.5 的证明. 借助于时空模的加权分布估计, 可以推出如下能量的时空局部化结果.

命题 4.5　设 $n \geqslant 3$, 并且 $f(u)$ 满足结构条件 (1.8), 非线性增长条件 (1.9) 及互斥条件 (1.10). 记 u 是 NLKG 方程的整体有限能量解, $E_N(u) = E < \infty$. 设 $\nu, \varepsilon > 0$ 和 $M < \infty$, 则存在 $\nu_1 = \nu_1(E) < \infty$ 和 $N = N(E, \varepsilon, M, \nu) < \infty$ 满足如下性质: 如果

$$\nu < \nu_1(E), \quad \|u\|_{L^\mu(I \times \mathbb{R}^n)} > N, \quad I \subset \mathbb{R}, \tag{4.29}$$

则存在 $(S, T) \subset I$, $c \in \mathbb{R}^n$, $R \in (1, \infty)$ 使得 $|T - S| > MR$, 并且在 $t = S$ 或 $t = T$, 成立:

$$\|\vec{u}\|_{L^\rho([S,T]; B^{\sigma_k}_{\rho,2}) \cap (L^\varsigma([S,T]; B^{\sigma_k}_{\varsigma,2})) \cap L^\mu([S,T] \times \mathbb{R}^n)} \leqslant \nu^2 \leqslant \int_{|x-c|<R} e_N(u, t) \mathrm{d}x, \tag{4.30}$$

$$\left\|\frac{u(t)}{\langle x - c \rangle}\right\|_{L^2} < \varepsilon, \tag{4.31}$$

这里 $e_N(u, t)$ 表示能量密度.

证明完全与命题 3.6 证明类似, 省略.

关键估计 III　局部化能量的分离现象

下面分离出与局部化能量相对应的在 S-T 范数意义下充分衰减的线性波.

命题 4.6　设 u 是问题 (1.1) 的有限能量解 $E_N(u) = E < \infty$. 假设对某个 $\nu > 0$, $\varepsilon > 0$, $c \in \mathbb{R}^n$, $R > 1$, $T > S > 0$, 有

$$\|\vec{u}\|_{L^\rho([S,T]; B^{\sigma_k}_{\rho,2}) \cap L^\varsigma([S,T]; B^{\sigma_k}_{\varsigma,2}) \cap L^\mu([S,T] \times \mathbb{R}^n)} \leqslant \nu^2 \leqslant \int_{|x-c|<R} e_N(u, S) \mathrm{d}x \tag{4.32}$$

与
$$\left\|\frac{u(S)}{\langle x-c\rangle}\right\|_{L^2} < \varepsilon. \tag{4.33}$$

那么, 总存在 $\nu_2 = \nu_2(E)$, $\varepsilon_0 = \varepsilon_0(E,\nu)$ 满足

$$\nu \leqslant \nu_2(E), \quad \varepsilon \leqslant \varepsilon_0(E,\nu),$$

及自由方程的解 v 使得

$$\begin{cases} E_N(u-v,T) < E - \dfrac{\nu^2}{4}, \\ E_L(v,T) < 2\nu^2, \\ \|v\|_{L^\mu([T,\infty)\times\mathbb{R}^n)} < C(E,\nu)\left(\dfrac{R}{|T-S|}\right)^\alpha, \end{cases} \tag{4.34}$$

这里 $\alpha = \alpha(n,p)$.

证明 证明完全同于命题 3.7, 只是用 μ 代替原来的 q_2 就可以去掉 $n \leqslant 2$ 的限制.

基本估计 IV 预备性引理

引理 4.7 设 $n \geqslant 3$, $f(u)$ 满足非线性增长条件 (1.9), 则总存在连续函数 $C_0(E)$, $C_1(\eta, E)$ 满足 $C_1(0,E) = 0$, 使得下面结论成立: 若 u 是 NKLG 方程在区间 I 上的解满足 $\|\vec{u}\|_{L^\infty(I;H^1)} \leqslant E < \infty$ 及

$$\|u\|_{L^\varsigma(I\times\mathbb{R}^n)} \leqslant \eta < \infty. \tag{4.35}$$

如果 $\eta \leqslant C_0(E)$, 则

$$\|u\|_{L^\mu(I\times\mathbb{R}^n)} + \|u\|_{L^\nu(I\times\mathbb{R}^n)} \leqslant C_1(\eta, E). \tag{4.36}$$

证明 设 $I = [S,T]$, v 是自由方程

$$eq_L(v) = 0, \quad \vec{v}(S) = \vec{u}(S)$$

的解. 则由 Strichartz 估计 (4.4)、(4.5)、非线性估计 (4.7)、插值公式 (4.11) 及 (4.12) 可见

$$\begin{aligned}
&\|u\|_{L^\rho([S,T];B^{\sigma_k}_{\rho,2})\cap L^\varsigma([S,T];B^{\sigma_k}_{\zeta,2})} \\
&\leqslant CE + \|f(u)\|_{L^{\rho'}([S,T];B^{\sigma_k}_{\rho',2})+L^{\varsigma'}([S,T];B^{\sigma_k}_{\zeta',2})} \\
&\leqslant CE + C\|u\|_{L^\varsigma(I;B^{\sigma_k}_{\zeta,2})}\|u\|^{p_2}_{L^\mu(I\times\mathbb{R}^n)} + \|u\|_{L^\rho(I;B^{\sigma_k}_{\rho,2})}\|u\|^{p_1}_{L^{q_1}(I\times\mathbb{R}^n)} \\
&\leqslant CE + C(E)\Big[\|u\|^a_{L^\varsigma(I;B^{\sigma_k}_{\zeta,2})}\|u\|^b_{L^\varsigma(I\times\mathbb{R}^n)} \\
&\quad + \|u\|^c_{L^\rho(I;B^{\sigma_k}_{\rho,2})\cap L^\varsigma(I;B^{\sigma_k}_{\zeta,2})}\|u\|^d_{L^\varsigma(I\times\mathbb{R}^n)}\Big],
\end{aligned} \tag{4.37}$$

这里

$$\begin{cases} a = 1 + p_2 \dfrac{\delta \zeta}{\mu} > 1, & b = p_2 \dfrac{(1-\delta)\zeta}{\mu} > 0, \\ c = 1 + p_1(1-\gamma) + p_1 \gamma \dfrac{\delta \zeta}{\mu}, & d = p_1 \gamma \dfrac{(1-\delta)\zeta}{\mu} > 0. \end{cases} \quad (4.38)$$

因此, 如果取 $C_0(E)$ 充分小, 由连续性方法, 就可以保证

$$\|u\|_{L^\zeta(I;B^{\sigma_k}_{\zeta,2}) \cap L^\rho(I;B^{\sigma_k}_{\rho,2})} \leqslant C(E). \quad (4.39)$$

重新利用插值公式 (4.10), (4.12) 即可推出估计 (4.36).

基本估计 V　Bubble 的分离性引理

引理 4.8　设 $n \geqslant 3$, $f(u)$ 满足非线性增长条件 (1.9). 设 u, w 是非线性 Klein-Gordon 方程整体解, 设 v 是线性问题

$$eq_L(v) = 0, \quad \vec{v}(0) = \vec{u}(0) - \vec{w}(0)$$

的解. 假设

$$\|\vec{u}\|_{L^\infty(\mathbb{R},H^1)}, \quad \|\vec{w}\|_{L^\infty(\mathbb{R},H^1)} \leqslant E < \infty. \quad (4.40)$$

则对任意的 $L < \infty$, 存在 $\kappa = \kappa(E,L) > 0$ 满足: 如果

$$\|w\|_{L^\mu([0,\infty)\times\mathbb{R}^n)} < L, \quad \|v\|_{L^\mu([0,\infty)\times\mathbb{R}^n)} \leqslant \kappa, \quad (4.41)$$

则

$$\|u\|_{L^\mu([0,\infty)\times\mathbb{R}^n)} < C(E,L). \quad (4.42)$$

证明　对于 $\eta \in (0, \eta_0(E))$, 分解 $[0,\infty)$ 有

$$0 = T_0 < T_1 < T_2 < \cdots < T_N < T_{N+1} = \infty, \quad N^{\frac{1}{\mu}} \eta < L,$$

使得

$$\|w\|_{L^\mu(I_j \times \mathbb{R}^n)} \leqslant \eta, \quad I_j = (T_j, T_{j+1}). \quad (4.43)$$

由引理 4.2 和插值公式 (4.9), (4.10) 得

$$\begin{cases} \|w\|_{L^\nu(I_j \times \mathbb{R}^n) \cap L^\zeta(I_j \times \mathbb{R}^n)} \leqslant D_0(\eta, E), \\ \|v\|_{L^\nu(I_j \times \mathbb{R}^n) \cap L^\zeta(I_j \times \mathbb{R}^n)} \leqslant D_0(\kappa, E). \end{cases} \quad (4.44)$$

重新利用 Strichartz 估计 (4.5), (4.6) 及非线性估计 (4.8), 容易看出 (类似于引理 3.9 的证明框架, 故这里仅给出主要区别)

$$\begin{aligned}&\|g\|_{L^\nu(I\times\mathbb{R}^n)\cap L^\varsigma(I\times\mathbb{R}^n)}\\&\leqslant \|g_j\|_{L^\nu(I\times\mathbb{R}^n)\cap L^\varsigma(I\times\mathbb{R}^n)} + C_2\Big(\|w\|^{p_2}_{L^\mu(I\times\mathbb{R}^n)} + \|u\|^{p_2}_{L^\mu(I\times\mathbb{R}^n)}\\&\quad + \|w\|^{p_1}_{L^\nu(I\times\mathbb{R}^n)} + \|u\|^{p_1}_{L^\nu(I\times\mathbb{R}^n)}\Big)\|v+g\|_{L^\nu(I\times\mathbb{R}^n)\cap L^\varsigma(I\times\mathbb{R}^n)},\end{aligned} \quad (4.45)$$

这里 $I=(T_j,T)$. 因此, 令 $P_j = \|g_j\|_{L^\nu([T_j,\infty)\times\mathbb{R}^n)\cap L^\varsigma([T_j,\infty)\times\mathbb{R}^n)}$, 则有

$$\begin{aligned}P_{j+1}\leqslant P_j + C_2\Big(&\|w\|^{p_2}_{L^\mu(I_j\times\mathbb{R}^n)} + \|u\|^{p_2}_{L^\mu(I_j\times\mathbb{R}^n)} + \|w\|^{p_1}_{L^\nu(I_j\times\mathbb{R}^n)}\\&+ \|u\|^{p_1}_{L^\nu(I_j\times\mathbb{R}^n)}\Big)\|v+g\|_{L^\nu(I_j\times\mathbb{R}^n)\cap L^\varsigma(I_j\times\mathbb{R}^n)},\quad I=(T_j,T_{j+1}).\end{aligned} \quad (4.46)$$

类似于引理 3.9 的证明, 采用归纳法可以推出

$$\|u\|_{L^\nu(I_j\times\mathbb{R}^n)\cap L^\varsigma(I_j\times\mathbb{R}^n)} < C_0(E),\quad \forall j=0,1,2,\cdots,N. \quad (4.47)$$

重复使用引理 4.6 及连续性方法

$$\|u\|_{L^\mu([0,\infty)\times\mathbb{R}^n)} \leqslant NC_1(C_0(E),E) \leqslant C(E,L). \quad (4.48)$$

最后, 利用能量归纳法就可以推出引理的结果 (同于引理 3.10).

引理 4.9 设 $n\geqslant 3$, u 是 NLKG 方程的整体解, 满足 $E_N(u)=E<\infty$, 则

$$\|u\|_{L^\varsigma(\mathbb{R},B^{\sigma_k}_{\varsigma,2})\cap L^\rho(\mathbb{R},B^{\sigma_k}_{\rho,2})} \leqslant C(E). \quad (4.49)$$

证明类似于引理 3.10 的证明, 省略.

5.5 散射性理论

本节利用 5.3 节和 5.4 节所建立的有限能量解的整体时空估计来证明散射性理论, 这是一个标准的过程.

第一步. 证明波算子 $v(0) \longmapsto u(0)$ 在 $H^1(\mathbb{R}^n)$ 中是良定的. 波算子的存在性并不需要前面建立的能量解的整体时空估计.

众所周知, 波算子的存在性等价于求解终值问题, 它仅需要自由方程的整体估计及非线性估计. 考虑

$$\vec{u}(t) = \vec{v}(t) + \int_\infty^t K(t-s)f(u(s))\mathrm{d}s,\quad v(0)=\varphi(x) \text{ 或 } \vec{v}(0)=(\varphi(x),\psi(x)), \quad (5.1)$$

这里

$$K(t) = \begin{cases} \omega^{-1}(\sin t\omega, \cos t\omega), & \text{NLKG}, \\ -\mathrm{i}e^{\mathrm{i}t\Delta}, & \text{NLS}. \end{cases} \tag{5.2}$$

令 $u_1(t) = v(t)$, 构造如下迭代序列:

$$\vec{u}_j(t) = \vec{v}(t) + \int_\infty^t K(t-s)f(u_{j-1}(s))\mathrm{d}s. \tag{5.3}$$

对于 NLS 方程及低维的 NLKG 方程 $(n \leqslant 2)$, 由

$$\left\| \int_\infty^t K(t-s)f(u)\mathrm{d}s \right\|_{L^{q_2}(I,B^0_{\rho,2})} \leqslant C \left\| \int_\infty^t |t-s|^{-n(\frac{1}{2}-\frac{1}{\rho})} \|f(u)\|_{B^0_{\rho,2}} \mathrm{d}s \right\|_{L^{q_2}}$$
$$\leqslant C\|f(u)\|_{L^{\frac{q_2}{p_2+1}}(I,B^0_{\rho',2})}, \quad I = [T,\infty), \tag{5.4}$$

非线性估计 (3.9) 及嵌入关系

$$B^s_{p,\min\{p,r\}}(\mathbb{R}^n) \hookrightarrow F^s_{p,r}(\mathbb{R}^n) \hookrightarrow B^s_{p,\max\{p,r\}}(\mathbb{R}^n), \quad s \geqslant 0$$

容易推出

$$\|u_{j+1} - u_j\|_{L^{q_2}(I,L^\rho)} \leqslant \|u_j - u_{j-1}\|_{L^{q_2}(I,L^\rho)} \Big(\|u_j\|^{p_2}_{L^{q_2}(I\times\mathbb{R}^n)} + \|u_{j-1}\|^{p_2}_{L^{q_2}(I\times\mathbb{R}^n)}$$
$$+ \|u_j\|^{p_1}_{L^{q_1}(I\times\mathbb{R}^n)} + \|u_{j-1}\|^{p_1}_{L^{q_1}(I\times\mathbb{R}^n)} \Big), \quad I = (T,\infty). \tag{5.5}$$

由引理 3.8, 只要 $\|v\|_{L^{q_2}([T,\infty);L^\rho(\mathbb{R}^n))}$ 充分小 (取 T 充分大就可以保证), 利用标准的方法可见 $\{u_j\}$ 是 $L^{q_2}([T,\infty);L^\rho(\mathbb{R}^n))$ 中的 Cauchy 列, 并且在 $L^{q_2}([T,\infty)\times\mathbb{R}^n) \cap L^\rho([T,\infty);B^{\sigma_k}_{\rho,2})$ 上有界. 因此, 存在函数 $u(t)$ 满足方程 (5.1) 及估计

$$\|u\|_{L^{q_2}([T,\infty)\times\mathbb{R}^n)} + \|u\|_{L^\rho([T,\infty);B^{\sigma_k}_{\rho,2})} < \infty. \tag{5.6}$$

现以 $\vec{u}(T)$ 为初值, 求解方程 (1.1) 或 (1.2), 利用局部可解性、能量守恒及解的唯一性就可以将终值问题 (5.1) 扩张为整体能量解 u, 满足

$$u(t) \in C(\mathbb{R}; H^1(\mathbb{R}^n)) \cap L^{q_2}_{\mathrm{loc}}(\mathbb{R}\times\mathbb{R}^n) \cap L^{q_2}([0,\infty)\times\mathbb{R}^n)$$
$$\cap L^\rho_{\mathrm{loc}}(\mathbb{R}; B^{\sigma_k}_{\rho,2}) \cap L^\rho([0,\infty); B^{\sigma_k}_{\rho,2}). \tag{5.7}$$

这本质上就建立了波算子 $v(0) \longmapsto u(0)$. 注意到非线性估计 (3.8) 及 Strichartz 估计 (3.10), 就可以推出

$$\|\vec{u} - \vec{v}\|_{L^\infty([T,\infty);H^1(\mathbb{R}^n))} \leqslant C\|u\|_{L^\rho([T,\infty);B^{\sigma_k}_{\rho,2})} \Big(\|u\|^{p_2}_{L^{q_2}([T,\infty)\times\mathbb{R}^n)}$$
$$+ \|u\|^{p_1}_{L^{q_1}([T,\infty)\times\mathbb{R}^n)} \Big) \longrightarrow 0, \quad T \to \infty. \tag{5.8}$$

由此推出波映射 Ω_+ 在 H^1 上是良定的. 同理可证 Ω_- 是良定的.

第二步. 下面证明波算子是满射 (自然就说明波算子是双射), 即对于任意一个有限能量解 u(NLKG 方程或 NLS 方程), 当时间趋于 ∞ 时, 均趋向于一个自由方程的解. 它本质上是有限能量解的整体时空估计的直接结果. 事实上, 对于 NLS 方程或 $n \leqslant 2$ 情形的 NLKG 方程, 由 Strichartz 估计 (3.10)、非线性估计 (3.8) 及有限能量解的整体时空估计, 容易推出对于 $\forall t > T$, 有

$$\left\| \int_T^t K(-s)f(u(s))\mathrm{d}s \right\|_{H^1} \leqslant C\|u\|_{L^\rho([T,\infty);B^{\sigma_k}_{\rho,2})} \Big(\|u\|^{p_2}_{L^{q_2}([T,\infty)\times\mathbb{R}^n)}$$
$$+ \|u\|^{p_1}_{L^{q_1}([T,\infty)\times\mathbb{R}^n)} \Big) \longrightarrow 0, \quad T \to \infty. \tag{5.9}$$

因此, 定义 H^1 上的函数 (在上式取 $t = 0$) 如下:

$$\vec{a} = \int_0^\infty K(-s)f(u(s))\mathrm{d}s. \tag{5.10}$$

令 $v(t)$ 是自由方程

$$eq(v) = 0, \quad \vec{v}(0) = \vec{u}(0) - \vec{a}(0) \tag{5.11}$$

的解, 利用解的唯一性推出

$$u(t) = v(t) + \int_\infty^t K(t-s)f(u(s))\mathrm{d}s.$$

进而, 直接验证

$$\|\vec{u}(t) - \vec{v}(t)\|_{L^\infty([T,\infty);H^1(\mathbb{R}^n))} \leqslant C\|u\|_{L^\rho([T,\infty);B^{\sigma_k}_{\rho,2})} \Big(\|u\|^{p_2}_{L^{q_2}([T,\infty)\times\mathbb{R}^n)}$$
$$+ \|u\|^{p_1}_{L^{q_1}([T,\infty)\times\mathbb{R}^n)} \Big) \longrightarrow 0, \quad T \to \infty.$$

所以波算子是满射.

第三步. 对于高维的 NLKG 方程 ($n \geqslant 3$), 仅需进行如下替代:

$$L^{q_2}(I; L^\rho(\mathbb{R}^n)) \longrightarrow L^\nu(I \times \mathbb{R}^n) \cap L^\zeta(I \times \mathbb{R}^n),$$
$$L^{q_2}(I \times \mathbb{R}^n) \longrightarrow L^\mu(I \times \mathbb{R}^n),$$
$$L^{q_1}(I \times \mathbb{R}^n) \longrightarrow L^\nu(I \times \mathbb{R}^n),$$
$$L^\rho(I; B^{\sigma_k}_{\rho,2}) \longrightarrow L^\rho(I; B^{\sigma_k}_{\rho,2}) \cap L^\zeta(I; B^{\sigma_k}_{\zeta,2}).$$

就可以完成第一步及第二步的证明.

利用有限能量整体解满足整体时空估计, 容易证明波算子及其逆是弱连续的. 而波算子的强连续性则可以从弱连续 $\oplus$ 能量守恒得到. 因此, 定理 1.1 成立.

第6章 非线性临界 Klein-Gordon 方程解的散射理论

6.1 引言

本章研究具临界增长的非线性 Klein-Gordon 方程

$$\Box u + m^2 u + |u|^{p-2} u = 0, \quad p = 2^* = \frac{2n}{n-2} \tag{1.1}$$

在能量空间中的散射理论 $(n \geqslant 3)$. 第 5 章给出了 $m > 0, p \in \left[2 + \dfrac{4}{n}, 2 + \dfrac{4}{n-2}\right)$ 情形下的散射性理论的严格证明. 当 $m = 0, p = 2^*$ 时, Bahouri-Gérard-Shatah 建立了临界波方程在能量空间中的散射性, 其中 Scaling 变换下对应的 Dilation 恒等式起着关键的作用, 详见第 4 章. 然而, 对于非线性 Klein-Gordon 方程而言, 没有 Dilation 恒等式. 因此, Nakanishi 采用 Bourgain 的方法, 建立具临界增长的非线性 Klein-Gordon 方程在能量空间中的散射性理论 (参见文献 [N1]). 本章的宗旨就是详细阐述具临界增长的非线性 Klein-Gordon 方程在能量空间的散射理论, 并给出严格的数学证明. 特别, 这里提供的方法对于临界波动方程也是有效的.

对于径向对称的情形, Ginibre-Soffer-Velo [GSV] 证明了有限能量弱解

$$(u(t), u_t(t)) \in (\mathcal{C}_w \cap L^\infty)(\mathbb{R}; H^1 \otimes L^2(\mathbb{R}^n)), \quad m > 0 \tag{1.2}$$

满足经典的 Morawetz 估计

$$\int_{\mathbb{R}} \int_{\mathbb{R}^n} \frac{|u|^p}{|x|} \mathrm{d}x \mathrm{d}t \leqslant C(E) < \infty, \quad p = 2^* \tag{1.3}$$

及径向函数的 Sobolev 不等式

$$\left\| |x|^{\frac{n}{2}-1} u \right\|_\infty \lesssim \|u\|_{\dot{H}^1_x(\mathbb{R}^n)}.$$

由此可见

$$\int_{\mathbb{R}} \int_{\mathbb{R}^n} |u|^{r_0} \mathrm{d}x \mathrm{d}t \leqslant \int_{\mathbb{R}} \int_{\mathbb{R}^n} \frac{|u|^p}{|x|} \cdot |x| \, |u|^{\frac{2}{n-2}} \mathrm{d}x \mathrm{d}t$$

$$\leqslant \|u\|_{\dot{H}^1_x(\mathbb{R}^n)}^{\frac{2}{n-2}} \int_{\mathbb{R}} \int_{\mathbb{R}^n} \frac{|u|^p}{|x|} \mathrm{d}x \mathrm{d}t$$

6.1 引言

$$<C(E)<\infty, \tag{1.4}$$

其中

$$q_0=r_0=p+\frac{2}{n-2}=\frac{2n}{n-2}+\frac{2}{n-2}=\frac{2(n+1)}{n-2}$$

满足

$$\frac{1}{q_0}=\delta(r_0)-1,\quad \frac{2}{q_0}\leqslant\gamma(r_0),\quad \frac{\delta(r_0)}{n}=\frac{\gamma(r_0)}{n-1}=\frac{1}{2}-\frac{1}{r_0}.$$

说明 (q_0,r_0) 是满足 Scaling 条件的容许对. 对 (1.4) 与径向能量弱解所满足的能量不等式进行插值, 就可推出

$$\|u\|_{L^q(\mathbb{R};B^\rho_{r,2}(\mathbb{R}^n))}<\infty, \tag{1.5}$$

其中

$$\begin{cases} \rho+\delta(r)-\dfrac{1}{q}=1, & q,\ r\geqslant 2,\ n\geqslant 3, \\ \dfrac{2}{q}\leqslant\gamma(r), & (q,r,n)\neq(2,\infty,3). \end{cases}$$

利用强弱唯一性, 就推出了具临界增长的非线性 Klein-Gordon 方程在径向初值情形下的散射性结果. 这一事实亦意味着从整体径向能量弱解出发, 通过研究它的正则性, 就可以建立能量解的整体适定性及散射性理论.

研究方法——Bourgain 能量归纳技术

众所周知, 临界 Klein-Gordon 方程 (1.1) 存在整体能量解

$$\begin{cases} (u,u_t)\in\mathcal{C}(\mathbb{R};H^2\otimes L^2), & m>0, \\ (u,u_t)\in\mathcal{C}(\mathbb{R};\dot{H}^1\cap L^{2^*}\otimes L^2), & m=0. \end{cases} \tag{1.6}$$

因此, 问题就归结为证明有限能量解满足整体时空估计.

对于小能量问题, 利用 Strichartz 估计与非线性估计, 可以直接建立整体时空估计. 利用扰动定理, 一定存在一个临界值 E_c, 当

$$E(\varphi,\psi)<E_c$$

时, 它对应的整体有限能量解 u 满足整体时空估计. 因此, 问题就归结为证明对满足

$$E(\varphi,\psi)=E_c$$

的初值 (φ,ψ), 建立有限能量解的整体时空估计.

根据前面的讨论, 本质上仅需对满足

$$\begin{cases} 0 < \dfrac{1}{q} = \delta(r) - 1, & q, r \geqslant 2, \ n \geqslant 3, \\ \dfrac{2}{q} \leqslant \gamma(r), & (q, r, n) \neq (2, \infty, 3) \end{cases} \tag{1.7}$$

的一个容许对 (q_0, r_0), 证明

$$\|u\|_{L^{q_0}(\mathbb{R}; L^{r_0}(\mathbb{R}^n))} < \infty \tag{1.8}$$

即可. 如果不然, 能量一定在某一个 $(x_0, t_0) \in \mathbb{R}^n \times \mathbb{R}$ 处聚积. 可以构造与聚积能量对应的线性波, 虽然它在极大模意义下很快就会衰减, 但仍然保持能量聚积. 这样一来, 可以将它分离以达到减少总能量的目的. 这就是 Bourgain 的能量归纳技术的基础, 藉此可以建立整体时空估计.

Klein-Gordon 方程的特点与分析

众所周知, Scaling 不变性在非线性波动方程或非线性 Schrödinger 方程研究中起着重要作用, 而非线性 Klein-Gordon 方程不具备这样的 Scaling 不变性. 因此, 必须对可能具有奇性的时间上, 把空间分解成锥的内部 (小尺度) 与锥的外部 (大尺度) 分别用 Morawetz 型估计与有限传播速度的性质来建立时空可积性. 当然, 对于径向对称的情形, 非线性波方程与非线性 Klein-Gordon 方程并无差别, 但对于一般初值, 就有很大不同. 事实上, 对于非线性波动方程, 利用 Dilation 恒等式可以导出位能在 t 充分大时的衰减, 即

$$\lim_{t \to +\infty} \int_{\mathbb{R}^n} |u|^{2^*} \, \mathrm{d}x = 0. \tag{1.9}$$

而对于非线性 Klein-Gordon 方程的有限能量解, 无法导出任何衰减!

为了克服上述困难, 就需要充分利用解的有限传播速度与 Morawetz 型估计, 这些性质明显地强于非线性 Schrödinger 方程, 因为它仅有对质量的几乎有限传播速度. 另一方面, 线性波动方程的解比线性 Klein-Gordon 方程在低频部分的衰减要弱. 因此, 可以充分利用线性 Klein-Gordon 方程在低频部分的衰减性和 Bourgain 能量归纳技术来建立非线性 Klein-Gordon 方程有限能量解的整体时空估计.

在结束本节之前, 引入一些常用的记号和函数空间. 首先引入与自然容许对 $(\infty, 2)$ 对应的、由 Strichartz 估计与非线性增长所决定的自然时空空间

$$G(I) = L^{2^*-1}(I; L^{2(2^*-1)}(\mathbb{R}^n)), \quad 2^* - 1 \geqslant 2, \quad n \leqslant 6, \tag{1.10}$$

这里, $(2^* - 1, 2(2^* - 1))$ 满足

$$\frac{2}{2^* - 1} \leqslant (n-1)\left(\frac{1}{2} - \frac{1}{2(2^*-1)}\right), \quad n\left(\frac{1}{2} - \frac{1}{2(2^*-1)}\right) - \frac{1}{2^*-1} = 1, \quad n \leqslant 6.$$

6.1 引言

除此之外，设置工作空间及相应的指标关系如下：

$$p_0 = \frac{2(n^2+2)}{(n+1)(n-2)}, \quad p_6 = \frac{2n}{n-1}, \quad r_0 = r_6 = 2^*, \tag{1.11}$$

$$X_0 = L^{q_0}(I; B^{\sigma_0}_{r_0,2}), \quad (q_0, r_0, \sigma_0) = \left(p_0, 2^*, \frac{1}{p_0}\right), \tag{1.12}$$

$$X_6 = L^{q_6}(I; B^{\sigma_6}_{r_6,2}), \quad (q_6, r_6, \sigma_6) = \left(p_6, 2^*, \frac{1}{p_6}\right), \tag{1.13}$$

$$X_1 = L^{q_1}(I; B^{\sigma_1}_{r_1,2}), \quad (q_1, r_1, \sigma_1) = \left(q_0, \left(\frac{1}{r_0} - \frac{\sigma_0}{n}\right)^{-1}, 0\right), \tag{1.14}$$

$$\begin{cases} X'_2 \cong L^{q'_2}(I; B^{\sigma'_2}_{r'_2,2}) \cong X_0 + (2^*-2)X_1, \\ \dfrac{1}{q'_2} = \dfrac{1}{q_0} + \dfrac{2^*-2}{q_1}, \quad \dfrac{1}{r'_2} = \dfrac{1}{r_0} + \dfrac{2^*-2}{r_1}, \quad \sigma'_2 = \sigma_0 + (2^*-2)\sigma_1, \end{cases} \tag{1.15}$$

$$X_3 = L^{q_3}(I; B^{\sigma_3}_{r_3,2}), \quad (q_3, r_3, \sigma_3) = \left(\frac{p_0}{2^*-2}, 2^*, \frac{2^*-2}{p_0}\right), \quad n \geqslant 6, \tag{1.16}$$

$$X_4 = L^{q_4}(I; B^{\sigma_4}_{r_4,2}), \quad (q_4, r_4, \sigma_4) = \left(q_3, \left(\frac{1}{r_3} - \frac{\sigma_3}{n}\right)^{-1}, 0\right), \quad n \geqslant 6, \tag{1.17}$$

$$\begin{cases} X'_5 = L^{q'_5}(I; B^{\sigma'_5}_{r'_5,2}) \cong X_3 + (2^*-2)X_1 \cong X_4 + (2^*-2)X_0, \\ \dfrac{1}{q'_5} = \dfrac{1}{q_3} + \dfrac{2^*-2}{q_1} = \dfrac{1}{q_4} + \dfrac{2^*-2}{q_0}, \quad \dfrac{1}{r'_5} = \dfrac{1}{r_3} + \dfrac{2^*-2}{r_1} = \dfrac{1}{r_4} + \dfrac{2^*-2}{r_0}, \end{cases} \tag{1.18}$$

这里 X_0, X_1, X'_2 适用于 $n \leqslant 5$，而 X_3, X_4, X'_5 适用于 $n \geqslant 6$ 的情形. 另外，与 X'_2 对应的时空容许空间记为

$$X_7 = L^{q_7}(I; B^{\sigma_7}_{r_7,2}), \quad (q_7, r_7, \sigma_7) = (q_2, r_2, -\sigma'_2). \tag{1.19}$$

与上面定义的工作空间所联系的指标关系如下：记

$$\mu_j = \sigma_j + \delta(r_j) - \frac{1}{q_j}, \quad \nu_j = \frac{1}{q_j} - \frac{\gamma(r_j)}{2}, \quad j = 0, 1, \cdots, 7. \tag{1.20}$$

据上面空间的设置，它们应满足的容许关系与指标关系是

$$\mu_0 = \mu_1 = \mu_3 = \mu_4 = \mu_6 = 1, \quad \mu'_2 = \mu'_5 = -1, \quad \mu'_j = \sigma' + \delta(r'_j) - \frac{1}{q'_j},$$

$\mu_7 = 0$ (表示与Strichartz空间X_0, X_1, X_3, X_4, X_6匹配的空间所派生的自然条件)，

$\nu_0 < \nu_6 \leqslant 0, \quad \nu_7 \leqslant 0$ (Strichartz 容许条件)，

$\nu'_2 \geqslant 1, \quad \nu'_5 = \nu_3 + \dfrac{(n+1)^2}{n(n^2+2)} + \dfrac{n-1}{n} \geqslant \nu_3 + 1.$

注记 1.1 (1) p_0 选取的理由. 欲使用 Strichartz 估计, 则与 X_2' 匹配的空间 $X_7 = X_2$ 所对应的指标

$$(q_7, r_7, \sigma_7) \triangleq (q_2, r_2, -\sigma_2') = (q_2, r_2, -\sigma_0),$$

应满足

$$-\sigma_0 + \delta(r_2) - \frac{1}{q_2} = 0, \quad \frac{2}{q_2} \leqslant (n-1)\left(\frac{1}{2} - \frac{1}{r_2}\right). \tag{1.21}$$

直接计算

$$\frac{1}{q_2} = 1 - \frac{1}{q_2'} = 1 - \frac{1}{p_0} - \frac{2^* - 2}{p_0} = 1 - \frac{2^* - 1}{p_0},$$

$$\frac{1}{2} - \frac{1}{r_2} = \frac{1}{r_2'} - \frac{1}{2} = \left(\frac{1}{2^*} - \frac{1}{2}\right) + \frac{2^* - 2}{r_1} = (2^* - 2)\left(\frac{1}{2^*} - \frac{1}{p_0 n}\right) - \frac{1}{n},$$

因此

$$-\sigma_0 + \delta(r_2) - \frac{1}{q_2} = -\frac{1}{p_0} + n\frac{(2^* - 2)}{2^*} - \frac{2^* - 2}{p_0} - 1 - 1 + \frac{2^* - 1}{p_0}$$

$$= n\frac{(2^* - 2)}{2^*} - 2 = 0.$$

另外

$$\frac{2}{q_2} \leqslant \gamma(r_2) \iff 2 - \frac{2}{p_0} - \frac{2(2^* - 2)}{p_0} \leqslant (n-1)\left(\frac{2^* - 2}{r_1} - \frac{1}{n}\right)$$

$$\iff 2 - \frac{2(2^* - 1)}{p_0} \leqslant (n-1)\left((2^* - 2)\left(\frac{1}{r_0} - \frac{1}{p_0 n}\right) - \frac{1}{n}\right)$$

$$\iff 2 - \frac{2(2^* - 1)}{p_0} \leqslant (n-1)\left(\frac{2^* - 2}{2^*} - \frac{2^* - 2}{p_0 n} - \frac{1}{n}\right)$$

$$= (n-1)\left(\frac{1}{n} - \frac{4}{p_0(n-2)n}\right)$$

$$\iff \frac{n+1}{n} \leqslant \frac{1}{p_0}\left(\frac{2(n+2)n - 4(n-1)}{(n-2)n}\right)$$

$$\iff (n+1)p_0 \leqslant \frac{2n^2 + 4}{n - 2}$$

$$\iff p_0 \leqslant \frac{2(n^2 + 2)}{(n-2)(n+1)}.$$

(2) X_6 对于任意维数均有效.

为简单起见, 令 $m = 1$, 则 NLKG 方程及相应的自由方程就是

$$\Box u + u + f(u) = 0, \quad \text{(NLKG)} \tag{1.22}$$

$$\Box u + u = 0. \quad \text{(LKG)} \tag{1.23}$$

6.1 引言

记 u 是线性问题

$$\begin{cases} \Box u + u = g(x,t), \\ u(0) = \varphi, \quad \dot{u}(0) = \psi \end{cases} \quad (1.24)$$

的解, 则由 Strichartz 估计, 就有

$$\begin{cases} \|u\|_{X_j(I)} + \|\dot{u}\|_{X_7(I)} + \|u\|_{L^\infty(I;H^1)} + \|\dot{u}\|_{L^\infty(I;L^2)} \lesssim \|\varphi\|_{H^1} + \|\psi\|_{L^2} + \|g\|_{X_2'(I)}, \\ \|u\|_{X_j(I)} + \|\dot{u}\|_{X_7(I)} + \|u\|_{L^\infty(I;H^1)} + \|\dot{u}\|_{L^\infty(I;L^2)} \lesssim \|\varphi\|_{H^1} + \|\psi\|_{L^2} + \|g\|_{X_5'(I)}, \end{cases} \quad (1.25)$$

这里

$$\begin{cases} j = 0, 1, 6, & n \leqslant 5, \\ j = 3, 4, & n \geqslant 6. \end{cases}$$

为了应用方便, 引入如下能量密度函数及相关的量如下:

$$\begin{cases} F(u) \triangleq \int_0^{|u|} f(r) \mathrm{d}r \geqslant 0, \\ G(u) = uf(u) - 2F(u) = u^3 \partial_u \left(\frac{F(u)}{u^2}\right), \\ e_0(u) = \frac{1}{2}\left[|\dot{u}|^2 + |\nabla u|^2 + |u|^2\right], \\ E_0(u,t) = \int_{\mathbb{R}^n} e_0(u) \mathrm{d}x, \\ e(u) = e_0(u) + F(u), \\ E(u,t) = \int_{\mathbb{R}^n} e(u) \mathrm{d}x. \end{cases} \quad (1.26)$$

非线性项 $f(u)$ 的一般结构性假设条件:

$$\begin{cases} f(0) = 0, \quad G(u) \geqslant 0, \\ |f(u) - f(v)| \leqslant C(|u| + |v|)^{2^*-2}|u-v|, \\ |f'(u) - f'(v)| \leqslant C|u-v|^{2^*-2}, \quad \text{若 } n \geqslant 6. \end{cases} \quad (1.27)$$

这样, 利用 Sobolev 嵌入定理与 Hölder 不等式, 容易推出

$$\|f(u)\|_{X_2'(I)} \leqslant C\|u\|_{X_0(I)}\|u\|_{X_1(I)}^{2^*-2} \leqslant C\|u\|_{X_0(I)}^{2^*-2}. \quad (1.28)$$

记

$$K(t) = \omega^{-1}\sin\omega t, \quad \omega = \sqrt{1-\Delta}. \quad (1.29)$$

则 NLKG 方程 Cauchy 问题可以写成等价的积分方程:

$$u(t) = \dot{K}(t)u(0) + K(t)\dot{u}(0) - \int_0^t K(t-s)f(u(s))\mathrm{d}s. \quad (1.30)$$

6.2 时空范数导致的能量聚积现象

本节将证明时空范数关于时间的聚积可以导致能量在时空中聚积. 基本工具是 Besov 空间的 Littlewood-Paley 刻画. 需要指出的是这里的讨论对于非线性波动方程也是有效的.

引理 2.1 设 $f(u)$ 满足基本结构性假设 (1.27), $I \subseteq \mathbb{R}$ 是一个区间, $u(t)$ 是 NLKG 方程 (1.22) 在 I 上的有限能量解, 满足
$$E(u(t)) \leqslant E < \infty, \quad \forall\, t \in I,$$
及
$$0 < \eta/2 \leqslant \|u\|_{X_0(I)} \leqslant 2\eta < \infty. \tag{2.1}$$
则存在正值函数 $\eta_0 : [0,\infty) \longmapsto (0,\infty)$, 使得当
$$\eta < \eta_0(E)$$
时, 存在子区间 $J \subset I$, $c \in \mathbb{R}^n$ 及 $R > 0$ 满足 $R \leqslant C_1|J|$, 成立估计:
$$\int_{|x-c|<R} \left(|\nabla u(t)|^2 + |u(t)|^2\right) \mathrm{d}x > \eta^{2\alpha}, \quad \forall\, t \in J, \tag{2.2}$$
$$\int_{|x-c|<R} |u(t)|^{2^*} \mathrm{d}x > \eta^{2^*\alpha}, \quad \forall\, t \in J. \tag{2.3}$$
进而, 如果
$$\|\psi_k * u\|_{X_0(I)} \leqslant \frac{\eta}{4}, \quad k \geqslant 2, \tag{2.4}$$
则 $R < C_2 2^{-k}$. 这里 $\{\psi_k\}$ 是从属于非齐次 Littlewood-Paley 分解中的低频函数对应的伸缩, $C_j = C_j(E,\eta) > 0$, $\alpha = \alpha(n) > 0$ 均是常数.

证明 选取 $\mathbb{R}$ 上的正值函数 $\eta_0(E)$ 为
$$\eta_0(E) = (\gamma + E)^{-\gamma}, \tag{2.5}$$
这里 $\gamma(n)$ 是待定的大常数. 令 $I = [T,T')$, $v(t)$ 是
$$\begin{cases} \Box v + v = 0, \\ v\big|_{t=T} = u(T), \quad \dot{v}\big|_{t=T} = \dot{u}(T) \end{cases}$$
的解. 由 Strichartz 估计、Sobolev 嵌入定理与 Hölder 不等式, 容易看出
$$\|u\|_{X_6(I)} \lesssim \|v\|_{X_6(I)} + \|f(u)\|_{X_2'(I)} \lesssim C(E) + \|u\|_{X_0(I)}^{2^*-1} \lesssim C(E) + \eta^{2^*-1} \leqslant C(E). \tag{2.6}$$

6.2 时空范数导致的能量聚积现象

另一方面, 由插值定理与 Hölder 不等式, 可见

$$\frac{\eta}{2} \leqslant \|u\|_{X_0(I)} \leqslant C\|u\|_{X_6(I)}^{1-\theta}\|u\|_{L_t^\infty B_{2*,\infty}^0}^\theta \leqslant C(E)\|u\|_{L_t^\infty H^1}^{\theta(1-\lambda)}\|u\|_{L_t^\infty B_{\infty,\infty}^{1-\frac{n}{2}}}^{\theta\lambda}, \qquad (2.7)$$

这里 $0 < \theta$, $\lambda < 1$ 满足

$$\frac{1}{q_0} = \frac{1-\theta}{q_6}, 0 = 1 - \lambda + \lambda\left(1 - \frac{n}{2}\right) \iff \theta = 1 - \frac{q_6}{q_0} = 1 - \frac{p_6}{p_0}, \lambda = \frac{2}{n}.$$

因此, 记 $\beta = (\theta\lambda)^{-1} < \infty$, 由 Besov 空间的定义, 存在 $(t_0, c) \in I \times \mathbb{R}^n$ 满足: 存在 $N \in \mathbb{N}$ 使得

$$2^{(1-\frac{n}{2})N}|\varphi_N * u(t_0, c)| \geqslant \frac{\eta^\beta}{C(E)}, \qquad (2.8)$$

或

$$|\psi_0 * u(t_0, c)| \geqslant \frac{\eta^\beta}{C(E)}, \qquad (2.9)$$

这里 $\chi(x) \in C_c^\infty(\mathbb{R}^n)$ 满足 $0 \leqslant \chi(x) \leqslant 1$, $\|\chi(x)\|_1 = 1$ 及

$$\begin{cases} \psi_j(x) = (\mathcal{F}^{-1}\chi_j)(x), & \chi_j(\xi) = \chi(2^{-j}\xi), \\ \varphi_j(x) = \psi_j(x) - \psi_{j-1}(x), & j \in \mathbb{Z}. \end{cases}$$

如果 (2.9) 成立, 自然有

$$|\psi_1 * u(t_0, c)| \geqslant \frac{\eta^\beta}{C(E)}, \quad N = 1. \qquad (2.10)$$

如果 $\|\psi_k * u\|_{X_0(I)} \leqslant \eta/4$, 类似于 (2.7) 的推导, 可见

$$\eta/4 \leqslant \|u - \psi_k * u\|_{X_0(I)} \leqslant C(E)\|u - \psi_k * u\|_{L_t^\infty B_{\infty,\infty}^{1-\frac{n}{2}}}^{\theta\lambda}. \qquad (2.11)$$

因此, 就可假设 (2.8) 在 $N \geqslant k$ 时成立. 如何确定 $\|\psi_k * u\|_{X_0(I)} < \eta/4$ 成立的条件? 由 Sobolev 嵌入定理, 对 $\forall j \geqslant 1$, 有

$$\|\psi_j * u(t)\|_{B_{r_0,2}^{\sigma_0}} \leqslant C\|\psi_j * u(t)\|_{H^{1+\frac{1}{p_0}}} \leqslant C 2^{\frac{j}{p_0}}\|\psi_j * u\|_{H^1},$$

故有

$$\|\psi_j * u(t)\|_{X_0(I)} \leqslant C(E)(2^j|I|)^{\frac{1}{q_0}} = C(E)(2^j|I|)^{\frac{1}{p_0}}.$$

进而

$$\|\psi_j * u\|_{X_0(I)} \leqslant \frac{\eta}{4} \quad (\iff 2^j|I| \leqslant C(E,\eta)). \qquad (2.12)$$

因此, 就可以假设

$$2^N|I| \leqslant C(E,\eta). \qquad (2.13)$$

另一方面, 从 (2.1) 也可以看出能量聚积不可能在高频部分发生.

下面来寻求子区间 J, 使得在此区间上 (2.8) 或 (2.9) 仍然成立. 仅考虑情形 (2.8), 对 (2.9) 的情形同理可以考虑. 利用积分方程, 可见

$$\begin{aligned}
&\|\varphi_N * u(t) - \varphi_N * u(t_0)\|_{H^1} \\
&\leqslant \|(\dot{K}(t-t_0) - I)\varphi_N * u(t_0)\|_{H^1} + \|K(t-t_0)\varphi_N * \dot{u}(t_0)\|_{H^1} \\
&\quad + \left\| \int_{t_0}^{t} K(t-t_0)\varphi_N * f(u(s))\mathrm{d}s \right\|_{H^1} \\
&\leqslant C2^N |t-t_0| E^{\frac{1}{2}} + C\|\varphi_N * f(u)\|_{X'_2(t_0,t)} \\
&\leqslant C2^N |t-t_0| E^{\frac{1}{2}} + C|t-t_0|^{\frac{1}{q'_2}} \|\varphi_N * f(u)\|_{L^\infty(B^{\sigma'_2}_{r'_2,2})} \\
&\leqslant C2^N |t-t_0| E^{\frac{1}{2}} + C|t-t_0|^{\frac{2^*-1}{p_0}} \|\varphi_N * f(u)\|_{B^{\frac{1}{2}+\frac{1}{q'_2}}_{\frac{2n}{n+3},2}} \\
&\leqslant C2^N |t-t_0| E^{\frac{1}{2}} + C|t-t_0|^{\frac{2^*-1}{p_0}} 2^{\frac{N}{q'_2}} \|f(u)\|_{B^{\frac{1}{2}}_{\frac{2n}{n+3},2}} \\
&\leqslant C2^N |t-t_0| E^{\frac{1}{2}} + C|t-t_0|^{\frac{2^*-1}{p_0}} 2^{\frac{N}{q'_2}} \|u\|_{B^{\frac{1}{2}}_{\frac{2n}{n-1},2}} \|u\|_{2^*}^{2^*-2} \\
&\leqslant C2^N |t-t_0| E^{\frac{1}{2}} + C|t-t_0|^{\frac{2^*-1}{p_0}} 2^{\frac{N}{q'_2}} C(E),
\end{aligned}$$

上式用到 $\sigma'_2 = p_0 - 1$ 及 Sobolev 嵌入定理, 相应的嵌入指标满足

$$\frac{1}{r'_2} - \frac{\sigma'_2}{n} > \frac{n+2}{2n} - \frac{1}{q'_2 n} = \frac{n+3}{2n} - \frac{1}{2n} - \frac{1}{q'_2 n}, \quad \frac{n+3}{2n} > \frac{1}{r'_2}.$$

整理就得

$$\|\varphi_N * u(t) - \varphi_N * u(t_0)\|_{H^1} \leqslant C(E)\left\{ 2^N|t-t_0| + (2^N|t-t_0|)^{\frac{2^*-1}{p_0}} \right\}. \tag{2.14}$$

由 Sobolev 嵌入定理 $H^1 \hookrightarrow B^{1-\frac{n}{2}}_{\infty,\infty}$ 说明, 当

$$|t - t_0| \leqslant 2^{-N} C(E,\eta)$$

时, 仍有 (2.8) 式成立. 具体的说,

$$J \triangleq [t_0 - 2^{-N}C(E,\eta),\ t_0 + 2^{-N}C(E,\eta)] \Longrightarrow |J| \geqslant 2^{-N}C(E,\eta). \tag{2.15}$$

下面仅需找 $R \leqslant C(E,\eta)2^{-N}$ 满足估计 (2.2) 及 (2.3). 取 $\varphi_0(x) = 2^n\psi(2x) - \psi(x)$, 则

$$\varphi^{(k)}(x) = \mathcal{F}^{-1}\left(\frac{-\mathrm{i}\xi_k}{|\xi|^2}\hat{\varphi}_0(\xi)\right) \in \mathcal{S}(\mathbb{R}^n), \quad k = 1, 2, \cdots, n. \tag{2.16}$$

显然

$$\varphi_0 = \sum_{k=1}^n \partial_k \varphi^{(k)}(x) \Longrightarrow \varphi_j^{(k)}(x) \triangleq 2^{jn}\varphi^{(k)}(2^j x). \qquad (2.17)$$

对一般 $f(x)$, 有

$$\begin{aligned}
2^N|\varphi_N * f(c)| &= \Big|\sum_{k=1}^n \varphi_N^{(k)} * \partial_k f(c)\Big| = \Big|\sum_{k=1}^n \int_{\mathbb{R}^n} 2^{Nn}\varphi^{(k)}(2^N x)\partial_k f(c-x)\mathrm{d}x\Big| \\
&\leqslant \sum_{k=1}^n \int_{\mathbb{R}^n} \big|\varphi^{(k)}(y)\,\nabla f(c-2^{-N}y)\big|\mathrm{d}y \\
&\leqslant \sum_{k=1}^n \Big(\int_{|y|\leqslant R_0} + \int_{|y|\geqslant R_0}\Big) \big|\varphi^{(k)}(y)\,\nabla f(c-2^{-N}y)\big|\mathrm{d}y \\
&\leqslant \sum_{k=1}^n 2^{\frac{Nn}{2}}\big(\|\varphi^{(k)}\|_2\|\nabla f\|_{L^2(|x-c|<2^{-N}R_0)} \\
&\quad + \|\varphi^{(k)}\|_{L^2(|x|>R_0)}\|\nabla f\|_2\big).
\end{aligned} \qquad (2.18)$$

由于 $\varphi^{(k)} \in \mathcal{S}(\mathbb{R}^n)$, 故存在 $R_0 \geqslant C(E,\eta)$ 充分大, 就可保证

$$\|\varphi^{(k)}\|_{L^2(|x|>R_0)} \ll 1.$$

将上面结果应用到 (2.8) 式, 取 $f(x) = u(x,t), t \in J$, 可见

$$\|\nabla u(t)\|_{L^2(|x-c|<2^{-N}R_0)} \geqslant 2^{N(1-\frac{n}{2})}|\varphi_N * u(t,c)| \geqslant \frac{\eta^\beta}{C(E)}, \quad R_0 \geqslant C(E,\eta). \qquad (2.19)$$

另一方面, 改变使用 Hölder 不等式的方式, 就得

$$2^{N(1-\frac{n}{2})}|\varphi_N * f(c)| \leqslant \|\varphi_0\|_{L^{\frac{2n}{n+2}}}\|f\|_{L^{2^*}(|x-c|<2^{-N}R_0)} + \|\varphi_0\|_{L^{\frac{2n}{n+2}}(|x|>R_0)}\|f\|_{L^{2^*}}. \qquad (2.20)$$

将上面结果应用到 $f(x) = u(x,t), t \in J$, 可见

$$\|u(t,\cdot)\|_{L^{2^*}(|x-c|<2^{-N}R_0)} \geqslant \frac{\eta^\beta}{C(E)}, \quad \forall\, t \in J, \quad R_0 \geqslant C(E,\eta). \qquad (2.21)$$

对于 (2.9) 的情形, 类似地, 存在 J 满足 $|J| \geqslant C(E,\eta)$ 及

$$\|u(t)\|_{L^2(|x-c|<R_0)}, \quad \|u(t)\|_{L^{2^*}(|x-c|<R_0)} \geqslant \frac{\eta^\beta}{C(E)}, \quad \forall\, t \in J, \quad R_0 \geqslant C(E,\eta). \qquad (2.22)$$

现取 $\alpha(n)$ 与 $\gamma(n)$ 充分大, 使得

$$\frac{\eta^\beta}{C(E)} \geqslant \eta^\alpha. \qquad (2.23)$$

这就可保证估计 (2.2) 和 (2.3) 成立. 同时, 引理中的其他结论也已蕴含在证明的过程中.

6.3 局部时空估计

本节利用有限区间上能量的有界性来证明此有限区间上的时空范数估计, 这个估计仅仅依赖于能量及区间的长度, 而不依赖区间的位置. 关键的技术是局部 Morawetz 估计, 它有效地避免了时间方向上的能量聚积. 这一结果对于波动方程亦是有效的. 首先建立一个技术引理.

引理 3.1 设 $m, N \in \mathbb{N}$, $S \subset \mathbb{R}^m$ 并且满足

$$\sharp S \geqslant \{4[\sqrt{m}+1]\}^{m(N-1)}. \tag{3.1}$$

则存在 N 个互不相同的点 $x_1, x_2, \cdots, x_N \in S$ 满足

$$|x_j - x_N| \leqslant \frac{1}{4}|x_{j-2} - x_N|, \quad j = 3, 4, \cdots, N. \tag{3.2}$$

证明 基本的思路是通过选取一个类似于二进制的序列收敛于某个固定点. 令 $L = [\sqrt{m}+1]$, 不失一般性, 不妨假设引理条件为

$$\sharp S = (4L)^{m(N-1)}.$$

因此, 存在一个立方体 C_1 使得 $S \subset C_1$. 现在按下面步骤设计选取有限个 $\{C_j\}$ 与 $\{x_j\}$ 的方法: 令 $j = 1$, 然后重复下面线路直到某个 J 满足 $\sharp(C_J \cap S) = 1$.

第一步. 将 C_j 等分为 $(4L)^m$ 个不同的子立方体, 用 C 表示含 S 最多的子立方体. $\tilde{C}$ 表示由上面 3^m 个方体组成的立方体, 其中包括 C 及与 C 相邻的所有子立方体.

第二步. 如果 $(C_j \backslash \tilde{C}) \cap S = \varnothing$, 则可用 $\tilde{C}$ 代替 C_j, 重复第一步. 否则, 可选取一点 $x_j \in (C_j \backslash \tilde{C}) \cap S$, 并且 $C_{j+1} \triangleq C$.

第三步. 重复上面第一步 $\oplus$ 第二步.

显然, 上面程序只能有限次, 记为 J. 进而可以获得形如

$$\begin{cases} C_J \subset C_{J-1} \subset \cdots \subset C_1, \\ \{x_j\} \subset C_j \subset S, \quad j = 1, 2, \cdots, J, \\ C_J \cap S = \{x_J\} \end{cases} \tag{3.3}$$

的集合 $\{C_j\}$ 与 $\{x_j\}$. 记 l_j 是立方体 C_j 的边长, $N_j = \sharp(C_j \cap S)$. 根据上面的构造过程, 容易看出

$$\begin{cases} N_{j+1} \geqslant \dfrac{N_j}{(4L)^m}, \quad l_{j+1} \leqslant \dfrac{l_j}{4L}, \\ l_{j+1} \leqslant |x_J - x_j| \leqslant \sqrt{m}\, l_j. \end{cases} \tag{3.4}$$

故有
$$1 = N_J \geqslant (4L)^{-m(J-1)} N_1 = (4L)^{-m(J-1)} \sharp S = (4L)^{m(N-J)}. \tag{3.5}$$

因此 $J \geqslant N$，并且有
$$|x_J - x_{j+1}| \leqslant \sqrt{m}\, l_{j+1} \leqslant \frac{\sqrt{m}\, l_j}{4L} < \frac{l_j}{4} \leqslant \frac{|x_J - x_{j-1}|}{4},$$

并且所选取的 $\{x_j\}$ 满足引理 3.1 的要求.

命题 3.2 设 $f(u)$ 满足非线性结构性假设 (1.27). u 是 NLKG 方程 (1.22) 满足
$$E(u) = E < \infty, \qquad \|u\|_{X_0([0,1])} < \infty \tag{3.6}$$

的有限能量解. 则存在常数 $B = B(E) < \infty$，使得
$$\|u\|_{X_0([0,1])} \leqslant B(E). \tag{3.7}$$

证明 前面章节业已证明非线性 Klein-Gordon 方程 (1.22) 存在整体有限能量解及局部有限的 Strichartz 时空范数. 这个引理说明对于整体有限能量解, 局部有限的 Strichartz 时空范数仅依赖于能量与时间区间的长度. 事实上, 通过剖分时间区间就有
$$\|u\|_{X_0([t,t+T_0])} \leqslant B(E,T_0) < \infty, \quad t \in \mathbb{R},\ T_0 \in \mathbb{R}^+. \tag{3.8}$$

问题的归结：记 $\eta > 0$ 是一个任意的常数, $N \in \mathbb{N}$ 满足
$$\|u\|_{X_0([0,1])} \geqslant N\eta. \tag{3.9}$$

仅需证明：如果 $\eta = \eta(E)$ 充分小, 则 $N = N(E,\eta)$ 是有界的.

事实上, 剖分 $I = [0,1]$ 使得
$$\begin{cases} 0 = T_0 < T_1 < \cdots < T_N = 1, \quad I_j = [T_j, T_{j+1}], \\ \|u\|_{X_0(I_j)} = \eta. \end{cases} \tag{3.10}$$

由能量聚积引理 2.1, 存在 $J_j \subset I_j$, $c_j \in \mathbb{R}^n$, $R_j > 0$ 满足能量聚积的结论. 下面对每一个 j, 选取 $t_j \in J_j$. 通过引理 3.1 来构造时空点列中收敛于某个固定点子列.

取 $m = n+1$. 取 $M \in \mathbb{N}$ 是满足
$$\{4[\sqrt{n+1}+1]\}^{(n+1)(4M-1)} \leqslant N \tag{3.11}$$

的数. 利用引理 3.1, 可以选取 $4M$ 个不同的点
$$y_1, y_2, \cdots, y_{4M} \in \{(t_1,c_1), \cdots, (t_N,c_N)\},$$

使得
$$|y_j - y_M| \leqslant \frac{1}{4}|y_{j-2} - y_M| \leqslant \frac{1}{16}|y_{j-4} - y_M|.$$

通过修改下标记号, 可以获得 M 个互不相同的时空点
$$y_j = (t_j, c_j) \in \{(t_1, c_1), \cdots, (t_N, c_N)\}, \quad j = 1, 2, \cdots, M, \tag{3.12}$$

满足
$$|y_j - y_M| \leqslant \frac{1}{16}|y_{j-1} - y_M|. \tag{3.13}$$

令 $S = \{1, 2, \cdots, M\}$, 将其进行如下的分类:
$$\begin{cases} P = \{ j \in S \mid |y_j - y_M| \leqslant 8R_j \} & \text{(用球确定的时空点集)}, \\ Q = \{ j \in S \backslash P \mid |c_j - c_M| \leqslant 4|t_j - t_M| \} & \text{(用肥锥确定的时空点集)}, \\ R = S \backslash (P \cup Q) & \text{(其余的时空点集)}. \end{cases} \tag{3.14}$$

下面来估计 $\sharp P, \sharp Q, \sharp R$. 由不依赖于非线性项的 Morawetz 估计 (见第 5 章) 可见
$$\iint_{0 < t < 1} \frac{|u|^{2^*}}{|(t, x) - y_M|} \mathrm{d}x \mathrm{d}t \leqslant C_4(E). \tag{3.15}$$

显然,
$$\begin{aligned}
(3.15) \text{ 左边} &\geqslant \sum_{j \in P} \int_{J_j} \frac{\eta^{2^* \alpha}}{9R_j + |J_j|} \mathrm{d}t \geqslant \eta^{2^* \alpha} \sum_{j \in P} \frac{|J_j|}{9R_j + |J_j|} \\
&\geqslant \eta^{2^* \alpha} \sum_{j \in P} \frac{|J_j|}{9C_1(E, \eta)|J_j| + |J_j|} = \eta^{2^* \alpha} \frac{\sharp P}{9C_1(E, \eta) + 1},
\end{aligned} \tag{3.16}$$

这样就推得
$$\sharp P \leqslant C_4 \eta^{-2^* \alpha} (9C_1(E, \eta) + 1). \tag{3.17}$$

其次, 估计 $\sharp Q$ 的个数. 对任意 $j \in Q$, 有
$$\begin{cases} |t_j - t_M| \leqslant |y_j - y_M| \leqslant \sqrt{17}|t_j - t_M|, \\ R_j \leqslant \frac{1}{8}|y_j - y_M| \leqslant \frac{\sqrt{17}}{8}|t_j - t_M|. \end{cases} \tag{3.18}$$

因此, 对任意 $j, k \in Q, j < k$, 就有
$$|t_k - t_M| \leqslant |y_k - y_M| \leqslant \frac{1}{16}|y_j - y_M| \leqslant \frac{\sqrt{17}}{16}|t_j - t_M| < \frac{1}{2}|t_j - t_M|. \tag{3.19}$$

6.3 局部时空估计

令
$$B_j = \{ (t_j, x) \mid |x - c_j| < R_j \},$$
$$K = \{ (t, x) \mid 0 \leqslant t \leqslant 1, |x - c_M| < 5|t - t_M| \}.$$

因此, 对任意 $j \in Q$, 容易看出 $B_j \subset K$. 事实上, 对于任意的 $(t_j, x) \in B_j$, 由 Q 的定义及 (3.18), 直接验证

$$|x - c_M| \leqslant |x - c_j| + |c_j - c_M| \leqslant R_j + 4|t_j - t_M| < 5|t_j - t_M|.$$

下面需要在肥锥上的局部 Morawetz 估计.

引理 3.3 在命题 3.2 的条件下, 设 $c > 0$, 则存在常数 $C_5(E, c) < \infty$ 满足

$$\sum_{j \in \mathbb{N}} \sup_{2^{-j} < |t| < 2^{-j+1}} \int_{|x| < c|t|} |u|^{2^*} \mathrm{d}x \leqslant C_5(E, c). \tag{3.20}$$

在肥锥 K 上应用引理 3.3, 注意到 $B_j \subset K$, 就得

$$\begin{aligned}
C_5(E, c) &\geqslant \sum_{j \in \mathbb{N}} \sup_{2^{-j} < |t - t_M| < 2^{-j+1}} \int_{|x - c_M| < 5|t - t_M|} |u|^{2^*} \mathrm{d}x \\
&\geqslant \sum_{j \in \mathbb{N}} \sup_{2^{-j} < |t - t_M| < 2^{-j+1}} \int_{|x - c_M| < R_j} |u|^{2^*} \mathrm{d}x \\
&\geqslant \sharp Q \, \eta^{2^* \alpha}.
\end{aligned} \tag{3.21}$$

这样就导出了 $\sharp Q$ 的控制估计.

最后来估计 $\sharp R$. 对 $\forall j \in R$, 按定义可见

$$|c_j - c_M| \leqslant |y_j - y_M| \leqslant \frac{\sqrt{17}}{4} |c_j - c_M| \Longleftarrow \left(|c_j - c_M| \geqslant 4|t_j - t_M| \right) \tag{3.22}$$

及

$$R_j + |t_j - t_M| \leqslant \frac{1}{8} |y_j - y_M| + \frac{1}{4} |c_j - c_M| \leqslant \left(\frac{1}{8} \cdot \frac{\sqrt{17}}{4} + \frac{1}{4} \right) |c_j - c_M| < \frac{1}{2} |c_j - c_M|. \tag{3.23}$$

令

$$\tilde{B}_j = \{ (t_M, x) \mid |x - c_j| \leqslant R_j + |t_j - t_M| \}. \tag{3.24}$$

利用有限传播速度与能量密度的正定性, 可见

$$\int_{\tilde{B}_j} e(u) \mathrm{d}x \geqslant \int_{B_j} e(u) \mathrm{d}x. \tag{3.25}$$

对 $j, k \in R, j < k$, 直接验证

$$|c_k - c_M| \leqslant |y_k - y_M| \leqslant \frac{1}{16}|y_j - y_M| \leqslant \frac{\sqrt{17}}{64}|c_j - c_M| < \frac{1}{4}|c_j - c_M|. \tag{3.26}$$

利用 (3.23) 可见

$$\begin{aligned}\tilde{B}_j &\subset \left\{ (t_M, x) \ \Big| \ |x - c_j| \leqslant \frac{1}{2}|c_j - c_M| \right\} \\ &\subset \left\{ (t_M, x) \ \Big| \ \frac{1}{2}|c_j - c_M| \leqslant |x - c_M| \leqslant \frac{3}{2}|c_j - c_M| \right\}.\end{aligned} \tag{3.27}$$

这里用到插项及三角不等式

$$|x - x_M| \geqslant |c_M - c_j| - |c_j - x| \geqslant \frac{1}{2}|c_j - c_M|.$$

此说明对于任意的 $j \in R$, $\tilde{B}_j$ 在空间中的投影均位于以 c_M 为中心的环内, 故由 (3.26) 可见

$$\tilde{B}_j \cap \tilde{B}_k = \varnothing, \quad j \neq k. \tag{3.28}$$

所以

$$E = \int e(u(t_M)) \mathrm{d}x \geqslant \sum_{j \in R} \int_{\tilde{B}_j} e(u) \mathrm{d}x \geqslant \sum_{j \in R} \int_{B_j} e(u) \mathrm{d}x \geqslant \sharp R \, \eta^{2\alpha}. \tag{3.29}$$

因此, 可以获得 $\sharp R$ 的估计, 这里 η 的值由限制能量聚积引理 2.1 确定.

下面来补证引理 3.3. 为此, 引入如下范数:

$$\|f\|_{\ell^1 L^\infty} \triangleq \sum_{j \in \mathbb{N}} \sup_{2^{-j} \leqslant t < 2^{-j+1}} |f(t)|. \tag{3.30}$$

显然有

$$\int_0^1 |f(t)| \frac{\mathrm{d}t}{t} \leqslant \|f\|_{\ell^1 L^\infty}. \tag{3.31}$$

事实上

$$\int_0^1 |f(t)| \frac{\mathrm{d}t}{t} \leqslant \sum_{j \in \mathbb{N}} \int_{2^{-j}}^{2^{-j+1}} \sup_{2^{-j} \leqslant t < 2^{-j+1}} |f(t)| \frac{\mathrm{d}t}{t} \leqslant \sum_{j \in \mathbb{N}} \sup_{2^{-j} \leqslant t < 2^{-j+1}} |f(t)|.$$

为证明引理 3.3, 需要先证明如下引理:

引理 3.4 设 $s > 0, 0 \leqslant f(t) \in L^\infty(0, 1)$ 和 $0 \leqslant g(t) \in L^1(0, 1)$. 假设对任意 $0 < S < T < 1$, 成立

$$t^s f(t) \Big|_S^T \leqslant \int_S^T t^s g(t) \mathrm{d}t. \tag{3.32}$$

则
$$\|f\|_{\ell^1 L^\infty} \leqslant C\|g\|_{L^1}, \quad C = C(s) > 0. \tag{3.33}$$

证明 令
$$q_j \triangleq f(2^{-j}), \quad r_j = \int_{2^{-j}}^{2^{-j+1}} g(t)\mathrm{d}t.$$

则
$$2^{-(j-1)s} f(2^{-j+1}) \leqslant 2^{-js} f(2^{-j}) + 2^{-(j-1)s} \int_{2^{-j}}^{2^{-j+1}} g(t)\mathrm{d}t,$$

因此
$$q_{j-1} \leqslant 2^{-s} q_j + r_j \leqslant 2^{-2s} q_{j+1} + 2^{-s} r_{j+1} + r_j$$
$$\leqslant \cdots \leqslant \sum_{k \geqslant j} 2^{(j-k)s} r_k.$$

利用离散的 Young 不等式可见
$$\sum_{j \geqslant 1} q_j \leqslant \sum_{j \geqslant 1} \sum_{k \geqslant j} 2^{(j-k)s} r_k \leqslant C_s \|g\|_{L^1(0,1)}.$$

另一方面, 由于 $0 < S, T < 1$ 选取的任意性, 直接推出
$$\sup_{2^{-j} \leqslant t < 2^{-j+1}} f(t) = \sup_{0 \leqslant \theta < 1} f(2^{-j+\theta})$$
$$\leqslant \sup_{0 \leqslant \theta < 1} \left(2^{-s\theta} f(2^{-j}) + 2^{-j+\theta} \int_{2^{-j}}^{2^{-j+\theta}} g(t)\mathrm{d}t \right)$$
$$\leqslant q_j + r_j,$$

因此
$$\|f\|_{\ell^1 L^\infty} = \sum_{j \in \mathbb{N}} \sup_{2^{-j} \leqslant t < 2^{-j+1}} |f(t)| \leqslant C\|g\|_{L^1(0,1)}.$$

以下完成引理 3.3 的证明. 在第 5 章中已有证明, 为完备起见, 这里重新给出证明. 基本思路是不用非线性项 $|u|^{2^*-2}u$ 来证明形如 (3.20) 的估计, 取而代之的是估计形如 $|u_\theta|^2 + |u|^2/r^2$ 的量. 这个方法在分离能量聚积的线性波的过程中是至关重要的, 见后面的引理 4.4. 另外, 需要指出的是这里利用了反射恒等式.

记

$$r = |x|, \quad \theta = \frac{x}{r}, \quad u_r = \theta \cdot \nabla u, \quad u_\theta = \nabla u - \theta u_r,$$

$$H(u) = \frac{n-1}{2}G(u) - 2F(u) \triangleq \frac{n-1}{2}uf(u) - (n+1)F(u),$$

$$t^2 Q_0(u,t) = \frac{1}{2}(t\dot{u} + ru_r + (n-1)u)^2 + \frac{1}{2}(r\dot{u} + tu_r)^2 + \frac{1}{2}(t^2 + r^2)(|u_\theta|^2 + |u|^2),$$

$$t^2 Q_1(u,t) = t^2 Q_0 + (t^2 + r^2)\frac{|u|^2}{2r^2}.$$

我们仅需对 $[0,1]$ 上的光滑解予以证明. 有限能量解可以通过逼近过程来实现, 由反射恒等式

$$\begin{aligned}&(\Box u + u + f(u))m(u)\\&= \mathrm{div}_{t,x}\big(t^2 Q'(u), -m(u)\cdot\nabla u + 2tx(e(u) - \dot{u}^2)\big) + 2t\big(H(u) - u^2\big),\end{aligned} \quad (3.34)$$

这里

$$m(u) = (t^2 + r^2)\dot{u} + 2tru_r + (n-1)tu, \quad (3.35)$$

$$\begin{aligned}t^2 Q'(u) &= (t^2 + r^2)e(u) + \dot{u}(2tru_r + (n-1)tu) - \frac{n-1}{2}u^2 \\ &= t^2 Q_0(u) + (t^2 + r^2)F(u) - \frac{n-1}{2}\nabla\cdot(xu^2).\end{aligned} \quad (3.36)$$

在锥所截的锥台

$$K = \{(t,x)| S < t < T, |x| < ct\}, \quad 0 < S < T < 1$$

上积分 (3.34) 式, 利用散度定理, 容易推出

$$\begin{aligned}&\int_{|x|<ct}\big[t^2 Q_0(u) + (t^2 + r^2)F(u)\big]\mathrm{d}x\Big|_S^T \\ &= \int_{cS \le |x| \le cT} r^2 P_c(u)\Big(\frac{r}{c},\ x\Big)\mathrm{d}x + \int_K 2t(u^2 - H(u))\mathrm{d}x\mathrm{d}t,\end{aligned} \quad (3.37)$$

这里

$$r^2 P_c(u) = \frac{1}{\sqrt{1+c^2}}\big(ct^2 Q'(u) + m\theta(x\cdot\nabla)u - 2t|x|(e(u) - \dot{u}^2)\big)$$

是满足

$$\Big|P_c(u)\Big(\frac{r}{c},\ x\Big)\Big| \le C_c\Big(e(u) + \frac{|u|^2}{r^2}\Big)\Big(\frac{r}{c},\ x\Big) \quad (3.38)$$

的量. 由能量守恒与 Hardy 不等式, 对 $\forall\, c > 1$ 有

$$\int_{0 < \frac{r}{c} < 1}\Big(e(u) + \frac{|u|^2}{r^2}\Big)\Big(\frac{r}{c},\ x\Big)\mathrm{d}x \le C(E, c). \quad (3.39)$$

6.3 局部时空估计

利用 Hardy 不等式及 Morawetz 的变形, 就有

$$\int_{\substack{r<ct,\\0<t<1}} \frac{||u|^2 - H(u)|}{t} dxdt \le \int_{\substack{r<ct,\\0<t<1}} \frac{t|u|^2}{r^2} dxdt + C \int_{\substack{r<ct,\\0<t<1}} \frac{|u|^{2^*}}{t+r} dxdt$$
$$\le C(E,c). \tag{3.40}$$

应用引理 3.4 于 (3.37) 式, 可见

$$\left\| \int_{r\le ct} Q_0(u) dx \right\|_{\ell^1 L^\infty} \le C(E,c). \tag{3.41}$$

另一方面, 在 K 上积分不等式 (此不等式用到 $2ab \le a^2 + b^2$)

$$\partial_t(u^2) = 2u\left(\dot{u} + \frac{t}{r} u_r\right) - \nabla \cdot \left(\frac{t}{r} u^2 \theta\right) + (n-2)\frac{tu^2}{r^2}$$
$$\le \frac{(r\dot{u} + tu_r)^2}{t} - \nabla \cdot \left(\frac{t}{r} u^2 \theta\right) + n\frac{tu^2}{r^2}, \tag{3.42}$$

可得

$$\left[\int_{r\le ct} u^2 dx\right]_S^T \le \int_K \left[\frac{(r\dot{u} + tu_r)^2}{t} + n\frac{tu^2}{r^2}\right] dxdt + \int_{cS<|x|<cT} (1+c^{-2}) u^2 \left(\frac{r}{c}, x\right) dx. \tag{3.43}$$

由 (3.38) 可见

$$\int_{0<r/c<1} u^2 \left(\frac{r}{c}, x\right) \frac{dx}{r^2} \le C(E,c). \tag{3.44}$$

由 (3.31), (3.41) 及 Hardy 不等式, 可以看出

$$\int_{\substack{r\le ct,\\0<t<1}} \left[\frac{(r\dot{u} + tu_r)^2}{t^3} + n\frac{u^2}{tr^2}\right] dxdt \le C(E). \tag{3.45}$$

将引理 3.4 应用于 (3.43), 可以推出

$$\left\| \int_{r\le ct} \frac{u^2}{t^2} dx \right\|_{\ell^1 L^\infty} \le C(E,c). \tag{3.46}$$

采用 Hardy 型不等式

$$\int_{S\le r\le T} \left|\frac{\varphi}{r}\right|^p dx \le C \int_{S\le r\le T} \left[\left|\frac{\varphi}{t}\right|^p + \frac{t-r}{r} |\varphi_r|^p\right] dx, \quad 1 \le p < n. \tag{3.47}$$

从而推出

$$\int_{r<ct} \frac{u^2}{r^2} dx \le C(c) \int_{r<ct} \left[\left|\frac{u}{t}\right|^2 + \left(\frac{t-r}{t}\right)^2 |u_r|^2\right] dx. \tag{3.48}$$

注意到
$$\frac{u^2}{t^2}+\Big(\frac{t-r}{t}\Big)^2 u_r^2 \leqslant \Big\{\frac{u^2}{t^2}+\frac{[t\dot{u}+ru_r+(n-1)u]^2+(r\dot{u}+tu_r)^2}{t^2}\Big\},$$
就得
$$\int_{r\leqslant Ct}Q_1(u,t)\mathrm{d}x \leqslant C(c)\int_{r<ct}\Big[Q_0(u,t)+\frac{u^2}{t^2}\Big]\mathrm{d}x. \tag{3.49}$$
因此, 由 (3.41) 及 (3.46), 可以推出
$$\Big\|\int_{r\leqslant ct}Q_1(u,t)\mathrm{d}x\Big\|_{\ell^1 L^\infty} = \sum_{j\in\mathbb{N}}\sup_{2^{-j}<|t|\leqslant 2^{-j+1}}\int_{r\leqslant ct}Q_1(u,t)\mathrm{d}x \leqslant C(E,c). \tag{3.50}$$
再次利用 Hardy 型的不等式
$$\int_{r\leqslant R}|\varphi|^{2^*}\mathrm{d}x \leqslant C\|\nabla\varphi\|_2^{2^*-2}\int_{r\leqslant R}\Big(|\varphi_\theta|^2+\frac{\varphi^2}{r^2}\Big)\mathrm{d}x. \tag{3.51}$$
由 (3.50) 就可以推出
$$\sum_{j\in\mathbb{N}}\sup_{2^{-j}<|t|\leqslant 2^{-j+1}}\int_{|x|\leqslant c|t|}|u|^{2^*}\mathrm{d}x \leqslant C_5(E,c).$$

6.4 整体时空估计

本节的目标是根据能量 $E(u)=E<\infty$ 给出有限能量解的整体时空估计. 为此, 首先给出一系列核心引理.

引理 4.1 设 $f(u)$ 满足非线性结构假设 (1.27), u 是 NLKG 方程 (1.22) 在 $[0,T]$ 上的有限能量解, 满足
$$E(u(t))=E<\infty,\quad \forall\, t\in[0,T].$$
设 v 是 LKG 方程 (1.23) 在 $t=0$ 处具有相同初值的解. 则存在 $\delta_0=\delta_0(E)>0$ 满足当
$$\|u\|_{X_0(I)}\leqslant \eta<\delta_0,\quad I=[0,T] \tag{4.1}$$
时, 有估计
$$\begin{cases}\|u\|_{X_6(I)}\leqslant C_0(E), & \|\dot{u}\|_{X_7(I)}\leqslant C_0(E),\\ \|v\|_{X_0(I)}\leqslant C_0(E)\eta, & \|\omega^{-1}\dot{u}\|_{X_0(I)}\leqslant C_0(E).\end{cases} \tag{4.2}$$

证明 由 Strichartz 估计, 对于 $j=0$ 或 6, 有
$$\begin{aligned}\|u\|_{X_j(I)}+\|\dot{u}\|_{X_7(I)}+\|\omega^{-1}\dot{u}\|_{X_0(I)} &\leqslant CE_0(v)^{\frac{1}{2}}+C\|f(u)\|_{X_2'(I)}\\ &\leqslant CE^{\frac{1}{2}}+C\|u\|_{X_0(I)}^{2^*-1}\\ &\leqslant CE^{\frac{1}{2}}+C\eta^{2^*-1},\end{aligned} \tag{4.3}$$

6.4 整体时空估计

及
$$\|v\|_{X_0(I)} \leqslant \|u\|_{X_0(I)} + C\|f(u)\|_{X_2'(I)} \leqslant \eta + C\eta^{2^*-1}. \tag{4.4}$$

因此, 令 $\delta_0 < \min\{1, E\}$, 就可获得估计 (4.2).

引理 4.2 (二择性引理) 设 $f(u)$ 满足非线性结构假设 (1.27), u 是 NLKG 方程 (1.22) 在 $\mathbb{R}$ 上具有局部有限时间范数的有限能量解 $E(u) = E < \infty$. 则对任意 $\kappa > 0, L < \infty$ 及 $0 < \eta < \eta_0(E)$, 存在

$$M = M(E, \eta, \kappa, L) > 0,$$

具有如下性质: 如果

$$\|u\|_{X_0(I_0)} \geqslant M, \quad I_0 \subset \mathbb{R}. \tag{4.5}$$

则一定存在子区间 $I \subset I_0$ 满足 $\|u\|_{X_0(I)} \leqslant \eta$ 及下面的二择性:

(i) $|I| > L$, 或

(ii) $|I| \leqslant L$ 且 $\displaystyle\int_{|x-c|<\kappa|I|} (|\nabla u|^2 + |u(t)|^2)\mathrm{d}x \geqslant \eta^{2\alpha},$

这里 $c \in \mathbb{R}^n$, $t \in I$, $\alpha = \alpha(n)$ 同能量聚积引理 2.1.

证明 设 $N \in \mathbb{N}$, 取 $T_1 < T_2 < \cdots < T_{N+1}$ 满足 $(T_1, T_{N+1}) \subset I_0$, 及

$$\|u\|_{X_0(I_j)} = \eta, \quad I_j = (T_j, T_{j+1}).$$

由能量聚积引理 2.1, 存在 $J_j \subset I_j$, $c_j \in \mathbb{R}^n$ 和 $R_j > 0$. 选取 $t_j \in J_j$, $j = 1, 2, \cdots, N$. 由 Sobolev 嵌入定理, 不妨假设对 $\forall j \in \{1, 2, \cdots, N\}$,

$$|I_j| \leqslant L, \quad \text{且 } R_j > \kappa|I_j|. \tag{4.6}$$

否则, 结论自然成立. 因此, 由局部时空估计命题 3.2, 引理的证明就归结为: 在 (4.6) 的条件下, 证明下面估计

$$|T_{N+1} - T_1| \leqslant C(E, L, \eta, \kappa). \tag{4.7}$$

事实上, 从上式就可以导出

$$\|u\|_{X_0(T_1, T_{N+1})} < C(E, L, \eta, \kappa). \tag{4.8}$$

此就会与 (4.5) 相矛盾.

记 $S = \{1, 2, \cdots, N\}$, 定义

$$P = \left\{ j \in S \mid |c_\ell - c_j| > |t_\ell - t_j| + R_l + R_j, \ell \neq j \right\}. \tag{4.9}$$

定义

$$\begin{cases} B_j = \{(t_j, x) \mid |x - c_j| < R_j \}, \\ K_j = \{(t, x) \mid |x - c_j| < R_j + |t_j - t|, t > t_j \}, \\ K = \bigcup_{j \in P} K_j. \end{cases} \tag{4.10}$$

因此, 利用能量守恒与能量密度函数的正性可见

$$E_K(t) = \int_K e(u, t) \mathrm{d}x \quad \nearrow \quad (\text{关于 } t \text{ 单调上升}). \tag{4.11}$$

由 (4.9) 中 P 的定义, 显然推出

$$B_j \cap K_\ell = \varnothing, \quad j \in P, \ell \in P, \ell \neq j. \tag{4.12}$$

因此, $E_K(t)$ 在 $t = t_j$ 处起码增长了 $\int_{B_j} e(u) \mathrm{d}x > \eta^{2\alpha}$, 从而

$$E = \int e(u(T_{N+1})) \mathrm{d}x \geqslant E_K(T_{N+1}) \geqslant \sharp P \eta^{2\alpha}. \tag{4.13}$$

故有

$$\sharp P \leqslant M_0 := [E\eta^{-2\alpha}]. \tag{4.14}$$

现在将 S 剖分成互不相交的集合 $P, A_1, \cdots, A_{M_0}$, 剖分方法按如下程序进行:

直接验证 $P = \{p_1, \cdots, p_a, \cdots, p_{M_0}\}$ 等价于下面的定义, 即

$$p_1 = 1,$$
$$p_2 = \inf_k \{k \in S, |c_1 - c_k| > M|t_1 - t_k| + R_1 + R_k \},$$
$$\cdots \cdots$$
$$p_{M_0} = \inf_k \{k \in S, |c_j - c_k| > M|t_j - t_k| + R_j + R_k, j = p_1, \cdots, p_{M_0 - 1} \}.$$

在此基础上, 对任意的 $j \in P$, 定义

$$\widetilde{A}_j = \left\{ k \in S \mid k > j \text{ 且 } |c_j - c_k| \leqslant M|t_j - t_k| + R_k + R_j \right\} \Longrightarrow A_j = \widetilde{A}_j \setminus \bigcup_{k \geqslant j+1} \widetilde{A}_k.$$

这样, 就可剖分 S 成如下互不相交的集合的并, 即

$$S = P \cup A_1 \cup A_2 \cup \cdots \cup A_{M_0},$$

并且对于 P 中的任意两个不同 j, ℓ, 总可以保证

$$|c_\ell - c_j| > |t_\ell - t_j| + R_\ell + R_j \tag{4.15}$$

成立. 因此, 利用不依赖于非线性项的 Morawetz 型估计

$$M_0 C(E) \geqslant \sum_{\ell \in P} \iint_{T_1 < t < T_{N+1}} \frac{|u|^{2^*}}{|(t,x) - (t_\ell, c_\ell)|} \mathrm{d}x \mathrm{d}t$$

$$\geqslant \sum_{j \in S} \sum_{\ell \in P} \int_{J_j} \frac{\eta^{2^* \alpha}}{|(t_j, c_j) - (t_\ell, c_\ell)| + R_j + |I_j|} \mathrm{d}t. \tag{4.16}$$

情形 1. $j \in P$. 当 $j = \ell \in P$ 时, 根据 (4.6), 有

$$|(t_j, c_j) - (t_\ell, c_\ell)| + R_j + |I_j| = R_j + |I_j| \leqslant (C_1(E, \eta) + 1)L, \tag{4.17}$$

这里 $C_1(E,\eta)$ 是由引理 2.1 能量聚积现象所确定的常数.

情形 2. $j \in A_\ell$. 此时, 有

$$|(t_j, c_j) - (t_\ell, c_\ell)| + R_j + |I_j| \leqslant 2|t_j - t_\ell| + R_\ell + 2R_j + |I_j|$$

$$\leqslant 2|t_j - T_1| + (3C_1(E,\eta) + 1)L, \tag{4.18}$$

这里用到 (4.6) 和 $t_\ell < t_j$. 因此, 由 $R_j \leqslant C_1 |J_j|$ 与 $R_j > \kappa |I_j|$ 可得

$$M_0 C(E) \geqslant \sum_{j \in S} \eta^{2^* \alpha} \frac{|J_j|}{2|t_j - T_1| + (3C_1 + 1)L}$$

$$\geqslant \eta^{2^* \alpha} \inf_{j \in S} \frac{|J_j|}{|I_j|} \sum_{j \in S} \int_{I_j} \frac{\mathrm{d}t}{2|t_j - T_1| + (3C_1 + 1)L}$$

$$\geqslant \eta^{2^* \alpha} k C_1^{-1} \log \frac{|T_{N+1} - T_1|}{(3C_1 + 3)L}. \tag{4.19}$$

由此就推出矛盾.

引理 4.3 设 $f(u)$ 满足非线性结构假设 (1.27). 设 $0 < T < U < V$, 并且 u 是非线性 Klein-Gordon 方程 (1.22) 在 $[T, V]$ 上满足

$$E_0(u(t)) \leqslant E < \infty, \quad t \in [T, V] \tag{4.20}$$

和

$$\|u\|_{X_0(T,U)} \leqslant \eta = \|u\|_{X_0(U,V)} \quad (\Longrightarrow \|u\|_{X_0(T,V)} \leqslant 2\eta) \tag{4.21}$$

的解. 设 v 是线性 Klein-Gordon 方程 (1.23) 的解, 且在 $t = 0$ 与 u 具有相同的初值. 假设

$$\|v\|_{X_0(U,V)} \leqslant \eta^{2^*}. \tag{4.22}$$

则存在 $\delta_2 = \delta_2(E) > 0$ 具有如下性质: 对 $\forall \eta < \delta_2(E)$ 和 $\forall k \in \mathbb{N}$, 总存在 $L = L(E, \eta, k) < \infty$ 满足: 如果 $|T - U| > L$, 则

$$\|\psi_k * u\|_{X_0(U,V)} < \eta/4, \tag{4.23}$$

这里 $\delta_2(E)$ 是 $E \in (0, \infty)$ 上的连续函数.

此结果仅对非线性 Klein-Gordon 方程成立, 对经典的非线性波动方程则不成立.

证明 此引理表明经历了具有时空小范数的长区间之后, 时空范数的聚积只能发生在高频部分. 令 $u_k = \psi_k * u$ 和 $v_k = \psi_k * v$. 对 $t \in (U, V)$, 考虑积分方程

$$\begin{aligned}
u_k - v_k &= -\int_0^t K(t-s)\, \psi_k * f(u(s))\mathrm{d}s \\
&= -\int_0^{t-L} - \int_{t-L}^t \\
&\triangleq \mathcal{J}_1 + \mathcal{J}_2.
\end{aligned} \tag{4.24}$$

采用线性 Klein-Gordon 方程解的衰减估计来处理 $\mathcal{J}_1$. 容易推出

$$\left\|K(t)\, \psi_k * f(u)\right\|_{B^{-\frac{1}{2}}_{\frac{2n}{n-3},2}} \leqslant C|t|^{-\frac{3}{2}} \|\psi_k * f(u)\|_{B^{\frac{3}{2}}_{\frac{2n}{n+3},2}} \leqslant C(k)|t|^{-\frac{3}{2}} \|\varphi\|_{H^1}^{2^*-1}, \tag{4.25}$$

这里用到线性 Klein-Gordon 方程的衰减估计 (取 $\sigma = 1$)

$$\left\|K(t) * g(x,t)\right\|_{B^{1-\beta(r,\sigma)}_{r,2}} \leqslant CM(t)\|g\|_{B^{\beta(r,\sigma)}_{r',2}},$$

$$M(t) = \min\left(|t|^{-(n-1+\sigma)(\frac{1}{2} - \frac{1}{r})}, |t|^{-(n-1-\sigma)(\frac{1}{2} - \frac{1}{r})}\right),$$

$$\beta(r,\sigma) = \frac{n+1+\sigma}{2}\left(\frac{1}{2} - \frac{1}{r}\right)$$

与 Bernstein 估计

$$\|\psi_k * f(u)\|_{B^{\frac{3}{2}}_{\frac{2n}{n+3},2}} \leqslant 2^k \|f(u)\|_{B^{\frac{1}{2}}_{\frac{2n}{n+3},2}} \leqslant 2^k \|u\|_{B^{\frac{1}{2}}_{\frac{2n}{n-1},2}} \|u\|_{L^{2^*}}^{2^*-2} \leqslant C(k,E),$$

故有

$$\|\mathcal{J}_1\|_{L^\infty\left((U,V); B^{-\frac{1}{2}}_{\frac{2n}{n-3},2}\right)} \leqslant C(E,k) \int_0^{t-L} |t-s|^{-\frac{3}{2}}\mathrm{d}s \leqslant C(E,k)L^{-\frac{1}{2}}. \tag{4.26}$$

由引理 4.1, 只要令 $2\eta \leqslant \delta_0(E)$, 则

$$\|u\|_{X_6(T,V)} \leqslant C(E),$$

故有

$$\|u_k - v_k\|_{X_6(T,V)} \leqslant C(E). \tag{4.27}$$

再利用 Strichartz 估计与非线性估计, 容易看出

$$\|\mathcal{J}_2\|_{X_j(U,V)} \leqslant \|u\|_{X_0(T,V)}^{2^*-1} \leqslant C(E)\, \eta^{2^*-1}, \quad j=0,6. \tag{4.28}$$

故有

$$\|\mathcal{J}_1\|_{X_6(U,V)} \leqslant \|u_k - v_k\|_{X_6(U,V)} + \|\mathcal{J}_2\|_{X_j(U,V)} \leqslant C(E). \tag{4.29}$$

再利用复插值与 Sobolev 嵌入定理, 类似于 (2.7) 的估计, 可以看出

$$\begin{aligned}
\|\mathcal{J}_1\|_{X_0(U,V)} &\leqslant C\|\mathcal{J}_1\|_{L^\infty((U,V);B^0_{2^*,2})}^{\theta}\|\mathcal{J}_1\|_{X_6(U,V)}^{1-\theta}\\
&\leqslant C\|\mathcal{J}_1\|_{L^\infty(H^1)}^{\frac{1}{3}\theta}\|\mathcal{J}_1\|_{L^\infty((U,V);B^{-\frac{1}{2}}_{\frac{2n}{n-3},2})}^{\frac{2}{3}\theta}\|\mathcal{J}_1\|_{X_6(U,V)}^{1-\theta}\\
&\leqslant C(E)\|\mathcal{J}_1\|_{L^\infty((U,V);B^{-\frac{1}{2}}_{\frac{2n}{n-3},2})}^{\frac{2}{3}\theta}\|\mathcal{J}_1\|_{X_6(U,V)}^{1-\theta}\\
&\leqslant C(E,k)L^{-\frac{1}{3}\theta}. \tag{4.30}
\end{aligned}$$

令 L 充分大, 即可以确保

$$\|\mathcal{J}_1\|_{X_0(U,V)} \leqslant \eta^{2^*}. \tag{4.31}$$

由于 $2^* - 1 > 1$, 由 (4.28) 可见, 只要 $\delta_2(E)$ 充分小 (例如 $\delta_2(E) = (\gamma + E)^{-\gamma}$, $\gamma(n)$ 充分大), 有

$$\|u_k\|_{X_0(U,V)} \leqslant \|v_k\|_{X_0(U,V)} + \|\mathcal{J}_1\|_{X_0(U,V)} + \|\mathcal{J}_2\|_{X_0(U,V)} \leqslant \eta/4. \tag{4.32}$$

引理 4.4 设 $f(u)$ 满足非线性结构假设 (1.27). 设 u 是非线性 Klein-Gordon 方程 (1.22) 具有局部有限时空估计且满足 $E(u) \leqslant E < \infty$ 的有限能量解. 设 $(S,c) \in \mathbb{R}^{1+n}$, $R, \eta > 0$, 假设

$$\int_{|x-c|<R} e(u,S)\mathrm{d}x \geqslant \eta. \tag{4.33}$$

对任意 $\kappa > 0$, 存在 $\delta_1 = \delta_1(E,\eta,\kappa) > 0$ 满足: 如果 $R < \delta_1$, 则有 $T \in (S, S+1)$ 和线性 Klein-Gordon 方程 (1.23) 的解 v 满足

$$\begin{cases} E_0(v) \leqslant E + \kappa,\\ \|v\|_{L_t^\infty(T,\infty;L^{2^*})} < \kappa,\\ E(u-v,T) \leqslant E - \eta/2. \end{cases} \tag{4.34}$$

证明 由平移不变性, 不妨设 $c = 0$, $S = R$. 取 $J \in \mathbb{N}$ 充分大, 可以假设

$$S = R < 2^{-2J}.$$

令
$$\varepsilon \triangleq 2^{-2J} + J^{-1} < 1. \tag{4.35}$$

由 (3.50), 存在 $j \in [\,J, J+1, \cdots, 2J\,]$ 使得对 $T \triangleq 2^{-j}$, 有
$$\int_{r<4T} Q_1(u,T)\mathrm{d}x \leqslant \frac{C(E)}{J} \leqslant C(E)\,\varepsilon. \tag{4.36}$$

(否则, 由 (3.50) 就推出矛盾). 由能量守恒, 有
$$\int_{r<T} e(u,T)\mathrm{d}x \geqslant \int_{r<S} e(u,S)\mathrm{d}x \geqslant \eta. \tag{4.37}$$

令
$$\zeta(x) = \chi\Big(\frac{x}{2T}\Big), \quad v_0(t) = \zeta(x)u(t,x). \tag{4.38}$$

记 $v(t)$ 是线性 Klein-Gordon 方程在 $t=T$ 处具有初值
$$v(t)\big|_{t=T} = v_0(T) = \zeta(x)u(T), \quad \dot{v}\big|_{t=T} = \dot{v}_0(T) = \zeta(x)\dot{u}(T) \tag{4.39}$$

的解, $w = u - v$. 则对 $t = T$, 有
$$|\nabla v|^2 \leqslant |\zeta\,\nabla u|^2 + 2|\nabla u|\,|u\cdot\nabla\zeta| + |u\cdot\nabla\zeta|^2 \tag{4.40}$$

及
$$\int |u\nabla\zeta|^2 \mathrm{d}x \leqslant \int_{r\leqslant 4T}|r\nabla\zeta|^2 \frac{u^2}{r^2}\mathrm{d}x \leqslant C\int_{r\leqslant 4T}\frac{u^2}{r^2}\mathrm{d}x \leqslant C\varepsilon, \tag{4.41}$$

这里用到 (4.36) 与 $Q_1(u,T)$ 的表达式. 由 Cauchy-Schwartz 不等式和 $F(u)$ 单调性 (从 $G \geqslant 0$ 推出)
$$E_0(v,T) \leqslant E_0(u,T) + C\sqrt{\varepsilon} \leqslant E(u,T) + C\sqrt{\varepsilon} = E + C\sqrt{\varepsilon}. \tag{4.42}$$

类似地, 由有限传播速度的性质、(4.37) 与 (4.41), 可见
$$E(w,T) \leqslant \int_{r>2T} e(u,T)\mathrm{d}x + C\sqrt{\varepsilon} \leqslant E - \eta + C\sqrt{\varepsilon}. \tag{4.43}$$

进而, 在 $t = T$ 处, 直接演算就得
$$Q_1(v) \leqslant 2Q_1(u) + 2\Big(\frac{r^2}{t^2} + 1\Big)(\zeta_r u)^2, \quad t = T, \tag{4.44}$$

$$\Big(\frac{r^2}{t^2} + 1\Big)(\zeta_r u)^2 \leqslant C\frac{r^2}{t^2}(\zeta_r u)^2 \leqslant C(r\zeta_r)^2\frac{u^2}{t^2} \leqslant CQ_1(u), \quad t = T. \tag{4.45}$$

注意利用 (4.36), 容易看出

$$\int_{r\leqslant 4T} Q_1(v,T)\mathrm{d}x \leqslant C \int_{r<4T} Q_1(u,T)\mathrm{d}x \leqslant C\varepsilon. \tag{4.46}$$

利用有限传播速度的性质, 容易看出

$$v \equiv 0, \quad \text{如果 } t \geqslant T \text{ 且 } r \geqslant 4T,$$

因此, 由 (3.37) 可以推出 ($f=0$)

$$\left[\int_{r\leqslant 4t} t^2 Q_0(v,t)\mathrm{d}x\right]\bigg|_T^U \leqslant \int_{\substack{r\leqslant 4t,\\ T<t<U}} 2tv^2\mathrm{d}x\mathrm{d}t, \quad U>T. \tag{4.47}$$

类似地, 利用 (3.43) 有

$$\left[\int_{r\leqslant 4t} v^2(t)\mathrm{d}x\right]\bigg|_T^U \leqslant \int_{\substack{r\leqslant 4t,\\ T<t<U}} \frac{r\dot v + tv_r}{t}\mathrm{d}x\mathrm{d}t. \tag{4.48}$$

直接利用 $v(t)$ 的表示式及 Hölder 不等式, 并且注意到 $\mathrm{supp}(v(T),\dot v(T)) \subset \{x \mid |x| \leqslant 4T\}$, 有

$$\|v(t)\|_2^2 \leqslant \|v(T)\|_2^2 + \|\dot v(T)\|_{H^{-1}}^2 \leqslant C\|v(T)\|_{2^*}^2 T^2 + \|\dot v(T)\|_2^2 T^2 \leqslant C\varepsilon. \tag{4.49}$$

因此, 利用 (4.47)~(4.49), 对任意 $U>T$, 有

$$\int_{r<4U} Q_0(v,U)\mathrm{d}x \leqslant \frac{T^2}{U^2}\int_{r<4T} Q_0(v,T)\mathrm{d}x + \frac{2}{U}\int_{\substack{r\leqslant 4t,\\ T<t<U}} v^2\mathrm{d}x\mathrm{d}t \leqslant C\varepsilon. \tag{4.50}$$

由此及 (4.48), 用完全相同的推导可得

$$\int_{r\leqslant 4U} \frac{v^2(U)}{U^2}\mathrm{d}x \leqslant C\varepsilon. \tag{4.51}$$

这样, 由估计 (3.51), (4.49)~(4.51) 有

$$\|v(t)\|_{2^*}^{2^*} = \int_{r\leqslant 4t} v^{2^*}(t)\mathrm{d}x \leqslant \|\nabla v\|_2^{2^*-2}\int_{r\leqslant 4t}\left(|v_\theta|^2 + \frac{v^2}{r^2}\right)\mathrm{d}x \leqslant C\varepsilon, \quad \forall\, t>T. \tag{4.52}$$

从而完成引理 4.4 的证明.

引理 4.5 设 $f(u)$ 满足非线性结构假设条件 (1.27). 设 u, w 是非线性 Klein-Gordon 方程 (1.22) 的两个解, v 是线性 Klein-Gordon 方程具有初始条件:

$$(v(0),\dot v(0)) = (u(0) - w(0), \dot u(0) - \dot w(0)) \tag{4.53}$$

的解, 并且

$$E_0(u(t)) \leqslant E < \infty, \quad E_0(w(t)) \leqslant E < \infty, \quad \forall\, t > 0, \tag{4.54}$$

$$\|w(t)\|_{X_0(0,\infty)} \leqslant M, \quad \|v\|_{L_t^\infty(0,\infty;L^{2^*}(\mathbb{R}^n))} < \varepsilon, \tag{4.55}$$

$$\|u\|_{X_0([0,T])} < \infty, \quad \forall\, T > 0. \tag{4.56}$$

则存在 $\varepsilon_3 = \varepsilon_3(E,M) > 0$ 和 $B_2(E,M) < \infty$ 满足如下结论: 若 $\varepsilon < \varepsilon_3$, 则

$$\|u(t)\|_{X_0(0,\infty)} \leqslant B_2(E,M) < \infty. \tag{4.57}$$

证明 首先证明 $n \leqslant 5$ 时的扰动引理, $n \geqslant 6$ 的情形留在后面补证.

由 $\|w(t)\|_{X_0(0,\infty)} \leqslant M$, 由能量估计与插值方法就推知存在 $M_1(E,M) > 0$, 使得

$$\|w\|_{G(0,\infty)} = \|w\|_{L^{2^*-1}([0,\infty);L^{2(2^*-1)}(\mathbb{R}^n))} \leqslant M_1(E,M) < \infty. \tag{4.58}$$

由 Strichartz 估计及 Hölder 不等式, 有

$$\|v\|_{G(0,\infty)} \leqslant \|v\|_{L_t^\infty L^{2^*}}^{1-\theta} \|v\|_{L_t^q L_x^r}^{\theta} \leqslant C(E)\varepsilon^{1-\theta}, \tag{4.59}$$

这里

$$\begin{cases} \dfrac{1}{q} = \dfrac{1}{2} - \delta, \quad \dfrac{1}{r} = \dfrac{1}{2} - \dfrac{3}{2n} + \dfrac{\delta}{n}, \\ \dfrac{n-2}{n+2} = \dfrac{\theta}{q}, \quad 0 < \theta < 1, \end{cases} \tag{4.60}$$

δ 是充分小的正数, 例如 $\delta = \dfrac{1}{15}$, 就可以确保

$$\frac{2}{q} \leqslant (n-1)\left(\frac{1}{2} - \frac{1}{r}\right), \quad n\left(\frac{1}{2} - \frac{1}{r}\right) - \frac{1}{q} = 1.$$

因此, 总可以假设

$$\|v\|_{G(0,\infty)} < \varepsilon_1(E,\varepsilon), \quad \lim_{\varepsilon \to 0} \varepsilon_1(E,\varepsilon) = 0. \tag{4.61}$$

对 $\eta > 0$, 将 $[0,\infty)$ 剖分成

$$0 = T_0 < T_1 < \cdots < T_N < T_{N+1} = \infty$$

满足

$$\|w\|_{G(T_j,T_{j+1})} \leqslant \eta, \quad N^{\frac{n-2}{n+2}} \eta \leqslant M_1. \tag{4.62}$$

令 $g = u - v - w$, 则它满足如下积分方程

$$g(t) = g_j(t) + \int_{T_j}^t K(t-s)\big(f(w) - f(g+v+w)\big)(s)\mathrm{d}s, \tag{4.63}$$

这里 g_j 是线性 Klein-Gordon 方程以 $(g(T_j), \dot{g}(T_j))$ 为初值的解, 满足 $g_0(0) = 0$. 利用 Strichartz 估计, 有

$$\|g\|_{G(T_j,T)} + E_0(g,T)^{1/2} \leqslant CE_0(g,T_j)^{1/2} + C\|f(w) - f(g+v+w)\|_{L_t^1((T_j,T);L_x^2)}. \quad (4.64)$$

注意到非线性条件 (1.27) 及 Hölder 不等式, 可见

$$\|f(w) - f(g+v+w)\|_{L_t^1 L_x^2} \leqslant C(\|g+v\|_G + \|w\|_G)^{2^*-2}\|g+v\|_G, \quad (4.65)$$

记

$$q_j(T) = \|g\|_{G(T_j,T)} + E_0(g,T)^{1/2}, \quad \tilde{q}_j \triangleq q_j(T_{j+1}).$$

令 $\tilde{q}_{-1} = 0$. 利用 (4.61), (4.62) 及 (4.64) 容易看出, $q_j(T)$ 是 T 的连续函数, 并且对于 $T \in [T_j, T_{j+1})$ 满足

$$q_j(T_j) = E_0(g,T_j)^{1/2} \leqslant \tilde{q}_{j-1}, \quad (4.66)$$

$$q_j(T) \leqslant C_1 \tilde{q}_{j-1} + C_2(q_j(T) + \varepsilon_1 + \eta)^{2^*-2}(q_j(T) + \varepsilon_1), \quad C_1, C_2 \geqslant 1. \quad (4.67)$$

取 $\eta > \varepsilon_1 > 0$ 充分小, 使得

$$C_2(3\eta)^{2^*-2} < 1/4, \quad (2C_1)^2 \varepsilon_1 < \eta. \quad (4.68)$$

第一步. 利用 $q_1(t)$ 的连续性, 不妨假设存在 $T \in (T_0, T_1)$ 满足 $q_1(T) = \eta$. 利用 (4.67) 和 (4.68), 就可以推出

$$q_1(T) \leqslant C_1 \tilde{q}_{-1} + \frac{q_1(T)}{2} = \frac{q_1(T)}{2} = \frac{\eta}{2} < \eta.$$

因此, 由连续性方法, 容易推出

$$q_1(T) < \eta, \forall\, T \leqslant T_1 \Longrightarrow \tilde{q}_1 < \eta. \quad (4.69)$$

第二步. 假设 $\tilde{q}_{j-1} < \eta$, 若存在 $T \in [T_j, T_{j+1})$ 满足

$$\varepsilon_1 \leqslant q_j(t) \leqslant \eta, \quad t \leqslant T, \quad q_j(T) = \eta.$$

利用 (4.67) 和 (4.68), 就可以推出

$$q_j(T) \leqslant C_1 \tilde{q}_{j-1} + \frac{q_j(T)}{2} \Longrightarrow q_j(T) \leqslant 2C_1 \tilde{q}_{j-1}.$$

因此, 若 $2C_1 \tilde{q}_{j-1} < \eta$, 由连续性方法, 就可以推出

$$q_j(T) \leqslant 2C_1 \tilde{q}_{j-1} < \eta, \forall\, T \leqslant T_{j+1} \Longrightarrow \tilde{q}_j < \eta. \quad (4.70)$$

若 $\tilde{q}_{j-1} \leqslant \varepsilon_1$, 则

$$\tilde{q}_j \leqslant \varepsilon_1 \quad \text{或} \tilde{q}_j \leqslant 2C_1\tilde{q}_{j-1} \leqslant 2C_1\varepsilon_1. \tag{4.71}$$

因此, 令

$$(2C_1)^{N+1}\varepsilon_1 < \eta,$$

则有

$$\tilde{q}_j \leqslant (2C_1)^j \varepsilon_1 < \eta, \quad \forall\, j = 1, 2, \cdots, N. \tag{4.72}$$

从而获得整体时空估计 (4.57).

下面回头证明整体时空估计 (对于 $n \geqslant 6$ 的情形, 在假设上面扰动引理成立的情况下证明整体时空估计).

命题 4.6 设 $f(u)$ 满足非线性结构性假设 (1.27). u 是非线性 Klein-Gordon 方程 (1.22) 具有局部有限时空估计的解 $E(u) = E < \infty$, 并且具有局部的时空估计. 则存在 $B = B(E) < \infty$, 使得

$$\|u\|_{X_0(\mathbb{R})} \leqslant B(E) < \infty.$$

证明 注意到 NLKG 方程 (1.22) 具有唯一的整体有限能量解 $E(u) = E < \infty$, 并且具有局部有限的时空范数, 因此

$$\|u\|_{X_0(T,T+1)} \leqslant C(E), \quad \forall\, T \in \mathbb{R}. \tag{4.73}$$

下面证明整体时空估计. 为此, 采用 Bourgain 的能量归纳技术. 当 $E(u) = E$ 充分小时, 直接通过 Strichartz 估计就可以建立 (1.22) 的 Cauchy 问题整体存在性与散射理论. 因此, 整体时空估计的建立归结于证明如下事实:

- $\forall\, E > 0$, 存在连续函数 $\varepsilon = \varepsilon(E) > 0$ (本质上, 仅需要对任意的 $b > 0$, $\inf\limits_{0 \leqslant a < b} \varepsilon(a) > 0$) 满足如下面的性质:

Bourgain 能量归纳断言 设对于具有局部时空估计的有限能量解满足

$$\|u\|_{X_0(\mathbb{R})} \leqslant B(E,\varepsilon) < \infty, \quad E(u) \leqslant E - \varepsilon. \tag{4.74}$$

则可以推出

$$\|u\|_{X_0(\mathbb{R})} \leqslant \tilde{B}(E,\varepsilon) < \infty, \quad E(u) \leqslant E. \tag{4.75}$$

第一步. 由小能量解的适定性理论, 对充分小的 $E > 0$, 存在 $\varepsilon(E) > C > 0$, 总能保证 Bourgain 能量归纳断言成立. 现采用反证法. 对于一般的能量初值, 可假设相应的有限能量解 $E(u) = E > 0$ 满足: 对于任意的大正数 $B' > 0$,

$$\|u\|_{X_0(\mathbb{R})} > 3B'. \tag{4.76}$$

6.4 整体时空估计

则存在 T_0 和 T' 满足

$$\|u\|_{X_0(-\infty,T_0)} > B', \quad \|u\|_{X_0(T_0,T')} > B', \quad \|u\|_{X_0(T',\infty)} > B'. \tag{4.77}$$

仅需用 E, η, B 和 $\varepsilon = \varepsilon(E) > 0$ 给出 B' 的估计, 就导出矛盾!

下面引入两组小的参数 $\{\eta_j\}$ 与 $\{\kappa_j\}$, 这些参数以下面次序来决定

$$E, \ \eta_1, \ \eta_2, \ \varepsilon, \ B, \ \kappa_5, \ \kappa_4, \cdots, \kappa_1 \tag{4.78}$$

(换言之, 后面的参数依赖于它前面的参数). 这样, 利用这些参数可以给出 B' 的上界. 注意到引理 4.2 表明如下二择性: 要么 u 在充分大的区间上具有小的时空范数, 要么能量具有很高的聚积现象.

由引理 4.2, 对于 $\kappa_1 > 0, L = \kappa_2^{-1} > 0$, 及 $\eta_1 \leqslant \eta_0(E)$, 一定存在着 $M(E_1, \eta_1, \kappa_1, \kappa_2^{-1}) > 0$ 满足二择性结果. 因此, 对于 $N = N(E_1, \eta_1)$, 选取

$$B' \geqslant B_1 = \left[M(E_1, \eta_1, \kappa_1, \kappa_2^{-1}) + \eta_1\right]N,$$

就有如下两种现象可能发生:

(i) 存在

$$T_0 \leqslant T_1 < U_1 < V_1 \leqslant \cdots < T_N < U_N < V_N \leqslant T', \tag{4.79}$$

满足

$$|U_j - T_j| \geqslant \kappa_2^{-1}, \quad \|u\|_{X_0(T_j, U_j)} \leqslant \eta_1 = \|u\|_{X_0(U_j, V_j)} \tag{4.80}$$

(这个过程是先分割, 再对区间 $[T_j, V_j]$ 子区间上使用引理 4.2, 然后修改记号).

(ii) 存在 $I \subset (T_0, T')$ 满足

$$\|u\|_{X_0(I)} \leqslant \eta_1, \quad |I| \leqslant \kappa_2^{-1} \tag{4.81}$$

和

$$\int_{|x-c|<\kappa_1|I|} (|\nabla u|^2 + |u|^2) \mathrm{d}x \geqslant \eta_1^{2\alpha} \triangleq \eta_2, \tag{4.82}$$

这里 $c \in \mathbb{R}^n, \ t \in I$.

第二步. 首先证明即使是第一步中的第一种情形, 也要发生能量聚积现象. 设 v 是线性 Klein-Gordon 方程 (1.23) 具有初值

$$v\big|_{t=T_0} = u(T_0), \quad \dot{v}\big|_{t=T_0} = \dot{u}(T_0)$$

的解. 因此, 利用 Strichartz 估计可见

$$\|v\|_{X_0(\mathbb{R})} \leqslant C(E). \tag{4.83}$$

因此, 如果 $N = N(E, \eta_1)$ 充分大, 则存在某个 $j \leqslant N$, 满足

$$\|v\|_{X_0(U_j, V_j)} \leqslant \eta_1^{2^*}. \tag{4.84}$$

注意到利用线性 Klein-Gordon 方程在低频部分的衰减可以获得: 经历了具有时空小范数的长区间之后, 时空范数的聚积只能在高频部分发生, 即引理 4.3.

如果 $\eta_1 \leqslant \delta_2(E)$, 在区间 (T_j, V_j) 上应用引理 4.3, 对于 $k = \kappa_3^{-1}$, 存在 $L(E, \eta_1, \kappa_3^{-1}) < \infty$, 只要

$$\kappa_2^{-1} > L(E, \eta_1, \kappa_3^{-1}) \Longrightarrow |T_j - V_j| > L.$$

因此

$$\|\psi_k * u\|_{X_0(U_j, V_j)} \leqslant \eta/4.$$

在区间 $[U_j, V_j)$ 上应用引理 2.1(能量聚积现象), 存在 $c \in \mathbb{R}^n, S \in (U_j, V_j)$ 和 $R < C_2(E, \eta_1) 2^{-1/\kappa_3}$ 满足

$$\int_{|x-c|<R} \left(|\nabla u(s)|^2 + |u(s)|^2\right) \mathrm{d}x \geqslant \eta_2. \tag{4.85}$$

因此, 在上面两种情况下, 只要令

$$C_2(E, \eta_1) 2^{-1/\kappa_3} < \kappa_4, \quad \kappa_1 \kappa_2^{-1} < \kappa_4. \tag{4.86}$$

存在 $S \in (T_0, T')$, $c \in \mathbb{R}^n$ 和 $R < \kappa_4$ 使得 (4.85) 成立.

第三步. 通过引理 4.4 分离出具有聚积能量的线性波.

对于 $\kappa = \kappa_5 > 0$, $\eta = \eta_2 > 0$, 聚积条件 (4.85), 由引理 4.4, 存在 $\delta_1 = \delta_1(E, \eta_2, \kappa_5) > 0$, 取

$$\kappa_4 < \delta_1(E, \eta_2, \kappa_5), \tag{4.87}$$

就可以推出存在 $T \in (S, S+1)$ 和线性 Klein-Gordon 方程的解满足

$$\begin{cases} \|v\|_{L_t^\infty(T, \infty; L^{2^*})} < \kappa_5, \\ E_0(v) \leqslant E + \kappa_5, \\ E(u - v, T) \leqslant E - \dfrac{\eta_2}{2} \end{cases} \tag{4.88}$$

的解. 取能量归纳尺度是

$$\varepsilon(E) = \frac{\eta_2}{2} = \frac{\eta_1^{2\alpha}}{4} > 0,$$

这里用到 (4.82) 及

$$\eta_1 = \min\left(\eta_0(E), \delta_2(E)\right),$$

η_0 出现在聚积引理 2.1, δ_2 出现在聚积引理 4.3.

现在对于 w 所满足的 NLKG 方程

$$\begin{cases} \Box w + w = |w|^{2^*-2}w, \\ w\big|_{t=T} = u(T) - v(T), \quad \dot{w}\big|_{t=T} = \dot{u}(T) - \dot{v}(T) \end{cases}$$

的 Cauchy 问题, 应用能量归纳假设的条件, 就得

$$E(w) \leqslant E - \frac{\eta_2}{2} \implies \|w\|_{X_0(T,\infty)} \leqslant B = B(E) < \infty. \tag{4.89}$$

第四步. 直接利用引理 4.5, 如果取

$$\kappa_5 < \varepsilon_3(E, B(E, \eta)),$$

则

$$\|u\|_{X_0(T,\infty)} \leqslant B_2(E, B). \tag{4.90}$$

由于 $S < T'$, $|T - S| < 1$, 则由局部估计可以推出

$$B' < \|u\|_{X_0(S,\infty)} \leqslant B_2 + C(E). \tag{4.91}$$

此就导出矛盾, 因此整体时空估计成立.

下面补证 $n \geqslant 6$ 时引理 4.5 的证明. 当 $n \geqslant 6$ 时, 由于非线性增长指标变小, 无法直接简单地给出两个解之差的估计. 具体地讲, $G(I)$ 已不是合适的 Strichartz 容许时空空间. 但是, 可以引入一个替代范数:

$$\|(\varphi, \psi)\|_W \triangleq \left\|\dot{K}(t)\varphi + K(t)\psi\right\|_{X_3(0,\infty)}.$$

引理 4.7 设

$$\begin{cases} 1 < q_1 < q < \infty, \\ \dfrac{2(n-1)}{n+1} < r_1 < 2 < r < \dfrac{2(n-1)}{n-3}, \\ \sigma + \delta(r) - \dfrac{1}{q} = \sigma_1 + \delta(r_1) - \dfrac{1}{q_1} + 2 \quad \text{(Scaling 条件)}, \\ \dfrac{1}{q_1} - \gamma(r_1) - 1 > 0 > \dfrac{1}{q} - \gamma(r), \\ \dfrac{1}{q_1} - \dfrac{\gamma(r_1)}{2} - 1 > \dfrac{1}{q} - \dfrac{\gamma(r)}{2}. \end{cases} \tag{4.92}$$

则

$$\left\|\int_0^t \frac{e^{\pm i\omega(t-s)}}{\omega} f(s) ds\right\|_{L^q(0,T;B^\sigma_{r,1})} \leqslant C\|f\|_{L^{q_1}(0,T;B^{\sigma_1}_{r_1,\infty})}, \tag{4.93}$$

这里 $C = C(q, r, \sigma, q_1, r_1, \sigma_1) > 0$ 是常数.

证明 由标准的 Strichartz 估计 (较 (4.93) 弱), 有

$$\left\| \int_0^t \frac{e^{\pm i\omega(t-s)}}{\omega} f(s) ds \right\|_{L^q(0,T;B_{r,2}^{\sigma})} \leqslant C \|f\|_{L^{q_1}(0,T;B_{r_1,2}^{\sigma_1})}, \tag{4.94}$$

这里要求

$$\frac{1}{q_1} - \frac{n-1}{2}\left(\frac{1}{2} - \frac{1}{r_1}\right) - 1 \geqslant 0 \geqslant \frac{1}{q} - \frac{n-1}{2}\left(\frac{1}{2} - \frac{1}{r}\right), \tag{4.95}$$

及 (4.92) 的前三个条件.

对于充分小的 $\varepsilon > 0$, 令

$$\begin{cases} \left(\dfrac{1}{\tilde{q}_1}, \dfrac{1}{\tilde{r}_1}, \tilde{\sigma}_1\right) = \left(\varepsilon, \dfrac{1}{2} + \dfrac{1}{n-1} - \dfrac{\varepsilon}{n}, \sigma_1\right), \\ \left(\dfrac{1}{\tilde{q}}, \dfrac{1}{\tilde{r}}, \tilde{\sigma}\right) = \left(\dfrac{\varepsilon}{n}, \dfrac{1}{2} - \dfrac{1}{n-1} + \dfrac{\varepsilon}{n}, \sigma_1 - \dfrac{2}{n-1} + \dfrac{n-1}{n}\varepsilon\right), \end{cases} \tag{4.96}$$

此处

$$\tilde{r}_1 \triangleq \tilde{r}' = \frac{\tilde{r}}{\tilde{r}-1}.$$

利用衰减估计

$$\left\| \frac{e^{\pm i\omega(t-s)}}{\omega} f(s) \right\|_{B_{\tilde{r},2}^{\tilde{\sigma}}} \leqslant C|t-s|^{1-\frac{n-1}{n}\varepsilon} \|f\|_{B_{\tilde{r}',2}^{\tilde{\sigma}_1}} \tag{4.97}$$

与 Hardy-Littlewood-Sobolev 不等式可以推出

$$\left\| \int_0^t \frac{e^{\pm i\omega(t-s)}}{\omega} f(s) ds \right\|_{L^{\tilde{q}}(0,T;B_{\tilde{r},2}^{\tilde{\sigma}})} \leqslant C \|f\|_{L^{\tilde{q}_1}(0,T;B_{\tilde{r}_1,2}^{\tilde{\sigma}_1})}. \tag{4.98}$$

现在对 (4.94) 与 (4.98) 对应的情形进行插值, 可以推出

$$\frac{1}{q_1} - \frac{1}{2}\gamma(r_1) - 1 \leqslant 0 \quad \left(\text{因} \frac{1}{\tilde{q}_1} - \frac{1}{2}\gamma(\tilde{r}_1) - 1 = \frac{n-1}{2n}\varepsilon - \frac{1}{2} < 0\right), \tag{4.99}$$

成立时对应的 Strichartz 估计的经典情形 (4.94). 再利用对偶原理、插值定理即可推出经典 Strichartz 估计 (4.94) 在 (4.92) 条件下同样成立.

如果 $(q_1, r_1, \sigma_1, q, r, \sigma)$ 满足 (4.92), 则令

$$(q_1^{\pm}, r_1, \sigma_1^{\pm}, q^{\pm}, r, \sigma^{\pm})$$

如下:

$$\begin{cases} \dfrac{1}{q_1^{\pm}} = \dfrac{1}{p} \pm \varepsilon, & \sigma_1^{\pm} = \sigma_1 \pm \varepsilon, \\ \dfrac{1}{q^{\pm}} = \dfrac{1}{q} \pm \varepsilon, & \sigma^{\pm} = \sigma \pm \varepsilon. \end{cases} \tag{4.100}$$

6.4 整体时空估计

当 ε 充分小时, 仍然满足 (4.92). 利用插值定理

$$\begin{cases} L^{q^+}(B_{r,2}^{\sigma^+}) \cap L^{q^-}(B_{r,2}^{\sigma^-}) \hookrightarrow L^q(B_{r,1}^{\sigma}), \\ L^{q_1^+}(B_{r_1,2}^{\sigma_1^+}) + L^{q_1^-}(B_{r_1,2}^{\sigma_1^-}) \hookleftarrow L^{q_1}(B_{r_1,\infty}^{\sigma_1}), \end{cases} \tag{4.101}$$

从而推出最优的估计 (4.93) 对于 $(q_1, r_1, \sigma_1, q, r, \sigma)$ 成立.

引理 4.8 设 $n \geqslant 6$, u 是线性 Klein-Gordon 方程的 Cauchy 问题

$$\begin{cases} \Box u + u = g, \\ u(0) = \varphi, \quad \dot{u}(0) = \psi \end{cases} \tag{4.102}$$

的解, 则对任意 $T > 0$,

$$\|(u(T), \dot{u}(T))\|_W \leqslant C\|(\varphi, \psi)\|_W + C\|g\|_{X_5'(0,T)}. \tag{4.103}$$

证明 设 v 是自由 Klein-Gordon 方程具有初值

$$v\big|_{t=T} = u(T), \quad \dot{v}\big|_{t=T} = \dot{u}(T)$$

的解, 设 w 是

$$\begin{cases} \Box w + w = g\chi_{[0,T)}, \\ w(0) = \varphi, \quad \dot{w}(0) = \psi \end{cases} \tag{4.104}$$

的解, 这里 $\chi_{[0,T)}$ 表示 $[0,T)$ 上的特征函数. 容易验证

$$\begin{aligned} \begin{pmatrix} v(t) \\ \dot{v}(t) \end{pmatrix} &= W(t-T)\begin{pmatrix} u(T) \\ \dot{u}(T) \end{pmatrix} = W(t)\begin{pmatrix} \varphi(x) \\ \psi(x) \end{pmatrix} - \int_0^T W(t-s)\begin{pmatrix} 0 \\ g(s) \end{pmatrix} \mathrm{d}s, \\ \begin{pmatrix} w(t) \\ \dot{w}(t) \end{pmatrix} &= W(t)\begin{pmatrix} \varphi(x) \\ \psi(x) \end{pmatrix} - \int_0^t W(t-s)\begin{pmatrix} 0 \\ \chi_{[0,T]}(s)g(s) \end{pmatrix} \mathrm{d}s \\ &= W(t)\begin{pmatrix} \varphi(x) \\ \psi(x) \end{pmatrix} - \int_0^T W(t-s)\begin{pmatrix} 0 \\ g(s) \end{pmatrix} \mathrm{d}s, \end{aligned}$$

这里

$$K(t) = \frac{\sin(t\omega)}{\omega}, \quad W(t) = \begin{pmatrix} \dot{K}(t), K(t) \\ \ddot{K}(t), \dot{K}(t) \end{pmatrix}, \quad \omega = (1-\Delta)^{1/2}.$$

因此

$$w(T) = u(T), \quad \dot{w}(T) = \dot{u}(T),$$

故有

$$v(t) = w(t), \quad t \in [T, \infty). \tag{4.105}$$

由 Strichartz 估计的推广形式引理 4.7 有

$$\|v\|_{X_3(T,\infty)} \lesssim \|w\|_{X_3(0,\infty)} \lesssim \|(\varphi,\psi)\|_W + \|g\|_{X_5'(0,T)}. \tag{4.106}$$

这里用到的空间指标关系如下：

$$X_3 \Longleftrightarrow \Big(\frac{2^*-2}{p_0}, \frac{1}{2^*}, \frac{(2^*-2)}{p_0}\Big) \triangleq \Big(\frac{1}{q}, \frac{1}{r}, \sigma\Big),$$

$$X_5' \Longleftrightarrow \Big(\frac{2(2^*-2)}{p_0}, \frac{2^*-1}{2^*} - \frac{2^*-2}{np_0}, \frac{2^*-2}{p_0}\Big) \triangleq \Big(\frac{1}{q_5'}, \frac{1}{r_5'}, \sigma_5'\Big),$$

$$\begin{aligned}
\frac{1}{q_5'} - \gamma(r_5') - 1 &= \frac{2(2^*-2)}{p_0} - (n-1)\Big(\frac{1}{2} - \frac{2^*-1}{2^*} + \frac{2^*-2}{np_0}\Big) - 1 \\
&= \frac{2(2^*-2)}{p_0} - \frac{n}{2} + \frac{2^*-1}{2^*}n - \frac{(2^*-2)}{p_0} + \Big(\frac{1}{2} - \frac{2^*-1}{2^*} + \frac{2^*-2}{np_0}\Big) - 1 \\
&= \frac{2^*-2}{p_0} + \frac{n}{2} - \frac{n}{2^*} + \Big(\frac{1}{2^*} - \frac{1}{2} + \frac{2^*-2}{np_0}\Big) - 1 \\
&= \frac{n+1}{n} \cdot \frac{2^*-2}{p_0} - \frac{1}{n} = \frac{n+1}{n} \cdot \frac{4}{n-2} \cdot \frac{(n+1)(n-2)}{2(n^2+2)} - \frac{1}{n} \\
&= \frac{1}{n}\Big(\frac{2(n^2+2n+1)}{n^2+2} - 1\Big) = \frac{n+4}{n^2+2} > 0,
\end{aligned}$$

$$\begin{aligned}
\frac{1}{q} - \gamma(r) &= \frac{2^*-2}{p_0} - (n-1)\Big(\frac{1}{2} - \frac{1}{2^*}\Big) = \frac{4}{n-2} \cdot \frac{(n+1)(n-2)}{2(n^2+2)} - \frac{n-1}{n} \\
&= \frac{2n+2}{n^2+2} - \frac{n-1}{n} = \frac{2n^2+2n-n^3-2n+n^2+2}{n(n^2+2)} = -\frac{n^3-3n^2-2}{n(n^2+2)} \\
&< 0 \quad (\text{这里用到 } n \geqslant 6).
\end{aligned}$$

同理, 亦可以验证

$$\frac{1}{q_5'} + \frac{n-1}{2} \cdot \frac{1}{r_5'} - 1 > \frac{1}{q} + \frac{n-1}{2} \cdot \frac{1}{r}.$$

下面完成引理 4.5 在 $n \geqslant 6$ 情形的证明. 利用 $\|w\|_{X_0(0,\infty)} < M < \infty$ 及标准的方法就可以推出: 存在 $M_2 = M_2(E,M) < \infty$ 使得

$$\|w\|_{X_j(0,\infty)} \leqslant \frac{M_2(E,M)}{3} < \infty, \quad j = 0,3,6. \tag{4.107}$$

事实上, 从一个容许对对应的整体时空估计和能量守恒可以导出所有该层次上的整体时空估计.

利用 Strichartz 估计及插值公式, 有

$$\|v\|_{X_j(0,\infty)} \leqslant C\|v\|_{L_t^\infty L_x^{2^*}}^\theta \|v\|_{X_6(0,\infty)}^{1-\theta} \leqslant C(E)\varepsilon^\theta \leqslant \varepsilon_2(E,\varepsilon), \quad j=0,3, \tag{4.108}$$

6.4 整体时空估计

这里

$$\frac{1}{p_j} = \frac{1-\theta}{p_6}, \quad \lim_{\varepsilon \to 0} \varepsilon_2(E, \varepsilon) = 0. \tag{4.109}$$

对 $\forall \eta > 0$, 存在 $0 = T_0 < T_1 < \cdots < T_N < T_{N+1} = \infty$ 满足

$$\|w\|_{X_3(T_j, T_{j+1})} + \|w\|_{X_0(T_j, T_{j+1})} + \|w\|_{X_6(T_j, T_{j+1})} \leqslant \eta \tag{4.110}$$

和

$$N^{\frac{1}{p_3}} \eta \leqslant M_2. \tag{4.111}$$

令 $g = u - v - w$, 有积分方程

$$g(t) = g_j(t) + \int_{T_j}^{t} K(t-s)\big(f(w) - f(g+v+w)\big)(s)\mathrm{d}s, \tag{4.112}$$

这里 g_j 是线性 Klein-Gordon 方程在 $t = T_j$ 处与 $g(t)$ 具有相同初值的自由解. 应用引理 4.7 和引理 4.8 即得

$$\|g\|_{X_3(T_j, T)} + \big\|(g(T), \dot{g}(T))\big\|_W \leqslant C\big\|(g(T_j), \dot{g}(T_j))\big\|_W + C\|f(w) - f(g+v+w)\|_{X_5'(T_j, T)}. \tag{4.113}$$

利用 Sobolev 嵌入与非线性估计技术

$$\begin{aligned}
\|f(w) - f(g+v+w)\|_{X_5'(T_j, T)} &\leqslant C\big(\|g+v\|_{X_1} + \|w\|_{X_1}\big)^{2^*-2} \|g+v\|_{X_4} \\
&\quad + C\big(\|g+v\|_{X_0} + \|w\|_{X_0}\big)^{2^*-2} \|g+v\|_{X_3} \\
&\leqslant C\big(\|g+v\|_{X_0} + \|w\|_{X_0}\big)^{2^*-2} \|g+v\|_{X_3}. \tag{4.114}
\end{aligned}$$

这里用到下面经典的非线性估计:

引理 4.9 设 $0 \leqslant \nu \leqslant 1$, $f(z)$ 满足

$$|f'(z_1) - f'(z_2)| \leqslant C|z_1 - z_2|^\nu, \quad z_1, z_2 \in \mathbb{C} \text{ 或 } \mathbb{R}. \tag{4.115}$$

设 $0 < \lambda < \nu$, $1 \leqslant \ell, m, \ell_i \leqslant \infty$, $1 \leqslant i \leqslant 4$ 满足

$$\lambda - \frac{n}{\ell_1} < 0, \quad \frac{1}{\ell} = \frac{1}{\ell_1} + \frac{1}{\ell_2} = \frac{1}{\ell_3} + \frac{1}{\ell_4}, \quad \ell_4 m \geqslant 1, \quad m\nu \geqslant 1. \tag{4.116}$$

$$\|f(u_1) - f(u_2)\|_{B_{\ell,m}^\lambda} \lesssim \|u_1 - u_2\|_{B_{\ell_1,m}^\lambda} \sum_{i=1,2} \|u_i\|_{\ell_2\nu}^\nu + \|u_1 - u_2\|_{\ell_2} \sum_{i=1,2} \|u_i\|_{B_{\ell_4\nu, m\nu}^{\frac{\lambda}{\nu}}}^\nu. \tag{4.117}$$

定义

$$\begin{cases} \theta_j(T) \triangleq \|g\|_{X_3(T_j, T)} + \big\|(g(T), \dot{g}(T))\big\|_W, \\ \tilde{\theta}_j \triangleq \theta_j(T_{j+1}), \quad \tilde{\theta}_{-1} \triangleq 0. \end{cases} \tag{4.118}$$

显然 $\theta_j(T)$ 关于 T 是连续的, 并且满足如下迭代估计:

$$\begin{cases} \theta_j(T_j) \leqslant \tilde{\theta}_{j-1}, \\ \theta_j(T) \leqslant C_1\,\tilde{\theta}_{j-1} + C\big(\|g\|_{X_0} + \varepsilon_2 + \eta\big)^{2^*-2}(\theta_j(T) + \varepsilon_2). \end{cases} \quad (4.119)$$

当 $\theta_j(T) \leqslant \eta$ 时,

$$\|u\|_{X_3(T_j,T)} \leqslant 2\eta + \varepsilon_2 < E. \quad (4.120)$$

因此

$$\|u\|_{X_6(T_j,T)} \leqslant C(E). \quad (4.121)$$

由于

$$\|w\|_{X_6(T_j,T)} \leqslant \eta \leqslant E, \quad \|v\|_{X_6(T_j,T)} \leqslant C(E),$$

故

$$\|g\|_{X_0(T_j,T)} \leqslant C\|g\|_{X_3(T_j,T)}^{\beta}\|g\|_{X_6(T_j,T)}^{1-\beta} \leqslant C(E)\,\theta_j(T)^{\beta}, \quad (4.122)$$

这里 $0 < \beta < 1$ 及

$$\frac{1}{p_0} = \frac{(2^*-2)\beta}{p_0} + \frac{1-\beta}{p_6}.$$

只要 $\theta_j(T) \leqslant \eta$, 就有

$$\theta_j(T) \leqslant C_1\tilde{\theta}_{j-1} + C_2\big(\theta_j(T)^{\beta} + \varepsilon_2 + \eta\big)^{2^*-2}(\theta_j(T) + \varepsilon_2). \quad (4.123)$$

完全类似于情形 $n \leqslant 5$ 的情形, 利用连续性方法来证明. 令

$$C_2(3\eta)^{2^*-2} < 1/4, \quad (2C_1)^{N+1}\varepsilon_2 < \eta^{\frac{1}{\beta}},$$

有

$$\tilde{\theta}_j \leqslant (2C_1)^j \varepsilon_2 < \eta^{\frac{1}{\beta}}, \quad \forall\, j \in \{1, 2, \cdots, N\}. \quad (4.124)$$

由此可以推出所需要的结果.

6.5 散射性理论

容易验证, Scaling 变换

$$u(t,x) \longmapsto u'(t,x) = \lambda^{\frac{n}{2}-1} u(\lambda t, \lambda x)$$

将 $[0,T]$ 上的具质量 m 的 NLKG 方程的解 $u(t,x)$ 转化成具有质量为 $m' = \lambda m$ 的 Klein-Gordon 方程在 $[0,T/\lambda]$ 上的解 $u'(t,x)$, 相应的非线性项 $f' = \lambda^{\frac{n}{2}+1} f(\lambda^{1-\frac{n}{2}}\cdot)$

亦满足非线性结构假设 (1.27) 并且具有相同的控制常数及 $E(u) = E'(u')$. 由此推出, 当 $m = 0$ 时, 通过 Scaling 及局部时空估计可以得到整体时空估计. 当然, 前面建立的局部时空估计对于 $m = 0$ 的情形也是成立的. 事实上, 只要用齐次空间代替非齐次空间, 局部时空估计的证明对 NLW 方程更方便、更简单. 因为引理 3.3 的证明可以直接从线性波方程的共形不变量获得, 这个估计对非线性波方程是整体的, 但对于 NLKG 方程并非整体成立.

进而, 一旦对 $m = 1$ 建立了整体估计, 可以通过 Scaling 建立任意 $m > 0$ 情形下的整体估计. 特别, 获得了齐次的整体时空估计 (即 $\|u\|_{X_1(\mathbb{R})}$ 不依赖于 m, 这里用到 Sobolev 嵌入 $\|u\|_{X_1(\mathbb{R})} \leqslant \|u\|_{X_0(\mathbb{R})}$). 因此, 这也就得到了齐次空间中的整体时空估计.

定理 5.1 设 $n \geqslant 3, m \geqslant 0$, 设 $f(u)$ 满足非线性假设 (1.27). 对于非线性 Klein-Gordon 方程 (1.22) 的具有局部有限时空估计的有限能量解 u, 有

$$\|u\|_{X_1(\mathbb{R})} \leqslant B < \infty, \tag{5.1}$$

这里 B 仅依赖于 n, $E(u)$ 及非线性假设 (1.27) 中的控制常数.

众所周知, 任意的时空范数估计可以从一个特殊的时空估计与能量估计的插值得到, 可参见文献 [GV10]. 根据这个估计, 得到解算子关于初值的连续依赖关系. 定义能量空间

$$X \triangleq \left\{ (\varphi, \psi) \mid \|(\varphi, \psi)\|_X^2 = \|\nabla\varphi\|_2^2 + m^2\|\varphi\|_2^2 + \|\psi\|_2^2 < \infty \right\}. \tag{5.2}$$

推论 5.2 在定理 5.1 的假设条件下, 具有局部有限时空估计的有限能量解关于初值函数 (φ, ψ) 在 X 的拓扑下是连续的, 在 X 的弱拓扑下亦连续.

证明 假设
$$(\varphi_n, \psi_n) \xrightarrow{X} (\varphi, \psi),$$
则
$$\left(u_n(t,x), \dot{u}_n(t,x)\right)\big|_{t=0} \xrightarrow{X} \left(u(t,x), \dot{u}(t,x)\right)\big|_{t=0},$$
这里 $u_n(t,x), u(t,x)$ 分别是与初值 (φ_n, ψ_n) 及 (φ, ψ) 对应的有限能量解. 由
$$\|u_n\|_{X(\mathbb{R})} + \|u_n\|_{X_1(\mathbb{R})} < \infty,$$
则可以通过抽取子序列, 仍记 $\{u_n\}$, 使得
$$u_n \xrightarrow{X_1(\mathbb{R})} \tilde{u}, \quad n \longrightarrow \infty.$$

当然, $\tilde{u}(x,t)$ 仍然是非线性 Klein-Gordon 方程具有有限时空范数的有限能量解. 因此, 由唯一性可见 $u = \tilde{u}$, 并且

$$(\varphi, \psi) \xrightarrow{X} (u, u_t)$$

是弱连续映射. 重新利用弱连续性及能量守恒可以推出

$$(\varphi, \psi) \xrightarrow{X} (u, u_t) \tag{5.3}$$

是强连续的.

推论 5.3 设 $n \geqslant 3, m \geqslant 0$, 且 $f(u)$ 满足非线性结构假设条件 (1.27). 则非线性 Klein-Gordon 方程 (1.22) 的具有局部有限时空范数的有限能量解 u 在 X 中趋向于某个自由方程

$$\Box v_\pm + m^2 v_\pm = 0 \tag{5.4}$$

的解 $v_\pm$, 即

$$\lim_{t \to \pm\infty} \|u(t) - v_\pm(t)\|_X = 0. \tag{5.5}$$

进而, 映射

$$M_\pm : (u(0), \dot{u}(0)) \longmapsto (v_\pm(0), \dot{v}_\pm(0))$$

是 X 上的同胚映射, 满足

$$E(u) = E_0(v_\pm), \tag{5.6}$$

这里 $M_\pm$ 和 $M_\pm^{-1}$ 在 X 的弱拓扑下是连续的.

证明 不妨设 $m = 1$, 仅考虑 $t \to \infty$ 的情形, 其他情形结论是类似的. 由于

$$\|u\|_{X_0(\mathbb{R})} < \infty \implies \lim_{T \to \infty} \|u\|_{X_0([T,\infty))} = 0. \tag{5.7}$$

由 Strichartz 估计, 有

$$\left\| \int_s^t \left(-\frac{\sin \omega s}{\omega}, \cos \omega s \right) f(u(s)) \mathrm{d}s \right\|_X \leqslant C \|f(u)\|_{X_2([s,t])}$$
$$\leqslant C \|u\|_{X_0[s,\infty)}^{2^*-1} \longrightarrow 0, \quad t > s \longrightarrow \infty. \tag{5.8}$$

因此, 存在 X 中的极限函数 (Φ, Ψ) 满足

$$(\Phi, \Psi) = \int_0^\infty \left(-\frac{\sin \omega s}{\omega}, \cos \omega s \right) f(u(s)) \mathrm{d}s. \tag{5.9}$$

定义

$$v_+(t) = \dot{K}(t)(u(0) + \Phi) + K(t)(\dot{u}(0) + \Psi), \tag{5.10}$$

则
$$\left\|(u,\dot{u})(t)-(v_+,\dot{v}_+)(t)\right\|_X \leqslant C\left\|\int_t^\infty \bigl(K(t-s),\dot{K}(t-s)\bigr)f(u(s))\right\|_X$$
$$\leqslant C\|u\|_{X_0(t,\infty)}^{2^*-1} \longrightarrow 0, \quad t\to\infty, \tag{5.11}$$

此性质唯一地决定 v_+. 因此, M_+ 是 X 上的映射. 由于
$$\lim_{t\to\infty}\|v_+(t)\|_{2^*}=0, \tag{5.12}$$
由 Sobolev 嵌入定理
$$\lim_{t\to\infty}\|u(t)\|_{2^*}=0. \tag{5.13}$$
有
$$E(u)=\lim_{t\to+\infty}E_0(u(t),t)=E_0(v_+). \tag{5.14}$$

由标准的散射性理论的讨论, 容易得到波算子
$$\Omega_+ = M_+^{-1}$$
的存在性.

下面考虑弱连续性. 设 $(\varphi_+^\nu,\psi_+^\nu)\in X$ 满足
$$(\varphi_+^\nu,\psi_+^\nu)\xrightarrow{X}(\varphi_+,\psi_+). \tag{5.15}$$
令
$$(\varphi^\nu,\psi^\nu)\triangleq\Omega_+(\varphi_+^\nu,\psi_+^\nu),\quad (\varphi,\psi)\triangleq\Omega_+(\varphi_+,\psi_+). \tag{5.16}$$
由定义可见
$$(\varphi^\nu,\psi^\nu)=(u^\nu(0),\dot{u}^\nu(0)),\quad (\varphi,\psi)=(u(0),\dot{u}(0)), \tag{5.17}$$
这里 u^ν, u 分别是如下积分方程
$$u^\nu(t)=\dot{K}(t)\varphi_+^\nu+K(t)\psi_+^\nu-\int_\infty^t K(t-s)f(u^\nu(s))\mathrm{d}s, \tag{5.18}$$
$$u(t)=\dot{K}(t)\varphi_++K(t)\psi_+-\int_\infty^t K(t-s)f(u(s))\mathrm{d}s \tag{5.19}$$
的解. 由整体时空估计定理 5.1, 可见
$$\|u^\nu\|_{X_0(\mathbb{R})}<\infty \Longrightarrow \|f(u^\nu)\|_{X_2'(\mathbb{R})}<\infty. \tag{5.20}$$
因此, 可以抽子序列, 仍记 u^ν 满足
$$u^\nu\xrightarrow{X_0(\mathbb{R})}u^\infty, \tag{5.21}$$

$$f(u^\nu) \xrightarrow{X_2(\mathbb{R})} f(u^\infty). \tag{5.22}$$

因此, 由 Strichartz 估计, 在 (5.18) 两边令 $\nu \to \infty$, 就有

$$u^\infty(t) = \dot{K}(t)\varphi_+ + K(t)\psi_+ - \int_\infty^t K(t-s)f(u^\infty(s))\mathrm{d}s. \tag{5.23}$$

由唯一性可见 $u^\infty = u$, 说明 Ω_+ 是弱连续的.

因此, 利用弱连续与能量关系式 (5.14) 就可以推出强连续. M_+ 的连续性亦可用类似的方法获得.

第 7 章 非线性 Klein-Gordon 型方程解的局部衰减与低正则性

Morawetz 估计与非线性 Klein-Gordon 方程、非线性 Schrödinger 方程研究的关系与评注:

(1) 1968 年, Morawetz 在研究非线性 Klein-Gordon 型方程解的局部能量衰减时, 将径向导数的反称部分作为乘子, 建立了 Morawetz-Pohožaev 恒等式, 进而得到 Morawetz 型的整体时空估计, 这为以后散射性理论的研究奠定了良好的基础 (参见文献 [MO]).

(2) Morawetz 和 Strauss 利用 Morawetz 估计建立 3 次非线性 Klein-Gordon 型方程解的散射性结果 (参见文献 [MS]), 有关次临界情形 $\left(非聚焦且 1 + \dfrac{4}{n} < p < 1 + \dfrac{4}{n-2}\right)$ 的散射性结果由 Brenner [Br3] 解决. 基本的工具是 Strichartz 估计、Besov 空间中的非线性估计技术、Morawetz 型的整体时空估计.

(3) 有关非线性 Schrödinger 方程的散射性理论的研究大致如下: Lin 与 Strauss[LiS] 利用乘子方法, 首先导出能量解的 Morawetz 估计, 进而证明了 3 次非线性 Schrödinger 方程的散射性理论. 有关次临界情形 $\left(非聚焦且 1 + \dfrac{4}{n} < p < 1 + \dfrac{4}{n-2}\right)$ 的散射性结果由 Ginibre-Velo [GV3] 解决. 基本的工具是 Strichartz 估计、Besov 空间中的非线性估计技术、Morawetz 型的整体时空估计.

(4) 上面所讨论的经典的散射理论都是在 $n \geqslant 3$ 的情形下进行的. 事实上, 当 $n \leqslant 2$ 时, 经典的 Morawetz-Pohožaev 恒等式不成立, 无法导出经典的 Morawetz 估计. 为克服这些困难, 利用 Hardy 型不等式、Sobolev 型不等式、乘子方法、Morawetz 相互作用位势及 Lagrange 变分技术等建立不依赖于非线性项的新型 Morawetz 估计. 近几年来, Bourgain, Keel, Nakanishi, Tao 等通过在物理或频率空间中建立各种不同类型的 Morawetz 估计 (参见文献 [KT1], [KT2], [Bo1], [Bo2], [N1], [N2]), 研究了如下情形下的散射性理论:

情况 1. 当 $n \leqslant 2$ 时, 非线性 Klein-Gordon 方程、非线性 Schrödinger 方程能量解的散射性;

情况 2. 当 $n \geqslant 3$ 时, 临界非线性 Klein-Gordon 方程、非线性 Schrödinger 方程能量解的散射性;

情况 3. 当 $n \geqslant 3$ 时, 在一定的条件下, 建立其他色散波方程, 如 Hartree 型方程能量解的散射性理论;

情况 4. 非线性 Klein-Gordon 方程、非线性 Schrödinger 方程低正则性问题的整体适定性及散射性问题的研究.

在上述问题的研究中, 调和分析的方法特别是基于 Fourier 限制性估计的 Strichartz 估计、Fourier 高频–低频分解的方法、基于 Littlewood-Paley 分解的函数空间刻画及 Bony 的仿积技术、I 能量方法、Morawetz 估计、Scaling 技术、非线性函数在 Besov 空间中的估计等在非线性 Klein-Gordon 方程、非线性 Schrödinger 方程低正则性问题的整体适定性及散射性问题的研究中起着极其重要的作用.

本章主要介绍 Morawetz 估计 (经典形式) 的一个简单的应用, 建立非线性 Klein-Gordon 型方程解的局部 L^2 范数与 Ω 上能量 ($|\Omega| < \infty$) 关于时间变量的衰减现象. 我们在光滑解的约定下实现这一事实的证明, 目的是希望这一方法可以处理更一般的、具有物理意义的 PDEs 的相应问题. 例如, 如何证明 4 阶非线性波动型方程解的局部能量衰减等结果. 与此同时, 这也是建立整体散射性理论的基础.

7.1 非线性 Klein-Gordon 方程解的局部衰减

考虑非线性 Klein-Gordon 方程的 Cauchy 问题

$$\begin{cases} u_{tt} - \Delta u + m^2 u + f(u) = 0, \quad m \neq 0, \quad (t,x) \in \mathbb{R} \times \mathbb{R}^n, \\ u(0) = \varphi(x), \quad u_t(0) = \psi(x), \end{cases} \tag{1.1}$$

其中 $f(u)$ 满足

$$F'(u) = f(u), \quad F(u) \geqslant 0. \tag{1.2}$$

设 $u(t,x)$ 是 Cauchy 问题的整体解, 我们的目的是在条件

$$\begin{aligned} E(u, \mathbb{R}^n, t) &= \int_{\mathbb{R}^n} \left(\frac{1}{2}(|u_t|^2 + |\nabla u|^2 + m^2|u|^2) + F(u) \right) dx \\ &= E(u, \mathbb{R}^n, 0) \triangleq E(\infty) < \infty \end{aligned} \tag{1.3}$$

下, 对于 $\mathbb{R}^n$ 中的任意有界区域 Ω, 证明

$$\lim_{t \to \infty} \int_{\Omega} |u(t,x)|^2 dx = 0, \tag{1.4}$$

$$\lim_{t \to \infty} E(u, \Omega, t) = \lim_{t \to \infty} \int_{\Omega} \left(\frac{1}{2}(|u_t|^2 + |\nabla u|^2 + m^2|u|^2) + F(u) \right) dx = 0. \tag{1.5}$$

不失一般性, 我们在光滑解的范畴内研究局部衰减性 (能量解可以通过光滑解来逼近, 进而得到相同的结果). 因此, 至少假设 $u(t,x) \in C^1(\mathbb{R} \times \mathbb{R}^n)$ 且具有分片光滑的

7.1 非线性 Klein-Gordon 方程解的局部衰减

2 阶导数. 注意到 (1.1) 在时间变量的平移变换下的不变性, 就有

$$\partial_t e(u) = \nabla \cdot (u_t \nabla u), \quad e(u) = \frac{1}{2}\left[|u_t|^2 + |\nabla u|^2 + m^2|u|^2\right] + F(u), \tag{1.6}$$

在 $\mathbb{R}^n$ 上积分并且利用散度定理, 就得能量守恒律 (1.3).

定理 1.1(Morawetz 定理) 设 $u(t,x) \in C^1(\mathbb{R} \times \mathbb{R}^n)$ 且具有分片光滑的 2 阶导数, 满足 Klein-Gordon 方程的 Cauchy 问题 (1.1). 若

$$E(\infty) = E(u, \mathbb{R}^n, 0) < \infty \tag{1.7}$$

及

$$sf(s) - 2F(s) \geqslant aF(s) \geqslant 0, \quad a > 0, \tag{1.8}$$

则对于任意的有界区域 $\Omega \subset \mathbb{R}^n$, 有 L^2 局部衰减 (1.4) 及局部能量衰减 (1.5).

Morawetz 在获得这一结果的同时, 首次建立了著名的 Morawetz 守恒积分形式与经典的 Morawetz 估计, 这在以后波动型方程、Klein-Gordon 方程及 Schrödinger 方程的研究中起着极其重要的作用.

引理 1.2 设 $u(t,x)$ 满足定理 1.1 中的条件, $f(u)$ 满足 (1.8), 则

$$\int_0^T |u(t,x)|^2 dt < 4E(\infty), \quad n = 3$$
$$\left(\Longrightarrow \int_0^T \int_\Omega |u(t,x)|^2 dx dt \leqslant C(\Omega) E(\infty), n = 3 \right), \tag{1.9}$$

$$\int_0^T \int_\Omega |u(t,x)|^2 dx dt < C(\Omega) E(\infty), \quad n \geqslant 4, \tag{1.10}$$

$$\int_0^T E(u, \Omega, t) dt < C(\Omega) E(\infty), \quad n \geqslant 3, \tag{1.11}$$

这里 $0 < T \leqslant \infty$.

注记 1.1 (i) 容易看出, 如果 $\partial_t\left(\|u(t)\|_{L^2(\Omega)}^2\right)$, $E'(u,\Omega,t)$ 有界, 则从引理 1.2 就可以得到 Morawetz 衰减性结果. 在本节的最后将给出其详细证明.

(ii) 取 $Mu = u_r + \dfrac{n-1}{2r}u$, 由不变乘子方法或变分方法, 容易看出

$$[\Box u + m^2 u + f(u)]Mu$$
$$= \partial_t(u_t Mu) + \nabla \cdot \left\{ -\nabla u Mu + \frac{x}{r}\left(-\frac{1}{2}u_t^2 + \frac{|\nabla u|^2}{2} + \frac{1}{2}m^2|u|^2 + F(u) \right) \right.$$
$$\left. - \frac{n-1}{4}\frac{x}{r^3}|u|^2 \right\} + \frac{|\nabla u|^2 - u_r^2}{r} + \frac{(n-1)(n-3)}{4r^3}u^2$$
$$+ \frac{n-1}{2r}(uf(u) - 2F(u)), \tag{1.12}$$

这里用到 $um^2u - 2\cdot\dfrac{1}{2}m^2u^2 = 0$. 在 $\mathbb{R}^n$ 上积分上式, 利用散度定理, 就得

$$\begin{aligned}
0 =& \dfrac{\mathrm{d}}{\mathrm{d}t}\int_{\mathbb{R}^n} u_t\left(u_r + \dfrac{n-1}{2r}u\right)\mathrm{d}x + \int_{\mathbb{R}^n}(|\nabla u|^2 - u_r^2)\dfrac{\mathrm{d}x}{r} \\
& + \dfrac{(n-1)(n-3)}{4}\int_{\mathbb{R}^n}\dfrac{u^2}{r^3}\mathrm{d}x \\
& + \dfrac{n-1}{2}\int_{\mathbb{R}^n}(uf(u) - 2F(u))\dfrac{\mathrm{d}x}{r}, \quad n \geqslant 4.
\end{aligned} \tag{1.13}$$

特别, 当 $n = 3$ 时, 注意到 $-\Delta\dfrac{1}{r} = 4\pi\delta(0)$, (1.13) 就变成了

$$\begin{aligned}
0 =& \dfrac{\mathrm{d}}{\mathrm{d}t}\int_{\mathbb{R}^3} u_t\left(u_r + \dfrac{u}{r}\right)\mathrm{d}x + \int_{\mathbb{R}^3}\dfrac{|\nabla u|^2 - u_r^2}{r}\mathrm{d}x + 2\pi u^2(0,t) \\
& + \int_{\mathbb{R}^3}\dfrac{uf(u) - 2F(u)}{r}\mathrm{d}x, \quad n = 3.
\end{aligned}$$

由平移不变性, 还有

$$\begin{aligned}
0 =& \dfrac{\mathrm{d}}{\mathrm{d}t}\int_{\mathbb{R}^3} u_t\left(u_r + \dfrac{u}{r}\right)\mathrm{d}x + \int_{\mathbb{R}^3}\dfrac{|\nabla u|^2 - u_r^2}{r}\mathrm{d}x + 2\pi u^2(x,t) \\
& + \int_{\mathbb{R}^3}\dfrac{uf(u) - 2F(u)}{r}\mathrm{d}x, \quad n = 3.
\end{aligned} \tag{1.14}$$

(iii) 另外, 在估计 $\|u_t\|_{L^2(\Omega)}$, $\|u\|_{L^2(\Omega)}$ 时, 常常需要局部的 Morawetz 守恒形式. 例如, 设 $\xi(x) = \xi(|x|) = \xi(r)$, 取

$$Mu = \xi(r)\left[u_r + \dfrac{n-1}{2r}u\right] = \xi(x)\left[\dfrac{x\cdot\nabla u}{r} + \dfrac{n-1}{2r}u\right], \tag{1.15}$$

由不变乘子方法或变分方法 (或直接在 (1.12) 两边乘以 $\xi(r)$), 整理就得

$$\begin{aligned}
& [\Box u + m^2 u + f(u)]Mu \\
=& \partial_t(\xi(r)u_t Mu) + \nabla\cdot\left\{\xi(r)\left(-\dfrac{x\cdot\nabla u}{r}\nabla u - \dfrac{n-1}{2r}u\nabla u + \dfrac{x}{r}\left[-\dfrac{1}{2}u_t^2 + \dfrac{|\nabla u|^2}{2}\right.\right.\right. \\
& \left.\left.\left. + \dfrac{1}{2}m^2|u|^2 + F(u)\right] - \dfrac{n-1}{4}\dfrac{x}{r^3}|u|^2\right)\right\} + \xi_r(r)\left[\dfrac{(x\cdot\nabla u)^2}{r^2} + \dfrac{n-1}{2}\dfrac{(x\cdot\nabla u)}{r^2}u\right. \\
& \left. + \dfrac{|u_t|^2}{2} - \dfrac{|\nabla u|^2}{2} - \dfrac{m^2|u|^2}{2} - F(u) + \dfrac{(n-1)|u|^2}{4r^2}\right] + \xi(r)\dfrac{|\nabla u|^2 - u_r^2}{r} \\
& + \dfrac{(n-1)(n-3)}{4r^3}\xi(r)u^2 + \dfrac{n-1}{2r}(uf(u) - 2F(u))\xi(r).
\end{aligned} \tag{1.16}$$

引理 1.2 的证明 不失一般性, 仅需在条件

$$\mathrm{supp}\,\varphi(x) \subset \{x \mid |x| \leqslant k\}, \quad \mathrm{supp}\,\psi(x) \subset \{x \mid |x| \leqslant k\}, \quad k \in \mathbb{N} \tag{1.17}$$

下证明引理 1.2. 事实上, 对于任意的 $(x_0, t_0) \in \mathbb{R}^{n+1}$, $u(x,t)$ 在以 (x_0, t_0) 为顶点、$\Omega_{t_0}(x_0) = \{(x,0) : |x - x_0| \leqslant t_0\}$ 为底的锥

$$\Lambda(x_0, t_0) = \{(x,t) \mid |x - x_0| \leqslant t_0 - t, 0 \leqslant t \leqslant t_0\} \tag{1.18}$$

上的值仅依赖初值 $(u(x,0), u_t(x,0))$ 在 $\Omega_{t_0}(x_0)$ 上的值. 因此, 对于 Klein-Gordon 方程的任意一个解 $u^*(x,t)$,

$$u^*(x,0) = u(x,0), \quad u_t^*(x,0) = u_t(x,0), \quad x \in \Omega_{t_0}(x_0). \tag{1.19}$$

则在 $\Lambda(x_0, t_0)$ 上, $u(x,t) = u^*(x,t)$.

令设

$$\mathrm{supp}\, u^*(x,0), \mathrm{supp}\, u_t^*(x,0) \subset \{(x,0) \mid |x - x_0| \leqslant 2t_0\}, \tag{1.20}$$

显然

$$E^*(\infty) < (1+\varepsilon)E(\infty), \tag{1.21}$$

并且

$$\lim_{t_0 \to \infty} \varepsilon = 0, \quad \varepsilon = \frac{E(t_0) - E^*(t_0)}{E(\infty)}. \tag{1.22}$$

由 $(u^*(x,0), u_t^*(x,0))$ 的紧支集条件知 $u^*(x,t)$ 满足引理 1.2, 可见

$$\int_0^{t_0} |u(x_0,t)|^2 \mathrm{d}t = \int_0^{t_0} |u^*(x_0,t)|^2 \mathrm{d}t < 4E^*(\infty) < 4(1+\varepsilon)E(\infty). \tag{1.23}$$

令 $t_0 \to \infty$, 并注意到 $x_0 \in \mathbb{R}^n$ 的任意性就得

$$\int_0^\infty |u(x_0,t)|^2 \mathrm{d}t \leqslant 4E(\infty). \tag{1.24}$$

同理, 对于任意的有界区域 $\Omega \subset \mathbb{R}^n$, 可取 $t_0 > 0$ 充分大使得 $\Omega \subset \Omega_{t_0/2}(x_0)$. 因此

$$\int_0^{t_0/2} E(u, \Omega, t) \mathrm{d}t = \int_0^{t_0/2} E(u^*, \Omega, t) \mathrm{d}t < C(\Omega) E^*(\infty) < C(\Omega) E(\infty)(1+\varepsilon). \tag{1.25}$$

令 $t_0 \to \infty$, 并注意到 $x_0 \in \mathbb{R}^n$ 的任意性就得 (1.10) 成立.

先来考虑 $n = 3$ 的情形. 注意到初值具有紧支集的条件及解的有限传播速度的性质, 就 (1.12) 两边关于 (t,x) 积分, 并且注意利用散度定理 (或直接对于 (1.14) 关于时间变量积分), 可见

$$2\pi \int_0^T |u(x,t)|^2 \mathrm{d}t + \int_0^T \int_{\mathbb{R}^3} \frac{|\nabla u|^2 - u_r^2}{r} \mathrm{d}x \mathrm{d}t + \int_0^T \int_{\mathbb{R}^3} \frac{uf(u) - 2F(u)}{r} \mathrm{d}x \mathrm{d}t$$
$$= -\left[\int_{\mathbb{R}^3} \left(u_r + \frac{u}{r}\right) u_t \mathrm{d}x\right]_0^T, \tag{1.26}$$

利用 Hölder 不等式及 Hardy 不等式

$$\int_{\mathbb{R}^n} |\frac{u}{r}|^2 \mathrm{d}x \leqslant \|\nabla u\|_2^2, \tag{1.27}$$

得到

$$2\pi \int_0^T |u(x,t)|^2 \mathrm{d}t + \int_0^T \int_{\mathbb{R}^3} \frac{(|\nabla u|^2 - u_r^2) + (uf(u) - 2F(u))}{r} \mathrm{d}x \mathrm{d}t \leqslant 4E(\infty). \tag{1.28}$$

注意到

$$|\nabla u|^2 - u_r^2 \geqslant 0, \quad uf(u) - 2F(u) \geqslant aF(u) \geqslant 0,$$

由 (1.28) 就得估计 (1.9).

对 (1.13) 两边关于时间变量积分, 类似于 (1.28) 的推导, 就得到

$$\int_0^T \int_{\mathbb{R}^n} \frac{|\nabla u|^2 - u_r^2}{r} \mathrm{d}x \mathrm{d}t + \frac{n-1}{2} \int_0^T \int_{\mathbb{R}^n} \frac{uf(u) - 2F(u)}{r} \mathrm{d}x \mathrm{d}t$$
$$+ \frac{(n-1)(n-3)}{4} \int_0^T \int_{\mathbb{R}^n} \frac{u^2}{r^3} \mathrm{d}x \mathrm{d}t \leqslant 4E(\infty), \quad n \geqslant 4. \tag{1.29}$$

因此, 对于任意的有界区域 $\Omega \subset \mathbb{R}^n$, 记 $\rho = \mathrm{dist}(0,\Omega) + |\Omega|$, 则从 (1.29) 就得到

$$\frac{(n-1)(n-3)}{4} \int_0^T \int_\Omega \frac{u^2}{\rho^3} \mathrm{d}x \mathrm{d}t \leqslant \frac{(n-1)(n-3)}{4} \int_0^T \int_\Omega \frac{u^2}{r^3} \mathrm{d}x \mathrm{d}t \leqslant 4E(\infty).$$

因此

$$\int_0^T \int_\Omega u^2 \mathrm{d}x \mathrm{d}t \leqslant C(\Omega) E(\infty), \quad n \geqslant 4.$$

下面来证明估计 (1.11). 对 (1.12) 两边关于 (t,x) 积分, 利用 Hölder 不等式及 Hardy 不等式, 就得到

$$\int_0^T \int_{\mathbb{R}^n} \frac{|\nabla u|^2 - u_r^2}{r} \mathrm{d}x \mathrm{d}t + \frac{n-1}{2} \int_0^T \int_{\mathbb{R}^n} \frac{uf(u) - 2F(u)}{r} \mathrm{d}x \mathrm{d}t \leqslant 4E(\infty).$$

因此, 对于任意的 $\Omega \subset \mathbb{R}^n$, $|\Omega| < \infty$, 有

$$\int_0^T \int_\Omega \left[|\nabla u|^2 - u_r^2 + \frac{n-1}{2}(uf(u) - 2F(u)) \right] \mathrm{d}x \mathrm{d}t \leqslant 4\rho E(\infty). \tag{1.30}$$

注意到

$$|\nabla u|^2 - u_r^2 = \left| \nabla u - \frac{x}{|x|} \cdot \left(\frac{x}{|x|} \nabla u \right) \right|^2 = \frac{1}{r^2} \sum_{j<k} (\Omega_{jk} u)^2. \tag{1.31}$$

7.1 非线性 Klein-Gordon 方程解的局部衰减

这里 $\Omega_{jk} = x_j\partial_k - x_k\partial_j$. 再根据方程关于平移及旋转变换下的不变性, 从 (1.30) 推出

$$\int_0^T \int_\Omega \left| \nabla_{x-y} u - \frac{x-y}{|x-y|} \cdot \left(\frac{x-y}{|x-y|} \nabla_{x-y} u(x) \right) \right|^2 \mathrm{d}x \mathrm{d}t \leqslant C(\Omega) E(\infty), \quad y \in \mathbb{R}^n. \tag{1.32}$$

若 $0 \notin \Omega$, 在 0 的邻域内选取不重合的两点 $y, z \notin \Omega$, 则对于定义在 Ω 上的连续向量场 ∇u, 总有

$$\begin{aligned}\nabla u(x,t) =& \alpha(x)\left(\nabla_{x-y} u - \frac{x-y}{|x-y|}\left(\frac{x-y}{|x-y|} \nabla u \right) \right) \\ &+ \beta(x)\left(\nabla_{x-z} u - \frac{x-z}{|x-z|}\left(\frac{x-z}{|x-z|} \nabla u \right) \right).\end{aligned} \tag{1.33}$$

注意到

$$|\alpha(x)|, |\beta(x)| \leqslant C, \quad x \in \Omega, \quad |\Omega| < \infty, \tag{1.34}$$

就可推出

$$\int_0^T \int_\Omega \left(|\nabla u|^2 + \frac{n-1}{2} a F(u) \right) \mathrm{d}x \mathrm{d}t \leqslant C(\Omega) E(\infty). \tag{1.35}$$

若 $0 \in \Omega$, 在 0 的邻域内选取三个不在同一平面的点 y, z, w, 此时就有分解

$$\begin{aligned}\nabla u(x,t) =& \alpha(x)\left(\nabla_{x-y} u - \frac{x-y}{|x-y|}\left(\frac{x-y}{|x-y|} \nabla u \right) \right) \\ &+ \beta(x)\left(\nabla_{x-z} u - \frac{x-z}{|x-z|}\left(\frac{x-z}{|x-z|} \nabla u \right) \right) \\ &+ \gamma(x)\left(\nabla_{x-w} u - \frac{x-w}{|x-w|}\left(\frac{x-w}{|x-w|} \nabla u \right) \right),\end{aligned} \tag{1.36}$$

仿前面的讨论就得估计 (1.35).

下面来估计 $\|u_t\|_{L^2(\Omega)}, \|u\|_{L^2(\Omega)}$. 对 (1.16) 两边关于 (t,x) 积分, 利用散度定理, 整理就得

$$\begin{aligned}&\int_0^T \int_{\mathbb{R}^n} \xi_r(r)\left[\frac{|u_t|^2}{2} + \frac{(n-1)|u|^2}{4r^2} - \frac{m^2|u|^2}{2} + \frac{n-1}{2} \frac{u u_r}{r} \right] \mathrm{d}x\mathrm{d}t \\ =& \int_0^T \int_{\mathbb{R}^n} \left\{ \xi_r(r)\left[\frac{|\nabla u|^2}{2} + F(u) - u_r^2 \right] \right. \\ &\left. - \xi(r)\left[\frac{|\nabla u|^2 - u_r^2}{r} + \frac{n-1}{2r}(uf(u) - 2F(u)) + \frac{(n-1)(n-3)}{4r^3} u^2 \right] \right\} \mathrm{d}x\mathrm{d}t\end{aligned}$$

$$-\int_{\mathbb{R}^n}\xi(r)\frac{2ru_r+(n-1)u}{2r}u_t\mathrm{d}x\bigg|_0^T, \quad n\geqslant 4, \tag{1.37}$$

$$\int_0^T\int_{\mathbb{R}^3}\xi_r(r)\left[\frac{|u_t|^2}{2}+\frac{|u|^2}{2r^2}-\frac{m^2|u|^2}{2}+\frac{uu_r}{r}\right]\mathrm{d}x\mathrm{d}t$$

$$=\int_0^T\int_{\mathbb{R}^3}\left\{\xi_r(r)\left[\frac{|\nabla u|^2}{2}+F(u)-u_r^2\right]\right.$$

$$\left.-\xi(r)\left[\frac{|\nabla u|^2-u_r^2+uf(u)-2F(u)}{r}\right]\right\}\mathrm{d}x\mathrm{d}t$$

$$-\int_{\mathbb{R}^3}\xi(r)\frac{ru_r+u}{r}u_t\mathrm{d}x\bigg|_0^T-2\pi\int_0^T\xi(r)|u(x,t)|^2\mathrm{d}t, \quad n=3. \tag{1.38}$$

选取 $\xi(r)$ 满足

$$\begin{cases} \xi_r(r)=-1, & r\leqslant r_0, \\ \xi_r(r)=0, & r>r_0. \end{cases} \tag{1.39}$$

记

$$D=\{x\mid r=|x-x_0|\leqslant r_0\}, \quad r_0>0 \text{ 待定}. \tag{1.40}$$

在上式两边同时加上 $(n-1)\int_0^T\int_{\mathbb{R}^n}\xi_r(r)u_r^2\mathrm{d}x\mathrm{d}t$, 且利用

$$(n-1)u_r^2+\frac{n-1}{2}\frac{uu_r}{r}+\frac{n-1}{4}\frac{|u|^2}{r^2}$$

$$=(n-1)\left(u_r+\frac{u}{4r}\right)^2+\frac{3(n-1)}{16}\frac{|u|^2}{r^2}, \quad n\geqslant 3, \tag{1.41}$$

就可以推出

$$\int_0^T\int_{\mathbb{R}^n}\xi_r(r)\left[\frac{|u_t|^2}{2}+\frac{3(n-1)}{16}\frac{|u|^2}{r^2}-\frac{m^2|u|^2}{2}+(n-1)\left(u_r+\frac{u}{4r}\right)^2\right]\mathrm{d}x\mathrm{d}t$$

$$=\int_0^T\int_{\mathbb{R}^n}\left\{\xi_r(r)\left[\frac{|\nabla u|^2}{2}+F(u)+(n-2)u_r^2\right]-\xi(r)\left[\frac{|\nabla u|^2-u_r^2}{r}\right.\right.$$

$$\left.\left.+\frac{n-1}{2r}(uf(u)-2F(u))+\frac{(n-1)(n-3)}{4r^3}u^2\right]\right\}\mathrm{d}x\mathrm{d}t$$

$$-\int_{\mathbb{R}^n}\xi(r)\frac{2ru_r+(n-1)u}{2r}u_t\mathrm{d}x\bigg|_0^T, \quad n\geqslant 4. \tag{1.42}$$

7.1 非线性 Klein-Gordon 方程解的局部衰减

类似地, 有

$$\int_0^T \int_{\mathbb{R}^3} \xi_r(r) \left[\frac{|u_t|^2}{2} + \frac{3}{8}\frac{|u|^2}{r^2} - \frac{m^2|u|^2}{2} + 2\left(u_r + \frac{u}{4r}\right)^2 \right] dxdt$$

$$= \int_0^T \int_{\mathbb{R}^3} \left\{ \xi_r(r) \left[\frac{|\nabla u|^2}{2} + F(u) + u_r^2 \right] \right.$$

$$\left. - \xi(r) \left[\frac{|\nabla u|^2 - u_r^2}{r} + \frac{uf(u) - 2F(u)}{r} \right] \right\} dxdt + 2\pi \int_0^T \xi(r)|u(x,t)|^2 dt$$

$$- \int_{\mathbb{R}^3} \xi(r) \frac{ru_r + u}{r} u_t dx \Big|_0^T, \quad n=3. \tag{1.43}$$

今取 r_0 适当小 $\left(r_0 = \dfrac{\sqrt{3(n-1)}}{4m} \right)$, 就有

$$\int_0^T \int_D \left(u_t^2 + \frac{3(n-1)}{32r^2} u^2 \right) dxdt \leqslant K_1 E(\infty), \quad n \geqslant 3. \tag{1.44}$$

由 (1.35) 及 (1.44), 可得

$$\int_0^T E(u, D, t) dt \leqslant K_0 E(\infty), \quad r_0 = \frac{\sqrt{3(n-1)}}{4m}. \tag{1.45}$$

另一方面, 总存在有限个 D 将其覆盖, 相加就得估计 (1.11).

定理 1.1 的证明 由 Newton-Leibniz 公式及 Hölder 不等式就得

$$(t-t_1) \int_\Omega |u|^2 dx = \int_{t_1}^t \left[(\tau - t_1) \int_\Omega |u|^2 dx \right]_\tau d\tau$$

$$= \int_{t_1}^t \int_\Omega u^2 dxd\tau + 2\int_{t_1}^t \int_\Omega (\tau-t_1) u u_\tau dxd\tau$$

$$\leqslant 2\int_{t_1}^t \int_\Omega u^2 dxd\tau + \int_{t_1}^t \int_\Omega (\tau-t_1)^2 |u_\tau|^2 dxd\tau. \tag{1.46}$$

取 $t_1 = t-1$, 注意到

$$\int_0^\infty \int_\Omega |u(t,x)|^2 dxdt, \quad \int_0^\infty E(u, \Omega, t) dt < C(\Omega) E(\infty), \tag{1.47}$$

就得

$$\lim_{t \to \infty} \int_\Omega |u(t,x)|^2 dx = 0.$$

下面来证明能量衰减. 设 $\Omega(\rho)$ 是以 x_0 为中心, ρ 为半径的球. 记

$$G(t) = \int_{\rho_1}^{\rho_2} E(u, \Omega(\rho), t) \mathrm{d}\rho, \quad \rho_1 \leqslant \rho \leqslant \rho_2. \tag{1.48}$$

这样一来, 就有

$$\int_0^T G(t)\mathrm{d}t = \int_0^T \int_{\rho_1}^{\rho_2} E(u, \Omega(\rho), t)\mathrm{d}\rho \mathrm{d}t \leqslant E(\infty) \int_{\rho_1}^{\rho_2} K_\rho \mathrm{d}\rho$$
$$\leqslant E(\infty) K_{\max}(\rho_2 - \rho_1). \tag{1.49}$$

另一方面, 注意到

$$E_t(u, \Omega(\rho), t) = \int_\Omega (u_t u_{tt} + \nabla u \nabla u_t + m^2 u u_t + F'(u) u_t) \mathrm{d}x$$
$$= \int_\Omega (u_t \Delta u - m^2 u u_t - f(u) u_t + \nabla u \nabla u_t + m^2 u u_t + F'(u) u_t) \mathrm{d}x$$
$$= \int_\Omega (u_t \Delta u + \nabla u \nabla u_t) \mathrm{d}x = \int_\Omega \nabla \cdot (u_t \nabla u) \mathrm{d}x$$
$$= \int_{|x|=\rho} u_r u_t \mathrm{d}\sigma, \tag{1.50}$$

有

$$G_t = \int_{\rho_1}^{\rho_2} E_t(u, \Omega, t)\mathrm{d}\rho = \int_{\rho_1}^{\rho_2} \int_{|x|=\rho} u_r u_t \mathrm{d}\sigma \mathrm{d}\rho = \int_{\rho_1 \leqslant |x| \leqslant \rho_2} u_t u_r \mathrm{d}x$$
$$\leqslant \frac{1}{2} \int_{\mathbb{R}^n} (u_t^2 + u_r^2) \mathrm{d}x \leqslant E(\infty). \tag{1.51}$$

因此

$$\lim_{t \to \infty} G(t) = 0. \tag{1.52}$$

注意到 $E \geqslant 0$, 有

$$\lim_{t \to \infty} E(u, \Omega(\rho_1), t) \leqslant \lim_{t \to \infty} \frac{1}{\rho_2 - \rho_1} G(t) = 0. \tag{1.53}$$

注记 1.2 (i) 本质上, L^2 衰减估计 (1.4) 可由

$$\int_0^\infty \int_\Omega |u(t,x)|^2 \mathrm{d}x \mathrm{d}t < C(\Omega) E(\infty), \tag{1.54}$$

$$\frac{\mathrm{d}}{\mathrm{d}t} \int_\Omega |u(t)|^2 \mathrm{d}x \leqslant \int_\Omega (|u_t|^2 + |\nabla u|^2) \mathrm{d}x < \infty \tag{1.55}$$

直接得到.

(ii) 引理 1.2 的局部能量的可积性估计 (1.11) 意味着

$$\int_0^\infty |u_t|^2 \mathrm{d}t < \infty, \quad \text{a.e.} \quad x \in \mathbb{R}. \tag{1.56}$$

记 A 是使得 (1.56) 成立的 x 的集合, 则

$$\lim_{t\to\infty} u(x,t) = 0, \quad x \in A. \tag{1.57}$$

事实上, 由 Newton-Leibniz 公式

$$(t-t_1)|u(x_0,t)|^2 = \int_{t_1}^t \left[(\tau-t_1)u^2(x_0,\tau)\right]_\tau \mathrm{d}\tau$$

$$= \int_{t_1}^t u^2(x_0,\tau)\mathrm{d}\tau + 2\int_{t_1}^t (\tau-t_1)|uu_\tau(x_0,\tau)|\mathrm{d}\tau$$

$$\leqslant 2\int_{t_1}^t u^2 \mathrm{d}\tau + \int_{t_1}^t (\tau-t_1)^2 |u_\tau|^2 \mathrm{d}\tau. \tag{1.58}$$

取 $t_1 = t-1$, 令 $t \to \infty$, 就得 (1.57).

(iii) 在上面的定理证明中, 用到了如下的数学分析结果. 设 $f(t) \geqslant 0$, $|f'(t)| < \infty$. 若 $\int_0^\infty f(t)\mathrm{d}t < \infty$, 则成立

$$\lim_{t\to\infty} f(t) = 0. \tag{1.59}$$

采用反证法. 若不然, 存在 $\varepsilon_0 > 0$, 对任意的 $T > 0$, 总存在 $t > T$ 使得 $|f(t)| \geqslant \varepsilon_0$. 记

$$\sup_t |f'(t)| = C < \infty \implies |f(t) - f(s)| \leqslant C|t-s|. \tag{1.60}$$

则

$$\text{取 } T_1 = \frac{2\varepsilon_0}{C}, \exists t_1 > T_1, \text{满足} f(t_1) \geqslant \varepsilon_0, \tag{1.61}$$

$$\text{取 } T_2 = t_1 + \frac{2\varepsilon_0}{C}, \exists t_2 > T_2, \text{满足} f(t_2) \geqslant \varepsilon_0, \tag{1.62}$$

$$\cdots\cdots$$

$$\text{取 } T_k = t_{k-1} + \frac{2\varepsilon_0}{C}, \exists t_k > T_k, \text{满足} \quad f(t_k) \geqslant \varepsilon_0, \tag{1.63}$$

$$\cdots\cdots$$

由函数的连续性的定义, 对任意的 $t \in I_k = \left[t_k - \frac{\varepsilon_0}{2C}, t_k + \frac{\varepsilon_0}{2C}\right]$, 有

$$|f(t)| \geqslant |f(t_k)| - |f(t) - f(t_k)| \geqslant \varepsilon_0 - C\frac{\varepsilon_0}{2C} = \frac{\varepsilon_0}{2}. \tag{1.64}$$

由此推出

$$\int_0^\infty f(t)\mathrm{d}t \geqslant \sum_{|t-t_k|\leqslant \frac{\varepsilon_0}{2C}} |f(t)|\cdot |I_k| \geqslant \sum_k \frac{\varepsilon_0^2}{2C} = \infty. \tag{1.65}$$

矛盾.

7.2 高阶非线性 Klein-Gordon 方程解的局部衰减

本节的目的主要有下面几个方面:

(1) 设 Ω 是 $\mathbb{R}^n$ 中任意有界区域, 研究高阶非线性 Klein-Gordon 方程的解是否具有局部衰减

$$\lim_{t\to\infty} \int_\Omega |u(t,x)|^2 \mathrm{d}x = 0, \quad 已被 \text{ Lin } 解决.$$
$$\lim_{t\to\infty} E(u,\Omega,t) = 0, \quad 仍然是公开的问题!$$

(2) 是否可以利用乘子技术、Lagrange 变分技术或 Morawetz 相互作用位势方法来建立 Morawetz 守恒积分形式或 Morawetz 估计. 在此过程中, 可以熟悉或了解导数的分解与合成技术, 为非线性估计打下良好的基础.

(3) 是否可以利用 Morawetz 估计或新型的 Morawetz 估计来建立高阶非线性 Klein-Gordon 方程的散射性理论.

就简单的高阶非线性波动方程 (classical vibrating beam equations)

$$\begin{cases} u_{tt} + \Delta^2 u + f(u) = 0, & (x,t) \in \mathbb{R}^n \times \mathbb{R}, \\ u(0) = \varphi(x), & u_t(0) = \psi(x) \end{cases} \tag{2.1}$$

的经典研究, 现有的结果大致如下 (参见文献 [Lev2]):

(i) 对于形如

$$f(u) \sim u + O(|u|^p), \quad 1 < p < 1 + \frac{8}{n-4}, \quad 高阶 \text{ Klein-Gordon } 型方程, \tag{2.2}$$

业已证明 (2.1) 在 $H^2(\mathbb{R}^n) \times L^2(\mathbb{R}^n)$ 上的局部适定性.

(ii) 若非线性函数满足

$$f(u) = u + |u|^{p-1}u, \quad p \geqslant 1 + \frac{8}{n}, \tag{2.3}$$

业已证明 (2.1) 在 $H^2(\mathbb{R}^n) \times L^2(\mathbb{R}^n)$ 中的低能量散射性.

(iii) 非线性函数满足

$$f(u) = u - |u|^{p-1}u, \quad 1 < p < 1 + \frac{8}{n-4}, \quad 具聚焦型的非线性项. \tag{2.4}$$

7.2 高阶非线性 Klein-Gordon 方程解的局部衰减

有关孤子解或驻波解的存在性、稳定性与不稳定性均已有研究.

Strauss 猜想 当非线性函数满足

$$f(u) = u + |u|^{p-1}u, \quad 1 + \frac{8}{n} < p < 1 + \frac{8}{n-4} \tag{2.5}$$

时, 问题 (2.1) 在能量模意义下散射性结果成立.

基本假设: 设非线性函数满足

$$F'(u) = f(u), \quad F(0) = 0. \tag{2.6}$$

则 (2.1) 对应的能量解满足

$$E(u, \mathbb{R}^n, t) = \int_{\mathbb{R}^n} \left\{ \frac{1}{2} u_t^2 + \frac{1}{2} |\Delta u|^2 + F(u) \right\} \mathrm{d}x = E(u, \mathbb{R}^n, 0). \tag{2.7}$$

在陈述定理之前, 先引入一些记号.

$$\hat{x}_i = \frac{x_i}{r}, \quad \partial_r = \frac{x_i}{r} \partial_i, \quad \Omega_{ij} = x_i \partial_j - x_j \partial_i. \tag{2.8}$$

命题 2.1 Ω_{ij} 与 ∂_r 是可以交换的, 且对任意的导数 ∂_i, 有如下正交分解:

$$\partial_i = \frac{x_i}{r} \partial_r + \frac{\hat{x}_j}{r} \Omega_{ji} = \hat{x}_i \partial_r + \frac{\hat{x}_j}{r} \Omega_{ji}. \tag{2.9}$$

这等价于

$$\nabla u = \frac{x}{r} \partial_r u + \left(\frac{\hat{x}_j}{r} \Omega_{j1}, \frac{\hat{x}_j}{r} \Omega_{j2}, \cdots, \frac{\hat{x}_j}{r} \Omega_{jn} \right)$$

$$= \frac{x}{r} \left(\frac{x}{r} \nabla u \right) + \left(\frac{\hat{x}_j}{r} \Omega_{j1}, \frac{\hat{x}_j}{r} \Omega_{j2}, \cdots, \frac{\hat{x}_j}{r} \Omega_{jn} \right). \tag{2.10}$$

证明 可交换性与等式 (2.9) 是显然的. 下面验算其正交性. 事实上,

$$\frac{x_i}{r} \partial_r u \cdot \frac{\hat{x}_j}{r} \Omega_{ji} u = \frac{\hat{x}_i \hat{x}_j}{r} \partial_r u (x_j \partial_i u - x_i \partial_j u)$$

$$= \partial_r u \left(\frac{\hat{x}_j}{r} \hat{x}_j x_j \partial_i u - \frac{\hat{x}_j}{r} \hat{x}_i x_i \partial_j u \right)$$

$$= \partial_r u (\hat{x}_i \partial_i u - \hat{x}_j \partial_j u) = 0.$$

命题 2.2 对于所有的二阶导数, 有如下的正交分解:

$$\partial_i \partial_j u = R_{ij} u + S_{ij} u, \tag{2.11}$$

其中
$$R_{ij}u = \hat{x}_i\hat{x}_j\partial_r^2 u + \frac{\delta_{ij} - \hat{x}_i\hat{x}_j}{r}\partial_r u, \tag{2.12}$$

$$S_{ij}u = \frac{\hat{x}_i\hat{x}_k}{r}\Omega_{kj}\partial_r u + \partial_j\left\{\frac{\hat{x}_k}{r}\Omega_{ki}u\right\}. \tag{2.13}$$

特别, 有
$$\Delta u = R_{ii}u + S_{ii}u = \partial_r^2 u + \frac{n-1}{r}\partial_r u + \frac{1}{r^2}\sum_{j<k}\Omega_{jk}^2 u. \tag{2.14}$$

证明 直接验证
$$\partial_i\partial_j u = \partial_j\partial_i u, \quad \partial_i = \hat{x}_i\partial_r + \frac{\hat{x}_j}{r}\Omega_{ji},$$

故
$$\begin{aligned}\partial_j\partial_i u =& \hat{x}_i\partial_j\partial_r u + \partial_j(\hat{x}_i)\partial_r u + \partial_j\left\{\frac{\hat{x}_k}{r}\Omega_{ki}u\right\} \\ =& \hat{x}_i\left\{\hat{x}_j\partial_r + \frac{\hat{x}_k}{r}\Omega_{kj}\right\}\partial_r u + \frac{\delta_{ij} - \hat{x}_i\hat{x}_j}{r}\partial_r u + \partial_j\left\{\frac{\hat{x}_k}{r}\Omega_{ki}u\right\} \\ =& R_{ij}u + S_{ij}u. \end{aligned} \tag{2.15}$$

定理 2.3 设 $n \geqslant 5$, $u(t,x)$ 是 (2.1) 的光滑解且在 ∞ 处有一定的衰减 (确保分部积分可以进行), $Mu = u_r + \dfrac{n-1}{2r}u$. 则有如下恒等式:

$$\begin{aligned}0 =& \frac{\mathrm{d}}{\mathrm{d}t}\int_{\mathbb{R}^n} u_t Mu\,\mathrm{d}x + \frac{(n-1)(n-3)}{2}\int_{\mathbb{R}^n}\frac{u_r^2}{r^3}\mathrm{d}x \\ & + \frac{n^2+2n-19}{2}\int_{\mathbb{R}^n}\frac{|\nabla u|^2 - u_r^2}{r^3}\mathrm{d}x + P \\ & + \frac{3(n-1)(n-3)(n-5)}{4}\int_{\mathbb{R}^n}\frac{u^2}{r^5}\mathrm{d}x \\ & + \frac{n-1}{2}\int_{\mathbb{R}^n}\frac{uf(u) - 2F(u)}{r}\mathrm{d}x,\end{aligned} \tag{2.16}$$

其中
$$P = \frac{2}{r}\left\{\sum_{ij}(S_{ij}u)^2 - \sum_i\left(\sum_j \hat{x}_j S_{ij}u\right)^2\right\} \geqslant 0. \tag{2.17}$$

证明 为方便推导, 用 $\approx$ 表示在相差一个关于空间变量的散度项的意义下是相等的. 直接验证, 可见

7.2 高阶非线性 Klein-Gordon 方程解的局部衰减

$$\begin{aligned}(\partial_t^2 u + f(u))Mu =& \partial_t(\partial_t u Mu) - \partial_t u Mu_t + f(u)Mu \\ =& \partial_t(\partial_t u Mu) - \frac{x_k}{r}\{\partial_t u \cdot \partial_k \partial_t u - \partial_k F(u)\} \\ &+ \frac{n-1}{2r}\{-(\partial_t u)^2 + uf(u)\},\end{aligned} \qquad (2.18)$$

这里重复出现的指标表示求和.

$$\begin{aligned}(\partial_t^2 u + f(u))Mu \approx& \partial_t(\partial_t u Mu) + \partial_k\left(\frac{x_k}{r}\right)\left\{\frac{1}{2}(\partial_t u)^2 - F(u)\right\} \\ &+ \frac{n-1}{2r}\{-(\partial_t u)^2 + uf(u)\} \\ =& \partial_t(\partial_t u Mu) + \frac{n-1}{2r}\{uf(u) - 2F(u)\}.\end{aligned} \qquad (2.19)$$

下面来估计 $(\Delta^2 u)Mu$. 注意到

$$\begin{aligned}u_{iijj}u_k =& (u_{ijj}u_k)_i - u_{ijj}u_{ki} = (u_{ijj}u_k)_i - (u_{jj}u_{ki})_i + u_{jj}u_{iik} \\ =& (u_{ijj}u_k - u_{jj}u_{ki})_i + \frac{1}{2}(u_{ii}^2)_k,\end{aligned}$$

即

$$u_{iijj}u_k = (u_{ijj}u_k - u_{jj}u_{ki})_i + \frac{1}{2}(u_{ii}^2)_k, \qquad (2.20)$$

同理可得

$$u_{iijj}u = (u_{ijj}u - u_{jj}u_i)_i + u_{ii}u_{jj}, \qquad (2.21)$$

$$\begin{aligned}(\Delta^2 u)u_r =& u_{iijj}u_k\frac{x_k}{r} = \frac{x_k}{r}(u_{ijj}u_k - u_{jj}u_{ki})_i + \frac{x_k}{2r}(u_{ii}^2)_k \\ \approx& -\left(\frac{x_k}{r}\right)_i(u_{ijj}u_k - u_{jj}u_{ki}) - \left(\frac{x_k}{2r}\right)_k u_{ii}^2 \\ =& -\left(\frac{\delta_{ki}}{r} - \frac{x_i x_k}{r^3}\right)(u_{ijj}u_k - u_{jj}u_{ik}) - \frac{n-1}{2r}u_{ii}^2 \\ =& \frac{1}{r}(u_{ii}u_{jj} - u_{ijj}u_i) - \frac{n-1}{2r}u_{ii}^2 + \frac{x_i x_k}{2r^3}(u_{ijj}u_k - u_{jj}u_{ik}),\end{aligned} \qquad (2.22)$$

$$\begin{aligned}\Delta^2 u\frac{n-1}{2r}u =& \frac{n-1}{2r}u_{iijj}u = \frac{n-1}{2r}\left[(u_{ijj}u - u_{jj}u_i)_i + u_{jj}u_{ii}\right] \\ \approx& -\frac{n-1}{2}\left(\frac{1}{r}\right)_i(u_{ijj}u - u_{jj}u_i) + \frac{n-1}{2r}u_{ii}^2 \\ =& \frac{n-1}{2}\frac{x_i}{r^3}(u_{ijj}u - u_{jj}u_i) + \frac{n-1}{2r}u_{ii}^2.\end{aligned} \qquad (2.23)$$

结合 (2.22) 及 (2.23) 就可以推出

$$\Delta^2 u Mu \approx \frac{1}{r}(u_{ii}u_{jj} - u_{ijj}u_i) + \frac{x_i x_k}{r^3}(u_{ijj}u_k - u_{jj}u_{ik})$$

$$+ \frac{n-1}{2}\frac{x_i}{r^3}(u_{ijj}u - u_{jj}u_i) = \text{I} + \text{II} + \text{III}. \tag{2.24}$$

下面进行凑散度形式的处理, 简单计算得

$$\text{I} \approx u_{ij}\left(\frac{1}{r}u_i\right)_j - u_i\left(\frac{1}{r}u_{jj}\right)_i$$

$$= u_{ij}u_{ij}\frac{1}{r} + u_{ij}u_i\left(\frac{1}{r}\right)_j - \frac{1}{r}u_iu_{jji} - u_iu_{jj}\left(\frac{1}{r}\right)_i$$

$$\approx \frac{1}{r}u_{ij}u_{ij} + u_{ij}u_i\left(\frac{1}{r}\right)_j + \frac{1}{r}u_{ij}u_{ji} + u_iu_{ji}\left(\frac{1}{r}\right)_j - (u_iu_{jj})\left(\frac{1}{r}\right)_i$$

$$\approx \frac{2}{r}u_{ij}u_{ij} + 2u_{ij}u_i\left(\frac{1}{r}\right)_j - (u_iu_{jj})\left(\frac{1}{r}\right)_i, \tag{2.25}$$

$$\text{II} \approx \frac{x_ix_k}{r^3}(u_ju_{ijk} - u_{ij}u_{jk}) + \left(\frac{x_ix_k}{r^3}\right)_j(u_ju_{ik} - u_ku_{ij})$$

$$\approx -2u_{ij}u_{jk}\frac{x_ix_k}{r^3} + (u_ju_{ik} - u_ku_{ij})\left(\frac{x_ix_k}{r^3}\right)_j - u_{ij}u_j\left(\frac{x_ix_k}{r^3}\right)_k, \tag{2.26}$$

$$\text{III} = -\frac{n-1}{2}\left(\frac{1}{r}\right)_i(u_{ijj}u - u_{jj}u_i). \tag{2.27}$$

结合 (2.25)~(2.27) 就得

$$(\Delta^2 u)(Mu) \approx \frac{2}{r}u_{ij}u_{ij} - 2u_{ij}u_{jk}\frac{x_ix_k}{r^3} + 2u_{ij}u_i\left(\frac{1}{r}\right)_j$$

$$- (u_iu_{jj})\left(\frac{1}{r}\right)_i + (u_ju_{ik} - u_ku_{ij})\left(\frac{x_ix_k}{r^3}\right)_j$$

$$- u_{ij}u_j\left(\frac{x_ix_k}{r^3}\right)_k - \frac{n-1}{2}\left(\frac{1}{r}\right)_i(u_{ijj}u - u_{jj}u_i)$$

$$= \frac{2}{r}\left[|D^2u|^2 - |(\nabla u)_r|^2\right] + 2u_{ij}u_i\left(\frac{1}{r}\right)_j + \frac{n-3}{2}(u_iu_{jj})\left(\frac{1}{r}\right)_i$$

$$- \frac{n-1}{2}\left(\frac{1}{r}\right)_i u_{ijj}u + (u_ju_{ik} - u_ku_{ij})\left(\frac{x_ix_k}{r^3}\right)_j - u_{ij}u_j\left(\frac{x_ix_k}{r^3}\right)_k$$

$$= \frac{2}{r}\sum_j\left[|\nabla u_j|^2 - |\partial_r(u_j)|^2\right] + a + b + c + d + e. \tag{2.28}$$

分步估计:

$$a \approx -u_i^2\left(\frac{1}{r}\right)_{jj} = \frac{n-3}{r^3}|\nabla u|^2. \tag{2.29}$$

7.2 高阶非线性 Klein-Gordon 方程解的局部衰减

注意到

$$\left(\frac{1}{r}\right)_i = -\frac{x_i}{r^3}, \quad \left(\frac{1}{r}\right)_{ij} = -\frac{\delta_{ij}}{r^3} + \frac{3x_i x_j}{r^5}, \quad \left(\frac{1}{r}\right)_{ii} = -\frac{n-3}{r^3}, \tag{2.30}$$

直接验算就得到

$$\begin{aligned}
b &\approx -\frac{n-3}{2}\left(\frac{u_j^2}{2}\right)_i\left(\frac{1}{r}\right)_i - \frac{n-3}{2} u_j u_i \left(\frac{1}{r}\right)_{ij} \\
&\approx \frac{n-3}{4} u_j^2 \left(\frac{1}{r}\right)_{ii} - \frac{n-3}{2} u_j u_i \left(\frac{1}{r}\right)_{ij} \\
&= -\frac{(n-3)^2}{4r^3}|\nabla u|^2 + \frac{n-3}{2r^3}|\nabla u|^2 - \frac{3(n-3)}{2r^3} u_r^2 \\
&= -\frac{(n-3)(n-5)}{4r^3}|\nabla u|^2 - \frac{3(n-3)}{2r^3} u_r^2,
\end{aligned} \tag{2.31}$$

$$\begin{aligned}
c &\approx \frac{n-1}{2}\left(\frac{1}{r}\right)_i u_j u_{ij} + \frac{n-1}{2} u_{ij} u \left(\frac{1}{r}\right)_{ij} \\
&\approx -\frac{n-1}{4} u_j^2 \left(\frac{1}{r}\right)_{ii} - \frac{n-1}{2} u_j u_i \left(\frac{1}{r}\right)_{ij} - \frac{n-1}{2} u u_i \left(\frac{1}{r}\right)_{ijj} \\
&\approx \frac{(n-1)(n-3)}{4r^3}|\nabla u|^2 + \frac{n-1}{2r^3}|\nabla u|^2 - \frac{3(n-1)}{2r^3} u_r^2 + \frac{n-1}{4} u^2 \left(\frac{1}{r}\right)_{iijj} \\
&= \frac{(n-1)^2}{4r^3}|\nabla u|^2 - \frac{3(n-1)}{2r^3} u_r^2 + \frac{3(n-1)(n-3)(n-5)}{4r^5} u^2, \quad n > 5.
\end{aligned} \tag{2.32}$$

特别, 当 $n=5$ 时,

$$\left(\frac{1}{r}\right)_{iijj} = \Delta^2\left(\frac{1}{r}\right) = 16\pi^2 \delta(0) \Longrightarrow (2.32) \text{ 最后一项变成 } 16\pi^2 |u(0,t)|^2, \tag{2.33}$$

$$\begin{aligned}
d &= \left((u_i u_j)_k - (u_i u_k)_j\right)\left(\frac{x_i x_k}{r^3}\right)_j \\
&\approx -u_i u_j \left(\frac{x_i x_k}{r^3}\right)_{jk} + u_i u_k \left(\frac{x_i x_k}{r^3}\right)_{jj} \\
&= -\frac{(n-2)}{r^3}|\nabla u|^2 + \frac{3(n-2)}{r^3} u_r^2 + \frac{2}{r^3}|\nabla u|^2 - \frac{3(n-1)}{r^3} u_r^2 \\
&= -\frac{(n-4)}{r^3}|\nabla u|^2 - \frac{3}{r^3} u_r^2.
\end{aligned} \tag{2.34}$$

这里用到

$$\left(\frac{x_i x_k}{r^3}\right)_{jk} = \left(\frac{n x_i}{r^3} + \frac{\delta_{ik} x_k}{r^3} - \frac{3 x_i x_k^2}{r^5}\right)_j = \left(\frac{(n-2) x_i}{r^3}\right)_j$$

$$= \left(\frac{(n-2)\delta_{ij}}{r^3} - \frac{3(n-2)x_ix_j}{r^5} \right), \tag{2.35}$$

$$\left(\frac{x_ix_k}{r^3} \right)_{ik} = \left(\frac{(n-2)\delta_{ik}}{r^3} - \frac{3(n-2)x_ix_k}{r^5} \right) = \frac{(n-2)(n-3)}{r^3}, \tag{2.36}$$

$$\left(\frac{x_ix_k}{r^3} \right)_{jj} = \left(\frac{\delta_{ij}x_k}{r^3} + \frac{\delta_{kj}x_i}{r^3} - \frac{3x_ix_kx_j}{r^5} \right)_j$$

$$= \left(\frac{\delta_{ij}\delta_{jk}}{r^3} - \frac{3\delta_{ij}x_jx_k}{r^5} + \frac{\delta_{kj}\delta_{ij}}{r^3} - \frac{3\delta_{kj}x_ix_j}{r^5} \right.$$

$$\left. - \frac{3nx_ix_k}{r^5} - \frac{3\delta_{ij}x_jx_k}{r^5} - \frac{3\delta_{jk}x_jx_i}{r^5} + \frac{15x_ix_kx_j^2}{r^7} \right), \tag{2.37}$$

$$-\left(\frac{x_ix_k}{r^3} \right)_{jk} u_i u_j = -\frac{(n-2)|\nabla u|^2}{r^3} + \frac{3(n-2)|u_r|^2}{r^3}, \tag{2.38}$$

$$\left(\frac{x_ix_k}{r^3} \right)_{jj} u_i u_k = \frac{2|\nabla u|^2}{r^3} - \frac{3(n-1)|u_r|^2}{r^3}. \tag{2.39}$$

注意到 (2.36), 直接验算就得

$$e \approx \frac{(n-2)(n-3)}{2r^3} |\nabla u|^2. \tag{2.40}$$

将估计 a, b, c, d, e 代入 (2.28), 就得

$$(\Delta^2 u)(Mu) \approx \frac{2}{r} \left[|D^2 u|^2 - |(\nabla u)_r|^2 \right] + \frac{(n-1)}{2r^3} \{(n-1)|\nabla u|^2 - 6u_r^2\}$$

$$+ (n-1)(n-3)(n-5)\frac{3u^2}{4r^5}. \tag{2.41}$$

由 (2.19) 及 (2.41), 关于空间变量 x 积分, 就得

$$0 = \frac{\mathrm{d}}{\mathrm{d}t} \int_{\mathbb{R}^n} \partial_t u \left(u_r + \frac{n-1}{2r} u \right) \mathrm{d}x + \frac{(n-1)}{2r^3} \int_{\mathbb{R}^n} \{(n-1)|\nabla u|^2 - 6u_r^2\} \mathrm{d}x$$

$$+ \frac{2}{r} \int_{\mathbb{R}^n} \left[|D^2 u|^2 - |(\nabla u)_r|^2 \right] \mathrm{d}x + (n-1)(n-3)(n-5) \int_{\mathbb{R}^n} \frac{3u^2}{4r^5} \mathrm{d}x$$

$$+ \frac{n-1}{2r} \int_{\mathbb{R}^n} \{uf(u) - F(u)\} \mathrm{d}x. \tag{2.42}$$

当 $n \geqslant 7$ 时, 容易从上面的式子推出经典的 Morawetz 估计. 对于一般的 $n \geqslant 5$ 的情形, 需要重新改写 (2.42) 中的求导项的表示形式, 以便更清楚地知道它的正定性 (或非负定性). 由表示式 (2.11), 易见

$$|D^2 u|^2 = \sum_{ij} |\partial_j \partial_i u|^2 = \sum_{ij} \{(R_{ij}u)^2 + 2R_{ij}u S_{ij}u + (S_{ij}u)^2\}. \tag{2.43}$$

7.2 高阶非线性 Klein-Gordon 方程解的局部衰减

为上述目的, 先证明几个断言:

断言 I
$$\frac{4}{r}\sum_{ij}(R_{ij}u)(S_{ij}u) \approx \frac{2(n-5)}{r^3}(|\nabla u|^2 - (\partial_r u)^2) \geqslant 0. \tag{2.44}$$

证明 事实上, 利用表示式 (2.12), (2.13) 将 $4(R_{ij}u)(S_{ij}u)$ 展开, 它包含三类项. 其一是包含形如 $\sum \hat{x}_j \hat{x}_k \Omega_{kj}$ 的项, 由 Ω_{kj} 的反称性可见它等于零 0. 第二类项是

$$\begin{aligned}
&4\hat{x}_i\hat{x}_j\left(\partial_r^2 u - \frac{1}{r}\partial_r u\right) \cdot \partial_j\left\{\frac{\hat{x}_k}{r}\Omega_{ki}u\right\} \\
=& \frac{4}{r}\hat{x}_j\left(\partial_r^2 u - \frac{1}{r}\partial_r u\right) \cdot \left\{\partial_j\left[x_i\frac{\hat{x}_k}{r}\Omega_{ki}u\right] - \delta_{ij}\frac{\hat{x}_k}{r}\Omega_{ki}u\right\} \\
=& 0.
\end{aligned} \tag{2.45}$$

第三类项是

$$\begin{aligned}
4\delta_{ij}\frac{1}{r^2}\partial_r u \cdot \partial_j\left\{\frac{\hat{x}_k}{r}\Omega_{ki}u\right\} &= \frac{4}{r^2}\partial_r u \partial_i\left[\frac{\hat{x}_k}{r}(x_k\partial_i u - u_i\partial_k u)\right] \\
&= \frac{4}{r^2}\partial_r u \partial_i\left[\partial_i u - \frac{x_i}{r}\partial_r u\right] = \frac{4}{r^2}\partial_r u \partial_i(A_i u) \\
&\approx -4\partial_i\left(\frac{1}{r^2}\partial_r u\right)A_i u,
\end{aligned} \tag{2.46}$$

这里用到

$$A_i = \frac{\hat{x}_k}{r}\Omega_{ki} = \partial_i - \hat{x}_i\partial_r. \tag{2.47}$$

显然

$$x_i A_i = x_i\partial_i - \frac{x_i^2}{r}\cdot\frac{x_k}{r}\partial_k = 0, \tag{2.48}$$

$$A_i f(r) = \partial_i f(r) - \hat{x}_i f'(r) = \frac{x_i}{r}f'(r) - \hat{x}_i f'(r) = 0, \tag{2.49}$$

$$A_i\partial_r = \partial_r A_i + \frac{1}{r}A_i, \quad \text{即} [A_i, \partial_r] = \frac{1}{r}A_i. \tag{2.50}$$

关于 (2.50) 的验证:

$$\begin{aligned}
A_i\partial_r u - \partial_r A_i u &= (\partial_i - \hat{x}_i\partial_r)\partial_r u - \partial_r(\partial_i - \hat{x}_i\partial_r)u \\
&= \partial_i\partial_r u - \partial_r\partial_i u + \partial_r(\hat{x}_i)\partial_r u = \partial_i\left(\frac{x_j}{r}\right)\cdot\partial_j u + \partial_r(\hat{x}_i)\partial_r u \\
&= \frac{\delta_{ij}}{r}\partial_j u - \frac{x_i x_j}{r^3}\partial_j u + \frac{x_k\delta_{ik}}{r^2}\partial_r u - \frac{x_i x_k^2}{r^4}\partial_r u \\
&= \frac{1}{r}\partial_i u - \frac{x_i}{r^2}\partial_r u + \frac{x_i}{r^2}\partial_r u - \frac{x_i}{r^2}\partial_r u
\end{aligned}$$

$$= \frac{1}{r}(\partial_i u - \hat{x}_i \partial_r u) = \frac{1}{r} A_i u.$$

由 ∂_i 的分解定义, 利用 (2.48), (2.49), 直接验证

$$-4\partial_i \left(\frac{1}{r^2}\partial_r u\right) A_i u \triangleq -4(\hat{x}_i \partial_r + A_i)\left(\frac{1}{r^2}\partial_r u\right) \cdot A_i u = -4A_i \left(\frac{1}{r^2}\partial_r u\right) A_i u$$

$$= -\frac{4}{r^2} A_i \partial_r u \cdot A_i u = -\frac{4}{r^2}\left(\partial_r A_i u + \frac{1}{r} A_i u\right) \cdot A_i u$$

$$= \left(-\frac{2}{r^2}\partial_r - \frac{4}{r^3}\right) w, \tag{2.51}$$

这里 $w \triangleq \sum_i (A_i u)^2 = |\nabla u|^2 - |\partial_r u|^2$. 故

$$\left[-\frac{2\hat{x}_i}{r^2}\partial_i - \frac{4}{r^3}\right] w \approx \left[2\partial_i \left(\frac{x_i}{r^3}\right) - \frac{4}{r^3}\right] w = \frac{2(n-5)}{r^3} w$$

$$= \frac{2(n-5)}{r^3} \big[|\nabla u|^2 - |\partial_r u|^2\big]. \tag{2.52}$$

断言 I 证毕.

断言 II

$$\frac{2}{r}|D^2 u|^2 \approx \frac{2}{r}\left\{|\partial_r^2 u|^2 + \frac{n-1}{r^2}|\partial_r u|^2 + \sum_{ij}(S_{ij}u)^2\right\}$$

$$+ \frac{2(n-5)}{r^3}\big[|\nabla u|^2 - |\partial_r u|^2\big]. \tag{2.53}$$

事实上, 按 (2.12) 的表示式, 直接计算就知

$$\sum_{1 \le i,j \le n} [R_{ij}u]^2 = \sum_{1 \le i,j \le n} \left[\hat{x}_i^2 \hat{x}_j^2 |\partial_r^2 u|^2 + 2\hat{x}_i \hat{x}_j (\delta_{ij} - \hat{x}_i \hat{x}_j)\partial_r^2 u \cdot \frac{1}{r}\partial_r u\right.$$

$$\left. + (\delta_{ij} - \hat{x}_i \hat{x}_j)^2 \left(\frac{\partial_r u}{r}\right)^2\right]$$

$$= (\partial_r^2 u)^2 + \frac{n-1}{r^2} u_r^2. \tag{2.54}$$

由 (2.43) 及断言 I 的结果就得 (2.53).

断言 III

$$|(\nabla u)_r|^2 = |\partial_r(\nabla u)|^2 = |\partial_r^2 u|^2 + \sum_i (\hat{x}_j S_{ij} u)^2. \tag{2.55}$$

事实上, 按 (2.12) 的表示式, 直接计算就知

$$\partial_r \partial_i u = \hat{x}_j \partial_j \partial_i u = \hat{x}_j (R_{ij}u + S_{ij}u), \tag{2.56}$$

$$\hat{x}_j R_{ij} u = \hat{x}_j \left(\hat{x}_i \hat{x}_j \partial_r^2 u + \frac{\delta_{ij} - \hat{x}_i \hat{x}_j}{r} \partial_r u \right) = \hat{x}_i \partial_r^2 u, \tag{2.57}$$

这里

$$\hat{x}_j S_{ij} u = \hat{x}_i \hat{x}_j A_j \partial_r u + \hat{x}_j \partial_j A_i u = 0 + \hat{x}_j \partial_j A_i u = \partial_r A_i u. \tag{2.58}$$

由此推出

$$\hat{x}_j R_{ij} u \cdot \hat{x}_j S_{ij} u = \partial_r^2 u \cdot \partial_r (\hat{x}_i A_i u) = 0, \tag{2.59}$$

这里用到

$$\partial_r \hat{x}_i = \frac{\hat{x}_j}{r} \partial_j \left(\frac{x_i}{r} \right) = \frac{\delta_{ij} x_j}{r^2} - \frac{x_i x_j^2}{r^4} = 0.$$

将 (2.53) 与 (2.55) 代入 (2.41), 就得到

$$\begin{aligned}(\Delta^2 u)(Mu) \approx & \frac{2}{r} \left[\frac{n-1}{r^2} |\partial_r u|^2 + \sum_{ij} (S_{ij} u)^2 - \sum_i \left(\sum_j \hat{x}_j S_{ij} u \right)^2 \right] \\ & + \frac{2(n-5)}{r^3} [|\nabla u|^2 - |\partial_r u|^2] + \frac{(n-1)}{2r^3} \{ |\nabla u|^2 - u_r^2 \} \\ & + \frac{(n-1)(n-5)}{2r^3} u_r^2 + (n-1)(n-3)(n-5) \frac{3u^2}{4r^5} \\ = & \frac{(n-1)(n-3)}{2r^3} u_r^2 + \frac{n^2 + 2n - 19}{2r^3} \{ |\nabla u|^2 - u_r^2 \} \\ & + (n-1)(n-3)(n-5) \frac{3u^2}{4r^5} + P, \end{aligned} \tag{2.60}$$

这里 P 由 (2.17) 所定义. 特别, 当 $n = 5$ 时, c 的估计需要修改. 事实上, 注意到

$$\frac{n-1}{4} u^2 \left(\frac{1}{r} \right)_{iijj} = \frac{n-1}{4} u^2 \Delta^2 \left(\frac{1}{r} \right) = \frac{n-1}{4} u^2 \cdot 16\pi^2 \delta(0). \tag{2.61}$$

此时, c 中的最后一项应改为

$$\frac{n-1}{4} u^2 \left(\frac{1}{r} \right)_{iijj} = 16\pi^2 u(t,0)^2 \geqslant 0. \tag{2.62}$$

为方便起见, 当 $n = 5$ 时, 常常认为上述非负项包含在 P 内即可.

推论 2.4 设 $n \geqslant 5$, $u(t,x)$ 是 (2.1) 的光滑解且在 ∞ 处有一定的衰减 (确保分部积分可以进行), 进而假设

$$uf(u) - 2F(u) \geqslant c_0 u^2, \quad c_0 > 0. \tag{2.63}$$

则有如下估计式:

$$\int_0^\infty \int_{\mathbb{R}^n} \frac{uf(u) - 2F(u)}{r} \mathrm{d}x \mathrm{d}t \leqslant CE, \tag{2.64}$$

$$\int_0^\infty \int_{\mathbb{R}^n} \frac{|\nabla u|^2}{r^3} \mathrm{d}x \leqslant CE, \tag{2.65}$$

$$\int_0^\infty \int_{\mathbb{R}^n} \frac{u^2}{r^5} \mathrm{d}x \mathrm{d}t \leqslant CE, \quad n \geqslant 6, \tag{2.66}$$

$$\sup_x \int_0^\infty |u|^2 \mathrm{d}t \leqslant CE, \quad n = 5. \tag{2.67}$$

证明 由能量守恒 (2.7) 推出 $u(t) \in H^2$. 利用 Hölder 不等式、Hardy 不等式及 (2.16) 就推出上面的估计 (2.64)~(2.67). 特别, 当

$$f(u) \simeq u + |u|^{p-1}u, \quad p > 1 \tag{2.68}$$

时, 就可以推出经典的 Morawetz 估计:

$$\int_{\mathbb{R}} \int_{\mathbb{R}^n} \frac{|u|^{p+1}}{r} \mathrm{d}x \mathrm{d}t \leqslant E(u, \mathbb{R}^n, 0), \quad n \geqslant 5 \tag{2.69}$$

注记 2.1 (i) Lin 最近建立了定理 2.3 的局部形式, 从而可以得到如下局部能量估计

$$\int_0^\infty E(u, \Omega, t) \mathrm{d}t \leqslant E(u, \mathbb{R}^n, 0), \quad \Omega \text{ 是任意的有界区域}. \tag{2.70}$$

作为 Newton-Leibniz 公式的直接结果, 得到了局部 $\|u\|_{L^2(\Omega)}$ 衰减:

$$\lim_{t \to \infty} \int_\Omega |u(t,x)|^2 = 0, \quad \Omega \text{ 是任意的有界区域}. \tag{2.71}$$

然而, 仍然无法证明局部能量衰减:

$$\lim_{t \to \infty} E(u, \Omega, t) = 0, \quad \Omega \text{ 是任意的有界区域}. \tag{2.72}$$

(ii) 一般相信, 对于上述的高阶 Klein-Gordon 方程的 Cauchy 问题, 散射性结果应成立, 理由与具备的条件是

(a) 已经证明了自由方程的色散型估计

$$\|v(t)\|_{L^q(\mathbb{R}^n)} \lesssim (1+|t|)^{-\frac{n}{2}(\frac{1}{2}-\frac{1}{q})} \|v(0), v_t(0)\|_X, \quad \begin{cases} 2 \leqslant q \leqslant 2 + \frac{8}{n-4}, & n \geqslant 5, \\ 2 \leqslant q < \infty, & n \leqslant 4, \end{cases} \tag{2.73}$$

这里 $X = H^2 \times L^2$.

(b) 业已建立了 Strichartz 估计

$$\|v(t)\|_{L^q(\mathbb{R} \times \mathbb{R}^n)} \lesssim \|v(0), v_t(0)\|_X, \quad 2 + \frac{8}{n} \leqslant q \leqslant 2 + \frac{12}{n-4}. \tag{2.74}$$

(c) 当 $n \geqslant 5$ 时, 业已建立了 Morawetz 估计 (2.16). 对于 $n \leqslant 4$ 的情形, 可以建立新型的 Morawetz 估计.

基于上述理由, 可以猜想: 至少在非聚焦
$$f(u) \simeq u + |u|^{p-1}u, \quad 1 + \frac{8}{n} < p < 1 + \frac{8}{n-4} \tag{2.75}$$
的情形下, 散射性理论成立.

7.3 非线性波动方程的低正则性

本节来考虑如下非线性波动方程的 Cauchy 问题
$$\begin{cases} u_{tt} - \Delta u = -|u|^{\rho-1}u, & (t,x) \in \mathbb{R} \times \mathbb{R}^n, \; n \geqslant 3, \\ u(x,0) = \phi(x), & x \in \mathbb{R}^n, \\ u_t(x,0) = \psi(x), & x \in \mathbb{R}^n \end{cases} \tag{3.1}$$
在低能量空间中的整体适定性问题.

最近, 许多数学家致力于研究发展型方程 (组) 的低正则性问题 (参见文献 [Bo1], [Bo2], [KM1], [KT1], [KT2], [KVP2], [Mi5], [Mi6], [So2], [Ta], [Tat]). 所谓低正则性问题就是寻求尽可能低正则性空间, 使得当初值属于此低正则性的空间 (具粗糙初值) 时, 研究相应的非线性发展方程的定解问题的适定性. 一般地说, 低正则性问题的局部适定性主要借助于 Strichartz 估计与分数阶求导技术, 相对而言就容易些. 低正则性问题的整体适定性就要困难得多, 因为此时不存在相应的能量不等式. Bourgain 首次提出了 Fourier 截断方法, 证明了 Schrödinger 方程在 $H^s(s_0 < s < 1)$ 中的整体适定性. Bourgain 方法的核心是将初值分解成低频与高频两部分, 用自由方程来演化高频部分, 非线性方程来演化低频部分, 证明相差量满足一定的正则性 (满足相应的估计), 最后证明这一过程一直可以进行, 从而获得低正则性问题的整体适定性. 至于处理低正则性问题方法还有 Tao 的 I 能量方法, 有兴趣的读者可见文献 [KT2].

就波动方程低正则性问题的整体适定性而言, Kenig, Ponce 及 Vega [KPV2] 给出了三维空间中的结果, 我们借助于 Keel-Tao 的端点时空估计与非线性函数在 Besov 空间的估计, 得到了 Klein-Gordon 方程低正则性问题的整体适定性 (参见文献 [Mi6]). 这里以高维波动方程为例, 阐述处理低正则性问题的整体适定性的技巧与思想.

先回忆低正则性问题的局部适定性的结论. 设 $(\phi(x), \psi(x)) \in \dot{H}^s(\mathbb{R}^n) \otimes \dot{H}^{s-1}(\mathbb{R}^n)$, 其中 $\dot{H}^s = D^{-s}L^2(\mathbb{R}^n)$,
$$\begin{cases} s \in (\nu(\rho), 1], & n = 3 \text{ 且 } \rho = 2, \\ s \in [\nu(\rho), 1], & n > 3 \text{ 或 } n = 3 \text{ 且 } \rho > 2, \end{cases} \tag{3.2}$$

$$\nu(\rho) = \begin{cases} \dfrac{n+1}{4} - \dfrac{1}{\rho-1}, & k_0(n) \leqslant \rho \leqslant 1 + \dfrac{4}{n-1}, \\ \dfrac{n}{2} - \dfrac{2}{\rho-1}, & 1 + \dfrac{4}{n-1} \leqslant \rho < 1 + \dfrac{4}{n-2}, \end{cases} \qquad (3.3)$$

$$k_0(n) = \frac{(n+1)^2}{(n-1)^2 + 4}, \quad n \geqslant 3. \qquad (3.4)$$

则 Cauchy 问题 (3.1) 在 $[0, T_0)$ 是局部适定的, 这里 $T_0 = T_0(\|\phi\|_{\dot{H}^s}, \|\psi\|_{\dot{H}^{s-1}})$, $s \in (\nu(\rho), 1]$ (参见文献 [LS], [So2]). 当 $n \geqslant 4$ 时, 含端点 $s = \nu(\rho)$ 的情形 (参见文献 [KT1]).

定理 3.1 设 $s \in (\alpha(\rho), 1)$, 其中 $\alpha(\rho)$ 满足

$$\alpha(\rho) = \frac{2(\rho-1)^2 - (n+2-\rho(n-2)) \cdot [n+1-\rho(n-1)]}{2(\rho-1)[n+1-\rho(n-3)]},$$
$$n \geqslant 4, \quad k_0(n) \leqslant \rho < \frac{n-1}{n-3}, \qquad (3.5)$$

$$\alpha(\rho) = \frac{4(\rho-1) + (n+2-\rho(n-2)) \cdot (n\rho-n-4)}{2(\rho-1)(n+4-\rho(n-2))},$$
$$n = 5, \quad \frac{n-1}{n-3} \leqslant \rho < \frac{n+2}{n-2}, \qquad (3.6)$$

$$\alpha(\rho) = \frac{2\rho(\rho-1) + (n+2-\rho(n-2)) \cdot (n\rho-n-\rho-2)}{2\rho(\rho-1) + 2(\rho-1)(n+2-\rho(n-2))},$$
$$n \geqslant 6, \quad \frac{n-1}{n-3} \leqslant \rho < \min\left\{\frac{n+2}{n-2}, \frac{n}{n-3}\right\}. \qquad (3.7)$$

则对任意的 $T > 0$ 及 $(\phi(x), \psi(x)) \in (\dot{H}^s(\mathbb{R}^n) \cap L^{\rho+1}(\mathbb{R}^n)) \otimes \dot{H}^{s-1}(\mathbb{R}^n)$, Cauchy 问题 (3.1) 在 $[0, T)$ 存在唯一的解 $u(t)$ 满足

$$u(t) = \dot{K}(t)\phi + K(t)\psi + z(t) \qquad (3.8)$$

与估计

$$\sup_{[0,T)} \|z(t)\|_{\dot{H}^1} \leqslant CT^{\frac{1-s}{1-s-\eta}}, \qquad (3.9)$$

这里 $K(t) = \sin(-\Delta)^{\frac{1}{2}} t / (-\Delta)^{\frac{1}{2}}$,

$$\eta = \frac{2(\rho-1)^2(1-s)}{n+2-\rho(n-2)} + \frac{n\rho - (n+\rho-1)}{2} - \rho s,$$
$$n \geqslant 4, \quad k_0(n) \leqslant \rho < \frac{n-1}{n-3}, \qquad (3.10)$$

$$\eta = \frac{2(\rho-1)(1-s)}{n+2-\rho(n-2)} + \frac{n\rho - (n+2)}{2} - \rho s,$$
$$n = 5, \quad \frac{n-1}{n-3} \leqslant \rho < \frac{n+2}{n-2}, \tag{3.11}$$

$$\eta = \frac{\rho(\rho-1)(1-s)}{n+2-\rho(n-2)} + \frac{n\rho - (n+\rho)}{2} - \rho s,$$
$$n \geqslant 6, \quad \frac{n-1}{n-3} \leqslant \rho < \min\left\{\frac{n+2}{n-2}, \frac{n}{n-3}\right\}. \tag{3.12}$$

注记 3.1 (i) 记 $k_1(n) = 1 + 2/(n-2)$. 容易验证, 当 $n = 3, 4$ 时, $k_0(n) < k_1(n)$; 当 $n \geqslant 5$ 时, $k_0(n) > k_1(n)$. 进而

$$\begin{cases} \dfrac{n}{n-3} \geqslant \dfrac{n+2}{n-2}, & n \leqslant 6, \\ \dfrac{n}{n-3} < \dfrac{n+2}{n-2}, & n \geqslant 7. \end{cases}$$

(ii) 当 $n \geqslant 7$ 时, 由于技术的原因, 我们仅考虑了 $k_0(n) \leqslant \rho < n/(n-3)$ 的情形.

(iii) 这里给出的方法可以用到 $n = 3$ 的情形, 因此, 从定理 3.1 就可推出文献 [KPV2] 的结论.

在证明定理 3.1 之前, 先回忆一下 Strichartz 时空估计. 直接计算知

$$\begin{aligned} W(x,t) &= \dot{K}(t)\phi(x) + K(t)\psi(x) + \int_0^t K(t-\tau)f(x,\tau)d\tau \\ &= \dot{K}(t)\phi(x) + K(t)\psi(x) + (\mathcal{G}f)(x,t) \end{aligned} \tag{3.13}$$

是如下线性波动方程

$$\begin{cases} W_{tt} - \Delta W = f(x,t), & (t,x) \in \mathbb{R} \times \mathbb{R}^n, \\ W(x,0) = \phi(x), & x \in \mathbb{R}^n, \\ W_t(x,0) = \psi(x), & x \in \mathbb{R}^n \end{cases} \tag{3.14}$$

的解. 由文献 [Mi8] 第十一章的引理 3.6, 就推出

$$\|K(t)\psi(\cdot)\|_{\dot{B}^{1-\beta(r)}_{r,2}} \leqslant C|t|^{-\gamma(r)} \|\psi\|_{\dot{B}^{\beta(r)}_{r',2}}, \quad 2 \leqslant r \leqslant \infty, \quad t \neq 0, \tag{3.15}$$

这里

$$\frac{\delta(r)}{n} = \frac{2\beta(r)}{n+1} = \frac{\gamma(r)}{n-1} = \frac{1}{2} - \frac{1}{r}. \tag{3.16}$$

由 TT^* 方法、Hardy-Littlewood-Sobolev 不等式及 Sobolev 嵌入定理, 就得到第 2 章中的 Strichartz 估计, 即

命题 3.2 令 $\rho_1, \rho_2, \mu \in \mathbb{R}, 2 \leqslant q_1, q_2, r_1, r_2 \leqslant \infty$ 满足

$$0 \leqslant \frac{2}{q_j} \leqslant \min(\gamma(r_j), 1), \quad n \geqslant 3, \quad j = 1, 2,$$

$$(q_j, r_j, n) \neq (2, \infty, 3), \quad j = 1, 2,$$

$$\rho_1 + \delta(r_1) - \frac{1}{q_1} = \mu,$$

$$\rho_2 + \delta(r_2) - \frac{1}{q_2} = 1 - \mu.$$

记 $Y^\mu = \dot{H}^\mu \times \dot{H}^{\mu-1}$. 则有如下结论:

(i) 对任意的 $(\phi, \psi) \in Y^\mu$, $(w, \partial_t w) \in \mathcal{C}(I; Y^\mu) \cap L^{q_1}(I; \dot{B}^{\rho_1}_{r_1,2}) \times L^{q_1}(I; \dot{B}^{\rho_1-1}_{r_1,2})$ 且满足

$$\|w; L^{q_1}(I; \dot{B}^{\rho_1}_{r_1,2})\| + \|\partial_t w; L^{q_1}(I; \dot{B}^{\rho_1-1}_{r_1,2})\| \leqslant C\|(\phi, \psi)\|_{Y^\mu}; \tag{3.17}$$

(ii) 对任意的 $f \in L^{q'_2}(I; \dot{B}^{-\rho_2}_{r'_2,2})$, $\mathcal{G}f \in \mathcal{C}(I; H^\mu) \cap L^{q_1}(I; \dot{B}^{\rho_1}_{r_1,2})$ 且满足

$$\|\mathcal{G}f; L^{q_1}(I; \dot{B}^{\rho_1}_{r_1,2})\| \leqslant C\|f; L^{q'_2}(I; \dot{B}^{-\rho_2}_{r'_2,2})\|; \tag{3.18}$$

(iii) 记 $I = [0, T), 0 < T \leqslant \infty$, 则

$$\|W; L^{q_1}(I; \dot{B}^{\rho_1}_{r_1,2})\| + \|\partial_t W; L^{q_1}(I; \dot{B}^{\rho_1-1}_{r_1,2})\|$$
$$\leqslant C \left(\|(\phi, \psi)\|_{Y^\mu} + \|f; L^{q'_2}(I; \dot{B}^{-\rho_2}_{r'_2,2})\| \right). \tag{3.19}$$

定义 3.1(波容许对的概念)   称 (q, r) 是波容许对, 如果

$$2 \leqslant q, r \leqslant \infty, \quad (q, r, \gamma(r)) \neq (2, \infty, 1)$$

且满足

$$0 \leqslant \frac{2}{q} \leqslant \gamma(r) = (n-1)\left(\frac{1}{2} - \frac{1}{r}\right) \leqslant 1. \tag{3.20}$$

习惯记为 $(q, r) \in \tilde{\Lambda}$. 特别, 当

$$\frac{2}{q} = \gamma(r)$$

时, 就称 (q, r) 是最佳波容许对, 记 $(q, r) \in \Lambda$.

容易看出, 如果 (q, r) 是一个最佳的容许对, 则 q 可以被 r 唯一确定, 记为 $q = q(r)$. 作为 Strichartz 估计的直接结论, 有如下推论:

推论 3.3   设 $\ell, \theta \geqslant 0$ 满足

$$\theta < \min(1, \ell), \quad n = 3 \text{ 或 } \theta \leqslant \min\left(\ell, \frac{(n+1)}{2(n-1)}\right), \quad n \geqslant 4. \tag{3.21}$$

若 $(\phi,\psi) \in \dot{H}^\ell \times \dot{H}^{\ell-1}$, 则 $w = \dot{K}(t)\phi + K(t)\psi \in L^{\frac{n+1}{(n-1)\theta}}\left(I; \dot{B}^{\ell-\theta}_{\frac{2(n+1)}{n+1-4\theta},2}\right) \cap \mathcal{C}(I;\dot{H}^\ell)$
且

$$\|w\|_{L^{\frac{n+1}{(n-1)\theta}}\left(I;\dot{B}^{\ell-\theta}_{\frac{2(n+1)}{n+1-4\theta},2}\right)} \leqslant C_\theta \left(\|\phi\|_{\dot{H}^\ell} + \|\psi\|_{\dot{H}^{\ell-1}}\right), \tag{3.22}$$

$$\|w\|_{L^{\frac{n+1}{(n-1)\theta}}\left(I;L^{\frac{2(n+1)n}{(n+1)(n-2\ell)-2(n-1)\theta}}\right)} \leqslant C_\theta \left(\|\phi\|_{\dot{H}^\ell} + \|\psi\|_{\dot{H}^{\ell-1}}\right), \tag{3.23}$$

这里 C_θ 是一个正常数.

推论 3.4 设 $\sigma \in \mathbb{R}$, $(q,r) \in \Lambda$, $(q_j, r_j) \in \Lambda$ $(j=1,2)$. 则

$$\|w\|_{L^q\left(I;\dot{B}^{\sigma-\beta(r)}_{r,2}\right)} \leqslant C\left(\|\phi\|_{\dot{H}^\sigma} + \|\psi\|_{\dot{H}^{\sigma-1}}\right), \tag{3.24}$$

$$\|\mathcal{G}f\|_{L^{q_1}\left(I;\dot{B}^{\sigma-\beta(r_1)}_{r_1,2}\right)} \leqslant C\|f\|_{L^{q_2'}\left(I;\dot{B}^{\sigma+\beta(r_2)-1}_{r_2',2}\right)}. \tag{3.25}$$

特别, 有

$$\|w\|_{L^q(I;L^r)} \leqslant C\left(\|\phi\|_{\dot{H}^{\beta(r)}} + \|\psi\|_{\dot{H}^{\beta(r)-1}}\right), \tag{3.26}$$

$$\|\mathcal{G}f\|_{L^q\left(I;\dot{B}^{\sigma-\beta(r)}_{r,2}\right)} \leqslant C\|f\|_{L^{q'}\left(I;\dot{B}^{\sigma+\beta(r)-1}_{r',2}\right)}, \tag{3.27}$$

$$\|\mathcal{G}f\|_{L^q(I;L^r)} \leqslant C\|f\|_{L^{q'}\left(I;\dot{H}^{2\beta(r)-1,r'}\right)}. \tag{3.28}$$

注记 3.2 (i) 在推论 3.3 中, 由 Sobolev 嵌入定理, 可得到齐次 Sobolev 空间中的 Strichartz 估计, 例如, 由 (3.22) 可见

$$\|w\|_{L^{\frac{n+1}{(n-1)\theta}}\left(I;\dot{H}^{\ell-\theta,\frac{2(n+1)}{n+1-4\theta}}\right)} = \|D^{\ell-\theta}w\|_{L^{\frac{n+1}{(n-1)\theta}}\left(I;L^{\frac{2(n+1)}{n+1-4\theta}}\right)}$$
$$\leqslant C_\theta \|(D^\ell\phi, D^{\ell-1}\psi)\|_2. \tag{3.29}$$

(ii) 若 $(q_j, r_j) \in \Lambda$ $(j=1,2)$ 且

$$\sigma + \delta(r_1) - \frac{1}{q_1} = \mu = 1 - \left(\sigma_2 + \delta(r_2) - \frac{1}{q_2}\right),$$

则

$$-\sigma_2 = \beta(r_1) + \beta(r_2) + \sigma - 1. \tag{3.30}$$

故由命题 3.2 得到

$$\|\mathcal{G}f\|_{L^{q_1}\left(I;\dot{B}^\sigma_{r_1,2}\right)} \leqslant C\|f\|_{L^{q_2'}\left(I;\dot{B}^{-\sigma_2}_{r_2',2}\right)} \tag{3.31}$$

$$\iff \|\mathcal{G}f\|_{L^{q_1}\left(I;\dot{B}^{\sigma-\beta(r_1)}_{r_1,2}\right)} \leqslant C\|f\|_{L^{q_2'}\left(I;\dot{B}^{-\sigma_2-\beta(r_1)}_{r_2',2}\right)} \tag{3.32}$$

$$\iff \|\mathcal{G}f\|_{L^{q_1}(I;\dot{B}^{\sigma-\beta(r_1)}_{r_1,2})} \leqslant C\|f\|_{L^{q_2'}(I;\dot{B}^{\sigma+\beta(r_2)-1}_{r_2',2})}. \tag{3.33}$$

(iii) 关于线性 Klein-Gordon 方程的时空估计及其推广形式, 参见文献 [Mi1] 或 [Mi2].

引理 3.5 设 $\alpha_1, \alpha_2, \cdots, \alpha_N$ 是满足条件 $|\alpha_j| \leqslant k_j$ 的 n 重指标. $k_j \geqslant 0$, $1 < p, q_j < \infty$, $\rho_j \geqslant 0 (j=1,2,\cdots,N)$, 并且

$$a_j = \rho_j \left(\frac{1}{q_j} - \frac{k_j - |\alpha_j|}{n} \right), \quad j = 1, 2, \cdots, N. \tag{3.34}$$

若

$$\sum_{a_j > 0} a_j < \frac{1}{p} \leqslant \sum_{j=1}^{N} \frac{\rho_j}{q_j} \tag{3.35}$$

或

$$a_j \neq 0 \ (j=1,2,\cdots,N) \quad \text{且} \quad \sum_{a_j>0} a_j \leqslant \frac{1}{p} \leqslant \sum_{a_j>0} \frac{\rho_j}{q_j}, \tag{3.36}$$

则有估计

$$\left\| \prod_{j=1}^{N} |\partial^{\alpha_j} u_j|^{\rho_j} \right\|_p \leqslant C \prod_{j=1}^{N} \|u_j\|_{\dot{W}^{k_j,q_j}}^{\rho_j}, \tag{3.37}$$

这里 $\|\cdot\|_{k_j,q_j}$ 表示 W^{k_j,q_j} 上的范数. 进而, 若有

$$a_j > 0 \ (j=1,2,\cdots,N) \quad \text{且} \quad \sum_{j=1}^{N} a_j = \frac{1}{p} \leqslant \sum_{j=1}^{N} \frac{\rho_j}{q_j}, \tag{3.38}$$

则有

$$\left\| \prod_{j=1}^{N} |\partial^{\alpha_j} u_j|^{\rho_j} \right\|_p \leqslant C \prod_{j=1}^{N} \|u_j\|_{\dot{W}^{k_j,q_j}}^{\rho_j}, \tag{3.39}$$

这里 $\dot{W}^{k_j,q_j}$ 是 Sobolev 空间 W^{k_j,q_j} 对应的齐次空间 (参见文献 [Mi8]).

为证明定理 3.1, 需要进行一系列非线性估计. 采用 Bourgain 的方法来处理. 将初值函数 $(\phi(x), \psi(x))$ 分解成高频与低频 (正则部分). 令 $\varphi \in \mathcal{C}_c^\infty(\mathbb{R}^n)$ 满足

$$\varphi(\xi) = \begin{cases} 1, & |\xi| \leqslant 1, \\ 0, & |\xi| \geqslant 2. \end{cases}$$

定义

$$\phi(x) = \phi_1(x) + \phi_2(x), \quad \psi(x) = \psi_1(x) + \psi_2(x),$$

这里

$$\begin{cases} (\phi_1(x),\psi_1(x)) = \left(\mathcal{F}^{-1}(\varphi_N(\xi)\hat{\phi}(\xi)), \mathcal{F}^{-1}(\varphi_N(\xi)\hat{\psi}(\xi))\right), \\ (\phi_2(x),\psi_2(x)) = (\phi(x)-\phi_1(x), \psi(x)-\psi_1(x)), \end{cases}$$

$\varphi_N(\xi) = \varphi(\xi/N)$, $N>0$ 将在以后确定. 容易看出 $\phi_1, \psi_1 \in \mathcal{S}(\mathbb{R}^n)$ 且

$$\begin{aligned} \|(-\Delta)^{\frac{\ell}{2}}\phi_1\|_2 &= \left(\int_{\mathbb{R}^n} \left||\xi|^{\ell}\varphi_N(\xi)\hat{\phi}\right|^2 \mathrm{d}\xi\right)^{\frac{1}{2}} \\ &\leqslant \left(\int_{\mathbb{R}^n} |\xi|^{\ell-s}||\xi|^s\varphi_N(\xi)\hat{\phi}|^2 \mathrm{d}\xi\right)^{\frac{1}{2}} \\ &\leqslant CN^{\ell-s}\|\phi\|_{\dot{H}^s} \sim N^{\ell-s}, \quad \ell \geqslant s, \end{aligned} \tag{3.40}$$

$$\begin{aligned} \|(-\Delta)^{\frac{\ell}{2}}\phi_2\|_2 &= \left(\int_{\mathbb{R}^n} \left|(|\xi|^{\ell}(1-\varphi_N(\xi))\hat{\phi}\right|^2 \mathrm{d}\xi\right)^{\frac{1}{2}} \\ &\leqslant \left(\int_{\mathbb{R}^n} |\xi|^{\ell-s}||\xi|^s(1-\varphi_N(\xi))\hat{\phi}|^2 \mathrm{d}\xi\right)^{\frac{1}{2}} \\ &\leqslant CN^{\ell-s}\|\phi\|_{H^s} \sim N^{\ell-s}, \quad \ell \in [0,s], \end{aligned} \tag{3.41}$$

这里 $f_N \sim g_N$ 意味着 $|f_N| \leqslant C|g_N|$, C 不依赖于 N. 类似地,有

$$\|(-\Delta)^{\frac{\ell-1}{2}}\psi_1\|_2 \sim N^{\ell-s}, \quad \ell \geqslant s, \tag{3.42}$$

$$\|(-\Delta)^{\frac{\ell-1}{2}}\psi_2\|_2 \sim N^{\ell-s}, \quad \ell \in [0,s]. \tag{3.43}$$

先考虑具正则初值 (ϕ_1,ψ_1) 的 Cauchy 问题

$$\begin{cases} v_{tt} - \Delta v = -|v|^{\rho-1}v, & (t,x) \in \mathbb{R} \times \mathbb{R}^n, \quad \rho \in \left(1, \dfrac{n+2}{n-2}\right), \\ v(x,0) = \phi_1(x), \quad v_t(x,0) = \psi_1(x), \quad x \in \mathbb{R}^n \end{cases} \tag{3.44}$$

及其相应的积分方程

$$v(x,t) = \dot{K}(t)\phi_1(x) + K(t)\psi_1(x) - \int_0^t K(t-\tau)|v|^{\rho-1}v\mathrm{d}\tau. \tag{3.45}$$

显然, $v(x,t)$ 满足如下守恒律:

$$\begin{aligned} E(v(\cdot,t), \partial_t v(\cdot,t)) &= \left(\int_{\mathbb{R}^n}\left(|v_t|^2 + |\nabla v|^2 + \frac{2|v|^{\rho+1}}{\rho+1}\right)\mathrm{d}x\right)^{\frac{1}{2}} \\ &= E(\phi_1,\psi_1), \quad \forall t>0. \end{aligned} \tag{3.46}$$

利用 (3.40), (3.42) 及 Sobolev 嵌入定理就推出

$$\|\partial_t v(t)\|_2, \quad \|v(t)\|_{\dot{H}^1}, \quad \|v(t)\|_{\rho+1}^{\frac{\rho+1}{2}} \sim N^{1-s}, \quad \forall t>0. \tag{3.47}$$

在证明定理 3.1 之前, 先证明一个简单的非线性估计, 较一般的形式可参见文献 [Wa] 或 [Mi9].

引理 3.6 设 $k_1(n) \leqslant \rho < 1 + \dfrac{4}{n-2}$, $r = \dfrac{2(n-1)(\rho+1)}{(\rho+1)(n-1) - 2(\rho-1)(n-2) + 4}$, $f(v) = |v|^{\rho-1}v$, 则

$$\|f(v)\|_{\dot{B}_{r',2}^{\beta(r)}} \leqslant C\|v\|_{\dot{B}_{r,2}^{1-\beta(r)}}^{\rho}. \tag{3.48}$$

证明 直接验算

$$0 \leqslant \beta(r) = \dfrac{(\rho-1)(n-2)-2}{2(n-1)(\rho+1)}(n+1) < \dfrac{1}{2},$$

$$\dfrac{1}{r'} = (\rho-1)\left(\dfrac{1}{r} - \dfrac{1-\beta(r)}{n}\right) + \left(\dfrac{1}{r} - \dfrac{1-2\beta(r)}{n}\right),$$

这里 r' 是 r 的对偶数. 记 $\Delta_y v = v(\cdot + y) - v(\cdot) = \tau_y v - v$, $[s]$ 表示 s 的最大整数部分. 注意到

$$|f(\tau_y v) - f(v)| \leqslant C\left(|v(x+y)|^{\rho-1} + |v(x)|^{\rho-1}\right)\Delta_y v,$$

则由 Hölder 不等式与 Sobolev 嵌入定理,

$$\|f(\tau_y v) - f(v)\|_{r'} \leqslant C\|v\|_{\lambda_1}^{\rho-1}\|\Delta_y v\|_{\lambda_2} \leqslant \|v\|_{\dot{B}_{r,2}^{1-\beta(r)}}^{\rho-1}\|\Delta_y v\|_{\lambda_2}, \tag{3.49}$$

这里

$$\dfrac{1}{\lambda_1} = \dfrac{1}{r} - \dfrac{1-\beta(r)}{n}, \quad \dfrac{1}{\lambda_2} = \dfrac{1}{r} - \dfrac{1-2\beta(r)}{n}.$$

注意到 Besov 空间 $\dot{B}_{r,m}^s$ 及 $B_{r,m}^s$ 模的等价定义,

$$\|v\|_{\dot{B}_{r,m}^s} \simeq \left(\int_0^\infty t^{-m(s-[s])}\sum_{|\alpha|=[s]}\sup_{|y|\leqslant t}\|\Delta_y D^\alpha v\|_r^m \dfrac{\mathrm{d}t}{t}\right)^{\frac{1}{m}}, \tag{3.50}$$

$$\|v\|_{B_{r,m}^s} \simeq \|v\|_r + \left(\int_0^\infty t^{-m(s-[s])}\sum_{|\alpha|=[s]}\sup_{|y|\leqslant t}\|\Delta_y D^\alpha v\|_r^m \dfrac{\mathrm{d}t}{t}\right)^{\frac{1}{m}}, \tag{3.51}$$

及 Sobolev 嵌入定理 $\dot{B}_{r,2}^{1-\beta(r)} \subset \dot{B}_{\lambda_2,2}^{\beta(r)}$, 容易推出

$$\|f(v)\|_{\dot{B}_{r',2}^{\beta(r)}} = \left(\int_0^\infty t^{-2\beta(r)}\sup_{|y|\leqslant t}\|f(\tau_y v) - f(v)\|_{r'}^2 \dfrac{\mathrm{d}t}{t}\right)^{\frac{1}{2}}$$

$$\leqslant C\|v\|_{\dot{B}_{r,2}^{1-\beta(r)}}^{\rho-1}\left(\int_0^\infty t^{-2\beta(r)}\sup_{|y|\leqslant t}\|\Delta_y v\|_{\lambda_2}^2 \dfrac{\mathrm{d}t}{t}\right)^{\frac{1}{2}}$$

$$= C\|v\|_{\dot{B}_{r,2}^{1-\beta(r)}}^{\rho-1}\|v\|_{\dot{B}_{\lambda_2,2}^{\beta(r)}}$$

7.3 非线性波动方程的低正则性

$$\leqslant C\|v\|_{\dot{B}_{r,2}^{1-\beta(r)}}^{\rho}.$$

对于 $\ell \geqslant 0, I \subset \mathbb{R}$ 满足 $0 \in \bar{I}$,定义

$$|||\cdot|||_\ell = \sup_{0\leqslant \theta \leqslant \min(\ell, \frac{n+1}{2(n-1)})} \|\cdot\|_{L^{\frac{n+1}{(n-1)\theta}}(I;L^{\frac{2(n+1)n}{(n+1)(n-2\ell)-2(n-1)\theta}})}$$
$$+ \sup_{2\leqslant r \leqslant \frac{2(n-1)}{n-3}, \gamma(r)=2/q} \|\cdot\|_{L^q(I;\dot{B}_{r,2}^{\ell-\beta(r)})}, \quad n \geqslant 4, \quad (3.52)$$

$$|||\cdot|||_\ell = \sup_{0\leqslant \theta < \min(\ell,1)} \|\cdot\|_{L^{\frac{2}{\theta}}(I;L^{\frac{6}{3-2\ell-\theta}})}$$
$$+ \sup_{2\leqslant r < \infty, \gamma(r)=2/q} \|\cdot\|_{L^q(I;\dot{B}_{r,2}^{\ell-\beta(r)})}, \quad n = 3. \quad (3.53)$$

那么就有如下结果:

引理 3.7 设 v 是 (3.44) 或 (3.45) 的解. 令

$$I = [0, \Delta T] \quad \text{且} \quad \Delta T \sim N^{-\frac{2(1-s)(\rho-1)}{n+2-\rho(n-2)}}. \quad (3.54)$$

若 $k_0(n) < \rho < (n+2)/(n-2)$, 则

$$|||v|||_1 \sim N^{1-s}, \quad \Delta T \sim N^{-\frac{2(1-s)(\rho-1)}{n+2-\rho(n-2)}}. \quad (3.55)$$

证明 取 r 同引理 3.6, $(q,r) \in \Lambda$. 当 $k_1(n) \leqslant \rho \leqslant 1 + \dfrac{4}{n-2}$ 时, 由 Strichartz 估计及引理 3.6 就得到

$$\|v\|_{L^q(I;\dot{B}_{r,2}^{1-\beta(r)})} \leqslant C[\|\phi_1\|_{\dot{H}^1} + \|\psi_1\|_2] + C\|f(v)\|_{L^{q'}(I;\dot{B}_{r',2}^{\beta(r)})}$$
$$\leqslant CN^{1-s} + C(\Delta T)^{\frac{n+2-\rho(n-2)}{2}} \|v\|_{L^q(I;\dot{B}_{r,2}^{1-\beta(r)})}^{\rho}, \quad (3.56)$$

取

$$\Delta T \sim N^{-\frac{2(1-s)(\rho-1)}{n+2-\rho(n-2)}}, \quad (3.57)$$

则

$$\|v\|_{L^q(I;\dot{B}_{r,2}^{1-\beta(r)})} \sim N^{1-s}, \quad k_1(n) \leqslant \rho < 1 + \frac{4}{n-2}. \quad (3.58)$$

由 Sobolev 嵌入定理就得到

$$|||v|||_1 \sim N^{1-s}, \quad k_1(n) \leqslant \rho < 1 + \frac{4}{n-2}. \quad (3.59)$$

由注记 3.1, 仅需考虑当 $n = 3$ 时, $k_0(n) < \rho \leqslant k_1(n)$ 或当 $n = 4$ 时, $k_0(n) \leqslant \rho \leqslant k_1(n)$ 的情形. 事实上, 注意到

$$\rho + 1 < 2\rho \leqslant \frac{2n}{n-2},$$

选取
$$\lambda = \frac{(\rho+1)(n-\rho(n-2))}{\rho\{2n-(\rho+1)(n-2)\}},$$
易见 $0 < \lambda < 1$. 由插值定理就得到
$$\begin{aligned}
\|f(v)\|_{L^1(I;L^2(\mathbb{R}^n))} &\leqslant C\Delta T \|v\|_{L^\infty(I;L^{\rho+1})}^{\lambda\rho} \cdot \|v\|_{L^\infty(I;L^{\frac{2n}{n-2}})}^{(1-\lambda)\rho} \\
&\leqslant C\Delta T N^{\frac{2n-2\rho(n-2)}{n+2-\rho(n-2)}(1-s)} \cdot N^{\frac{n(\rho-1)}{n+2-\rho(n-2)}(1-s)} \\
&\leqslant C\Delta T N^{\frac{n-\rho n+4\rho}{n+2-\rho(n-2)}(1-s)}.
\end{aligned} \tag{3.60}$$

选取 ΔT 同 (3.57), 根据 Strichartz 估计, 就得到
$$\begin{aligned}
\||v\||_1 &\leqslant C[\|\phi_1\|_{\dot{H}^1} + \|\psi_1\|_2] + C\|f(v)\|_{L^1(I;L^2)} \\
&\leqslant CN^{1-s} + C\Delta T N^{\frac{n-\rho n+4\rho}{n+2-\rho(n-2)}(1-s)} \\
&\sim N^{1-s}, \quad \Delta T \sim N^{-\frac{2(1-s)(\rho-1)}{n+2-\rho(n-2)}}.
\end{aligned} \tag{3.61}$$

注记 3.3 (i) 对任意 (κ, r, q) 满足 $\kappa + \delta(r) - \frac{1}{q} = 1, 2 \leqslant r \leqslant \infty$ 与
$$\begin{cases} 2 \leqslant q \leqslant \infty, & n \geqslant 4, \\ 2 < q \leqslant \infty, & n = 3, \end{cases}$$
由 Strichartz 估计与引理 3.7 就推出
$$\|v\|_{L^q(I;B_{r,2}^\kappa)} \sim N^{1-s}, \quad \text{对充分大的} N, \tag{3.62}$$
这里 $I = [0, \Delta T)$ 且 $\Delta T \sim N^{-\frac{2(1-s)(\rho-1)}{n+2-\rho(n-2)}}$.

(ii) 对于三维的波方程, 类似的估计在形如
$$\|| \cdot \||_\ell := \|(-\Delta)^{\ell/2} \cdot \|_{L^\infty(I;L^2)} + \| \cdot \|_{L^{2/\ell}(I;L^{2/(1-\ell)})} \tag{3.63}$$
的范数下仍然成立, 详见文献 [KPV2]. 这里的方法对于处理一般的情形似乎更简单些.

(iii) 容易看出
$$\|D^\ell v\|_{L^\infty(I;L^2)} \leqslant \||v\||_\ell, \quad 0 \leqslant \ell. \tag{3.64}$$

下面考虑相差部分 $y(t) = u(t) - v(t)$ 所满足的 Cauchy 问题:
$$\begin{cases} y_{tt} - \Delta y = -|y+v|^{\rho-1}(v+y) + |v|^{\rho-1}v, \\ y(x,0) = \phi_2(x), \quad y_t(x,0) = \psi_2(x) \end{cases} \tag{3.65}$$

7.3 非线性波动方程的低正则性

及其相应的积分方程:

$$\begin{aligned} y(x,t) &= \dot{K}(t)\phi_2(x) + K(t)\psi_2(x) - \int_0^t K(t-\tau)F(\tau)\mathrm{d}\tau \\ &= \dot{K}(t)\phi_2(x) + K(t)\psi_2(x) + z(t), \end{aligned} \tag{3.66}$$

这里 $F(t) = |y+v|^{\rho-1}(v+y) - |v|^{\rho-1}v$. 易见

$$|F(t)| \leqslant C|y|^\rho + C|v|^{\rho-1}|y| := F_1 + F_2. \tag{3.67}$$

引理 3.8 设 $0 \leqslant \ell \leqslant s < 1$, ρ 满足

$$k_0(n) < \rho < \min\left(\frac{n+2}{n-2}, \frac{n}{n-3}\right). \tag{3.68}$$

令 $I = [0, \Delta T]$ 满足 $\Delta T \sim N^{-\frac{2(1-s)(\rho-1)}{n+2-\rho(n-2)}}$. 则 $|||y|||_\ell \sim N^{\ell-s}$.

证明 由注记 3.1 (i), 如果 $n \geqslant 5$, 仅需考虑 $\rho \geqslant k_1(n)(=1+2/(n-2))$ 的情形. 由 (3.41), (3.43), (3.67) 与命题 3.2 就得到

$$\begin{aligned} |||y|||_\ell &\leqslant C\left[\|\phi_2\|_{\dot{H}^\ell} + \|\psi_2\|_{\dot{H}^{\ell-1}} + \|F\|_{L^1\left(I;L^{\frac{2n}{n+2-2\ell}}\right)}\right] \\ &\leqslant C\left[N^{\ell-s} + \|y^\rho\|_{L^1\left(I;L^{\frac{2n}{n+2-2\ell}}\right)} + \|yv^{\rho-1}\|_{L^1\left(I;L^{\frac{2n}{n+2-2\ell}}\right)}\right]. \end{aligned} \tag{3.69}$$

第一步. $\|yv^{\rho-1}\|_{L^1\left(I;L^{\frac{2n}{n+2-2\ell}}\right)}$ 的估计.

先考虑 $n=3$, $k_1(n) \leqslant \rho < (n+2)/(n-2)$ 与 $n \geqslant 4$, $k_1(n) \leqslant \rho < (n-1)/(n-3)$ 的情形. 令 $p = 2n/(n+2-2\ell)$ 及 $\chi = 2/[n+2-\rho(n-2)]$, 定义

$$\begin{aligned} \theta &= \frac{(\rho-1)(n-2)-2}{2(\rho-1)} \cdot \frac{n+1}{n-1}, \\ \frac{1}{r_1} &= \frac{(n+1)(n-2)-2(n-1)\theta}{2n(n+1)}, \\ \frac{1}{r_2} &= \frac{n-2\ell}{2n}. \end{aligned}$$

则 $1/p = (\rho-1)/r_1 + 1/r_2$, $1 = (\rho-1)(n-1)\theta/(n+1) + 1/\chi$. 根据广义的 Hölder 不等式 (见引理 3.5), 就推得

$$\begin{aligned} \|v^{\rho-1}y\|_{L^1(I;L^{\frac{2n}{n+2-2\ell}})} &\leqslant C\int_I \|v\|_{r_1}^{\rho-1}\|y\|_{r_2}\mathrm{d}t \\ &\leqslant C\|v\|_{L^{(n+1)/[(n-1)\theta]}(I;L^{r_1})}^{\rho-1}\left(\int_I \|y\|_{r_2}^\chi \mathrm{d}t\right)^{1/\chi} \end{aligned}$$

$$\leqslant C |||v|||_1^{\rho-1} \|y\|_{L^\infty(I;L^{r_2})} (\Delta T)^{1/\chi}$$
$$\leqslant C(\Delta T)^{\frac{n+2-\rho(n-2)}{2}} N^{(\rho-1)(1-s)} |||y|||_\ell, \tag{3.70}$$

这里用到引理 3.6.

其次, 考虑 $n = 3$, $k_0(n) < \rho \leqslant k_1(n)$ 和 $n = 4$, $k_0(n) \leqslant \rho \leqslant k_1(n)$ 或 $n \geqslant 5$, $\rho \geqslant \dfrac{n-1}{n-3}$ 的情形. 令
$$\kappa = \frac{2(\rho-1)n - 2(\rho+1)}{2n - (\rho+1)(n-2)}.$$
则
$$\frac{n+2-2\ell}{2n} = \frac{\rho-1-\kappa}{\rho+1} + \kappa\frac{n-2}{2n} + \frac{n-2\ell}{2n}.$$

注意到 (3.62), 引理 3.6 及广义的 Hölder 不等式就推得
$$\|v^{\rho-1}y\|_{L^1\left(I;L^{\frac{2n}{n+2-2\ell}}\right)} \leqslant \int_I \|v\|_{r_1}^{\rho-1-\kappa} \|v\|_{r_2}^\kappa \|y\|_{r_3} \mathrm{d}t$$
$$\leqslant C(\Delta T) \|v\|_{L^\infty(I;L^{\rho+1})}^{\rho-1-\kappa} |||v|||_1^\kappa |||y|||_\ell$$
$$\leqslant C(\Delta T) N^{\frac{(\rho-1)(2+\kappa)(1-s)}{\rho+1}} |||y|||_\ell. \tag{3.71}$$

第二步. 在 $n = 3$, $k_0(n) < \rho \leqslant k_1(n)$ 或 $n = 4$, $k_0(n) \leqslant \rho \leqslant k_1(n)$ 的情形下证明估计
$$|||y|||_\ell \sim N^{\ell-s}, \quad \Delta T \sim N^{-\frac{2(1-s)(\rho-1)}{n+2-\rho(n-2)}}. \tag{3.72}$$

令 $\ell_0 = [n\rho - (n+2)]/[2(\rho-1)]$. 则
$$\frac{n+2-2\ell}{2n} = (\rho-1)\frac{n-2\ell_0}{2n} + \frac{n-2\ell}{2n},$$

因此, 由 $|||\cdot|||_\ell$ 的定义与广义的 Hölder 不等式就得
$$\|y^\rho\|_{L^1\left(I;L^{\frac{2n}{n+2-2\ell}}\right)} \leqslant C \Delta T |||y|||_{\ell_0}^{\rho-1} |||y|||_\ell. \tag{3.73}$$

注意到
$$\frac{n+2-2\ell_0}{2n} = \rho\frac{n-2\ell_0}{2n},$$
就得
$$\|y^\rho\|_{L^1\left(I;L^{\frac{2n}{n+2-2\ell_0}}\right)} \leqslant C \Delta T \|y\|_{L^\infty\left(I;L^{\frac{2n}{n-2\ell_0}}\right)}^\rho \leqslant C \Delta T |||y|||_{\ell_0}^\rho.$$

由此及 (3.69), (3.71), 对充分大的 N, 有估计:
$$|||y|||_{\ell_0} \leqslant N^{\ell_0 - s}, \quad \Delta T \sim N^{-\frac{2(1-s)(\rho-1)}{n+2-\rho(n-2)}}. \tag{3.74}$$

7.3 非线性波动方程的低正则性

结合 (3.69), (3.71), (3.73) 及 (3.74) 就得估计 (3.72).

第三步. 在 $n = 3$, $k_1(n) \leqslant \rho < (n+2)/(n-2)$ 或 $n = 4$, $k_1(n) \leqslant \rho < \min\left(\dfrac{n}{n-3}, \dfrac{n+2}{n-2}\right)$ 的情形下证明: 对任意的 $\ell_0 \leqslant \ell \leqslant s < 1$, 有估计:

$$|||y|||_\ell \sim N^{\ell-s}, \quad \Delta T \sim N^{-\frac{2(1-s)(\rho-1)}{n+2-\rho(n-2)}}, \tag{3.75}$$

这里

$$\ell_0 = \max\left(\frac{\rho n - n - \rho - 2}{2(\rho-1)}, \frac{n}{2} - \frac{2}{\rho-1}, \frac{(\rho n - n - 2)(n+1)}{2(2\rho n - n - 1)}\right).$$

容易验证: 对于 $\ell_0 \leqslant \ell \leqslant s < 1$,

$$\frac{n+2-2\ell}{2n} = \rho\frac{(n+1)(n-2\ell) - 2(n-1)\theta}{2n(n+1)},$$

$$\frac{1}{\rho} - \frac{(n-1)\theta}{n+1} = \frac{(n+4-2\ell) - \rho(n-2\ell)}{2\rho} \geqslant 0,$$

这里

$$\theta = \frac{\rho(n-2\ell) - (n+2-2\ell)}{2\rho} \cdot \frac{n+1}{n-1}.$$

因此, 由 $|||\cdot|||_\ell$ 的定义与广义的 Hölder 不等式就得到

$$\|y^\rho\|_{L^1\left(I;L^{\frac{2n}{n+2-2\ell}}\right)} \leqslant (\Delta T)^{\frac{(n+4-2\ell)-\rho(n-2\ell)}{2}} |||y|||_\ell^\rho. \tag{3.76}$$

故从 (3.69), (3.70), (3.71) 与 (3.76) 就推出估计 (3.75).

第四步. 对于 $0 \leqslant \ell \leqslant \ell_0$, 当 $n = 3$, $k_1(n) \leqslant \rho < (n+2)/(n-2)$ 或 $n \geqslant 4$, $k_1(n) \leqslant \rho < (n-1)/(n-3)$ 时, 证明估计

$$|||y|||_\ell \sim N^{\ell-s}, \quad \Delta T \sim N^{\frac{-2(\rho-1)(1-s)}{n+2-\rho(n-2)}}, \tag{3.77}$$

这里 ℓ_0 同第三步中的定义.

令

$$\ell_1 = \max\left(\frac{\rho n - n - \rho - 1}{2(\rho-1)}, \ell_0\right) \geqslant \ell_0,$$

$$\theta = \frac{(\rho-1)(n-2\ell_1) - 2}{2(\rho-1)} \cdot \frac{n+1}{n-1},$$

$$\chi = \frac{2}{n+4-2\ell_1 - \rho(n-2\ell_1)}.$$

则

$$\frac{n+2-2\ell}{2n} = (\rho-1)\frac{(n+1)(n-2\ell_1) - 2(n-1)\theta}{2n(n+1)} + \frac{n-2\ell}{2n},$$

$$1 = (\rho - 1) \cdot \frac{(n-1)\theta}{n+1} + \frac{1}{\chi}.$$

类似于 (3.70) 的证明, 由引理 3.5, 对于 $0 \leqslant \ell \leqslant \ell_0$, 有

$$\|y^\rho\|_{L^1\left(I; L^{\frac{2n}{n+2-2\ell}}\right)} \leqslant C(\Delta T)^{\frac{(n+4-2\ell_1)-\rho(n-2\ell_1)}{2}} \||y|\|_\ell \cdot \||y|\|_{\ell_1}^{\rho-1}.$$

借此与 (3.69)~(3.71) 及第三步就推出估计 (3.77).

第五步. 最后, 在 $0 \leqslant \ell \leqslant \ell_0$ 情形下, 对于 $n \geqslant 5$, $\rho \geqslant \frac{n-1}{n-3}$, 证明 (3.77), 这里 ℓ_0 是由第三步确定的值. 仅需考虑 $\rho \geqslant \frac{n+3}{n-1}$, 而 $\rho \geqslant \frac{n-1}{n-3}$ 的情形则通过插值来获得.

利用 Strichartz 估计、(3.41), (3.43) 及 (3.67), 就得到

$$\||y|\|_\ell \leqslant C\left[N^{\ell-s} + \|y^\rho\|_{L^{q'}\left(I; \dot{B}_{r',2}^{\ell+\beta(r)-1}\right)} + \|yv^{\rho-1}\|_{L^1\left(I; L^{\frac{2n}{n+2-2\ell}}\right)}\right], \tag{3.78}$$

这里 $(q,r) \in \Lambda$ 是最佳容许对, 而

$$r = \frac{2(n-1)(\rho+1)}{2(n+1) - (\rho-1)(n+1-4\ell_2)}, \quad \ell_2 \in (\ell_0, 1). \tag{3.79}$$

注意到

$$\frac{n-1}{r} = \frac{n+1}{2} + (\rho-1)\left(\ell_2 - \frac{n+1}{4} - \frac{n-1}{2r}\right),$$

类似于引理 3.7 的证明, 就有

$$\|y^\rho\|_{\dot{B}_{r',2}^{\ell+\beta(r)-1}} \leqslant C\|y\|_{\dot{B}_{r,2}^{\ell_2-\beta(r)}}^{\rho-1} \cdot \|y\|_{\dot{B}_{r,2}^{\ell-\beta(r)}}. \tag{3.80}$$

因此, 由 Hölder 不等式就有

$$\|y^\rho\|_{L^{q'}\left(I; \dot{B}_{r',2}^{\ell+\beta(r)-1}\right)} \leqslant C(\Delta T)^{\frac{n+2-\rho(n-2)}{2}} N^{\ell_2-s} \||y|\|_\ell. \tag{3.81}$$

利用 (3.70), (3.78) 及 (3.81) 就得到估计 (3.77). 因此, 引理 3.8 得证.

定理 3.1 的证明 采用 Bourgain 的方法 (参见文献 [KPV2]), 其思想是首先在 $[0, \Delta T]$ 上求解 (3.44), 然后用 $v(t)$ 代入 (3.65) 并在 $[0, \Delta T]$ 上研究 $y(t) = u(t) - v(t)$, 并给出相应的估计. 利用 $y(t)$ 的非齐次部分 $z(t)$ (见 (3.66)) 属于 $\dot{H}^1$. 因此, 可以将 $z(\Delta T)$ 加到 $v(\Delta T)$ 上, 作为下一步的正则化问题 (3.44) 的初值, 在 $[\Delta T, 2\Delta T]$ 上重复上面步骤, 通过每一次的初始能量满足一个一致性估计, 以确保上述过程一直可以进行, 从而完成定理 3.1 的证明. 为了清楚起见, 定理 3.1 的证明用以下几个引理来完成.

7.3 非线性波动方程的低正则性

引理 3.9 设 $\Delta T \sim N^{-\frac{2(1-s)(\rho-1)}{n+2-\rho(n-2)}}$. 则有如下估计:

(1) 当 $n \geqslant 4$, $k_0(n) \leqslant \rho < (n-1)/(n-3)$ 时, 有估计

$$\|(\partial_t z(\Delta T), \nabla z(\Delta T))\|_2 \sim N^{-\frac{(3-\rho)(\rho-1)(1-s)}{n+2-\rho(n-2)}} N^{\frac{n\rho-(n+\rho-1)}{2}-\rho s}; \tag{3.82}$$

(2) 当 $n = 5$, $(n-1)/(n-3) \leqslant \rho < (n+2)/(n-2)$ 时, 有估计

$$\|(\partial_t z(\Delta T), \nabla z(\Delta T))\|_2 \sim N^{\frac{n\rho-(n+2)}{2}-\rho s}; \tag{3.83}$$

(3) 当 $n \geqslant 6$, $(n-1)/(n-3) \leqslant \rho < \min\left((n+2)/(n-2), n/(n-3)\right)$ 时, 有估计

$$\|(\partial_t z(\Delta T), \nabla z(\Delta T))\|_2 \sim N^{-\frac{(2-\rho)(\rho-1)(1-s)}{n+2-\rho(n-2)}} N^{\frac{n\rho-(n+\rho)}{2}-\rho s}. \tag{3.84}$$

证明 记 $I = [0, \Delta T)$, 易见

$$\|(\partial_t z(\Delta T), \nabla z(\Delta T))\|_2 \leqslant C \left(\|y^\rho\|_{L^1(I;L^2)} + \|v^{\rho-1} y\|_{L^1(I;L^2)}\right). \tag{3.85}$$

(I) $\|y^\rho\|_{L^1(I;L^2)}$ 的估计.

先考虑 $n \geqslant 4$, $\rho \leqslant \dfrac{n-1}{n-3}$ 的情形. 取 $\ell = \dfrac{n\rho - (n+\rho-1)}{2\rho}$, 则

$$\frac{1}{2} = \frac{n-2\ell}{2n} + (\rho-1)\frac{n-2\ell-1}{2n}, \quad 1 = \frac{1}{\infty} + \frac{\rho-1}{2} + \frac{3-\rho}{2}. \tag{3.86}$$

根据引理 3.5, 容易推出

$$\|y^\rho\|_{L^1(I;L^2)} \leqslant C(\Delta T)^{\frac{3-\rho}{2}} |||y|||_\ell^\rho \leqslant C(\Delta T)^{\frac{3-\rho}{2}} N^{\rho(\ell-s)}$$

$$\leqslant N^{-\frac{(3-\rho)(\rho-1)(1-s)}{n+2-\rho(n-2)}} \cdot N^{\frac{n\rho-(n+\rho-1)}{2}-\rho s}. \tag{3.87}$$

当 $n \geqslant 5$, $\rho \geqslant \dfrac{n-1}{n-3}$ 时, 取

$$\theta = \frac{n+1}{(n-1)\rho}, \quad \ell = \frac{n\rho - (n+2)}{2\rho}, \quad n = 5, \tag{3.88}$$

$$\theta = \frac{n+1}{2(n-1)}, \quad \ell = \frac{n\rho - (n+\rho)}{2\rho}, \quad n \geqslant 6. \tag{3.89}$$

直接验证 $\ell \geqslant \theta$ 且

$$\frac{1}{2} = \rho \frac{(n+1)(n-2\ell) - 2(n-1)\theta}{2(n+1)n}, \quad n = 5, \tag{3.90}$$

$$\frac{1}{2\rho} = \frac{n-2\ell-1}{2n}, \quad n \geqslant 6. \tag{3.91}$$

因此, 由 Hölder 不等式及引理 3.8 即得

$$\|y^\rho\|_{L^1(I;L^2)} \leqslant |||y|||_\ell^\rho \leqslant CN^{\frac{n\rho-(n+2)}{2}-\rho s}, \quad n = 5, \tag{3.92}$$

$$\|y^\rho\|_{L^1(I;L^2)} \leqslant C(\Delta T)^{\frac{2-\rho}{2}} \|y\|^\rho_{L^2(I;L^{2\rho})} \leqslant C(\Delta T)^{\frac{2-\rho}{2}} \|\|y\|\|^\rho_\ell$$

$$\leqslant N^{-\frac{(2-\rho)(\rho-1)(1-s)}{n+2-\rho(n-2)}} \cdot N^{\frac{n\rho-(n+\rho)}{2}-\rho s}, \quad n \geqslant 6, \tag{3.93}$$

这里用到了 $\rho < \min\left(\dfrac{n+2}{n-2}, \dfrac{n}{n-3}\right)$, 可以确保 $\ell < 1$.

(II) $\|v^{\rho-1}y\|_{L^1(I;L^2)}$ 的估计.

先考虑 $n \geqslant 4, \rho < \dfrac{n-1}{n-3}$ 的情形. 取 $\ell = \dfrac{(\rho-1)(n-3)}{2}$, 则

$$\frac{1}{2} = \frac{n-2\ell}{2n} + (\rho-1)\frac{n-3}{2n}, \quad 1 = \frac{\rho-1}{2} + \frac{3-\rho}{2}.$$

从引理 3.5 及引理 3.8, 容易看出

$$\|v^{\rho-1}y\|_{L^1(I;L^2)} \leqslant C(\Delta T)^{\frac{3-\rho}{2}} \|\|y\|\|_\ell \cdot \|\|v\|\|^{\rho-1}_1$$

$$\leqslant C(\Delta T)^{\frac{3-\rho}{2}} N^{\ell-s} \cdot N^{(\rho-1)(1-s)}$$

$$\leqslant N^{-\frac{(3-\rho)(\rho-1)(1-s)}{n+2-\rho(n-2)}} \cdot N^{\frac{n\rho-(n+\rho-1)}{2}-\rho s}. \tag{3.94}$$

当 $n \geqslant 5, \rho \geqslant \dfrac{n-1}{n-3}$ 时, 选取

$$\begin{cases} \ell = \dfrac{(\rho-1)(n-3)}{2} - \dfrac{1}{2}, & n \geqslant 6, \\ \ell = \dfrac{(\rho-1)(n-2)-2}{2}, & n = 5, \end{cases} \tag{3.95}$$

则

$$\frac{1}{2} = (\rho-1)\frac{n-3}{2n} + \frac{n-2\ell-1}{2n}, \quad 1 = \frac{1}{2} + \frac{\rho-1}{2} + \frac{2-\rho}{2}, \quad n \geqslant 6, \tag{3.96}$$

$$\frac{1}{2} = \frac{n-3}{2n} + \frac{n-2\ell-1}{2n} + (\rho-2)\frac{n-2}{2n}, \quad 1 = \frac{1}{2} + \frac{1}{2} + \frac{1}{\infty}, \quad n = 5. \tag{3.97}$$

根据引理 3.5、引理 3.7 及引理 3.8, 有估计

$$\|v^{\rho-1}y\|_{L^1(I;L^2)} \leqslant C(\Delta T)^{\frac{2-\rho}{2}} \|\|y\|\|_\ell \|\|v\|\|^{\rho-1}_1$$
$$\leqslant C(\Delta T)^{\frac{2-\rho}{2}} N^{\ell-s} N^{(\rho-1)(1-s)}$$
$$\leqslant N^{-\frac{(2-\rho)(\rho-1)(1-s)}{n+2-\rho(n-2)}} \cdot N^{\frac{n\rho-(n+\rho)}{2}-\rho s}, \quad n \geqslant 6, \tag{3.98}$$

$$\|v^{\rho-1}y\|_{L^1(I;L^2)} \leqslant C\|\|v\|\|^{\rho-1}_1 \|\|y\|\|_\ell \leqslant CN^{(\rho-1)(1-s)} N^{\ell-s}$$

$$\leqslant CN^{\frac{\rho n-(n+2)}{2}-\rho s}, \quad n = 5. \tag{3.99}$$

综上所述, 得到估计 (3.82)~(3.84).

注记 3.4 注意到 $s \geqslant \dfrac{n}{2} - \dfrac{2}{\rho - 1}$, 则有如下关系:

$$\frac{n\rho - (n+2)}{2} \leqslant -\frac{(2-\rho)(\rho-1)(1-s)}{n+2-\rho(n-2)} + \frac{n\rho - (n+\rho)}{2},$$

$$\leqslant -\frac{(3-\rho)(\rho-1)(1-s)}{n+2-\rho(n-2)} + \frac{n\rho - (n+\rho-1)}{2}, \quad \rho \leqslant 2. \quad (3.100)$$

引理 3.10 设 $\Delta T \sim N^{-\frac{2(1-s)(\rho-1)}{n+2-\rho(n-2)}}$. 则有如下结论:

(1) 当 $n \geqslant 4$, $k_0(n) \leqslant \rho < (n-1)/(n-3)$ 时, 有估计

$$\|z(\Delta T))\|_{\rho+1}^{\frac{\rho+1}{2}} \sim N^{\frac{(3-\rho)(\rho-1)(1-s)}{n+2-\rho(n-2)} \cdot \frac{\rho+1}{2}} \cdot N^{\frac{n\rho(\rho+1) - 2n - (\rho+1)^2}{4} - \frac{\rho(\rho+1)s}{2}}; \quad (3.101)$$

(2) 当 $n = 5$, $(n-1)/(n-3) \leqslant \rho < (n+2)/(n-2)$ 时, 有估计

$$\|z(\Delta T))\|_{\rho+1}^{\frac{\rho+1}{2}} \sim N^{\frac{n\rho(\rho+1) - 2n - 4(n+1)}{4} - \frac{\rho(\rho+1)s}{2}}; \quad (3.102)$$

(3) 当 $n \geqslant 6$, $(n-1)/(n-3) \leqslant \rho < \min\left((n+2)/(n-2), n/(n-3)\right)$ 时, 有估计

$$\|z(\Delta T))\|_{\rho+1}^{\frac{\rho+1}{2}} \sim N^{-\frac{(2-\rho)(\rho-1)(1-s)}{n+2-\rho(n-2)} \cdot \frac{\rho+1}{2}} \cdot N^{\frac{n\rho(\rho+1) - 2n - (\rho+1)(\rho+2)}{4} - \frac{\rho(\rho+1)s}{2}}. \quad (3.103)$$

证明 由 Minkowski 不等式与 Sobolev 嵌入定理, 可见

$$\|z(\Delta T)\|_{\rho+1} \leqslant C \left(\|y^\rho\|_{L^1\left(I; L^{\frac{n(\rho+1)}{\rho+n+1}}\right)} + \|v^{\rho-1}y\|_{L^1\left(I; L^{\frac{n(\rho+1)}{\rho+n+1}}\right)} \right), \quad (3.104)$$

这里 $I = [0, \Delta T)$.

(I) $\|y^\rho\|_{L^1\left(I; L^{\frac{\rho(n+1)}{n+\rho+1}}\right)}$ 的估计. 当 $n \geqslant 4$, $\rho \leqslant \dfrac{n-1}{n-3}$ 时, 选取

$$\ell = \frac{n\rho(\rho+1) - 2n - (\rho+1)^2}{2\rho(\rho+1)},$$

则

$$\frac{\rho+n+1}{n(\rho+1)} = \frac{n-2\ell}{2n} + (\rho-1)\frac{n-2\ell-1}{2n}, \quad 1 = \frac{\rho-1}{2} + \frac{3-\rho}{2}.$$

根据引理 3.5 及引理 3.8, 就得到

$$\|y^\rho\|_{L^1\left(I; L^{\frac{\rho(n+1)}{n+\rho+1}}\right)} \leqslant C(\Delta T)^{\frac{3-\rho}{2}} \||y\|\|_\ell^\rho \leqslant C(\Delta T)^{\frac{3-\rho}{2}} N^{\rho(\ell-s)}$$

$$\leqslant N^{-\frac{(3-\rho)(\rho-1)(1-s)}{n+2-\rho(n-2)}} \cdot N^{\frac{n\rho(\rho+1) - 2n - (\rho+1)^2}{2(\rho+1)} - \rho s}. \quad (3.105)$$

当 $n \geqslant 5$ 和 $\rho \geqslant \dfrac{n-1}{n-3}$ 时，选取

$$\begin{cases} \ell = \dfrac{\rho(\rho+1)n - 2n - (\rho+1)(\rho+2)}{2\rho(\rho+1)}, & n \geqslant 6, \\ \ell = \dfrac{\rho(\rho+1)n - 2n - 4(\rho+1)}{2\rho(\rho+1)}, & n = 5, \end{cases} \quad (3.106)$$

则

$$\frac{\rho+n+1}{n(\rho+1)} = \rho\frac{n-2\ell-1}{2n}, \quad 1 = \frac{1}{2} + \frac{\rho-1}{2} + \frac{2-\rho}{2}, \quad n \geqslant 6, \quad (3.107)$$

$$\frac{\rho+n+1}{n(\rho+1)} = 2\frac{n-2\ell-1}{2n} + (\rho-2)\frac{n-2\ell}{2n}, \quad 1 = \frac{1}{2} + \frac{1}{2} + \frac{1}{\infty}, \quad n = 5. \quad (3.108)$$

因此, 利用引理 3.5 与引理 3.8, 就可推出

$$\|y^\rho\|_{L^1\left(I;L^{\frac{\rho(n+1)}{n+\rho+1}}\right)} \leqslant C(\Delta T)^{\frac{2-\rho}{2}} \|y\|^\rho_{L^2(I;L^{2\rho})} \leqslant C(\Delta T)^{\frac{2-\rho}{2}} \||y|\|_\ell^\rho$$

$$\leqslant C(\Delta T)^{\frac{2-\rho}{2}} N^{\rho(\ell-s)}$$

$$\leqslant N^{-\frac{(2-\rho)(\rho-1)(1-s)}{n+2-\rho(n-2)}} \cdot N^{\frac{n\rho(\rho+1)-2n-(\rho+1)(\rho+2)}{2(\rho+1)} - \rho s}, \quad n \geqslant 6, \quad (3.109)$$

$$\|y^\rho\|_{L^1\left(I;L^{\frac{\rho(n+1)}{n+\rho+1}}\right)} \leqslant C\||y|\|_\ell^\rho \leqslant C N^{\rho(\ell-s)}$$

$$\leqslant C N^{\frac{n\rho(\rho+1)-2n-4(\rho+1)}{2(\rho+1)} - \rho s}, \quad n = 5. \quad (3.110)$$

(II) $\|v^{\rho-1}y\|_{L^1\left(I;L^{\frac{n(\rho+1)}{n+\rho+1}}\right)}$ 的估计.

先考虑 $n \geqslant 4$ 和 $\rho \leqslant \dfrac{n-1}{n-3}$ 的情形. 选取

$$\ell = \frac{n\rho(\rho+1) - 2n - (\rho+1)(3\rho-1)}{2(\rho+1)},$$

则

$$\frac{\rho+n+1}{n(\rho+1)} = \frac{n-2\ell}{2n} + (\rho-1)\frac{n-3}{2n}, \quad 1 = \frac{\rho-1}{2} + \frac{3-\rho}{2}.$$

因此

$$\|v^{\rho-1}y\|_{L^1\left(I;L^{\frac{\rho(n+1)}{n+\rho+1}}\right)} \leqslant C(\Delta T)^{\frac{3-\rho}{2}} \||y|\|_\ell \cdot \||v|\|_1^{\rho-1}$$

$$\leqslant C(\Delta T)^{\frac{3-\rho}{2}} N^{\ell-s} \cdot N^{(\rho-1)(1-s)}$$

$$\leqslant N^{-\frac{(3-\rho)(\rho-1)(1-s)}{n+2-\rho(n-2)}} \cdot N^{\frac{n\rho(\rho+1)-2n-(\rho+1)^2}{2(\rho+1)} - \rho s}. \quad (3.111)$$

7.3 非线性波动方程的低正则性

当 $n \geqslant 5, \rho \geqslant \dfrac{n-1}{n-3}$ 时, 选取

$$\begin{cases} \ell = \dfrac{\rho(n-3)}{2} - \dfrac{n}{\rho+1}, & n \geqslant 6, \\ \ell = \dfrac{\rho(n-2)}{2} - \dfrac{n}{\rho+1} - 1, & n = 5, \end{cases} \quad (3.112)$$

则

$$\dfrac{\rho+n+1}{n(\rho+1)} = (\rho-1)\dfrac{n-3}{2n} + \dfrac{n-2\ell-1}{2n}, \quad 1 = \dfrac{1}{2} + \dfrac{\rho-1}{2} + \dfrac{2-\rho}{2}, \quad n \geqslant 6, \quad (3.113)$$

$$\dfrac{\rho+n+1}{n(\rho+1)} = \dfrac{n-3}{2n} + \dfrac{n-2\ell-1}{2n} + (\rho-2)\dfrac{n-2}{2n}, \quad 1 = \dfrac{1}{2} + \dfrac{1}{2} + \dfrac{1}{\infty}, \quad n=5. \quad (3.114)$$

因此, 利用引理 3.5, 引理 3.7 及引理 3.8, 就可推出

$$\|v^{\rho-1}y\|_{L^1\left(I; L^{\frac{\rho(n+1)}{n+\rho+1}}\right)} \leqslant C(\Delta T)^{\frac{2-\rho}{2}} \|y\|^{\rho}_{L^2(I;L^{2\rho})} \leqslant C(\Delta T)^{\frac{2-\rho}{2}} \||y|\|_\ell \||v\|\|_1^{\rho-1}$$

$$\leqslant C(\Delta T)^{\frac{2-\rho}{2}} N^{\ell-s} N^{(\rho-1)(1-s)}$$

$$\leqslant N^{-\frac{(2-\rho)(\rho-1)(1-s)}{n+2-\rho(n-2)}} \cdot N^{\frac{n\rho(\rho+1)-2n-(\rho+1)(\rho+2)}{2(\rho+1)} - \rho s}, \quad n \geqslant 6 \quad (3.115)$$

和

$$\|v^{\rho-1}y\|_{L^1\left(I; L^{\frac{\rho(n+1)}{n+\rho+1}}\right)} \leqslant C \||v\|\|_1^{\rho-1} \||y|\|_\ell \leqslant C N^{(\rho-1)(1-s)} N^{\ell-s}$$

$$\leqslant C N^{\frac{n\rho(\rho+1)-2n-4(\rho+1)}{2(\rho+1)} - \rho s}, \quad n=5. \quad (3.116)$$

注记 3.5 注意到 $s \geqslant \dfrac{n}{2} - \dfrac{2}{\rho-1}$, 容易验证:

(i) 对于 $\rho \leqslant 2$, 总有

$$\dfrac{n(\rho+1) - 2n - 4(n+1)}{2(\rho+1)}$$

$$\leqslant -\dfrac{(2-\rho)(\rho-1)(1-s)}{n+2-\rho(n-2)} + \dfrac{n\rho(\rho+1) - 2n - (\rho+1)(\rho+2)}{2(\rho+1)}$$

$$\leqslant -\dfrac{(3-\rho)(\rho-1)(1-s)}{n+2-\rho(n-2)} + \dfrac{n\rho(\rho+1) - 2n - (\rho+1)^2}{2(\rho+1)}. \quad (3.117)$$

(ii) 对于 $n \geqslant 4, \rho < \dfrac{n-1}{n-3}$, 总有

$$-\dfrac{(3-\rho)(\rho-1)(1-s)}{n+2-\rho(n-2)} \cdot \dfrac{\rho+1}{2} + \dfrac{n\rho(\rho+1) - 2n - (\rho+1)^2}{4} - \dfrac{\rho(\rho+1)s}{2}$$

$$\leqslant -\frac{(3-\rho)(\rho-1)(1-s)}{n+2-\rho(n-2)} + \frac{n\rho-(n+\rho-1)}{2} - \rho s. \tag{3.118}$$

(iii) 对于 $n=5, \rho \geqslant \dfrac{n-1}{n-3} = 2$, 有

$$\frac{n\rho(\rho+1)-2n-4(n+1)}{4} - \frac{\rho(\rho+1)s}{2} \leqslant \frac{n\rho-(n+2)}{2} - \rho s. \tag{3.119}$$

(iv) 对于 $n \geqslant 6, \rho \geqslant \dfrac{n-1}{n-3}$, 有

$$-\frac{(2-\rho)(\rho-1)(1-s)}{n+2-\rho(n-2)} \cdot \frac{\rho+1}{2} + \frac{n\rho(\rho+1)-2n-(\rho+1)(\rho+2)}{4}$$

$$-\frac{\rho(\rho+1)s}{2}$$

$$\leqslant -\frac{(2-\rho)(\rho-1)(1-s)}{n+2-\rho(n-2)} + \frac{n\rho-(n+\rho)}{2} - \rho s. \tag{3.120}$$

定理 3.1 的证明 如前所述, 首先在 $[0, \Delta T]$ 上求解正则问题 (3.44), 而后将其代入 (3.65), 在 $[0, \Delta T]$ 上求解 (3.65), 并且证明了它们满足引理 3.9 及引理 3.10 中的估计. 其次, 在 $[\Delta T, 2\Delta T]$ 上研究正则问题 (3.44), 此时初值已换成

$$(v(\Delta T)+z(\Delta T), \partial_t v(\Delta T)+\partial_t z(\Delta T)).$$

求解后将所得的 $v(t)$ 代入 (3.65), 在 $[\Delta T, 2\Delta T]$ 上研究 (3.65), 将初值换成

$$\left(\dot{K}(\Delta T)\phi_2 + K(\Delta T)\psi_2, -\Delta K(\Delta T)\psi_2 + \dot{K}(\Delta T)\psi_2\right)$$

时, 相应相差方程的 Cauchy 问题. 重复引理 3.9 及引理 3.10 的证明, 可得完全类似的估计.

对任意的 $T > 0$, 为了将解延拓到 T, 需要重复上述步骤的次数是

$$\frac{T}{\Delta T} = TN^{\frac{2(\rho-1)(1-s)}{n+2-\rho(n-2)}}. \tag{3.121}$$

因此, 由引理 3.9 及引理 3.10, $T/\Delta T$ 次之后能量 (见 (3.47)) 的增加

(i) 当 $n \geqslant 4, k_0(n) \leqslant \rho < \dfrac{n-1}{n-3}$ 时, 为

$$CTN^{\frac{2(\rho-1)(1-s)}{n+2-\rho(n-2)}} N^{-\frac{(3-\rho)(\rho-1)(1-s)}{n+2-\rho(n-2)}} \cdot N^{\frac{n\rho-(n+\rho-1)}{2}-\rho s}. \tag{3.122}$$

(ii) 当 $n=5, \dfrac{n-1}{n-3} \leqslant \rho < \dfrac{n+2}{n-2}$ 时, 为

$$CTN^{\frac{2(\rho-1)(1-s)}{n+2-\rho(n-2)}} \cdot N^{\frac{n\rho-(n+2)}{2}-\rho s}. \tag{3.123}$$

(iii) 当 $n \geqslant 6$, $\dfrac{n-1}{n-3} \leqslant \rho \leqslant \min\left(\dfrac{n+2}{n-2}, \dfrac{n}{n-3}\right)$ 时, 为

$$CTN^{\frac{2(\rho-1)(1-s)}{n+2-\rho(n-2)}} \cdot N^{-\frac{(2-\rho)(\rho-1)(1-s)}{n+2-\rho(n-2)}} \cdot N^{\frac{n\rho-(n+\rho)}{2}-\rho s}. \tag{3.124}$$

为达到目的, 需要 (3.122), (3.123), 及 (3.124) 中的增量不超过 N^{1-s}. 为此, 仅需取 s 满足如下条件:

$$s > \frac{2(\rho-1)^2 + (n+2-\rho(n-2)) \cdot (n\rho - n - \rho - 1)}{2(\rho-1)^2 + 2(\rho-1)(n+2-\rho(n-2))},$$

$$n \geqslant 4, \ k_0(n) \leqslant \rho < \frac{n-1}{n-3}, \tag{3.125}$$

$$s > \frac{4(\rho-1) + (n+2-\rho(n-2)) \cdot (n\rho - n - 4)}{2(\rho-1)(n+4-\rho(n-2))},$$

$$n = 5, \ \frac{n-1}{n-3} \leqslant \rho < \frac{n+2}{n-2}, \tag{3.126}$$

$$s > \frac{2\rho(\rho-1) + (n+2-\rho(n-2)) \cdot (n\rho - n - \rho - 2)}{2\rho(\rho-1) + 2(\rho-1)(n+2-\rho(n-2))},$$

$$n \geqslant 6, \ \frac{n-1}{n-3} \leqslant \rho \leqslant \min\left(\frac{n+2}{n-2}, \frac{n}{n-3}\right). \tag{3.127}$$

取 N 充分大 ($N = T^{\frac{1}{1-s-\eta}}$, η 同定理 3.1 中所定义) 就完成了定理 3.1 的证明.

第 8 章 非线性高阶 Klein-Gordon 方程的散射性理论

8.1 引　言

本章以一类重要的四阶 Klein-Gordon 方程 —— 通常称为梁方程为例, 着力阐述研究

$$\begin{cases} \dfrac{\partial^2 u}{\partial t^2} + \Delta^2 u + mu = \lambda |u|^{p-1}u, & m > 0, \\ u(0) = u_0(x), \quad u_t(0) = u_1(x) \end{cases} \tag{1.1}$$

在能量空间中的散射性理论. 与通常的色散方程类似, 根据 λ 的符号, 梁方程也分聚焦与非聚焦两种情形, 对应的物理意义是:

(a) $\lambda > 0$, 聚焦情形 $\longleftrightarrow$ 动能与势能符号相反;

(b) $\lambda < 0$, 非聚焦情形 $\longleftrightarrow$ 动能与势能符号相同.

梁方程具有鲜明的物理背景, 有兴趣的读者可参考如下文献:

(1) $n = 1$, 参见文献 [Bre];

(2) $n = 2$, 参见文献 [Lo];

(3) $n \geqslant 3$, 参见文献 [Le].

能量空间为 $\mathcal{E} = H^2 \times L^2$, 临界非线性增长指标如下:

$$p_c = 2^\sharp - 1, \quad \text{其中 } 2^\sharp = \begin{cases} \infty, & n \leqslant 4, \\ \dfrac{2n}{n-4}, & n \geqslant 5, \end{cases}$$

这里 $2^\sharp$ 由 Scaling 分析唯一确定.

Levandosky 与 Strauss 等对梁方程进行了一系列的研究, 例如, 梁方程孤立子稳定性与不稳定性 (参见文献 [Lev1])、解的衰减估计 (参见文献 [Lev2])、局部能量衰减性 (参见文献 [LeS]) 等. 特别, 借助于经典的能量估计、经典 Strichartz 估计及抽象的算子半群方法等研究了在次临界情形下的适定性问题, 主要结果可以概括为:

(1) 在 $1 + \dfrac{8}{n} < p < 2^\sharp - 1$ 条件下, 非线性梁方程在能量空间中的局部适定性

8.1 引言

及非聚焦情形下的整体适定性;

(2) 低能量初值条件下的散射理论 (Strichartz 估计与非线性估计);

(3) 建立了经典的 Morawetz 估计与局部能量衰减估计.

最近, Benoít Pausader [Be] 借助于经典的 Morawetz 估计及 Tao 的 Fourier 频率局部化分析, 证明了 (1.1) 在高维空间中的能量散射理论, 解决了 Levandosky 与 Strauss 猜想. 当然, 低维空间的散射理论、临界增长情形下的散射理论、聚焦情形的散射理论等仍然是公开的, 作者认为, 解决这些问题需要建立不依赖于非线性项的新型 Morawetz 估计及其在物理空间和频率空间的局部化、Profiles 分解、紧性方法等技术.

本章目的就是详细介绍由 Benoít Pausader 建立的在 $1+\frac{8}{n}<p<2^{\sharp}-1$ 条件下, 非聚焦梁方程在能量范数意义下的散射结果.

梁方程的结构与属性分类

梁方程是经典的非线性 Klein-Gorden 方程的高阶形式, 然而它具有双 Schrödinger 结构, 即 (1.1) 可改写成如下形式:

$$(\mathrm{i}\partial_t + \Delta)(-\mathrm{i}\partial_t + \Delta)u = -u + f. \tag{1.2}$$

导致的问题与困难

(1) 与非线性波方程、Klein-Gordon 方程不同, 梁方程不具有有限传播速度这一优势特征;

(2) 与非线性色散方程 (例如非线性 Schrödinger 方程) 相比, 不具有质量守恒.

标准的记号

$$\mathcal{E} = H^2 \times L^2(\mathbb{R}^n), \quad \mathbb{E}(I) = C(I; H^2(\mathbb{R}^n)) \cap C^1(I; L^2(\mathbb{R}^n)) \cap C^2(I; H^{-2}(\mathbb{R}^n))$$

对任意 $(u_0(x), u_1(x)) \in \mathcal{E}$,

$$\omega(x,t) = \cos\sqrt{m+\Delta^2}\, t\, u_0(x) + \frac{\sin\sqrt{m+\Delta^2}\, t}{\sqrt{m+\Delta^2}} u_1(x) \in \mathbb{E}(I)$$

是问题 (1.1) 对应的自由问题

$$\begin{cases} \dfrac{\partial^2 \omega}{\partial t^2} + \Delta^2 \omega + m\omega = 0, & x \in \mathbb{R}^n, \\ \omega(0) = u_0(x), \quad \omega_t(x) = u_1(x) \end{cases} \tag{1.3}$$

的解. 记与 (1.3) 对应的自由能量

$$E_0(\omega, \dot{\omega}) = \frac{1}{2}\int_{\mathbb{R}^n} [m\omega^2 + |\Delta\omega|^2 + \dot{\omega}^2]\mathrm{d}x, \quad \forall\, (\omega, \dot{\omega}) \in \mathcal{E}. \tag{1.4}$$

相应的非线性方程 (1.1) 对应的能量是

$$E(u,v) = \frac{1}{2}\int_{\mathbb{R}^n}[mu^2 + |\Delta u|^2 + v^2]\mathrm{d}x - \lambda\int_{\mathbb{R}^n}\frac{|u|^{p+1}}{p+1}\mathrm{d}x, \quad \forall\,(u,v)\in\mathcal{E}. \quad (1.5)$$

为方便起见, 用 $\mathcal{E}$ 表示 $H^2\times L^2$ 中的元素 (u,v) 在 (1.4) 所定义的拓扑意义下的 Hilbert 空间, 当 $m>0$ 时, 它与 $H^2\times L^2$ 等价.

散射的定义与概念

定义 1.1 $\forall(u_0(x),u_1(x))\in\mathcal{E}$, 称 (1.1) 关于时间 t 前向散射 (同理可定义后向散射), 如果

(i) $u(t)$ 在 $\mathbb{R}_+$ 上整体适定;

(ii) 存在唯一渐近态 $(u_0^+,u_1^+)\in\mathcal{E}$, 满足

$$\|(u(t),u_t(t)) - (\omega(t),\omega_t(t))\|_{\mathcal{E}} \longrightarrow 0, \quad t\to+\infty, \quad (1.6)$$

这里 $\omega(t)$ 是 (1.3) 具有初值 $(u_0^+(x),u_1^+(x))$ 的解, 亦称渐近态 $(u_0^+(x),u_1^+(x))$ 是与 $(u_0(x),u_1(x))$ 相联系的散射对.

给定 $\forall(u_0(x),u_1(x))\in\mathcal{E}$, 如果前向散射成立, 就可以定义 $\mathcal{E}$ 上算子 Ω_+:

$$\Omega_+(u_0(x),u_1(x)) = (u_0^+(x),u_1^+(x)), \quad (1.7)$$

使得 (1.6) 成立. 通常, Ω_+ 是波算子 W_+ 的逆算子, 即

$$\Omega_+ = W_+^{-1}.$$

同理可以定义后向算子 Ω_-. 事实上, 容易验证

$$\Omega_-(u_0(x),u_1(x)) \triangleq \Omega_+(u_0(x),-u_1(x)). \quad (1.8)$$

因此, 在没有特指的情形下, 散射是指双向均成立.

定理 1.1 (Pausader 定理) 设 $n\geqslant 5$, $\lambda<0$, $1+\dfrac{8}{n}<p<1+\dfrac{8}{n-4}$. 对 $\forall(u_0,u_1)\in\mathcal{E}$, 问题 (1.1) 存在唯一的整体解 $(u(t),u_t(t))\in C(I;H^2(\mathbb{R}^n)\times L^2(\mathbb{R}^n))$, 并且散射结论成立, 即 (1.7) 定义的算子 Ω_+ 是 $\mathcal{E}\longrightarrow\mathcal{E}$ 上的同胚映射.

方法与思路的分析 由于定理 1.1 处理的问题是次临界散射理论, 我们采用 Strauss-Lin 证明非线性 Schrödinger 方程的散射理论中所引入的方法. 作为对照, 来阐述其主要步骤.

以次临界 Schrödinger 方程

$$\begin{cases} \mathrm{i}u_t + \Delta u = f(u), \quad f(u)=|u|^\alpha u, \quad n\geqslant 3, \\ u(0) = \varphi(x)\in H^1(\mathbb{R}^n) \end{cases}$$

8.1 引言

为例, 来阐述散射性理论证明的基本线路图. 当然, 对于临界 Schrödinger 方程, 需要 Morawetz 型估计 (含相互作用的 Morawetz 估计) 在物理空间与频率空间的局部化形式、Bourgain 的能量归纳方法等, 具体可见文献 [CKSTT].

第一步. 整体存在性.

$$u \in C(\mathbb{R}; H^1(\mathbb{R}^n)) \cap \bigcap_{(q,r)\in\Lambda} L^q_{\mathrm{loc}}(\mathbb{R}; W^{1,r}(\mathbb{R}^n)), \quad 0 < \alpha < \frac{4}{d-2}.$$

第二步. 散射性理论 $\left(\dfrac{4}{n} < \alpha < \dfrac{4}{n-2}\right)$.

散射性理论
$\uparrow$
整体时空估计 $\quad \|u\|_{L^q(\mathbb{R}; W^{1,r}(\mathbb{R}^n))} < \infty, \ (q,r) \in \Lambda, \ q \neq \infty$
$\uparrow$
$\displaystyle\lim_{t\to\pm\infty} \|u\|_r = 0 (2 < r < 2^*), \ \int |u|^2 \mathrm{d}x + \int |\nabla u|^2 \mathrm{d}x < \infty$ 与 $\displaystyle\int |u|^{\alpha+1} \mathrm{d}x$ 插值
$\uparrow$
$\displaystyle\lim_{t\to\pm\infty} \|u\|_{\alpha+1} = 0, \quad$ 仅需证明 $\displaystyle\int_{\mathbb{R}^n} F(u)\mathrm{d}x \sim \int_{\mathbb{R}^n} |u|^{\alpha+1} \mathrm{d}x \to 0 (t \to \pm\infty)$

第三步. 位能衰减 ——Morawetz 估计与几乎有限的传播速度的应用.

位能衰减
$$\lim_{t\to\pm\infty} \|u\|_{\alpha+1} = 0$$

可以通过积分方程

$$u(t) = \mathrm{e}^{\mathrm{i}\Delta t}u_0 + \int_0^t \mathrm{e}^{\mathrm{i}\Delta(t-\tau)} f(u(\tau))\mathrm{d}\tau$$

$$= \mathrm{e}^{\mathrm{i}\Delta t}u_0 + \int_0^{t-l} + \int_{t-l}^t \triangleq v(t) + w(t,l) + z(t,l)$$

来实现. 具体地说, 有如下关键的估计与步骤:

(1) $\displaystyle\lim_{t\to\pm\infty} \|v(t)\|_{\alpha+1} = 0;$ $\quad$ 色散估计 $+ \mathcal{S}(\mathbb{R}^n)$ 在 H^1 中的稠密性

(2) $\displaystyle\lim_{t\to\pm\infty} \left\| \int_0^{t-l} \mathrm{e}^{\mathrm{i}\Delta(t-\tau)} f(u(\tau))\mathrm{d}\tau \right\|_{\alpha+1} = 0;$ $\quad L^{r'} - L^r$ 估计

(3) $z(t,l) = \displaystyle\int_{t-l}^t \int_{|x|\leqslant t} + \int_{t-l}^t \int_{|x|>t} \triangleq z^{(1)}(t,l) + z^{(2)}(t,l);$

(4) $\lim\limits_{t\to\pm\infty}\|z^{(1)}(t,l)\|_{L^{\alpha+1}}=0;$ ←── Morawetz 估计及其局部化形式

(5) $\lim\limits_{t\to\pm\infty}\|z^{(2)}(t,l)\|_{L^{\alpha+1}}=0;$ ←── 几乎有限传播速度

梁方程困难与研究方法

由于梁方程既不存在独立的质量守恒积分, 也不具备有限传播速度, 这为我们研究散射性理论提出了新的挑战, 研究非线性 Schrödinger 方程与 Klein-Gordon 方程散射理论的传统的工具已不适用, 可以参考文献 [MS], [Br2-Br4]. 为克服上述困难, 需要开发不同形式的 Strichartz 估计, 充分利用 Tao 的 Fourier 频率局部化技术、Littlewood-Paley 理论等现代分析工具.

本章的工作流程与布局

第一步. 在 8.2 节首先建立线性梁方程解的局部 Strichartz 估计及整体的 Strichartz 估计, 作为推论证明非聚焦梁方程的局部适定性及整体适定性.

第二步. 在 8.3 节讨论非线性梁方程散射的机制, 即强衰减估计可以导出散射性结果.

第三步. 证明强衰减估计的关键是证明几乎有限传播速度 (简称为 AFSP), 因此, 在 8.4 节和 8.5 节主要建立次临界梁方程的解具有 AFSP 性质.

第四步. 利用 AFSP 性质与 Morawetz 估计来证明强的衰减估计, 从而建立非聚焦梁方程散的射性理论.

其他记号:

$$\begin{pmatrix} u(t) \\ u_t(t) \end{pmatrix} = W(t)\begin{pmatrix} u_0(x) \\ u_1(x) \end{pmatrix} \triangleq \begin{pmatrix} \dot{K}(t) & K(t) \\ \ddot{K}(t) & \dot{K}(t) \end{pmatrix}\begin{pmatrix} u_0(x) \\ u_1(x) \end{pmatrix} \quad (1.9)$$

是自由问题 (1.3) 的解, 这里

$$K(t) = \frac{\sin\sqrt{m+\Delta^2}\, t}{\sqrt{m+\Delta^2}}. \quad (1.10)$$

容易看出, $W(t)$ 是斜伴随算子 A:

$$A\begin{pmatrix} u \\ v \end{pmatrix} = \begin{pmatrix} 0 & 1 \\ -m-\Delta^2 & 0 \end{pmatrix}\begin{pmatrix} u \\ v \end{pmatrix} \quad (1.11)$$

所生成单位酉群, 这里 $\mathcal{D}(A) = H^4 \times H^2 \hookrightarrow \mathcal{E}$. 记

$$\begin{cases} \Pi_1: \mathcal{E} \longrightarrow H^2(\mathbb{R}^n), \\ \Pi_2: \mathcal{E} \longrightarrow L^2(\mathbb{R}^n). \end{cases} \quad (1.12)$$

Littlewood-Paley 算子　取 $\psi(\xi) \in C_c^\infty(\mathbb{R}^n)$ 是径向函数, 满足 $0 \leqslant \psi(\xi) \leqslant 1$ 及

$$\begin{cases} \psi(\xi) = 1, & |\xi| \leqslant 1, \\ \psi(\xi) = 0, & |\xi| \geqslant 2. \end{cases} \tag{1.13}$$

它所诱导出的 Littlewood-Paley 算子定义如下:

$$\widehat{P_{\leqslant N} f}(\xi) \triangleq \psi\left(\frac{\xi}{N}\right) \hat{f}(\xi),$$

$$\widehat{P_{> N} f}(\xi) \triangleq \left(1 - \psi\left(\frac{\xi}{N}\right)\right) \hat{f}(\xi),$$

$$\widehat{P_N f}(\xi) \triangleq \left(\psi\left(\frac{\xi}{N}\right) - \psi\left(\frac{2\xi}{N}\right)\right) \hat{f}(\xi),$$

$$P_{<N} \triangleq P_{\leqslant N} - P_N,$$

$$P_{\geqslant N} \triangleq P_{>N} + P_N.$$

命题 1.2 (Bernstein 估计)　设 $s \geqslant 0$, $1 \leqslant p \leqslant \infty$, $|\nabla|^s = \mathcal{F}^{-1} |\xi|^s \mathcal{F}$. 则
(i) $\|P_{\geqslant N} f\|_p \leqslant CN^{-s} \||\nabla|^s P_{\geqslant N} f\|_p$;
(ii) $\||\nabla|^s P_{\leqslant N} f\|_p \leqslant CN^s \|P_{\leqslant N} f\|_p$;
(iii) $\||\nabla|^{\pm s} P_N f\|_p \cong CN^{\pm s} \|P_N f\|_p$.

证明思路　当 $N = 1$ 时, 将上面的投影算子改写成卷积型算子, 利用 Young 不等式就可以得证. 对于一般的 $N \in \mathbb{N}$, 利用 Dilation 变换及 $N = 1$ 的结果就得证明.

8.2　Strichartz 估计与适定性理论

梁方程是经典 Klein-Gorden 方程的高阶形式, 同时还具有双 Schrödinger 结构, 因此, 它具有不同形式的 Srtrichartz 估计. 为此, 先引入一些容许对的概念 (参见图 8.1).

定义 2.1 (二阶 Schrödinger 方程对应的容许对 Λ_S)

$$(q,r) \in \Lambda_S, \iff \frac{2}{q} = n\left(\frac{1}{2} - \frac{1}{r}\right), \quad (q,r,n) \neq (2, \infty, 2)$$

等价于

$$\frac{2}{q} = n\left(\frac{1}{2} - \frac{1}{r}\right), \quad 2 \leqslant r \begin{cases} \leqslant 2^*, & n \geqslant 3, \\ < \infty, & n = 2, \\ \leqslant \infty, & n = 1. \end{cases}$$

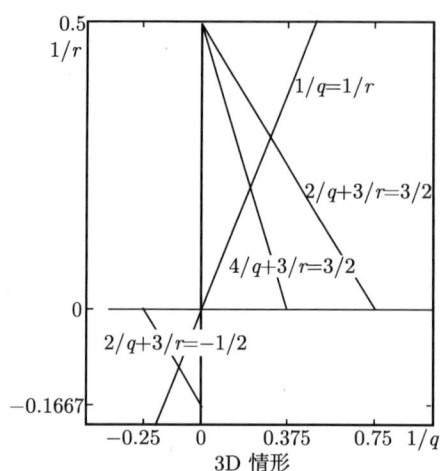 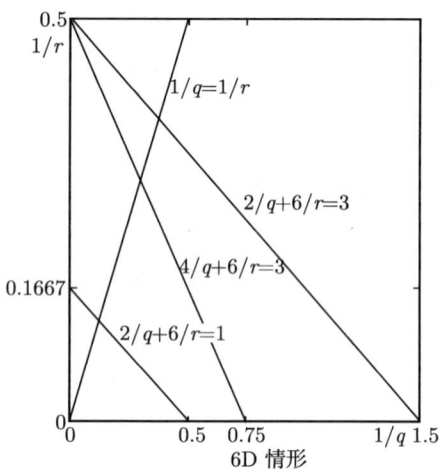

图 8.1

定义 2.2 (梁方程对应的容许对 Λ_B)

$$(q,r) \in \Lambda_B \iff \begin{cases} 2 \leqslant q \leqslant \infty, & 2 \leqslant r \leqslant \infty, \ n=1,2,3, \\ 2 \leqslant q \leqslant \infty, & 2 \leqslant r < \infty, \ n=4, \\ \dfrac{2}{q} = n\left(\dfrac{1}{2} - \dfrac{1}{r}\right) - 2, & 2 \leqslant r < \infty, \ n \geqslant 5. \end{cases}$$

定义 2.3 (梁方程对应的低频容许对 Λ_{B_l})

$$(q,r) \in \Lambda_{B_l} \iff \frac{4}{q} \leqslant n\left(\frac{1}{2} - \frac{1}{r}\right), \quad 2 \leqslant p,\, q \leqslant \infty, \quad (q,r,n) \neq (2,\infty,4).$$

定义 2.4 (梁方程对应的可控容许对 Λ_{B_c})

$$(q,r) \in \Lambda_{B_c} \iff (q,r) \in \Lambda_{B_l},\ q \neq \infty,\ 且\ \exists\ 0 \leqslant \sigma \leqslant 2,\ 满足\ \frac{2}{q} = n\left(\frac{1}{2} - \frac{1}{r}\right) - \sigma$$

等价于

$$(q,r) \in \Lambda_{B_l}, \quad q \neq \infty, \quad 且\ \frac{2}{q} + \frac{n}{r} = k, \quad \frac{n-4}{2} \leqslant k \leqslant \frac{n}{2}.$$

注记 2.1 如果 $(q,r) \in \Lambda_S$, $r < \dfrac{n}{2}$, 可定义

$$r^\sharp = \frac{rn}{n-2r}.$$

它就确定了 $(q, r^\sharp) \in \Lambda_B$. 事实上,

$$\frac{2}{q} = n\left(\frac{1}{2} - \frac{1}{r^\sharp}\right) - 2 = n\left(\frac{1}{2} - \frac{1}{r}\right).$$

8.2 Strichartz 估计与适定性理论

引理 2.1 (局部 Strichartz 估计) 设 $I \subset \mathbb{R}$, $0 \in \bar{I}$, $u_0(x) \in H^2$, $u_1(x) \in L^2(\mathbb{R}^n)$, $h \in C(I; H^{-2}) \cap L^{a'}(I; L^{b'}(\mathbb{R}^n))$, 其中 $(a,b) \in \Lambda_S$ 则存在 $u \in \mathbb{E}(I)$ 是线性问题

$$\frac{\partial^2 u}{\partial t^2} + \Delta^2 u = h(t,x), \quad u(0) = u_0(x), \quad u_t(0) = u_1(x) \tag{2.1}$$

的解, 并且 $u \in L^q(I; L^r(\mathbb{R}^n))$, $\forall (q,r) \in \Lambda_B$ 满足如下局部的 Strichartz 估计

$$\|(u, u_t)\|_{C(I;\mathcal{E})} + \|u\|_{L^q(I;L^r(\mathbb{R}^n))} \leqslant C(1+|I|^{\frac{3}{2}})\left(\sqrt{E_0(u_0, u_1)} + \|h\|_{L^{a'}(I;L^{b'}(\mathbb{R}^n))}\right), \tag{2.2}$$

这里 $|I|$ 表示区间的长度, C 是不依赖于 $u_0(x)$, $u_1(x)$ 及 $h(t,x)$ 的常数.

证明 (2.1) 可分解为

$$(\mathrm{i}\partial_t + \Delta)(-\mathrm{i}\partial_t + \Delta) u = h(t,x).$$

令

$$v = (-\mathrm{i}\partial_t + \Delta) u \Longrightarrow \begin{cases} (\mathrm{i}\partial_t + \Delta) v = h(t,x), \\ v(0) = -\mathrm{i} u_1(x) + \Delta u_0(x), \end{cases} \tag{2.3}$$

$$\tilde{v} = (\mathrm{i}\partial_t + \Delta) u \Longrightarrow \begin{cases} (\mathrm{i}\partial_t + \Delta) \tilde{v} = h(t,x), \\ \tilde{v}(0) = \mathrm{i} u_1(x) + \Delta u_0(x), \end{cases} \tag{2.4}$$

则

$$\partial_t u = \frac{\tilde{v} - v}{2\mathrm{i}}, \quad \Delta u = \frac{v + \tilde{v}}{2}.$$

因此, 对 $\forall (q,p) \in \Lambda_S$, $(a,b) \in \Lambda_S$, 由经典的 Strichartz 估计容易看出

$$\|v\|_{C_b(I;L^2) \cap L^q(I;L^p)} + \|\tilde{v}\|_{C_b(I;L^2) \cap L^q(I;L^p)} \lesssim \|v_0\|_2 + \|\tilde{v}_0\|_2 + \|h\|_{L^{a'}(I;L^{b'})}.$$

由此推出

$$\|u_t\|_{C_b(I;L^2) \cap L^q(I;L^p)} + \|\Delta u\|_{C_b(I;L^2) \cap L^q(I;L^p)} \lesssim \|u_1\|_2 + \|\Delta u_0\|_2 + \|h\|_{L^{a'}(I;L^{b'})}. \tag{2.5}$$

注意到

$$u(t) = \int_0^t u_\tau(\tau) \mathrm{d}\tau + u_0(x),$$

就得

$$\|u\|_p \leqslant \int_0^t \|u_\tau(\tau)\|_p \mathrm{d}\tau + \|u_0\|_p, \quad 1 \leqslant p \leqslant \infty.$$

于是

$$\begin{aligned}\|u(t)\|_{L^q(I;L^p)} &\leqslant \left\|\|u_\tau(\tau)\|_{L^q(I;L^p)} \tau^{\frac{1}{q'}}\right\|_{L^q_\tau} + \|u_0\|_p |I|^{\frac{1}{q}} \\ &\leqslant |I| \|u_t\|_{L^q(I;L^p)} + \|u_0\|_p |I|^{\frac{1}{q}} \\ &\leqslant (|I| + |I|^{\frac{1}{q}})(\|u_0\|_{H^2} + \|u_1\|_2 + \|h\|_{L^{a'}(I;L^{b'})}),\end{aligned}$$

从而推知

$$\|u_t\|_{C_b(I;L^2)\cap L^q(I;L^p)} + \|u\|_{C_b(I;L^2)\cap L^q(I;W^{2,p})}$$
$$\leqslant (1+|I|)(\|u_0\|_{H^2} + \|u_1\|_2 + \|h\|_{L^{a'}(I;L^{b'})}),$$
$$\forall\,(q,p)\in\Lambda_S,\quad (a,b)\in\Lambda_S. \tag{2.6}$$

对 $(q,r)\in\Lambda_B$, 由 Sobolev 嵌入定理可见

$$\|u\|_{L^q(I;L^r(\mathbb{R}^n))}\lesssim |I|^{\frac{1}{q}}\|u\|_{L^\infty(I;H^2(\mathbb{R}^n))}\lesssim (1+|I|^{\frac{1}{2}})\|u\|_{L^\infty(I;H^2(\mathbb{R}^n))},\quad \forall\,n\leqslant 4, \tag{2.7}$$

$$\|u\|_{L^q(I;L^r)}\lesssim |I|^{\frac{1}{q}}\|u\|_{L^\infty(I;H^2)}\lesssim (1+|I|^{\frac{1}{2}})\|u\|_{L^\infty(I;H^2)},\quad n\geqslant 5,\ r\leqslant 2^\sharp=\frac{2n}{n-4}. \tag{2.8}$$

$$\|u\|_{L^q(I;L^r)}\lesssim \|u\|_{L^q(I;W^{2,p})},\quad p=\frac{nr}{n+2r},\quad n\geqslant 5,\quad r>2^\sharp=\frac{2n}{n-4}, \tag{2.9}$$

在 (2.9) 中, 由 $(q,r)\in\Lambda_B$ 可推出 $(q,p)\in\Lambda_S$. 将 (2.7)~(2.9) 代入 (2.6), 就推出估计 (2.2).

定理 2.2(适定性理论) 设

$$1<p\leqslant 1+\frac{8}{n-4},\quad \text{当}\ n=1,2,3,4\ \text{时},\ p<\infty, \tag{2.10}$$

$(u_0,u_1)\in\mathcal{E}$, 则问题 (1.1) 有如下适定性结论:

(i) 局部适定性与 Blow-up 准则. 问题 (1.1) 存在唯一解

$$u(t)\in\mathbb{E}(I)\cap L^q_{\mathrm{loc}}(I;L^r(\mathbb{R}^n)),\quad (q,r)\in\Lambda_B, \tag{2.11}$$

其中 $I=(-T_*,T^*)$ 满足

$$\begin{cases}T_*=T_*(\|(u_0,u_1)\|_{\mathcal{E}}),\quad T^*=T^*(\|(u_0,u_1)\|_{\mathcal{E}}),\quad p<1+\dfrac{8}{n-4}\quad(\text{次临界情形}),\\ T_*=T_*(u_0,u_1),\quad T^*=T^*(u_0,u_1),\quad p=1+\dfrac{8}{n-4},\quad n\geqslant 5\quad(\text{临界情形}).\end{cases}$$

进而满足如下二择性结果 (仅以正方向陈述):

次临界情形 $\begin{cases}T^*=\infty,\ \text{或}\\ T^*<\infty\ \text{且}\ \lim\limits_{t\uparrow T^*}\|(u,u_t)\|_{\mathcal{E}}=\infty.\end{cases}$

临界情形 $\begin{cases}T^*=\infty,\ \text{或}\\ T^*<\infty\ \text{且}\ \|u\|_{L^{\frac{2(n+2)}{n-4}}((0,T^*)\times\mathbb{R}^n)}=\infty.\end{cases}$

8.2 Strichartz 估计与适定性理论

(ii) 连续依赖性. 设 $(u_0^k, u_1^k) \xrightarrow{\mathcal{E}} (u_0, u_1)$, 记 u^k 是 (1.1) 对应初值 $(u_0^k(x), u_1^k(x))$ 的解, 相应的解的极大区间是 $(-T_*^{(k)}, T^{*(k)})$, 则

$$\liminf T^{*(k)} \geqslant T^*, \quad \liminf T_*^{(k)} \geqslant T_*,$$

并且对 $\forall I' \subset\subset (-T_*, T^*)$, 且对任意的 Λ_B 容许对 (q, r) 有

$$u^{(k)} \longrightarrow u, \quad 在 \ C(I'; H^2) \cap C^1(I'; L^2) \cap L^q(I'; L^r(\mathbb{R}^n)) \ 意义下.$$

(iii) 整体适定性. 对于次临界非聚焦情形, 问题 (1.1) 是整体适定的, 即 $T^* = T_* = \infty$.

证明梗概 注意到

$$(\infty, 2), (2, 2^*) \in \Lambda_S, \quad (q, r) = \left(\frac{4p}{(n-4)p - (n+2)}, \frac{2np}{n+2}\right) \in \Lambda_{B_c} \subset \Lambda_B \quad (2.12)$$

和非线性估计:

$$\begin{cases} \|f(u)\|_{L^1(I; L^2)} \leqslant C|I| \|u\|_{C(I; H^2)}^p, & 1 < p \leqslant 1 + \dfrac{2}{n}, \\ \|f(u)\|_{L^2(I; L^{\frac{2n}{n+2}})} \leqslant C|I|^{\frac{1}{2}} \|u\|_{C(I; H^2)}^p, & 1 + \dfrac{2}{n} \leqslant p \leqslant \dfrac{n+2}{n-4}, \\ \|f(u)\|_{L^2(I; L^{\frac{2n}{n+2}})} \leqslant C|I|^{\frac{(n+4)-(n-4)p}{4}} \|u\|_{L^q(I; L^r)}^p, & \dfrac{n+2}{n-4} < p < \dfrac{n+4}{n-4} \end{cases} \quad (2.13)$$

及局部的 Strichartz 估计, 就直接推出问题 (1.1) 的局部适定性. 特别, 对于次临界非聚焦情形, 借助于能量守恒就得到 (1.1) 整体存在性. 其余部分的证明是标准的.

注记 2.2 (1) 类似于经典的波动方程, 也可以利用正则化技术与紧性方法研究非线性非聚焦梁方程的 Cauchy 问题弱解的存在性 (非线性增长可以不受临界指标限制)、唯一性及相应的正则性问题. 特别, 在临界与次临界条件下, 可以用标准的技术证明无条件唯一性等有意义的结果.

(2) 对于 $n \geqslant 5$, $p = \dfrac{n+4}{n-4}$ 的情形, 由于

$$\left(2 + \frac{4}{n}, 2 + \frac{4}{n}\right) \in \Lambda_S, \quad \left(\frac{2(n+2)}{n-4}, \frac{2(n+2)}{n-4}\right) \in \Lambda_B \quad (2.14)$$

与非线性估计

$$\|f(u)\|_{L^{\frac{2(n+2)}{n+4}}(I; L^{\frac{2(n+2)}{n+4}})} \leqslant C \|u\|_{L^{\frac{2(n+2)}{n-4}}(I; L^{\frac{2(n+2)}{n-4}})}^p, \quad \frac{2(n+2)}{n+4} = \left(\frac{2n+4}{n}\right)'. \quad (2.15)$$

采用齐次工作空间

$$\mathcal{X} = C(\mathbb{R}; \dot{H}^2) \cap C^1(\mathbb{R}; L^2(\mathbb{R}^n)) \cap L^{\frac{2(n+2)}{n-4}}(\mathbb{R}; L^{\frac{2(n+2)}{n-4}})$$

及估计 (2.5) 可以获得, 在

$$\|u_1\|_2 + \|\Delta u_0\|_2 \ll 1$$

条件下的整体适定性及散射性结果.

从上面的讨论知道, 局部适定性理论仅仅需要局部的 Strichartz 估计. 然而, 欲建立非线性梁方程的 Cauchy 问题的散射理论, 必须建立线性梁方程解的整体 Strichartz 估计. 如何建立线性梁方程解的整体 Strichartz 估计?

基本思路 (1) 困难之一是处理在低频部分的退化临界点问题. 我们将看到当 $t \to \infty$ 时, 在临界点处对应着慢速衰减现象. 克服上述困难源于 Levandosky 关于径向函数的 Fourier 变换. 这个思想在研究四阶 Schrödinger 方程中已经使用, 可见文献 [BKS].

(2) 高频部分的处理是通过标准的驻相分析估计, 可见文献 [KPV1].

引理 2.3 (整体 Strichartz 估计)   设 $0 \in \bar{I}$, $I \subset \mathbb{R}$, $(q,r) \in \Lambda_{Bc}$, $(a,b) \in \Lambda_{Bl}$, $(c,d) \in \Lambda_S$, $(u_0(x), u_1(x)) \in \mathcal{E}$, $h \in C(I; H^{-2}) \cap L^{a'}(I; L^{b'}) \cap L^{c'}(I; L^{d'})$. 则线性梁方程

$$\frac{\partial^2 u}{\partial t^2} + \Delta^2 u + mu = h(t,x), \ u(0) = u_0(x), \ u_t(0) = u_1(x) \tag{2.16}$$

存在唯一解 $u(t) \in \mathbb{E}(I)$ 满足

$$\|(u, u_t)\|_{C_b(I;\mathcal{E})} + \|u\|_{L^q(I;L^r)} \leqslant C\left[\|(u_0, u_1)\|_{\mathcal{E}} + \|h\|_{L^{a'}(I;L^{b'})} + \|h\|_{L^{c'}(I;L^{d'})}\right], \tag{2.17}$$

这里 C 不依赖于 $(u_0(x), u_1(x))$ 及 $h(t,x)$. 进而, 对任意 $2 \leqslant r \leqslant \infty$, 有如下 $L^{r'} - L^r$ 的估计:

$$\|u\|_r \leqslant C\left(|t|^{-n(\frac{1}{2}-\frac{1}{r})} + |t|^{-\frac{n}{2}(\frac{1}{2}-\frac{1}{r})}\right)\left(\|u_0\|_{r'} + \|(I+\Delta^2)^{-\frac{1}{2}}u_1\|_{r'}\right), \quad t \neq 0, \ h = 0, \tag{2.18}$$

这里 C 不依赖于初值函数 $(u_0(x), u_1(x))$.

证明   不失一般性, 取 $m = 1$. 这样, 线性梁方程 (2.16) 的解可以表示成

$$u(t) = \cos t\sqrt{1+\Delta^2}\, u_0 + \frac{\sin t\sqrt{1+\Delta^2}}{\sqrt{1+\Delta^2}} u_1 + \int_0^t \frac{\sin(t-s)\sqrt{1+\Delta^2}}{\sqrt{1+\Delta^2}} h(s)\mathrm{d}s. \tag{2.19}$$

因此, 仅需考虑 "半波" 算子: $u \longrightarrow T_t u$:

$$T_t u = \mathcal{F}^{-1} \exp(\mathrm{i}t\sqrt{1+|\xi|^4}) \mathcal{F} u(\xi). \tag{2.20}$$

8.2 Strichartz 估计与适定性理论

进而,定义
$$T_t^h u = P_{>1/2} T_t u, \quad T_t^\ell u = P_{\leqslant 2} T_t u. \tag{2.21}$$

注意到
$$P_{\leqslant 1} T_t^\ell u = P_{\leqslant 1} P_{\leqslant 2} T_t u = P_{\leqslant 1} T_t u, \quad P_{>1} T_t^h u = P_{>1} P_{>1/2} T_t u = P_{>1} T_t u,$$

故有
$$T_t = P_{\leqslant 1} T_t + P_{>1} T_t \equiv P_{\leqslant 1} T_t^\ell + P_{>1} T_t^h. \tag{2.22}$$

注记 2.3 ((2.21) 的定义妙处在于 TT^* 方法) 事实上, 由分解 $T_t = P_{\leqslant 1} T_t + P_{>1} T_t$, 如果直接使用定义 $T_t^l = P_{\leqslant 1} T_t$, 将会导致
$$T_t^l T_s^{l*} = P_{\leqslant 1} P_{\leqslant 1} T_{t-s} \neq P_{\leqslant 1} T_{t-s}.$$

这在使用 TT^* 时出现障碍. 然而, 利用 (2.21) 的定义, 容易看出
$$T_t^\ell = P_{\leqslant 2} T_t \implies T_t^\ell T_s^{\ell*} = P_{\leqslant 2} P_{\leqslant 2} T_{t-s} = P_{\leqslant 2} T_{t-s}^\ell,$$

于是
$$P_{\leqslant 1} T_t^\ell T_s^{\ell*} = P_{\leqslant 1} P_{\leqslant 2} T_{t-s}^\ell = P_{\leqslant 1} T_{t-s}^\ell = P_{\leqslant 1} P_{\leqslant 2} T_{t-s} = P_{\leqslant 1} T_{t-s}. \tag{2.23}$$

低频部分的分析 从下面的断言开始我们的讨论.

断言 I
$$\|T_t^\ell u\|_r \leqslant C(1+|t|)^{-\frac{n}{2}(\frac{1}{2}-\frac{1}{r})} \|u\|_{r'}, \quad \forall\, 2 \leqslant r \leqslant \infty. \tag{2.24}$$

事实上, 设 $u \in C_c^\infty(\mathbb{R}^n)$, 显然
$$|T_t^\ell u(x)| \leqslant C \left| \int_{\mathbb{R}^n} \int_{\mathbb{R}^n} e^{i\langle y-x,\xi\rangle} e^{it\sqrt{1+|\xi|^4}} \psi\left(\frac{\xi}{2}\right) u(y) d\xi dy \right| \leqslant C \|u\|_{L^1}. \tag{2.25}$$

将算子 T_t^ℓ 写成卷积形式, 即
$$T_t^\ell u(x) = (2\pi)^{-\frac{n}{2}} T_t \mathcal{F}^{-1} \psi\left(\frac{\cdot}{2}\right) * u. \tag{2.26}$$

由径向函数的 Fourier 变换公式及 Levandosky [Lev2] 中的引理 2.3 可见, $\forall\, |t| \geqslant 1$, 有
$$\|T_t^\ell u\|_\infty \leqslant C|t|^{-\frac{n}{4}} \|u\|_{L^1}, \quad \forall\, |t| \geqslant 1. \tag{2.27}$$

根据 (2.24) 与 (2.26) 可得
$$\|T_t^\ell\|_{L^1 \to L^\infty} \leqslant C(1+|t|)^{-\frac{n}{4}}. \tag{2.28}$$

另一方面
$$\|T_t^\ell u\|_2 \leqslant C\|u\|_2. \tag{2.29}$$
它与 (2.27) 插值就得断言 (2.24).

断言 II 设 $(q,r), (a,b) \in \Lambda_{Bl}$, 存在不依赖于 u 的常数 $C > 0$, 满足

$$\begin{cases} \|P_{\leqslant 1}T_t f\|_{L^q(\mathbb{R};L^r)} \leqslant C\|u\|_2, & \forall\, f(x) \in L^2(\mathbb{R}^n), \\ \left\|\int_0^t P_{\leqslant 1}T_{t-s}u(s)\mathrm{d}s\right\|_{L^q(\mathbb{R};L^r)} \leqslant C\|u\|_{L^{a'}(\mathbb{R};L^{b'})}, & \forall\, u \in L^{a'}(\mathbb{R},L^{b'}), \\ \left\|\int_\mathbb{R} P_{\leqslant 1}T_{-s}u(s)\mathrm{d}s\right\|_{L^2} \leqslant C\|u\|_{L^{a'}(\mathbb{R};L^{b'})}, & \forall\, u \in L^{a'}(\mathbb{R},L^{b'}). \end{cases} \tag{2.30}$$

事实上, 注意到 (2.23) 及
$$\|T_t^\ell f\|_{L^r} \leqslant C(1+|t|)^{-\frac{n}{2}(\frac{1}{2}-\frac{1}{r})}\|f\|_{L^{r'}}, \quad 2 \leqslant r \leqslant \infty, \tag{2.31}$$
利用 TT^* 方法就可以直接推出. 为了给出此断言的详细证明, 先回忆抽象的 TT^* 定理.

注记 2.4(Keel-Tao 的 TT^* 方法) 设 H 是一个 Hilbert 空间, $U(t): H \longrightarrow L^2$ 满足
$$\|U(t)\|_{H \to L^2} \leqslant C, \tag{2.32}$$
$$\|U(s)U(t)^* f\|_\infty \leqslant C|t-s|^{-\sigma}\|f\|_1, \tag{2.33}$$
或
$$\|U(s)U(t)^* f\|_\infty \leqslant C(1+|t-s|)^{-\sigma}\|f\|_1. \tag{2.34}$$
则对任意的 σ 容许对
$$(q,r) \in \Lambda_\sigma \iff \frac{1}{q} + \frac{\sigma}{r} \leqslant \frac{\sigma}{2}, \quad (q,r,\sigma) \neq (2,\infty,1),$$
或最优 σ 容许对
$$(q,r) \in \tilde{\Lambda}_\sigma \iff \frac{1}{q} + \frac{\sigma}{r} = \frac{\sigma}{2}, \quad (q,r,\sigma) \neq (2,\infty,1),$$
有如下估计:
$$\|U(t)f\|_{L^q(\mathbb{R};L^r(\mathbb{R}^n))} \leqslant C\|f\|_H, \quad (q,r) \in \tilde{\Lambda}_\sigma, \tag{2.35}$$
$$\left\|\int_\mathbb{R} U^*(s)F(s)\mathrm{d}s\right\|_H \leqslant C\|F\|_{L^{q'}(\mathbb{R};L^{r'})}, \quad (q,r) \in \tilde{\Lambda}_\sigma, \tag{2.36}$$
$$\left\|\int_{s<t} U(t)U^*(s)F(s)\mathrm{d}s\right\|_{L^{\bar{q}}(\mathbb{R};L^{\bar{r}})} \leqslant C\|F\|_{L^{q'}(\mathbb{R};L^{r'})}, \quad (q,r),(\bar{q},\bar{r}) \in \tilde{\Lambda}_\sigma. \tag{2.37}$$

进而, 如果 (2.34) 成立, 则估计 (2.25)~(2.27) 对所有的 σ 容许对均成立. 详细证明见文献 [KT1] 或 [Mi2].

8.2 Strichartz 估计与适定性理论

断言 II 的详细证明 取

$$H = L^2(\mathbb{R}^n), \quad U(t) = T_t^l, \quad \sigma = \frac{n}{4}. \tag{2.38}$$

利用 $T_t^\ell T_s^{\ell*} = P_{\leqslant 2} T_{s-t}^\ell$ 及 (2.31), 就有

$$\|T_t^\ell T_s^{\ell*} f\|_\infty = \|P_{\leqslant 2} T_{s-t}^\ell f\|_\infty \leqslant C(1+|t-s|)^{-\frac{n}{4}} \|f\|_1.$$

与此同时, (2.32) 可以直接从 (2.29) 获得. 因此, 利用 (2.23) 和注记 2.4 中的 TT^* 方法及投影算子的有界性, 容易推出

$$\|P_{\leqslant 1} T_t f\|_{L^q(\mathbb{R};L^r)} \leqslant C\|T_t^\ell f\|_{L^q(\mathbb{R};L^r)} \leqslant C\|f\|_2, \tag{2.39}$$

$$\left\|\int_\mathbb{R} P_{\leqslant 1} T_s^* F(s) \mathrm{d}s\right\|_2 \leqslant \left\|\int_\mathbb{R} P_{\leqslant 1} P_{\leqslant 2} T_s^* F(s)\mathrm{d}s\right\|_2$$
$$\leqslant \left\|\int_\mathbb{R} (T_s^\ell)^* F(s) \mathrm{d}s\right\|_H \leqslant C\|F\|_{L^{q'}(\mathbb{R};L^{r'})}, \tag{2.40}$$

$$\left\|\int_{s<t} P_{\leqslant 1} T_{t-s} F(s) \mathrm{d}s\right\|_{L^{\bar q}(\mathbb{R};L^{\bar r})} = \left\|\int_{s<t} P_{\leqslant 1} T_t^\ell T_s^{\ell*} F(s) \mathrm{d}s\right\|_{L^{\bar q}(\mathbb{R};L^{\bar r})}$$
$$\leqslant \left\|\int_{s<t} T_{t-s}^\ell F(s) \mathrm{d}s\right\|_{L^{\bar q}(\mathbb{R};L^{\bar r})} \leqslant C\|F\|_{L^{q'}(\mathbb{R};L^{r'})}. \tag{2.41}$$

非齐次部分的估计 I —— 低频情形

情形 1. $t > 0$. 令 $\chi_{\mathbb{R}_+}(t)$ 是 $\mathbb{R}_+$ 上特征函数, 则

$$\left\|\int_0^t P_{\leqslant 1} T_{t-s} F(s) \mathrm{d}s\right\|_{L^{\bar q}(\mathbb{R}_+;L^{\bar r})} = \left\|\int_{s<t} P_{\leqslant 1} T_{t-s} \chi_{\mathbb{R}_+} F(s) \mathrm{d}s\right\|_{L^{\bar q}(\mathbb{R};L^{\bar r}(\mathbb{R}^n))}$$
$$\lesssim \|\chi_{\mathbb{R}_+} F(s)\|_{L^{q'}(\mathbb{R};L^{r'})} \lesssim \|F\|_{L^{q'}(\mathbb{R};L^{r'})}. \tag{2.42}$$

情形 2. $t < 0$ 令 $\chi_{\mathbb{R}_-}(t)$ 是 $\mathbb{R}_-$ 上特征函数, 注意到

$$\int_0^t P_{\leqslant 1} T_{t-s} F(s) \mathrm{d}s = \int_{s<t} P_{\leqslant 1} T_{t-s} F(s) \mathrm{d}s - T_t \int_\mathbb{R} P_{\leqslant 1} T_{-s} \chi_{\mathbb{R}_-}(s) F(s) \mathrm{d}s,$$

则

$$\left\|\int_0^t P_{\leqslant 1} T_{t-s} F(s) \mathrm{d}s\right\|_{L^{\bar q}(\mathbb{R}_-;L^{\bar r}(\mathbb{R}^n))}$$
$$\leqslant \left\|\int_{s<t} P_{\leqslant 1} T_{t-s} F(s) \mathrm{d}s\right\|_{L^{\bar q}(\mathbb{R};L^{\bar r}(\mathbb{R}^n))} + \left\|T_t \int_\mathbb{R} P_{\leqslant 1} T_{-s} \chi_{\mathbb{R}_-}(s) F(s) \mathrm{d}s\right\|_{L^{\bar q}(\mathbb{R};L^{\bar r}(\mathbb{R}^n))}$$
$$\lesssim \|P_{\leqslant 1} F\|_{L^{q'}(\mathbb{R};L^{r'}(\mathbb{R}^n))} + \left\|\int_\mathbb{R} P_{\leqslant 2} T_{-s} \chi_{\mathbb{R}_-}(s) F(s) \mathrm{d}s\right\|_{L^{\bar q}(\mathbb{R};L^{\bar r}(\mathbb{R}^n))}$$
$$\lesssim \|F\|_{L^{q'}(\mathbb{R};L^{r'}(\mathbb{R}^n))}. \tag{2.43}$$

高频部分的分析

断言 III $\exists\, C = C(n) > 0$, 对 $\forall\, 2 \leqslant r \leqslant \infty$, 有

$$\|T_t^h u\|_r \leqslant C|t|^{-n(\frac{1}{2}-\frac{1}{r})} \|u\|_{r'}, \quad \forall\, t \neq 0, \quad \forall\, 2 \leqslant r \leqslant \infty. \tag{2.44}$$

事实上, 对 $u \in C_c^\infty(\mathbb{R}^n)$, 容易看出

$$(T_t^h u)(x) = \frac{1}{(2\pi)^n} \int_{\mathbb{R}^n} u(y) \int_{\mathbb{R}^n} \frac{1-\psi(2\xi)}{\sqrt{H_\varphi(\xi)}} \sqrt{H_\varphi(\xi)} \mathrm{e}^{\mathrm{i} t\varphi(\xi) - \mathrm{i}\langle x-y, \xi\rangle} \mathrm{d}\xi \mathrm{d}y, \quad \forall\, t \in \mathbb{R}, \tag{2.45}$$

这里

$$\varphi(\xi) = \sqrt{1+|\xi|^4}, \quad H_\varphi(\xi) = \left|\det(\partial^2_{ij}\varphi(\xi))\right|. \tag{2.46}$$

相函数 φ 满足文献 [KPV1] 中引理 3.4 的条件, 其中 $m = 2$, Ω 是 $B_{1/2}(0)^c$. 于是

$$\|T_t^h u\|_\infty \leqslant C|t|^{-\frac{n}{2}} \|u\|_1, \quad \forall\, t \in \mathbb{R} \setminus \{0\}. \tag{2.47}$$

由 Plancherel 定理

$$\|T_t^h u\|_2 \leqslant \|u\|_2, \quad \forall\, t \in \mathbb{R}. \tag{2.48}$$

由 Riesz-Thorin 插值公式, 推出断言 3 成立.

非齐次部分的估计 II —— 高频情形

设 $(q, r), (a, b) \in \Lambda_S$, 注意到

$$T_s^h (T_t^h)^* = P_{\geqslant 1/2} T_{s-t}^h, \quad P_{\geqslant 1} T_s^h (T_t^h)^* = P_{\geqslant 1} T_{s-t}, \tag{2.49}$$

令

$$H = L^2, \quad U(t) = T_t^h, \quad \sigma = \frac{n}{2}, \tag{2.50}$$

直接验证注记 2.4 中的条件 (2.32)~(2.33) 满足. 对于 $U(t) = T_t^h$ 采用 TT^* 方法, 就可以推出估计 (2.35)~(2.37). 注意到 $P_{>N}$ 在 $L^p (1 \leqslant p \leqslant \infty)$ 上有界, 类似于 $U = T_t^\ell$ 的推导, 就得

$$\|P_{\geqslant 1} T_t u\|_{L^q(\mathbb{R}; L^r)} \leqslant C\|u\|_2, \tag{2.51}$$

$$\left\|\int_0^t P_{>1} T_{t-s} F(s) \mathrm{d}s\right\|_{L^q(\mathbb{R}; L^r)} \leqslant C\|F\|_{L^{a'}(\mathbb{R}; L^{b'})}, \tag{2.52}$$

$$\left\|\int_{\mathbb{R}} P_{>1} T_{-s} F(s) \mathrm{d}s\right\|_2 \leqslant C\|u\|_{L^{a'}(\mathbb{R}; L^{b'})}. \tag{2.53}$$

这里与 $U = T_t^l$ 区别在于容许对均是 Sharp 型容许对, 所用的色散估计是非时滞性的估计:

$$\|U(s) U^*(t) f\|_\infty \leqslant C|t-s|^{-\sigma} \|f\|_1 \triangleq C|t-s|^{-\frac{n}{2}} \|f\|_1. \tag{2.54}$$

8.2 Strichartz 估计与适定性理论

自由方程解的 $L^{r'} - L^r$ 估计

注意到

$$u = \frac{1}{2}(T_t + T_{-t})u_0 + \frac{1}{2\mathrm{i}}(I+\Delta^2)^{-\frac{1}{2}}(T_t - T_{-t})u_1$$
$$+ \frac{1}{2\mathrm{i}}(I+\Delta^2)^{-\frac{1}{2}}\int_0^t (T_{t-s} - T_{s-t})h(s)\mathrm{d}s, \tag{2.55}$$

$$u_t = -\frac{T_t - T_{-t}}{2\mathrm{i}}(I+\Delta^2)^{\frac{1}{2}}u_0 + \frac{T_t + T_{-t}}{2}u_1 + \int_0^t \frac{T_{t-s} + T_{s-t}}{2}h(s)\mathrm{d}s. \tag{2.56}$$

当 $h = 0$ 时, 由于 $L^{r'} \to L^r$ 估计可见

$$\|u(t)\|_r \leqslant \|P_{\leqslant 1}u(t)\|_r + \|P_{>1}u(t)\|_r$$
$$\leqslant C\big(|t|^{-\frac{n}{2}(1-\frac{2}{r})} + |t|^{-\frac{n}{4}(1-\frac{2}{r})}\big)\big(\|u_0\|_{r'} + \|(I+\Delta^2)^{-\frac{1}{2}}u_1\|_{r'}\big), \tag{2.57}$$

这里用到 (2.24) 与 (2.44).

线性梁方程解的低频部分的 Strichartz 估计

对任意 $(q, r), (a, b) \in \Lambda_{Bl}$, 利用 (2.39)~(2.43) 可见

$$\|P_{\leqslant 1}(u, u_t)\|_{L^q(\mathbb{R}; L^r)} = \|P_{\leqslant 2}P_{\leqslant 1}(u, u_t)\|_{L^q(\mathbb{R}; L^r)}$$
$$\leqslant C\big(\|(u_0, u_1)\|_{\mathcal{E}} + \|(I+\Delta^2)^{-\frac{1}{2}}P_{\leqslant 2}h\|_{L^{a'}(\mathbb{R}; L^{b'})} + \|P_{\leqslant 2}h\|_{L^{a'}(\mathbb{R}; L^{b'})}\big)$$
$$\leqslant C\big(\|(u_0, u_1)\|_{\mathcal{E}} + \|h\|_{L^{a'}(\mathbb{R}; L^{b'})}\big), \tag{2.58}$$

这里用到 $P_{\leqslant 2}P_{\leqslant 1} = P_{\leqslant 1}$, $P_{\leqslant 2}$, $(I+\Delta^2)^{-\frac{1}{2}}P_{\leqslant 2}$ 在 L^p 上是有界算子, 即它对应的核函数是 L^1 可积函数.

线性梁方程解的高频部分的 Strichartz 估计

对于任意的 $(q, r), (c, d) \in \Lambda_S$, 利用 (2.51)~(2.54) 直接推出

$$\|P_{>1}((I+\Delta^2)^{\frac{1}{2}}u, u_t)\|_{L^q(\mathbb{R}; L^r)} \leqslant C\big(\|(I+\Delta^2)^{\frac{1}{2}}u_0\|_2 + \|u_1\|_2 + \|h\|_{L^{c'}(\mathbb{R}; L^{d'})}\big). \tag{2.59}$$

对于任意 $(q, r) \in \Lambda_{Bc}, \exists\, p \leqslant r$, 使得 $(q, p) \in \Lambda_S$, 其中 $W^{2,p} \hookrightarrow L^r(\mathbb{R}^n)$. 则

$$\|P_{\geqslant 1}u\|_{L^q(\mathbb{R}; L^r(\mathbb{R}^n))} \lesssim \|(I-\Delta)P_{\geqslant 1}u\|_{L^q(\mathbb{R}; L^p)} \lesssim \|(I+\Delta^2)^{1/2}P_{>1}u\|_{L^q(\mathbb{R}; L^p)}. \tag{2.60}$$

线性梁方程解的控制性 Strichartz 估计

注意到 $\Lambda_{Bc} \subset \Lambda_{Bl}$, 对任意 $(q, r) \in \Lambda_{Bc}, (a, b) \in \Lambda_{Bl}, (c, d) \in \Lambda_S$, 则

$$\|(u, u_t)\|_{C(I; \mathcal{E})} + \|u\|_{L^q(I; L^r(\mathbb{R}^n))}$$
$$\leqslant C\big(\|(u_0, u_1)\|_{\mathcal{E}} + \|h\|_{L^{a'}(I; L^{b'}(\mathbb{R}^n))} + \|h\|_{L^{c'}(I; L^{d'}(\mathbb{R}^n))}\big), \tag{2.61}$$

这里用到 $(\infty, 2) \in \Lambda_S \cap \Lambda_{Bl} \cap \Lambda_{Bc}$.

注记 2.5 (1) 设 $u(t,x)$ 是问题

$$\frac{\partial^2 u}{\partial t^2} + \Delta^2 u + mu = h(x,t), \quad u(0) = u_0(x), \quad u_t(0) = u_1(x)$$

的解 $\iff v(t,x) = u(\lambda^2 t, \lambda x)$ 是问题

$$\begin{cases} \frac{\partial^2 v}{\partial t^2} + \Delta^2 v + \lambda^4 mv = \lambda^4 h(\lambda^2 t, \lambda x), \\ (v(0), v_t(0)) = (\tilde{u_0}, \lambda^2 \tilde{u_1}) = (u_0(\lambda x), \lambda^2 u_1(\lambda x)) \end{cases}$$

的解, 取 $\lambda^4 m = 1$, 则由 v 的 Strichartz 估计可以推出对应的 u 的 Strichartz 估计.

(2) 将线性问题解的表达式 (2.19) 或 (2.55)~(2.56) 改写成半群形式, 就是

$$\begin{pmatrix} u \\ u_t \end{pmatrix} = W(t) \begin{pmatrix} u_0 \\ u_1 \end{pmatrix} + \int_0^t W(t-s) \begin{pmatrix} 0 \\ h(s) \end{pmatrix} ds, \tag{2.62}$$

$$W(t) = \begin{pmatrix} \cos t\sqrt{1+\Delta^2} & \dfrac{\sin t\sqrt{1+\Delta^2}}{\sqrt{1+\Delta^2}} \\ -\sqrt{1+\Delta^2}\sin t\sqrt{1+\Delta^2} & \cos t\sqrt{1+\Delta^2} \end{pmatrix}. \tag{2.63}$$

利用估计 (2.40) 和 (2.53) 就得

$$\left\| \int_{\mathbb{R}} W(-t)(0, h(t)) dt \right\|_{\mathcal{E}} \lesssim \left(\|h\|_{L^{a'}(\mathbb{R}; L^{b'})} + \|h\|_{L^{c'}(\mathbb{R}; L^{d'})} \right), \quad \forall\, (a,b) \in \Lambda_S,\ (c,d) \in \Lambda_{Bl}. \tag{2.64}$$

事实上

$$\left\| \int_{\mathbb{R}} W(-t)(0, h(t)) dt \right\|_{\mathcal{E}}^2 = \left\| \int_{\mathbb{R}} \frac{1}{2i}(1+\Delta^2)^{-\frac{1}{2}}(T_t - T_{-t})h(t)dt \right\|_{H^2}^2$$
$$+ \left\| \int_{\mathbb{R}} \frac{T_t + T_{-t}}{2} h(t) dt \right\|_{L^2}^2$$
$$\leqslant \left\| \int_{\mathbb{R}} T_t h(t) dt \right\|_{L^2}^2 + \left\| \int_{\mathbb{R}} T_{-t} h(t) dt \right\|_{L^2}^2$$
$$\leqslant C \left(\|h\|_{L^{a'}(\mathbb{R}; L^{b'}(\mathbb{R}^n))} + \|h\|_{L^{c'}(\mathbb{R}; L^{d'}(\mathbb{R}^n))} \right)^2.$$

注意到

$$\Pi_1 W \begin{pmatrix} \varphi \\ \psi \end{pmatrix} = \dot{K}(t)\varphi + K(t)\psi, \quad K(t) = \frac{\sin t\sqrt{1+\Delta^2}}{\sqrt{1+\Delta^2}},$$

$$\Pi_2 W\begin{pmatrix}\varphi\\ \psi\end{pmatrix}=\partial_t\Pi_1 W\begin{pmatrix}\varphi\\ \psi\end{pmatrix}=\ddot{K}\varphi+\dot{K}\psi,$$

所以

$$\left\|\int_0^t \Pi_1 P_{>1}W(t-s)(0,h(s))\mathrm{d}s\right\|_{L^a(\mathbb{R};L^b)}\lesssim \|h\|_{L^{c'}(\mathbb{R};L^{d'})},\quad \forall\,(a,b),\,(c,d)\in\Lambda_S. \tag{2.65}$$

$$\|\Pi_2 W(t)P_{\leqslant 1}(u,v)\|_r \leqslant C|t|^{-\frac{n}{2}(\frac{1}{2}-\frac{1}{r})}(\|(I+\Delta^2)^{1/2}u\|_{r'}+\|v\|_{r'}), \tag{2.66}$$

$$\|\Pi_2 W(t)P_{>1}(u,v)\|_r \leqslant C|t|^{-n(\frac{1}{2}-\frac{1}{r})}(\|(I+\Delta^2)^{1/2}u\|_{r'}+\|v\|_{r'}). \tag{2.67}$$

对于 $N\geqslant 8$, $P_{>1}P_{\geqslant N}=P_{\geqslant N}$, 可以将 (2.65), (2.67) 中 $P_{>1}$ 换成 $P_{\geqslant N}$, 结果仍然成立. 由于 $\Pi_2 W=\partial_t \Pi_1 W$, 根据 (2.18), (2.66) 及 (2.67) 就可以推出

$$\|\Pi_1 W(t)(0,v)\|_r \leqslant C\min\bigl(|t|^{-\frac{n}{2}(\frac{1}{2}-\frac{1}{r})},\,|t|^{1-n(\frac{1}{2}-\frac{1}{r})}\bigr)\|v\|_{r'},\quad 2\leqslant r\leqslant \frac{2n}{n-4}. \tag{2.68}$$

事实上, 当 $|t|\geqslant 1$ 时, 利用 (2.18), 总有

$$\|\Pi_1 W(t)(0,v)\|_r \leqslant C|t|^{-\frac{n}{2}(\frac{1}{2}-\frac{1}{r})}\|v\|_{r'} \leqslant C\min\bigl(|t|^{-\frac{n}{2}(\frac{1}{2}-\frac{1}{r})},\,|t|^{1-n(\frac{1}{2}-\frac{1}{r})}\bigr)\|v\|_{r'}.$$

当 $|t|<1$ 时, 注意到 $\Pi_1 W=\partial_t^{-1}\Pi_2 W$, 根据 (2.66) 及 (2.67), 就有

$$\|\Pi_1 P_{\leqslant 1}W(t)(0,v)\|_r \leqslant \|\partial_t^{-1}\Pi_2 P_{\leqslant 1}W(0,v)\|_r \leqslant C|t|^{1-\frac{n}{2}(\frac{1}{2}-\frac{1}{r})}\|v\|_{r'}$$
$$\leqslant C\min\bigl(|t|^{-\frac{n}{2}(\frac{1}{2}-\frac{1}{r})},\,|t|^{1-n(\frac{1}{2}-\frac{1}{r})}\bigr)\|v\|_{r'},$$
$$\|\Pi_1 P_{>1}W(t)(0,v)\|_r \leqslant \|\partial_t^{-1}\Pi_2 P_{>1}W(0,v)\|_r \leqslant C|t|^{1-n(\frac{1}{2}-\frac{1}{r})}\|v\|_{r'}$$
$$\leqslant C\min\bigl(|t|^{-\frac{n}{2}(\frac{1}{2}-\frac{1}{r})},\,|t|^{1-n(\frac{1}{2}-\frac{1}{r})}\bigr)\|v\|_{r'}.$$

(3) 当 $|t|>1$ 时, 用估计 (2.68) 的第一个衰减估计; 当 $|t|<1$ 时, 用估计 (2.68) 的第二个衰减估计.

8.3 散射理论的机制

由于 Λ_{Bc} 容许对在研究梁方程中处于核心地位, 见上一节图示的 Λ_{Bc} 的关系. 从 Λ_{Bc} 容许关系中选取对称的容许对就是 ($q=r$)

$$(q,r)=\left(\frac{2(n+2)}{n-\delta},\frac{2(n+2)}{n-\delta}\right)\quad \text{且}\quad \frac{2(n+2)}{n-\delta}\geqslant \frac{2(n+4)}{n},\ 0<\delta\leqslant 4.$$

于是, Λ_{Bc} 中的端点对称性容许对就是

$$\left(\frac{2(n+4)}{n},\frac{2(n+4)}{n}\right),\quad \left(\frac{2(n+2)}{n-4},\frac{2(n+2)}{n-4}\right)\in\Lambda_{Bc}.$$

选取与非线性增长相关联的 Λ_{Bc} 型端点对称性容许对：

$$\left(\frac{2(n+4)}{n+8}p, \frac{2(n+4)}{n+8}p\right) \quad \text{与} \quad \left(\frac{2(n+2)}{n+4}p, \frac{2(n+2)}{n+4}p\right) \in \Lambda_{Bc}.$$

容许对选取的理由如下:

$$\frac{2(n+4)}{n} \leqslant \frac{2(n+4)}{n} \cdot \frac{1}{1+\frac{8}{n}} \cdot p = \frac{2(n+4)}{n+8}p,$$

$$\frac{2(n+2)}{n-4} \geqslant \frac{2(n+2)}{n-4} \cdot \frac{1}{1+\frac{8}{n-4}} \cdot p = \frac{2(n+2)}{n+4}p.$$

命题 3.1 设

$$1+\frac{8}{n} \leqslant p \leqslant 2^\sharp - 1, \ n \geqslant 5; \quad 1+\frac{8}{n} \leqslant p < \infty, \quad n \leqslant 4,$$

$u \in \mathbb{E}(\mathbb{R}_+)$ 是 (1.1) 的能量解, 满足

$$u \in L_{x,t}^{\frac{2(n+4)}{n+8}p}(\mathbb{R}_+ \times \mathbb{R}^n) \cap L_{x,t}^{\frac{2(n+2)}{n+4}p}(\mathbb{R}_+ \times \mathbb{R}^n), \tag{3.1}$$

则前向散射结果成立, 即 $\exists\, (u_0^+(x), u_1^+(x))$,

$$\lim_{t \to +\infty} \|(u, u_t) - (\omega(t), \omega_t(t))\|_{\mathcal{E}} = 0, \tag{3.2}$$

这里

$$\omega(t) = \cos\sqrt{m+\Delta^2}\, t u_0^+ + \frac{\sin\sqrt{m+\Delta^2}\, t}{\sqrt{m+\Delta^2}} u_1^+(x) \tag{3.3}$$

满足

$$E(u(0), u_t(0)) = E_0(u_0^+, u_1^+). \tag{3.4}$$

进而 (1.7) 定义的算子 Ω_+:

$$\Omega_+(u_0(x), u_1(x)) = (u_0^+(x), u_1^+(x)) \tag{3.5}$$

是连续的. 具体地讲, 记 $u^{(k)}(x,t)$ 是 (1.1) 具有初值条件 $(u_0^{(k)}(x), u_1^{(k)}(x))$ 对应的整体解, 如果

$$\lim_{k \to \infty} \|(u_0^{(k)}(x), u_1^{(k)}(x)) - (u_0(x), u_1(x))\|_{\mathcal{E}} = 0,$$

则

$$\lim_{k \to \infty} (u_0^{+(k)}, u_1^{+(k)}) \stackrel{\mathcal{E}}{=\!=\!=} \lim_{k \to \infty} \Omega_+(u_0^{(k)}, u_1^{(k)}) = \Omega_+(u_0, u_1) = (u_0^+, u_1^+). \tag{3.6}$$

8.3 散射理论的机制

证明 首先来证明如下断言: 在 $1 + \dfrac{8}{n} \leqslant p \leqslant 1 + \dfrac{8}{n-4}$ 条件下, 如果

$$u \in C(\mathbb{R}_+, H^2(\mathbb{R}^n)) \cap L_{x,t}^{\frac{2(n+4)}{n+8}p}(\mathbb{R}_+ \times \mathbb{R}^n) \cap L_{x,t}^{\frac{2(n+2)}{n+4}p}(\mathbb{R}_+ \times \mathbb{R}^n)$$

是 (1.1) 的解, 则存在 $(u_0^+, u_1^+) \in \mathcal{E}$ 满足

$$\|(u(t), u_t(t)) - W(t)(u_0^+, u_1^+)\|_{\mathcal{E}} \longrightarrow 0, \quad t \to +\infty, \tag{3.7}$$

这里 (u_0^+, u_1^+) 由积分方程

$$(u_0^+, u_1^+) = (u_0(x), \ u_1(x)) + \lambda \int_0^\infty W(-s)(0, |u|^{p-1}u(s)) \mathrm{d}s \tag{3.8}$$

确定.

事实上, 令

$$\tilde{v}(t) = (v_0(t), v_1(t)) = W(-t)(u(t), u_t(t)), \tag{3.9}$$

它是自由方程

$$\begin{cases} v_{tt} + \Delta^2 v + mv = 0, \\ v(0) = u(t), \quad v_t(0) = u_t(t) \end{cases} \tag{3.10}$$

在 $-t$ 处的解. 注意到 (3.7) 等价于

$$\|W(-t)(u(t), u_t(t)) - (u_0^+, u_1^+)\|_{\mathcal{E}} \longrightarrow 0, \quad t \to +\infty.$$

因此, (3.7) 可以归结为证明 $(v_0(t), v_1(t)) = W(-t)(u(t), u_t(t))$ 当 $t \to +\infty$ 时在 $\mathcal{E}$ 中是收敛的. 由解的表达式可见

$$(v_0(t), v_1(t)) = W(-t)\left(W(t)(u_0, u_1) + \lambda \int_0^t W(t-s)(0, |u|^{p-1}u(s)) \mathrm{d}s\right)$$

$$= (u_0, u_1) + \lambda \int_0^t W(-s)(0, |u|^{p-1}u(s)) \mathrm{d}s \tag{3.11}$$

$$\iff \tilde{v}(t+s) - \tilde{v}(t) = \lambda \int_t^{t+s} W(-t')(0, |u|^{p-1}u(t')) \mathrm{d}t', \quad s \geqslant 0. \tag{3.12}$$

选取

$$(a, a) = \left(\frac{2(n+2)}{n}, \frac{2(n+2)}{n}\right) \in \Lambda_S, \quad (c, c) = \left(\frac{2(n+4)}{n}, \frac{2(n+4)}{n}\right) \in \Lambda_{Bl},$$

由整体 Strichartz 估计, 就有

$$\|\tilde{v}(t+s) - \tilde{v}(t)\|_{\mathcal{E}} \leqslant C\Big(\||u|^p\|_{L^{a'}([t,t+s] \times \mathbb{R}^n)} + \||u|^p\|_{L^{c'}([t,t+s] \times \mathbb{R}^n)}\Big)$$

$$\leqslant C\Big(\|u\|^p_{L_{x,t}^{\frac{2(n+4)}{n+8}p}([t,t+s] \times \mathbb{R}^n)} + \|u\|^p_{L_{x,t}^{\frac{2(n+2)}{n+4}p}([t,t+s] \times \mathbb{R}^n)}\Big). \tag{3.13}$$

由此可见, 当 $t \to +\infty$, $s \geqslant 0$ 时, 上式右端趋于 0. 这说明 $\tilde{v}(t)$ 在 $\mathcal{E}$ 中是一个 Cauchy 列. 因此, 存在 $(u_0^+(x), u_1^+(x)) \in \mathcal{E}$ 使得

$$\lim_{t \to \infty} \tilde{v}(t) \overset{\mathcal{E}}{=\!=\!=} (u_0^+(x), u_1^+(x)). \tag{3.14}$$

由于 $W(t)$ 是酉算子群, 这就意味着

$$\|(u(t), u_t(t)) - W(t)(u_0^+, u_1^+)\|_{\mathcal{E}} = \|W(-t)(u(t), u_t(t)) - (u_0^+, u_1^+)\|_{\mathcal{E}} \longrightarrow 0, \quad t \to +\infty, \tag{3.15}$$

与此同时, 在 (3.11) 中令 $t \to +\infty$, 即得恒等式 (3.8), 从而就证明了断言.

令

$$(u^+(t), u_t^+(t)) = W(t)(u_0^+, u_1^+), \quad t \geqslant 0. \tag{3.16}$$

注意到对称性的 Λ_{B_c} 型容许对介于

$$\frac{2(n+4)}{n} \leqslant q = r \leqslant \frac{2(n+2)}{n-4}$$

之间, 选取 $q = r = p+1$, 就得

$$\frac{2(n+4)}{n} \leqslant p+1 \leqslant \frac{2(n+2)}{n-4} \iff 1 + \frac{8}{n} \leqslant p \leqslant 1 + \frac{8}{n-4}.$$

由 Strichartz 估计可见

$$\|u^+(t)\|_{L_{x,t}^{p+1}(\mathbb{R}_+ \times \mathbb{R}^n)} \leqslant C\|(u_0^+, u_1^+)\|_{\mathcal{E}} < \infty. \tag{3.17}$$

从而存在子序列 $\{t_k\} \to +\infty$ 满足

$$\lim_{k \to \infty} \|u^+(t_k)\|_{L_x^{p+1}(\mathbb{R}^n)} = 0. \tag{3.18}$$

注意到

$$\|u^+(t_k) - u(t_k)\|_{H^2} + \|u_t^+(t_k) - u_t(t_k)\|_2 \longrightarrow 0, \quad t_k \to +\infty, \tag{3.19}$$

及能量守恒律, 容易推出

$$\begin{aligned} E(u_0(x), u_1(x)) &= E(u(t_k), u_t(t_k)) \\ &= E_0(u(t_k), u_t(t_k)) + \int_{\mathbb{R}^n} \frac{|u(t_k)|^{p+1}}{p+1} \mathrm{d}x \\ &= E_0(W(t_k)(u_0^+, u_1^+)) + o(1) + \int_{\mathbb{R}^n} \frac{|u^+(t_k)|^{p+1}}{p+1} \mathrm{d}x \\ &= E_0(u_0^+, u_1^+) + o(1), \quad \lim_{k \to \infty} o(1) = 0. \end{aligned}$$

8.3 散射理论的机制

从而
$$E(u_0(x), u_1(x)) = E_0(u_0^+, u_1^+).$$

最后, 证明波算子对应的逆算子 Ω_+ 的连续性, 即
$$\lim_{k\to\infty} \|(u_0^{+(k)}(x) - u_0^+(x), u_1^{+(k)}(x) - u_1^+(x))\|_{\mathcal{E}} = 0. \tag{3.20}$$

记 $u^{(k)}(t)$ 是方程 (1.1) 以 $(u_0^{(k)}, u_1^{(k)})$ 为初值的解, 则它对应的正向渐近态 $(u_0^{+(k)}(x), u_1^{+(k)}(x))$ 满足
$$\Omega_+ \big(u_0^{(k)}(x), u_1^{(k)}(x)\big) = \big(u_0^{+(k)}(x), u_1^{+(k)}(x)\big). \tag{3.21}$$

令 $\omega^{(k)} = u(t) - u^{(k)}(t)$, 则它满足
$$\begin{cases} \dfrac{\partial^2 \omega^{(k)}}{\partial_{t^2}} + \Delta^2 \omega^{(k)} + m\omega^{(k)} = \lambda|u|^{p-1}u - \lambda|u - \omega^{(k)}|^{p-1}(u - \omega^{(k)}), \\ \omega^{(k)}(0) = u_0(x) - u_0^{(k)}(x), \\ \omega_t^{(k)}(0) = u_1(x) - u_1^{(k)}(x). \end{cases} \tag{3.22}$$

由整体时空估计与积分的连续性定理可见, $\forall \varepsilon > 0, \exists T > 0$, 使得
$$\|u\|_{L_{x,t}^{\frac{2(n+4)}{n+8}p}([T,\infty)\times\mathbb{R}^n)} + \|u\|_{L_{x,t}^{\frac{2(n+2)}{n+4}p}([T,\infty)\times\mathbb{R}^n)} < \varepsilon. \tag{3.23}$$

另一方面, 由局部适定性理论, 在任意有限区间 $[0, T]$, 有
$$\lim_{k\to\infty} \|\omega^{(k)}; C([0,T]; H^2) \cap C^1([0,T]; L^2) \cap L_{x,t}^{\frac{2(n+2)}{n+4}p}([0,T]\times\mathbb{R}^n)\| = 0, \tag{3.24}$$

这里用到
$$(\infty, 2) \in \Lambda_S, \quad (\infty, 2)' = (1, 2), \quad n \leqslant 4;$$
$$(\infty, 2) \in \Lambda_S, \quad (\infty, 2)' = (1, 2), \quad n > 4, \quad p < \frac{n+4}{n-4};$$
$$\left(\frac{2(n+2)}{n}, \frac{2(n+2)}{n}\right) \in \Lambda_S \Longrightarrow \left(\frac{2(n+2)}{n}\right)' = \frac{2(n+2)}{n+4}, \ n > 4, \ p = \frac{n+4}{n-4}.$$

当然, 用 Sobolev 嵌入与插值公式
$$\frac{2(n+2)}{n+4}p > \frac{2(n+4)}{n+8}p \Longrightarrow L_{x,t}^{\frac{2(n+4)}{n+8}p} \subset \left[L_{x,t}^2, L_{x,t}^{\frac{2(n+2)}{n+4}p}\right]_\theta, \quad 0 < \theta < 1,$$

亦可获得相同的结果.

对于 $t \geqslant T$, 令
$$g^{(k)}(t) = \|\omega^{(k)}\|_{L_{x,t}^{\frac{2(n+4)}{n+8}p}([T,t]\times\mathbb{R}^n)} + \|\omega^{(k)}\|_{L_{x,t}^{\frac{2(n+2)}{n+4}p}([T,t]\times\mathbb{R}^n)} + \|(\omega^{(k)}, \omega_t^{(k)})\|_{C([T,t];\mathcal{E})}. \tag{3.25}$$

利用整体 Strichartz 估计 (2.17), 可见

$$
\begin{aligned}
g^{(k)}(t) \leqslant & C\sqrt{E_0(\omega^{(k)}(T),\omega_t^{(k)}(T))} + \left\||u|^{p-1}u-|u-\omega^{(k)}|^{p-1}(u-\omega^{(k)})\right\|_{L_{x,t}^{\frac{2(n+2)}{n+4}}([T,t]\times\mathbb{R}^n)} \\
& + \left\||u|^{p-1}u-|u-\omega^{(k)}|^{p-1}(u-\omega^{(k)})\right\|_{L_{x,t}^{\frac{2(n+4)}{n+8}}([T,t]\times\mathbb{R}^n)} \\
\leqslant & C\Big(\sqrt{E_0(\omega^{(k)}(T),\omega_t^{(k)}(T))} + \left\||u|^{p-1}|\omega^{(k)}| + |\omega^{(k)}|^p\right\|_{L_{x,t}^{\frac{2(n+2)}{n+4}}([T,t]\times\mathbb{R}^n)} \\
& + \left\||u|^{p-1}|\omega^{(k)}| + |\omega^{(k)}|^p\right\|_{L_{x,t}^{\frac{2(n+4)}{n+8}}([T,t]\times\mathbb{R}^n)}\Big) \\
\leqslant & C\sqrt{E_0(\omega^{(k)}(T),\omega_t^{(k)}(T))} + C\Big(\|u\|_{L_{x,t}^{\frac{2(n+2)}{n+4}p}}^{p-1}\|\omega^{(k)}\|_{L_{x,t}^{\frac{2(n+2)}{n+4}}} + \|\omega^{(k)}\|_{L_{x,t}^{\frac{2(n+2)}{n+4}p}}^{p}\Big) \\
& + C\Big(\|u\|_{L_{x,t}^{\frac{2(n+4)}{n+8}p}}^{p-1}\|\omega^{(k)}\|_{L_{x,t}^{\frac{2(n+4)}{n+8}}} + \|\omega^{(k)}\|_{L_{x,t}^{\frac{2(n+4)}{n+8}p}}^{p}\Big) \\
\leqslant & C\sqrt{E_0(\omega^{(k)}(T),\omega_t^{(k)}(T))} + 2C\varepsilon^{p-1}g^{(k)}(t) + 2Cg^{(k)}(t)^p, \qquad (3.26)
\end{aligned}
$$

这里 ε, T 与 (3.23) 中的相同.

现取 $\varepsilon \in (0,1)$ 满足 $4C\varepsilon^{8/n} < 1$, k 充分大满足

$$C\sqrt{E_0(\omega^{(k)}(T),\omega_t^{(k)}(T))} \leqslant \min\Big(\frac{1}{6(24C)^{n/4}}, \frac{1}{6}\Big), \qquad (3.27)$$

就推出

$$g^{(k)}(t) \leqslant 4C\sqrt{E_0(\omega^{(k)}(T),\omega_t^{(k)}(T))} \longrightarrow 0, \quad k\to\infty. \qquad (3.28)$$

特别, 当 k 充分大时, $u^{(k)}$ 是整体存在的. 事实上, 因为 (3.28) 及 u 满足整体时空估计, 自然推出当 k 充分大时, $u^{(k)}$ 满足整体时空估计. 因此, $u^{(k)}$ 是整体存在且散射性结果成立.

由于

$$\lim_{k\to\infty}\Big(\|u^{(k)}-u\|_{L_{x,t}^{\frac{2(n+4)}{n+8}p}(\mathbb{R}_+\times\mathbb{R}^n)} - \|u^{(k)}-u\|_{L_{x,t}^{\frac{2(n+2)}{n+4}p}(\mathbb{R}_+\times\mathbb{R}^n)}\Big) = 0,$$

从而推出 u 也是前向散射的, 并且有

$$(u_0^{(k)+}(x), u_1^{(k)+}(x)) = (u_0^{(k)}(x), u_1^{(k)}(x)) + \lambda\int_0^\infty W(-s)(0, |u^{(k)}|^{p-1}u^{(k)})\mathrm{d}s.$$

因此

$$
\begin{aligned}
\|(u_0^{(k)+}-u_0^+, u_1^{(k)+}-u_1^+)\|_{\mathcal{E}} \leqslant & \|(u_0^{(k)}-u_0, u_1^{(k)}-u_1)\|_{\mathcal{E}} \\
& + \lambda\Big\|\int_0^\infty W(-s)(0, |u^{(k)}|^{p-1}u^{(k)} - |u|^{p-1}u)\mathrm{d}s\Big\|_{\mathcal{E}} \\
\longrightarrow & \; 0, \quad k\to\infty \text{ (根据 Strichartz 估计)}.
\end{aligned}
$$

8.3 散射理论的机制

推论 3.2 设 $n \geqslant 5, 1 + \dfrac{8}{n} < p < 1 + \dfrac{8}{n-4}$. 设 $u(t) \in \mathbb{E}(\mathbb{R}_+)$ 是 (1.1) 的整体强解满足

$$\|(u(t), u_t(t))\|_{\mathcal{E}} \leqslant C < \infty \quad (\text{一致有界}), \tag{3.29}$$

$$\exists\, \gamma \geqslant 1, \text{ 使得 } \lim_{t \to +\infty} \|u\|_\gamma = 0. \tag{3.30}$$

则问题 (1.1) 前向散射结论成立, 同时, 命题 3.1 的结果亦成立.

证明 由于 $\|(u(t), u_t(t))\|_{\mathcal{E}}$ 一致有界, 因此

$$\|u\|_{L^2} + \|u\|_{L^{2^\sharp}} < \infty \quad (\text{一致有界}). \tag{3.31}$$

对 (3.30),(3.31) 利用插值定理, 可见

$$\|u\|_{L^q(\mathbb{R}^n)} \longrightarrow 0, \quad t \to +\infty, \quad \forall\, 2 < q < 2^\sharp. \tag{3.32}$$

由局部适定性结果及能量守恒, 对于次临界问题存在整体解

$$u(t) \in C(\mathbb{R}_+; H^2(\mathbb{R}^n)) \cap L^{\frac{2(n+2)}{n+4}p}_{\text{loc}}(\mathbb{R}_+; L^{\frac{2(n+2)}{n+4}p}(\mathbb{R}^n)). \tag{3.33}$$

因此, 证明推论 3.2 就可以归结为证明: 存在 $T_0 > 0$ 使得

$$\|u\|_{L^{\frac{2(n+4)}{n+8}p}_{x,t}([T_0,\infty) \times \mathbb{R}^n)} + \|u\|_{L^{\frac{2(n+2)}{n+4}p}_{x,t}([T_0,\infty) \times \mathbb{R}^n)} \leqslant C < \infty. \tag{3.34}$$

解决问题的思路

Λ_{B_c} 型对称性容许对所决定的工作空间是 $L^{\frac{2(n+4)}{n+8}p}_{x,t} \cap L^{\frac{2(n+2)}{n+4}p}_{x,t}$.

端点 Strichartz 估计对应对偶空间是 $\left(L^2 L^{2^*} \cap L^2 L^{2^\sharp}\right)' = L^2 L^{\frac{2n}{n+2}} + L^2 L^{\frac{2n}{n+4}}$.

$$\Downarrow \text{Strichartz 估计} \oplus \text{Hölder 不等式}$$

$$L^{2p}_t L^{\frac{2n}{n+2}p}_x = \left[L^\infty_t L^r_x, L^{\frac{2(n+4)}{n+8}p}_{x,t}\right]_{\theta_1}, \quad \theta_1 = \frac{n+4}{n+8},$$

$$L^{2p}_t L^{\frac{2n}{n+4}p}_x = \left[L^\infty_t L^\rho_x, L^{\frac{2(n+4)}{n+8}p}_{x,t}\right]_{\theta_2}, \quad \theta_2 = \frac{n+2}{n+4},$$

因此

$$r = \frac{2np}{n+8}, \quad \rho = \frac{2np}{n+4} \quad \text{且} \quad 2 < r \leqslant \rho < 2^\sharp \Longleftrightarrow 1 + \frac{8}{n} < p < 1 + \frac{8}{n-4}.$$

证明 令

$$2 < r = \frac{2np}{n+8} < \rho = \frac{2np}{n+4} < 2^\sharp, \tag{3.35}$$

及 $\varepsilon > 0$ (待定常数), 由 (3.32) 可见, $\exists T_0 > 0$ 满足

$$\sup_{t \geqslant T_0}(\|u\|_r + \|u\|_\rho) < \varepsilon. \tag{3.36}$$

对 $\forall t \geqslant T_0$, 定义

$$g(t) = \max\left(\|u\|_{L_{x,t}^{\frac{2(n+4)}{n+8}p}([T_0,t]\times\mathbb{R}^n)}, \|u\|_{L_{x,t}^{\frac{2(n+2)}{n+4}p}([T_0,t]\times\mathbb{R}^n)}\right). \tag{3.37}$$

由 Duhamel 公式

$$(u(t), u_t(t)) = W(t-T_0)(u(T_0), u_t(T_0)) + \lambda \int_{T_0}^t W(t-s)(0, |u|^{p-1}u(s))\mathrm{d}s, \quad \forall\, t \geqslant T_0.$$

由 Strichartz 估计, 式 (3.36) 以及 $\left(\dfrac{2(n+4)}{n+8}, \dfrac{2(n+4)}{n+8}\right), \left(\dfrac{2(n+2)}{n+4}, \dfrac{2(n+2)}{n+4}\right)$ $\in \Lambda_{Bc}$ 可得

$$g(t) \leqslant C\sqrt{E_0(u(T_0), u_t(T_0))} + C\left(\|u\|^p_{L^{2p}([T_0,t];L^{\frac{2np}{n+2}})} + \|u\|^p_{L^{2p}([T_0,t];L^{\frac{2np}{n+4}})}\right)$$

$$\leqslant C\sqrt{E_0(u(T_0), u_t(T_0))} + C\|u\|^{\frac{2p}{n+4}}_{L^\infty([T_0,t];L^\rho)}\|u\|^{\frac{(n+2)p}{n+4}}_{L^{\frac{2(n+2)}{n+4}p}([T_0,t]\times\mathbb{R}^n)}$$

$$+ C\|u\|^{\frac{4p}{n+8}}_{L^\infty([T_0,t];L^r)}\|u\|^{\frac{(n+4)p}{n+8}}_{L^{\frac{2(n+4)}{n+8}p}([T_0,t]\times\mathbb{R}^n)}$$

$$\leqslant C\sqrt{E_0(u(T_0), u_t(T_0))} + \varepsilon^{\frac{2p}{n+4}}g(t)^{\frac{(n+2)p}{n+4}} + \varepsilon^{\frac{4p}{n+8}}g(t)^{\frac{(n+4)p}{n+8}}, \tag{3.38}$$

这里用到 $(2, 2^*) \in \Lambda_S$, $(2, 2^\sharp) \in \Lambda_{Bl}$.

注意到 $g(T_0) = 0$, 从而, 对 $\forall\, t > T_0$, 有

$$g(t) \leqslant C\sqrt{E_0(u_0, u_1(x))} + \varepsilon'\left(g(t)^{\frac{(n+2)p}{n+4}} + g(t)^{\frac{(n+4)p}{n+8}}\right), \quad \varepsilon' = C\left(\varepsilon^{\frac{2p}{n+4}} + \varepsilon^{\frac{4p}{n+8}}\right). \tag{3.39}$$

由于 $\min\left(\dfrac{(n+2)p}{n+4}, \dfrac{(n+4)p}{n+8}\right) > 1$, 利用标准的连续性方法, 只要取

$$\varepsilon' < \frac{C'}{(2C')^{\frac{(n+2)p}{n+4}} + (2C')^{\frac{(n+4)p}{n+8}}}, \quad C' = C\sqrt{E_0(u_0, u_1(x))}$$

可得

$$g(t) \leqslant 2C' \triangleq 2C\sqrt{E_0(u_0, u_1(x))}, \quad \forall\, t \geqslant T_0.$$

注记 3.1 (i) 在条件

$$\begin{cases} 1 + \dfrac{8}{n} \leqslant p < \infty, & n \leqslant 4, \\ 1 + \dfrac{8}{n} \leqslant p \leqslant 2^\sharp - 1, & n \geqslant 5 \end{cases}$$

下, 通过求解终值问题

$$\begin{pmatrix} u(t) \\ u_t(t) \end{pmatrix} = W(t) \begin{pmatrix} u_0^+ \\ u_1^+ \end{pmatrix} + \int_t^{\pm\infty} W(t-s) \begin{pmatrix} 0 \\ |u|^{p-1}u \end{pmatrix} ds, \quad (3.40)$$

即存在 $T > 0$ 和 (3.40) 的唯一解 u 满足

$$(u(t), u_t(t)) \in C([T, \infty); \mathcal{E}), \quad \text{且 } u \in L^{\frac{2(n+2)}{n+4}p} \cap L^{\frac{2(n+4)}{n+8}p}([T, \infty) \times \mathbb{R}^n), \quad (3.41)$$

$$\|(u, u_t) - W(\cdot)(u_0^+(x), u_1^+(x))\|_{\mathcal{E}} \longrightarrow 0, \quad t \to +\infty. \quad (3.42)$$

进而, 有如下连续依赖性: 设 $u^{(k)}(t)$ 是终值问题 (3.40) 对应于初值 $(u_0^{+(k)}, u_1^{+(k)})$ 的解, 若

$$(u_0^{+(k)}, u_1^{+(k)}) \xrightarrow{\mathcal{E}} (u_0^+, u_1^+), \quad k \to \infty, \quad (3.43)$$

则当 k 充分大时, $u^{(k)}(t)$ 满足

$$(u^{(k)}(t), u_t^{(k)}(t)) \in C([T, \infty); \mathcal{E}) \cap \left(L^{\frac{2(n+2)}{n+4}p} \cap L^{\frac{2(n+4)}{n+8}p}\right)([T, \infty) \times \mathbb{R}^n),$$

并且

$$\|(u^{(k)}(t), u_t^{(k)}(t)) - (u, u_t)\|_{\mathcal{E}} \xrightarrow{\mathcal{E}} 0, \quad t \to +\infty. \quad (3.44)$$

(ii) 在 (i) 中求解初值问题

$$\begin{cases} u_{tt} + \Delta^2 u + mu = \lambda |u|^{p-1}u, \quad \lambda < 0, \\ (u(t), u_t(t))|_{t=T} = (u(T), u_t(T)) \in \mathcal{E}, \end{cases} \quad (3.45)$$

亦可以获得整体解 $\tilde{u}(t, x)$ 满足

$$\tilde{u}(t, x) \in C(\mathbb{R}; H^2(\mathbb{R}^n)) \cap L_{\text{loc}}^{\frac{2(n+2)}{n+4}p}(\mathbb{R}; L^{\frac{2(n+2)}{n+4}p}(\mathbb{R}^n)).$$

由唯一性定理, 终值问题 (3.40) 的解 $u(t, x) = \tilde{u}(t, x)$ 满足 $(u, u_t) \in C(\mathbb{R}_+; \mathcal{E})$ 且

$$u \in L^{\frac{2(n+2)}{n+4}p}(\mathbb{R}_+ \times \mathbb{R}^n) \cap L^{\frac{2(n+4)}{n+8}p}(\mathbb{R}_+ \times \mathbb{R}^n) \quad (\text{半整体时空估计}), \quad (3.46)$$

还缺少 $\mathbb{R}_-$ 向的整体时空估计, 这本质上建立了映射

$$W_+ : (u_0^+(x), u_1^+(x)) \longmapsto (u_0(x), u_1(x)). \quad (3.47)$$

欲建立完备的散射理论, 仅有上述的整体适定性及波算子的存在性是不够的. 如果建立了 $u(t)$ 的整体时空估计, 由命题 3.1 及推论 3.2, 有

$$\Omega_-(u_0(x), u_1(x)) \longrightarrow (u_0^-(x), u_1^-(x)).$$

这样就建立了散射算子:
$$S: \quad H^2 \times L^2 \longrightarrow H^2 \times L^2, \quad S = \Omega_- W_+ \triangleq W_-^{-1} \circ W_+.$$

(iii) 前面的命题 3.1 及推论 3.2 均是限定在 $\mathbb{R}_+$, 同理可以获得 $\mathbb{R}_-$ 方向的后向散射结果.

(iv) 无论是聚焦与非聚焦情形, 或者是 H^2 临界与 H^2 次临界, 即
$$1 + \frac{8}{n} \leqslant p \leqslant 1 + \frac{8}{n-4} \ (n \geqslant 5), \quad 1 + \frac{8}{n} \leqslant p < \infty \ (n \leqslant 4),$$

只要初值能量 $\|(u_0, u_1)\|_{\mathcal{E}} \ll 1$, 利用整体时空估计引理 2.3 及估计 (3.38), 就可以直接推出散射性结果: $\exists\, \varepsilon_0 > 0$, 对任意初值 $(u_0, u_1(x)) \in \mathcal{E}$ 满足
$$\|(u_0, u_1)\|_{\mathcal{E}} = \varepsilon \leqslant \varepsilon_0,$$
则 (1.1) 的解是散射的.

(v) 当 $p < 2^\sharp - 1$ 时, Levandosky [Lev2] 证明了小散射理论. 同时证明了对于聚焦情形 $(\lambda > 0)$, $p < 1 + \dfrac{8}{n}$, 方程 (1.1) 具有行波解, 这说明此情形下散射理论不成立. 事实上, 行波解的 L^r 范数 $(2 \leqslant r \leqslant 2^\sharp)$ 是一个常数, 从而说明它没有整体时空估计.

进而, 如果我们在复值函数的层次上考虑, 利用 Levandosky [Lev1] 的方法, 可以构造具有任意小能量的行波解 $\left(p < 1 + \dfrac{8}{n}\right)$, 这与小能量散射结果相矛盾. 说明即使小能量散射, 也起码要求 $p \geqslant 1 + \dfrac{8}{n}$.

8.4 频率局部化技术

本节证明次临界非聚焦梁方程解的频率局部化. 自然基本的假设是
$$\lambda < 0, \quad 1 + \frac{8}{n} < p < 2^\sharp - 1. \tag{4.1}$$

方法源于文献 [Tao5].

引理 4.1 设 $n \geqslant 5$, p, λ 满足 (4.1). 设 $u \in \mathbb{E}(\mathbb{R}_+)$ 是问题 (1.1) 的前向整体解. 则存在 $(u_0^+, u_1^+) \in \mathcal{E}$, $\eta_0 > 0$ 和函数 $\omega \in \mathbb{E}(\mathbb{R}_+)$, 使得
$$(u, u_t) = W(\cdot)(u_0^+, u_1^+) + (\omega, \omega_t), \tag{4.2}$$
$$W(-t)(\omega(t), \omega_t(t)) \xrightarrow{\mathcal{E}} (0, 0), \quad t \to +\infty, \tag{4.3}$$

8.4 频率局部化技术

$$\sup_{N\geqslant 1} \limsup_{t\to\infty} N^{\eta_0} E_0(P_{\geqslant N}(\omega(t),\omega_t(t))) \leqslant C, \tag{4.4}$$

这里 C 是仅依赖于 $E(u(0),u_t(0))$, m, λ 和 n 的常数.

推论 4.2 设 $n\geqslant 5$, $u\in\mathbb{E}(\mathbb{R}_+)$ 是次临界非聚焦梁方程 (1.1) 的前向整体解. 则对 $\varepsilon>0$, $\exists\, t_0$ 和 N, 使得

$$E_0(P_{\geqslant N}(u(t),u_t(t))) \leqslant \varepsilon^2, \quad \forall\, t\geqslant t_0. \tag{4.5}$$

证明 因为 $(u_0^+, u_1^+)\in\mathcal{E}$, 故 $\forall\varepsilon>0$, $\exists\, N_0$ 使得

$$E_0(P_{\geqslant N_0}(u_0^+, u_1^+)) \leqslant \varepsilon^2/4. \tag{4.6}$$

一方面, 由于 W 是一个酉算子, 并且它与 $P_{\geqslant N}$ 可交换. 于是推知, 对任意的 $N > N_0$, 有

$$\begin{aligned}
E_0(P_{\geqslant N} W(t)(u_0^+, u_1^+)) &= E_0(W(t)(P_{\geqslant N} u_0^+, P_{\geqslant N} u_1^+)) \\
&= E_0(P_{\geqslant N}(u_0^+, u_1^+)) \\
&= E_0(P_{\geqslant N} P_{\geqslant N_0}(u_0^+, u_1^+)) \\
&\leqslant \varepsilon^2/4.
\end{aligned} \tag{4.7}$$

另一方面, 由引理 4.1 中的估计 (4.4) 可见, $\exists\, N_1$ 使得

$$E_0(P_{\geqslant N}(\omega(t),\omega_t(t))) \leqslant \varepsilon^2/4, \quad \forall\, N\geqslant N_1,\ \forall\, t\geqslant t_N, \tag{4.8}$$

这里 t_N 依赖于 N. 现令 $N > \max\{N_0, N_1\}$ 和 $t\geqslant t_N$, 结合估计 (4.7),(4.8) 就得

$$\begin{aligned}
E_0(P_{\geqslant N} W(t)(u(t),u_t(t))) &\leqslant 2 E_0(P_{\geqslant N}(\omega(t),\omega_t(t))) + 2 E_0(P_{\geqslant N} W(t)(u_0^+, u_1^+)) \\
&\leqslant \varepsilon^2,
\end{aligned} \tag{4.9}$$

这里用到自由能量表示式是一个二次型.

引理 4.1 的证明 下面分几步来证明引理 4.1. 不失一般性, 令 $m=1$, $\lambda=-1$. 由于

$$1+\frac{8}{n} < p < 2^\sharp - 1,$$

则总存在 $(a,b)\in\Lambda_S$, $d\geqslant 2$, $\kappa\in(0,1)$, $\theta\in(0,1)$ 及

$$\frac{2}{p} < \alpha < \frac{2n}{n+4} \iff 2 < p\alpha < \frac{2n}{n+4} p \quad \left(\text{选取}\, \alpha\, \text{充分靠近}\, \frac{2n}{n+4}\right), \tag{4.10}$$

使得 $a>2$ 及下面逐条指标关系成立:

(i) $\dfrac{1}{b'} = \dfrac{p-\kappa}{d} + \dfrac{\kappa}{2};$

(ii) $a'(p-\kappa) \geqslant 2;$

(iii) $\dfrac{n-4}{2} < \dfrac{2}{a'(p-\kappa)} + \dfrac{n}{d} < \dfrac{n}{2} \Longleftrightarrow ((a'(p-\kappa)), d) \in \Lambda_{Bc};$

(iv) $\dfrac{1}{\alpha p} = \dfrac{1-\theta}{2} + \dfrac{\theta}{\alpha'},\ p\theta > 1\left(\alpha \to \dfrac{2n}{n+4} \Longrightarrow \alpha' \to \dfrac{2n}{n-4},\ \text{此与 (4.10) 等价}\right).$

注记 4.1 (4.10) 中 α 的选取原则是确保

$$H^2 \hookrightarrow L^{p\alpha} \Longrightarrow 2 < p\alpha < \dfrac{2n}{n+4}p < 2^{\#}.$$

第一步 (断言 I). 设 $I \subset \mathbb{R}$, $u \in \mathbb{E}(I)$ 是非聚焦梁方程 (1.1) 的解, 且 $1 + \dfrac{8}{n} < p < 1 + \dfrac{8}{n-4}$. 记 $E > 0$ 满足 $E(u, u_t) \leqslant E$, 则对任意的 $(q, r) \in \Lambda_B$, 有

$$\|u\|_{L^q(I, L^r(\mathbb{R}^n))} \leqslant C\big(1 + |I|\big)^{\frac{1}{q}}, \quad C = C(E, q, n). \tag{4.11}$$

断言 I 证明 先考虑 $I = [t_0, t_1]$, $|I| \leqslant 1$ 充分小的情形. 将 (1.1) 改写成

$$\dfrac{\partial^2 u}{\partial t^2} + \Delta^2 u = -u - |u|^{p-1}u.$$

整体分析 当 $p \leqslant \dfrac{n+2}{n-4}$ 时, 有 $p\dfrac{2n}{n+2} \leqslant \dfrac{2n}{n-4} \Longrightarrow H^2 \hookrightarrow L^{\frac{2n}{n+2}p};$

当 $p > \dfrac{n+2}{n-4}$ 时, 可以选取容许对 $\left(q, \dfrac{2n}{n+2}p\right) \in \Lambda_B$ 满足:

$$\dfrac{2}{q} + \dfrac{2}{\dfrac{2np}{n+2}} = \dfrac{n-4}{2} \Longleftrightarrow \dfrac{2}{q} = \dfrac{(n-4)p - (n+2)}{2p}.$$

为了保证

$$q = \dfrac{4p}{(n-4)p - (n+2)} > 2p \Longleftrightarrow p < \dfrac{n+4}{n-4} \Longleftrightarrow p < 2^{\sharp} - 1,$$

这里用到 $(\infty, 2) \in \Lambda_S \cap \Lambda_{B\ell}$.

情形 1. 考虑 $p > \dfrac{n+2}{n-4}$ 的情形, 由上面分析, $\exists\, \delta > 0$, 使得

$$\left(2p + \delta, \dfrac{2np}{n+2}\right) \triangleq (\gamma, \rho) \in \Lambda_B \quad \left(\dfrac{1}{2p} - \dfrac{1}{q} = \dfrac{(n+4) - (n-4)p}{4p} > 0\right). \tag{4.12}$$

记

$$\dfrac{1}{2p} = \dfrac{1}{2p+\delta} + \dfrac{1}{\mu} \triangleq \dfrac{1}{q} + \dfrac{1}{\mu},$$

8.4 频率局部化技术

因此
$$\frac{1}{\mu} = \frac{(n+4)-(n-4)p}{4p} > 0. \tag{4.13}$$

利用局部 Strichartz 估计 (2.2), 注意到 $(2, 2^*) \in \Lambda_S$, $(\infty, 2) \in \Lambda_S$, 可知

$$\begin{aligned}
\|u\|_{L^\gamma(I;L^\rho)} &\leqslant C\big(\sqrt{E(u,u_t)} + \||u|^{p-1}u\|_{L^2(I;L^{\frac{2n}{n+2}})} + \|u\|_{L^1(I;L^2)}\big) \\
&\leqslant C\big(\sqrt{E(u,u_t)} + \|u\|^p_{L^{2p}(I;L^{\frac{2np}{n+2}})}\big) \quad (\text{因 } |I| \leqslant 1) \\
&\leqslant C\big(\sqrt{E(u,u_t)} + |I|^{\frac{p}{\mu}}\|u\|^p_{L^\gamma(I;L^\rho)}\big). \tag{4.14}
\end{aligned}$$

上式中 $\sqrt{E(u, u_t)}$ 可以用更好的估计 $\sqrt{E_0(u_0, u_1)}$ 来代替.

由于 $h(t) = \|u\|_{L^\gamma([t_0,t];L^\rho(\mathbb{R}^n))}$ 满足 $h(t_0) = 0$, $h(t)$ 连续, 从而推出, 当 $|I| \leqslant \varepsilon_0$ 充分小时, 有

$$\|u\|_{L^\gamma(I_0;L^\rho(\mathbb{R}^n))} \leqslant 2C\sqrt{E(u,u_t)}. \tag{4.15}$$

因此, 利用局部 Strichartz 估计可见, $\forall (q, r) \in \Lambda_B$, 总有

$$\begin{aligned}
\|u\|_{L^q(I_0;L^r(\mathbb{R}^n))} &\leqslant C\big(\sqrt{E(u,u_t)} + |I|^{\frac{p}{\mu}}\|u\|^p_{L^\gamma(I;L^\rho(\mathbb{R}^n))}\big) \\
&\leqslant C\sqrt{E(u,u_t)} + |I|^{\frac{p}{\mu}}\big(2C\sqrt{E(u,u_t)}\big)^p \\
&\leqslant C. \tag{4.16}
\end{aligned}$$

情形 2. 考虑 $p \leqslant \dfrac{n+2}{n-4}$ 的情形. 此时, $\dfrac{2pn}{n+2} \leqslant \dfrac{2n}{n-4}$.

直接利用局部 Strichartz 估计, 对任意的 $(q, r) \in \Lambda_B$, 由于 $(2, 2^*) \in \Lambda_S$, 故有

$$\|u\|_{L^q(I;L^r(\mathbb{R}^n))} \leqslant C\big(\sqrt{E(u,u_t)} + \|u\|^p_{L^{2p}(I;L^{\frac{2n}{n+2}p}(\mathbb{R}^n))}\big) \leqslant C', \tag{4.17}$$

这里用到 $H^2 \hookrightarrow L^r$, $2 \leqslant r \leqslant \dfrac{2n}{n-4}$.

对于一般的区间 I, 分解

$$I = \bigcup_{j=1}^k I_j, \quad |I_j| = \varepsilon_0 \text{ (最后一个区间可能小于}\varepsilon_0\text{)}, \quad k = \left[\frac{|I|}{\varepsilon_0}\right] + 1. \tag{4.18}$$

因此

$$\|u\|^q_{L^q(I;L^r(\mathbb{R}^n))} = \sum_{j=1}^k \|u\|^q_{L^q(I_j;L^r(\mathbb{R}^n))} \leqslant C(|I|+1). \tag{4.19}$$

第二步 (断言 II). 设 $I \subset \mathbb{R}$, $u \in \mathbb{E}(I)$ 是次临界非聚焦梁方程 (1.1) 的解. 对于满足 (i)~(iv) 的容许对 $(a, b) \in \Lambda_S$, 存在 $\eta > 0$ 和 $C > 0$, 使得

$$\big\|P_{\geqslant N}(|u|^{p-1}u)\big\|_{L^{a'}(I;L^{b'})} \leqslant CN^{-\eta}(1+|I|)^{\frac{1}{a'}}, \quad \forall\, I \subset \mathbb{R},\ |I| < \infty, \tag{4.20}$$

这里 C, η 仅依赖于 n 和 $E = E(u(0), u_t(0))$.

断言 II 证明 先考虑 $|I| \leqslant 1$ 的情形. 令 $u_h = P_{\geqslant N} u$, $u_\ell = u - u_h$. 由函数的单调性可见

$$||u|^{p-1}u - |u_\ell|^{p-1}u_\ell| \leqslant C|u_h|(|u|^{p-1} + |u_\ell|^{p-1}). \tag{4.21}$$

利用 Hölder 不等式、Bernstein 估计及第一步的结果, 可以推出

$$\|P_{\geqslant N}(|u|^{p-1}u - |u_\ell|^{p-1}u_\ell)\|_{L^{a'}(I; L^{b'}(\mathbb{R}^n))}$$
$$\leqslant C\||u_h|^\kappa |u_h|^{1-\kappa}(|u|^{p-1} + |u_\ell|^{p-1})\|_{L^{a'}(I; L^{b'}(\mathbb{R}^n))}$$
$$\leqslant C\|u_h\|^\kappa_{L^\infty(I; L^2)} \||u_h|^{1-\kappa}(|u|^{p-1} + |u_\ell|^{p-1})\|_{L^{a'}(I; L^{\frac{d}{p-\kappa}})} \quad \left(\frac{1}{b'} = \frac{d}{p-\kappa} + \frac{\kappa}{2}\right)$$
$$\leqslant C\|u_h\|^\kappa_{L^\infty(I; L^2)} \|u_h\|^{1-\kappa}_{L^{a'(p-\kappa)}(I; L^d)} (\|u\|^{p-1}_{L^{a'(p-\kappa)}(I; L^d)} + \|u_\ell\|^{p-1}_{L^{a'(p-\kappa)}(I; L^d)})$$
$$\leqslant CN^{-2\kappa} \|u_h\|^\kappa_{L^\infty(I; H^2)} (1 + |I|)^{\frac{p-\kappa}{a'(p-\kappa)}}$$
$$\leqslant CN^{-2\kappa}, \tag{4.22}$$

这里用到 $\kappa > 0$.

另一方面, 由 Bernstein 估计、能量守恒、(i)~(iv) 及第一步可以推出

$$\|P_{\geqslant N} |u_\ell|^{p-1} u_\ell\|_{L^{a'}(I; L^{b'}(\mathbb{R}^n))}$$
$$\leqslant CN^{-1}\||\nabla|(|u_\ell|^{p-1} u_\ell)\|_{L^{a'}(I; L^{b'}(\mathbb{R}^n))}$$
$$\leqslant CN^{-1}\|\nabla(|u_\ell|^{p-1} u_\ell)\|_{L^{a'}(I; L^{b'}(\mathbb{R}^n))}$$
$$\leqslant CN^{-1}\||\nabla u_\ell|^\kappa |\nabla u_\ell|^{1-\kappa} |u_\ell|^{p-1}\|_{L^{a'}(I; L^{b'}(\mathbb{R}^n))}$$
$$\leqslant CN^{-1}\|\nabla u_\ell\|^\kappa_{L^\infty(I; L^2)} \|\nabla u_l\|^{1-\kappa}_{L^{a'(p-\kappa)}(I; L^d)} \|u_\ell\|^{p-1}_{L^{a'(p-\kappa)}(I; L^d)}$$
$$\leqslant CN^{-1}\|u\|^k_{L^\infty(I; H^1)} N^{1-\kappa} \|u\|^{p-\kappa}_{L^{a'(p-\kappa)}(I; L^d)}$$
$$\leqslant CN^{-\kappa}\|u\|^\kappa_{L^\infty(I; H^1)} (1+|I|)^{\frac{p-\kappa}{a'(p-\kappa)}}$$
$$\leqslant CN^{-\kappa}, \tag{4.23}$$

这里用到 $|I| \leqslant 1$. 取 $\eta = -\kappa$, 就可以推出第二步在 $|I| \leqslant 1$ 情形下成立.

对于一般的有界区间 I, 分解

$$I = \bigcup_{j=1}^k I_j, \quad |I_j| \leqslant 1, \quad k = [|I|] + 1.$$

利用标准的技术就可以推出

$$\|P_{\geqslant N}(|u|^{p-1}u)\|_{L^{a'}(I; L^{b'})} \leqslant CN^{-\eta}(1+|I|)^{\frac{1}{a'}}.$$

8.4 频率局部化技术

第三步 (断言 III). 设 $u(t) \in \mathbb{E}(\mathbb{R}_+)$ 是次临界非聚焦梁方程 (1.1) 的前向整体解. 设 $E > 0$, $E(u_0, u_1) \leqslant E$. 则存在 $(u_0^+, u_1^+) \in \mathcal{E}$ 及函数 $\omega \in \mathbb{E}(\mathbb{R}_+)$ 满足

$$\begin{cases} (u(t), u_t(t)) = W(t)\big(u_0^+(x), u_1^+(x)\big) + (\omega, \omega_t), & \forall\, t \geqslant 0, \\ E_0(u_0^+, u_1^+) \leqslant E, \quad E_0(\omega, \omega_t) \leqslant 4E, \quad t \geqslant 0, \\ W(-t)\big(\omega(t), \omega_t(t)\big) \xrightarrow{\mathcal{E}} 0, \quad t \to +\infty. \end{cases} \quad (4.24)$$

进而, 对 $\forall\, t \geqslant 0$, 有

$$\begin{aligned} \big(\omega(t), \omega_t(t)\big) &= W(t)\big(u_0 - u_0^+, u_1 - u_1^+\big) - \int_0^t W(t-s)(0, |u|^{p-1}u)\mathrm{d}s \\ &\stackrel{w}{=} \lim_{T \to +\infty} \int_t^T W(t-s)(0, |u|^{p-1}u(s))\mathrm{d}s, \end{aligned} \quad (4.25)$$

这里 "$\stackrel{w}{=} \lim\limits_{T \to +\infty}$" 表示后面的极限是弱极限.

断言 III 的证明 由能量守恒定律 $E(u(t), u_t(t)) = E(u_0, u_1)$ 和 W 是酉算子群可以推出, 对 $\forall\, t \geqslant 0$, 有

$$\bar{v}(t) = W(-t)\big(u(t), u_t(t)\big) \in \mathcal{E},$$

并且在 $\mathcal{E}$ 范数意义下一致有界. 因此, 由于 $\mathcal{E}$ 是自反空间, 从而存在序列 $t_n \to \infty$, 使得

$$\bar{v}(t_n) = W(-t_n)\big(u(t_n), u_t(t_n)\big)$$

是 $\mathcal{E}$ 中弱收敛序列, 不仅如此, $\bar{v}(t)$ 在 $\mathcal{E}$ 中的弱极限点是唯一的. 换言之,

$$\lim_{t_1, t_2 \to +\infty} \langle \bar{v}(t_1) - \bar{v}(t_2), \bar{\phi} \rangle_{\mathcal{E}} = 0, \quad \forall\, (\varphi_0, \varphi_1) \triangleq \bar{\phi}(x) \in C_c^\infty(\mathbb{R}^n) \times C_c^\infty(\mathbb{R}^n). \quad (4.26)$$

事实上, 记 $t_2 < t_1$, 由 Duhamel 公式和 $W(t)$ 是酉算子群的性质可以推出

$$\begin{aligned} \big|\langle \bar{v}(t_1) - \bar{v}(t_2), \bar{\phi}\rangle_{\mathcal{E}}\big| &= \Big|\Big\langle \int_{t_2}^{t_1} W(t-s)(0, |u|^{p-1}u(s))\mathrm{d}s, \bar{\phi}\Big\rangle_{\mathcal{E}}\Big| \\ &\leqslant \int_{t_2}^{t_1} \big|\langle (0, |u|^{p-1}u(s)), W(s)\bar{\phi}\rangle_{\mathcal{E}}\big|\mathrm{d}s \\ &\leqslant \int_{t_2}^{t_1} \big\||u|^{p-1}u\big\|_{L^\alpha} \|\Pi_2 W(s)\bar{\phi}\|_{L^{\alpha'}}\mathrm{d}s \\ &\leqslant C\|u\|_{L^\infty(\mathbb{R}; H^2)}^p \int_{t_2}^{t_1} \|\Pi_2 W(s)\bar{\phi}\|_{L^{\alpha'}}\mathrm{d}s. \end{aligned} \quad (4.27)$$

注意到 $\alpha' > \dfrac{2n}{n-4} = 2^\sharp$, 则存在 $\delta > 0$ 和 $C > 0$, 使得

$$\|\Pi_2 W(s)\bar{\phi}\|_{L^{\alpha'}} \leqslant C|s|^{-1-\delta} \quad \left(\text{用到 } -\frac{n}{4}\left(1 - \frac{2}{q}\right) < -1, \quad q > 2^\sharp\right). \quad (4.28)$$

从而推出 (4.26) 成立.

由 (4.26) 还可以推出, 存在 $(u_0^+, u_1^+) \in \mathcal{E}$, 使得

$$\bar{v}(t) \xrightarrow{\mathcal{E}} (u_0^+(x), u_1^+(x)), \quad t \to +\infty. \tag{4.29}$$

由于 $W(t)$ 是酉算子群, 由能量守恒公式可见

$$\|\bar{v}(t)\|_{\mathcal{E}} = \|(u(t), u_t(t))\|_{\mathcal{E}} \leqslant \sqrt{E}. \tag{4.30}$$

由弱极限的下半连续性, 可见

$$\|(u_0^+, u_1^+)\|_{\mathcal{E}} \leqslant \liminf_{t \to +\infty} \|\bar{v}(t)\|_{\mathcal{E}} \leqslant \sqrt{E}. \tag{4.31}$$

现令

$$\big(\omega(t), \omega_t(t)\big) \triangleq (u(t), u_t(t)) - W(t)(u_0^+, u_1^+). \tag{4.32}$$

直接推出 (4.24) 的第一个等式成立. 由能量守恒律及 (4.31) 容易看出

$$\|(\omega, \omega_t)\|_{\mathcal{E}} \leqslant 2\sqrt{E}. \tag{4.33}$$

另外, (4.31) 意味着

$$E_0(u_0^+, u_1^+) = \|(u_0^+, u_1^+)\|_{\mathcal{E}}^2 \leqslant E. \tag{4.34}$$

结合 (4.32)~(4.34) 得

$$E_0\big(\omega(t), \omega_t(t)\big) \leqslant 2E_0\big(u(t), u_t(t)\big) + 2E\big(W(t)(u_0^+, u_1^+)\big) \leqslant 4E. \tag{4.35}$$

最后来证明 (4.25) 式. 由 Duhamel 公式及 (4.32) 可以推出

$$\big(\omega(t), \omega_t(t)\big) = W(t)(u_0 - u_0^+, u_1 - u_1^+) - \int_0^t W(t-s)(0, |u|^{p-1}u)\mathrm{d}s. \tag{4.36}$$

对于固定 $T > 0$, 将 Duhamel 公式

$$(u(t), u_t(t)) = W(t-T)(u(T), u_t(T)) + \int_t^T W(t-s)(0, |u|^{p-1}u)\mathrm{d}s \tag{4.37}$$

代入 (4.32), 可见

$$\big(\omega(t), \omega_t(t)\big) = W(t)\Big(W(-T)(u(T), u_t(T)) - (u_0^+, u_1^+)\Big)$$
$$+ \int_t^T W(t-s)(0, |u|^{p-1}u)\mathrm{d}s, \quad \forall\, t \leqslant T. \tag{4.38}$$

8.4 频率局部化技术

令 $T \to +\infty$, 从 (2.29) 直接看出

$$\big(\omega(t), \omega_t(t)\big) \stackrel{w}{=} \lim_{T \to +\infty} \int_t^T W(t-s)(0, |u|^{p-1}u(s))\mathrm{d}s. \tag{4.39}$$

引理 4.1 的证明 设 $N \geqslant 8$. 记 $\varepsilon = N^{-\eta_0}$, η_0 待定. 由光滑函数在能量空间 $\mathcal{E}$ 中的稠密性, 可见存在 $\bar{\phi}(x) = (\phi_0, \phi_1) \in C_c^\infty(\mathbb{R}^n) \times C_c^\infty(\mathbb{R}^n)$ 满足

$$\|(u_0 - u_0^+, u_1 - u_1^+) - \bar{\phi}(x)\|_{\mathcal{E}} < \varepsilon. \tag{4.40}$$

用 $P_{\geqslant N}$ 作用 (4.25) 的两边, 可见

$$P_{\geqslant N}\big(\omega(t), \omega_t(t)\big) = W(t) P_{\geqslant N}(\bar{\phi} + \bar{e}) - \int_0^t W(t-s)(0, P_{\geqslant N}|u|^{p-1}u(s))\mathrm{d}s$$
$$\stackrel{w}{=} \lim_{T \to +\infty} \int_t^T W(t-s)(0, P_{\geqslant N}|u|^{p-1}u(s))\mathrm{d}s, \tag{4.41}$$

这里

$$\bar{e} = \big(u_0 - u_0^+, u_1 - u_1^+\big) - \bar{\phi}.$$

由第三步知 $\bar{\omega} = (\omega, \omega_t)$ 满足 $E_0(\bar{\omega}) \leqslant 4E$. 因此, 从 (4.40),(4.41) 推知, 对 $\forall\, t \geqslant 0$, 有

$$E_0(P_{\geqslant N}\bar{\omega}) = \big|\langle P_{\geqslant N}\bar{\omega}, P_{\geqslant N}\bar{\omega}\rangle_{\mathcal{E}}\big|$$
$$\leqslant \Big|\Big\langle P_{\geqslant N}\bar{\omega}, W(t)P_{\geqslant N}\bar{\phi} - \int_0^t W(t-s)(0, P_{\geqslant N}|u|^{p-1}u(s))\mathrm{d}s\Big\rangle_{\mathcal{E}}\Big| + 2\sqrt{E}\varepsilon$$
$$\leqslant \Big|\Big\langle w - \lim_{T \to +\infty}\int_t^T W(t-t')(0, P_{\geqslant N}|u|^{p-1}u(t'))\mathrm{d}t', W(t)P_{\geqslant N}\bar{\phi}\Big\rangle_{\mathcal{E}}\Big| + C\varepsilon$$
$$+ \Big|\Big\langle w - \lim_{T \to +\infty}\int_t^T W(t-t')(0, P_{\geqslant N}|u|^{p-1}u(t'))\mathrm{d}t',$$
$$\int_0^t W(t-s)(0, P_{\geqslant N}|u|^{p-1}u(s))\mathrm{d}s\Big\rangle_{\mathcal{E}}\Big|. \tag{4.42}$$

因此

$$E_0(P_{\geqslant N}\bar{\omega}) \leqslant \int_t^\infty U_N(t')\mathrm{d}t' + \Big|\int_t^\infty \int_0^t V_N(s, t')\mathrm{d}s\mathrm{d}t'\Big| + C\varepsilon, \tag{4.43}$$

这里

$$U_N(t') = \big|\langle W(t-t')(0, P_{\geqslant N}|u|^{p-1}u(t')), W(t)(P_{\geqslant N}\bar{\phi})\rangle_{\mathcal{E}}\big|$$
$$= \big|\langle (0, P_{\geqslant N}|u|^{p-1}u(t')), W(t')P_{\geqslant N}\bar{\phi}\rangle_{\mathcal{E}}\big|, \tag{4.44}$$

$$V_N(s,t') = \langle W(t-t')(0, P_{\geqslant N}|u|^{p-1}u(t')), W(t-s)(0, P_{\geqslant N}|u|^{p-1}u(s))\rangle_{\mathcal{E}}$$
$$= \langle (0, P_{\geqslant N}|u|^{p-1}u(t')), W(t'-s)(0, P_{\geqslant N}|u|^{p-1}u(s))\rangle_{\mathcal{E}}. \tag{4.45}$$

注意到 $H^2 \hookrightarrow L^{\alpha p}(\mathbb{R}^n)$、能量守恒、Bernstein 估计及 $L^p - L^{p'}$ 估计

$$\|\Pi_2 W(t) P_{\geqslant 1}(u,v)\|_q \leqslant C|t|^{-n(\frac{1}{2}-\frac{1}{q})}\big(\|(I+\Delta^2)^{1/2}u\|_{q'} + \|v\|_{q'}\big), \tag{4.46}$$

可知

$$U_N(t') = \big|\langle (0, P_{\leqslant N}|u|^{p-1}u(t')), W(t')P_{\geqslant N}\bar{\phi}\rangle_{\mathcal{E}}\big|$$
$$\leqslant \big\| |u|^{p-1}u\big\|_{L^\infty(\mathbb{R};L^\alpha)} \|\Pi_2 W(t') P_{\geqslant N}\bar{\phi}\|_{L^{\alpha'}}$$
$$\leqslant C|t'|^{-\frac{n}{2}(1-\frac{2}{\alpha'})} \triangleq C|t'|^{-2-\delta}, \qquad \delta = n\Big(\frac{1}{2}-\frac{1}{\alpha'}\Big) - 2.$$

从而

$$\int_t^\infty U_N(t')\mathrm{d}t' \leqslant \varepsilon, \quad \forall\, t > 0 \text{ 充分大}. \tag{4.47}$$

另一方面, 利用 Bernstein 估计与 (4.46), 可以看出

$$V_N(s,t') \leqslant \big\|P_{\geqslant N}|u|^{p-1}u\big\|_{L^\alpha} \|\Pi_2 W(t'-s)(0, P_{\geqslant N}|u|^{p-1}u)\|_{L^{\alpha'}}$$
$$\leqslant C|t'-s|^{-2-\delta}\|u\|_{L^\infty L^{p\alpha}}^{2p}. \tag{4.48}$$

剖分积分区域, 有如下形式:

$$\Big|\int_t^\infty \int_0^t V_N(s,t')\mathrm{d}s\mathrm{d}t'\Big| \leqslant \Big|\int_{t+N^{\eta_1}}^\infty \int_0^t + \int_t^\infty \int_0^{t-N^{\eta_1}}$$
$$+ \int_t^{t+N^{\eta_1}} \int_{t-N^{\eta_1}}^t V_N(s,t')\mathrm{d}s\mathrm{d}t'\Big|. \tag{4.49}$$

由能量守恒律, 对于 $0 < \eta_1 = \dfrac{\alpha'}{4}\eta$ (η 是第二步中获得的)

$$\Big|\int_{t+N^{\eta_1}}^\infty \int_0^t V_N(s,t')\mathrm{d}s\mathrm{d}t'\Big| \leqslant C\int_{t+N^{\eta_1}}^\infty \int_0^t |t'-s|^{-2-\delta}\mathrm{d}s\mathrm{d}t' \leqslant CN^{-\delta\eta_1}. \tag{4.50}$$

类似地, 对于 $t \geqslant N^{\eta_1}$, 通过积分交换次序就得估计:

$$\Big|\int_{t' \geqslant t} \int_{0 \leqslant s \leqslant t-N^{\eta_1}} V_N(s,t')\mathrm{d}s\mathrm{d}t'\Big| \leqslant CN^{-\delta\eta_1}. \tag{4.51}$$

记 $I = \{t - N^{\eta_1} \leqslant s \leqslant t\}$. 由高频部分的 Strichartz 估计 (2.65) 得

$$\Big|\int_t^{t+N^{\eta_1}} \int_{t-N^{\eta_1}}^t V_N(s,t')\mathrm{d}s\mathrm{d}t'\Big|$$
$$= \Big|\int_t^{t+N^{\eta_1}} \Big\langle (0, P_{\geqslant N}|u|^{p-1}u(t')), \int_0^t W(t'-s)(0, \chi_I(s)P_{\geqslant N}|u|^{p-1}u(s))\mathrm{d}s\Big\rangle_{\mathcal{E}} \mathrm{d}t'\Big|$$
$$\leqslant \big\|P_{\geqslant N}|u|^{p-1}u\big\|_{L^{a'}([t,t+N^{\eta_1}];L^{b'})} \big\|\chi_I(s)|u|^{p-1}u\big\|_{L^{a'}(\mathbb{R};L^{b'}(\mathbb{R}^n))}. \tag{4.52}$$

利用第一步和第二步中的断言, 直接推出

$$\left|\int_t^{t+N^{\eta_1}}\int_{t-N^{\eta_1}}^t V_N(s,t')\mathrm{d}s\mathrm{d}t'\right| \leqslant C|I|^{\frac{2}{\alpha'}}N^{-\eta} \leqslant CN^{\frac{2}{\alpha'}\eta_1}N^{-\eta} = CN^{-\frac{\eta}{2}}. \tag{4.53}$$

利用 (4.43), (4.48), (4.50), (4.51), (4.53), 可得

$$E_0(P_{\geqslant N}\bar{\omega}) \leqslant C\varepsilon + C\varepsilon + CN^{-\delta\eta_1} + CN^{-\frac{\eta}{2}}, \quad t \text{ 充分大}. \tag{4.54}$$

由 ε 的任意性及 $\eta_0 < \min\left(\dfrac{\eta}{2}, \delta\eta_1\right)$, 就可推出引理 4.1 (利用第三步的结果).

8.5 几乎有限传播速度

本节讨论几乎有限传播速度. 就梁方程而言, 由于没有独立的 L^2 守恒律, 故 Pausader 用势能来代替质量守恒导出了刻画几乎有限传播速度的结果.

引理 5.1 设 $E > 0$, $2 < p\alpha < \dfrac{2n}{n+4}p$. 对于非聚焦的 H^1 次临界的梁方程 (1.1), 存在 $\varepsilon' > 0$ 与 $M > 1$ 满足如下结论: 对某个 $N \geqslant 1$, $t_0 \geqslant 0$ 和 $\varepsilon \leqslant \varepsilon'$, 如果 $u \in \mathbb{E}(\mathbb{R}_+)$ 是 (1.1) 的前向整体解且满足

$$\begin{cases} E(u, u_t) = E(u(0), u_t(0)) \leqslant E < \infty, \\ E_0\big(P_{\geqslant N}(u(t), u_t(t))\big) \leqslant \varepsilon^2, \quad \forall\, t \geqslant t_0. \end{cases} \tag{5.1}$$

则

$$\int_{|x| \geqslant R(2+Kt)} |u(t,x)|^{p\alpha}\mathrm{d}x \leqslant (4M\varepsilon)^{p\alpha}, \quad \forall\, t \geqslant t_0, \tag{5.2}$$

这里 $R, K > 0$ 不依赖于 t.

推论 5.2 设 $n \geqslant 5$ 和 $u \in \mathbb{E}(\mathbb{R}_+)$ 是 (1.1) 的前向整体解. 给定 $\varepsilon > 0$, $\exists\, T > 0$ 和 $R_1 > 0$ 满足

$$\int_{|x| \geqslant R_1(1+t)} |u|^{p+1}\mathrm{d}x \leqslant \varepsilon, \quad \forall\, t \geqslant T. \tag{5.3}$$

证明 设 $E = E(u, u_t)$. 记 ε' 是引理 5.1 中的量, $\varepsilon_0 \leqslant \varepsilon'$ 是待定常数. 由推论 4.2, 存在 $N > 1$ 和 $T > 0$, 使得当 $t \geqslant T$, 有

$$E_0\big(P_{\geqslant N}(u(t), u_t(t))\big) \leqslant \varepsilon_0^2.$$

应用引理 5.1, 推知存在 $R, K > 0$ 使得

$$\int_{|x| \geqslant R(2+Kt)} |u(t,x)|^{p\alpha}\mathrm{d}x \leqslant (4M\varepsilon_0)^{p\alpha}, \quad \forall\, t \geqslant T. \tag{5.4}$$

另一方面, 由能量守恒及 Sobolev 嵌入定理可见

$$\int_{\mathbb{R}^n} |u(t,x)|^{2^\sharp} dx \leqslant C E^{\frac{2^\sharp}{2}}, \quad \forall\, t \geqslant 0. \tag{5.5}$$

由 Hölder 不等式, 选取 $\varepsilon_0 = \varepsilon_0(E,\varepsilon) > 0$ 充分小, 从 (5.5) 就可以推出

$$\int_{|x|\geqslant R(2+Kt)} |u|^{p+1} dx \leqslant \Big(\int_{|x|\geqslant R(2+Kt)} |u|^{p\alpha} dx\Big)^{\frac{2^\sharp-(p+1)}{2^\sharp-p\alpha}} \Big(\int_{\mathbb{R}^n} |u(t,x)|^{2^\sharp} dx\Big)^{\frac{(p+1)-p\alpha}{2^\sharp-p\alpha}}$$
$$\leqslant \big(4M\varepsilon_0\big)^{p\alpha \frac{2^\sharp-(p+1)}{2^\sharp-p\alpha}} \big(CE^{\frac{2^\sharp}{2}}\big)^{\frac{(p+1)-p\alpha}{2^\sharp-p\alpha}}$$
$$\leqslant \varepsilon.$$

这样一来, 取 $R_1 = (2+K)R$, 上式就意味着估计 (5.3).

引理 5.1 的证明 由平移不变性, 不妨假设 $t_0 = 0$, 与此同时, 还假设 $m=1$ 与 $\lambda = -1$. 注意到 $2 < p\alpha < \dfrac{2np}{n+4}$, 并用 M 表示 $H^2 \hookrightarrow L^{p\alpha}$ 的最佳嵌入常数, 即

$$\|v\|_{p\alpha} \leqslant M\|v\|_{H^2}, \quad \forall\, v \in H^2. \tag{5.6}$$

令 $(\omega(t),\omega_t(t)) = W(t)(u_0,u_1)$, 并引入如下记号:

$$\varphi(t,\xi,x) = t\sqrt{1+|\xi|^4} - \langle x,\xi\rangle, \tag{5.7}$$

$$K \triangleq \sup_{\xi \in B_0(N)} \frac{2|\xi|^3}{\sqrt{1+|\xi|^4}} = \frac{2N^3}{\sqrt{1+N^4}}. \tag{5.8}$$

用 $e \in \mathbb{R}^n$, $\partial_e \varphi = \langle \nabla_\xi \varphi, e\rangle$, 对任意 $j \geqslant 2$, $\exists\, M_j > 0$ 满足

$$|\partial^j \varphi| \leqslant M_j t, \quad \partial^j = \partial_e^\alpha, \quad |\alpha| = j \geqslant 2. \tag{5.9}$$

引入记号:

$$S_t = \{x : |x| \geqslant R(2+Kt)\}, \quad S_t^c = \mathbb{R}^n \backslash S_t \ (K \text{ 是由 (5.8) 确定的常数}, R \text{ 待定}), \tag{5.10}$$

$$\begin{cases} u(t) = \chi_{S_t^c}(x) u(t) + \chi_{S_t}(x) u(t) \triangleq u_c(t) + u_f(t), \\ |u|^{p-1} u = |u_c|^{p-1} u_c + |u_f|^{p-1} u_f. \end{cases} \tag{5.11}$$

在物理空间与频率空间上分解 Duhamel 公式:

$$(u(t),u_t(t)) = W(t)(u_0,u_1) - \int_0^t W(t-s)\big(0,|u|^{p-1}u(s)\big) ds$$
$$\triangleq (\omega(t),\omega_t(t)) - \int_0^t W(t-s)\big(0,|u|^{p-1}u(s)\big) ds,$$

8.5 几乎有限传播速度

就得

$$\begin{aligned}
u_f(t) &= \chi_{S_t} P_{\geqslant N} u(t) + \chi_{S_t} P_{<N} u(t) \\
&= \chi_{S_t} P_{\geqslant N} u(t) + \chi_{S_t} P_{<N}\omega(t) - \chi_{S_t} \int_{t-t_1}^{t} \Pi_1 W(t-s)\big(0, P_{<N}|u|^{p-1}u(s)\big) \mathrm{d}s \\
&\quad - \chi_{S_t} \int_{0}^{t-t_1} \Pi_1 W(t-s)\big(0, P_{<N}|u|^{p-1}u(s)\big) \mathrm{d}s \\
&= \chi_{S_t} P_{\geqslant N} u(t) + \chi_{S_t} P_{<N}\omega(t) - \chi_{S_t} \int_{t-t_1}^{t} \Pi_1 W(t-s)\big(0, P_{<N}|u|^{p-1}u(s)\big) \mathrm{d}s \\
&\quad - \chi_{S_t} \int_{0}^{t-t_1} \Pi_1 W(t-s)\big(0, P_{<N}|u_f|^{p-1}u_f(s)\big) \mathrm{d}s \\
&\quad - \chi_{S_t} \int_{0}^{t-t_1} \Pi_1 W(t-s)\big(0, P_{<N}|u_c|^{p-1}u_c(s)\big) \mathrm{d}s.
\end{aligned}$$

因此

$$\begin{aligned}
u &= u_c + u_f \\
&= u_c + \chi_{S_t} P_{\geqslant N} u(t) + \chi_{S_t} P_{<N}\omega(t) - \chi_{S_t} \int_{t-t_1}^{t} \Pi_1 W(t-s)\big(0, P_{<N}|u|^{p-1}u(s)\big) \mathrm{d}s \\
&\quad - \chi_{S_t} \int_{0}^{t-t_1} \Pi_1 W(t-s)\big(0, P_{<N}|u_f|^{p-1}u_f(s)\big) \mathrm{d}s \\
&\quad - \chi_{S_t} \int_{0}^{t-t_1} \Pi_1 W(t-s)\big(0, P_{<N}|u_c|^{p-1}u_c(s)\big) \mathrm{d}s \\
&\triangleq u_c(t,x) + r_1(t) + r_2(t) + r_3(t,t_1) + r_4(t) + r_5(t).
\end{aligned} \tag{5.12}$$

第一步 (断言 I). 对于 $\varepsilon > 0$ 和 $N > 1$,存在 $R_0 = R_0(N,n,p,u_0,u_1,\varepsilon) > 0$ 满足:对任意 $R \geqslant R_0$ 和 $t \geqslant 0$,有

$$\|r_2(t)\|_{L^{p\alpha}} \leqslant M\varepsilon, \tag{5.13}$$

这里 M 是 Sobolev 嵌入关系 (5.6) 中的最佳常数.

断言 I 的证明 采用在无穷远处截断初值、在锥域的外部高频截断解的方法来进行. 选取 $\bar{\phi} = (\phi_0, \phi_1) \in C_c^\infty(\mathbb{R}^n) \times C_c^\infty(\mathbb{R}^n)$ 满足

$$E_0(u_0 - \phi_0, u_1(x) - \phi_1(x)) \leqslant \frac{\varepsilon^2}{16}, \tag{5.14}$$

及 $\nu(x) \in C_c^\infty$ 满足 $0 \leqslant \nu(x) \leqslant 1$ 且

$$\begin{cases} \nu(x) = 1, & |x| \leqslant 1, \\ \nu(x) = 0, & |x| \geqslant \dfrac{3}{2}. \end{cases} \tag{5.15}$$

令
$$\bar{\omega}_c(x) = \left(\nu\left(\frac{x}{R}\right)\phi_0(x), \nu\left(\frac{x}{R}\right)\phi_1(x)\right), \tag{5.16}$$

$$\left(\omega_c(t), \partial_t \omega_c(t)\right) = W(t)\bar{\omega}_c(x). \tag{5.17}$$

注意到
$$\bar{\phi}(x) - \bar{\omega}_c(x) \xrightarrow{\varepsilon} 0, \quad R \to +\infty.$$

从而推出, 存在 $R_0(\varphi_0, \varphi_1, \varepsilon) \geqslant 2$ 使得

$$E_0(\bar{\phi} - \bar{\omega}_c) \leqslant \frac{\varepsilon^2}{16}, \quad R \geqslant R_0. \tag{5.18}$$

因此, 由 Sobolev 嵌入公式 (5.6)、$P_{\leqslant N}$ 有界性、$W(t)$ 单位酉群及 (5.14),(5.18) 可得

$$\begin{aligned}
\left\|P_{\leqslant N}\bigl(\omega(t) - \omega_c(t)\bigr)\right\|_{L^{p\alpha}} &\leqslant M \left\|P_{\leqslant N}\bigl(\omega(t) - \omega_c(t)\bigr)\right\|_{H^2} \\
&\leqslant M \|(u_0, u_1) - \omega_c(t)\|_{\mathcal{E}} \\
&\leqslant M \bigl(\|(u_0, u_1) - \bar{\phi}\|_{\mathcal{E}} + \|\bar{\phi} - \omega_c\|_{\mathcal{E}}\bigr) \\
&\leqslant \frac{M}{2}\varepsilon.
\end{aligned} \tag{5.19}$$

采用驻相分析方法来估计 $\chi_{S_t} P_{<N} \omega_c(t)$. 利用 Euler 公式, $\chi_{S_t} P_{<N} \omega_c(t)$ 可以表示成形如下面积分的线性组合:

$$\Phi(t) = \chi_{S_t}(x) \int_{\mathbb{R}^n} \int_{\mathbb{R}^n} e^{i\varphi(t,\xi,x-y)} \tilde{s}(\xi) \tilde{\phi}(y) \mathrm{d}y \mathrm{d}\xi, \quad \varphi(t,\xi,x) = t\sqrt{1+|\xi|^4} - \langle x, \xi \rangle, \tag{5.20}$$

这里
$$\begin{cases} \tilde{s}(\xi) = \psi\left(\frac{2}{N}\xi\right) \text{ 或 } \tilde{s}(\xi) = \dfrac{\psi\left(\frac{2}{N}\xi\right)}{\sqrt{1+|\xi|^4}}, \\ \tilde{\phi}(y) = \left(\nu\left(\dfrac{y}{R}\right)\phi_0(y), \ \nu\left(\dfrac{y}{R}\right)\phi_1(y)\right). \end{cases} \tag{5.21}$$

此意味着在物理空间与频率空间上同时实施截断. 注意到对 $\forall x \in S_t(x)$, 积分 (5.20) 中的被积函数在区域

$$|x - y| \leqslant \frac{R}{2} + KRt$$

上恒等于 0. 事实上, 利用

$$x \in S_t(x) \Longrightarrow |x| \geqslant R(2 + Kt) \quad \text{和} \quad y \in \mathrm{supp}\tilde{\phi}(y) \Longrightarrow |y| \leqslant \frac{3}{2}R,$$

就可以推出
$$|x-y| > 2R + KRt - \frac{3}{2}R = \frac{R}{2} + KRt.$$

下面仅需考虑
$$\mathcal{A} = \left\{(x,y) \Big| |x-y| > \frac{R}{2} + KRt\right\}$$

上的积分. 首先定义不变导数
$$L_{x,y}(h) = \frac{1}{\partial_e \varphi(t,\cdot,x-y)} \partial_e h, \quad e = \frac{x-y}{|x-y|}, \quad h \in C_c^\infty(\mathbb{R}^n). \tag{5.22}$$

借助于不变导数与分部积分, 就得
$$\Big|\int_{\mathbb{R}^n} e^{i\varphi(t,\xi,x-y)} \tilde{s}(\xi) d\xi\Big| = \Big|\int_{\mathbb{R}^n} e^{i\varphi(t,\xi,x-y)} (L_{x,y}^*)^n \tilde{s}(\xi) d\xi\Big|$$
$$= \int_{\mathbb{R}^n} \Big|(L_{x,y}^*)^n \tilde{s}(\xi)\Big| d\xi, \quad L_{x,y}^*(g) = -\partial_e\Big[\frac{g}{\partial_e \varphi}\Big]. \tag{5.23}$$

对任意的 $t \geqslant 0$, $\xi \in \mathbb{R}^n$, $(x,y) \in \mathcal{A}$, 有估计
$$|\partial_e \varphi(t,\xi,x-y)| = \Big|\frac{2t|\xi|^2}{\sqrt{1+|\xi|^4}} \langle \xi, e\rangle - |x-y|\Big|$$
$$\geqslant \frac{R}{2} + Kt(R-1)$$
$$\geqslant (R-1)\Big(\frac{1}{2} + Kt\Big). \tag{5.24}$$

从而
$$\Big|(L_{x,y}^*)^n \tilde{s}(\xi)\Big| \leqslant C\frac{\|\tilde{s}(\xi)\|_{C^n}}{R^n} \leqslant CR^{-n}, \tag{5.25}$$

这里 C 不依赖于 $R \geqslant R_0$, N, t. 由 (5.20),(5.23) 和 (5.25) 可得
$$\|\Phi(t)\|_\infty \leqslant C\frac{|B_0(N)|}{R^n}\|\tilde{\varphi}\|_{L^1} \leqslant C\frac{|B_0(N)|}{R^{\frac{n}{2}}}\|\tilde{\varphi}\|_{L^2}, \quad \text{supp}\tilde{s}(\xi) \subset B_0(N). \tag{5.26}$$

另一方面, 对 (5.20) 采用 Parseval 定理, 就得
$$\|\Phi\|_{L^2} \leqslant C\|\psi\|_\infty \|\tilde{\varphi}\|_2. \tag{5.27}$$

综合插值不等式, 有
$$\|\Phi\|_{L^{p\alpha}} \leqslant C\|\Phi\|_\infty^{1-\frac{2}{p\alpha}} \|\Phi\|_2^{\frac{2}{p\alpha}} \leqslant C\big(N^n R^{-\frac{n}{2}}\big)^{1-\frac{2}{p\alpha}}, \tag{5.28}$$

这里 C 不依赖于 R, t. 特别, 在上式中取 $R \geqslant R_0 = R_0(u_0, u_1, \varepsilon, N)$, 就得
$$\big\|\chi_{S_t} P_{<N} \omega_c(t)\big\|_{L^{p\alpha}} \leqslant \frac{M}{2}\varepsilon. \tag{5.29}$$

结合 (5.19) 与 (5.29), 推出断言 I 成立.

第二步 (断言 II). 对任意 $0 \leqslant t_1 \leqslant t_2$, 对于

$$\begin{cases} r_3(t,t_1) = -\chi_{S_t} \int_{t-t_1}^{t} \Pi_1 W(t-s)\big(0, P_{<N}|u|^{p-1}u(s)\big)\mathrm{d}s, \\ r_3'(t,t_1) = -\int_{t-t_1}^{t} \Pi_1 W(t-s)\big(0, |u|^{p-1}u(s)\big)\mathrm{d}s, \end{cases} \tag{5.30}$$

一定存在 $t_2 = t_2(E,\varepsilon) > 0$ 使得

$$\|r_3(t,t_1)\|_{L^{p\alpha}} \leqslant M\varepsilon, \quad \forall\, t \geqslant 0, \quad t_1 = \min(t_2, t). \tag{5.31}$$

断言 II 的证明　由于

$$p < 2^\sharp - 1 \Longrightarrow \frac{4(p+1) - n(p-1)}{2(p+1)} > 0.$$

因此, 由 $L^p - L^{p'}$ 估计 (2.68) 及 Sobolev 嵌入定理可见

$$\begin{aligned} \|r_3'(t,t_1)\|_{p+1} &\leqslant \int_{t-t_1}^{t} \big\|\Pi_1 W(t-s)(0, |u|^{p-1}u(s))\big\|_{p+1}\mathrm{d}s \\ &\leqslant C \int_{t-t_1}^{t} (t-s)^{1-\frac{n}{2}\frac{p-1}{p+1}} \|u^p\|_{L^\infty([t-t_1,t]; L^{\frac{p+1}{p}})}\mathrm{d}s \\ &\leqslant C|t_1|^{\frac{4(p+1)-n(p-1)}{2(p+1)}} \leqslant \varepsilon_0, \quad t \geqslant 0, t_1 \leqslant t_2. \end{aligned} \tag{5.32}$$

上式最后一项成立依赖于 $t_2 = t_2(n,p,E,\varepsilon_0) < 1$ 充分小, ε_0 是待定常数.

另一方面, 对于 $t \geqslant 0,\ t_1 \in [0, t]$,

$$\begin{pmatrix} u(t) \\ u_t(t) \end{pmatrix} = W(t) \begin{pmatrix} u_0 \\ u_1 \end{pmatrix} - \int_0^t W(t-s) \begin{pmatrix} 0 \\ |u|^{p-1}u(s) \end{pmatrix} \mathrm{d}s,$$

及

$$\begin{pmatrix} u(t-t_1) \\ u_t(t-t_1) \end{pmatrix} = W(t-t_1) \begin{pmatrix} u_0 \\ u_1 \end{pmatrix} - \int_0^{t-t_1} W(t-t_1-s) \begin{pmatrix} 0 \\ |u|^{p-1}u(s) \end{pmatrix} \mathrm{d}s,$$

$$W(t_1) \begin{pmatrix} u(t-t_1) \\ u_t(t-t_1) \end{pmatrix} = W(t) \begin{pmatrix} u_0 \\ u_1 \end{pmatrix} - \int_0^{t-t_1} W(t-s) \begin{pmatrix} 0 \\ |u|^{p-1}u(s) \end{pmatrix} \mathrm{d}s.$$

因此, 就得

$$\Pi_1 \begin{pmatrix} u(t) \\ u_t(t) \end{pmatrix} - \Pi_1 W(t_1) \begin{pmatrix} u(t-t_1) \\ u_t(t-t_1) \end{pmatrix} = r_3'(t, t_1). \tag{5.33}$$

所以
$$\|r_3'(t,t_1)\|_{L^2(\mathbb{R}^n)} \leqslant C \quad (\text{关于 } t,\, t_1 \text{ 一致有界}). \tag{5.34}$$

因此, 对于 $t \geqslant 0$, $t_1 \in (0, t_2)$ (注意 $P_{<N}$ 在 L^{p+1} 中有界), 有

$$\begin{cases} \|r_3(t,t_1)\|_{p+1} \leqslant \|P_{<N} r_3'(t,t_1)\|_{p+1} \leqslant C\|r_3'(t,t_1)\|_{p+1} \leqslant C\varepsilon_0, \\ \|r_3(t,t_1)\|_2 \leqslant \|P_{<N} r_3'(t,t_1)\|_2 \leqslant \|r_3'(t,t_1)\|_2 \leqslant 4\sqrt{E}. \end{cases} \tag{5.35}$$

利用插值定理
$$\|r_3(t,t_1)\|_{L^{p\alpha}} \leqslant \|r_3(t,t_1)\|_{L^{p+1}}^\theta \|r_3(t,t_1)\|_2^{1-\theta} \leqslant (C\varepsilon_0)^\theta (4\sqrt{E})^{1-\theta},$$

只要 $\varepsilon_0 = \varepsilon_0(\varepsilon, E, n)$ 使得估计 (5.31) 成立即可.

第三步 (断言 III). 对于
$$r_4(t) = -\chi_{S_t} \int_0^{t-t_1} \Pi_1 W(t-t')\big(0, P_{<N}|u_c|^{p-1}u_c\big)\mathrm{d}t',$$

存在 $\exists R > 0$ 充分大, 使得
$$\|r_4(t)\|_{\alpha'} \leqslant \varepsilon^p, \quad \text{对任意的 } t \geqslant 0, \tag{5.36}$$

这里 $S_t = \{x : |x| \geqslant R(2 + Kt)\}$.

断言 III 的证明 对任意 t, t', 定义 $L^1(\mathbb{R}^n)$ 上的算子 $\mathcal{V}_{t,t'}$ 如下:
$$\mathcal{V}_{t,t'}h(x) = \chi_{S_t} \int_{\mathbb{R}^n}\int_{\mathbb{R}^n} \mathrm{e}^{\mathrm{i}\varphi(t-t',\xi,x-y)} \tilde{s}(\xi) \chi_{S_{t'}^c}(y) h(y) \mathrm{d}y\mathrm{d}\xi, \tag{5.37}$$

这里 $h \in L^1(\mathbb{R}^n)$,
$$\varphi(t,\xi,y) = t\sqrt{1+|\xi|^4} - \langle x,\xi\rangle, \quad \tilde{s}(\xi) = \psi\Big(\frac{2\xi}{N}\Big)\Big/\sqrt{1+|\xi|^4}, \quad \forall \xi \in \mathbb{R}^n.$$

先证明如下的 $L^{r'} - L^r$ 估计: 对 $\forall q \geqslant 2$, $\exists C > 0$ 不依赖于 K, N, ε 和 $R \geqslant 2$, 使得对 $\forall t \geqslant t' \geqslant 0$ 和 $h \in L^1 \cap L^{q'}$, 成立
$$\|\mathcal{V}_{t,t'}h\|_q \leqslant C\big((t-t')(R-1)\big)^{-n(1-\frac{2}{q})} \|h\|_{q'}. \tag{5.38}$$

事实上, 当 $t \geqslant t'$, $x \in S_t$ 和 $y \in S_{t'}^c$, 则
$$|x-y| \geqslant 2R + KRt - 2R - KRt' = KR|t-t'|. \tag{5.39}$$

因此, 令 $e = \dfrac{x-y}{|x-y|}$, 直接估计

$$|\partial_e \varphi(t-t', \xi, x-y)| = \left| \dfrac{2(t-t')|\xi|^2 \langle \xi, e \rangle}{\sqrt{1+|\xi|^4}} - |x-y| \right| \qquad (\nabla \longmapsto \nabla_\xi)$$

$$\geqslant KR|t-t'| - K|t-t'| = K(R-1)|t-t'|.$$

构造不变导数

$$L_{x,y}(h) = \dfrac{\partial_e h}{\partial_e \varphi(t, \cdot, x-y)},$$

利用不变导数技术, 对于 $x \in S_t$, n 次分部积分, 可得

$$|\mathcal{V}_{t,t'} h(x)| \leqslant \int_{\mathbb{R}^n} S^c_{t'}(y) \Big| h(y) \int_{\mathbb{R}^n} e^{i\varphi(t-t', \xi, x-y)} \big(L^*_{x,y}\big)^n \tilde{s}(\xi) \mathrm{d}\xi \Big| \mathrm{d}y$$

$$\leqslant C |\mathrm{supp}\, \tilde{s}| \big(K(R-1)(t-t')\big)^{-n} \|h\|_{L^1}, \tag{5.40}$$

这里 C 不依赖于 h, N, K, t', t. 进而, Parseval 定理意味着

$$\|\mathcal{V}_{t,t'} h\|_2 \leqslant C \|h\|_2. \tag{5.41}$$

由插值定理可见

$$\|\mathcal{V}_{t,t'} h\|_q \leqslant C \big(K(R-1)(t-t')\big)^{-n(1-\frac{2}{q})} N^{n(1-\frac{2}{q})} \|h\|_{q'}. \tag{5.42}$$

利用 (5.8) 知 $K^{-1}N \leqslant 1$. 此意味着 (5.38) 成立.

现回头证明断言 III. 设 $t > 0$, $t_1 = \min\{t, t_2\}$ 是由第二步中确定的 t_1. 显然, 当 $t \leqslant t_2$ 时, $r_4 = r_5 = 0$. 这样一来, 所考虑的情形只能是 $t_2 < t$. 利用 (5.7), (5.38), $r_4(t)$ 的表达式及 $n\left(1 - \dfrac{2}{\alpha'}\right) > 1$, 可以选取 $R = R(p, E, \varepsilon, t_2)$ 充分大, 对 $\forall\, t \geqslant 0$, 有

$$\|r_4(t)\|_{L^{\alpha'}} \leqslant \Big\| \chi_{S_t} \int_0^{t-t_1} \Pi_1 W(t-t')(0, P_{\leqslant N} |u_c|^{p-1} u_c) \mathrm{d}t' \Big\|_{L^{\alpha'}}$$

$$\leqslant \dfrac{1}{(2\pi)^n} \int_0^{t-t_1} \big\| \mathcal{V}_{t,t'}(|u_c|^{p-1} u_c) \big\|_{L^{\alpha'}} \mathrm{d}t'$$

$$\leqslant C \int_0^{t-t_1} \big(R(t-t')\big)^{-n(1-\frac{2}{\alpha'})} \|u_c^p\|_{L^\infty(\mathbb{R}_+; L^\alpha)} \mathrm{d}t'$$

$$\leqslant C R^{-n(1-\frac{2}{\alpha'})} \|u\|^p_{L^\infty(\mathbb{R}_+; H^2)} \leqslant \varepsilon^p, \tag{5.43}$$

这里用到 R 充分大且 C 依赖于第二步中出现的 $t_2 = t_2(n, p, E, \varepsilon_0)$.

引理 5.1 证明的完成 由分解公式 (5.12), 尚需要估计 $u_c(t,x)$, $r_1(t)$ 与 $r_5(t)$.

对 $t \geqslant 0$, $t_1 = \min\{t, t_2\}$ 是由第二步所决定. 由 $r_1(t)$ 与 $r_5(t)$ 的表达式

$$\begin{cases} r_1(t) = \chi_{S_t} P_{\geqslant N} u(t), \\ r_5(t) = -\chi_{S_t} \int_0^{t-t_1} \Pi_1 W(t-s)\big(0, P_{\leqslant N}|u_c|^{p-1} u_c(s)\big) \mathrm{d}s. \end{cases}$$

注意到 (4.5) 式

$$E_0(P_{\geqslant N}(u, u_t)) < \varepsilon^2,$$

及 Sobolev 嵌入定理中的最佳控制估计 (5.6), 就可推出

$$\|r_1(t)\|_{L^\infty(\mathbb{R}_+; L^{p\alpha})} \leqslant M\|P_{\geqslant N} u\|_{H^2} \leqslant M\varepsilon. \tag{5.44}$$

另外, 由表达式 (5.11) 和 (5.12) 中的 Duhamel 公式, 可见

$$r_4(t) + r_5(t) = \chi_{S_t} P_{<N} \Pi_1\big((u(t-t_1), u_t(t-t_1)) - W(t)(u_0, u_1)\big). \tag{5.45}$$

注意到投影算子 $P_{<N}$ 的有界性、能量守恒律及 $W(t)$ 是一个酉群的特点, 容易看出

$$\|r_4 + r_5\|_2 \leqslant 2\sqrt{E}. \tag{5.46}$$

下面采用连续性方法证明. 注意到, 当 $t \leqslant t_2$ (即 $t = t_1$) 时, 有 $r_4 = r_5 = 0$. 此时

$$\|u_f(t)\|_{L^{p\alpha}} \leqslant \|r_1(t) + r_2(t) + r_3(t, t_1)\|_{L^{p\alpha}} \leqslant 3M\varepsilon, \quad \forall\, t \leqslant t_2. \tag{5.47}$$

令

$$t_0 = \sup\{t \geqslant 0,\ \forall\, s \in [0, t],\ \|u_f(s)\|_{L^{p\alpha}} \leqslant 4M\varepsilon\}, \quad t_0 < \infty. \tag{5.48}$$

由 (5.47) 容易看出 $t_0 > t_2$. 另一方面, 由连续性可以推知

$$\|u_f(t_0)\|_{L^{p\alpha}} = 4M\varepsilon. \tag{5.49}$$

然而, 由衰减估计 (2.68),(5.36),(5.46) 及指标关系

$$\frac{1}{p\alpha} = \frac{1-\theta}{2} + \frac{\theta}{\alpha'},$$

容易看出

$$\begin{aligned}
\|u_f(t_0)\|_{L^{p\alpha}} &\leqslant \|r_1(t_0)\|_{L^{p\alpha}} + \|r_2(t_0)\|_{L^{p\alpha}} + \|r_3(t_0, t_1)\|_{L^{p\alpha}} + \|r_4(t_0) + r_5(t_0)\|_{L^{p\alpha}} \\
&\leqslant (3M+1)\varepsilon + (2\sqrt{E})^{1-\theta} \Big(\int_0^{t_0-1} \big\|\Pi_1 W(t_0-t')(0, P_{\leqslant N}|u_f|^{p-1} u_f)\big\|_{L^{\alpha'}} \mathrm{d}t'\Big)^\theta \\
&\leqslant (3M+1)\varepsilon + C \int_0^{t_0-1} |t_0 - t'|^{-\frac{n}{4}(1-\frac{2}{\alpha'})} \|u_f\|_{L^\infty([0,t_0]; L^{p\alpha})}^{\theta p} \mathrm{d}t' \\
&\leqslant (3M+1)\varepsilon + \tilde{C}\|u_f\|_{L^\infty([0,t_0]; L^{p\alpha})}^{\theta p}. \tag{5.50}
\end{aligned}$$

注意到 t_0 的定义, 可以推出

$$\|u_f(t_0)\|_{L^{p\alpha}} < 4M\varepsilon, \tag{5.51}$$

这里 $\varepsilon < \varepsilon_1$, ε_1 满足

$$\varepsilon_1^{p\theta-1}\tilde{C}(4M)^{p\theta} < M - 1, \quad \tilde{C} = \tilde{C}(E,n,p) \implies t_0 = \infty.$$

注记 5.1 如果 $t_2 < 1$, (5.50) 中的积分的上限应是 $t_0 - t_2$, 而非 $t_0 - 1$. 即使如此, 结果仍然成立. 事实上, 仅需在条件 (5.49) 的条件下, 给出形如

$$\|A(t_0)\|_{p\alpha} = \left\| \int_{t_0-1}^{t_0-t_2} \frac{\sin(t_0-s)\sqrt{1+\Delta^2}}{\sqrt{1+\Delta^2}} |u_f|^{p-1} u_f(s) \mathrm{d}s \right\|_{p\alpha} \leqslant \frac{M}{4}\varepsilon \tag{5.52}$$

的估计即可.

事实上, 注意到 $p < 2^\sharp - 1$, 选取 $\alpha \to \dfrac{2n}{n+4}$ 使得 $H^{2,\alpha p} \hookrightarrow L^{\alpha'}$ 总成立. 直接利用衰减估计 (2.68) 可见

$$\|A(t_0)\|_{L^{p\alpha}} \leqslant C \int_{t_0-1}^{t_0-t_2} (t_0-s)^{-\frac{n}{2}(1-\frac{2}{p\alpha})} \left\| (1+\Delta^2)^{-\frac{1}{2}} |u_f|^{p-1} u_f(s) \right\|_{L^{(p\alpha)'}} \mathrm{d}s$$

$$\leqslant C \sup_{[t_0-1,t_0]} \left\| |u_f|^p \right\|_{H^{-2,(p\alpha)'}}$$

$$\leqslant C \sup_{[t_0-1,t_0]} \left\| |u_f|^p \right\|_{L^\alpha}$$

$$\leqslant C(4M\varepsilon)^p \leqslant \frac{M}{4}\varepsilon \quad (\text{取 } \varepsilon \text{ 充分小}).$$

8.6 散射性理论

本节给出散射性定理的证明. 需要指出的是, 除了上面建立的频率局部化及几乎有限传播速度等预备工作之外, 一个关键的工具就是 Morawetz 估计, 就是 Levandosky 和 Strauss 已经建立的不等式 (见本书第 7 章). 具体地讲, 设 $n \geqslant 5, u \in \mathbb{E}(\mathbb{R}_+)$ 是非聚焦次临界梁方程的前向整体解, 则

$$\int_0^\infty \int_{\mathbb{R}^n} \frac{|u(t,x)|^{p+1}}{|x|} \mathrm{d}x\mathrm{d}t \leqslant C(E). \tag{6.1}$$

散射性定理的证明采用 Lin-Strauss 及 Morawetz-Strauss 的方法. 不失一般性, 取 $m = 1$ 和 $\lambda = -1$. 由 8.3 节中散射机制的讨论, 散射性理论可归结为证明:

$$\lim_{t \to +\infty} \|u(t)\|_{L^{p+1}} = 0. \tag{6.2}$$

至于 $\Omega_+ = W_+^{-1}$ 是连续的微分同胚正是推论 3.2 及其注记的结果.

第一步 (断言 I). 对 $\forall\, \varepsilon > 0$, $t_0 \geqslant 0$ 和 $t_1 > 0$, 存在 $t_2 > t_0 + t_1$ 满足

$$\sup_{t' \in [t_2-t_1, t_2]} \|u(t')\|_{L^{p+1}} \leqslant \varepsilon. \tag{6.3}$$

断言 I 的证明 应用推论 5.2, 存在 $T, R > 0$ 满足

$$\int_{|x| \geqslant R(1+t)} |u(t)|^{p+1} \mathrm{d}x \leqslant \varepsilon_1, \quad \forall\, t \geqslant T, \tag{6.4}$$

这里 $\varepsilon_1 = \varepsilon(n, E, p) > 0$ 待定. 令 $t_0' = \max(T, t_0)$, 给定 $\varepsilon_0 > 0$ 和 $\tau > 0$, 存在 $\tilde{t} > t_0' + 2\tau$ 满足

$$\int_{\tilde{t}-2\tau}^{\tilde{t}} \int_{|x| \leqslant R(1+t')} |u(t')|^{p+1} \mathrm{d}x \mathrm{d}t' \leqslant \varepsilon_0. \tag{6.5}$$

事实上, Morawetz 估计 (6.1) 可以写成

$$\infty > \int_{t_0'}^{\infty} \frac{1}{R(1+t')} \int_{|x| \leqslant R(1+t')} |u(t')|^{p+1} \mathrm{d}x \mathrm{d}t'$$

$$\geqslant \sum_{k=0}^{\infty} \frac{1}{R(1+(t_0'+2(k+1)\tau))} \int_{t_0'+2k\tau}^{t_0'+2(k+1)\tau} \int_{|x| \leqslant R(1+t')} |u(t')|^{p+1} \mathrm{d}x \mathrm{d}t'.$$

由于

$$\sum_{k=0}^{\infty} \frac{1}{R(1+(t_0'+2(k+1)\tau))} = \infty,$$

因此, 存在 $k_0 > 0$ 满足

$$\int_{t_0'+2k_0\tau}^{t_0'+2(k_0+1)\tau} \int_{|x| \leqslant R(1+t')} |u(t')|^{p+1} \mathrm{d}x \mathrm{d}t' \leqslant \varepsilon_0. \tag{6.6}$$

由此推出: 取 $\tilde{t} = t_0' + (2k_0+1)\tau$, 上式就意味着断言 (6.5).

利用 Duhamel 公式, 对 $\forall\, t \geqslant \sigma$, 可将方程的解重新写成

$$(u(t), u_t(t)) = W(t)(u_0, u_1) - \left(\int_0^{t-\sigma} + \int_{t-\sigma}^{t} \right) W(t-t')(0, |u|^{p-1} u(t')) \mathrm{d}t'$$

$$= (v(t), v_t(t)) + (\omega(t,\sigma), \omega_t(t,\sigma)) + (z(t,\sigma), z_t(t,\sigma)) \quad (\sigma \geqslant 0 \text{ 待定}). \tag{6.7}$$

简单地观察就有

$$\|v(t)\|_{p+1} \longrightarrow 0, \quad t \to +\infty. \tag{6.8}$$

事实上, 利用稠密性, 对 $\forall\, \delta > 0$, $\exists\, (\phi_0, \phi_1) \in C_c^\infty(\mathbb{R}^n)$, 满足

$$E_0(u_0 - \phi_0, u_1 - \phi_1) < \delta.$$

定义 $(\omega(t), \omega_t(t)) = W(t)(\phi_0, \phi_1)$, 利用能量守恒、Sobolev 嵌入定理及衰减估计, 得

$$\begin{aligned}
\|v(t)\|_{p+1} &\leqslant C\|v(t) - \omega\|_{p+1} + \|\omega\|_{p+1} \\
&\leqslant C\|v(t) - \omega(t)\|_{H^2} + \|\omega\|_{p+1} \\
&\leqslant C\delta + C\left(t^{-\frac{n}{2}(1-\frac{2}{p+1})} + t^{-\frac{n}{4}(1-\frac{2}{p+1})}\right) \\
&\leqslant 2C\delta, \quad \forall\, t \geqslant t_0 = t_0(n, p, \phi_0, \phi_1, \delta).
\end{aligned}$$

作为 (6.8) 的直接结果, $\exists\, t_0''$, 使得

$$\|v(t)\|_{p+1} \leqslant \varepsilon/4, \quad t \geqslant t_0'' \tag{6.9}$$

成立.

采用 $L^p - L^{p'}$ 估计来处理分解式 (6.7) 的第二项. 令 $\beta \geqslant 1$ 满足

$$\beta = \begin{cases} \dfrac{2}{p}, & \text{若 } p \leqslant 2, \\ 1, & \text{其他}. \end{cases} \tag{6.10}$$

所以

$$1 - \frac{2}{\beta'} = \min(1, p-1), \quad \beta < \frac{2n}{n+4},$$

$$\begin{cases}
\beta = 1, \quad \beta' = \infty, \quad 1 - \dfrac{2}{\beta'} = 1, \\
\beta = \dfrac{2}{p}, \quad \beta' = \dfrac{\dfrac{2}{p}}{\dfrac{2}{p} - 1} = \dfrac{2}{2-p} \Longrightarrow 1 - \dfrac{2}{\beta'} = 1 - (2-p) = p - 1.
\end{cases}$$

利用 $L^p - L^{p'}$ 估计 (2.68), 可见

$$\|\omega(t, \sigma)\|_{\beta'} \leqslant C \int_0^{t-\sigma} (t-t')^{-\frac{n}{4}(1-\frac{2}{\beta'})} \|u\|_{p\beta}^p \mathrm{d}t' \leqslant C\sigma^{\frac{4-\min(1,p-1)n}{4}} \sup_t \|u\|_{H^2}^p, \tag{6.11}$$

这里 $C = C(n)$.

另一方面, 由表示式 (6.7), 可以看出

$$(u(t), u_t(t)) = W(t)(u_0, u_1) - \int_0^t W(t-t')(0, |u|^{p-1}u(t'))\mathrm{d}t',$$

由此推出

$$(u(t-\sigma), u_t(t-\sigma)) = W(t-\sigma)(u_0, u_1) - \int_0^{t-\sigma} W(t-\sigma-t')(0, |u|^{p-1}u(t'))\mathrm{d}t'.$$

8.6 散射性理论

用 $W(\sigma)$ 作用于上式两边, 就是

$$W(\sigma)(u(t-\sigma), u_t(t-\sigma)) = W(t)(u_0, u_1) - (\omega(t,\sigma), \omega_t(t,\sigma)),$$

整理就得

$$(\omega(t,\sigma), \omega_t(t,\sigma)) = W(\sigma)(u(t-\sigma), u_t(t-\sigma)) - W(t)(u_0, u_1). \tag{6.12}$$

由于 W 是 $\mathcal{E}$ 上酉算子, $E_0(u, u_t)$ 有界, 由 (6.12), 可以看出

$$\|\omega(t,\sigma)\|_2 \leqslant C. \tag{6.13}$$

注意到 $2 < p+1 < \beta' \leqslant \infty$, 由插值定理, 对任意 $\sigma > 0$ 和任意 $t \geqslant \sigma$, 有

$$\|\omega(t,\sigma)\|_{L^{p+1}} \leqslant C\|\omega(t,\sigma)\|_{\beta'}^{\frac{1-\frac{2}{p+1}}{1-\frac{2}{\beta'}}} \leqslant K\sigma^{-\frac{n(p-1)-4\max(1,p-1)}{4(p+1)}}, \tag{6.14}$$

这里 $C = C(n, p, E) > 0$, $K = K(n, p, E) > 0$. 于是, $\exists\, \sigma_0 > 0$, 使得对 $\sigma \geqslant \sigma_0$ 及 $t \geqslant \sigma$ 有

$$\|\omega(t,\sigma)\|_{L^{p+1}} \leqslant \varepsilon/4. \tag{6.15}$$

最后估计 $z(t,\sigma)$. 由于 $p < 2^\sharp - 1$, 可以找到

$$q \in \left[1, \frac{4(p+1)}{n(p-1)}\right), \quad \text{使得 } pq' \geqslant p+1.$$

利用 $L^p - L^{p'}$ 估计, 可见

$$\begin{aligned}
\|z(t,\sigma)\|_{p+1} &\leqslant C \int_{t-\sigma}^{t} (t-t')^{-\frac{n}{4}(1-\frac{2}{p+1})} \|u\|_{L^{p+1}}^p \, \mathrm{d}t' \\
&\leqslant C \Big(\int_{t-\sigma}^{t} (t-t')^{-\frac{n(p-1)}{4(p+1)}q} \, \mathrm{d}t'\Big)^{\frac{1}{q}} \Big(\int_{t-\sigma}^{t} \|u\|_{L^{p+1}}^{pq'} \, \mathrm{d}t'\Big)^{\frac{1}{q'}} \\
&\leqslant C\sigma^{\frac{1}{q}-\frac{n(p-1)}{4(p+1)}} \Big(\int_{t-\sigma}^{t} \|u\|_{L^{p+1}}^{p+1} \, \mathrm{d}t'\Big)^{\frac{1}{q'}} \cdot \|u\|_{L^{p+1}}^{p-\frac{p+1}{q'}} \\
&\leqslant C(n,p,\sigma,E)\, \sigma^{\frac{1}{q}-\frac{n(p-1)}{4(p+1)}} \Big(\int_{t-\sigma}^{t} \|u\|_{L^{p+1}}^{p+1} \, \mathrm{d}t'\Big)^{\frac{1}{q'}}, \tag{6.16}
\end{aligned}$$

这里

$$\delta \triangleq \frac{1}{q} - \frac{n(p-1)}{4(p+1)} > 0.$$

令

$$t_1 = \max(\sigma_0, t_0'') \qquad (\text{源于 } (6.9) \text{ 与 } (6.15)). \tag{6.17}$$

应用 (6.5) 中的估计, 选取 $t_2 \geq t_0' + 2t_1$, 就足以保证

$$\int_{\tilde{t}-2\tau}^{\tilde{t}} \int_{|x| \leq R(1+t')} |u(t')|^{p+1} \mathrm{d}x \mathrm{d}t' \leq \varepsilon_0$$

在 $\tau = t_1$, $\tilde{t} = t_2$ 的情形下成立.

由于

$$[t - t_1, t] \subset [t_2 - 2t_1, t_2], \quad \forall \ t \in [t_2 - t_1, t_2].$$

因此, 由 (6.4),(6.5) 及 (6.16) 可见

$$\|z(t, \sigma)\|_{p+1} \leq C t_1^\delta \Big(\int_{t-t_1}^{t} \int_{|x| \leq R(1+t')} |u(t')|^{p+1} \mathrm{d}x \mathrm{d}t' $$
$$+ t_1 \sup_{t' \in [t-t_1, t]} \|\chi_{S_{t'}} u(t')\|_{p+1}^{p+1} \Big)^{\frac{1}{q'}}$$
$$\leq C t_1^\delta (\varepsilon_0 + t_1 \varepsilon_1)^{\frac{1}{q'}} \leq \varepsilon/4, \tag{6.18}$$

这里可取 $\varepsilon_0 = \varepsilon_0(n, p, t_1) > 0$, $\varepsilon_1 = \varepsilon_1(n, p, t_1) > 0$ 充分小. 于是, 由 (6.9),(6.15) 及 (6.18) 就推出断言 (6.3) 成立.

第二步 (断言 II).

(6.3)$\Longrightarrow$(6.2). $\forall \varepsilon > 0$, 选取 σ_ε 充分大, 使得

$$K \sigma_\varepsilon^{-\frac{n(p-1) - 4\max(1, p-1)}{4(p+1)}} = \frac{\varepsilon}{4}, \tag{6.19}$$

这里 $K = K(E, n, p)$ 是 (6.14) 中出现的常数. 注意利用分解式

$$u(t) = v(t) + \omega(t, \sigma_\varepsilon) + z(t, \sigma_\varepsilon), \tag{6.20}$$

并记 t_0'' 是保证

$$\|v(t)\|_{L^{p+1}} \leq \varepsilon/4, \quad \forall \ t \geq t_0'' \tag{6.21}$$

成立的最小时刻. 这样, 当 $t > \max(t_0'', \sigma_\varepsilon)$ 时, 自然就有估计

$$\|u(t)\|_{L^{p+1}} \leq \varepsilon/2 + \|z(t, \sigma_\varepsilon)\|_{L^{p+1}}. \tag{6.22}$$

利用 $L^p - L^{p'}$ 估计, 存在 $C = C(p, n) > 0$, $C' = C'(p, n) > 0$, 使得

$$\|z(t, \sigma_\varepsilon)\|_{p+1} \leq C \int_{t-\sigma_\varepsilon}^{t} |t - t'|^{-\frac{n(p-1)}{4(p+1)}} \|u(t')\|_{p+1}^p \mathrm{d}t'$$
$$\leq C' \sigma_\varepsilon^{1 - \frac{n(p-1)}{4(p+1)}} \sup_{[t-\sigma_\varepsilon, t]} \|u(t')\|_{p+1}^p. \tag{6.23}$$

8.6 散射性理论

因此, 存在 $t_2 \geqslant \max(t_0'', \sigma_\varepsilon)$ 使得

$$\sup_{t' \in [t_2-t_1, t_2]} \|u(t')\|_{p+1} \leqslant \varepsilon, \quad t_1 = \sigma_\varepsilon. \tag{6.24}$$

下面采用连续性方法来证明 (6.2). 令

$$t_\varepsilon = \sup\{t \geqslant t_2, \ \forall\, s \in [t_2 - \sigma_\varepsilon, t), \ \|u(s)\|_{p+1} \leqslant \varepsilon\}. \tag{6.25}$$

不妨假设 $t_\varepsilon \neq \infty$ (否则, 已证). 由于映射

$$t \longrightarrow u(t) \in C(I, L^{p+1}) \quad (\text{因 } H^2 \hookrightarrow L^{p+1}),$$

可以推出

$$\|u(t_\varepsilon)\|_{p+1} = \varepsilon. \tag{6.26}$$

由 (6.22),(6.23) 可以看出

$$\varepsilon \leqslant \frac{\varepsilon}{2} + C'\sigma_\varepsilon^{1-\frac{n(p-1)}{4(p+1)}} \varepsilon^p = \frac{\varepsilon}{2} + C'\sigma_\varepsilon^{1-\frac{n(p-1)}{4(p+1)}} \varepsilon^{p-1} \varepsilon. \tag{6.27}$$

上式成立, 需要

$$C'\sigma_\varepsilon^{1-\frac{n(p-1)}{4(p+1)}} \varepsilon^{p-1} \geqslant \frac{1}{2},$$

这等价于

$$C'\sigma_\varepsilon^{1-\frac{n(p-1)}{4(p+1)}} \left(4K\sigma_\varepsilon^{-\frac{n(p-1)-4\max(1,p-1)}{4(p+1)}}\right)^{p-1} \geqslant \frac{1}{2},$$

即

$$\sigma_\varepsilon^\gamma \geqslant \frac{1}{2C'(4K)^{p-1}}, \tag{6.28}$$

这里

$$\gamma = -\frac{np(p-1) - 4(p+1 + (p-1)\max(1, p-1))}{4(p+1)}. \tag{6.29}$$

情形 1. $p < 2$.

$$\gamma = -\frac{np(p-1) - 8p}{4(p+1)} = \frac{2p}{p+1}\left(1 - n\frac{p-1}{8}\right) < 0. \tag{6.30}$$

情形 2. $p \geqslant 2$.

$$\gamma = -\frac{1}{4(p+1)}\left(np(p-1) - 4(p+1) - 4(p-1)^2\right)$$

$$= -\frac{1}{4(p+1)}\left(np(p-1) - 4(p-1) - 4(p-1)^2 - 8\right)$$

$$= -\frac{1}{4(p+1)}\left((n-4)p(p-1) - 8\right)$$

$$= -\frac{n-4}{4(p+1)}\left(p^2 - p - \frac{8}{n-4}\right). \tag{6.31}$$

讨论 令
$$h(\rho) = \rho^2 - \rho - \frac{8}{n-4},$$
容易看出, 当 $\rho \geqslant 1$ 时, $h(\rho)$ 单调上升. 由此推得
$$h(p) \geqslant h\left(\frac{n+8}{n}\right), n \geqslant 8 \Longrightarrow \gamma < 0, \quad n \geqslant 8.$$
从而
$$\begin{aligned}
\varepsilon &= 4K\sigma_\varepsilon^{-\frac{n(p-1)-4\max(1,p-1)}{4(p+1)}} = 4K\sigma_\varepsilon^{-\frac{n(p-1)-4\max(1,p-1)}{4(p+1)\gamma}\gamma} \\
&= 4K\left(\sigma_\varepsilon^\gamma\right)^{-\frac{n(p-1)-4\max(1,p-1)}{4(p+1)\gamma}} \\
&\geqslant 4K\left(2C'(4K)^{p-1}\right)^{\frac{n(p-1)-4\max(1,p-1)}{4(p+1)\gamma}},
\end{aligned} \tag{6.32}$$

注意到 (6.32) 的右边仅依赖于 E, p, n 的常数, 选取 $\varepsilon_0 > 0$ 使得 (6.32) 右边严格大于 ε_0. 这与任意 $\varepsilon \leqslant \varepsilon_0$ 相矛盾. 这说明对上述 $\varepsilon \leqslant \varepsilon_0$, 总有 $t_\varepsilon = \infty$. 特别, 对 $\varepsilon > 0$ 充分小, 存在 $T > 0$, 总有
$$\|u(t)\|_{p+1} \leqslant \varepsilon, \quad t \geqslant T.$$

故断言 II 成立.

当 $5 \leqslant n \leqslant 7$ 时, 可以用 L^q 代替 L^{p+1}, 其中 $q < 2^\sharp - 1$, 但是很接近于 $2^\sharp - 1$. 完全类同的推导, 并利用插值定理就能证明 (6.2) 成立.

附录 函数空间嵌入定理及其记忆方法

A.1 函数空间中嵌入定理的基本内容与证明思路

记 $\Omega \subset \mathbb{R}^n$ 或 $\Omega = \mathbb{R}^n$,$\mathcal{D}'(\Omega) = (C_c^\infty(\Omega))^*$,$m$ 是非负整数,$1 \leqslant p \leqslant \infty$. 一般的 Sobolev 空间 $W^{m,p}(\Omega)$ 可定义为

$$W^{m,p}(\Omega) = \left\{ f \middle| f \in \mathcal{D}'(\Omega), \|f; W^{m,p}\| = \left(\sum_{|\alpha| \leqslant m} \|\partial^\alpha f\|_p^p \right)^{\frac{1}{p}} < \infty \right\}. \tag{1.1}$$

注记 1.1 (i) 在研究 Sobolev 空间的嵌入定理时, 需要对区域 Ω 有一定的光滑性要求, 才能保证 Sobolev 嵌入定理成立. 一般地说, 要求 Ω 具有锥性质, 即存在一个公共的锥 $C(\alpha, h)$(锥角为 α, 高为 h), 使得对任意的 $x \in \Omega$, 可以构造出一个顶点为 x, 大小与 $C(\alpha, h)$ 全等的锥, 使得此锥全部含在 Ω 内. 特别, 当 $\partial\Omega \in C^1$ 或 $\partial\Omega \in \text{Lip}$ 时, Ω 是满足锥条件的区域.

(ii) 在 $\mathcal{D}'(\Omega)$ 中, $f(x)$ 可以求任意阶的弱导数, 这说明了上面定义的合理性.

(iii) 上面的定义似乎过于抽象. 本质上, 当 $1 \leqslant p < \infty$ 时, $W^{m,p}(\Omega)$ 恰是集合

$$\{ f \in C^\infty(\Omega) \mid \|\partial^\alpha f\|_p < \infty, |\alpha| \leqslant m \} \tag{1.2}$$

在范数 $\|\cdot\|_{W^{m,p}}$ 下的完备化空间.

(iv) 齐次 Sobolev 空间 $\dot{W}^{m,p}(\Omega)(1 \leqslant p < \infty)$:

$$\dot{W}^{m,p}(\Omega) = \{ f \in C_c^\infty(\Omega) \mid \|\partial^\alpha f\|_p < \infty, |\alpha| \leqslant m \} \tag{1.3}$$

在范数

$$\|\cdot\|_{\dot{W}^{m,p}} = \left(\sum_{|\alpha|=m} \|\partial^\alpha \cdot\|_p^p \right)^{\frac{1}{p}}$$

下的完备化空间.

(v) 当 $p = \infty$ 时, 光滑函数集合 (1.2) 在模

$$\|u; W^{m,\infty}\| = \sum_{|\alpha| \leqslant m} \sup_{x \in \Omega} |\partial^\alpha u| \tag{1.4}$$

意义下所得的完备化空间是 $C_b^m(\Omega)$. 一般来讲, $C_b^m(\Omega) \neq W^{m,\infty}(\Omega)$. 因此, $W^{m,\infty}(\Omega)$ 无法通过光滑函数的完备化得到, 但是, $W^{m,\infty}(\Omega)$ 仍是 Banach 空间.

(vi) 当 $p=2$ 时, $W^{m,2}(\Omega) = H^m(\Omega)$ 就是经典的 Hilbert 空间.

(vii) 在函数空间中, A 嵌入 B 意味着如下两层意思: 其一是 $A \subset B$. 其二是单位映射 $I: A \to B$ 是连续的, 即存在常数 $C > 0$,

$$\|Ix\|_B \leqslant C\|x\|_A, \quad \forall x \in A.$$

定义 1.1 设 $1 < p < \infty$, 定义负整数次空间 $W^{-m,p}(\Omega)$ 为

$$W^{-m,p}(\Omega) = \left\{ u \Big| u = \sum_{|\alpha| \leqslant m} \partial^\alpha g_\alpha(x), g_\alpha(x) \in L^p(\Omega),\right.$$

$$\left. \|u; W^{-m,p}\| < \infty, \frac{1}{p} + \frac{1}{q} = 1 \right\},$$

这里

$$\|u; W^{-m,p}\| = \sup_{\|f; W^{m,q}\|=1} \sum_{|\alpha| \leqslant m} \int_\Omega (-1)^{|\alpha|} g_\alpha \partial^\alpha f \mathrm{d}x < \infty. \tag{1.5}$$

定理 1.1 (Sobolev 嵌入定理的基本形式) 设 $\Omega \subset \mathbb{R}^n$ 或 $\Omega = \mathbb{R}^n$, 则有如下基本的嵌入定理:

(1) 设 $m > \dfrac{n}{p}$, 则

$$W^{m,p}(\Omega) \hookrightarrow C_b(\Omega). \tag{1.6}$$

特别

$$W^{m,p}(\Omega) \hookrightarrow L^q(\Omega), \quad p \leqslant q \leqslant \infty. \tag{1.7}$$

(2) 若 $m < \dfrac{n}{p}$, 则

$$W^{m,p}(\Omega) \hookrightarrow L^q(\Omega), \quad 1 \leqslant p \leqslant q \leqslant \frac{np}{n-mp}. \tag{1.8}$$

(3) 若 $m = \dfrac{n}{p}$, 则

$$W^{m,p}(\Omega) \hookrightarrow L^q(\Omega), \quad 1 \leqslant p \leqslant q < \infty. \tag{1.9}$$

注记 1.2 (i) 在定理 1.1(3) 中, 有如下例外情形的嵌入定理: 当 $m = n, p = 1$ 时, 有

$$W^{n,1}(\Omega) \hookrightarrow L^\infty(\Omega). \tag{1.10}$$

这意味着当 $p = 1$ 时, q 可以达到 ∞.

(ii) 嵌入关系 (1.7) 是插值不等式

$$\|u\|_q \lesssim \|u\|_\infty^{\frac{q-p}{q}} \|u\|_p^{\frac{p}{q}}, \quad p \leqslant q \leqslant \infty$$

的直接结果, 这里 $\lesssim$ 表示在相差一个常数意义下 $\leqslant$ 成立.

作为定理 1.1 的直接结果, 容易看出:

推论 1.2

(1) 设 $m > \dfrac{n}{p}$, $f(x) \in W^{m+k,p}(\Omega)$, 则有

$$W^{m+k,p}(\Omega) \hookrightarrow C_b^k(\Omega), \quad \|f\|_{C_b^k} \lesssim \|f; W^{m+k,p}\|. \tag{1.11}$$

(2) 设 $m < \dfrac{n}{p}$, $f(x) \in W^{m+k,p}(\Omega)$, 则有 $W^{m+k,p}(\Omega) \hookrightarrow W^{k,q}(\Omega)$ 且满足

$$\|f; W^{k,q}\| \lesssim \|f; W^{m+k,p}\|, \quad 1 \leqslant p \leqslant q \leqslant \dfrac{np}{n-mp}. \tag{1.12}$$

(3) 设 $m = \dfrac{n}{p}$, $f(x) \in W^{m+k,p}(\Omega)$, 则 $W^{m+k,p}(\Omega) \hookrightarrow W^{k,q}(\Omega)$ 且

$$\|f; W^{k,q}\| \lesssim \|f; W^{m+k,p}\|, \quad 1 \leqslant p \leqslant q < \infty, \tag{1.13}$$

$$W^{n+k,1}(\Omega) \hookrightarrow W^{k,\infty}(\Omega), \quad \|f; W^{k,\infty}\| \lesssim \|f; W^{m+k,1}\|. \tag{1.14}$$

注记 1.3 将推论 1.2 换种方法表述, 有如下形式:

(i) 若 $m > \dfrac{n}{p}$, 则

$$W^{m,p}(\Omega) \hookrightarrow C_b^{m-[\frac{n}{p}]-1}(\Omega), \tag{1.15}$$

$$\begin{aligned}W^{m,p}(\Omega) &\hookrightarrow W^{k, \frac{np}{n-(m-k)p}}(\Omega) \hookrightarrow \dot{W}^{k, \frac{np}{n-(m-k)p}}(\Omega),\\ k &= m - \left[\dfrac{n}{p}\right], \cdots, m-1,\end{aligned} \tag{1.16}$$

$$W^{m,p}(\Omega) \hookrightarrow W^{k, \frac{sp}{n-(m-k)p}}(\Omega), \quad n-(m-k)p \leqslant s \leqslant n. \tag{1.17}$$

(ii) 若 $m < \dfrac{n}{p}$, 则

$$W^{m,p}(\Omega) \hookrightarrow W^{k, \frac{np}{n-(m-k)p}}, \quad k = 1, 2, \cdots, m-1. \tag{1.18}$$

(iii) 若 $m = \dfrac{n}{p}$, 可引入 Orlicz 空间 $L_\varphi(\Omega)$, 并且有如下嵌入

$$W^{m,p}(\Omega) \hookrightarrow L_\varphi(\Omega). \tag{1.19}$$

有关 Orlicz 空间或 Orlicz-Sobolev 空间, 可参见文献 [KJF]. 另外, 将会发现 (1.17) 中 s 所满足的条件就是纯光滑尺度条件及底空间上的尺度条件.

定理 1.3 (Kondrakov 紧嵌入定理) 设 $\Omega \subset \mathbb{R}^n$ 有界的光滑区域, 则有如下紧的嵌入关系:

$$W^{m,p}(\Omega) \hookrightarrow\hookrightarrow C_b(\Omega), \quad m > \dfrac{n}{p}, \tag{1.20}$$

$$W^{m,p}(\Omega) \hookrightarrow\hookrightarrow L^q(\Omega), \quad m < \frac{n}{p}, \quad 1 \leqslant p \leqslant q < \frac{np}{n-mp}. \tag{1.21}$$

$$W^{m,p}(\Omega) \hookrightarrow\hookrightarrow L^q(\Omega), \quad m = \frac{n}{p}, \quad 1 \leqslant p \leqslant q < \infty, \tag{1.22}$$

这里 $\hookrightarrow\hookrightarrow$ 表示紧嵌入.

注记 1.4 在上面的两类 Sobolev 嵌入定理与紧嵌入定理中, 仅限定在整数阶的 Sobolev 空间, 故相应的 Sobolev 嵌入定理未必都是最佳的. 事实上, 当 $\Omega = \mathbb{R}^n$ 时, 可以直接利用 Bessel 位势 (Riesz 位势) 引入分数阶的 Sobolev 空间 (分数阶齐次 Sobolev 空间), 即使 $\Omega \neq \mathbb{R}^n$, 仍可以引入所谓位势 (或一些新的模量) 来刻画相应的分数阶的 Sobolev 空间. 我们将会在引入纯光滑尺度后, 再革新这里的嵌入定理, 使其更完备、更容易记忆.

现在我们窥视一下 Sobolev 嵌入定理的证明梗概, 或许从中能体会到一些基本的技术, 哪怕是一些特殊的情形. 一般的证明可参见文献 [A], [Tr1], [Tr2], [Ste1] 及 [Mi1].

情形 1. $W^{m,2}(\mathbb{R}^n) \hookrightarrow C_b(\mathbb{R}^n)$.

证明 由 Fourier 分析, 容易看出

$$f(x) \in W^{m,2}(\mathbb{R}^n) \iff (1+|\xi|^2)^{\frac{m}{2}} \hat{f}(\xi) \in L^2(\mathbb{R}^n),$$

这里

$$\hat{f}(\xi) = \mathcal{F}f = (2\pi)^{-\frac{n}{2}} \int_{\mathbb{R}^n} e^{-ix\cdot\xi} f(x) dx.$$

注意到

$$f(x) = (2\pi)^{-\frac{n}{2}} \int_{\mathbb{R}^n} e^{ix\cdot\xi} \mathcal{F}f(\xi) d\xi,$$

直接推出

$$\begin{aligned}
\|f\|_{C_b(\mathbb{R}^n)} &\lesssim \int_{\mathbb{R}^n} (1+|\xi|^2)^{-\frac{m}{2}} (1+|\xi|^2)^{\frac{m}{2}} |\mathcal{F}f| d\xi \\
&\lesssim \left(\int_{\mathbb{R}^n} (1+|\xi|^2)^{-m} d\xi\right)^{\frac{1}{2}} \left(\int_{\mathbb{R}^n} (1+|\xi|^2)^{m} |\mathcal{F}f|^2 d\xi\right)^{\frac{1}{2}} \\
&\lesssim \|f\|_{W^{m,2}}.
\end{aligned} \tag{1.23}$$

另一方面, (1.23) 同时意味着 $\mathcal{F}f \in L^1(\mathbb{R}^n)$. 因此, 由 L^1 上的 Fourier 反演公式 (参看文献 [Mi8]), 就得 $f(x) \in C_b(\mathbb{R}^n)$.

情形 2.

$$W^{m,p}(\Omega) \hookrightarrow L^q(\Omega), \quad 1 \leqslant p \leqslant q \leqslant \frac{np}{n-mp}, \quad m < \frac{n}{p}.$$

A.1 函数空间中嵌入定理的基本内容与证明思路

证明 断言: 情形 2 中的嵌入定理等价于 $\dot{W}^{1,p}(\Omega) \hookrightarrow L^{q_0}(\Omega)$, 换言之

$$\|f\|_{q_0} \leqslant C_0 \|\nabla f\|_p, \quad q_0 = \frac{np}{n-p}, \quad C = \frac{q_0(n-1)}{2n} = \frac{p(n-1)}{2(n-p)}. \tag{1.24}$$

事实上, 由 $f(x) \in W^{m,p}(\Omega)$ 推知 $\partial^\alpha f \in W^{1,p}(\Omega), |\alpha| \leqslant m-1$, 此意味着

$$\|\partial^\alpha f\|_{q_0} \leqslant C \|\nabla \partial^\alpha f\|_p \leqslant C \|f\|_{W^{m,p}}, \quad |\alpha| \leqslant m-1.$$

换言之, $W^{m,p}(\Omega) \hookrightarrow W^{m-1,q_0}(\Omega)$ 且满足

$$\|f\|_{W^{m-1,q_0}} \leqslant C \|f\|_{W^{m,p}}, \quad q_0 = \frac{np}{n-p}. \tag{1.25}$$

令取 $q_1 = \dfrac{nq_0}{n-q_0} = \dfrac{np}{n-2p}$. 容易看出

$$m < \frac{n}{p} \iff m-1 < \frac{n}{q_0}.$$

因此, $W^{m-1,q_0}(\Omega) \hookrightarrow W^{m-2,q_1}(\Omega)$ 且满足

$$\|f\|_{W^{m-2,q_1}} \leqslant C \|f\|_{W^{m-1,q_0}}, \quad q_1 = \frac{nq_0}{n-q_0}. \tag{1.26}$$

如此继续下去, 进行到 $m-1$ 步, 可得 $W^{1,q_{m-2}}(\Omega) \hookrightarrow L^{q_{m-1}}(\Omega) = L^q(\Omega)$ 且满足

$$\|f\|_{q_{m-1}} \leqslant C \|f\|_{W^{1,q_{m-2}}}, \quad q_{m-1} = \frac{np}{n-mp} = q. \tag{1.27}$$

综上所述, 就得

$$W^{m,p}(\Omega) \hookrightarrow L^q(\Omega), \quad q = \frac{np}{n-mp}, \quad m < \frac{n}{p}. \tag{1.28}$$

对任意的 $1 \leqslant p \leqslant q \leqslant \dfrac{np}{n-mp}$, 借助于插值公式

$$\|f\|_q \leqslant \|f\|_p^\theta \|f\|_{\frac{np}{n-mp}}^{1-\theta}$$

就推得断言成立.

下面来证明 (1.24). 注意到 $C_0^1(\Omega)$ 稠于 $W^{1,p}(\Omega)$, 故只需对 $C_0^1(\Omega)$ 中的函数来证明就行了. 标准的证明可参见文献 [A] 或 [GT]. 下面仅对 $p=2, \Omega = \mathbb{R}^3$ 来证明

$$W^{1,2}(\mathbb{R}^3) \hookrightarrow L^q, \quad 2 \leqslant q \leqslant 6. \tag{1.29}$$

事实上, 对任意的 $f \in C_c^1(\mathbb{R}^3)$, 有

$$f^4(x) = \int_{-\infty}^{x_i} \partial_i f^4 \mathrm{d}x_i \leqslant 4 \int_{-\infty}^\infty |f|^3 |\partial_i f| \mathrm{d}x_i \triangleq \omega_i^2,$$

$$f^{12}(x) \leqslant 4^3 \prod_{i=1}^{3} \omega_i^2 \quad (\omega_i \text{ 与 } x_i \text{ 无关}).$$

因此

$$\|f\|_6^6 \leqslant 4^{\frac{3}{2}} \int_{\mathbb{R}^3} \prod_{i=1}^{3} \omega_i \mathrm{d}x_1 \mathrm{d}x_2 \mathrm{d}x_3. \tag{1.30}$$

考察

$$\int_{\mathbb{R}^2} \omega_1 \omega_2 \omega_3 \mathrm{d}x_1 \mathrm{d}x_2 \leqslant \left(\int_{\mathbb{R}^2} (\omega_1 \omega_2)^2 \mathrm{d}x_1 \mathrm{d}x_2 \right)^{\frac{1}{2}} \left(\int_{\mathbb{R}^2} \omega_3^2 \mathrm{d}x_1 \mathrm{d}x_2 \right)^{\frac{1}{2}}$$

$$\leqslant \left(\int_{\mathbb{R}} \omega_1^2 \mathrm{d}x_2 \right)^{\frac{1}{2}} \left(\int_{\mathbb{R}} \omega_2^2 \mathrm{d}x_1 \right)^{\frac{1}{2}} \left(\int_{\mathbb{R}^2} \omega_3^2 \mathrm{d}x_1 \mathrm{d}x_2 \right)^{\frac{1}{2}},$$

由 Cauchy 不等式就得到

$$\int_{\mathbb{R}^3} \omega_1 \omega_2 \omega_3 \mathrm{d}x_1 \mathrm{d}x_2 \mathrm{d}x_3 \leqslant \int_{\mathbb{R}} \left(\int_{\mathbb{R}} \omega_1^2 \mathrm{d}x_2 \right)^{\frac{1}{2}} \left(\int_{\mathbb{R}} \omega_2^2 \mathrm{d}x_1 \right)^{\frac{1}{2}} \mathrm{d}x_3 \left(\int_{\mathbb{R}^2} \omega_3^2 \mathrm{d}x_1 \mathrm{d}x_2 \right)^{\frac{1}{2}}$$

$$\leqslant \left(\int_{\mathbb{R}^2} \omega_1^2 \mathrm{d}x_2 \mathrm{d}x_3 \right)^{\frac{1}{2}} \left(\int_{\mathbb{R}^2} \omega_2^2 \mathrm{d}x_1 \mathrm{d}x_3 \right)^{\frac{1}{2}} \left(\int_{\mathbb{R}^2} \omega_3^2 \mathrm{d}x_1 \mathrm{d}x_2 \right)^{\frac{1}{2}}$$

$$= \prod_{j=1}^{3} \left(\int_{\mathbb{R}^2} \omega_j^2 \widetilde{\mathrm{d}x_j} \right)^{\frac{1}{2}}, \quad \widetilde{\mathrm{d}x_j} = \frac{\mathrm{d}x}{\mathrm{d}x_j}. \tag{1.31}$$

注意到

$$\int_{\mathbb{R}^2} \omega_j^2 \widetilde{\mathrm{d}x_j} \lesssim \|f\|_6^3 \|\partial_j f\|_2,$$

有

$$\int_{\mathbb{R}^3} \omega_1 \omega_2 \omega_3 \mathrm{d}x_1 \mathrm{d}x_2 \mathrm{d}x_3 \lesssim \|f\|_6^{\frac{9}{2}} \prod_{j=1}^{3} \|\partial_j f\|_2^{\frac{1}{2}}. \tag{1.32}$$

利用 (1.30) 就推出

$$\|f\|_6^{\frac{3}{2}} \lesssim \prod_{j=1}^{3} \|\partial_j f\|_2^{\frac{1}{2}} \implies \|f\|_6 \lesssim \|\nabla f\|_2.$$

当 $q=2$ 时, (1.29) 是显然的. 对于 $2 \leqslant q < 6$ 的情形, 可由经典的插值公式推得.

注记 1.5 注意到 $\|f\|_6 \lesssim \|\nabla f\|_2$, 那么

$$\nabla f = 0 \implies f \stackrel{\text{a.e.}}{=\!=\!=} 0.$$

此意味着 $f \longmapsto \|\nabla f\|_2$ 定义了一个模. 在上述模意义下, 集合 $C_0^\infty(\Omega)$ 的完备化空间恰好是 $\dot{H}^1(\Omega) = \dot{W}^{1,2}$, 它就是与 $H^1(\Omega)$ 对应的齐次空间. 关于 Sobolev 空间 $W^{m,p}$ 与它对应的齐次 Sobolev 空间 $\dot{W}^{m,p}$ 关系, 一般来说, $W^{m,p}(\Omega) \hookrightarrow \dot{W}^{m,p}(\Omega)$. 然而, 当 $\Omega = \mathbb{R}^n$ 时, $W^{m,p}(\mathbb{R}^n) = \dot{W}^{m,p}(\mathbb{R}^n)$.

A.2 Sobolev 嵌入定理与尺度变换原理

在尺度变换 (或伸缩变换) $x \longmapsto \lambda x$ 的诱导下, 容易看出

$$\begin{cases} \|u(\lambda x)\|_{\dot{W}^{m,p}(\mathbb{R}_x^n)} = \lambda^{m-\frac{n}{p}} \|u(y)\|_{\dot{W}^{m,p}(\mathbb{R}_y^n)}, \\ \|u(\lambda x)\|_{L^p(\mathbb{R}_x^n)} = \lambda^{-\frac{n}{p}} \|u(y)\|_{L^p(\mathbb{R}_y^n)}, \end{cases} \tag{2.1}$$

$$\begin{cases} \|u(\lambda x)\|_{\dot{W}^{k,q}(\mathbb{R}_x^n)} = \lambda^{k-\frac{n}{q}} \|u(y)\|_{\dot{W}^{k,q}(\mathbb{R}_y^n)}, \\ \|u(\lambda x)\|_{L^q(\mathbb{R}_x^n)} = \lambda^{-\frac{n}{q}} \|u(y)\|_{L^q(\mathbb{R}_y^n)}. \end{cases} \tag{2.2}$$

由此看出, $u(\lambda x)$ 的积分模在 $\lambda = \pm\infty$ 处与有限暇点 $\lambda = 0$ 处受到的影响最大. 可以想象, 欲使

$$W^{m,p}(\mathbb{R}^n) \hookrightarrow W^{k,q}(\mathbb{R}^n)$$

的必要条件是

$$\begin{cases} m - \dfrac{n}{p} \geqslant k - \dfrac{n}{q}, & \text{无穷远点 } \infty \text{ 处的控制条件}, \\ -\dfrac{n}{p} \leqslant -\dfrac{n}{q}, & \text{有限暇点 } 0 \text{ 处的控制条件}, \end{cases}$$

即

$$m - \frac{n}{p} \geqslant k - \frac{n}{q}, \quad \frac{1}{p} \geqslant \frac{1}{q}. \tag{2.3}$$

然而, (2.3) 是否是刻画 Sobolev 嵌入定理的充分条件? 各种不同类型的函数空间中的嵌入定理均显示, 形如 (2.3) 的条件是充分的. 我们将进行详尽的论述.

定义 2.1 设 X 是 $\mathbb{R}^n$ 上分布函数所构成的 Banach 空间, $\dot{X}$ 表示相应的齐次空间, 对 $\forall \varphi \in \dot{X}, \varphi \neq 0$, 令

$$\Lambda(\lambda) = \frac{\|\varphi(\lambda x)\|_{\dot{X}}}{\|\varphi(x)\|_{\dot{X}}},$$

定义 $\dot{X}$ 的光滑尺度为

$$\deg(\dot{X}) = \log_\lambda \Lambda(\lambda). \tag{2.4}$$

注记 2.1 (i) 容易看出, $\Lambda(\lambda)$ 是 λ 的齐次函数, 它不依赖 $\varphi(x) \neq 0$ 的选取. 例如:

$$X = L^p(\mathbb{R}^n), \quad \deg(\dot{X}) = \deg(X) = -\frac{n}{p}, \quad 1 \leqslant p \leqslant \infty,$$

$$X = H^{m,p}(\mathbb{R}^n), \quad \deg(\dot{X}) = m - \frac{n}{p}, \quad 1 \leqslant p \leqslant \infty, \quad m \in \mathbb{N},$$

$$X = B_{p,q}^m(\mathbb{R}^n), \quad \deg(\dot{X}) = m - \frac{n}{p}, \quad 1 \leqslant p,q \leqslant \infty, \quad m \in \mathbb{N},$$

$$X = F_{p,q}^m(\mathbb{R}^n), \quad \deg(\dot{X}) = m - \frac{n}{p},$$
$$1 \leqslant p < \infty, \quad 1 \leqslant q \leqslant \infty, \quad m \in \mathbb{N},$$

$$X = M_q^p, \quad \deg(\dot{X}) = \deg(X) = -\frac{n}{p}, \quad 1 \leqslant q \leqslant p < \infty,$$

$$X = C_b^m(\mathbb{R}^n), \quad \deg(\dot{X}) = m - \frac{n}{\infty} = m.$$

(ii) 对于定义在 $\Omega \subset \mathbb{R}^n$ 上的函数空间 $X(\Omega)$, 仍用 $X(\mathbb{R}^n)$ 的光滑尺度来定义 $X(\Omega)$ 的光滑尺度, 即 $\deg(\dot{X}(\Omega)) \triangleq \deg(\dot{X}(\mathbb{R}^n))$. 特别, 当光滑区域 Ω 满足 $|\Omega| < \infty$ 时, $\deg(\dot{X}(\Omega))$ 完全确定了 Sobolev 嵌入的条件. 例如, 若

$$m_1 \geqslant m_2, \quad \deg(\dot{W}^{m_1,p_1}) \geqslant \deg(\dot{W}^{m_2,p_2}), \tag{2.5}$$

则 $W^{m_1,p_1}(\Omega) \hookrightarrow W^{m_2,p_2}(\Omega)$.

然而, 当 $\Omega = \mathbb{R}^n$ 或 $\Omega \subset \mathbb{R}^n$ 且 $|\Omega| = \infty$ 时, 还要求可微函数空间 $X(\Omega)$ 的底空间满足相应的尺度条件, 例如, 若 $W^{m_1,p_1}(\Omega) \hookrightarrow W^{m_2,p_2}(\Omega)$, 则要求条件

$$\deg(\dot{W}^{m_1,p_1}) \geqslant \deg(\dot{W}^{m_2,p_2}), \quad \deg(L^{p_1}) \leqslant \deg(L^{p_2}). \tag{2.6}$$

(iii) 光滑尺度不仅刻画 Sobolev 空间、帮助我们记忆 Sobolev 嵌入定理, 与此同时, 还可以指导我们去预测和获得新的 Sobolev 嵌入定理.

分数阶 Sobolev 空间

我们知道, 当 $\Omega = \mathbb{R}^n$ 时, 利用 Bessel 位势 $J_s = (I-\Delta)^{-\frac{s}{2}}$ 与位势 $I_s = (-\Delta)^{-\frac{s}{2}}$ 定义位势 Banach 空间

$$H^{s,p}(\mathbb{R}^n) = J_s L^p(\mathbb{R}^n), \quad \dot{H}^{s,p}(\mathbb{R}^n) = I_s L^p(\mathbb{R}^n), \quad s \in \mathbb{R}. \tag{2.7}$$

特别, 当 $s \in \mathbb{N}$ 时, $H^{s,p}(\mathbb{R}^n) = W^{s,p}(\mathbb{R}^n)$, $\dot{H}^{s,p}(\mathbb{R}^n) = \dot{W}^{s,p}(\mathbb{R}^n)$. 这样一来, 至少可以将 $\mathbb{R}^n$ 上整数阶 Sobolev 空间 $W^{m,p}(\mathbb{R}^n)$ 推广到分数阶 Sobolev 空间 $W^{s,p}(\mathbb{R}^n)$ (包含负阶次 Sobolev 空间).

设 $s > 0$ 是非整数, 记 $s = [s] + \lambda$, $0 < \lambda < 1$. 对于 $\Omega \neq \mathbb{R}^n$, 可以定义分数阶 Sobolev 空间 $W^{s,p}(\Omega)$ 是集合

$$\left\{ u \in C^\infty(\Omega) \;\Big|\; \frac{|\partial^\alpha (u(x) - u(y))|}{|x - y|^{\frac{n}{p} + \lambda}} \in L^p(\Omega \times \Omega), \forall \alpha \in (\mathbb{Z}^+ \cup \{0\})^n, |\alpha| = [s] \right\} \tag{2.8}$$

A.2 Sobolev 嵌入定理与尺度变换原理

在模

$$\|u\|_{W^{s,p}(\Omega)} = \|u\|_{W^{[s],p}(\Omega)} + \bigg(\sum_{|\alpha|=[s]} \int_\Omega \int_\Omega \frac{|\partial^\alpha(u(x)-u(y))|^p}{|x-y|^{n+p\lambda}} \mathrm{d}x\mathrm{d}y \bigg)^{\frac{1}{p}} \qquad (2.9)$$

意义下的完备化空间.

这样一来, 对于分数阶 Sobolev 空间就得到了很好的推广, 相应的 Sobolev 嵌入定理、Sobolev 紧性嵌入定理就可按光滑尺度给出如下精确的刻画:

定理 2.1 (Sobolev 嵌入定理重叙) 设 $\Omega \subset \mathbb{R}^n$ 或 $\Omega = \mathbb{R}^n$, 则有如下基本的嵌入定理:

(1)
$$W^{s,p}(\Omega) \hookrightarrow C_b^\mu(\Omega), \quad s - \frac{n}{p} > \mu, \qquad (2.10)$$

$$W^{s,p}(\Omega) \hookrightarrow C_b^\mu(\Omega), \quad s - \frac{n}{p} = \mu \neq \text{非负整数}. \qquad (2.11)$$

(2) 若 $p_2 \neq \infty$, 则
$$W^{s_1,p_1}(\Omega) \hookrightarrow W^{s_2,p_2}(\Omega) \qquad (2.12)$$

的充要条件是
$$s_1 - \frac{n}{p_1} \geqslant s_2 - \frac{n}{p_2}, \quad \frac{1}{p_1} \geqslant \frac{1}{p_2}. \qquad (2.13)$$

进而, 成立如下特殊情形的嵌入定理 ($p_1 = 1, s = n, p_2 = \infty$)

$$W^{n,1} \hookrightarrow L^\infty(\Omega). \qquad (2.14)$$

定理 2.2 (Kondrakov 紧嵌入定理) 设 $\Omega \subset \mathbb{R}^n$ 是有界的光滑区域, 则有如下紧的嵌入关系:

$$W^{s_1,p_1}(\Omega) \hookrightarrow\hookrightarrow W^{s_2,p_2}(\Omega) \iff s_1 - \frac{n}{p_1} > s_2 - \frac{n}{p_2}, \frac{1}{p_1} \geqslant \frac{1}{p_2}, \qquad (2.15)$$

$$W^{s,p}(\Omega) \hookrightarrow\hookrightarrow C_b^\mu(\Omega) \iff s - \frac{n}{p} > \mu. \qquad (2.16)$$

注记 2.2 如果 $m - \frac{n}{p}$ 是非负整数, 则 $W^{m,p}(\mathbb{R}^n) \hookrightarrow C_b^\mu(\mathbb{R}^n)$ 成立要求条件 $m - \frac{n}{p} > \mu$. 事实上, 若 $1 < p < \infty$, 有 $W^{m,p}(\mathbb{R}^n) \hookrightarrow C_0^{\mu^+}(\mathbb{R}^n)$, 这里

$$C_0^{\mu^+}(\mathbb{R}^n) = \bigg\{ u \bigg|\ u(x) \text{具有直到}[\mu]\text{阶连续的导数且满足}$$

$$\lim_{|x-y| \to 0} \frac{|\partial^{[\mu]}u(x) - \partial^{[\mu]}u(y)|}{|x-y|^\alpha} \longrightarrow 0, \mu = [\mu] + \alpha, 0 \leqslant \alpha < 1,$$

$$\lim_{|x| \to \infty} \partial^j u(x) \longrightarrow 0, j \leqslant [\mu] \bigg\},$$

$$\|u\|_{C^\mu} = \max\left\{\sup_x |\partial^j u(x)|,\ 0 \leqslant j \leqslant [\mu];\ \sup_{x \neq y} \frac{|\partial^{[\mu]} u(x) - \partial^{[\mu]} u(y)|}{|x-y|^\alpha}\right\}.$$

当 $\alpha = 0$ 时，上面的条件意味着 $D^{[\mu]} u$ 一致连续. 容易验证, $C_0^{\mu^+}(\mathbb{R}^n)$ 是可分的空间; 而当 $\mu \neq$ 整数时, C^μ 是不可分的空间.

A.3 用纯光滑尺度来理解插值、乘子、嵌入等关系

命题 3.1 (Gagliardo–Nirenberg 不等式)　设 $\Omega \subset \mathbb{R}^n$,

$$\|u\|_{W^{k,q}} \lesssim \|u\|_{W^{m,p}}^a \|u\|_{L^r}^{1-a} \tag{3.1}$$

成立的必要条件是如下尺度条件:

$$\begin{cases} k - \dfrac{n}{q} \leqslant a\left(m - \dfrac{n}{p}\right) + (1-a)\left(-\dfrac{n}{r}\right), \\ \dfrac{1}{q} \leqslant \dfrac{a}{p} + \dfrac{1-a}{r}, \end{cases} \quad 0 \leqslant a \leqslant 1. \tag{3.2}$$

特别, 若排除条件

$$a = 1, \quad m - \frac{n}{p} = k, \quad q = \infty, \tag{3.3}$$

则 (3.2) 还是 (3.1) 成立的充分条件.

定义 3.1　称 $W^{M,p} \times W^{m,q} \hookrightarrow L^p(\Omega)$, 如果乘子映射

$$(f, g) \longmapsto f \cdot g, \quad \forall f(x) \in W^{M,p},\ g(x) \in W^{m,p} \tag{3.4}$$

是从 $W^{M,p} \times W^{m,q}$ 到 $L^p(\Omega)$ 的有界映射.

命题 3.2 (Sobolev 空间中的乘子性质)　设 $|\Omega| < \infty$. $W^{M,p} \times W^{m,q} \hookrightarrow L^p(\Omega)$ 成立的充分条件是

$$1 < p \leqslant q \leqslant \infty, \quad m + M > \frac{n}{q}, \quad m, M > 0. \tag{3.5}$$

推而广之, 若

$$1 < p \leqslant q \leqslant \infty, \quad m + M > \frac{n}{q} + s, \quad m > s, M > s, \tag{3.6}$$

则 $W^{M,p} \times W^{m,q} \hookrightarrow W^{s,p}(\Omega)$.

证明　当 $q = \infty$ 时, 易见 $W^{M,p} \times W^{m,\infty} \hookrightarrow L^p(\Omega)$. 因此, 下面仅考虑 $q < \infty$ 的情形.

(i) $m > \dfrac{n}{q}$. 注意到 $W^{m,q}(\Omega) \hookrightarrow C_b(\Omega)$, 容易推出

$$f \cdot g \in L^p, \quad f \in W^{M,p}(\Omega), \quad g \in W^{m,q}(\Omega).$$

(ii) $m \leqslant \dfrac{n}{q}, M \leqslant \dfrac{n}{p}$. 注意到 $m+M > \dfrac{n}{q}$, 则存在 $r \geqslant 1, \rho \geqslant 1$ 使得

$$m > \frac{n}{q} - \frac{n}{r}, \quad M > \frac{n}{p} - \frac{n}{\rho}, \quad \frac{1}{r} + \frac{1}{\rho} = \frac{1}{p}.$$

故由 Hölder 不等式与 Sobolev 嵌入定理, 有

$$\|f \cdot g\|_p \leqslant \|f\|_\rho \|g\|_r \lesssim \|f\|_{W^{M,p}} \|g\|_{W^{m,q}} < \infty.$$

(iii) $M > \dfrac{n}{p}$. 类似于 (i) 的证明, 有 $W^{M,p}(\Omega) \hookrightarrow C_b(\Omega)$. 注意到 $|\Omega| < \infty$ 及 $p \leqslant q$, 故 $L^q(\Omega) \hookrightarrow L^p(\Omega)$. 容易推出

$$\|f \cdot g\|_p \lesssim \|f \cdot g\|_q \lesssim \|f\|_\infty \|g\|_q < \infty, \quad \forall f \in W^{M,p}(\Omega), \quad g \in W^{m,q}(\Omega).$$

命题 3.3 (Sobolev 空间中的乘子性质) 设 $\Omega = \mathbb{R}^n$ 或 $\Omega \subset \mathbb{R}^n$. 则 $W^{M,p} \times W^{m,p} \hookrightarrow W^{s,p}(\Omega)$ 成立的充分条件是

$$1 < p \leqslant \infty, \quad m+M > s + \frac{n}{p}, \quad m > s, M > s. \tag{3.7}$$

注记 3.1 (i) 当 $m > \dfrac{n}{p}$ 时, $W^{m,p}(\Omega) \times W^{m,p}(\Omega) \hookrightarrow W^{m,p}(\Omega)$. 此意味着 $W^{m,p}(\Omega)$ 是一个 Banach 代数.

(ii) 设 F 是 $Y \subset \mathbb{R} \longmapsto \mathbb{R}$ 上的映射, $f(x) \in W^{m,p}(\Omega)$ 且 $m > \dfrac{n}{p}, f(\Omega) \subset Y$. 则复合函数 $F \circ f \in W^{m,p}(\Omega)$.

对于乘子估计, 就有

命题 3.4 (Sobolev 空间中的乘子性质) 记 $\Omega = \mathbb{R}^n$ 或 $\Omega \subset \mathbb{R}^n$ 光滑. 设 $1 \leqslant p_j, q \leqslant \infty, m_j, k \in \mathbb{N} \cup \{0\}$ 满足 $k \leqslant \min\{m_j | 1 \leqslant j \leqslant N\}$ 与

$$\frac{1}{q} \leqslant \sum_{j=1}^N \frac{1}{p_j}, \tag{3.8}$$

$$k - \frac{n}{q} \leqslant \min\left\{\sum_{j \in \sigma}\left(m_j - \frac{n}{p_j}\right), \sigma \text{ 是 } \{1,2,\cdots,N\} \text{ 的任意非空集合}\right\}. \tag{3.9}$$

而当某个 $m_j - \dfrac{n}{p_j}$ 是非负整数, $1 < p_j < \infty$ 时, 要求 (3.9) 中严格的不等式成立. 那么, 乘子映射

$$\{u_1, u_2, \cdots, u_N\} \longmapsto u_1 \cdot u_2 \cdots u_N \tag{3.10}$$

是 $\prod_{j=1}^{N} W^{m_j, p_j} \longmapsto W^{k,q}(\Omega)$ 的连续有界映射, 即

$$\|u_1 \cdot u_2 \cdots u_N\|_{W^{k,q}(\Omega)} \lesssim \prod_{j=1}^{N} \|u_j\|_{W^{m_j, p_j}(\Omega)}. \tag{3.11}$$

Nirenberg 在 1959 年将 L^p 模与 Hölder 空间的半范数 $H_\alpha(\cdot)$ 统一起来, 定义如下范数

$$\{u\}_\alpha = \begin{cases} H_\alpha(u) = \sup_{x \neq y} \dfrac{|u(x) - u(y)|}{|x-y|^\alpha}, & 0 < \alpha < 1, \\ \|u\|_p, & \alpha = -\dfrac{n}{p} \leqslant 0, \quad -n \leqslant \alpha \leqslant 0. \end{cases} \tag{3.12}$$

容易验证, 上面的 Nirenberg 混合模对于 $-n \leqslant \alpha < 1$ 有定义, 且在 Scaling 变换 $u_\lambda(x) = u(\lambda x)$ $(\lambda > 0)$ 下, 有

$$\{\partial^j u_\lambda\}_\alpha = \lambda^{j+\alpha} \{\partial^j u\}_\alpha, \quad \lambda > 0, \quad j = 0, 1, \cdots, \quad -n \leqslant \alpha < 1.$$

命题 3.5 (广义的 Nirenberg 型不等式) 设 $-n \leqslant \alpha, \beta, \gamma < 1$, j, k 是非负整数, $0 \leqslant \theta \leqslant 1$ 且

$$\begin{cases} j + \beta = \theta(k + \alpha) + (1 - \theta)\gamma, \\ \dfrac{1}{p_\beta} = \dfrac{\theta}{p_\alpha} + \dfrac{1-\theta}{p_\gamma}, \end{cases} \tag{3.13}$$

这里

$$p_\delta = \begin{cases} \infty, & \delta \geqslant 0, \\ -\dfrac{n}{\delta}, & \delta < 0. \end{cases} \tag{3.14}$$

然而, 当 $k + \alpha$ 是大于或等于 j 的整数, $-n < \alpha < 0$ 时, 要求 $\theta \neq 1$. 在这些限制条件下, 有

$$\{\partial^j u\}_\beta \lesssim \{\partial^k u\}_\alpha^\theta \{u\}_\gamma^{1-\theta}. \tag{3.15}$$

作为上述命题 3.5 的简单推论, 就得 Gagliardo-Nirenberg 型定理.

命题 3.6 (Gagliardo-Nirenberg 型不等式) 设 $0 \leqslant a \leqslant 1$, $1 \leqslant p, q, r \leqslant \infty$, m, k 是满足

$$\begin{cases} k - \dfrac{n}{p} = a\left(m - \dfrac{n}{q}\right) + (1-a)\left(-\dfrac{n}{r}\right), \\ \dfrac{1}{p} \leqslant \dfrac{a}{q} + \dfrac{1-a}{r}. \end{cases} \tag{3.16}$$

特别, 当 $m - \dfrac{n}{q} = k$, $1 < p < \infty$ 时, 要求 $a \neq 1$. 那么

$$\|\partial^k u\|_p \lesssim \|\partial^m u\|_q^a \|u\|_r^{1-a}. \tag{3.17}$$

A.3 用纯光滑尺度来理解插值、乘子、嵌入等关系

为简单起见, 我们仅就命题 3.6 的一个特例来证明, 读者从中可以体会其中的思想. 当 $k=1$, $m=2$, $a=\dfrac{1}{2}$, $p \geqslant 2$ 时, 经典的 Gagliardo-Nirenberg 型不等式 (3.17) 就变成了

$$\|\partial u\|_p^2 \lesssim \|\partial^2 u\|_q \|u\|_r, \quad \frac{2}{p}=\frac{1}{r}+\frac{1}{q}. \tag{3.18}$$

考察

$$\sum_{i=1}^n \partial_i(u|\nabla u|^{p-2}\partial_i u) = (p-2)u|\nabla u|^{p-4}\sum_{i,j=1}^n \partial_{i,j}^2 u \partial_i u \partial_j u$$
$$+ |\nabla u|^p + u|\nabla u|^{p-2}\Delta u. \tag{3.19}$$

那么, 对于 $u \in \mathcal{D}(\mathbb{R}^n)$, 由积分可见

$$\|\partial u\|_p^p \leqslant \int_{\mathbb{R}^n} |u||\partial u|^{p-2}(|\Delta u|+(p-2)|\partial^2 u|)\mathrm{d}x.$$

又易知

$$|\Delta u|^2 \leqslant n|\partial^2 u|^2. \tag{3.20}$$

因此, 由 Hölder 不等式, 可见

$$\|\partial u\|_p^p \leqslant (n^{\frac{1}{2}}+(p-2))\|u\|_q \|\partial u\|_p^{p-2}\|\partial^2 u\|_r, \quad \frac{1}{q}+\frac{p-2}{p}+\frac{1}{r}=1, \tag{3.21}$$

从而推得所求结果.

下面考虑 Hardy-Littlewood-Sobolev 型不等式. 记

$$I_\alpha(f) = (-\Delta)^{-\frac{\alpha}{2}}f = \frac{1}{\gamma(\alpha)}\int_{\mathbb{R}^n} |x-y|^{-n+\alpha}f(y)\mathrm{d}y, \quad 0<\alpha<n, \tag{3.22}$$

这里

$$\gamma(\alpha) = \frac{\pi^{\frac{n}{2}}\Gamma\left(\dfrac{\alpha}{2}\right)}{\Gamma\left(\dfrac{n}{2}-\dfrac{\alpha}{2}\right)}.$$

命题 3.7 (Hardy-Littlewood-Sobolev 不等式) 设 $0<\alpha<n, 1<p<q<\infty$, $\dfrac{1}{q}=\dfrac{1}{p}-\dfrac{\alpha}{n}$, 那么

$$\|I_\alpha f\|_q \lesssim A_{p,q}\|f\|_p. \tag{3.23}$$

在纯光滑尺度意义下, Hardy-Littlewood-Sobolev 不等式相当于 $L^p(\mathbb{R}^n) \hookrightarrow W^{-\alpha,q}(\mathbb{R}^n)$, 即

$$-\frac{n}{p}=-\alpha-\frac{n}{q}, \quad \frac{1}{p}>\frac{1}{q}, \quad \alpha>0. \tag{3.24}$$

命题 3.7 的证明多种多样, 可参见文献 [Ste1] 或 [Mi8]. 另外, 还有如下推广形式 Hardy-Littlewood-Sobolev 不等式.

命题 3.8 (广义 Hardy-Littlewood-Sobolev 不等式)　设 $1 < p, q < \infty, 0 < \lambda < n$ 且 $\dfrac{1}{p} + \dfrac{1}{q} + \dfrac{\lambda}{n} = 2$, 则

$$\left| \int_{\mathbb{R}^n} \int_{\mathbb{R}^n} \frac{f(x)g(y)}{|x-y|^\lambda} \mathrm{d}y\mathrm{d}x \right| \lesssim N_{p,\lambda,n} \|f\|_p \|g\|_q. \tag{3.25}$$

注记 3.2　(i) 特别, 对于 $f(x) = g(x), p = q, \lambda = 1$, (3.25) 就变成了如下简单形式:

$$\left| \int_{\mathbb{R}^n} \int_{\mathbb{R}^n} \frac{f(x)f(y)}{|x-y|} \mathrm{d}y\mathrm{d}x \right| \lesssim C_{p,n} \|f\|_p^2, \quad \frac{2}{p} + \frac{1}{n} = 2. \tag{3.26}$$

(ii) 直接利用 Hölder 不等式与 Hardy-Littlewood-Sobolev 不等式 (3.23) 就得到估计 (3.25). 关于最佳的 Sobolev 常数 $N_{p,\lambda}$, 可见文献 [Lie] 中的结果.

命题 3.9 (Besov 空间中的嵌入定理)　设 $1 \leqslant p, p_1, q, q_1 \leqslant \infty$ 满足

$$s - \frac{n}{p} \geqslant s_1 - \frac{n}{p_1}, \quad \frac{1}{p} \geqslant \frac{1}{p_1} \quad \left(\frac{1}{q} \geqslant \frac{1}{q_1} \right). \tag{3.27}$$

这里 (3.27) 的意思是当式中的不等式全部变成等式时, 需要增加条件 $\dfrac{1}{q} \geqslant \dfrac{1}{q_1}$. 则

$$B_{p,q}^s \hookrightarrow B_{p_1,q_1}^{s_1}. \tag{3.28}$$

注记 3.3　(i) 当 $q = q_1 = 2, 1 < p \leqslant p_1 < \infty$ 时, 有

$$H^{s,p} \hookrightarrow H^{s_1,p_1}, \quad s - \frac{n}{p} = s_1 - \frac{n}{p_1}, \quad \frac{1}{p} \geqslant \frac{1}{p_1}. \tag{3.29}$$

(ii)
$$B_{p,p}^s \hookrightarrow H^{s,p} \hookrightarrow B_{p,2}^s, \quad s \in \mathbb{R}, \quad 1 < p \leqslant 2, \tag{3.30}$$

$$B_{p,2}^s \hookrightarrow H^{s,p} \hookrightarrow B_{p,p}^s, \quad s \in \mathbb{R}, \quad 2 \leqslant p < \infty. \tag{3.31}$$

(iii) 当 $s - \dfrac{n}{p} =$ const 时, Besov 空间的第二个可积指标在嵌入定理中起作用.

$$B_{p,q_1}^s \hookrightarrow B_{p,q_2}^s, \quad \frac{1}{q_1} > \frac{1}{q_2}, \quad 1 \leqslant p, q_1, q_2 \leqslant \infty. \tag{3.32}$$

由此可见

$$B_{p,1}^s \hookrightarrow H^{s,p} \hookrightarrow B_{p,\infty}^s, \quad s \in \mathbb{R}, \quad 2 \leqslant p < \infty. \tag{3.33}$$

注记 3.4　(i) 齐次 Besov 空间中嵌入定理. 设 $1 \leqslant p, p_1, q, q_1 \leqslant \infty$ 满足

$$s - \frac{n}{p} = s_1 - \frac{n}{p_1}, \quad \frac{1}{p} \geqslant \frac{1}{p_1}, \quad \frac{1}{q} \geqslant \frac{1}{q_1}. \tag{3.34}$$

则
$$\dot{B}^s_{p,q} \hookrightarrow \dot{B}^{s_1}_{p_1,q_1}. \tag{3.35}$$

特别
$$\dot{B}^s_{p,1} \hookrightarrow \dot{F}^s_{p,2} = \dot{H}^s_p \hookrightarrow \dot{B}^s_{p,\infty}, \quad s \in \mathbb{R}, \quad 1 \leqslant p \leqslant \infty. \tag{3.36}$$

(ii) 函数空间与其相应的齐次函数空间的关系. 例如
$$B^s_{p,q} = L^p \cap \dot{B}^s_{p,q}, \quad H^{s,p} = L^p \cap \dot{H}^{s,p}, \quad s > 0. \tag{3.37}$$

(iii) Besov 空间可由位势 Banach 空间插值而得到, 如设 $0 < \theta < 1, 1 \leqslant p, q \leqslant \infty$, 则
$$(H^{s_0,p}, H^{s_1,p})_{\theta,q} = B^s_{p,q}, \quad s = \theta s_0 + (1-\theta)s_1. \tag{3.38}$$

特别, 当 $1 \leqslant p < \infty$ 时, Schwartz 空间 $S(\mathbb{R}^n)$ 稠于 $B^s_{p,q}(\mathbb{R}^n)$.

注记 3.5 函数空间中嵌入定理的特例.

(i) 设 $1 \leqslant p, p_1 \leqslant \infty$ 满足
$$s - \frac{n}{p} = -\frac{n}{p_1}, \quad \frac{1}{p} > \frac{1}{p_1}. \tag{3.39}$$

则
$$B^s_{p,1} \hookrightarrow B^0_{p_1,1} \hookrightarrow H^{0,p_1} = L^{p_1} \hookrightarrow L^{p_1,\infty}, \tag{3.40}$$

$$H^{s,p} = F^s_{p,2} \hookrightarrow L^{p_1} \hookrightarrow L^{p_1,\infty}. \tag{3.41}$$

(ii) 在 (3.39) 的条件下, 若 $s_1, s_2 \geqslant 0$. 由嵌入关系
$$B^{s_1}_{p,1} \hookrightarrow L^{q_1}\left(s_1 - \frac{n}{p} = -\frac{n}{q_1}\right), \quad B^{s_2}_{p,1} \hookrightarrow L^{q_2}\left(s_2 - \frac{n}{p} = -\frac{n}{q_2}\right) \tag{3.42}$$

及插值公式就得到
$$B^s_{p,\infty} = (B^{s_1}_{p,1}, B^{s_2}_{p,1})_{\theta,\infty} \subset (L^{q_1}, L^{q_2})_{\theta,\infty} = L^{p_1,\infty}. \tag{3.43}$$

命题 3.10 (Besov 空间的迹定理)   (1) 设 $1 < p < \infty, 1 \leqslant q \leqslant \infty, s > \frac{1}{p}$. 则迹算子
$$\mathcal{T}: \quad B^s_{p,q}(\mathbb{R}^n) \hookrightarrow B^{s-\frac{1}{p}}_{p,q}(\mathbb{R}^{n-1}), \tag{3.44}$$

$$\mathcal{T}: \quad H^{s,p}(\mathbb{R}^n) \hookrightarrow H^{s-\frac{1}{p},p}(\mathbb{R}^{n-1}) \tag{3.45}$$

是有界线性算子.

(2) 设 $0 < d < n, \mathbb{R}^d = \mathbb{R}^d \times 0 \subset \mathbb{R}^n, 1 \leqslant q_j \leqslant \infty$. 则迹映射
$$\mathcal{T}: u \longmapsto u|_{\mathbb{R}^d}; \quad B^{s_1}_{p_1,q_2}(\mathbb{R}^n) \longmapsto B^{s_2}_{p_2,q_2}(\mathbb{R}^d) \tag{3.46}$$

连续的充分条件是
$$s_1 - \frac{n}{p_1} > s_2 - \frac{d}{p_2}, \quad \frac{1}{p_1} \geqslant \frac{1}{p_2}. \tag{3.47}$$

下面给出 Laplace 算子在 L^2 空间上的分布性质.

命题 3.11 设 $u(x)$ 是 $\mathbb{R}^n$ 上的一个分布. 若 $\Delta u \in L^2(\mathbb{R}^n)$, 则 $\dfrac{\partial^2 u}{\partial x_i \partial x_j} \in L^2(\mathbb{R}^n)$, 这里 $1 \leqslant i,j \leqslant n$.

证明 由于 u 是 Schwartz 空间上的分布, 即 $u \in \mathcal{S}'(\mathbb{R}^n)$, 自然它的任意阶导数仍然属于 $\mathcal{S}'(\mathbb{R}^n)$. 注意到 Riesz 算子是 $L^p(1 < p < \infty)$ 上的有界算子, 利用 Fourier 变换的性质, 可推出

$$\left\|\frac{\partial^2 u}{\partial x_i \partial x_j}\right\|_2 = \|\xi_i \xi_j \hat{u}\|_2 = \left\|\frac{\xi_i}{|\xi|} \cdot \frac{\xi_j}{|\xi|} |\xi|^2 \hat{u}\right\|_2 = \|R_i R_j \Delta u\|_2 \leqslant \|\Delta u\|_2 < \infty.$$

命题 3.12 设 $u(x)$ 是 $\mathbb{R}^n$ 上的一个分布. 若 $\partial_j u \in L^2_{\text{loc}}(\mathbb{R}^n)$, $\Delta u \in L^2_{\text{loc}}(\mathbb{R}^n)$, $1 \leqslant j \leqslant n$, 则 $\dfrac{\partial^2 u}{\partial x_i \partial x_j} \in L^2_{\text{loc}}(\mathbb{R}^n)$, 这里 $1 \leqslant i,j \leqslant n$.

证明 对任意的集合 $K \subset\subset \mathbb{R}^n$, 取 $\varphi(x) \in C_c^\infty(\mathbb{R}^n)$ 且满足 $\varphi(x) = 1$, $x \in K$. 因此, $\varphi(x)\Delta u \in L^2(\mathbb{R}^n)$. 注意到

$$\varphi \Delta u = \Delta(u\varphi) - u\Delta\varphi - 2\sum_{i=1}^{n} \frac{\partial u}{\partial x_i}\frac{\partial \varphi}{\partial x_i},$$

由此推出 $\Delta(u\varphi) \in L^2(\mathbb{R}^n)$. 由命题 3.11 的结果可知

$$\frac{\partial^2 (\varphi u)}{\partial x_i \partial x_j} \in L^2(\mathbb{R}^n) \Longrightarrow \frac{\partial^2 u}{\partial x_i \partial x_j} \in L^2(K).$$

再由 K 的任意性就得命题 3.12 的证明.

A.4 Morrey 型空间与 John-Nirenberg 型位势估计

引入位势估计, 可以使经典的 Sobolev 嵌入定理从另一种途径获得, 并且得到进一步的改进. 设 $\mu \in (0,1)$, $|\Omega| < \infty$. 在 $L^1(\Omega)$ 上定义算子

$$(V_\mu f)(x) = \int_\Omega |x-y|^{n(\mu-1)} f(y) \mathrm{d}y. \tag{4.1}$$

容易验证算子 V_μ 是 $L^1(\Omega)$ 到 $L^1(\Omega)$ 上的有界线性算子 (此是下面引理 4.1 的直接推论). 取 $f(x) \equiv 1$, 则存在 $R > 0$ 使得 $|\Omega| = |B_R(x)|$(其中 $B_R(x)$ 是以 x 为中

A.4 Morrey 型空间与 John-Nirenberg 型位势估计

心、R 为半径的球). 直接验证

$$\int_\Omega |x-y|^{n(\mu-1)} dy \leqslant \int_{B_R(x)} |x-y|^{n(\mu-1)} dy = \mu^{-1}\omega_n R^{n\mu} = \mu^{-1}\omega_n^{1-\mu}|\Omega|^\mu, \quad (4.2)$$

这里 ω_n 表示 n 维空间中单位球面的面积.

引理 4.1 设 $0 < \mu < 1, 1 \leqslant p, q \leqslant \infty$. 若

$$0 \leqslant \delta = \delta(p,q) = p^{-1} - q^{-1} < \mu, \quad (4.3)$$

则 V_μ 是 $L^p(\Omega)$ 到 $L^q(\Omega)$ 的连续算子, 且满足

$$\|V_\mu f\|_q \leqslant \left(\frac{1-\delta}{\mu-\delta}\right)^{1-\delta} \omega_n^{1-\mu} |\Omega|^{\mu-\delta} \|f\|_p, \quad f(x) \in L^p(\Omega). \quad (4.4)$$

证明 选取 $r \geqslant 1$ 使得

$$\frac{1}{r} = \frac{1}{q} - \frac{1}{p} + 1. \quad (4.5)$$

选取 $R > 0$ 使得 $|\Omega| = |B_R(x)|$. 由此可见

$$\|h\|_r^r = \int_\Omega |x-y|^{rn(\mu-1)} dy \leqslant \int_{B_R(x)} |x-y|^{\frac{\mu-1}{1-\delta}n} dy$$

$$= \int_{\Sigma_n} d\sigma \int_0^R \rho^{\frac{\mu-1}{1-\delta}n} \rho^{n-1} d\rho = \omega_n \left(\frac{1-\delta}{\mu-\delta}\right) R^{\frac{\mu-\delta}{1-\delta}n},$$

即

$$\|h\|_r = \omega_n^{1-\delta} \left(\frac{1-\delta}{\mu-\delta}\right)^{1-\delta} R^{n(\mu-\delta)} = \omega_n^{1-\mu} \left(\frac{1-\delta}{\mu-\delta}\right)^{1-\delta} |\Omega|^{\mu-\delta}. \quad (4.6)$$

上式就意味着 $h(x-y) = |x-y|^{n(\mu-1)} \in L^r(\Omega)$. 现在, 修改有关 $\mathbb{R}^n$ 中卷积的 Young 不等式的证明, 可得所要的估计. 事实上, 记

$$h|f| = h^{\frac{r}{q}} h^{r(1-\frac{1}{p})} |f|^{\frac{p}{q}} |f|^{p\delta}, \quad (4.7)$$

这里

$$p\left(\frac{1}{q} + \delta\right) = p\left(\frac{1}{q} + \frac{1}{p} - \frac{1}{q}\right) = 1.$$

因此, 利用 Hölder 不等式可见

$$|V_\mu f| \leqslant \left\{\int_\Omega h^r(x-y)|f(y)|^p dy\right\}^{\frac{1}{q}} \left\{\int_\Omega h^r(x-y) dy\right\}^{1-\frac{1}{p}} \left\{\int_\Omega |f(y)|^p dy\right\}^\delta.$$

所以

$$\|V_\mu f\|_q \leqslant \sup_\Omega \left\{\int_\Omega h^r(x-y) dy\right\}^{\frac{1}{r}} \|f\|_p$$

$$\leqslant \left(\frac{1-\delta}{\mu-\delta}\right)^{1-\delta} \omega_n^{1-\mu} |\Omega|^{\mu-\delta} \|f\|_p. \tag{4.8}$$

注记 4.1 (i) (4.8) 的证明是简单的. 事实上, 先取 L^q 模, 然后将后面两项提出, 剩下

$$\left(\int_\Omega \int_\Omega h^r(x-y)|f(y)|^p \mathrm{d}y\mathrm{d}x\right)^{\frac{1}{q}}.$$

交换积分次序, 提出含 $h^r(x-y)$ 的相应积分项即得.

(ii) 在引理 4.1 中, 假设 $p>1$ 和 $\delta \leqslant \mu$, 则 V_μ 是从 $L^p(\Omega)$ 到 $L^q(\Omega)$ 连续映射, 即 $\|V_\mu(f)\|_q \lesssim \|f\|_p$. 证明需要 Hardy-Littlewood-Sobolev 不等式.

(iii) 特别, 当 $p > \mu^{-1}$ 时, V_μ 是从 $L^p(\Omega)$ 到 $L^\infty(\Omega)$ 连续映射.

对于 $p = \mu^{-1}$ 的情形, 有如下引理:

引理 4.2 若 $1 \leqslant p < \infty$, $f(x) \in L^p(\Omega)$ 且 $g = V_{\frac{1}{p}}f$, 则存在仅依赖于 n 与 p 的常数 C_1 和 C_2 使得

$$\int_\Omega \exp\left(\frac{g}{C_1\|f\|_p}\right)^{p'} \mathrm{d}x \leqslant C_2|\Omega|, \quad p' = \frac{p}{p-1}. \tag{4.9}$$

证明 对任意 $q \geqslant p$, 利用引理 4.1 就得到

$$\|g\|_q \leqslant q^{1-\frac{1}{p}+\frac{1}{q}} \omega_n^{1-\frac{1}{p}} |\Omega|^{\frac{1}{q}} \|f\|_p.$$

换言之

$$\int_\Omega |g|^q \mathrm{d}x \leqslant q^{1+\frac{q}{p'}} \omega_n^{\frac{q}{p'}} |\Omega| \|f\|_p^q. \tag{4.10}$$

因此, 对 $q \geqslant p-1$ ($p'q \geqslant p$), 有

$$\int_\Omega |g|^{p'q} \mathrm{d}x \leqslant p'q(\omega_n p'q \|f\|_p^{p'})^q |\Omega|. \tag{4.11}$$

从而, 对于 $q = k \geqslant N_0$, 直接证明

$$\int_\Omega \sum_{k=N_0}^N \frac{1}{k!} \left(\frac{|g|}{C_1\|f\|_p}\right)^{p'k} \mathrm{d}x \leqslant p'|\Omega| \sum \left(\frac{p'\omega_n}{C_1^{p'}}\right)^k \frac{k^k}{(k-1)!}, \quad N_0 = [p]. \tag{4.12}$$

现假设 $C_1^{p'} > e\omega_n p'$, 此时右边的级数收敛. 利用单调收敛定理与

$$\|u\|_p \leqslant |\Omega|^{\frac{1}{p}-\frac{1}{q}} \|u\|_q, \quad u \in L^q(\Omega), \quad p \leqslant q,$$

就得到引理 4.2 的证明.

引理 4.3 设 $u(x) \in W_0^{1,1}(\Omega)$. 则

$$u(x) \stackrel{\mathrm{a.e.}}{=\!=\!=} \frac{1}{n\omega_n} \int_\Omega \frac{(x_i-y_i)D_i u(y)}{|x-y|^n} \mathrm{d}y, \quad x \in \Omega. \tag{4.13}$$

A.4 Morrey 型空间与 John-Nirenberg 型位势估计

证明 设 $u(x) \in C_0^1(\Omega)$ 并且在 Ω 外的延拓是 0. 则对任意满足 $|\omega| = 1$ 的 ω,

$$u(x) = -\int_0^\infty D_r u(x + r\omega) \mathrm{d}r. \tag{4.14}$$

关于 ω 积分, 得

$$u(x) = -\frac{1}{n\omega_n} \int_0^\infty \int_{|\omega|=1} D_r u(x+r\omega) \mathrm{d}r \mathrm{d}\omega = \frac{1}{n\omega_n} \int_\Omega \frac{(x_i - y_i) D_i u(y)}{|x-y|^n} \mathrm{d}y. \tag{4.15}$$

由 $C_0^1(\Omega)$ 稠于 $W_0^{1,1}(\Omega)$, 就得 (4.13).

对于 $u(x) \in C_0^2(\Omega)$, 由分部积分公式和 (4.13) 容易推出

$$u(x) = \int_\Omega \Gamma(x-y) \Delta u(y) \mathrm{d}y.$$

对于 $u(x) \in W_0^{1,1}(\Omega)$, 由 (4.13) 就得

$$|u| \leqslant \frac{1}{n\omega_n} V_{\frac{1}{n}} |Du|. \tag{4.16}$$

此式与引理 4.1 结合, 就得到如下嵌入关系:

$$W_0^{1,p}(\Omega) \hookrightarrow L^q(\Omega), \quad 1 - \frac{n}{p} \geqslant -\frac{n}{q}, \quad \frac{1}{p} \geqslant \frac{1}{q}. \tag{4.17}$$

当 $p = n$ 时, 作为引理 4.2 与 (4.16) 的直接结论, 有如下较强的结果.

命题 4.4 $u(x) \in W_0^{1,n}(\Omega)$. 则存在仅依赖于 n 与 p 的常数 C_1 和 C_2 使得

$$\int_\Omega \exp\left(\frac{|u|}{C_1 \|Du\|_n}\right)^{\frac{n}{n-1}} \mathrm{d}x \leqslant C_2 |\Omega|. \tag{4.18}$$

注记 4.2 估计 (4.16) 可以推广到高阶弱导数的情形. 具体来说, 有

$$|u| \leqslant \frac{1}{(k-1)! n\omega_n} V_{\frac{k}{n}} |D^k u|. \tag{4.19}$$

上式与引理 4.2 结合, 就得如下嵌入关系:

命题 4.5 设 $n = kp$, $u(x) \in W_0^{k,p}(\Omega)$. 则存在仅依赖于 n 与 p 的常数 C_1 和 C_2 使得

$$\int_\Omega \exp\left(\frac{|u|}{C_1 \|D^k u\|_p}\right)^{\frac{p}{p-1}} \mathrm{d}x \leqslant C_2 |\Omega|. \tag{4.20}$$

当 $p > n$ 时的 Sobolev 嵌入定理, 亦可以通过下面的引理加强.

引理 4.6 设 Ω 是凸的且 $u(x) \in W^{1,1}(\Omega)$. 则

$$|u(x) - u_\Omega| \leqslant \frac{d^n}{n|\Omega|} \int_\Omega |x-y|^{1-n} |Du(y)| \mathrm{d}y, \tag{4.21}$$

其中
$$u_\Omega = \frac{1}{|\Omega|} \int_\Omega u(x)\mathrm{d}x, \quad d \text{ 为 } \Omega \text{ 的直径}. \tag{4.22}$$

证明 仅需对 $u(x) \in C^1(\Omega)$ 来证明 (4.22). 对任意的 $x, y \in \Omega$,

$$u(x) - u(y) = -\int_0^{|x-y|} D_r u(x + r\omega)\mathrm{d}r, \quad \omega = \frac{y-x}{|y-x|}. \tag{4.23}$$

现在 Ω 上关于 y 积分, 就得

$$|\Omega|(u(x) - u_\Omega) = -\int_\Omega \mathrm{d}y \int_0^{|x-y|} D_r u(x + r\omega)\mathrm{d}r. \tag{4.24}$$

记

$$V(x) = \begin{cases} |D_r u(x)|, & x \in \Omega, \\ 0, & x \notin \Omega. \end{cases} \tag{4.25}$$

直接验证, 有

$$\begin{aligned}
|u(x) - u_\Omega| &\leqslant \frac{1}{|\Omega|} \int_{|x-y|<d} \mathrm{d}y \int_0^\infty V(x+r\omega)\mathrm{d}r \\
&\leqslant \frac{1}{|\Omega|} \int_0^\infty \int_{|\omega|=1} \int_0^d V(x+r\omega)\rho^{n-1}\mathrm{d}\rho\mathrm{d}\omega\mathrm{d}r \\
&\leqslant \frac{d^n}{n|\Omega|} \int_0^\infty \int_{|\omega|=1} V(x+r\omega)\mathrm{d}\omega\mathrm{d}r \\
&\leqslant \frac{d^n}{n|\Omega|} \int_\Omega |x-y|^{1-n}|D_r u(y)|\mathrm{d}y.
\end{aligned}$$

命题 4.7 设 $u(x) \in W_0^{1,p}(\Omega), p > n$. 则 $u(x) \in C^\gamma(\overline{\Omega})$, 其中 $\gamma = 1 - \dfrac{n}{p}$, 且对于任意球 B_R,

$$\mathrm{Osc}_{\Omega \cap B_R} u \leqslant CR^\gamma \|Du\|_p, \quad C = C(n,p). \tag{4.26}$$

证明 现将 (4.21) 和 $\Omega = B, q = \infty, \mu = n^{-1}$ 时的引理 4.1 结合起来, 就得到

$$|u - u_B| \leqslant C(n,p)R^\gamma \|Du\|_p, \quad \text{a.e.} \quad x \in \Omega \cap B. \tag{4.27}$$

于是, 根据

$$\begin{aligned}
|u(x) - u(y)| &\leqslant |u(x) - u_B| + |u(y) - u_B| \\
&\leqslant 2C(n,p)R^\gamma \|Du\|_p, \quad \text{a.e.} \quad x \in \Omega \cap B,
\end{aligned} \tag{4.28}$$

就得命题 4.7.

结合前面 $W_0^{1,p} \hookrightarrow C_b^0(\bar{\Omega})$, $p > n$, 就得到

$$|u|_{0,\gamma} \leqslant C[1 + \operatorname{diam}(\Omega)^\gamma]\|Du\|_p. \tag{4.29}$$

于是, 命题 4.4、命题 4.7 及经典的 Sobolev 嵌入定理可扩张成

$$\begin{cases} W_0^{1,p}(\Omega) \hookrightarrow L^{\frac{np}{n-p(\Omega)}}, & p < n, \\ W_0^{1,p}(\Omega) \hookrightarrow L^\varphi(\Omega), & p = n, \quad \varphi = \exp(|t|^{\frac{n}{n-1}}) - 1, \\ W_0^{1,p}(\Omega) \hookrightarrow C^\gamma(\Omega), & \gamma = 1 - \dfrac{n}{p}, \quad p > n, \end{cases}$$

这里 $L^\varphi(\Omega)$ 表示 Orlicz 空间.

命题 4.8 (Poincaré 不等式) (1) 设 $u(x) \in W_0^{1,p}(\Omega)$, $1 \leqslant p < \infty$. 则

$$\|u\|_p \leqslant \left(\frac{1}{\omega_n}|\Omega|\right)^{\frac{1}{n}}\|Du\|_p. \tag{4.30}$$

(2) 对 $u(x) \in W^{1,p}(\Omega)$ 和凸区域 Ω, 有

$$\|u - u_\Omega\|_p \leqslant \left(\frac{\omega_n}{|\Omega|}\right)^{1-\frac{1}{n}} d^n \|Du\|_p, \quad d = \operatorname{diam}(\Omega). \tag{4.31}$$

注记 4.3 (4.30) 可由引理 4.1 与引理 4.3 获得, (4.31) 则可由引理 4.1 与引理 4.6 来证明.

定义 4.1 设 $1 \leqslant p \leqslant \infty$, 称 $f(x) \in M^p(\Omega)$, 如果存在常数 K, 使得对所有的球 B_R, 都有

$$\int_{\Omega \cap B_R} |f|\mathrm{d}x \leqslant KR^{n(1-\frac{1}{p})}. \tag{4.32}$$

把满足上式中 K 的下确界取为范数 $\|\cdot\|_{M^p(\Omega)}$, 即

$$\|f\|_{M^p(\Omega)} = \sup_{R>0} R^{-n(1-\frac{1}{p})} \int_{\Omega \cap B_R} |f|\mathrm{d}x. \tag{4.33}$$

易见

$$L^p(\Omega) \subset M^p(\Omega), \quad L^1(\Omega) = M^1(\Omega), \quad L^\infty(\Omega) = M^\infty(\Omega).$$

我们不打算研究 V_μ 在所有 $M^p(\Omega)$ 上的性质, 仅考虑 $p \geqslant \mu^{-1}$ 的情形.

命题 4.9 设 $f(x) \in M^p(\Omega)$, $\delta = p^{-1} < \mu$. 则

$$|V_\mu f| \leqslant \frac{1-\delta}{\mu-\delta}(\operatorname{diam}\Omega)^{n(\mu-\delta)}\|f\|_{M^p(\Omega)}, \quad \text{a.e. } x \in \Omega. \tag{4.34}$$

证明 在 Ω 之外延拓为 0, 并记

$$v(\rho) = \int_{B_\rho(x)} |f(y)|\mathrm{d}y.$$

于是

$$|V_\mu f| \leqslant \int_\Omega \rho^{n(\mu-1)}|f(y)|\mathrm{d}y \quad (\rho = |x-y|)$$

$$\leqslant \int_0^d \rho^{n(\mu-1)} v'(\rho)\mathrm{d}\rho \quad (d = \mathrm{diam}\Omega)$$

$$= d^{n(\mu-1)} v(d) + n(1-\mu) \int_0^d \rho^{n(\mu-1)-1} v(\rho)\mathrm{d}\rho$$

$$\leqslant \frac{1-\delta}{\mu-\delta} d^{n(\mu-\delta)} K, \tag{4.35}$$

这里用到 Morrey 空间定义中的 (4.32). 作为引理 4.6 与命题 4.9 的直接结果, 有如下推广的结果:

命题 4.10 设 $u(x) \in W^{1,1}(\Omega)$ 并假设存在正常数 K, α $(\alpha \leqslant 1)$ 使得对所有的球 $B_R \subset \Omega$ 满足

$$\int_{B_R} |Du|\mathrm{d}x \leqslant KR^{n-1+\alpha}. \tag{4.36}$$

则 $u(x) \in C^{0,\alpha}(\Omega)$ 且对任意的 $B_R \subset \Omega$, 有

$$\mathrm{Osc}_{B_R} u \leqslant CKR^\alpha, \tag{4.37}$$

其中 $C = C(n,\alpha)$. 如果对于某个区域 $\widetilde{\Omega} \subset \mathbb{R}^n$, $\Omega = \widetilde{\Omega} \cap \mathbb{R}_+^n = \{x \in \widetilde{\Omega} | x_n > 0\}$ 以及 (4.36) 对所有的球 $B_R \subset \widetilde{\Omega}$ 成立, 那么 $u \in C^{0,\alpha}(\overline{\Omega} \cap \widetilde{\Omega})$ 并且 (4.37) 对所有的球 $B_R \subset \widetilde{\Omega}$ 成立.

作为命题 4.9 的进一步推论, 有

命题 4.11 设 $f(x) \in M^p(\Omega)$ $(p > 1)$, $g = V_\mu f$, $\mu = \dfrac{1}{p}$. 则存在仅依赖于 n 和 p 的常数 C_1 和 C_2 使得

$$\int_\Omega \exp\left(\frac{g}{C_1 K}\right) \mathrm{d}x \leqslant C_2 (\mathrm{diam}\Omega)^n, \tag{4.38}$$

其中 $K = \|f\|_{M^p(\Omega)}$.

证明 对任意 $q \geqslant 1$, 记

$$|x-y|^{n(\mu-1)} = |x-y|^{(\frac{\mu}{q}-1)\frac{n}{q}} |x-y|^{n(1-\frac{1}{q})(\frac{\mu}{q}+\mu-1)}. \tag{4.39}$$

由 Hölder 不等式, 有

$$|g(x)| \leqslant (V_{\frac{\mu}{q}}|f|)^{\frac{1}{q}} (V_{\mu+\frac{\mu}{q}}|f|)^{1-\frac{1}{q}}. \tag{4.40}$$

由命题 4.9, 得

$$V_{\mu+\frac{\mu}{q}}|f| \leqslant \frac{(1-\mu)q}{\mu} d^{\frac{n}{pq}} K \leqslant (p-1)q d^{\frac{n}{pq}} K, \quad d = \mathrm{diam}\Omega. \tag{4.41}$$

由引理 4.1 就得

$$\int_\Omega V_{\frac{\mu}{q}}|f|\mathrm{d}x \leqslant pq\omega_n^{1-\frac{1}{pq}}|\Omega|^{\frac{1}{pq}}\|f\|_1 \leqslant pq\omega_n K d^{n(1-\frac{1}{p}+\frac{1}{pq})}, \tag{4.42}$$

$$\int_\Omega |g|^q \mathrm{d}x \leqslant p(p-1)\omega_n q^q d^n K^q \leqslant p'\omega_n\{(p-1)qK\}^q d^n, \quad p' = \frac{p}{p-1}. \tag{4.43}$$

从而

$$\int_\Omega \sum_{m=0}^N \frac{|g|^m}{m!(C_1 K)^m}\mathrm{d}x \leqslant p'\omega_n d^n \sum_{m=0}^N \left(\frac{p-1}{C_1}\right)^m \frac{m^m}{m!} \leqslant C_2 d^n, \quad (p-1)e < C_1.$$

令 $N \to \infty$, 就得命题 4.11 的证明.

由引理 4.6 与命题 4.11, 可以推得:

命题 4.12 设 $u(x) \in W^{1,1}(\Omega)$, Ω 是光滑的凸区域且存在常数 K, 使得对所有的球 B_R 满足

$$\int_{\Omega \cap B_R} |Du|\mathrm{d}x \leqslant KR^{n-1}. \tag{4.44}$$

则存在常数 μ_0 和 C 使得

$$\int_\Omega \exp\left(\frac{\mu}{K}|u - u_\Omega|\right)\mathrm{d}x \leqslant C(\mathrm{diam}\Omega)^n, \tag{4.45}$$

其中 $\mu = \mu_0 |\Omega|(\mathrm{diam}\Omega)^{-n}$.

A.5 Sobolev 嵌入定理在 PDEs 中的应用举例

最后给出一个例子, 说明 Sobolev 嵌入定理在 PDEs 中的简单应用. 本质上, Sobolev 嵌入定理在 PDEs 的研究中应用无处不在, 它贯穿在整个偏微分方程的研究中.

命题 5.1 设 $n \geqslant 3$, M 是 $\mathbb{R}^n$ 上紧致的 C^∞ 流形, $u(x) \in H^1(M)$ 是椭圆方程

$$-\Delta u = f(x, u) \tag{5.1}$$

的弱解. 若 $f(x,u) \in C^\infty(\mathbb{R}^n \times \mathbb{R})$ 满足

$$|f(u)| \leqslant C(1 + |u|^{\beta+1}), \quad 0 < \beta < \frac{4}{n-2}, \tag{5.2}$$

则 $u(x) \in C^\infty(M)$.

证明思路 采用 L^p 估计、C^α 估计及 Boot-Strapping 技术来证明.

第 0 步. 令 $\beta+1 < p \leqslant 2^*$, 注意到 $u(x) \in H^1(M)$, 由 Sobolev 嵌入定理, 得 $u(x) \in L^p(M)$. 此意味着

$$f(u) \in L^{\frac{p}{\beta+1}}(M). \tag{5.3}$$

进而, 利用 L^p 理论, 得

$$u \in W^{2,\frac{p}{\beta+1}}(M). \tag{5.4}$$

第 1 步. 由 (5.4) 及 Sobolev 嵌入定理,

$$u(x) \in L^{q_1}(M), \quad q_1 \geqslant \frac{p}{\beta+1}, \quad \frac{1}{q_1} = \frac{\beta+1}{p} - \frac{2}{n}. \tag{5.5}$$

这意味着

$$f(u) \in L^{\frac{q_1}{\beta+1}}(M). \tag{5.6}$$

进而, 利用 L^p 理论, 得

$$u \in W^{2,\frac{q_1}{\beta+1}}(M). \tag{5.7}$$

第 2 步. 由 (5.7) 及 Sobolev 嵌入定理,

$$u(x) \in L^{q_2}(M), \quad q_2 \geqslant \frac{q_1}{\beta+1}, \quad \frac{1}{q_2} = \frac{\beta+1}{q_1} - \frac{2}{n}. \tag{5.8}$$

这意味着

$$f(u) \in L^{\frac{q_2}{\beta+1}}(M). \tag{5.9}$$

进而, 利用 L^p 理论, 得

$$u \in W^{2,\frac{q_2}{\beta+1}}(M). \tag{5.10}$$

如此下来, 记 $q_0 = \beta+2$, 则有如下递推关系

$$\begin{cases} \dfrac{1}{q_0} = \dfrac{1}{\beta+2}, \\ \dfrac{1}{q_1} = \dfrac{\beta+1}{q_0} - \dfrac{2}{n}, \\ \dfrac{1}{q_2} = \dfrac{\beta+1}{q_1} - \dfrac{2}{n}, \\ \quad \cdots\cdots \\ \dfrac{1}{q_j} = \dfrac{\beta+1}{q_{j-1}} - \dfrac{2}{n}, \\ \quad \cdots\cdots \end{cases}$$

即

$$\frac{1}{q_j} = (\beta+1)^j \left(\frac{1}{\beta+2} - \frac{2}{n\beta} + \frac{2}{n\beta(\beta+1)^j} \right), \tag{5.11}$$

A.5 Sobolev 嵌入定理在 PDEs 中的应用举例

于是

$$2 - \frac{n}{q_j} = 2 - \frac{2}{n\beta} - \frac{\beta(n-2) - 4}{n\beta(\beta+2)}(\beta+1)^j. \tag{5.12}$$

第 m 步. 注意到 $2 - \frac{n}{q_0} < 0$, 由 (5.12) 可见, 总存在自然数 m, 使得

$$2 - \frac{n}{q_m} > 0, \quad 2 - \frac{n}{q_{m-1}} \leqslant 0. \tag{5.13}$$

由 Sobolev 嵌入定理及前面的证明方法, 得到

$$u \in W^{2,q_m}(M) \hookrightarrow C^\mu(M), \qquad \mu \triangleq 2 - \frac{n}{q_m} > 0. \tag{5.14}$$

因此, 由 $f(u)$ 的光滑性假设推知

$$f(u) \in C^\mu(M). \tag{5.15}$$

最后, 利用 C^α 理论, 推得 $u(x) \in C^{2,\mu}(M)$. 注意到 $f(x,u) \in C^\infty(\mathbb{R}^n \times \mathbb{R})$ 就得 $f(x,u(x)) \in C^{2,\mu}(M)$. 重复利用 C^α 理论, 推得 $u(x) \in C^{4,\mu}(M)$. 注意到 $f(x,u) \in C^\infty(\mathbb{R}^n \times \mathbb{R})$ 就得 $f(x,u(x)) \in C^{4,\mu}(M)$. 再次利用 C^α 理论知

$$u(x) \in C^{6,\mu}(M), \quad \cdots$$

如此下去, 可推得 $u(x) \in C^\infty(M)$.

参考文献

[A] Adams R A. Sobolev Spaces. Academic Press, 1975.

[BG] Bahouri H, Gérard P. Concentration effects in critical semilinear wave equation and scattering theory. Geometrical Optics and Related Topics (Colombini F and Lerner N, eds). Progress of Nonlinear Differential Equations and Applications. Birkhaüser, 1997, 32: 17–30.

[BS] Bahouri H, Shatah J. Decay estimates for the critical semilinear wave equations. Ann. Inst. Henri Poincaré, Analyse non linéarire, 1998, 15: 783–798.

[BKS] Ben-Artzi, Koch H. and Saut J C. Dispersive estimates for fourth order Schrödinger equations. C. R. Acad. Sci. Paris Sér. I Math., 2000, 330: 87–92.

[BL] Bergh J, Löfström J. Interpolation Spaces. Springer-Verlag, 1976.

[Bo1] Bourgain J. Scatering in energy space and below for 3D NLS equations. J. D'Analyse Mathematique, 1998, 75: 267–297.

[Bo2] Bourgain J. The Global Solution of Nonlinear Schrödinger Equations. Providence Rhode Island: American Mathematical Society, 1999.

[Br1] Brenner P. On $L_p - L_{p'}$ estimates for the wave equation. Math. Z., 1975, 145: 251–254.

[Br2] Brenner P. On L^p-decay and scattering for nonlinear Klein-Gordon equations. Math. Scand., 1989, 51: 333–360.

[Br3] Brenner P. On scattering and everywhere defined scattering operator for nonlinear Klein-Gordon equations. J. Diff. Equations, 1985, 56: 310–344.

[Br4] Brenner P. On space-time means and strong global solutions of nonlinear hyperbolic equations. Math. Z., 1989, 201: 44–55.

[BW] Brenner P, Von Wahl W. Global classical solutions of nonlinear wave equations. Math. Z., 1981, 176: 87–121.

[Bre] Bretherton F. Resonant interaction between waves: the case of discrete oscillations. J. Fluid. Mech., 1964, 20: 457–479.

[CW1] Cazenave T, Weissler F B. The Cauchy problem for the critical nonlinear Schrödinger equation in H^s. Nonlinear Anal. TMA., 1990, 14: 807–836.

[CCM] Cannone M, Chen Q and Miao C. A losing estimate for the Ideal MHD equations with application to blow-up criterion. SIAM J.Math.Anal., 2007, 38: 1847–1859.

[CM] Chen Q and Miao C. Existence theorem and blow-up criterion of smooth solutions to the two-fluid MHD equations in R^3. J. Differntial Equations, 2007, 239: 251–271.

[CMZ1] Chen Q, Miao C and Zhang Z. A new Bernstein's inequality and the 2D dissipative quasi-geostrophic equation. Comm. Math. Phys., 2007, 271: 821–838.

[CMZ2] Chen Q, Miao C and Zhang Z. The Beale-Kato-Majda criterion to the 3D Magneto-hydrodynamics equations. Comm. Math. Phys., 2007, 275: 861–872.

[CMZ3] Chen Q, Miao C and Zhang Z. Well-posedness for viscous shallow water equations in critical spaces. SIAM. J. Math. Anal., 2008, 40: 443–474.

[CMZ4] Chen Q, Miao C and Zhang Z. On the regularity criterion of weak solution for the 3D viscous Magneto–hydrodynamics equations. Comm. Math. Phys., 2008, 284: 919–930.

[CMZ5] Chen Q, Miao C and Zhang Z. On the well-posedness of the Ideal MHD equations in the Triebel-Lizorkin spaces. Arch. Rational Mech. Anal., 2010, 195: 561–578.

[CMZ6] Chen Q, Miao C and Zhang Z. On the uniqueness of weak solutions for the 3D Navier-Stokes equations. Ann. Inst. Henri Poincaré-Nonlinear Analysis, 2009, 26: 2165–2180.

[CLM] Chen W, Li J and Miao C. On the low regularity of the fifth order Kadomtsev-Petviashvili I equation. J. Differential Equations, 2008, 245: 3433–3469.

[CLMW] Chen W, Li J, Miao C and Wu J. Low regularity solutions of two fifth-order KdV type equations. Journal D'Analyse Mathematique, 2009, 107: 221–238.

[CKSTT] Colliander J, Keel M, Staffilani G, Takaoka H and Tao T. Global well-posedness and scattering for the energy-critical nonlinear Schröinger equation in $\mathbb{R}^3$. Ann. Math., 2007, 166: 1–100.

[Fo] Folland G B. Introduction to the Partial Differential Equations. Second edition. Princeton University Press, 1993.

[FJW] Frazier M, Jawerth B, Weiss G. Littlewood-Paley Theory and the Study of Function Spaces. Monograph in the CBM-AMS 79, 1991.

[GS] Gelfand I M, Shiov G E. Generalized Functions, I–IV. Academic Press, 1964–1968.

[GiT] Gilbarg D, Trudinger N S. Elliptic Partial Differential Equations of Second Order. Classic in Mathematics. Springer, 2001.

[GSV] Ginibre J, Soffer A and Velo G. The global Cauchy problem for the critical nonlinear wave equation. J. Funct. Anal., 1992, 110: 96–130.

[GV1] Ginibre J, Velo G. On the class of nonlinear Schrödinger equation I & II. J. Funct. Anal., 1979, 32: 1–72.

[GV2] Ginibre J, Velo G. On the global Cauchy problem for nonlinear Klein-Gordon equation. Math. Z., 1985, 189: 487–505.

[GV3] Ginibre J, Velo G. Scattering theory in energy space for a class nonlinear Schrödinger equations. J. Math. Pure Appl., 1985, 64: 363–401.

[GV4] Ginibre J, Velo G. Time decay of finite energy solutions of nonlinear Klein-Gordon equation and nonlinear Schrödinger equations. Ann. Inst. Henri. Poincaré Phys. Théorique, 1985, 43: 399–422.

[GV5]   Ginibre J, Velo G. The global Cauchy problem for nonlinear Schrödinger equations II. Ann. Inst. Henri. Poincaré Analyse nonlinéaire, 1985, 2: 309–327.

[GV6]   Ginibre J, Velo G. Conformal invariance and time decay for nonlinear wave equations I & II. Ann. Inst. Henri. Poincaré Phys. Théorique, 1987, 47: 221–276.

[GV7]   Ginibre J, Velo G. Scattering theory in energy space for a class nonlinear wave equations. Comm. Math. Phys., 1989, 123: 535–573.

[GV8]   Ginibre J, Velo G. On the global Cauchy problem for nonlinear Klein-Gordon equation II. Ann. Inst. Henri. Poincaré Analyse nonlinéaire, 1989, 6: 15–35.

[GV9]   Ginibre J, Velo G. Smoothing properties and retarded estimates for some dispersive equations. Comm. Math. Phys., 1992, 144: 163–144.

[GV10] Ginibre J, Velo G. Regularity of solution of critical and subcritial nonlinear wave equation. Nonlinear Analysis T.M.A., 1994, 22: 1–19.

[GV11] Ginibre J, Velo G. Generalized Strichartz inequalities for the wave equations. J. Funct. Anal., 1995, 133: 50–68.

[Gl1]   Glassey R. On the blowing up of solution for nonlinear Schrödinger equations. J. Math. Phys., 1977, 18: 1794–1797.

[Gl2]   Glassey R. Finite time blow-up for nonlinear wave equations. Math. Z., 1981, 177: 323–340.

[GlT]   Glassey R, Tsutsumi M. On uniqueness of weak solutions to semilinear wave equations. Comm. Partial Differtial Equations, 1981, 7: 153–195.

[Gr1]   Grillakis M. Regularity and asympotic behaviour of nonlinear wave equation with critical nonlinearity. Ann. Math., 1990, 132: 485–505.

[Gr2]   Grillakis M. Regularity for nonlinear wave equation with critical nonlinearity. Comm. Pure Appl. Math., 1992, 45: 749–774.

[GM]   Guo B, Miao C. The global existence and asymptotic behavior of solutions for the Klein-Gordon-Schrödinger equation. Science in China A, 1995, 38: 1444–1456.

[H1]   Hörmander H. Estimates for translation invariant operator in L^p space. Acta. Math., 1960, 104: 93–139.

[H2]   Hörmander H. The Analysis of Linear Partial Diffential Operators I–IV. Springer-Verlag, 1983–1985.

[H3]   Hörmander H. Lecture on Nonlinear Hyperbolic Partial Diffential Equations. Springer-Verlag, 1997.

[J]   Jörgen K. Das Anfangswert problem im Grossen für eine nichlineare Wellengleichungen. Math. Z., 1961, 77: 295–308.

[Jo]   John F. Blow-up of solutions of nonlinear wave equations in three dimensions. Manu. Math., 1979, 28: 235–268.

[Ka1]   Kapitanskii L V. The Cauchy problem for semilinear wave equations, I. J. Soviet Math., 49: 1166–1186; II. J. Soviet Math., 62: 2746–2777; III.J.Soviet Math., 62:

2619–2645.

[Ka2] Kapitanskii L V. Weak and yet weaker solutions of semilinear wave equations. Comm. in PDE., 1994, 19: 1629–1676.

[Ka3] Kapitanskii L V. Global and unique weak solutions of semilinear wave equations. Math. Res. Lett., 1994, 1: 211–223.

[K] Kato T. Blow-up of solutions of some nonlinear hyperbolic equations. Comm. Pure Appl. Math., 1980, 33: 501–505.

[KT1] Keel M and Tao T. The endpoint Strichartz estimates. Amer. J. Math., 1998, 120: 955–980.

[KT2] Keel M and Tao T. Global well-posedness for nonlinear wave equation below the energy norm. preprint.

[KPV1] Kenig C E, Ponce G and Vega L. Oscillatory integral and regularity of dispersive equations. Indiana University Math. Journal, 1991, 40: 33–69.

[KPV2] Kenig C E, Ponce G and Vega L. Global well-posedness for nonlinear wave equations. Comm. PDEs, 2000, 25: 683–695.

[Kl1] Klainerman S. Global existence for nonlinear wave equations. Comm. Pure Appl. Math., 1980, 33: 43–101.

[Kl2] Klainerman S. The uniformly decay estimates and the Lorentz invariance of classical nonlinear wave equations. Comm. Pure Appl. Math., 1985, 38: 321–332.

[Kl3] Klainerman S. The null condition and global existence to nonlinear wave equations. Lect. in Appl. Math., 1986, 23: 293–326.

[KM1] Klainerman S, Machedon M. Space-time estimates for null-forms and the local existence theorem. Comm. Pure Appl. Math., 1993, 46: 1221–1268.

[KM2] Klainerman S, Machedon M. On the Maxwell-Klein-Gordon equation with finite energy. Duke Math. J., 1994, 74: 19–44.

[KM3] Klainerman S, Machedon M. Finite energy solutions of the Yang-Mills equations. Ann. of Math., 1995, 142: 39–119.

[KJF] Kufner A, John O, Fućik S. Functional Spaces. Academia Press, 1977.

[LeS] Levandosky P, Strauss W A. Time decay for the nonlinear beam equation. Methods and Applications of Analysis, 2000, 7: 783–798.

[Lev1] Levandosky P. Stability and Instability of fourth order solitary waves. J. Dynam. Dff. Equation, 1998, 10: 151–188.

[Lev2] Levandosky P. Decay estimates for the fourth-order wave equations. Journal of Differential Equations, 1998, 143: 360–413.

[Le] Levine H. Instability and stability of global solutions to nonlinear wave equations of form $Pu_{tt} = -Au + F(u)$. Trans. Amer. Math. Soc., 1974, 192: 1–21.

[LMZ] Li D, Miao C and Zhang X. The focusing energy-critical Hartree equation. J. Differntial Equations, 2009, 246: 1139–1163.

[Lie] Lieb E H. Sharp constants in the Hardy-Littlewood-Sobolev and related inequalities. Ann. Math., 1983, 118: 349–374.

[LiS] Lin J L, Strauss W. Decay and scattering of nonlinear Schrödinger equation. J. Func. Anal., 1978, 30: 245–426.

[LS] Lindbland H, Sogge C D. On the existence and scattering with minimal regularity for semilinear wave equation. J. Func. Anal., 1995, 130: 357–426.

[Li1] Littman W. Wave operator and L^p-norms. J. Math. Mech., 1963, 12: 55–68.

[Li2] Littman W. Fourier transforms of surface-carried measures and differentiability of surface averages. Bull. Amer. Math. Soc., 1963, 69: 766–770.

[L] Lions J L. Quelques méthodes de résolution des problémes aux limites nonlinéaires. Dunod, Paris, 1969.

[Lo] Love A. A Treatise on the Mathematical Theory of Elasticity. New York: Dover, 1944.

[Ma1] Marshall B. Mixed norm estimates for the Klein-Gordon equations. Zygmund Conf. Harm. Anal. Wadsworth. Publ., 1982: 614–625.

[MSW] Marshall B, Strauss W, Wainger S. $L^p - L^q$ estimates for the Klein-Gordon equation. J. Math. Pure Appl., 1980, 59: 417–440.

[Mi1] 苗长兴. 调和分析及其在偏微分方程中的应用 (第二版). 科学出版社, 2004.

[Mi2] 苗长兴, 张波. 偏微分方程的调和分析方法. 科学出版社, 2008.

[Mi3] 苗长兴. 高阶波动方程的时空估计及低能量散射. 数学学报, 1995, 38: 708–717.

[Mi4] Miao C. The time-space estimates and nonlinear parabolic equations. Tokyo Journal of Mathematics, 2001, 22: 245–276.

[Mi5] Miao C. The Cauchy problem of semilinear parabolic equations with weak data in Homogenous space and application to the Navier–Stokes equations. Science in China, 2003, 46: 641–661.

[MX1] Miao C and Xu G. Global solutions of the Klein-Gordon-Schrödinger system with rough data in $\mathbb{R}^{2+1}$. J. Differntial Equations, 2006, 227: 365–405.

[MX2] Miao C and Xu G. Low regularity global well-posedness for the Klein-Gordon-Schrödinger system with the higher order Yukawa coupling. Differential and Integral Equations, 2007, 20: 643–656.

[MXZ1] Miao C, Xu G and Zhao L. Global well-posedness and scattering for the energy-critical, defocusing Hartree equation for radial data. Journal of Functional Analysis, 2007, 253: 605–627.

[MXZ2] Miao C, Xu G and Zhao L. Global well-posedness and scattering for the mass-critical Hartree equation with radial data. Journal de Mathématiques Pures et Appliquées, 2009, 91:49–79.

[MXZ3] Miao C, Xu G and Zhao L. Global well-posedness and scattering for the defocusing $H^{\frac{1}{2}}$- subcritical Hartree equation in R^d, Ann. Inst. Henri Poincaré-Nonlinear

Analysis, 2009, 26: 1831–1852.

[MXZ4] Miao C, Xu G and Zhao L. Global wellposedness and scattering for the focusing energy-critical nonlinear Schrodinger equations of fourth order in the radial case. J. Differntial Equations, 2009, 246:3715–3749.

[MXZ5] Miao C, Xu G and Zhao L. Global well-posedness, scattering and blow-up for the energy-critical, focusing Hartree equation in the radial case, Colloquium Mathematicum, 2009, 114: 213–236.

[MZ1] Miao C, Zhang B. H^s-global well-posedness for semilinear wave equations. J. Math. Anal. Appl., 2003, 283: 645–666.

[MZ2] Miao C, Zhang B. The Cauchy problem for the semilinear parabolic equations in Besov spaces. Houston J. Math., 2004, 30: 829–878.

[MZ3] Miao C, Zhang B. Global well-posedness of the Cauchy problem for the equations of Schrödinger type. Discrete and Continuous Dynamical System, 2007, 17: 181–200.

[MZF] Miao C, Zhang B, Fang D. Global well-posedness for the Klein-Gondon equations below the energy norm. J.PDEs, 2004, 19: 97–122.

[Miz] Mizohata S. The Theory of Partial Differential Equations. Cambridge University Press, 1973.

[MM1] Mochizuki K, Motai T. The scattering theory of nonlinear wave equations with small data I. J. Math. Tyoto. University, 1985, 25: 703–715.

[MM2] Mochizuki K, Motai T. The scattering theory of nonlinear wave equations with small data II. Stud. Math. Appl., 1986, 18: 543–560.

[Mo] Morawetz C. Time decay for nonlinear Klein-Gordon equations. Proc.Royal Soc. London A, 1968, 306: 503–518.

[MS] Morawetz C, Strauss W. Decay and scattering of solutions of a nonlinear relativistic wave equation. Comm. Pure Appl. Math., 1972, 25: 1–31.

[N1] Nakanishi K. Scattering theory for nonlinear Klein-Gordon equations with Sobolev critical power. Internat. Math. Res. Notices, 1999: 31–60.

[N2] Nakanishi K. Remarks on the energy scattering for nonlinear Klein-Gordon and Schrödinger equations. Tohoku Math. J., 2001, 53: 285–303.

[N3] Nakanishi K. Energy scattering for nonlinear Klein-Gordon and Schrödinger equations in spatial dimension 1 and 2. J.Funtional Analysis, 1999, 169: 201–225.

[Pau] Pausader B. Scattering and Levandosky-Strauss conjecture for fourth-order nonlinear wave equations. Journal of Differential Equations, 2007, 241: 237–278.

[Pa] Pazy A. Semigroups of Linear Operator and Applications to Partial Differential Equations. Springer-Verlag, 1983.

[P1] Pecher H. L^p Abschätzungen und klassische Lösungen fürnichr lineare wellengleichungen.I. Math. Z., 1976, 150: 159–183.

[P2] Pecher H. Nonlinear small data scattering for the wave and Klein-Gordon equations. Math.Z., 1984, 185: 261–270.

[Per] Peral, J. L^p estimates for the wave equation. J. Funct. Anal., 1980, 36: 125–157.

[Ra] Rauch J. The u^5-Klein-Gordon equation. Pitman Research Notes in Math. (Brezis H and Lions J L, eds.), 1982, 53: 335–364.

[R] Reed M. Abstract nonlinear wave equations. Lecture Notes in Math. 507. Springer-Verlag, 1976.

[RS] Reed M, Simon B. Methods of Mathematical Physics, I–IV. Academic Press, 1972–1979.

[RuS] Runst T, Sickel W. Sobelov Spaces of Fractional Order, Nemytskij Operators, and Nonlinear PDEs. Berlin-New York: Walter de Gruyter, 1996.

[Se1] Segal I E. The global Cauchy problem for a relativistic scalar field with power interation. Bull. Soc. Math. Fr., 1963, 91: 129–135.

[Se2] Segal I E. Space-time decay for solutions of wave equations. Advance in Math., 1976, 22: 302–311.

[Sh] Shatah J. Normal forms and quadratic nonlinear Klein-Gordon equations. Comm. Pure Appl. Math., 1972, 38: 685–696.

[SS1] Shatah J, Struwe M. Regularity results for nonlinear wave equations. Ann. Math., 1993, 138: 505–518.

[SS2] Shatah J, Struwe M. Well-posedness in the energy space for semilinear wave equation with critical growth. IMRN., 1994: 303–309.

[Si] Sideris T C. Nonexistence of global solutions to semilinear wave equations in higher dimensions. Journal of Differential Equations, 1984, 52: 378–406.

[So1] Sogge C D. Fourier Integral in Classical Analysis. Cambridge Univ. Press, 1993.

[So2] Sogge C D. Lecture on Nonlinear Wave Equations. International Press Publishcations, 1995.

[Ste1] Stein E M. Singular Integal and Differential Property of Functions. Princeton University Press, 1970.

[Ste2] Stein E M. Harmonic Analysis, Real-Variable Methods, Orthogonality and Oscillatroy Integrals. Princeton University Press, 1993.

[SW] Stein E M, Weiss G. Introduction to Fourier Analysis in Euclidean Spaces. Princeton University Press, 1970.

[St1] Strichartz R. Multipliers in fractional Sobolev spaces. J. Math. Mech., 1967, 16: 1031–1060.

[St2] Strichartz R. Convolutions with kernel having singularities. Trans. Amer. Math. Soc., 1970, 148: 461–471.

[St3] Strichartz R. A priori estimates for the wave equations and some applications. J. Funct. Anal., 1970, 5: 218–235.

[St4]   Strichartz R. Restrictions of Fourier transforms to quadratic surface and decay of solutions of wave equations. Duke Math. J., 1977, 44: 705–714.

[Str]   Struwe M. Global regular solution to the u^5 Klein-Gordon equations. Ann Scu. Norm Sup. Pisa., 1988, 15: 495–513.

[S1]   Strauss W A. On the weak solutions of semilinear hyperbolic equations. An.Acad. Bras, Cienc., 1970, 42: 645–651.

[S2]   Strauss W A. Nonlinear Invariant Wave Equations. Lecture Note in Physics, Vol 78. Springer–Verlag, 1978, 197–249.

[S3]   Strauss W A. Mathematicl Aspects of Classical Nonlinear Field Equations. Lecture Note in Physics 120. Springer-Verlag, 1979: 123–149.

[S4]   Strauss W A. Nonlinear scattering theory at low energy. J. Funct. Anal., 1981, 41: 110–133; 1981, 43: 281–293.

[S5]   Strauss W A. Nonlinear wave equations. Reginal Conference Series in Mathematics, Vol 73. Providence RI. Am. Math. Soc., 1989.

[Tao1]   Tao T. Low regularity semilinear wave equations. Comm. PDEs., 1999, 24: 599–630.

[Tao2]   Tao T. Global well-posedness and scattering for the higher-dimensional energy-critical nonlinear Schrödinger equation for radial data. New York Journal of Mathematics, 2005, 11: 57–80.

[Tao3]   Tao T. Spacetime boundeds for the energy-critical nonlinear wave equation in the three dimensions. Dynamics of PDEs, 2006, 3: 93–110.

[Tao4]   Tao T. Nonlinear dispersive equations, local and global analysis. CBMS Regional Conference Series in Mathematics, 2006: 106.

[Tao5]   A (concentration) compact attractor for high-dimensional nonlinear Schrödinger equations. Dynamics in PDE, 2007, 4: 1–53.

[Tat]   Tataru D. On the equation $\Box u = |\nabla u|^2$ in $5+1$ dimensions. Math. Res. Lett., 1999, 6: 469–485.

[To]   Torchinsky A. Real-Variable Methods in Harmonic Analysis. Academic Press, 1986.

[Tr1]   Triebel H. Interpolation Theory, Function Spaces, Differential Operators. North-Holland Publishing Company, 1978.

[Tr2]   Triebel H. Theory of Function Spaces. Springer-Verlag, 1983.

[Wa]   Wahl W. L^p decay rates for the homogeneous wave equations. Math. Z., 1971, 120: 93–106.

[Yo]   Yosida K. Functional Analysis. Springer-Verlag, 1980.

名 词 索 引

B

波动方程 (wave equations), 15, 76, 216
波容许对 (wave admissible pairs), 49, 129

C

超临界 (supercritical), 132
乘子方法 (multiplier method), 1, 24, 141
尺度变换 (scaling transformation), 2
次临界 (subcritical), 132, 141

D

等度连续 (equi-continuous), 72
等距同构 (isometric isomorphism), 43

E

二进制分解 (dyadic decomposition), 43

F

反射变换 (inversion transformation), 1, 6, 14, 29
反射变换群 (group of inversion transformations), 1
反射恒等式恒等 (Inversion identity)
非聚焦 (defocusing), 141, 299

G

共形变换群 (group of conformal transformation), 1, 13
共形恒等式 (conformal identity), 16, 18

光滑尺度 (smooth scale), 351, 361
光滑解 (smooth solution), 40, 76
广义的 Nirenberg 型不等式 (generalized Nirenberg inequality), 360
广义质量集中现象 (generalized mass concentration phenomenon), 177, 178

H

缓增分布空间 (tempered distribution space), 41

J

迹定理 (trace theorem), 363
几乎有限传播速度 (almost finite propagation speed), 179, 333
角动量守恒律 (angular momentum conservation law), 17
交换子 (commutator), 9
紧致性方法 (compactness method), 40, 52
紧致性原理 (compactness principle), 56

L

临界 (critical), 112, 141
临界指标 (critical index), 173, 307
梁方程 (beam equation), 298, 302

M

磨光子 (mollifier), 115

名词索引

N

能量解 (energy solution), 40, 76

能量聚积 (energy concentration), 133, 222

P

平移变换 (translation transformation), 3, 32, 119, 257

平移变换群 (group of translation transformations), 1, 13

Q

奇性 (singularity), 10, 150

嵌入定理 (embedding theorem), 49, 114, 194

R

扰动引理 (perturbation lemma), 175, 206

弱解 (weak solution), 40, 98, 215

弱下半连续 (weakly lower semicontinuous), 46, 69

S

散射 (scattering), 2, 112, 132

色散波 (dispersive wave), 22

伸缩变换 (dilation transformation), 1, 4, 6, 29

伸缩变换群 (group of dilation transformation), 1

T

同胚 (homeomorphism), 41, 130

凸性 (convexity), 44, 46

W

完备化空间 (completion space), 349, 357

微分同胚 (differential homeomorphism), 42

位势函数 (potential function), 144, 146

X

旋转变换 (rotation transformation), 1, 13, 33

旋转变换群 (group of rotation transformation), 1, 15

Y

一致有界 (uniformly bounded), 44, 136

有限传播速度 (finite propagation speed), 40, 108, 183

有限覆盖定理 (finite covering theorem), 115, 124

Z

正则化方法 (regularizing method), 115

终值问题 (final value problem), 131, 323

自反 (reflexivity), 45, 54

其他

Banach 空间 (Banach space), 41, 45, 46

Banach 压缩映射原理 (Banach contraction mapping principle), 40

Besov 空间 (Besov space), 40, 106, 177

Boot-Strapping 技术 (Boot-Strapping technique), 371

Gagliardo-Nirenberg 不等式 (Gagliardo-Nirenberg inequality), 146, 152

Galerkin 方法 (Galerkin method), 55, 115

Hardy 不等式 (Hardy inequality), 128, 231

Hardy-Littlewood Sobolev 不等式

(Hardy-Littlewood-Sobolev inequality), 44, 246

Hartree 方程 (Hartree equation), 32, 37

Hilbert 空间 (Hilbert space), 46, 74

Hölder 不等式 (Hölder inequality), 44, 84

John-Nirenberg 型位势估计 (John-Nirenberg potential estimate), 364

Klein-Gordon 方程 (Klein-Gordon equation), 15, 22, 144

Kondrakov 紧嵌入定理 (Kondrakov compact embedding theorem), 351, 357

Laplace 算子 (Laplace operator), 1, 7, 11

Lagrange 密度泛函 (Lagrangian density function), 22, 25

Littlewood-Paley 分解 (Littlewood-Paley decomposition), 174, 220

Lorentz 变换 (Lorentz transformation), 1, 17

Mikhlin-Hörmander 定理 (Mikhlin-Hörmander theorem), 43

Morawetz 的反射恒等式 (Morawetz's inversion identity), 19

Morawetz 的伸缩恒等式 (Morawetz's dilation identity), 18, 30

Morawetz 估计 (Morawetz estimate), 16, 22, 112

Morawetz-Pohožaev 恒等式 (Morawetz-Pohožaev identity), 10, 20

Morrey 型空间 (Morrey-type space), 364

Noether 定理 (Noether theorem), 3

Poincaré 不等式 (Poincaré inequality), 369

Rauch 定理 (Rauch theorem), 123

Segal 定理 (Segal theorem), 70, 96

Sobolev 不等式 (Sobolev inequality), 44, 45, 214

Sobolev 空间 (Sobolev space), 281, 349

Strichartz 估计 (Strichartz estimate), 40, 49, 66

Triebel 空间 (Triebel space), 43

《现代数学基础丛书》已出版书目

1. 数理逻辑基础(上册) 1981.1 胡世华 陆钟万 著
2. 数理逻辑基础(下册) 1982.8 胡世华 陆钟万 著
3. 紧黎曼曲面引论 1981.3 伍鸿熙 吕以辇 陈志华 著
4. 组合论(上册) 1981.10 柯召 魏万迪 著
5. 组合论(下册) 1987.12 魏万迪 著
6. 数理统计引论 1981.11 陈希孺 著
7. 多元统计分析引论 1982.6 张尧庭 方开泰 著
8. 有限群构造(上册) 1982.11 张远达 著
9. 有限群构造(下册) 1982.12 张远达 著
10. 测度论基础 1983.9 朱成熹 著
11. 分析概率论 1984.4 胡迪鹤 著
12. 微分方程定性理论 1985.5 张芷芬 丁同仁 黄文灶 董镇喜 著
13. 傅里叶积分算子理论及其应用 1985.9 仇庆久 陈恕行 是嘉鸿 刘景麟 蒋鲁敏 编
14. 辛几何引论 1986.3 J.柯歇尔 邹异明 著
15. 概率论基础和随机过程 1986.6 王寿仁 编著
16. 算子代数 1986.6 李炳仁 著
17. 线性偏微分算子引论(上册) 1986.8 齐民友 编著
18. 线性偏微分算子引论(下册) 1992.1 齐民友 徐超江 编著
19. 实用微分几何引论 1986.11 苏步青 华宣积 忻元龙 著
20. 微分动力系统原理 1987.2 张筑生 著
21. 线性代数群表示导论(上册) 1987.2 曹锡华 王建磐 著
22. 模型论基础 1987.8 王世强 著
23. 递归论 1987.11 莫绍揆 著
24. 拟共形映射及其在黎曼曲面论中的应用 1988.1 李忠 著
25. 代数体函数与常微分方程 1988.2 何育赞 萧修治 著
26. 同调代数 1988.2 周伯壎 著
27. 近代调和分析方法及其应用 1988.6 韩永生 著
28. 带有时滞的动力系统的稳定性 1989.10 秦元勋 刘永清 王联 郑祖庥 著
29. 代数拓扑与示性类 1989.11 [丹麦] I. 马德森 著
30. 非线性发展方程 1989.12 李大潜 陈韵梅 著

31	仿微分算子引论 1990.2	陈恕行　仇庆久　李成章　编
32	公理集合论导引 1991.1	张锦文　著
33	解析数论基础 1991.2	潘承洞　潘承彪　著
34	二阶椭圆型方程与椭圆型方程组 1991.4	陈亚浙　吴兰成　著
35	黎曼曲面 1991.4	吕以辇　张学莲　著
36	复变函数逼近论 1992.3	沈燮昌　著
37	Banach 代数 1992.11	李炳仁　著
38	随机点过程及其应用 1992.12	邓永录　梁之舜　著
39	丢番图逼近引论 1993.4	朱尧辰　王连祥　著
40	线性整数规划的数学基础 1995.2	马仲蕃　著
41	单复变函数论中的几个论题 1995.8	庄圻泰　杨重骏　何育赞　闻国椿　著
42	复解析动力系统 1995.10	吕以辇　著
43	组合矩阵论(第二版) 2005.1	柳柏濂　著
44	Banach 空间中的非线性逼近理论 1997.5	徐士英　李　冲　杨文善　著
45	实分析导论 1998.2	丁传松　李秉彝　布　伦　著
46	对称性分岔理论基础 1998.3	唐云　著
47	Gel'fond-Baker 方法在丢番图方程中的应用 1998.10	乐茂华　著
48	随机模型的密度演化方法 1999.6	史定华　著
49	非线性偏微分复方程 1999.6	闻国椿　著
50	复合算子理论 1999.8	徐宪民　著
51	离散鞅及其应用 1999.9	史及民　编著
52	惯性流形与近似惯性流形 2000.1	戴正德　郭柏灵　著
53	数学规划导论 2000.6	徐增堃　著
54	拓扑空间中的反例 2000.6	汪　林　杨富春　编著
55	序半群引论 2001.1	谢祥云　著
56	动力系统的定性与分支理论 2001.2	罗定军　张　祥　董梅芳　著
57	随机分析学基础(第二版) 2001.3	黄志远　著
58	非线性动力系统分析引论 2001.9	盛昭瀚　马军海　著
59	高斯过程的样本轨道性质 2001.11	林正炎　陆传荣　张立新　著
60	光滑映射的奇点理论 2002.1	李养成　著
61	动力系统的周期解与分支理论 2002.4	韩茂安　著
62	神经动力学模型方法和应用 2002.4	阮　炯　顾凡及　蔡志杰　编著
63	同调论——代数拓扑之一 2002.7	沈信耀　著
64	金兹堡-朗道方程 2002.8	郭柏灵　黄海洋　蒋慕容　著

65	排队论基础	2002.10	孙荣恒　李建平　著
66	算子代数上线性映射引论	2002.12	侯晋川　崔建莲　著
67	微分方法中的变分方法	2003.2	陆文端　著
68	周期小波及其应用	2003.3	彭思龙　李登峰　谌秋辉　著
69	集值分析	2003.8	李　雷　吴从炘　著
70	强偏差定理与分析方法	2003.8	刘　文　著
71	椭圆与抛物型方程引论	2003.9	伍卓群　尹景学　王春朋　著
72	有限典型群子空间轨道生成的格(第二版)	2003.10	万哲先　霍元极　著
73	调和分析及其在偏微分方程中的应用(第二版)	2004.3	苗长兴　著
74	稳定性和单纯性理论	2004.6	史念东　著
75	发展方程数值计算方法	2004.6	黄明游　编著
76	传染病动力学的数学建模与研究	2004.8	马知恩　周义仓　王稳地　靳　祯　著
77	模李超代数	2004.9	张永正　刘文德　著
78	巴拿赫空间中算子广义逆理论及其应用	2005.1	王玉文　著
79	巴拿赫空间结构和算子理想	2005.3	钟怀杰　著
80	脉冲微分系统引论	2005.3	傅希林　闫宝强　刘衍胜　著
81	代数学中的 Frobenius 结构	2005.7	汪明义　著
82	生存数据统计分析	2005.12	王启华　著
83	数理逻辑引论与归结原理(第二版)	2006.3	王国俊　著
84	数据包络分析	2006.3	魏权龄　著
85	代数群引论	2006.9	黎景辉　陈志杰　赵春来　著
86	矩阵结合方案	2006.9	王仰贤　霍元极　麻常利　著
87	椭圆曲线公钥密码导引	2006.10	祝跃飞　张亚娟　著
88	椭圆与超椭圆曲线公钥密码的理论与实现	2006.12	王学理　裴定一　著
89	散乱数据拟合的模型、方法和理论	2007.1	吴宗敏　著
90	非线性演化方程的稳定性与分歧	2007.4	马　天　汪宁宏　著
91	正规族理论及其应用	2007.4	顾永兴　庞学诚　方明亮　著
92	组合网络理论	2007.5	徐俊明　著
93	矩阵的半张量积:理论与应用	2007.5	程代展　齐洪胜　著
94	鞅与 Banach 空间几何学	2007.5	刘培德　著
95	非线性常微分方程边值问题	2007.6	葛渭高　著
96	戴维-斯特瓦尔松方程	2007.5	戴正德　蒋慕蓉　李栋龙　著
97	广义哈密顿系统理论及其应用	2007.5	李继彬　赵晓华　刘正荣　著
98	Adams 谱序列和球面稳定同伦群	2007.7	林金坤　著

99	矩阵理论及其应用	2007.8	陈公宁	编著			
100	集值随机过程引论	2007.8	张文修	李寿梅	汪振鹏	高　勇	著
101	偏微分方程的调和分析方法	2008.1	苗长兴	张　波	著		
102	拓扑动力系统概论	2008.1	叶向东	黄　文	邵　松	著	
103	线性微分方程的非线性扰动(第二版)	2008.3	徐登洲	马如云	著		
104	数组合地图论(第二版)	2008.3	刘彦佩	著			
105	半群的 S-系理论(第二版)	2008.3	刘仲奎	乔虎生	著		
106	巴拿赫空间引论(第二版)	2008.4	定光桂	著			
107	拓扑空间论(第二版)	2008.4	高国士	著			
108	非经典数理逻辑与近似推理(第二版)	2008.5	王国俊	著			
109	非参数蒙特卡罗检验及其应用	2008.8	朱力行	许王莉	著		
110	Camassa-Holm 方程	2008.8	郭柏灵	田立新	杨灵娥	殷朝阳	著
111	环与代数(第二版)	2009.1	刘绍学	郭晋云	朱　彬	韩　阳	著
112	泛函微分方程的相空间理论及应用	2009.4	王　克	范　猛	著		
113	概率论基础(第二版)	2009.8	严士健	王隽骧	刘秀芳	著	
114	自相似集的结构	2010.1	周作领	瞿成勤	朱智伟	著	
115	现代统计研究基础	2010.3	王启华	史宁中	耿　直	主编	
116	图的可嵌入性理论(第二版)	2010.3	刘彦佩	著			
117	非线性波动方程的现代方法(第二版)	2010.4	苗长兴	著			
118	算子代数与非交换 L_p 空间引论	2010.5	许全华	吐尔德别克	陈泽乾	著	
119	非线性椭圆型方程	2010.7	王明新	著			
120	流形拓扑学	2010.8	马　天	著			
121	局部域上的调和分析与分形分析及其应用	2011.4	苏维宜	著			
122	Zakharov 方程及其孤立波解	2011.6	郭柏灵	甘在会	张景军	著	
123	反应扩散方程引论(第二版)	2011.9	叶其孝	李正元	王明新	吴雅萍	著
124	代数模型论引论	2011.10	史念东	著			
125	拓扑动力系统——从拓扑方法到遍历理论方法	2011.12	周作领	尹建东	许绍元	著	
126	Littlewood-Paley 理论及其在流体动力学方程中的应用　2012.3　苗长兴　吴家宏　章志飞　著						
127	有约束条件的统计推断及其应用	2012.3	王金德	著			
128	混沌、Mel'nikov 方法及新发展	2012.6	李继彬	陈凤娟	著		
129	现代统计模型	2012.6	薛留根	著			
130	金融数学引论	2012.7	严加安	著			
131	零过多数据的统计分析及其应用	2013.1	解锋昌	韦博成	林金官	著	

132　分形分析引论　2013.6　胡家信　著
133　索伯列夫空间导论　2013.8　陈国旺　编著
134　广义估计方程估计方程　2013.8　周勇　著
135　统计质量控制图理论与方法　2013.8　王兆军　邹长亮　李忠华　著
136　有限群初步　2014.1　徐明曜　著
137　拓扑群引论(第二版)　2014.3　黎景辉　冯绪宁　著
138　现代非参数统计　2015.1　薛留根　著